PPT 2016 幻灯片设计与制作从新手到高手

恒盛杰资讯　编著

机械工业出版社
China Machine Press

图书在版编目（CIP）数据

PPT 2016幻灯片设计与制作从新手到高手／恒盛杰资讯编著．—北京：机械工业出版社，2017.10

ISBN 978-7-111-58125-3

Ⅰ．①P…　Ⅱ．①恒…　Ⅲ．①图形软件　Ⅳ．①TP391.412

中国版本图书馆CIP数据核字（2017）第240615号

本书是指导初学者学习 PowerPoint 2016 的入门书籍，通过大量实例详细介绍了 PowerPoint 2016 的知识、操作与应用，并对初学者经常遇到的问题进行了专家级指导，帮助他们在从新手成长为高手的过程中少走弯路。

全书共 15 章，根据内容结构可分为 4 个部分。第 1 部分介绍了 PowerPoint 2016 的入门知识与操作，主要内容包括：软件界面介绍，软件的启动与退出，演示文稿与幻灯片的基本操作，软件界面的个性化设置等。第 2 部分介绍了演示文稿设计与制作的核心操作，主要内容包括：文本、图形、图片、表格、图表等内容元素的添加与格式化，视图操作，幻灯片主题、背景和大小的设计，母版的使用和修改，对象动画效果和幻灯片切换效果的设置，使用声音、视频和超链接制作声情并茂的互动式幻灯片等。第 3 部分介绍了演示文稿的放映、审阅、保护、共享与输出等内容。第 4 部分通过一个大型实例对前面所学进行综合应用。

本书结构合理、内容丰富、图文并茂，不仅能帮助 PowerPoint 新手快速迈入高手行列，也适合办公人员、学校师生及对新版本 PowerPoint 感兴趣的读者提升技能，还可作为大中专院校或社会培训机构的教材。

PPT 2016幻灯片设计与制作从新手到高手

出版发行：机械工业出版社（北京市西城区百万庄大街22号　邮政编码：100037）

责任编辑：杨　倩　　　　责任校对：庄　瑜

印　　刷：北京天颖印刷有限公司　　　　版　　次：2017年10月第1版第1次印刷

开　　本：170mm × 242mm　1/16　　　　印　　张：15.5

书　　号：ISBN 978-7-111-58125-3　　　　定　　价：39.80元

凡购本书，如有缺页、倒页、脱页，由本社发行部调换

客服热线：（010）88379426　88361066　　　　投稿热线：（010）88379604

购书热线：（010）68326294　88379649　68995259　　　　读者信箱：hzit@hzbook.com

PREFACE 前言

微软公司出品的 Office 套装是风靡世界的办公软件，它包含多个组件，涵盖了现代化办公事务的各个领域。其中最重要的组件之一就是 PowerPoint，它用于设计和制作多媒体幻灯片来展示演讲内容，被广泛应用在教育培训、商务交流、产品介绍、会议发言等领域。尽管 PowerPoint 友好的界面、强大的功能大大降低了幻灯片制作的难度，但是幻灯片的制作并不是将文字、图片、音频、视频等素材组合和堆砌在一起那么简单，而是要做到思路清晰、简洁美观、生动形象、有说服力，才能有效地让观众理解和记住演讲内容，达到演讲的目的。本书即以“制作出高效传达信息的幻灯片”为出发点，以 Office 2016 为软件环境，全面、系统、深入地讲解了 PowerPoint 在幻灯片设计与制作中的应用。

◎内容结构

全书共 15 章，根据内容结构可分为 4 个部分。

★第 1 部分：第 1 ～ 4 章

介绍了 PowerPoint 2016 的入门知识与操作，主要内容包括：软件界面介绍，软件的启动与退出，演示文稿的新建、打开、保存、关闭等基本操作，幻灯片的插入与删除，软件界面的个性化设置等。

★第 2 部分：第 5 ～ 12 章

介绍了演示文稿设计与制作的核心操作，主要内容包括：文本、图形、图片、表格、图表等内容元素的添加与格式化，视图操作，幻灯片主题、背景和大小的设计，母版的使用和修改，对象动画效果和幻灯片切换效果的设置，使用声音、视频和超链接制作声情并茂的互动式幻灯片等。

★第 3 部分：第 13 ～ 14 章

介绍了演示文稿的放映、审阅、保护、共享与输出等内容。

★第 4 部分：第 15 章

通过一个大型实例对前面所学进行综合应用，帮助读者系统掌握 PowerPoint 2016。

◎编写特色

★循序渐进，层层巩固

本书以循序渐进的方式编排内容，确保零基础的人学习无障碍、有一定经验的人提高更快。前 14 章设置的“实例演练”分阶段对知识点进行巩固和拔高，最后一章通过实践培养综合应用能力，形成由浅入深、层层递进的立体教学体系，学习效果立竿见影。

★知识全面，技巧丰富

本书内容基本涵盖了 PowerPoint 的核心功能与应用技法，并且穿插了大量从实际工作中提炼和总结出的“办公点拨”，帮助读者增长见识、开阔眼界。

★图文并茂，简单易学

书中每个知识点的讲解都依托相应的实例操作，每个操作步骤都有详细的文字解说和直观的屏幕截图，云空间资料还完整收录了书中全部实例的相关文件及操作视频。读者按照书中的讲解，结合实例文件和视频边看、边学、边练，能够更加轻松、高效地理解和掌握知识点。

◎读者对象

本书不仅能帮助 PowerPoint 新手快速迈入高手行列，也适合办公人员、学校师生及对新版本 PowerPoint 感兴趣的读者提升技能，还可作为大中专院校或社会培训机构的教材。

由于编者水平有限，在编写本书的过程中难免有不足之处，恳请广大读者指正批评，除了扫描二维码添加订阅号获取资讯以外，也可加入 QQ 群 227463225 与我们交流。

编者

2017 年 8 月

如何获取云空间资料

一、扫描关注微信公众号

在手机微信的“发现”页面中点击“扫一扫”功能，如右一图所示，进入“二维码 / 条码”界面，将手机对准右二图中的二维码，扫描识别后进入“详细资料”页面，点击“关注”按钮，关注我们的微信公众号。

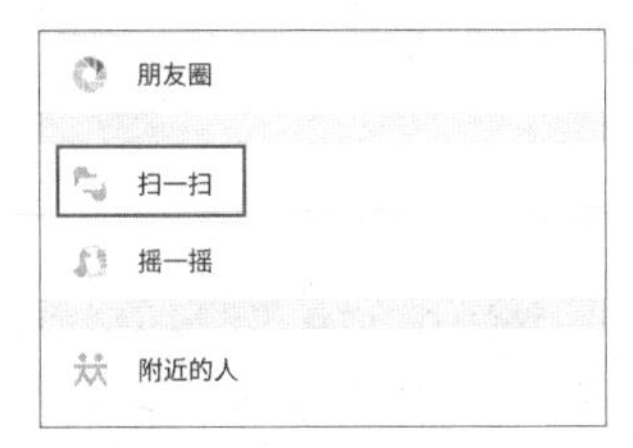

二、获取资料下载地址和密码

点击公众号主页面左下角的小键盘图标，进入输入状态，在输入框中输入本书书号的后 6 位数字“581253”，点击“发送”按钮，即可获取本书云空间资料的下载地址和访问密码。

三、打开资料下载页面

方法 1：在计算机的网页浏览器地址栏中输入获取的下载地址（输入时注意区分大小写），如右图所示，按 Enter 键即可打开资料下载页面。

方法 2：在计算机的网页浏览器地址栏中输入“wx.qq.com”，按 Enter 键后打开微信网页版的登录界面。按照登录界面的操作提示，使用手机微信的“扫一扫”功能扫描登录界面中的二维码，然后在手机微信中点击“登录”按钮，浏览器中将自动登录微信网页版。在微信网页版中单击左上角的“阅读”按钮，如右图所示，然后在下方的消息列表中找到并单击刚才公众号发送的消息，在右侧便可看到下载地址和相应密码。将下载地址复制、粘贴到网页浏览器的地址栏中，按 Enter 键即可打开资料下载页面。

四、输入密码并下载资料

在资料下载页面的“请输入提取密码”下方的文本框中输入步骤 2 中获取的访问密码（输入时注意区分大小写），再单击“提取文件”按钮。在新页面中单击打开资料文件夹，在要下载的文件名后单击“下载”按钮，即可将其下载到计算机中。如果页面中提示选择“高速下载”还是“普通下载”，请选择“普通下载”。下载的资料如为压缩包，可使用 7-Zip、WinRAR 等软件解压。

提示：读者在下载和使用云空间资料的过程中如果遇到自己解决不了的问题，请加入 QQ 群 227463225，下载群文件中的详细说明，或找群管理员提供帮助。

CONTENTS

目录

第 4 章 视图操作

第 5 章 在幻灯片中插入图片

第 6 章 在幻灯片中插入表格

第 7 章 在幻灯片中插入图表

第 8 章 在幻灯片中插入 SmartArt 图形

第 9 章 幻灯片的设计

第 10 章　母版的使用和修改

第 11 章　让幻灯片动起来

第 12 章　制作声情并茂的互动式幻灯片

第 13 章　幻灯片的放映

第 14 章　PowerPoint 2016 的协同办公

第 15 章　综合实战：制作商业企划书演示文稿

第1章 PowerPoint 2016快速入门

PowerPoint 是当下最为常用的多媒体演示软件，在学习和工作中都有着非常广泛的应用。PowerPoint 2016 是微软公司推出的新一代 Office 2016 办公软件的组件之一，它主要用于演示文稿的创建，即幻灯片的制作，是演讲、教学、产品演示等的绝佳帮手。

本章主要讲述 PowerPoint 2016 的工作界面及基本操作，包括认识工作界面、启动与退出程序、打开与关闭演示文稿、新建演示文稿、插入与删除幻灯片、保存与另存演示文稿、自定义工作界面等。

1.1 认识PowerPoint 2016的工作界面

PowerPoint 2016 的工作界面简洁而又明晰，旨在帮助用户更容易地找到完成各种任务的相应功能，有效提高办公效率。本节将对 PowerPoint 2016 的工作界面进行详细介绍。

PowerPoint 2016 的工作界面如下图所示，其中各个部分的功能介绍见下表。

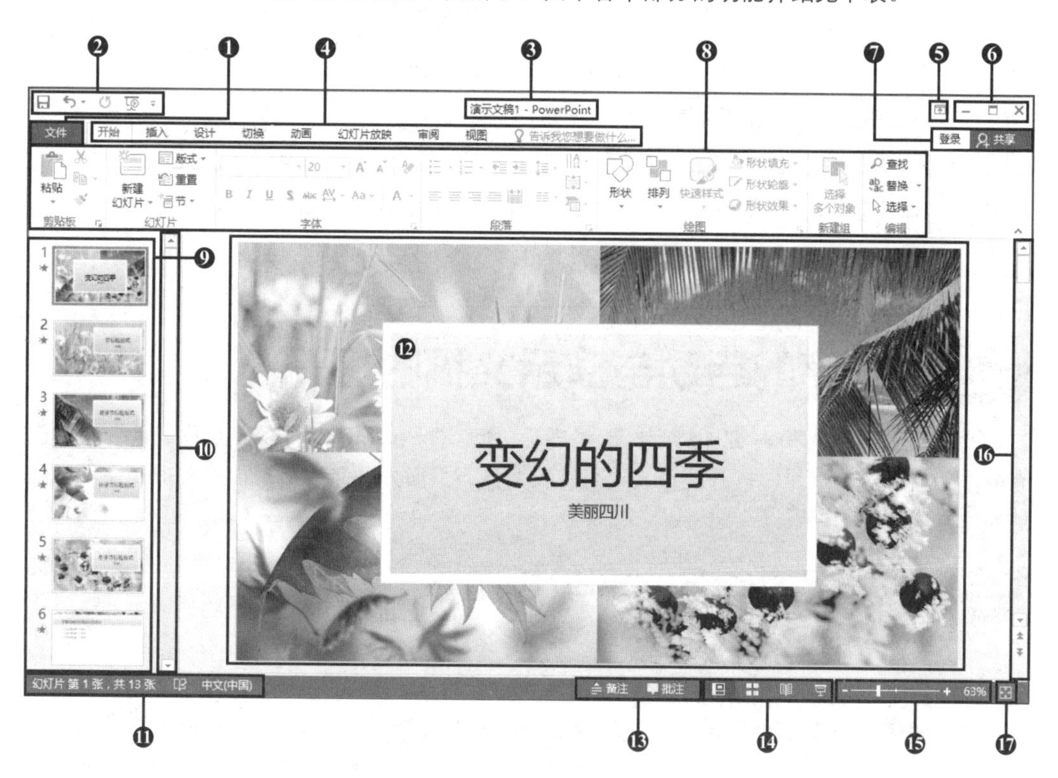

编号	名称	功能说明
❶	“文件”按钮	单击该按钮，在弹出的菜单中可选择对演示文稿执行新建、另存为、共享和打印等操作
❷	快速访问工具栏	在该工具栏中集成多个常用的按钮，默认状态下集成了“保存”“撤销”“恢复”和“从头开始”按钮，用户也可根据需要进行更改
❸	标题栏	显示演示文稿的名称和类型
❹	标签	单击相应的标签即可切换至对应的选项卡下，每个选项卡中都集合了多种操作设置选项
❺	“功能区显示选项”按钮	控制功能区的选项卡和命令的显示/隐藏
❻	窗口控制按钮	用于完成窗口的最大化、最小化和关闭
❼	“登录”与“共享”按钮	登录Microsoft Office账户后，“登录”按钮处将显示用户的账户信息。将演示文稿保存到OneDrive上，然后以邮件的方法发送，达到共享演示文稿、最终协同完成工作的目的
❽	功能区	每个标签对应的选项卡下的功能区中包含多个组，每个组中包含了相关的命令，如“开始”选项卡下的功能区中包含了对字体、段落等内容的设置命令
❾	幻灯片浏览窗格	显示幻灯片缩略图，切换至“大纲视图”时则显示幻灯片文本的大纲
❿	幻灯片浏览窗格滚动条	拖动滚动条可对幻灯片浏览窗格中的内容进行向上、向下查看
⓫	状态栏	显示当前文件的信息
⓬	幻灯片窗格	显示当前幻灯片，用户可以在该窗格中对幻灯片内容进行编辑
⓭	审阅按钮	包含“备注”“批注”按钮，单击将弹出对应任务窗格，用户在任务窗格中可对当前幻灯片添加备注或批注
⓮	视图按钮	用于快速切换到不同的视图方式
⓯	显示比例	通过拖动滑块来快速调整工作区的显示比例
⓰	幻灯片窗格滚动条	拖动滚动条可浏览演示文稿的所有幻灯片内容
⓱	适应窗口大小按钮	单击该按钮可调整窗口中的幻灯片大小与窗口大小的比例，以达到最佳显示效果

1.2 程序的启动与演示文稿的打开

要想使用 PowerPoint 2016 制作演示文稿，需启动 PowerPoint 2016 程序。而要想对已有的演示文稿进行编辑，打开演示文稿是首要操作。下面分别介绍启动程序与打开演示文稿的操作方法。

1.2.1 启动PowerPoint 2016

启动 PowerPoint 2016 的方法有多种，下面介绍常用的 3 种方法。

▶方法一：在“开始”菜单中启动

单击桌面左下角的“开始”按钮，在展开的列表中执行“开始 > 所有程序”命令，在展开的列表中右击“PowerPoint 2016”选项，在弹出的快捷菜单中单击“附到 [开始] 菜单”命令，如下左图所示。当再次单击“开始”按钮时，即可在展开的“开始”列表中看到 PowerPoint 2016 程序图标，单击即可启动程序，如下右图所示。

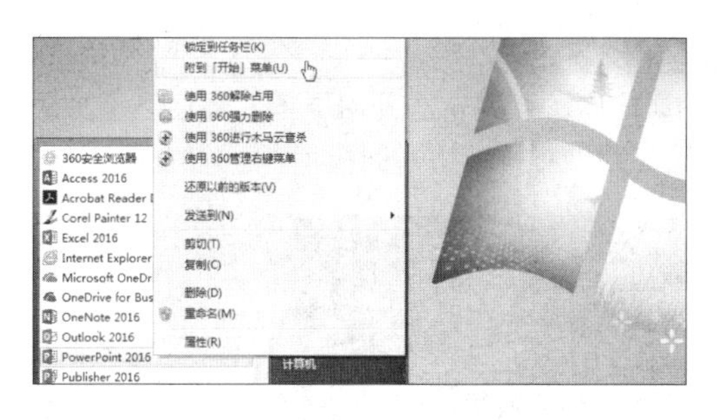

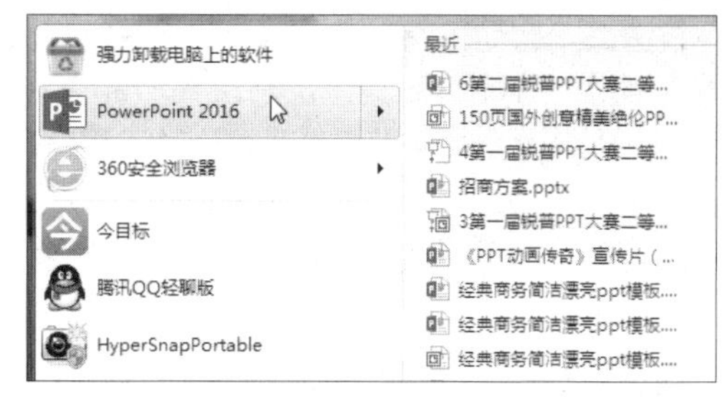

▸方法二：使用桌面快捷图标启动

安装 PowerPoint 2016 后，一般情况下会在桌面上添加快捷方式图标，方便下次使用。首先单击“开始”按钮，然后在“开始”菜单中单击“所有程序”选项，再右击 PowerPoint 2016 程序图标，在弹出的快捷菜单中执行“发送到 > 桌面快捷方式”命令，如下左图所示。此时在桌面上便添加了 PowerPoint 2016 的快捷方式图标，双击即可启动程序，如下右图所示。

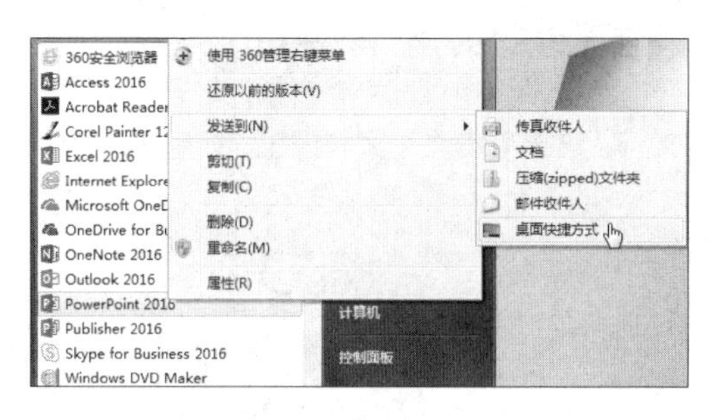

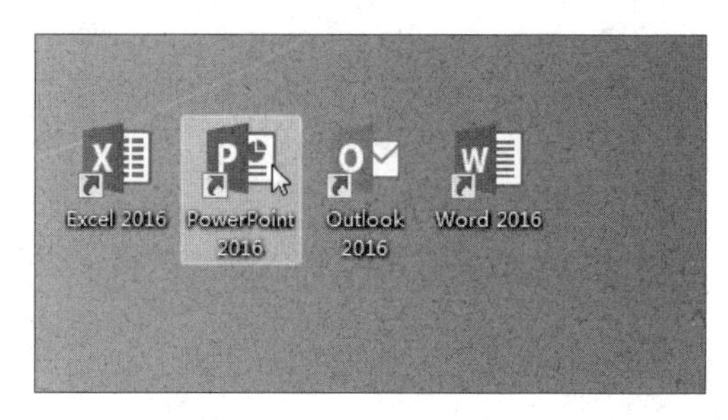

▸方法三：使用任务栏启动

用户可以把经常使用的应用程序固定到任务栏中，方便打开。首先单击“开始”按钮，打开“开始”菜单，单击“所有程序”按钮，然后右击 PowerPoint 2016 程序图标，在弹出的快捷菜单中单击“锁定到任务栏”命令，如下左图所示。下次启动时，直接单击任务栏中的图标即可，如下右图所示。

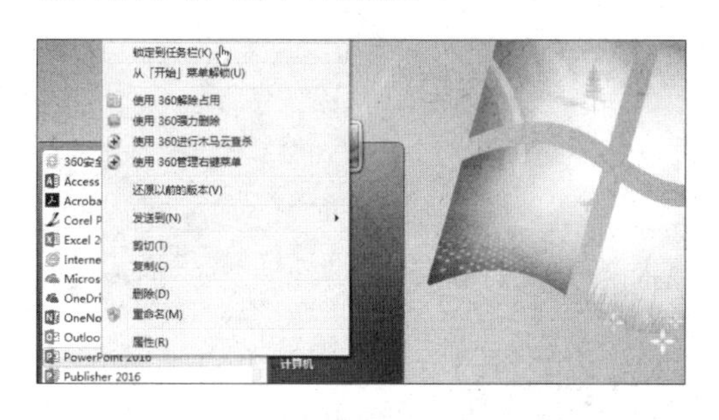

1.2.2 打开演示文稿

打开演示文稿分为两种情况：在未启动 PowerPoint 2016 的情况下打开演示文稿和在已经打开了演示文稿的情况下打开其他演示文稿。下面分别进行介绍。

1 启动PowerPoint 2016并打开演示文稿

▸方法一：在演示文稿保存位置打开

首先找到文档的保存路径，双击需要打开的演示文稿即可打开，或者右击演示文稿文件，在弹出的快捷菜单中单击“打开”命令，如下左图所示。

▸方法二：启动PowerPoint 2016并打开最近使用的演示文稿

用上一小节介绍的方法启动 PowerPoint 2016 程序，在弹出的开始屏幕左侧会显示“最近使用的文档”名称及路径信息，单击需要打开的文档即可，如下右图所示。

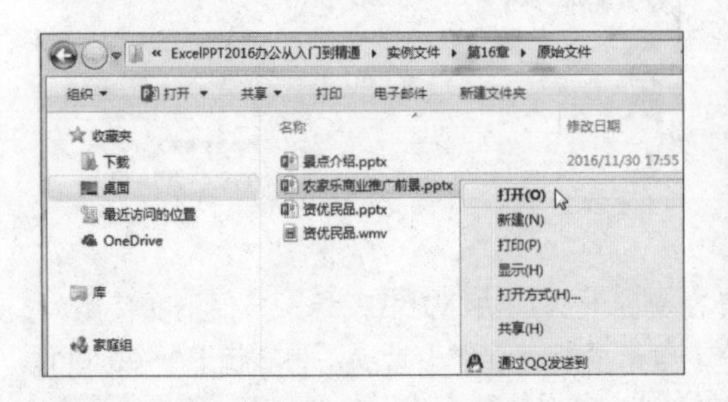

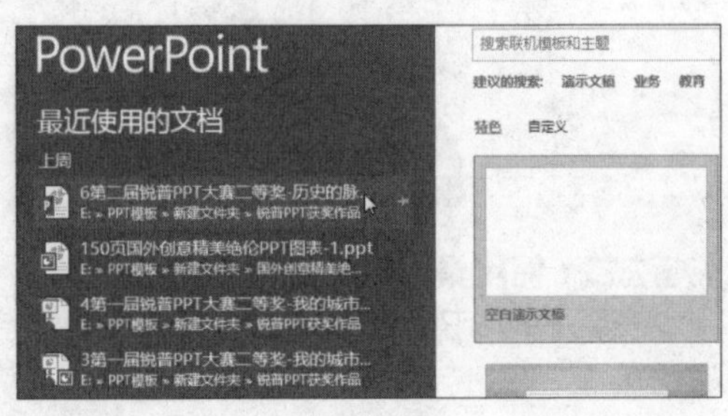

2 在已经打开的演示文稿中打开其他演示文稿

步骤01 **单击“打开”命令。**要在打开的演示文稿中打开其他演示文稿，首先单击“文件”按钮，然后在弹出的菜单中单击“打开”命令，如下图所示。

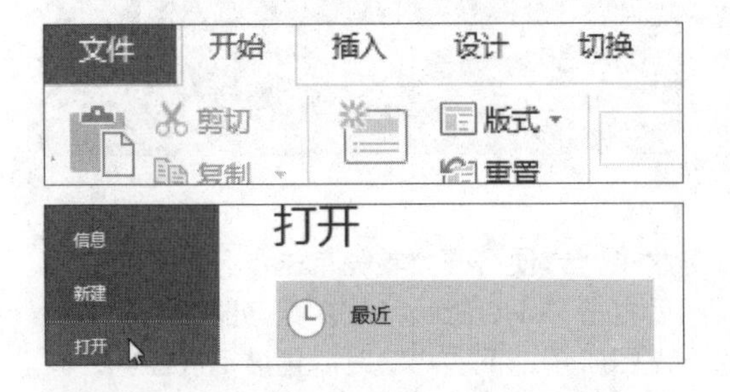

步骤02 **单击“浏览”按钮。**在展开的“打开”选项面板中可直接单击最近打开过的演示文稿。这里单击“浏览”按钮，如下图所示。

步骤03 **选择要打开的演示文稿。**弹出“打开”对话框，在地址栏选择文档保存路径，再选择需要打开的演示文稿，选定后单击“打开”按钮即可，如右图所示。

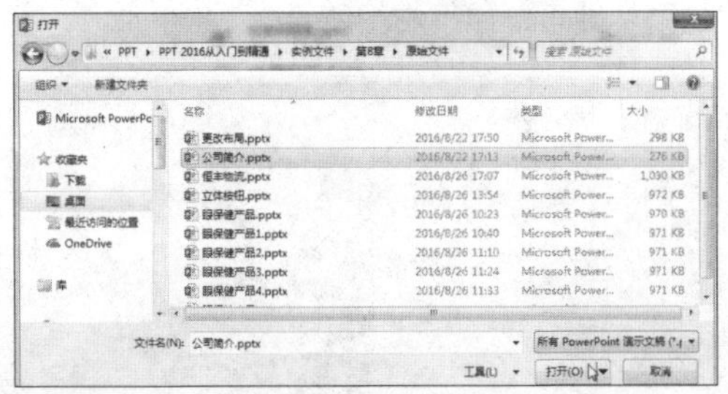

1.3 程序的退出与演示文稿的关闭

在 PowerPoint 中完成操作后，需对文件进行保存然后退出。当只打开一个文档时，关闭文档即可退出程序；同时打开了多个文档时，则需关闭所有文档才能退出程序。关闭演示文稿与退出 PowerPoint 2016 的方法有多种，接下来介绍几种常用的关闭演示文稿的方法。

▸方法一：通过“关闭”按钮退出

当仅打开一个演示文稿时，单击窗口右上角的“关闭”按钮，即可关闭当前演示文稿，同时退出 PowerPoint 2016 程序，如下左图所示。

▶方法二：通过菜单命令退出

单击“文件”按钮，在展开的菜单中单击“关闭”命令，如下中图所示。

▶方法三：通过关闭窗口退出

在 Windows 的任务栏中右击要关闭的程序图标，在弹出的快捷菜单中单击“关闭窗口”命令，如下右图所示。如果打开的是多个演示文稿，当在任务栏上右击程序图标时，则需要在弹出的快捷菜单中单击“关闭所有窗口”命令才能关闭所有演示文稿并退出程序。

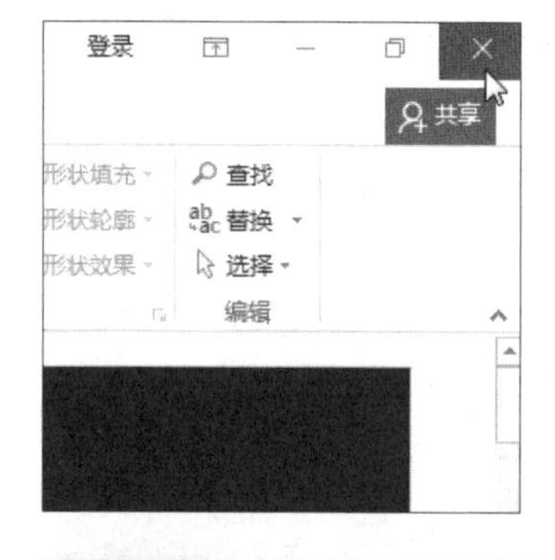

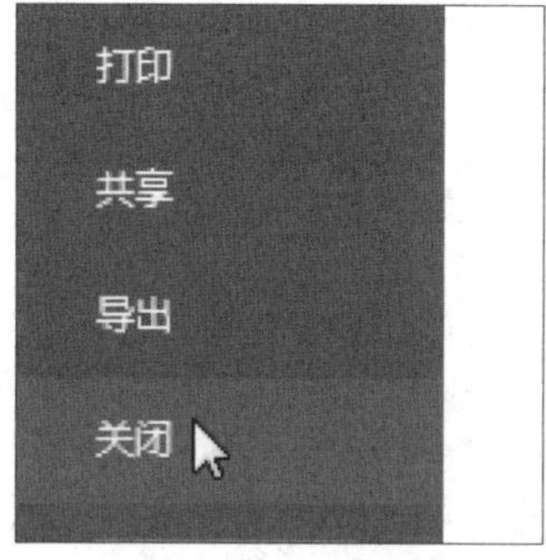

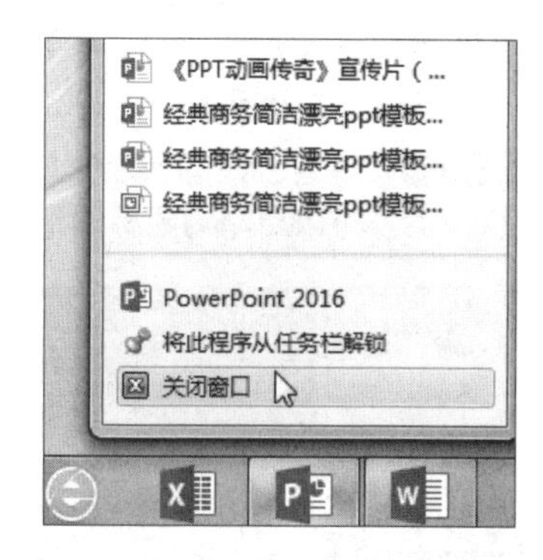

办公点拨　利用快捷键关闭演示文稿

用户还可直接按下组合键【Alt+F4】快速关闭打开的演示文稿。

办公点拨　关闭文稿前的保存操作

关闭演示文稿时，如果演示文稿中编辑的内容未保存，系统会弹出如下图所示的对话框。单击“保存”按钮，则保存修改后关闭该演示文稿；单击“不保存”按钮，则不保存修改，直接关闭该演示文稿；单击“取消”按钮，则不关闭该演示文稿，重新返回演示文稿的编辑环境。

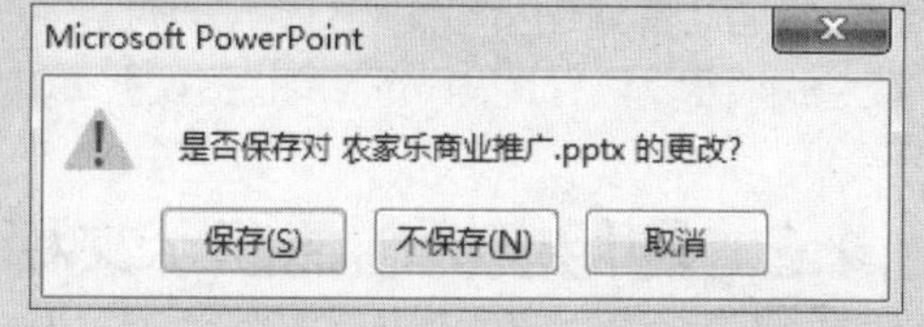

办公点拨　使用Windows任务管理器退出

当 PowerPoint 2016 程序“无响应”或是出错时，可以打开任务管理器窗口，强制结束应用程序的运行，这种情况下演示文稿正在编辑的内容不会被保存。具体方法为：右击任务栏的空白处，从弹出的快捷菜单中单击“启动任务管理器”命令，弹出“Windows 任务管理器”对话框，在“应用程序”选项卡中单击要结束的任务，然后单击“结束任务”按钮即可强制退出程序。

1.4 新建演示文稿

PowerPoint 2016 为用户提供了多种创建演示文稿的方法，如利用模板创建、通过现有的文稿创建、使用快捷菜单创建等。下面对这些方法进行详细介绍。

1.4.1　通过快捷菜单新建空白演示文稿

用户可以在桌面或文件夹中通过 Windows 资源管理器的快捷菜单新建空白演示文稿。

原始文件：无

最终文件：下载资源 \ 实例文件 \ 第 1 章 \ 最终文件 \ 新建的空白演示文稿 .pptx

步骤01 **新建演示文稿。** 在桌面上空白处右击，从弹出的快捷菜单中单击“新建>Microsoft PowerPoint演示文稿”命令，如下左图所示。

步骤02 **重命名演示文稿。** 此时，在桌面上新建一个名为“新建Microsoft PowerPoint演示文稿”的演示文稿，并且该演示文稿的名称处于可编辑状态，可直接输入需要的演示文稿名称“新建的空白演示文稿”，如下中图所示，按【Enter】键确认。

步骤03 **查看创建的演示文稿效果。** 双击新建的演示文稿可以将其打开，单击幻灯片窗格任意位置，可以自动创建标题幻灯片，如下右图所示。

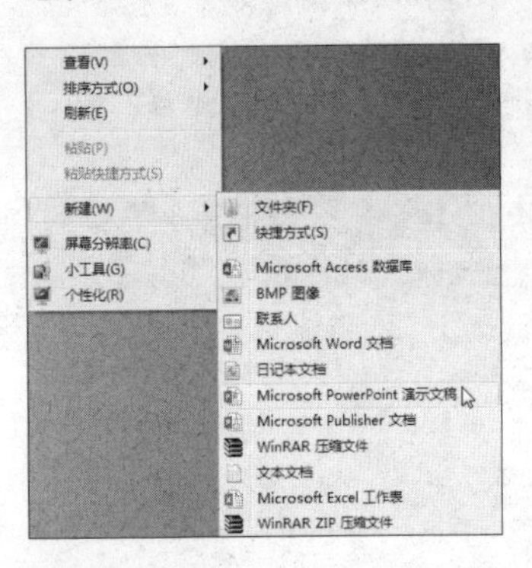

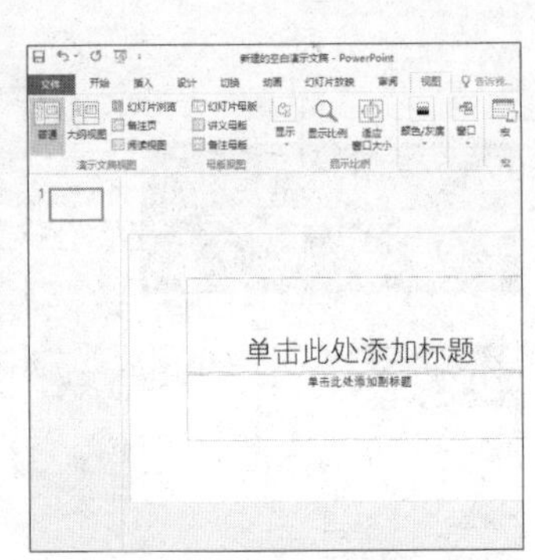

办公点拨 通过开始屏幕创建空白演示文稿

在启动 PowerPoint 2016 应用程序后，在开始屏幕中单击“空白演示文稿”图标，也可新建空白演示文稿。此操作对应的快捷键为【Ctrl+N】。

1.4.2 利用模板创建演示文稿

PowerPoint 2016 拥有强大的模板功能，为用户提供了比以往版本更加丰富的样本模板。样本模板包含了多种已经设置好的演示文稿外观效果，用户只需对其中的内容进行修改，即可创建美观、专业的演示文稿。

原始文件：无

最终文件：下载资源 \ 实例文件 \ 第 1 章 \ 最终文件 \ 新建演示文稿 .pptx

步骤01 **选择模板。** 启动PowerPoint 2016程序，在弹出的窗口中单击要使用的演示文稿模板，如右图所示。

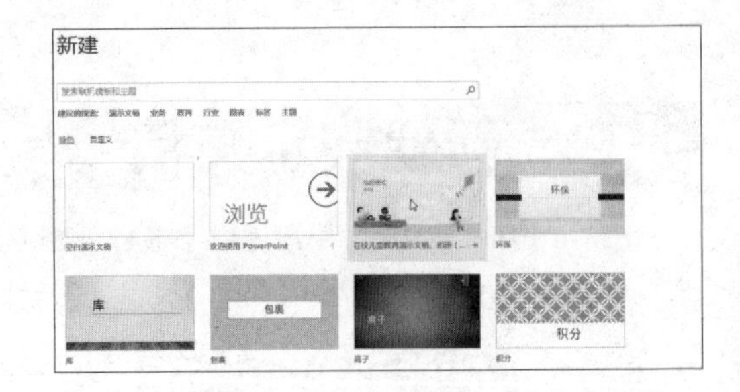

步骤02 **单击“创建”按钮。**弹出对话框，在对话框中展示了该模板的样式，单击“创建”按钮，如下图所示。

步骤03 **显示创建的演示文稿。**系统根据选定的模板，创建了如下图所示的演示文稿，该文稿包含了设计好的格式、外观，用户直接输入需要的内容即可。

1.5 插入和删除幻灯片

根据演示文稿的内容不同，制作时可能会需要在演示文稿中插入或删除幻灯片。插入与删除幻灯片的操作方法有很多种，用户可以选择方便快捷的方法进行操作。

1.5.1 在演示文稿中插入幻灯片

在实际工作中，当已有的幻灯片数量不能满足工作需求时，可在演示文稿中插入新的幻灯片，具体的操作方法如下。

原始文件：下载资源\实例文件\第 1 章\原始文件\新建的空白演示文稿 .pptx
最终文件：下载资源\实例文件\第 1 章\最终文件\插入幻灯片 .pptx

▸方法一：通过快捷菜单新建

打开原始文件，单击幻灯片窗格任意位置即可添加第 1 张幻灯片，然后右击幻灯片浏览窗格中的空白位置，在弹出的快捷菜单中单击“新建幻灯片”命令，如下左图所示。或者右击第 1 张幻灯片，从弹出的快捷菜单中单击“新建幻灯片”命令，如下中图所示。此时即可在演示文稿中添加一张新的幻灯片，效果如下右图所示。

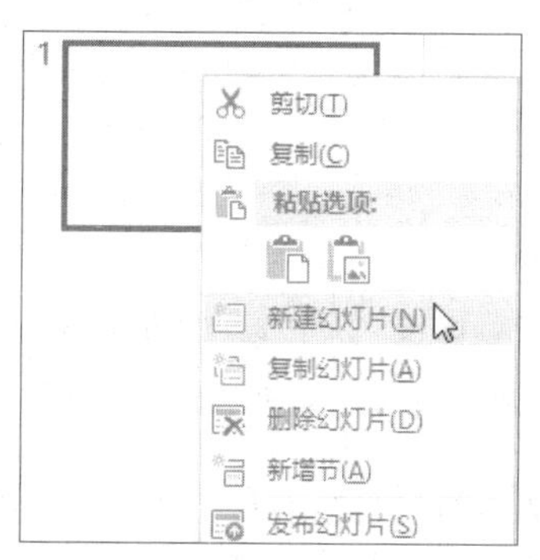

▸方法二：通过功能区命令新建

继续之前的操作，选中上一方法添加的幻灯片，然后切换到“开始”选项卡，单击“幻灯片”组中的“新建幻灯片”按钮，即可创建和所选幻灯片版式一样的幻灯片，如下左图所示。

若想添加其他版式的幻灯片，可单击“新建幻灯片”下三角按钮，在展开的下拉列表中选择要添加的版式，如下右图所示，即可在选中幻灯片后添加一张选定版式的幻灯片。

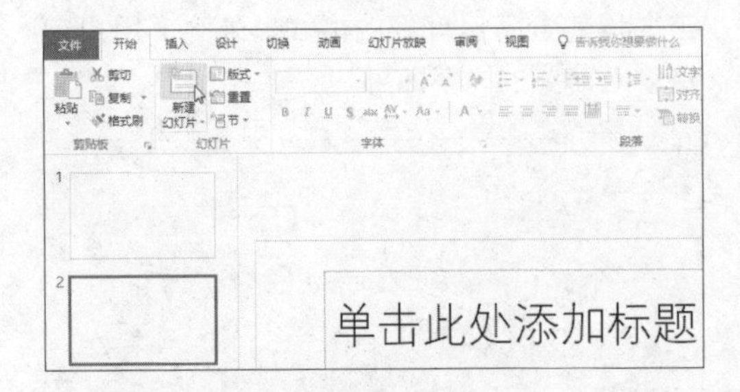

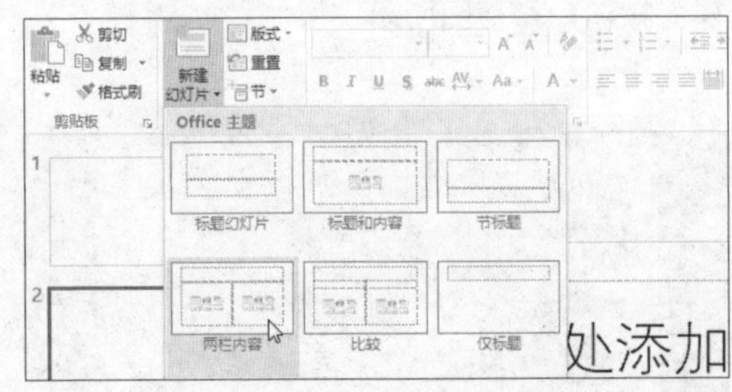

▸方法三：通过快捷键新建

继续之前的操作，选中上一方法添加的幻灯片，如下左图所示。按下【Enter】键，即可在该幻灯片后添加一张相同版式的幻灯片。

通过上述 3 种方法，添加了 3 张幻灯片，效果如下右图所示。

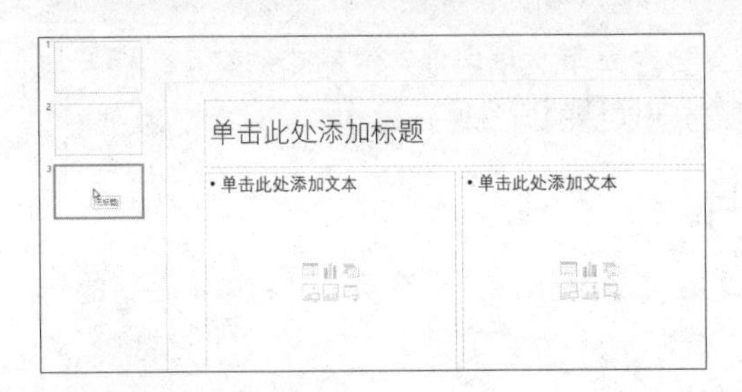

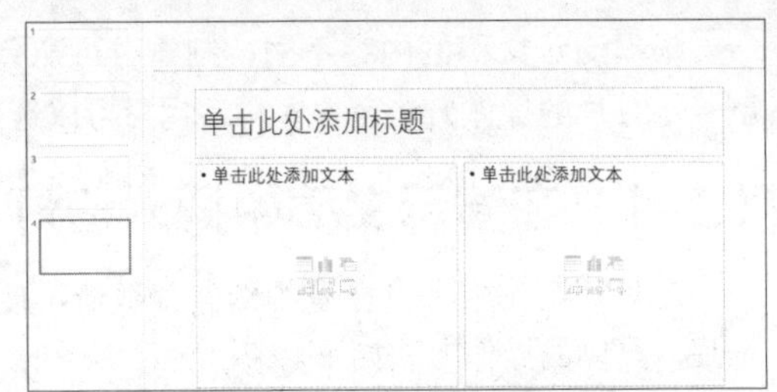

办公点拨　复制幻灯片

右击任意一张幻灯片，从弹出的快捷菜单中单击“复制幻灯片”命令，即可在选中的幻灯片下方添加一张新的幻灯片，该幻灯片的版式和内容跟选中幻灯片是完全相同的。

1.5.2　在演示文稿中删除幻灯片

如果演示文稿中有不需要的幻灯片，可以将其删除。下面介绍几种在演示文稿中删除幻灯片的方法。

原始文件： 下载资源 \ 实例文件 \ 第 1 章 \ 原始文件 \ 农家乐商业推广 .pptx

最终文件： 无

▸方法一：通过快捷菜单命令删除

打开原始文件，在幻灯片浏览窗格中右击需要删除的幻灯片，这里右击第 2 张幻灯片，然后从弹出的快捷菜单中单击“删除幻灯片”命令，如下左图所示。

▸方法二：通过快捷键删除

打开原始文件，在幻灯片浏览窗格中选中需要删除的幻灯片，这里选中第 2 张幻灯片，按下【Delete】键即可将其删除，效果如下中图所示。

▸方法三：通过功能区的按钮删除

打开原始文件，在幻灯片浏览窗格中选中需要删除的幻灯片，单击“开始”选项卡下“剪贴板”组中的“剪切”按钮，如下右图所示，也可以将选中的幻灯片删除。

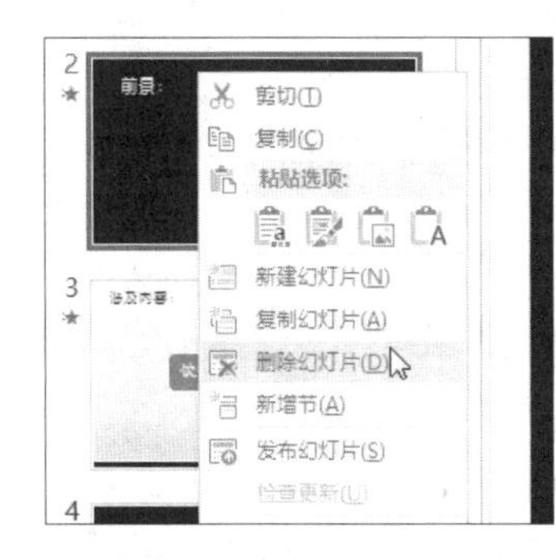

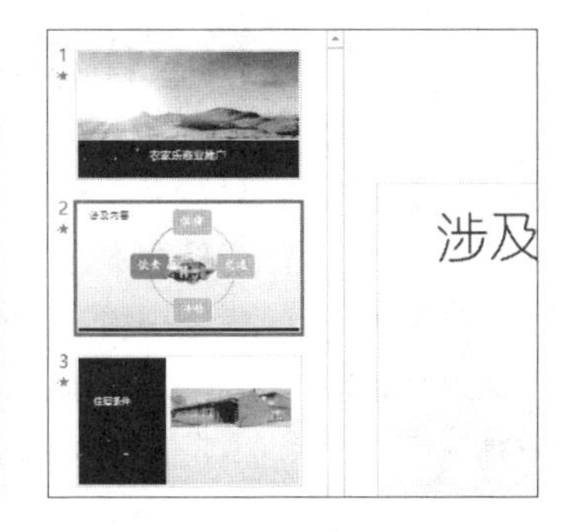

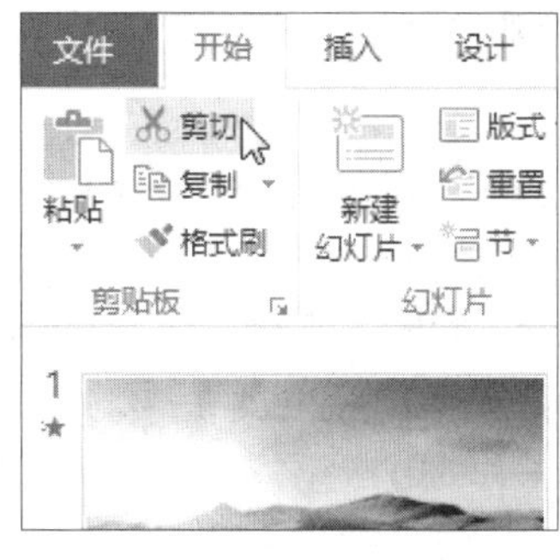

办公点拨　同时选择多张幻灯片

要选择多张连续的幻灯片，可单击第一张幻灯片，然后按住【Shift】键的同时单击最后一张幻灯片。要选择多张不连续的幻灯片，则按住【Ctrl】键的同时依次单击需要选择的幻灯片。

1.5.3　更改幻灯片的版式

在演示文稿中，用户可以随意更改幻灯片的版式，具体操作如下。

原始文件： 下载资源\实例文件\第 1 章\原始文件\农家乐商业推广 .pptx
最终文件： 下载资源\实例文件\第 1 章\最终文件\更改幻灯片版式 .pptx

步骤01　选择需要的版式。 打开原始文件，首先选择需要更改版式的幻灯片，如选择第4张幻灯片，然后单击“开始”选项卡下“幻灯片”组中的“版式”按钮，在展开的下拉列表中单击“比较”选项，如下图所示。

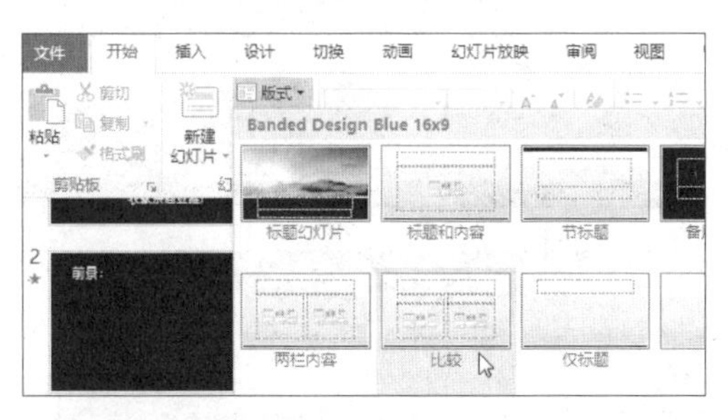

步骤02　显示更改版式后的效果。 此时所选幻灯片的版式效果如下图所示。

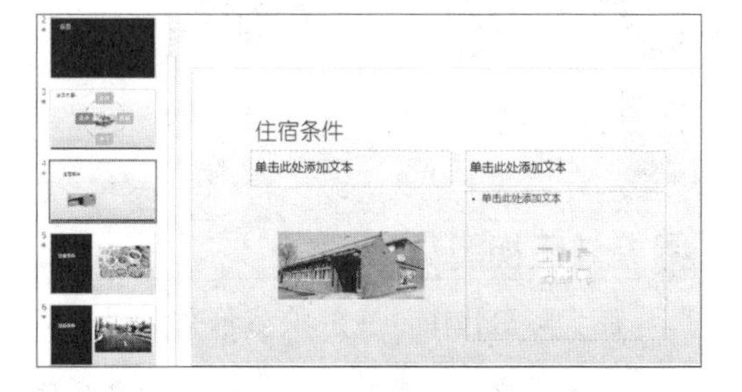

1.6　认识演示文稿的视图

当一个演示文稿由多张幻灯片组成时，为了便于用户操作，PowerPoint 2016 针对演示文稿的不同设计阶段，提供了不同的工作环境，这种工作环境便称为“视图”。PowerPoint 2016 主要有 5 种视图：普通视图、大纲视图、幻灯片浏览视图、备注页视图和幻灯片放映视图，下面简单介绍这几种视图方式。

原始文件： 下载资源\实例文件\第 1 章\原始文件\农家乐商业推广 .pptx
最终文件： 无

1 普通视图

普通视图是默认的幻灯片视图，也是最常用的一种视图方式。普通视图主要包含 3 个工作区域：导航缩略图、幻灯片窗格及备注窗格，如下图所示。在幻灯片浏览窗格中单击某张幻灯片的缩略图，则在幻灯片窗格中会显示该幻灯片的内容，并且可以进行所有编辑操作。

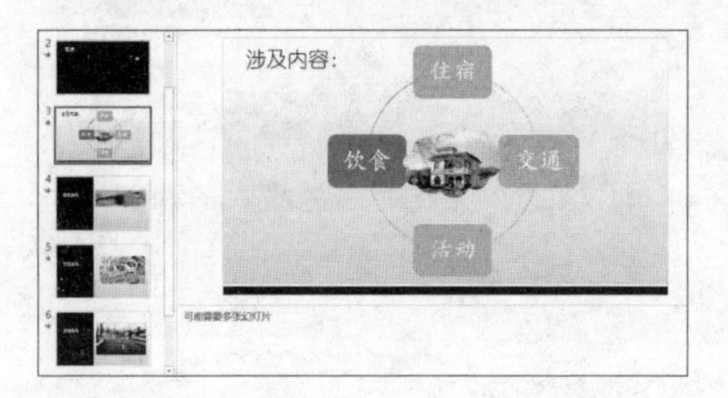

2 大纲视图

在大纲视图中可直观地看到演示文稿的结构和层级关系，在大纲窗格中可快速输入标题文本，并可快速对标题的级别进行修改。大纲视图效果如下图所示。

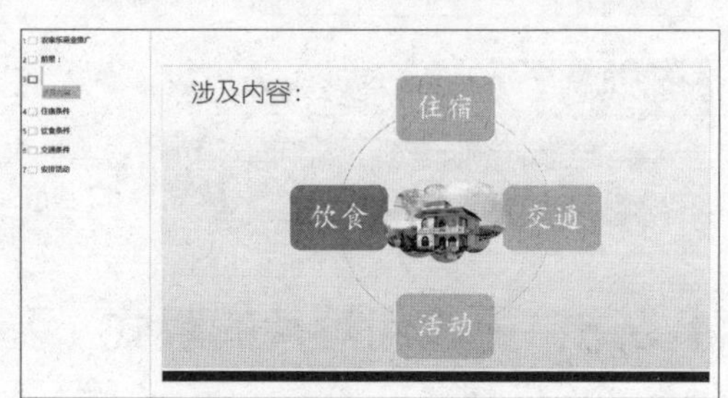

3 幻灯片浏览视图

幻灯片浏览视图可查看缩略图形式的幻灯片。通过此视图，可以在准备打印幻灯片时方便地对幻灯片顺序进行排列和组织，效果如下图所示。

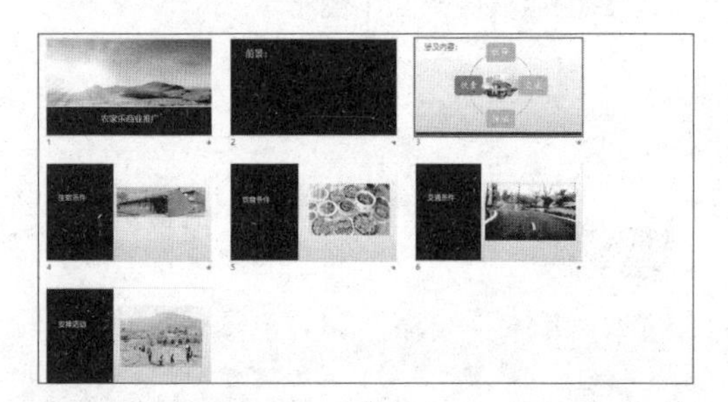

4 幻灯片放映视图

放映演示文稿是展示演示文稿的重要手段之一。用于放映幻灯片的视图有幻灯片放映视图、演示者视图和阅读视图。当演示文稿开始放映时，效果如下图所示。

5 备注页视图

在实际工作中，在放映演示文稿时，有时候一些信息不需要展示给观众，但又需要让演讲者看到以帮助记忆演讲内容，这时可以通过添加备注页来解决。

备注页视图用来显示和编排备注页内容。在备注页视图中，视图的上半部分显示幻灯片，下半部分显示备注内容，如右图所示。

办公点拨 切换视图的方法

用户只需单击“视图”选项卡下“演示文稿视图”组中的对应按钮，即可切换至相应视图，还可单击窗口底部“视图按钮”区的视图按钮完成切换视图的操作。

1.7 保存与另存演示文稿

在创建好演示文稿后，应及时对其进行保存，以免因停电或没有制作完成就误将PowerPoint 2016关闭而造成不必要的损失，同时，也方便以后使用该演示文稿。用户可以将创建的演示文稿保存在不同的位置。

1.7.1 将演示文稿保存在现有位置

将演示文稿保存在现有位置，将覆盖之前的文稿。使用“保存”命令可对文稿进行保存，当首次保存时，会跳转至“另存为”选项面板，然后进行另存文稿的操作，具体方法如下。

原始文件： 无

最终文件： 下载资源\实例文件\第1章\最终文件\演示文稿1.pptx

步骤01 **单击“保存”按钮。**新建一个模板演示文稿，然后单击快速访问工具栏中的“保存”按钮，如下图所示。

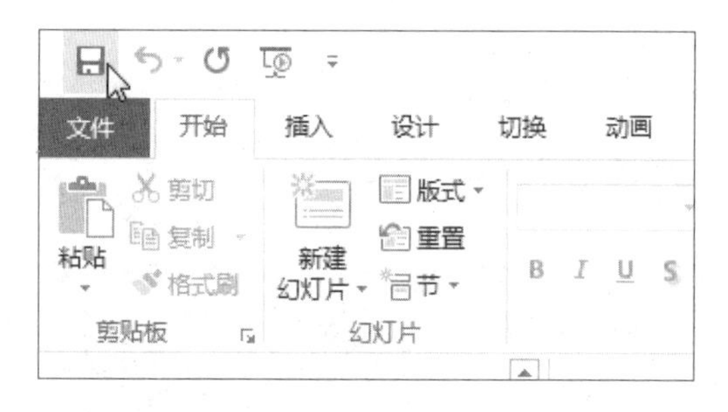

步骤02 **单击“浏览”按钮。**当首次保存文档时，系统自动跳转至“另存为”选项面板，单击“浏览”按钮，如下图所示。

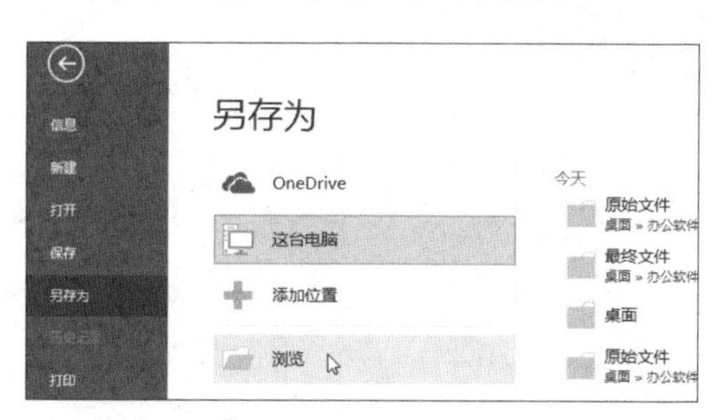

步骤03 **保存演示文稿。**弹出“另存为”对话框，在地址栏中选择演示文稿保存的路径，然后在“文件名”文本框和“保存类型”下拉列表框中可分别修改演示文稿的名称与文档类型，这里保持默认，如右图所示，最后直接单击“保存”按钮。

办公点拨 快速保存现有演示文稿

如果要保存的演示文稿已存在，单击快速访问工具栏中的“保存”按钮，不会弹出“另存为”选项面板，而是只将现有演示文稿在原位置保存。直接按下【Ctrl+S】组合键，也可在原位置保存演示文稿。

1.7.2 将演示文稿保存在其他位置

如果希望更改当前打开的演示文稿的保存位置，可以使用“另存为”命令来实现。将演示文稿保存在其他位置时，将不会更改原有演示文稿中的内容，但可以更改演示文稿的文件类型或文件名。

原始文件： 下载资源\实例文件\第 1 章\原始文件\工作总结 .pptx

最终文件： 下载资源\实例文件\第 1 章\最终文件\将演示文稿保存在其他位置 .pptx

步骤01 **单击“另存为”命令。** 打开原始文件，对演示文稿中的内容进行修改，然后单击“文件”按钮，在展开的菜单中单击“另存为”命令，在“另存为”选项面板中单击“浏览”按钮，如下图所示。

步骤02 **设置保存选项。** 弹出“另存为”对话框，在地址栏中选择文件的保存位置，然后在“文件名”文本框中输入文件新名称，如“将演示文稿保存在其他位置”，设置好保存类型，如下图所示，最后单击“保存”按钮。

1.8 PowerPoint 2016个性化设置

为了满足用户更多的需求，PowerPoint 2016 提供了许多自定义功能，可实现对工作界面的改造，如可以自定义功能区、显示和隐藏功能区、自定义快速访问工具栏等。

1.8.1 自定义功能区

自定义功能区可以让用户在功能区中自定义新的选项卡，并且能对现有功能区中的按钮或命令位置进行调整，例如，将文本处理命令如字体、段落等移至新建的“文本格式”选项卡中，具体操作如下。

步骤01 **单击“选项”命令。** 启动PowerPoint 2016，单击“文件”按钮，在展开的菜单中单击“选项”命令，如下左图所示。

步骤02 **单击“自定义功能区”选项。** 弹出“PowerPoint 选项”对话框，在左侧列表框中单击“自定义功能区”选项，如下中图所示。

步骤03 **新建选项卡。** 切换至“自定义功能区”选项面板中，在“自定义功能区”选项组中单击“新建选项卡”按钮，如下右图所示。

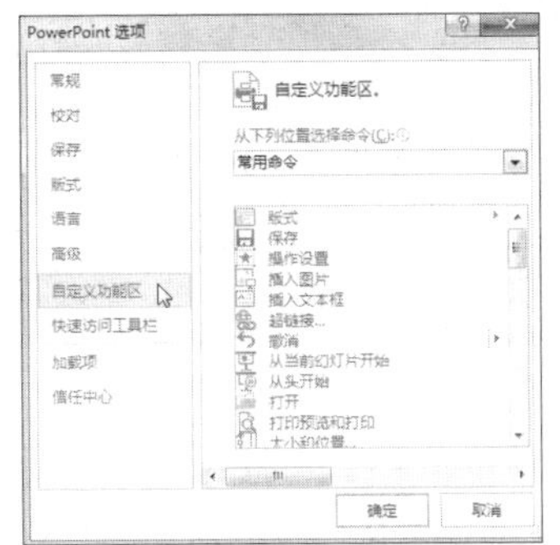

步骤04 **重命名新建选项卡。**此时，在列表框中创建了“新建选项卡”和“新建组”选项，单击“新建选项卡”选项，然后单击“重命名”按钮，如下左图所示。

步骤05 **输入新建选项卡的名称。**弹出“重命名”对话框，在“显示名称”文本框中输入名称，如“文本格式”，然后单击“确定”按钮，如下中图所示。

步骤06 **显示重命名新建选项卡后的效果。**此时，选中的新建选项卡重新命名为“文本格式”，如下右图所示。

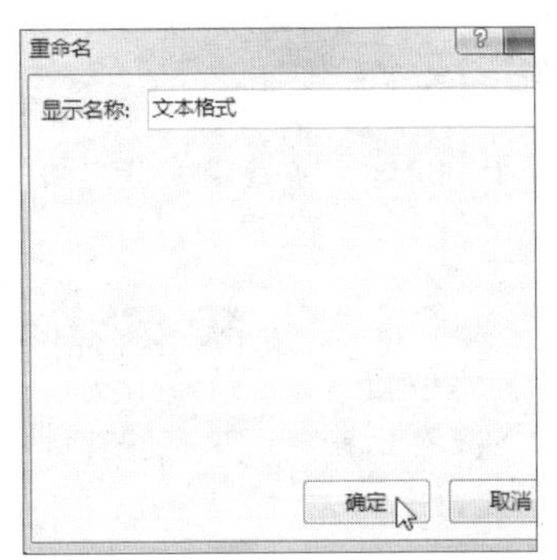

步骤07 **调整命令组位置。**单击“开始”选项卡中的“字体”选项，单击右侧的“下移”按钮，如下左图所示。

步骤08 **完成调整命令组位置。**每单击一次“下移”按钮，被选中的“字体”选项就会下移一位，将其移至新建的“文本格式”选项卡下，如下中图所示。

步骤09 **删除多余命令组。**用相同的方法，将“段落”组移至“文本格式”选项卡下，然后单击“新建组”选项，单击“删除”按钮，如下右图所示。

步骤10 **确认自定义设置。**选中的命令组即被删除，完成选项卡的新建和设置后，单击“确定”按钮即可，如下左图所示。

步骤11 **显示自定义选项卡效果。**此时，用户可以在功能区中看到“文本格式”选项卡，其中包括“字体”和“段落”两个命令组，如下右图所示。

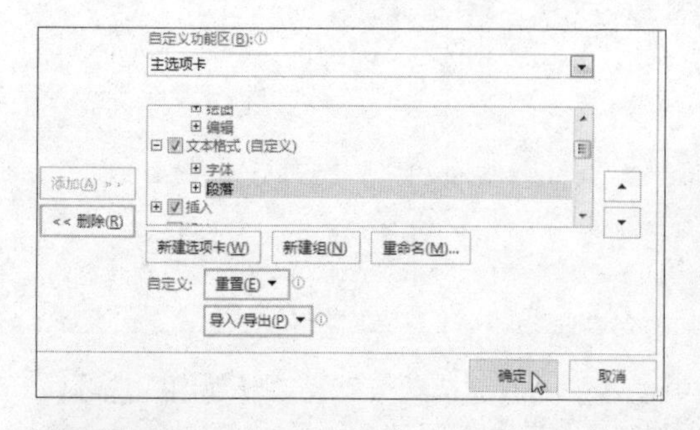

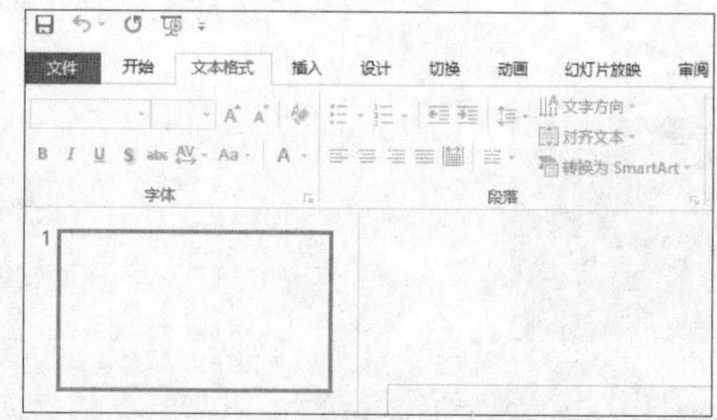

办公点拨 **重置功能区**

如果用户希望删除所有自定义项并恢复到默认设置，可以打开“PowerPoint 选项”对话框，单击“自定义功能区”选项，在其选项面板中单击“重置”按钮，可选择仅重置所选的功能区选项卡或是重置所有功能区选项，还原程序的默认设置。

1.8.2 显示和隐藏功能区

编辑演示文稿时，为了使幻灯片的显示区域更大些，可以将功能区选项卡隐藏起来。隐藏功能区的具体操作如下。

步骤01 **单击“功能区最小化”命令。**启动PowerPoint 2016，在功能区任意位置右击，从弹出的快捷菜单中单击“折叠功能区”命令，如下图所示。

步骤02 **显示隐藏功能区后的效果。**此时当前演示文稿窗口中的功能区即被隐藏了，如下图所示。

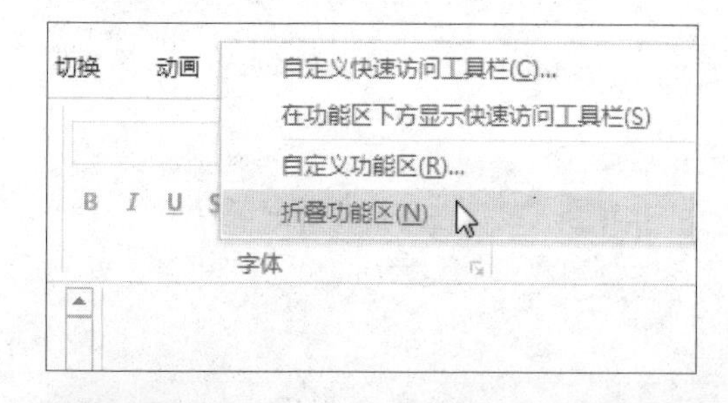

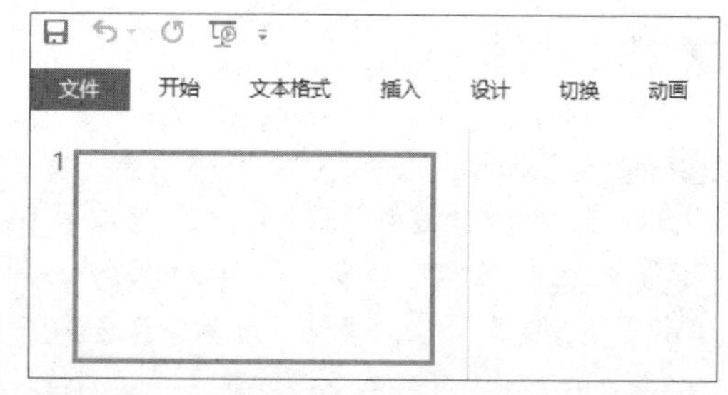

办公点拨 **快速显示与隐藏功能区**

用户还可以使用【Ctrl+F1】组合键快速切换功能区的隐藏与显示状态。除此之外，还可以双击任意选项卡标签，切换功能区的隐藏与显示状态。

1.8.3 自定义快速访问工具栏

快速访问工具栏是一个可自定义的工具栏，它包含一组独立于当前所显示的选项卡的命令。在制作演示文稿的过程中往往会频繁用到某些命令或按钮，可将其添加到快速访问工具栏中，以提高制作演示文稿的速度。下面以将“插入表格”命令添加到快速访问工具栏中为例，讲解自定义快速访问工具栏的方法。

步骤01 **单击“其他命令”选项。**启动PowerPoint 2016，若要自定义快速访问工具栏，单击“自定义快速访问工具栏”按钮，从展开的下拉列表中单击“其他命令”命令，如下左图所示。

步骤02 **选择命令所在位置。**弹出“PowerPoint 选项”对话框，自动切换至“快速访问工具栏”选项面板中，单击“从下列位置选择命令”右侧的下三角按钮，从展开的下拉列表中单击“不在功能区中的命令”选项，如下中图所示。

步骤03 **选择要添加的命令。**在其下方的列表框中单击要添加到快速访问工具栏中的命令，如单击“插入表格”选项，然后单击“添加”按钮，如下右图所示。

步骤04 **确认添加命令。**选择的命令添加到“自定义快速访问工具栏”列表框中，单击“确定”按钮，如下图所示。

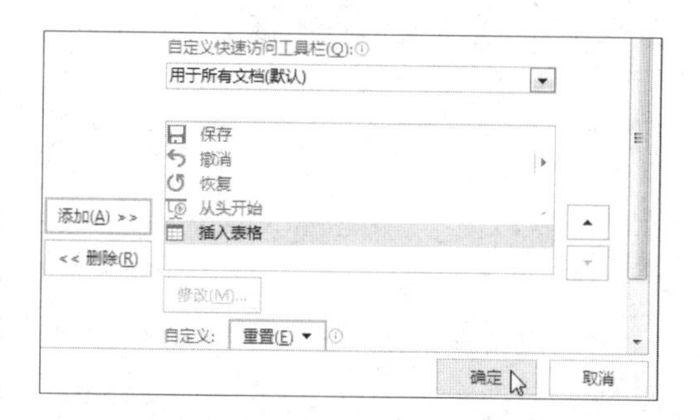

步骤05 **显示添加效果。**此时，选中的“插入表格”命令添加到了快速访问工具栏中，如下图所示。当要在幻灯片中添加表格时，可直接单击该按钮。

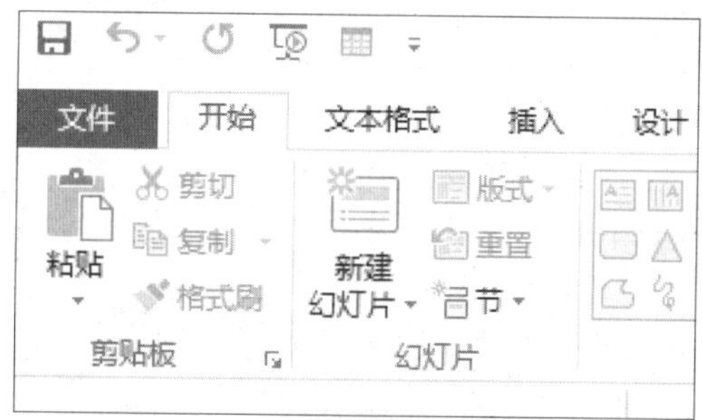

实例演练 搜索模板并创建演示文稿

通过本章的学习，相信读者已经对 PowerPoint 2016 有了一定的认识，同时对演示文稿中的基本操作也有了一定的了解。为了加深读者的印象，下面就以利用模板创建一个演示文稿为例，巩固本章所学知识。

原始文件：无

最终文件：下载资源 \ 实例文件 \ 第 1 章 \ 最终文件 \ 商务报告 .pptx

步骤01 **启动PowerPoint 2016。**双击桌面上的PowerPoint 2016应用程序图标，如下图所示。

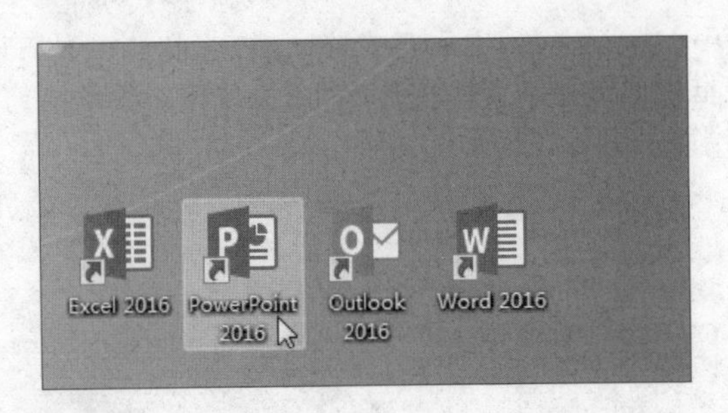

步骤02 **输入关键字。**在弹出的开始屏幕右侧包含多个演示文稿模板，如果没有合适的模板，可以在文本框中输入关键字，如输入“商务”，然后按下【Enter】键搜索相关演示文稿模板，如下图所示。

步骤03 **选择创建模板。**在面板下显示搜索到的与“商务”相关的演示文稿模板，单击合适的模板，如下图所示。

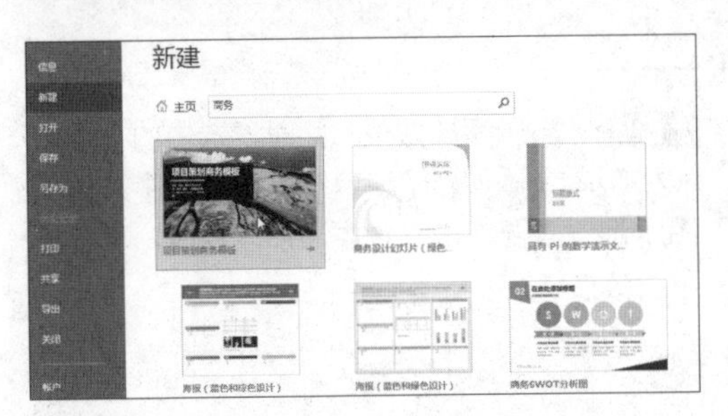

步骤04 **创建演示文稿。**在弹出的对话框中单击“创建”按钮，如下图所示。

步骤05 **自定义快速访问工具栏。**单击“自定义快速访问工具栏”按钮，在展开的下拉列表中单击“打开”命令，如下图所示。

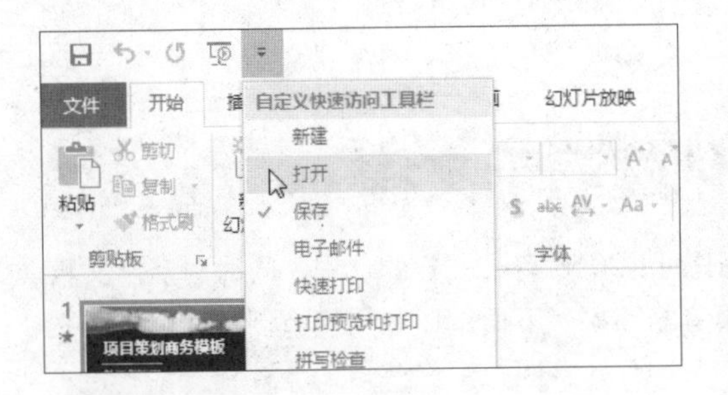

步骤06 **更改快速访问工具栏的位置。**单击“自定义快速访问工具栏”按钮，在展开的下拉列表中单击“在功能区下方显示”命令，如下图所示。

步骤07 **保存新建演示文稿。**此时快速访问工具栏移动到了功能区下方，单击“保存”按钮，如右图所示。

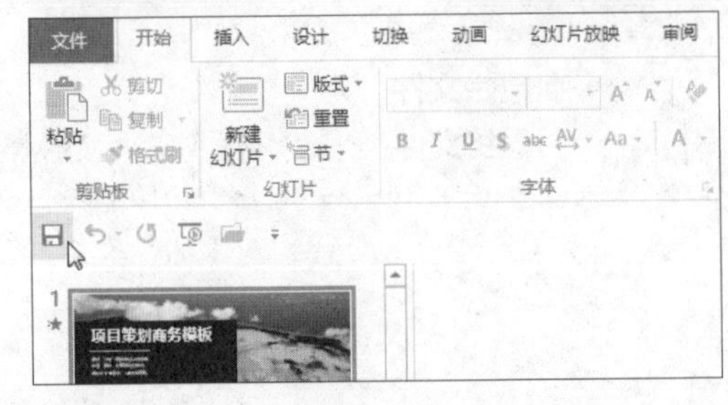

步骤08　单击“浏览”按钮。系统跳转至“另存为”选项面板，单击“浏览”按钮，如右图所示。

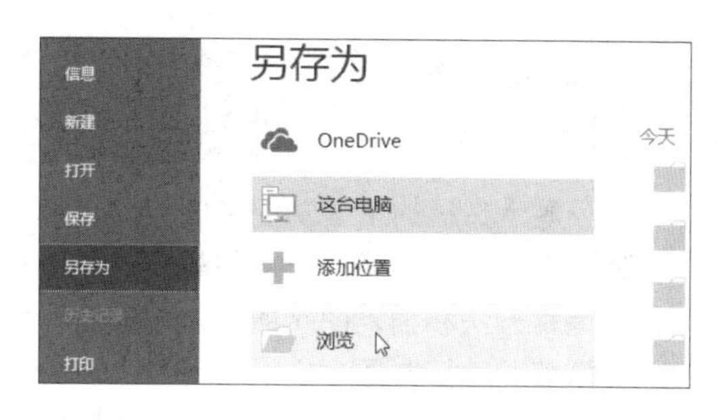

步骤09　设置“另存为”对话框。弹出“另存为”对话框，在地址栏中选择演示文稿要保存到的位置，在“文件名”文本框中输入演示文稿的名称，如输入“商务报告”，然后确保“保存类型”为“PowerPoint演示文稿”，如下图所示，最后单击“保存”按钮。

步骤10　删除多余幻灯片。保存演示文稿后自动返回，在幻灯片浏览窗格中选中第4张和第5张幻灯片，在选中的幻灯片上右击，在弹出的快捷菜单中单击“删除幻灯片”命令，如下图所示。

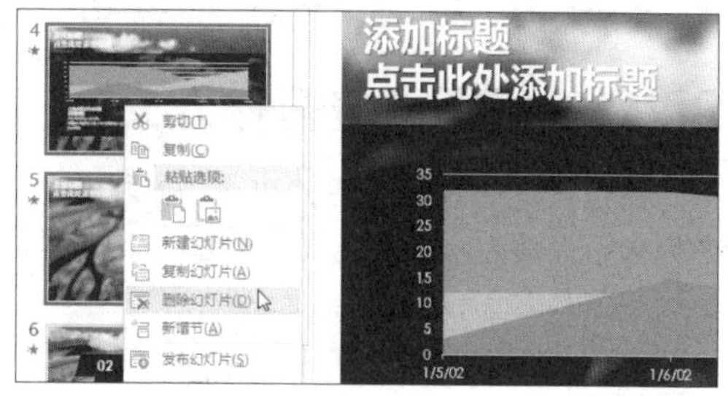

步骤11　更改幻灯片版式。选择需要更改版式的幻灯片，然后单击“开始”选项卡下“幻灯片”组中的“版式”按钮，在展开的下拉列表中可看到所选幻灯片当前应用的版式为“副标题页”版式，单击“三项目录”版式，如下图所示。

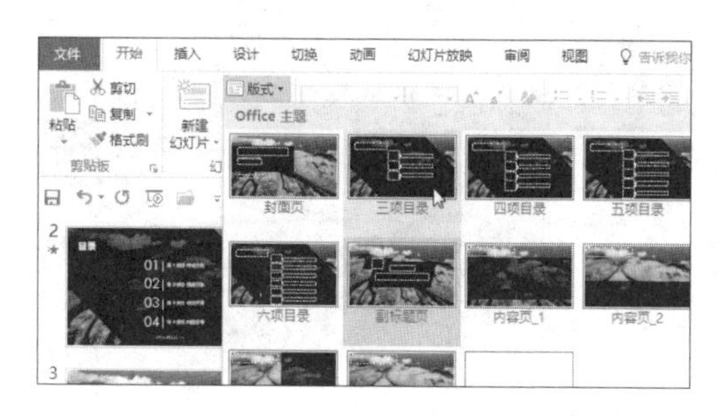

步骤12　再次保存演示文稿。当对演示文稿进行更改后，单击快速访问工具栏中的“保存”按钮，如下图所示，即可将更改后的演示文稿保存至步骤09设置的位置。

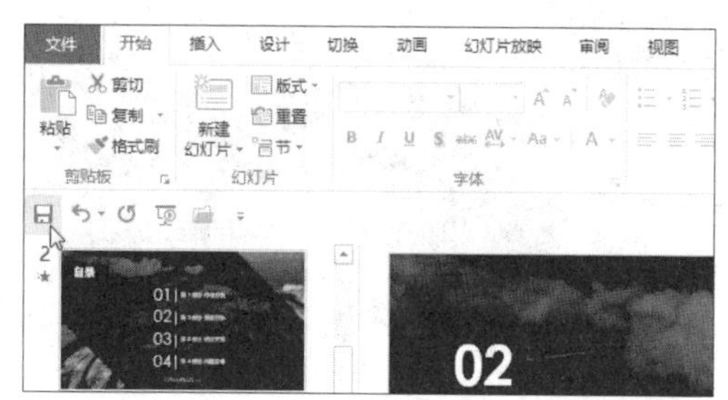

第2章 快速编辑幻灯片

演示文稿的主要功能是向用户传达一些信息，而这些信息最基本的组成部分是文本，文本幻灯片是应用最广泛的一类幻灯片。本章介绍幻灯片中文本的输入与编辑方法和插入图示的方法与技巧，每种方法都有其自身的优势，用户可根据实际情况进行选择。

2.1 输入文本

演示文稿的内容极其丰富，包括文本、图片、表格、图表、声音和视频等，其中文本是最基本的元素。在幻灯片中添加文本的方法有很多，这里主要介绍根据占位符输入文本、使用文本框输入文本、使用艺术字和自选图形输入文本 4 种操作。

2.1.1 根据占位符输入文本

占位符是一种带有虚线边线的方框，除了空白版式，其余幻灯片都包含占位符。在这些方框内可以输入标题及正文，或插入 SmartArt 图形、图表、表格和图片等对象，具体操作如下。

原始文件：下载资源 \ 实例文件 \ 第 2 章 \ 原始文件 \ 根据占位符输入文本 .pptx

最终文件：下载资源 \ 实例文件 \ 第 2 章 \ 最终文件 \ 根据占位符输入文本 .pptx

步骤01 **单击标题占位符。**打开原始文件，单击第1张幻灯片中的标题占位符，此时提示文本消失，占位符内出现插入点（即闪烁的光标），占位符变成虚线边框，如下图所示。

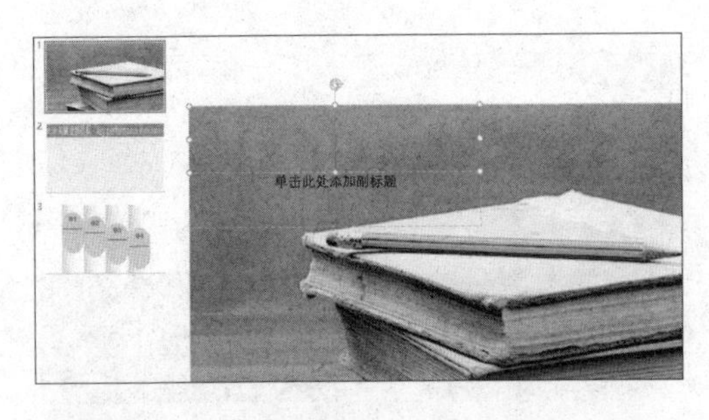

步骤02 **输入标题。**在标题占位符中输入标题文本“员工培训”，然后单击占位符外的任意处，如下图所示。

步骤03 **输入副标题。**单击副标题占位符，输入副标题文本“利用协同办公平台实现部门企业职责与绩效考核管理”，如右图所示。

步骤04 激活占位符。切换至第2张幻灯片，单击项目符号列表占位符，插入点会显示在第1个项目符号后，如右图所示。

步骤05 输入正文文本。在占位符中输入内容，若文本内容超出占位符，则文本自动缩小，同时文本框左下角出现“自动调整选项”按钮，如下图所示。

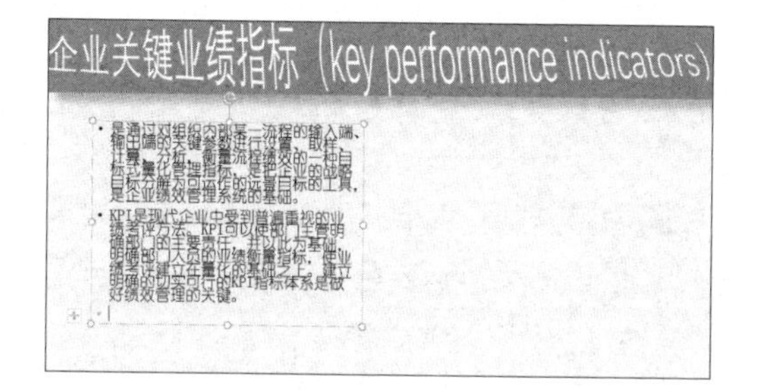

步骤06 设置自动调整选项。将鼠标指针移至“自动调整选项”按钮，单击出现的下三角按钮，在展开的下拉列表中单击“停止根据此占位符调整文本”选项，如下图所示。

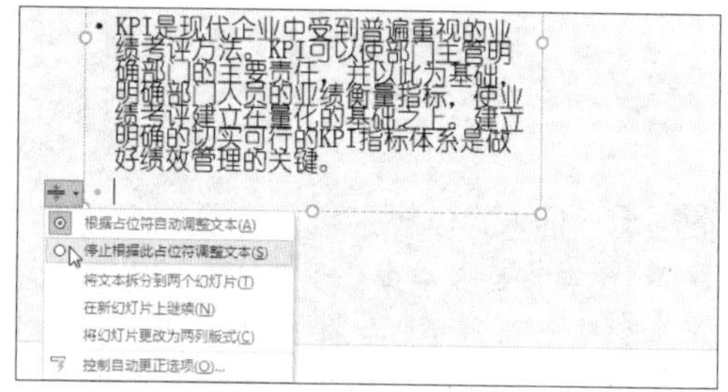

步骤07 显示停止根据此占位符调整文本后的效果。此时将不会根据占位符大小对占位符中的文本进行缩放，效果如下图所示。

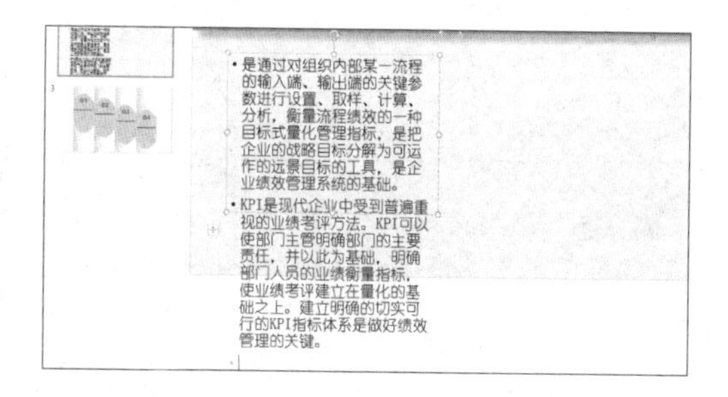

步骤08 调整文本框大小。利用文本框周围的8个控点可以调整文本框的大小，首先将鼠标指针移至控点上，如将鼠标指针移至文本框右边框中间的控点上，此时鼠标指针呈水平双向箭头状，如下图所示。

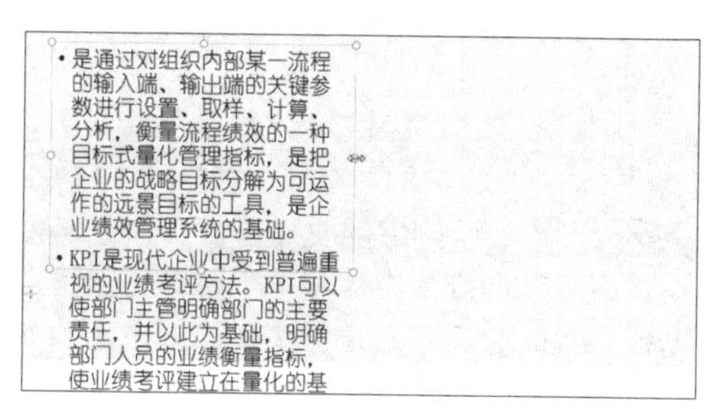

步骤09 拖动鼠标。按住鼠标左键，向右拖动至合适位置，如下图所示。

步骤10 显示最终效果。调整文本框大小后，正文内容全都包含在文本框中，效果如下图所示。

办公点拨　控制自动更正选项

在 PowerPoint 2016 中，可以根据需要事先设置好自动更正选项，例如键入时，将直引号替换为弯引号、将分数替换为分数符号等。只需单击文本框左下角出现的“自动调整选项”按钮，在展开的下拉列表中单击“控制自动更正选项”选项，在弹出的“自动更正”对话框中进行相应的设置即可。

2.1.2　使用文本框输入文本

利用文本框可以在幻灯片中添加文本，文本框分为横排和竖排两种。横排文本框也称为水平文本框，其中的文字按从左到右的顺序排列；竖排文本框也称为垂直文本框，其中的文字按从上到下的顺序排列。用户可以将文本框放在幻灯片的任何位置。具体操作如下。

原始文件： 下载资源\实例文件\第2章\原始文件\使用文本框.pptx

最终文件： 下载资源\实例文件\第2章\最终文件\使用文本框输入文本.pptx

步骤01 **插入文本框。** 打开原始文件，切换至第3张幻灯片，单击“插入”选项卡下“文本”组中的“文本框”下三角按钮，在展开的下拉列表中单击“横排文本框”选项，如下图所示。

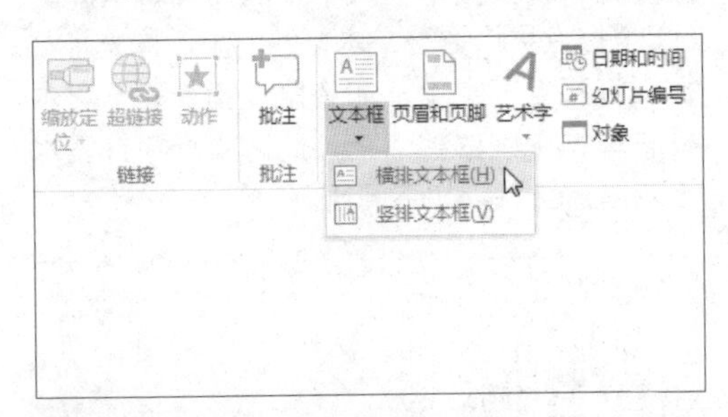

步骤02 **绘制文本框。** 在需要插入文本框的位置单击，按住鼠标左键拖动绘制需要的文本框，如下图所示。

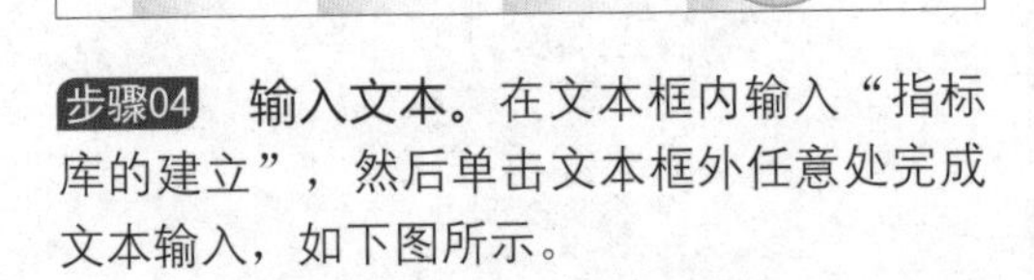

步骤03 **查看绘制好的文本框。** 释放鼠标左键，即可在幻灯片中添加一个带有控点的文本框，且此时插入点定位在文本框内，如下图所示。

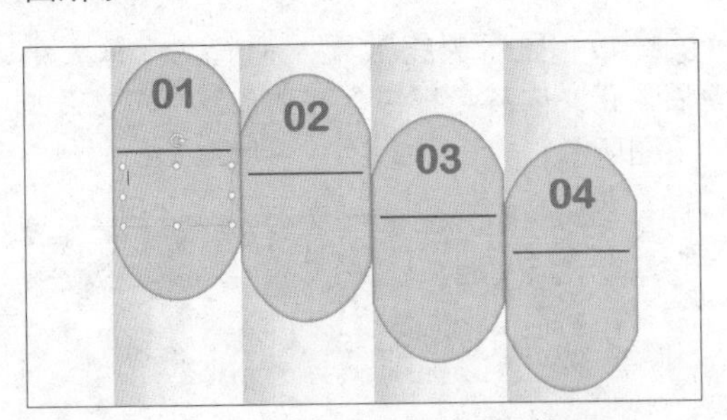

步骤04 **输入文本。** 在文本框内输入“指标库的建立”，然后单击文本框外任意处完成文本输入，如下图所示。

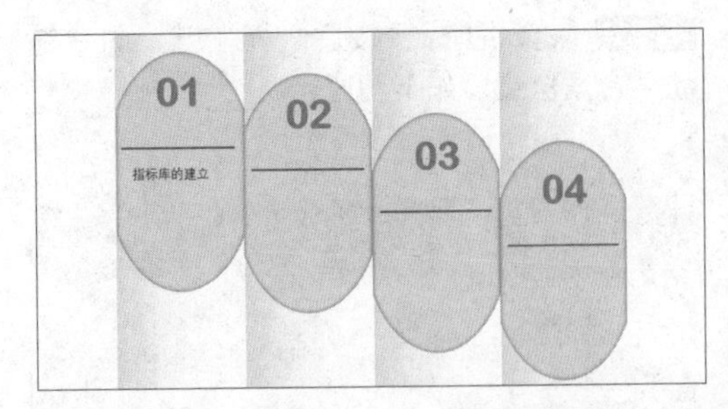

步骤05 **选中文本框。** 将鼠标指针移至文本框边框处，待鼠标指针呈十字箭头时单击，此时文本框的虚线边框线变为实线，即选中整个文本框，如下左图所示。

步骤06 **复制文本框。**右击选中的文本框，在弹出的快捷菜单中单击“复制”命令，如下右图所示。

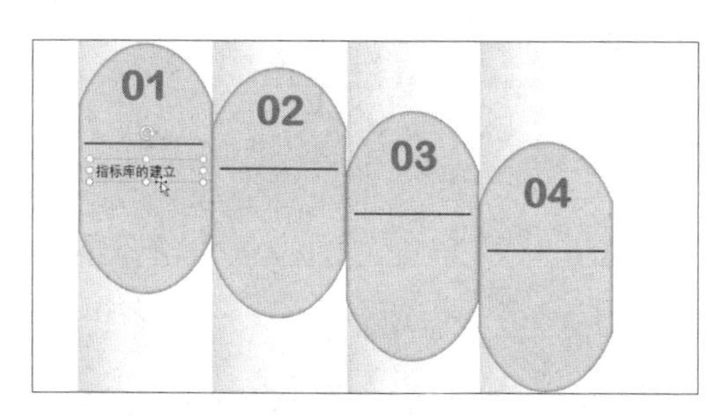

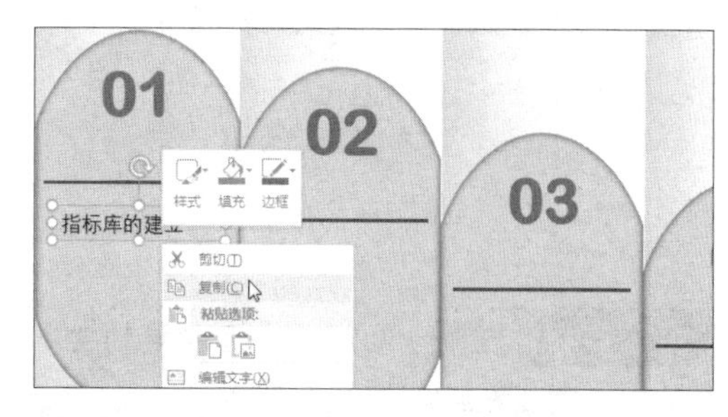

步骤07 **粘贴文本框。**在幻灯片中任意位置右击，在弹出的快捷菜单中单击“粘贴选项”选项组中的“保留源格式”选项，如下图所示。

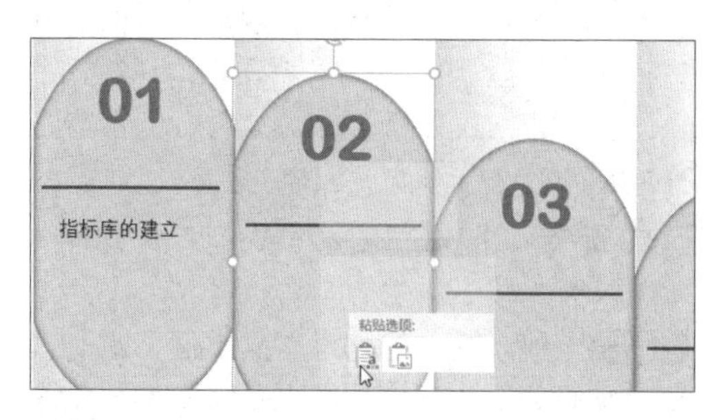

步骤08 **显示粘贴的文本框。**将复制的文本框粘贴至幻灯片中，效果如下图所示。粘贴的文本框右下角出现粘贴按钮，用户可对内容进行选择性粘贴。

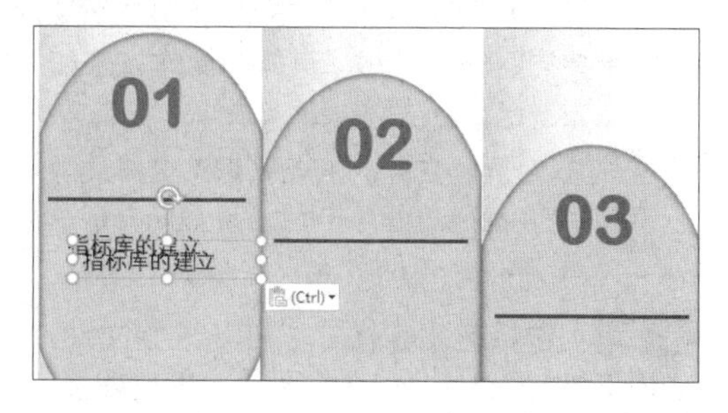

步骤09 **移动文本框。**选中粘贴的文本框，将鼠标指针移至文本框上方，待鼠标指针呈十字箭头时，按住鼠标左键将其拖动至合适的位置，如下图所示。

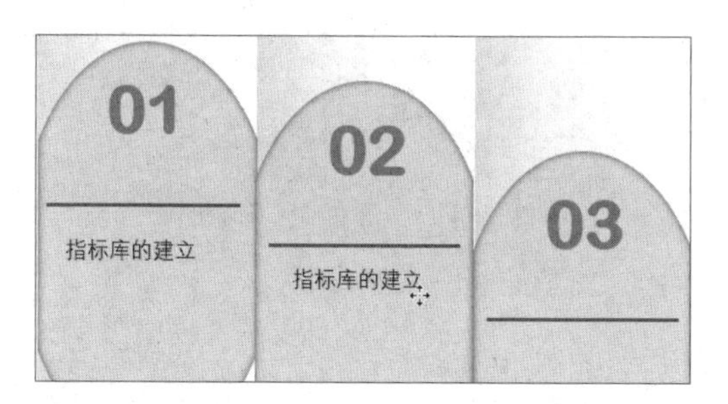

步骤10 **修改文本。**单击文本框内容，将插入点定位至文本框内，如下图所示。删除文本框原来的内容，输入对应的文本。

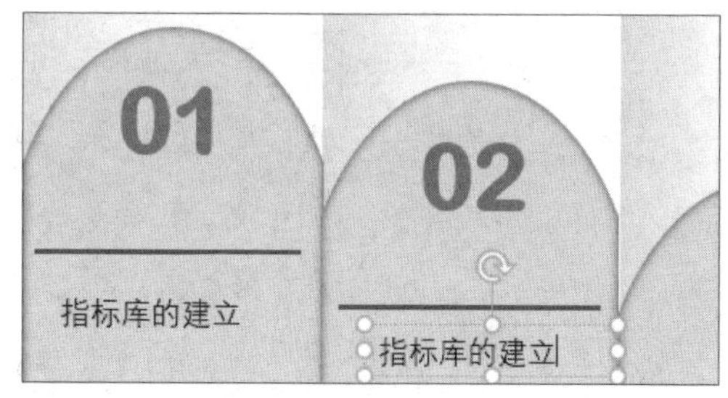

步骤11 **显示修改文本后的效果。**文本输入完毕后，单击文本框外的任意处，取消文本框的激活状态，效果如右图所示。

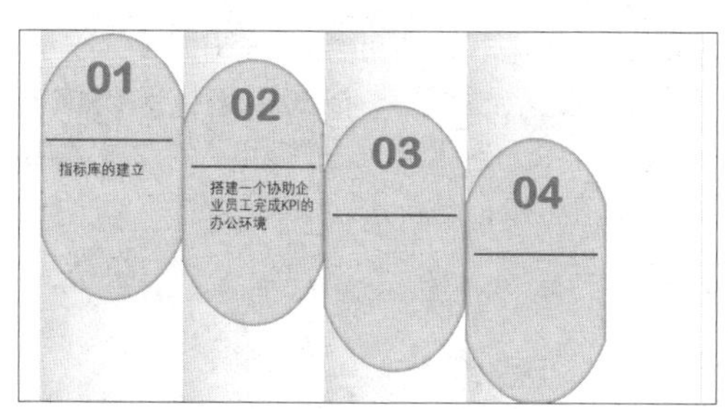

步骤12 **完成其他文本的输入。**使用上述任意一种方法，再向幻灯片中添加两个文本框并完成文本输入，最终效果如右图所示。

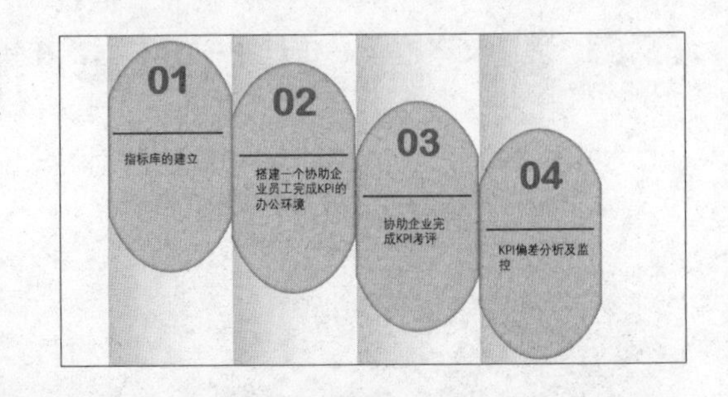

办公点拨　在同一幻灯片中拖动复制文本

在同一张幻灯片中若要复制文本，可以选取文本，然后按住【Ctrl】键，将选取的文本拖至目标位置，释放鼠标左键即可将选中的文本复制到目标位置。

2.1.3　使用艺术字输入文本

在幻灯片中插入艺术字，可以让文本内容更加醒目，起到强调作用，让观众对当前幻灯片的主要内容一目了然。具体的操作方法如下。

原始文件：下载资源\实例文件\第2章\原始文件\使用艺术字.pptx

最终文件：下载资源\实例文件\第2章\最终文件\使用艺术字输入文本.pptx

步骤01 **选择艺术字样式。**打开原始文件，切换至第3张幻灯片，单击“插入”选项卡下“文本”组中的“艺术字”按钮，在展开的下拉列表中选择如下图所示的艺术字样式。

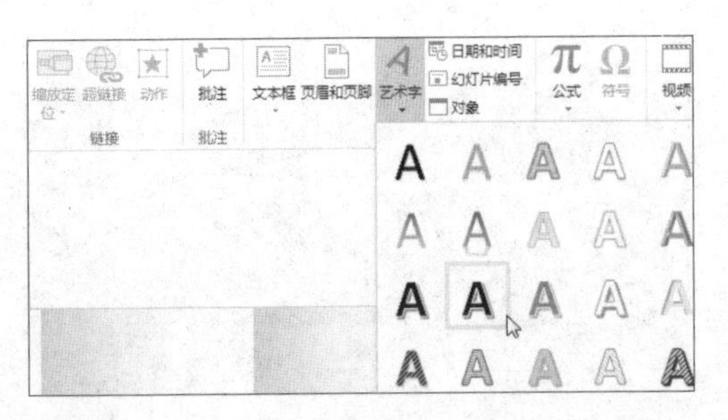

步骤02 **显示插入的艺术字文本框。**此时系统自动在幻灯片中添加艺术字文本框，更改文本框中的文本为“企业KPI体系的重要环节”，如下图所示。用户可以将文本框移至幻灯片右上角的合适位置，具体操作下一节将详细介绍。

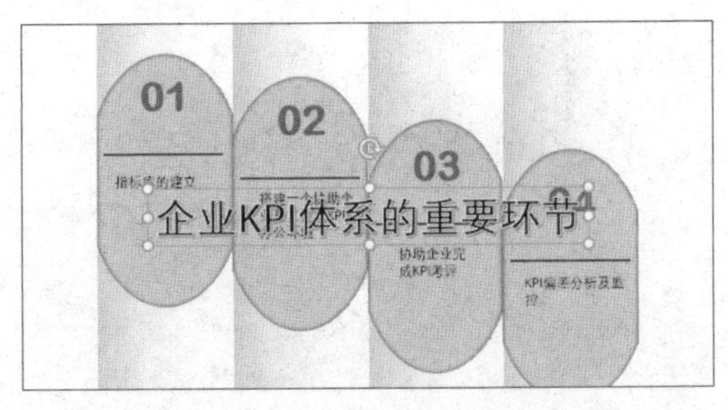

步骤03 **单击“文本效果”按钮。**插入艺术字后出现“绘图工具-格式”选项卡，单击该选项卡下“艺术字样式”组中的“文本效果”按钮，如右图所示。

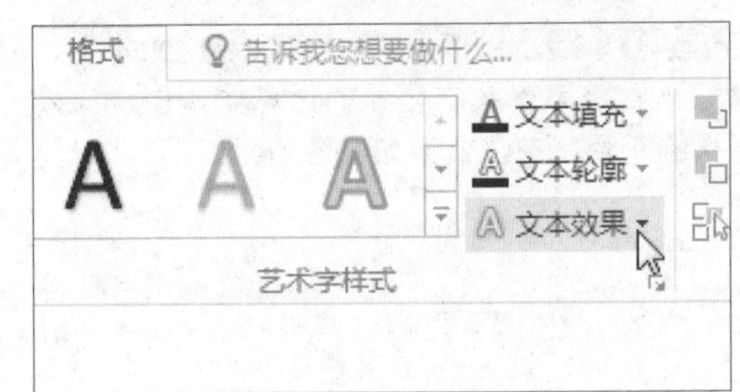

步骤04 **设置文本转换效果。**在展开的下拉列表中指向“转换”选项，然后在展开的级联列表中选择“弯曲”组中的第1种样式，如下图所示。

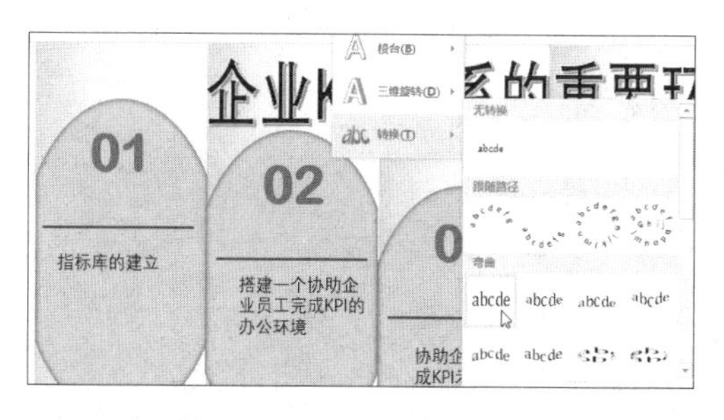

步骤05 **设置字体弯曲程度。**此时在艺术字文本框下边框线上出现一个圆形黄色控点，选中该控点，按住鼠标左键向左拖动，如下图所示。

步骤06 **显示最终效果。**经过以上一系列操作，最终添加的艺术字效果如右图所示。

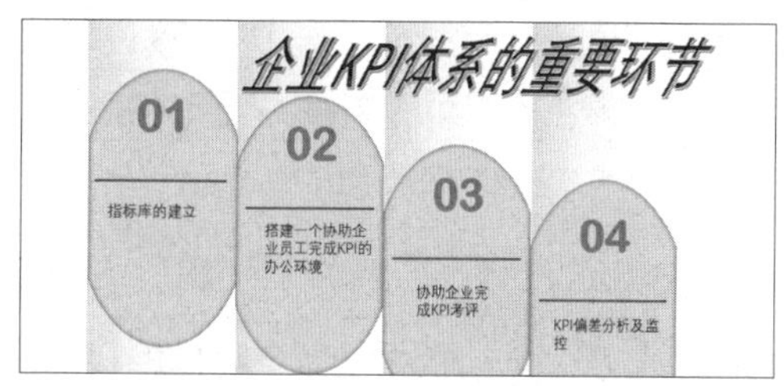

办公点拨 **为文本套用艺术字样式**

选中文本，单击“绘图工具 - 格式”选项卡下“艺术字样式”列表中的艺术字样式，即可为所选文本套用相应艺术字样式。

2.1.4 使用自选图形输入文本

在幻灯片中添加自选图形，然后在自选图形中添加文字，可作为对繁杂文字的解释说明，让重点更凸显。PowerPoint 2016 提供了一些常用的自选图形，通过这些自选图形可以制作出许多精美的图形效果，在2.3节中将详细介绍，下面先介绍自选图形的添加及其文字的编辑方法。

原始文件：下载资源\实例文件\第 2 章\原始文件\插入自选图形 .pptx

最终文件：下载资源\实例文件\第 2 章\最终文件\使用自选图形输入文本 .pptx

步骤01 **选择需要插入自选图形的幻灯片。**打开原始文件，单击幻灯片浏览窗格中的第2张幻灯片，切换至第2张幻灯片中，如下图所示。

步骤02 **选择形状。**单击“插入”选项卡下“插图”组中的“形状”按钮，在展开的下拉列表中选择“星与旗帜”组中的第1个图形，如下图所示。

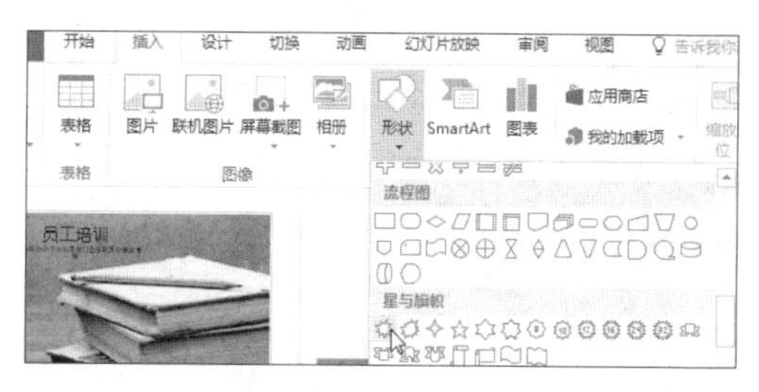

步骤03 **插入形状。**在幻灯片中任意处单击即可插入所选形状，如下图所示。

步骤04 **调整形状大小。**插入的形状为默认大小，用户可利用图形的8个控点调整形状大小，如向右下方拖动图形右下角的控点可增大形状，如下图所示。

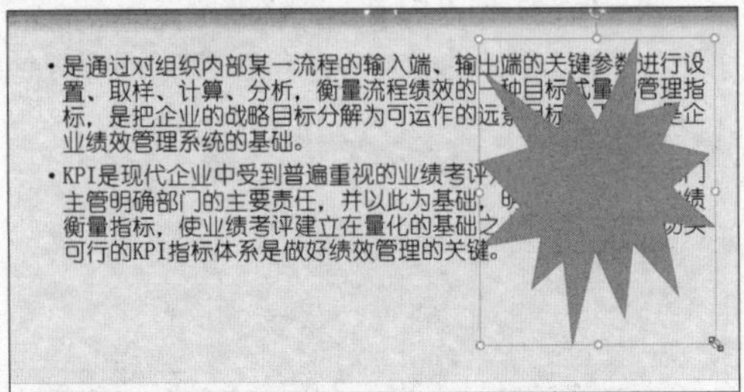

步骤05 **编辑文字。**右击插入的形状，在弹出的快捷菜单中单击"编辑文字"命令，如下图所示。

步骤06 **移动形状位置。**此时在图形中将出现插入点，输入文本后，调整好形状大小，然后选中图形，按住鼠标左键将其移动到合适的位置，如下图所示。

2.2 编辑文本

输入文本仅仅是制作文本型幻灯片的第一步，之后还需要进一步编辑文本，让文本更加符合幻灯片的需要，因此掌握文本的编辑方法是十分必要的。编辑文本的主要操作有文本的选取、移动、复制、粘贴、查找、替换和删除等，下面以占位符中的文本为例，对这些操作依次进行介绍。

2.2.1 文本的选取与移动

要进行文本的编辑，必须先选取文本，选取文本的方式根据用户的需要而有所区别。文本的移动是指将文本从一个位置移动到另一个位置，用户可以选择移动整个占位符或文本框，也可以在占位符或文本框中移动部分文本。本小节将介绍选取与移动文本的几种方法。

1 文本的选取

原始文件：下载资源\实例文件\第2章\原始文件\编辑文本1.pptx

最终文件：无

（1）选取整个占位符

步骤01 **激活占位符。**打开原始文件，切换到第2张幻灯片中，若想选取文本，则单击文本中的任何位置，此时文本周围出现一个虚线边框，并且在鼠标单击处出现一个闪烁的插入点，如下图所示。

步骤02 **选中整个文本框。**单击虚线边框，虚线边框自动转变为实线边框，即表示已经选取整个文本框，如下图所示。单击文本框外任意位置，即可取消文本框的选中状态。

（2）选取整段文本

步骤01 **将插入点置于要选取的段落中。**切换至第2张幻灯片中，在想要选取的段落中的任何位置单击，出现一个闪烁的插入点，如下图所示。

步骤02 **连续三击选取整段文本。**快速按三下鼠标左键，即可选取整段文本，此时，被选取的段落呈灰色背景显示，如下图所示。单击该段落外任意位置，即可取消段落选中状态。

（3）选取部分文本

步骤01 **将插入点置于文本中。**切换至第2张幻灯片，单击想要选取的文本的开始处，将插入点置于要选取文本的第一个字符前，如下图所示。

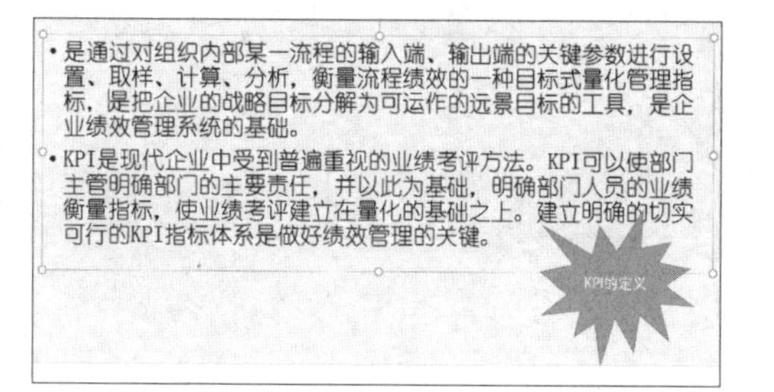

步骤02 **拖动选择文本。**按下鼠标左键拖动至想要选取的文本的最后一个字符处，然后释放鼠标左键，此时被选取的文本呈灰色背景显示，如下图所示。

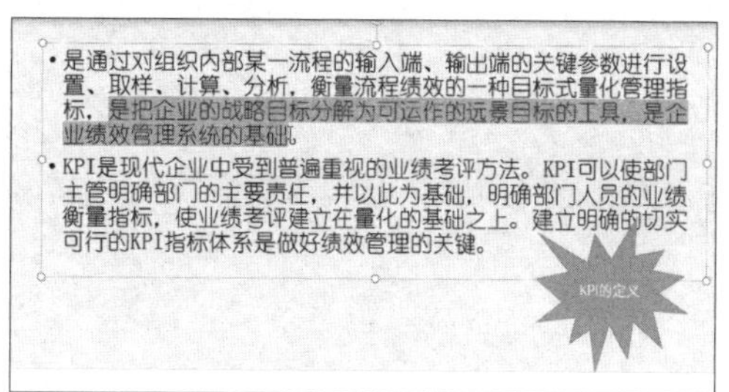

2 文本的移动

原始文件： 下载资源 \ 实例文件 \ 第 2 章 \ 原始文件 \ 编辑文本 1.pptx

最终文件： 下载资源 \ 实例文件 \ 第 2 章 \ 最终文件 \ 移动文本 .pptx

步骤01 **选取要移动的占位符。** 打开原始文件，选中第3张幻灯片，在想要移动的文本的任意位置单击，将鼠标指针移到占位符的边框上，此时鼠标指针变为十字箭头形状，如下图所示。

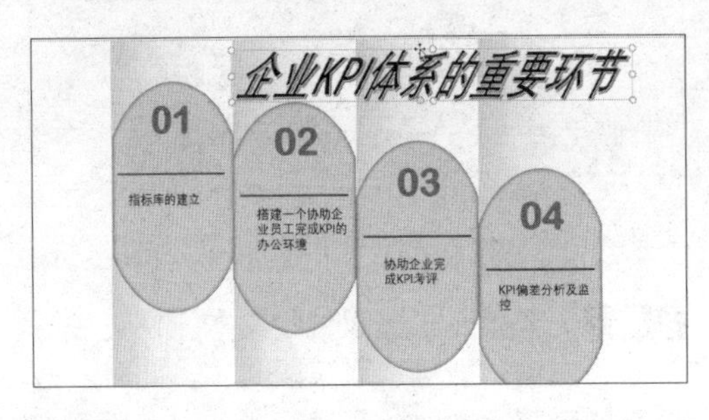

步骤02 **移动文本。** 按住鼠标左键向下拖动，拖动时在占位符的左右两侧及下端有红色线条出现，帮助选定拖动时的位置，如下图所示。

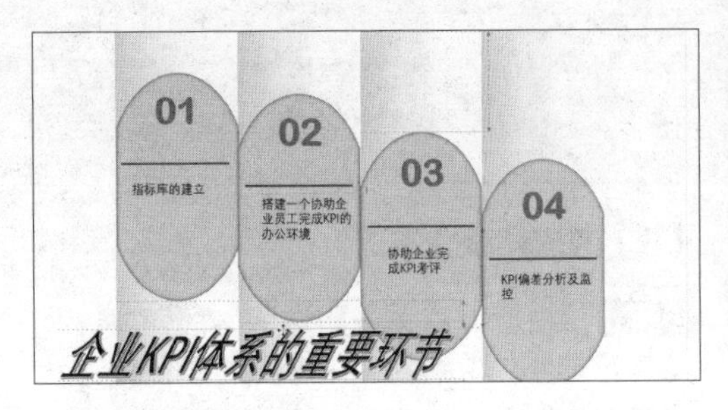

步骤03 **显示移动文本后的效果。** 拖动至新位置后，释放鼠标左键即可完成移动操作，如下图所示。

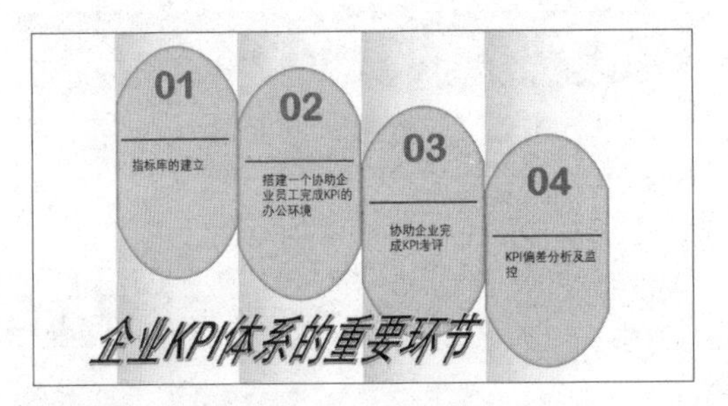

步骤04 **移动部分文本。** 选中第2张幻灯片，在幻灯片中拖动鼠标选取要移动的文本，如下图所示。

步骤05 **拖动文本。** 按住鼠标左键，拖动选中文本至想要移动到的位置，拖动时会出现一个插入点，如下图所示。

步骤06 **显示移动部分文本后的效果。** 拖动至新位置后，释放鼠标左键即可完成移动操作，可以看到所选文本移动到了新位置，如下图所示。

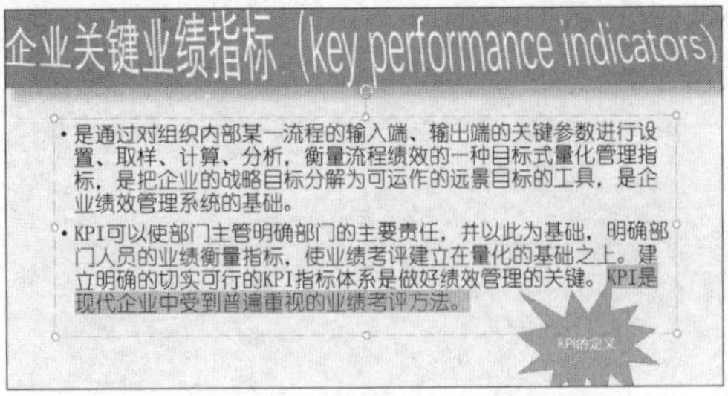

企业关键业绩指标（key performance indicators）

- 是通过对组织内部某一流程的输入端、输出端的关键参数进行设置、取样、计算、分析，衡量流程绩效的一种目标式量化管理指标，是把企业的战略目标分解为可运作的远景目标的工具，是企业绩效管理系统的基础。
- KPI可以使部门主管明确部门的主要责任，并以此为基础，明确部门人员的业绩衡量指标，使业绩考评建立在量化的基础之上。建立明确的切实可行的KPI指标体系是做好绩效管理的关键。KPI是现代企业中受到普遍重视的业绩考评方法。

KPI的定义

2.2.2 文本的复制与粘贴

当文本内容较多且需输入大量相同文本时，使用复制与粘贴命令快速复制现有文本生成新的文本，能使文本输入更准确、更快捷，大大提高工作效率。下面介绍复制与粘贴文本的具体操作。

原始文件：下载资源\实例文件\第 2 章\原始文件\编辑文本 2.pptx
最终文件：下载资源\实例文件\第 2 章\最终文件\复制与粘贴文本 .pptx

步骤01 **选取要复制的文本。**打开原始文件，选中第3张幻灯片，在幻灯片中选取需要复制的文本，如下图所示。

步骤02 **单击“复制”按钮。**切换至“开始”选项卡下，单击“剪贴板”组中的“复制”按钮，如下图所示。

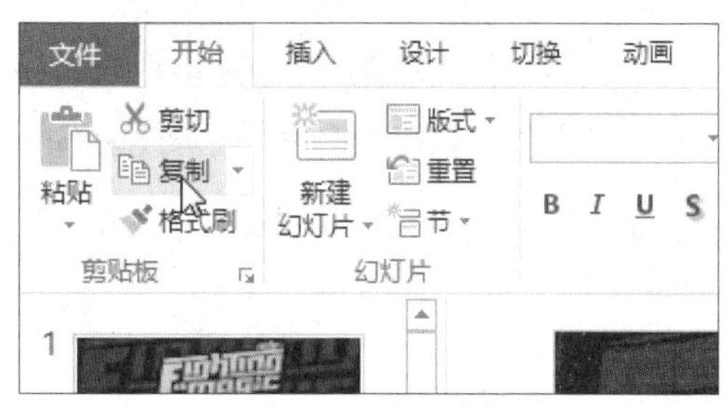

步骤03 **粘贴文本。**新建幻灯片，然后在幻灯片中任意位置右击，在弹出的快捷菜单中单击“粘贴选项”选项组中的“只保留文本”选项，如下图所示。

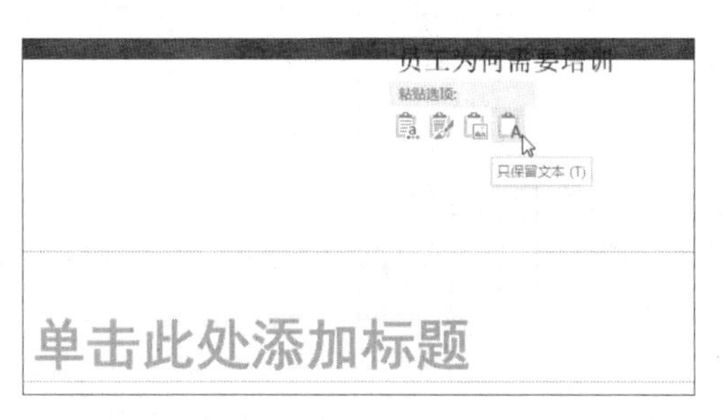

步骤04 **显示粘贴文本后的效果。**将复制到剪贴板中的文本粘贴到当前幻灯片后，移动文本框至适当位置，效果如下图所示。

2.2.3 查找和替换文本

如果发现演示文稿中的某处内容写错了，或是需要更改演示文稿中的某个名称，逐个地查找是相当麻烦的，这时可以使用查找功能。若要将所有的错误内容都更改为正确的内容，可以使用替换功能。

1 查找文本

利用查找功能可以快速搜索到指定单词或短语出现的所有位置，下面介绍查找功能的使用方法。

原始文件：下载资源\实例文件\第 2 章\原始文件\编辑文本 2.pptx
最终文件：无

步骤01 **单击“查找”按钮。**打开原始文件，切换至“开始”选项卡，单击“编辑”组中的“查找”按钮，如下图所示。

步骤02 **输入查找内容。**弹出“查找”对话框，在“查找内容”文本框中输入要查找的内容，如“员工”，单击“查找下一个”按钮，如下图所示。

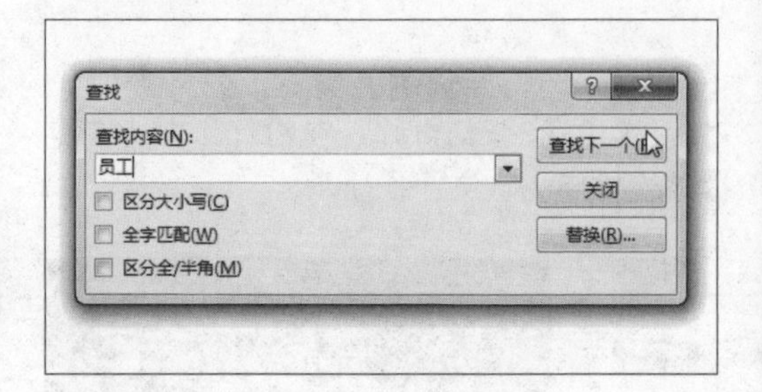

步骤03 **显示查找结果。**系统将会自动查找出包含“员工”一词的文本，如下图所示。

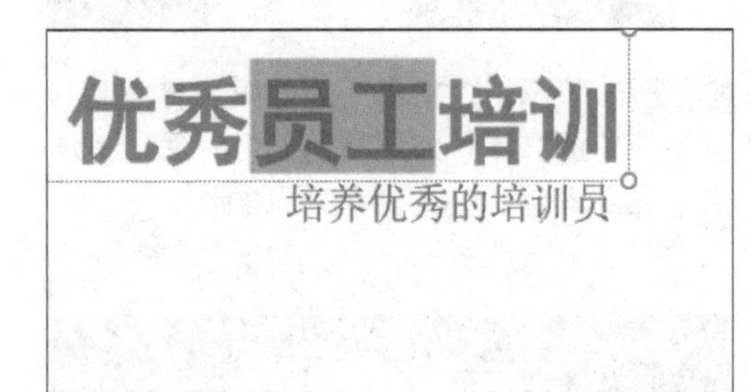

步骤04 **查找下一个符合条件的文本。**如果需要查找下一个符合条件的文本，单击“查找下一个”按钮即可，如下图所示。

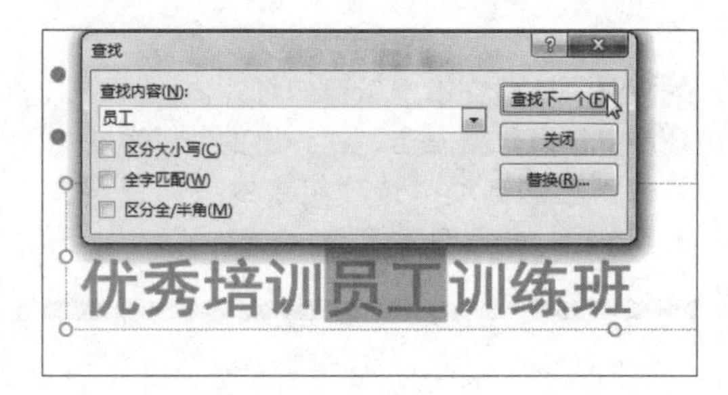

2 替换文本

利用替换功能可以自动将演示文稿中的某个词或短语替换为其他词或短语。下面介绍替换文本的操作方法。

原始文件：下载资源\实例文件\第 2 章\原始文件\编辑文本 2.pptx
最终文件：下载资源\实例文件\第 2 章\最终文件\替换文本 .pptx

步骤01 **单击“替换”选项。**打开原始文件，切换至“开始”选项卡，单击“编辑”组中“替换”右侧的下三角按钮，在展开的下拉列表中单击“替换”选项，如右图所示。

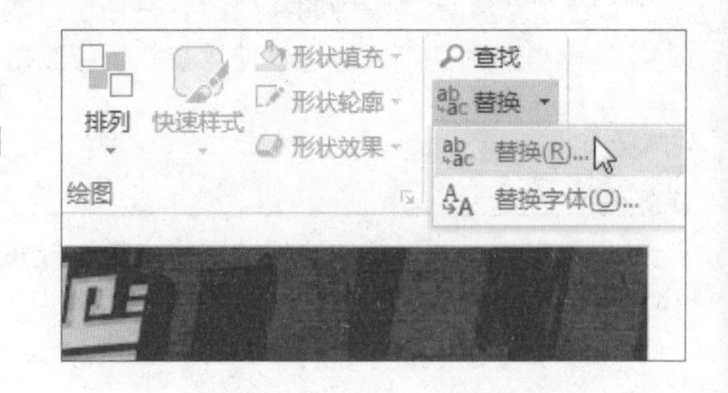

步骤02 **输入查找与替换内容。**弹出“替换”对话框，在“查找内容”文本框中输入要查找的内容，如“员工”，在“替换为”文本框中输入要替换为的内容，如“职工”，单击“查找下一个”按钮，如右图所示。

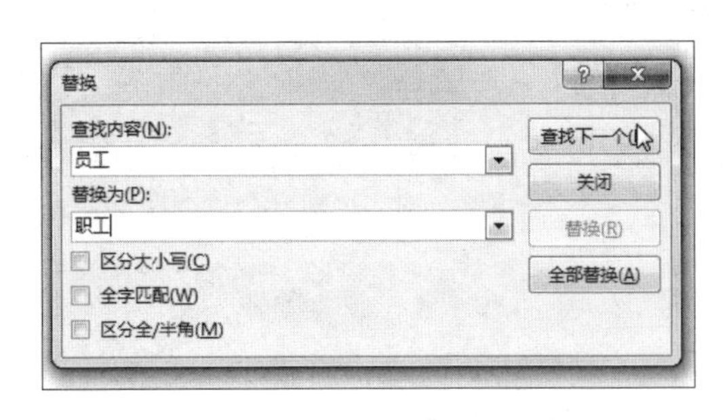

步骤03 **显示查找结果。**此时，插入点跳转至符合条件的第1处，并突出显示查找到的文本，如下图所示，接着单击“替换”按钮。

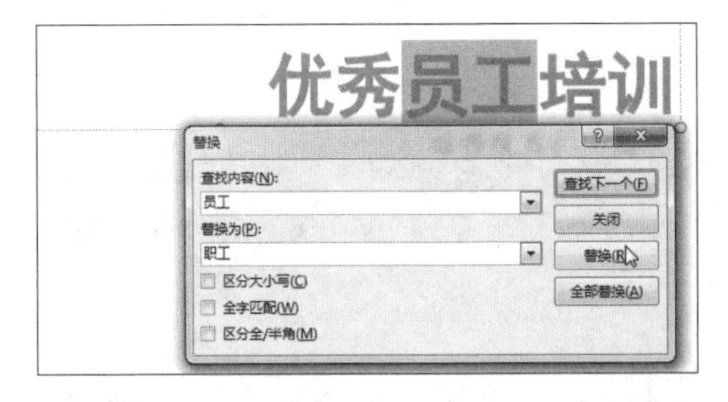

步骤04 **替换结果。**此时查找到的文本即被替换为指定的文本，如下图所示。

步骤05 **单击“全部替换”按钮。**若要将演示文稿中指定的文本全部替换为特定的文本，则单击“全部替换”按钮，如下图所示。

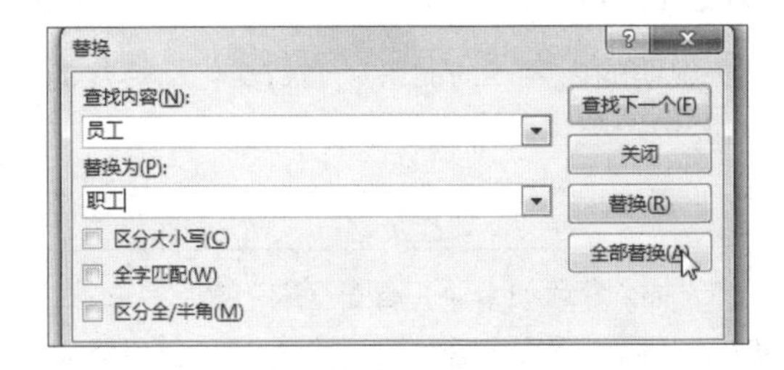

步骤06 **显示替换结果。**弹出“Microsoft PowerPoint”对话框，提示“PowerPoint已经完成对演示文稿的搜索，替换5处”，单击“确定”按钮，即完成了文本的快速替换，如下图所示。

2.2.4 删除文本

幻灯片中文本过多或者内容重复都会影响演示文稿的表达效果，如果用户觉得某些文本是多余的，可以将其删除，具体操作如下。

原始文件：下载资源\实例文件\第 2 章\原始文件\编辑文本 1.pptx
最终文件：下载资源\实例文件\第 2 章\最终文件\删除文本 .pptx

步骤01 **选中需要删除的文本。**打开原始文件，选中需要删除的文本，然后按下键盘中的【Delete】键或【Backspace】键即可将其删除，如下左图所示。

步骤02 **显示删除文本后的效果。**执行上一步的操作之后，可以看到选中的文本已经删除，并且其余的文本字体自动放大占满整个文本框，如下右图所示。

办公点拨　字体自动占满文本框

若要让文本的字体大小根据内容的多少自动变化，可执行“文件 > 选项 > 校正 > 自动更正选项”命令，然后在弹出的对话框中对自动调节选项进行设置。

办公点拨　利用快捷键删除文本的区别

在幻灯片中输入文本后，在文本区域中任何位置单击，都会出现控点，按方向键可将插入点移动到要修改的位置，按下【Backspace】键可删除插入点左边的内容，按下【Delete】键可删除插入点右边的内容。

2.3 在演示文稿中插入图示

用户在制作演示文稿的时候，经常会插入自己设计的图形，无论是介绍流程还是总结归纳重点关系，利用自选图形制作图示都能给用户带来极大的便利。

2.3.1 在演示文稿中插入并美化自选图形

在幻灯片中插入图形，不仅可以补充文字无法说明的内容，同时可以达到美化幻灯片的作用。下面介绍如何在幻灯片中插入自选图形并对其进行美化。

1 插入自选图形

在 PowerPoint 2016 中，用户可以很方便地插入“插入”选项卡下“插图”组中的各种形状，包括线条、矩形、基本形状、箭头、公式形状和标注等。下面以矩形和箭头为例，介绍具体的操作方法。

原始文件： 下载资源 \ 实例文件 \ 第 2 章 \ 原始文件 \ 资金管理 .pptx
最终文件： 下载资源 \ 实例文件 \ 第 2 章 \ 最终文件 \ 插入自选图形 .pptx

步骤01 **选择矩形。** 打开原始文件，切换至第2张幻灯片，单击“插入”选项卡下“插图”组中的“形状”按钮，在展开的下拉列表中选择“矩形”形状，如右图所示。

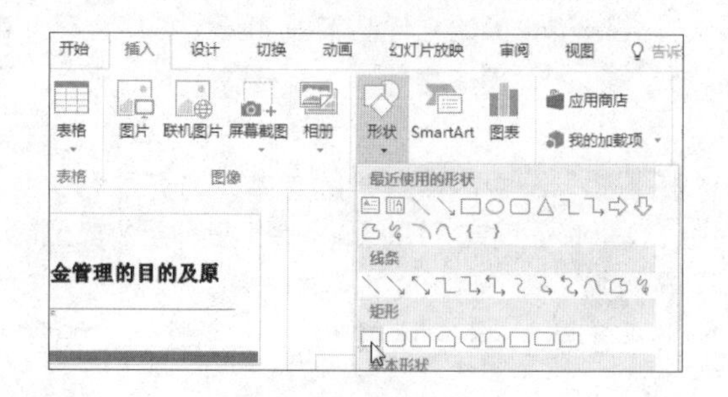

步骤02 **绘制矩形。**待鼠标指针呈十字形，在幻灯片中要放置形状的位置单击，然后按住鼠标左键不放拖动鼠标，如下图所示。

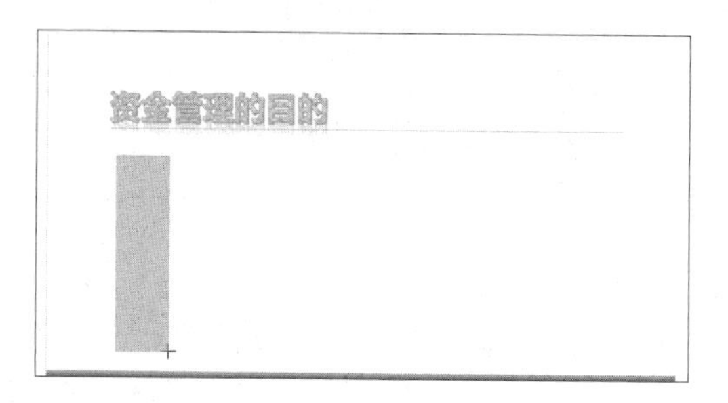

步骤03 **显示绘制的形状。**至形状大小合适时释放鼠标左键，此时绘制好的矩形如下图所示。

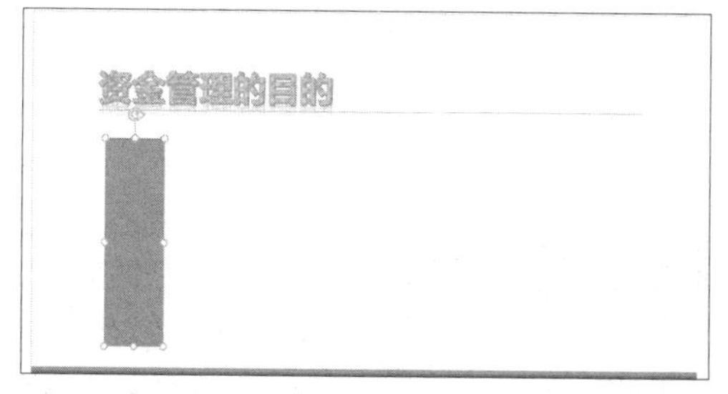

步骤04 **选择箭头形状。**再次单击“插入”选项卡下“插图”组中的“形状”按钮，在展开的下拉列表中选择“右箭头”形状，如下图所示。

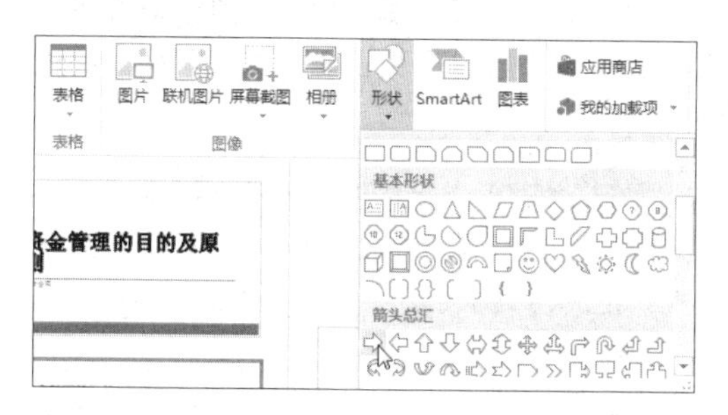

步骤05 **绘制箭头形状。**在要放置箭头形状的位置单击，然后按住鼠标左键拖动绘制，如下图所示。

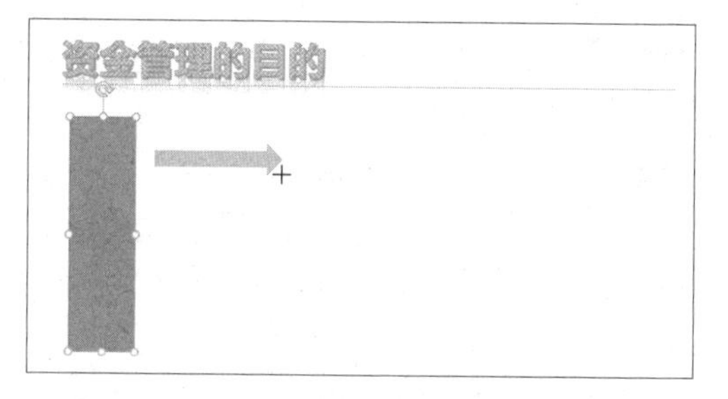

步骤06 **显示绘制的箭头形状。**拖至适当大小后释放鼠标左键，此时在幻灯片中即绘制了默认样式的箭头形状，如下图所示。

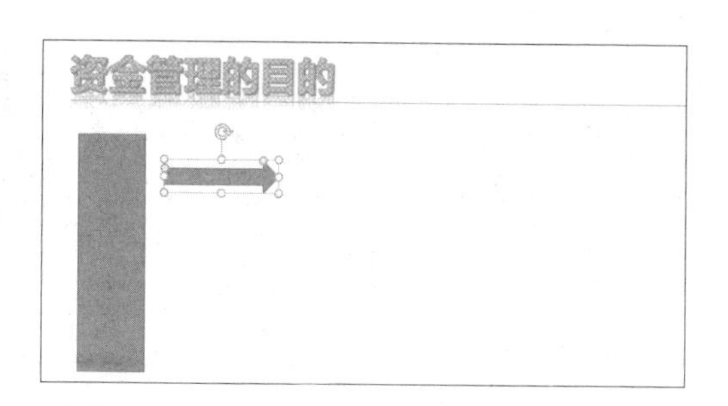

步骤07 **调整箭头长度。**在绘制的箭头周围有8个控点，其中的两个黄色控点是用来调整形状样式的，单击控制箭头长度的控点并按住鼠标左键，然后向左拖动即可增加箭头长度，如下图所示。

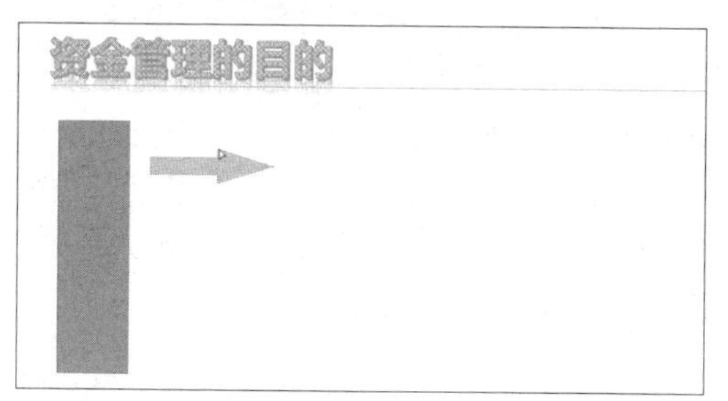

步骤08 **调整箭身宽度。**使用同样的方法，单击另一个黄色控点，按住鼠标左键并向上拖动鼠标，调整箭身的宽度，如右图所示。

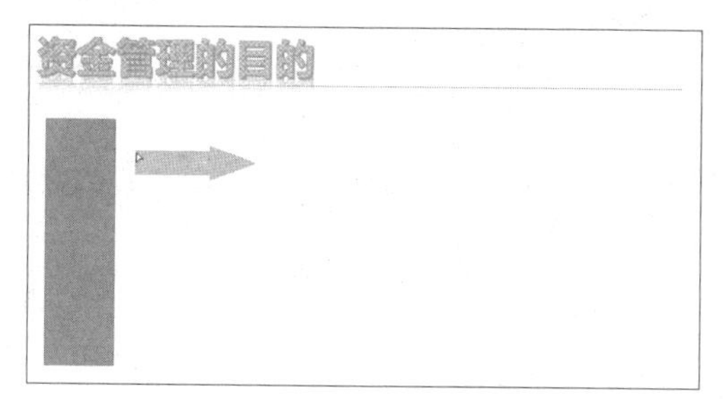

步骤09 **绘制其他形状。**使用同样的方法，在幻灯片中添加更多的形状，效果如右图所示。

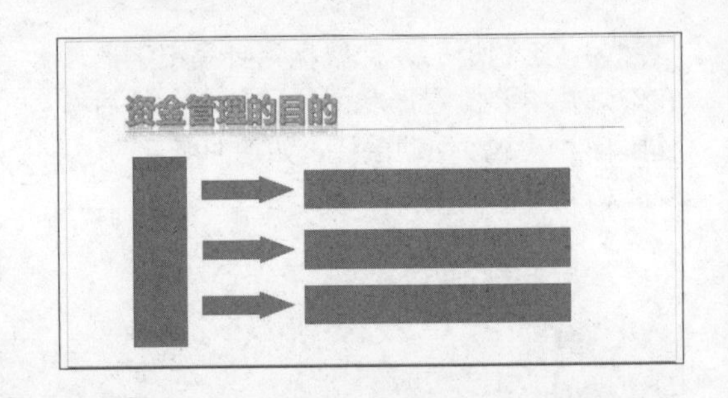

办公点拨 复制形状

用户若需绘制相同形状，可以使用复制形状的方法：按住【Ctrl】键，再按住鼠标左键拖动要复制的形状至目标位置，释放鼠标后即可复制。还可以选中需要复制的形状，然后按【Ctrl+C】组合键进行复制，再按【Ctrl+V】组合键进行粘贴。

2 美化自选图形

在幻灯片中绘制的形状都有默认的样式，为了使形状与内容更加契合，有时需要为绘制的形状重新设置样式。用户既可以为形状自定义样式，也可以套用预设的样式，下面介绍这两种方法的具体操作步骤。

步骤01 **选择需要修改样式的形状。**在绘制好自选图形的幻灯片中继续操作，单击图形将其选中，这里首先选择左侧的矩形，如下图所示。

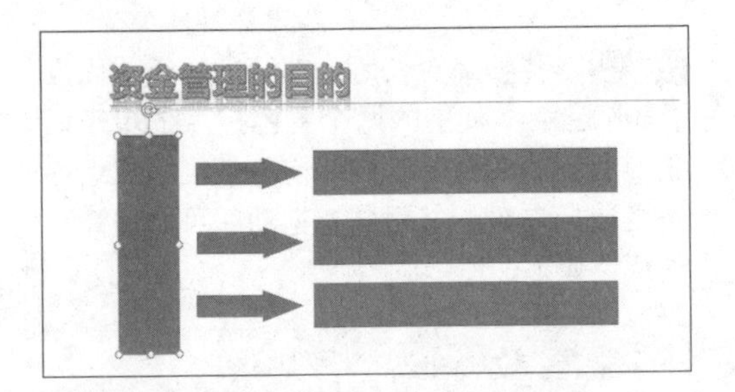

步骤02 **打开“设置形状格式”任务窗格。**单击“绘图工具-格式”选项卡下“形状样式”组的对话框启动器，如下图所示。

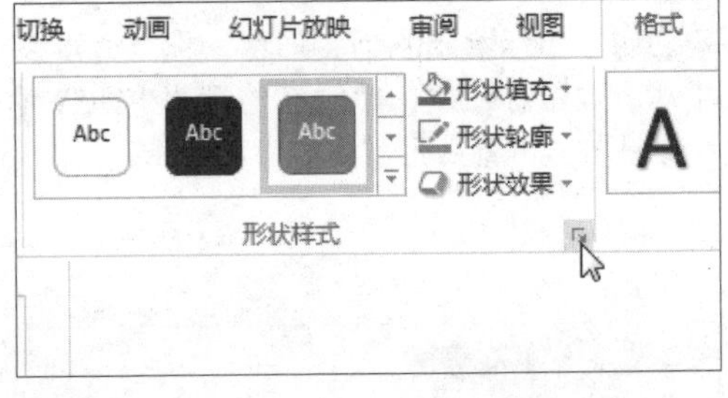

步骤03 **设置渐变填充。**弹出“设置形状格式”任务窗格，单击“填充”三角按钮，然后选中“渐变填充”单选按钮，如下图所示。

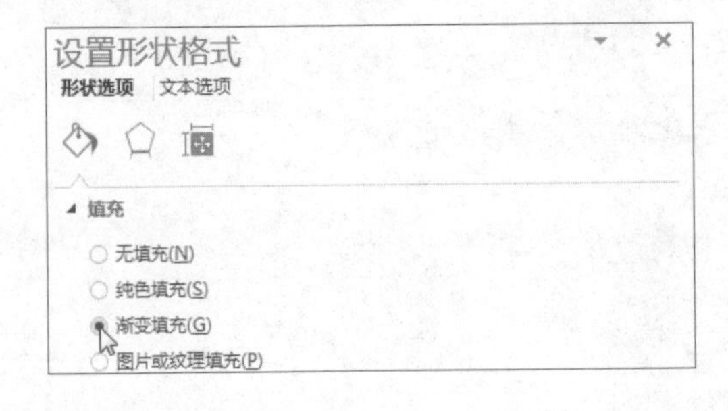

步骤04 **删除光圈。**可看到有4个渐变光圈，选中光圈2（从左到右第2个光圈），然后单击右侧的“删除渐变光圈”按钮，如下图所示，使用同样的方法再删除一个光圈。

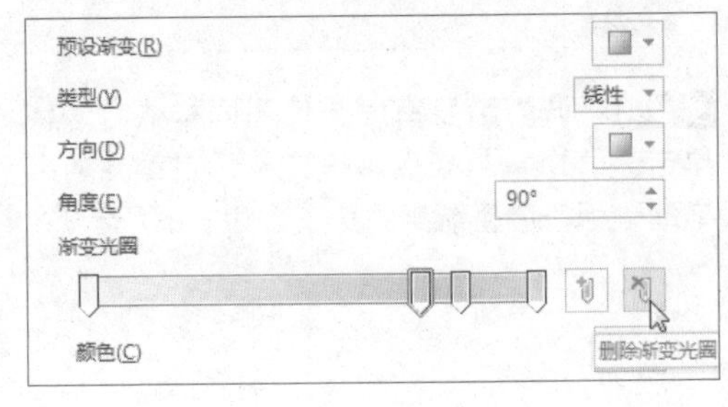

步骤05 **设置渐变颜色。**光圈1默认颜色为白色，选择光圈2，然后单击“颜色”右侧的下三角按钮，在展开的下拉列表中选择如下图所示的颜色。

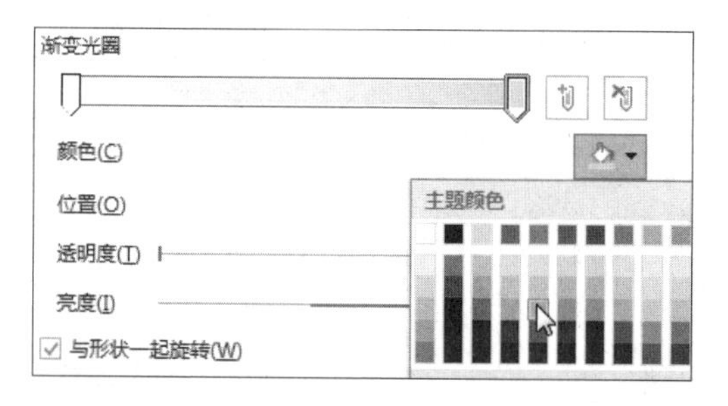

步骤06 **调整渐变光圈的位置。**在“位置”右侧的数值框中输入合适的位置比例，这里输入“90%”，如下图所示。单击数值框中的数字微调按钮，或者按住鼠标左键拖动光圈，也可调整光圈的位置。

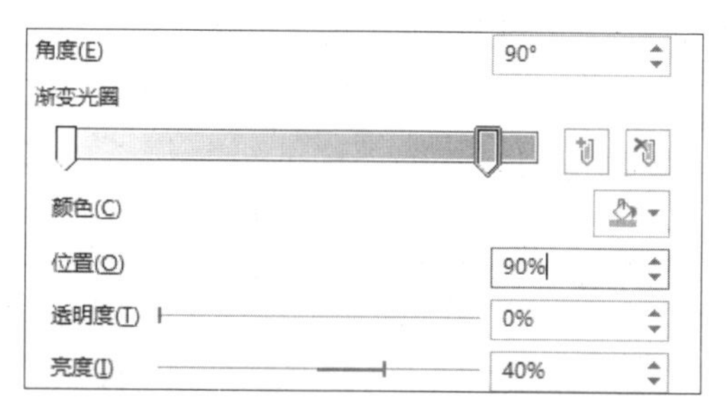

步骤07 **设置形状轮廓。**单击“绘图工具-格式”选项卡下“形状样式”组中“形状轮廓”右侧的下三角按钮，在展开的下拉列表中单击“无轮廓”选项，如下图所示。

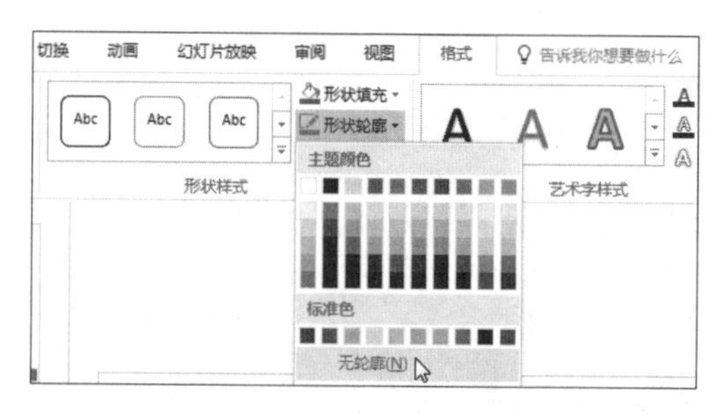

步骤08 **查看设置后矩形的样式。**经过以上操作，完成了对矩形的填充格式的修改以及形状轮廓的删除，此时左侧矩形的样式如下图所示。

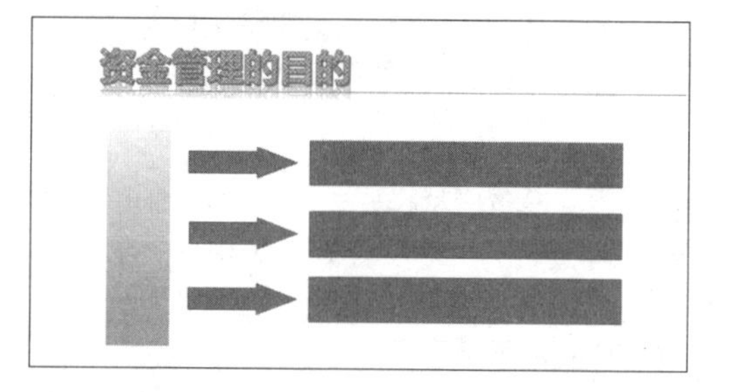

步骤09 **选择需要修改样式的形状。**继续美化幻灯片中的形状，按住【Ctrl】键，然后依次单击箭头形状，即同时选中3个形状，如下图所示。

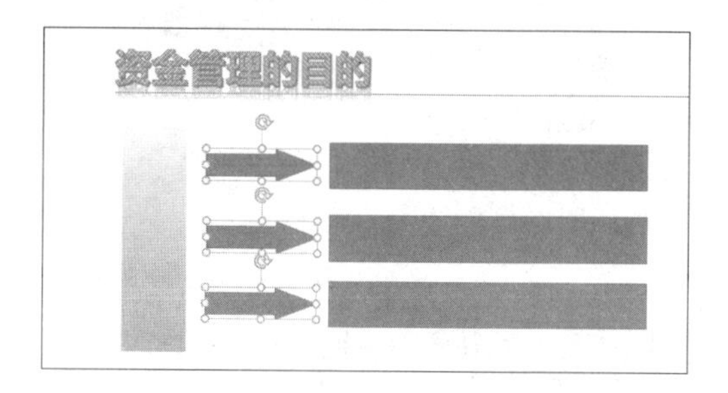

步骤10 **展开更多预设样式。**单击“绘图工具-格式”选项卡下“形状样式”组中“形状样式”组的快翻按钮，如下图所示，展开更多预设形状样式。

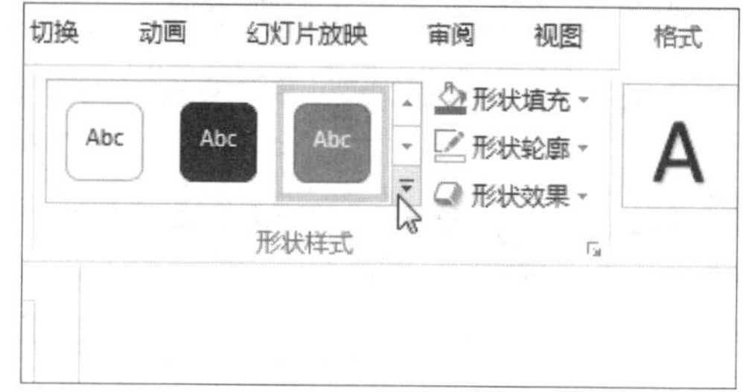

步骤11 **选择形状样式。**单击合适的样式，这里选择如右图所示的形状样式。

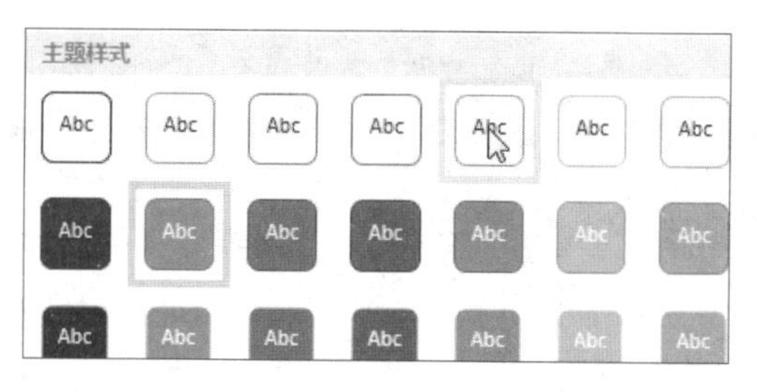

步骤12 **显示套用样式后的效果。**此时所选的箭头形状套用了预设的形状样式，效果如右图所示。

步骤13 **选择需要修改样式的形状。**使用同样的方法，同时选中需要设置为相同样式的3个矩形，如下图所示。

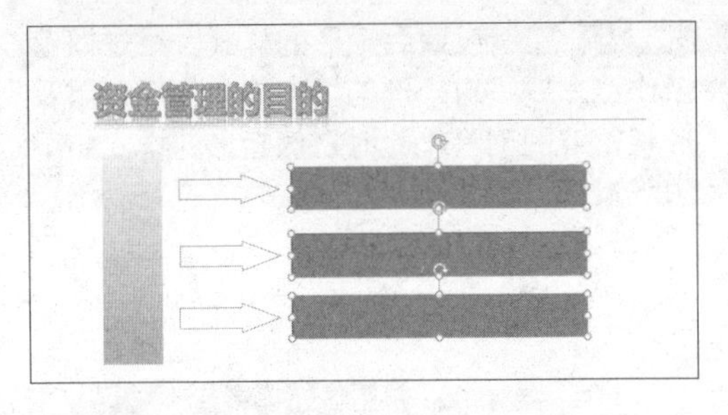

步骤14 **更改形状。**若需要更改绘制好的形状，则单击“绘图工具-格式”选项卡下“插入形状”组中的“编辑形状”按钮，在展开的下拉列表中指向“更改形状”选项，然后在展开的子列表中选择形状，如下图所示。

步骤15 **设置形状样式。**单击“绘图工具-格式”选项卡下“形状样式”组中的“形状样式”组的快翻按钮，在展开的列表中选择合适的样式，如下图所示。

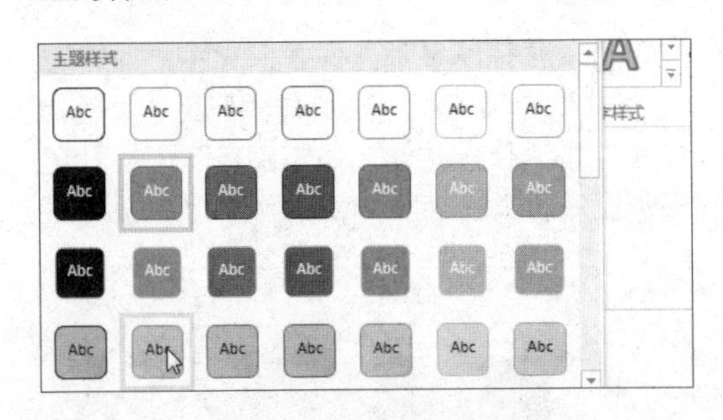

步骤16 **显示最终效果。**经过以上设置，幻灯片中的图形样式都有了相应的变化，最终效果如下图所示。

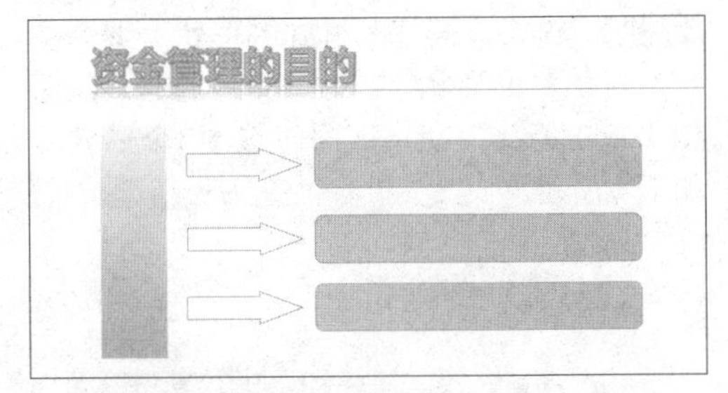

2.3.2 在图形中编辑文本

绘制好图形以后，经常需要为图形添加一些解释说明的文字。用户可以在除线条外的任意图形中添加文本，这些文本能够随着图形一起移动。下面介绍在图形中编辑文本的具体操作。

原始文件：下载资源\实例文件\第2章\原始文件\资金管理2.pptx

最终文件：下载资源\实例文件\第2章\最终文件\在自选图形中编辑文本.pptx

步骤01 **单击“编辑文本”命令。**打开原始文件，右击需要在其中编辑文本的形状，在弹出的快捷菜单中单击“编辑文字”命令，如下左图所示。

步骤02 **定位插入点。**此时在选中的形状对象中出现插入点，表示可以输入文本，如下右图所示。

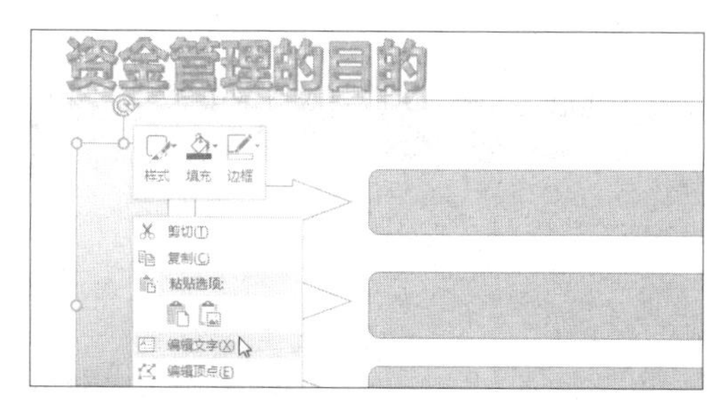

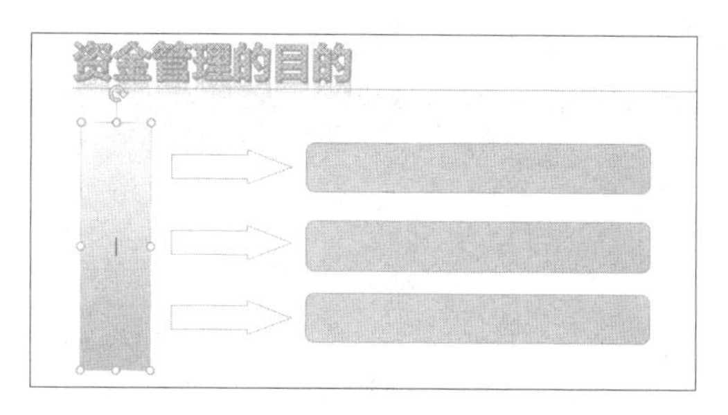

步骤03 **输入文本。**在选中的形状中输入相应的文本，如下图所示。

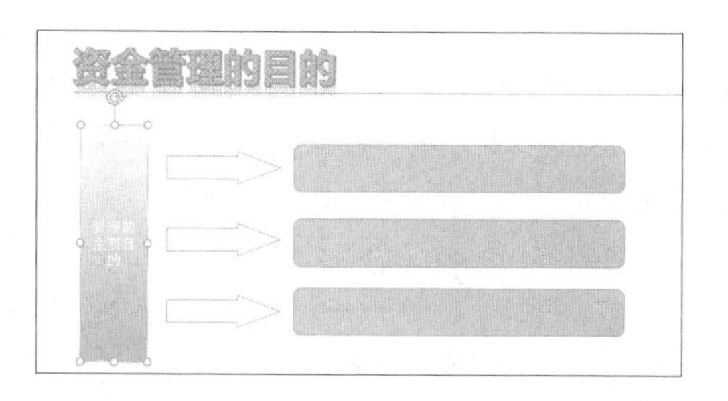

步骤04 **为其他对象添加文本。**分别在其他矩形形状中输入相应的文本，效果如下图所示。

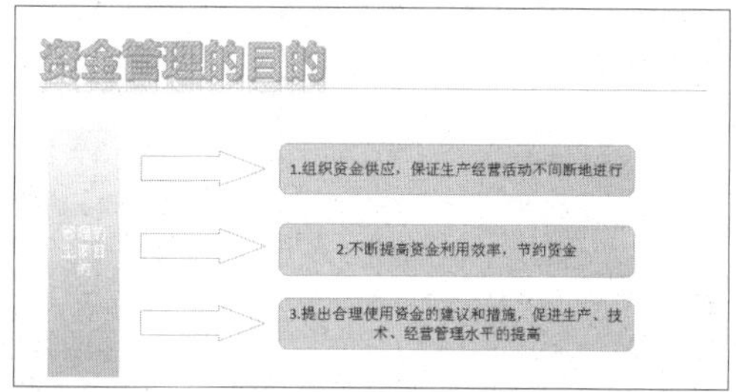

办公点拨 快速定位插入点

用户还可以直接双击需要添加文本的形状，快速将插入点定位至形状中。

实例演练 制作员工培训管理演示文稿

本章主要讲解了在幻灯片中输入文本的 4 种方法、文本的编辑方法和在演示文稿中添加自定义图形的相关操作。下面以制作员工培训演示文稿为例，巩固本章所学知识。

原始文件：下载资源 \ 实例文件 \ 第 2 章 \ 原始文件 \ 员工培训 .pptx

最终文件：下载资源 \ 实例文件 \ 第 2 章 \ 最终文件 \ 员工培训 .pptx

步骤01 **根据占位符输入标题。**打开原始文件，单击标题占位符，此时插入点定位至鼠标单击处，删除占位符中的内容，输入“员工培训”，如下图所示。

步骤02 **输入副标题。**选中副标题占位符，将占位符提示文本删除，然后输入公司名称，输入完毕后单击占位符外任意处，取消占位符的编辑状态，如下图所示。

步骤03 **移动文本。**切换至第2张幻灯片中，拖动选取正文中需要移动位置的文本内容，按住鼠标将其拖动至合适的位置，如下图所示。

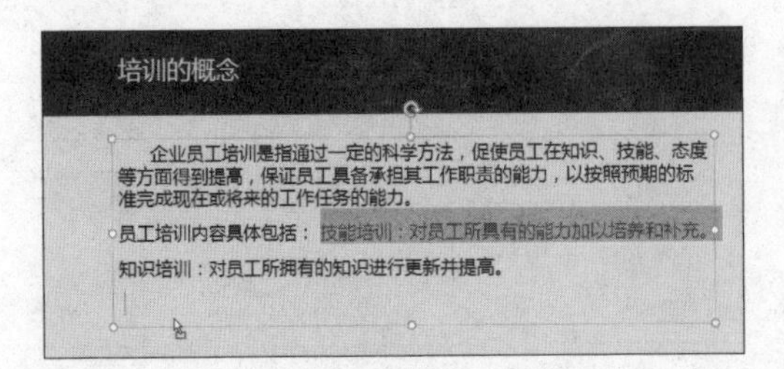

步骤04 **显示移动文本后的效果。**拖动至新位置后，释放鼠标左键即可完成移动操作，如下图所示。

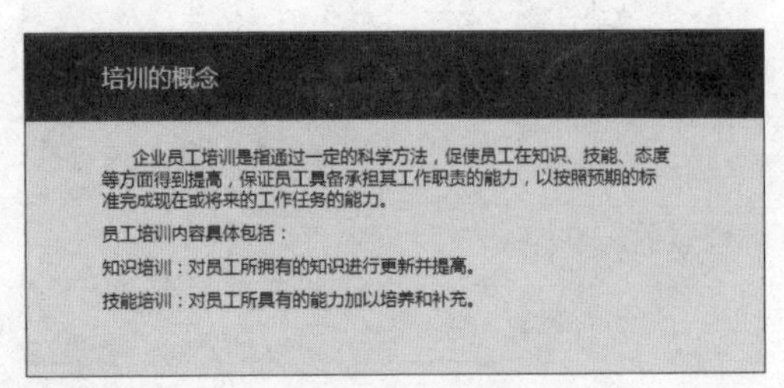

步骤05 **选择需要移动的文本框。**切换至第3张幻灯片，单击幻灯片中的标题文本，再移动鼠标指针至文本框边框处，待鼠标指针呈十字箭头时单击选中整个文本框，如下图所示。

步骤06 **移动文本框。**按住鼠标左键，将文本框拖动至合适位置，如下图所示。

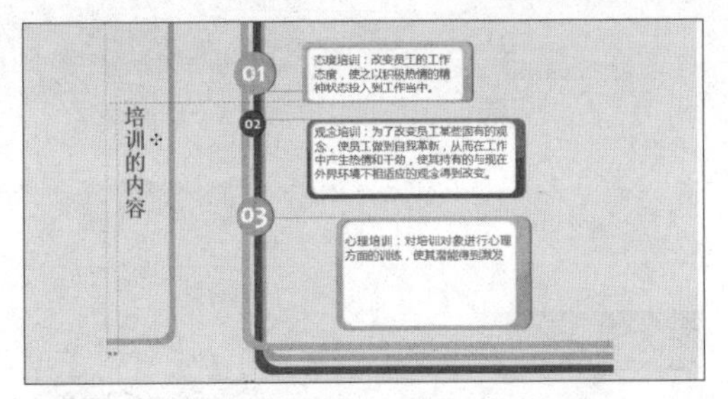

步骤07 **选择需要添加文本的幻灯片。**单击幻灯片浏览窗格中的第4张幻灯片，切换至第4张幻灯片中，如下图所示。

步骤08 **插入文本框。**单击"插入"选项卡下"文本"组中的"文本框"按钮，在展开的下拉列表中单击"横排文本框"选项，如下图所示。

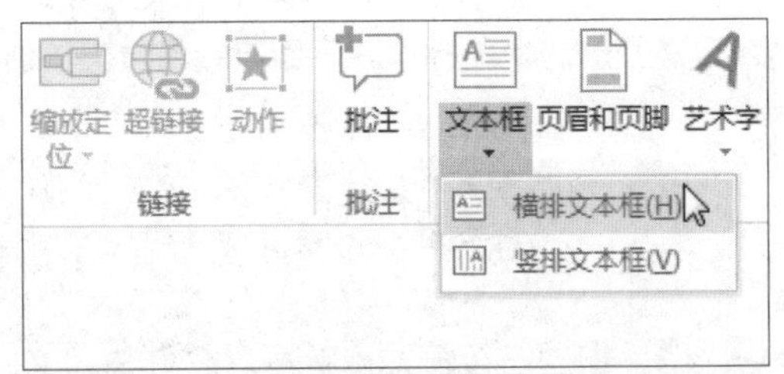

步骤09 **绘制文本框。**在需要添加文本框的位置单击，然后按住鼠标左键不放，拖动绘制，如下图所示。

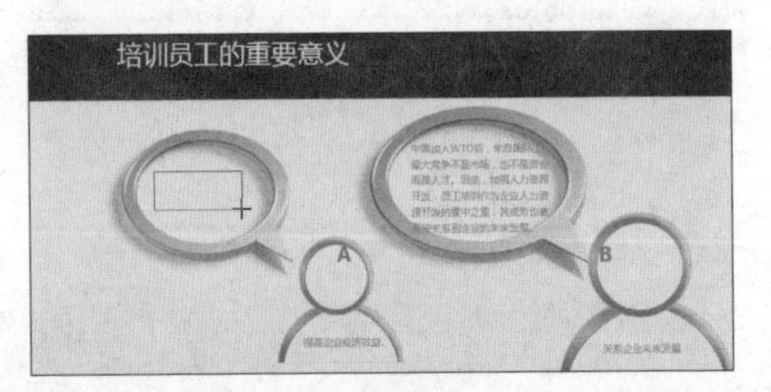

步骤10 **显示绘制的文本框。**拖动至合适大小后释放鼠标左键，即绘制好文本框，且插入点自动定位于文本框内，如下图所示。

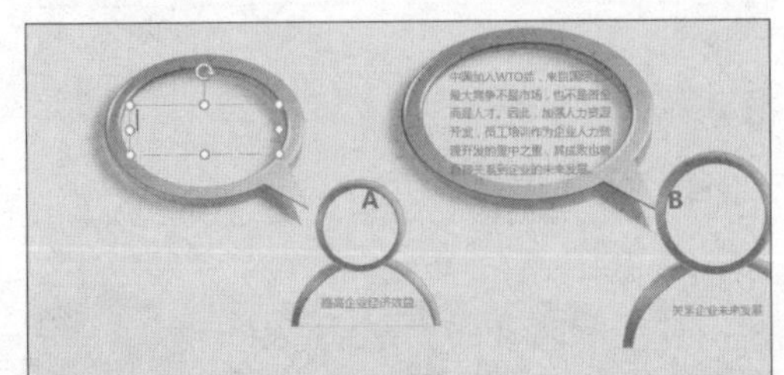

步骤11 **输入文本内容。**在文本框中输入对应的文本内容，效果如下图所示。

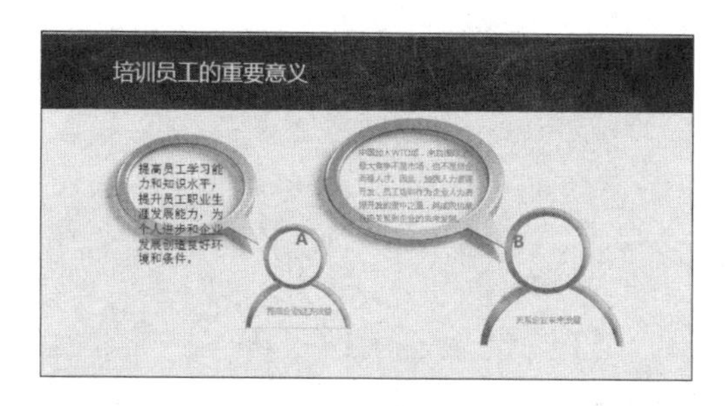

步骤12 **复制文本框。**选中第4张幻灯片中的标题文本框，然后单击“开始”选项卡下“剪贴板”组中的“复制”按钮，如下图所示。

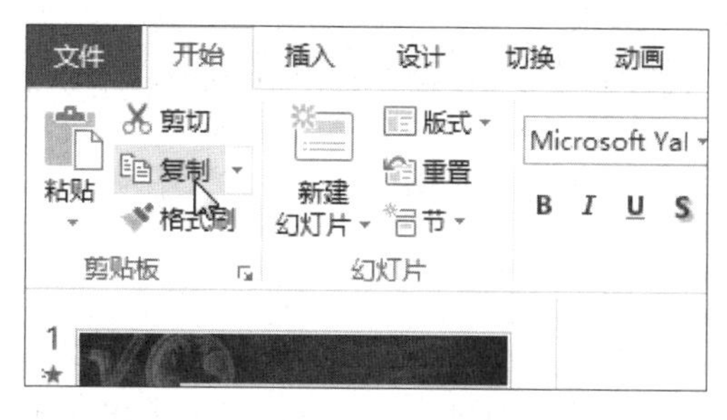

步骤13 **选择性粘贴。**切换至第5张幻灯片，单击“开始”选项卡下“剪贴板”组中的“粘贴”下三角按钮，在展开的下拉列表中选择“使用目标主题”选项，如下图所示。

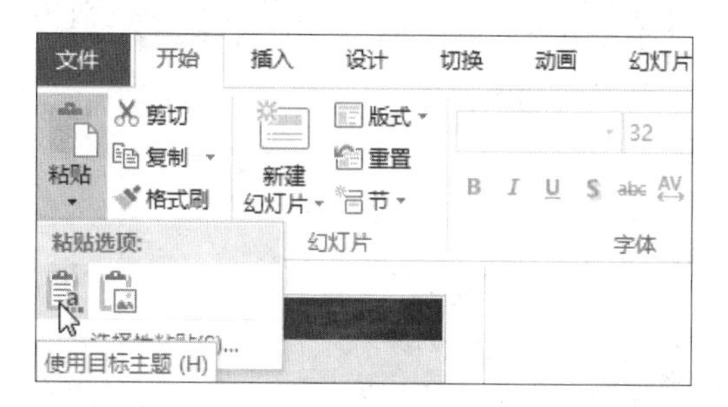

步骤14 **修改文本。**此时在第5张幻灯片中粘贴了复制的标题文本，将标题文本修改为相应的内容，如下图所示。

步骤15 **选择形状。**下面在幻灯片中绘制自选图形，单击“插入”选项卡下“插图”组中的“形状”按钮，在展开的下拉列表中选择“基本形状”组中的“六边形”，如下图所示。

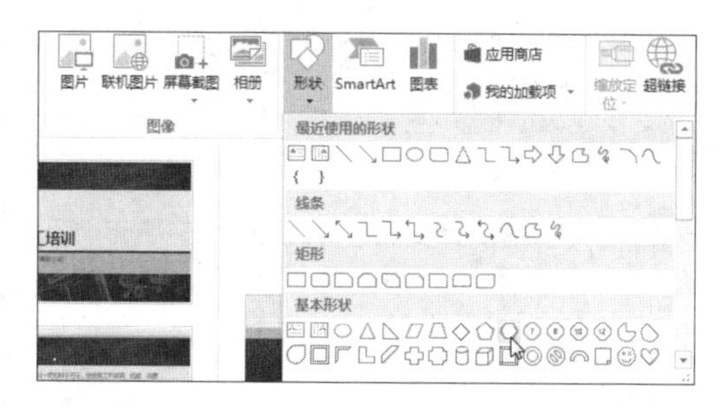

步骤16 **插入自选图形。**在需要添加图形的位置单击，即可插入所选的六边形，如下图所示。

步骤17 **编辑文字。**右击插入的图形，在弹出的快捷菜单中单击“编辑文字”命令，如右图所示。

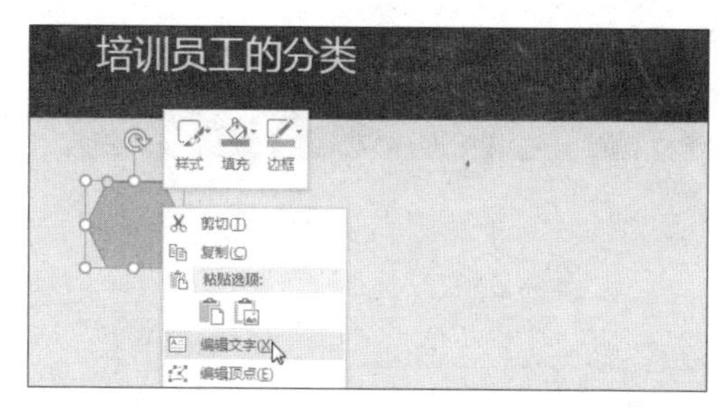

步骤18 复制图形。在图形中输入文本，右击图形，在弹出的快捷菜单中单击“复制”命令，如下图所示。

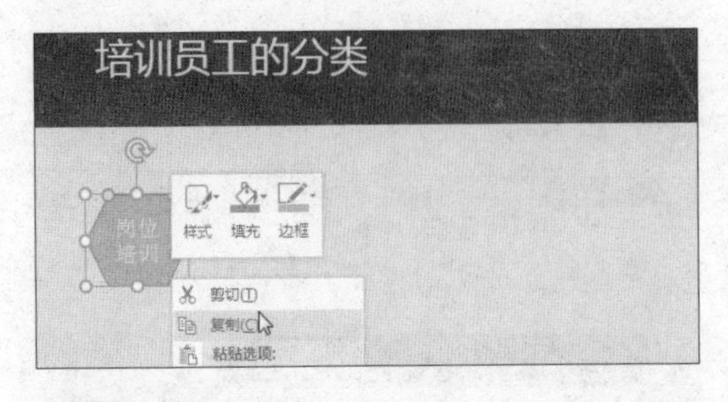

步骤19 选择性粘贴图形。右击幻灯片空白处，在弹出的快捷菜单中选择“使用目标主题”选项，如下图所示。

步骤20 移动图形。选中粘贴的图形，按住鼠标左键拖动，至合适位置时释放鼠标左键，如下图所示。

步骤21 修改图形内的文本。双击图形即可将插入点定位至图形内，将文本内容修改为正确的内容，如下图所示。

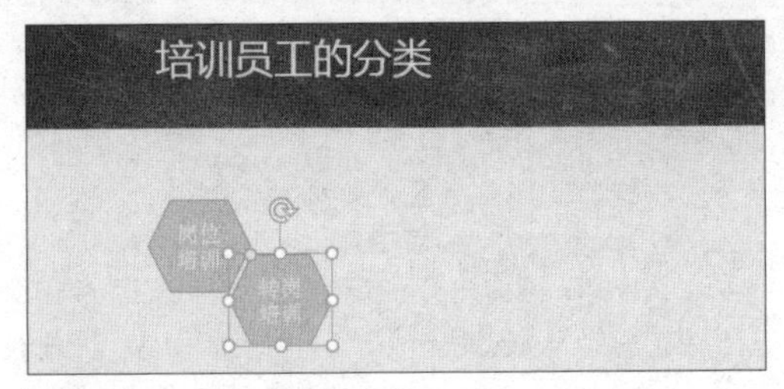

步骤22 展开形状样式列表。选中需要修改样式的图形，单击“绘图工具-格式”选项卡下“形状样式”组中的快翻按钮，如下图所示。

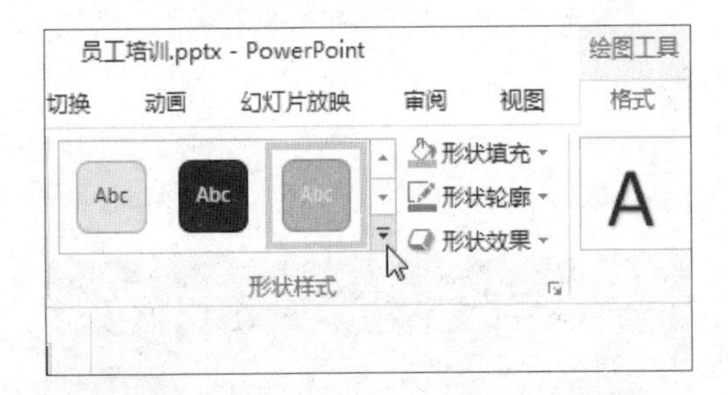

步骤23 选择形状样式。在展开的列表中选择合适的样式，这里选择如下图所示的形状样式。

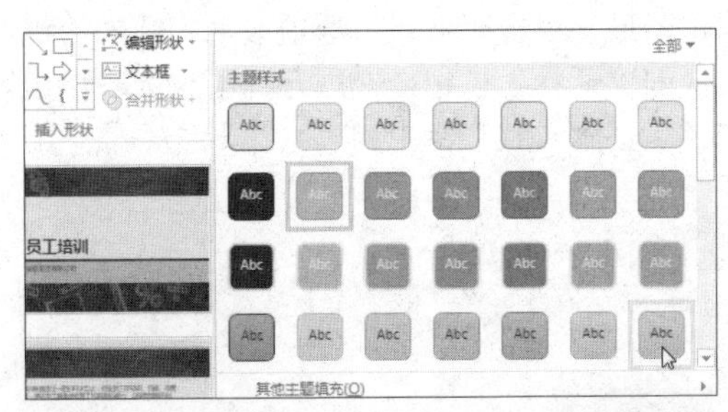

步骤24 显示套用形状样式后的效果。此时图形套用了所选择的形状样式，效果如下图所示。

步骤25 完善幻灯片内容。按上述方法，在幻灯片中再添加几个图形，然后将内容修改为合适的文字，最后美化每个图形，最终效果如下图所示。

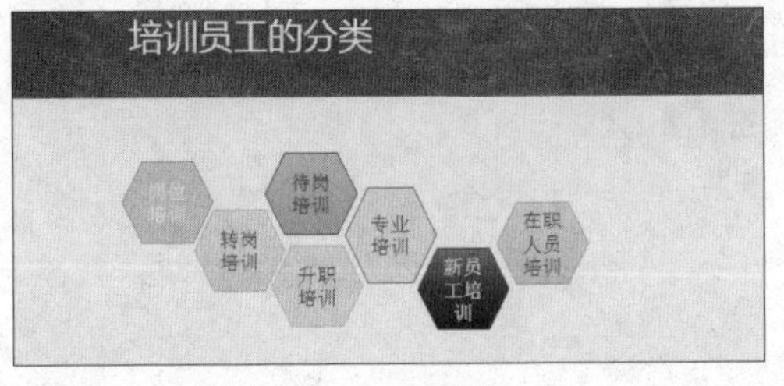

第3章 快速格式化幻灯片

上一章介绍了制作文本幻灯片和编辑文本幻灯片的方法。为了使文本幻灯片看起来更加美观，还需要对幻灯片中的文本格式进行设置。本章将介绍设置文本格式、段落格式及形状样式的方法与技巧。

3.1 格式化文本

为了让演示文稿的文本更符合背景效果，从而更具有表现力，可对文本进行字体格式、字符间距及字母大小写的更改。

3.1.1 设置字体格式

制作演示文稿时，仅仅添加文字并不能使演示文稿具有观赏性。可以将文字的颜色和样式设置成醒目的效果，让演示文稿更具趣味性和吸引力。具体操作如下。

原始文件： 下载资源\实例文件\第3章\原始文件\教你成为价格高手.pptx
最终文件： 下载资源\实例文件\第3章\最终文件\设置字体格式.pptx

▶方法一：使用“字体”组的功能区进行设置

步骤01 **选择需要修改样式的文本。** 打开原始文件，切换至第1张幻灯片，选中标题文本，如下图所示。

步骤02 **设置字体。** 单击“开始”选项卡下“字体”组中的“字体”下三角按钮，在展开的下拉列表中单击“华文新魏”选项，如下图所示。

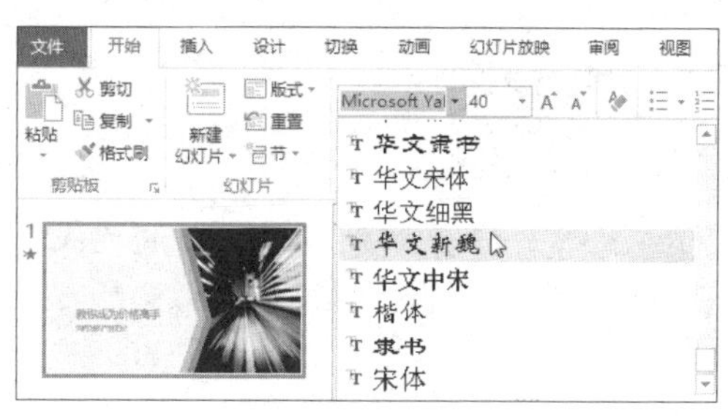

步骤03 **设置字号。** 单击“字体”组中的“字号”下三角按钮，在展开的下拉列表中选择“48”选项，如右图所示。

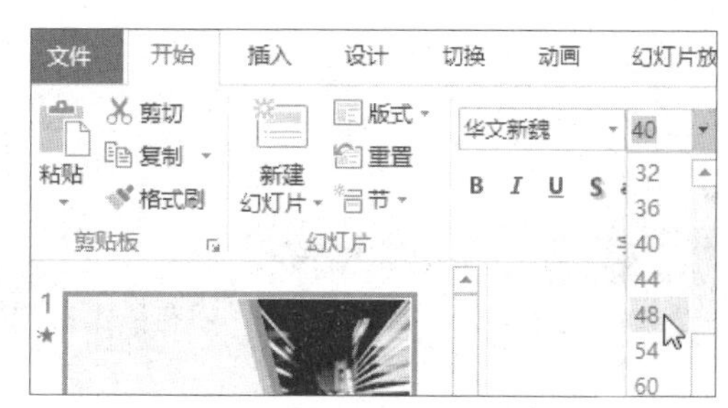

步骤04 **设置字体加粗。**单击“字体”组中的“加粗”按钮，将字体加粗显示，如右图所示。

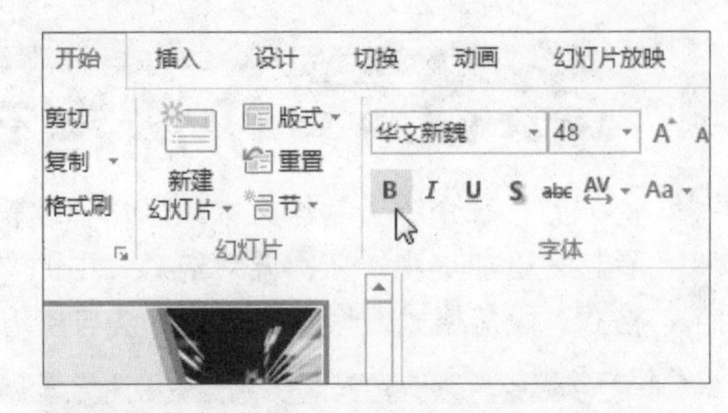

步骤05 **设置字体倾斜。**若需使字体倾斜显示，则单击“字体”组中的“倾斜”按钮，如下图所示。

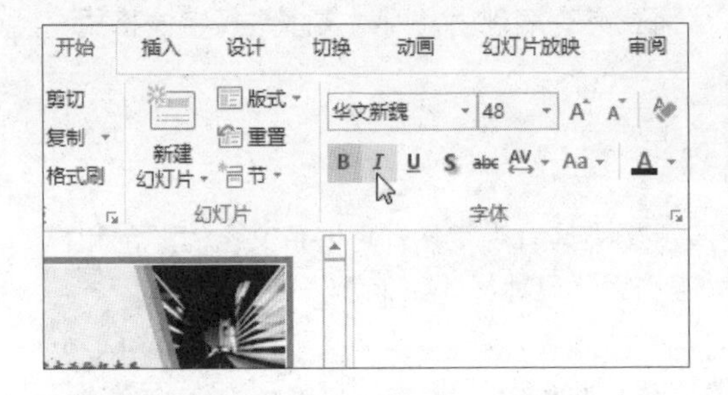

步骤06 **添加下画线。**若需为文字添加下画线，则单击“字体”组中的“下画线”按钮，如下图所示。

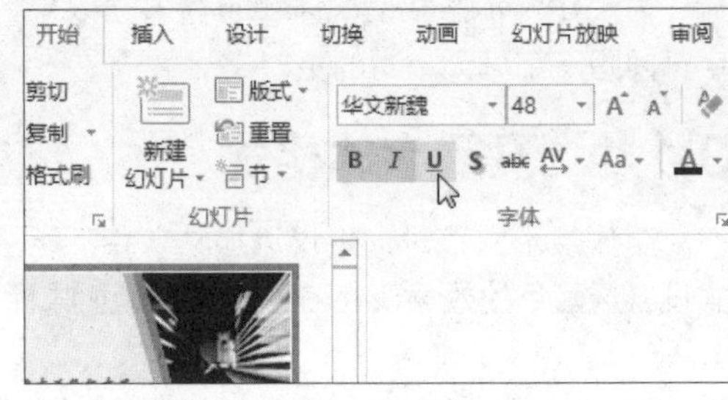

步骤07 **设置文字阴影。**单击“字体”组中的“字体阴影”按钮，如下图所示，即可为文本添加阴影效果。

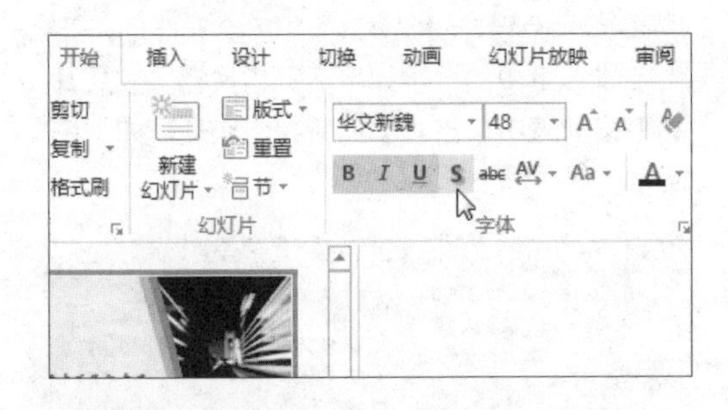

步骤08 **设置字体颜色。**单击“字体”组中“字体颜色”右侧的下三角按钮，在展开的下拉列表中选择需要的字体颜色，如下图所示，用户可以实时预览所设置的效果。

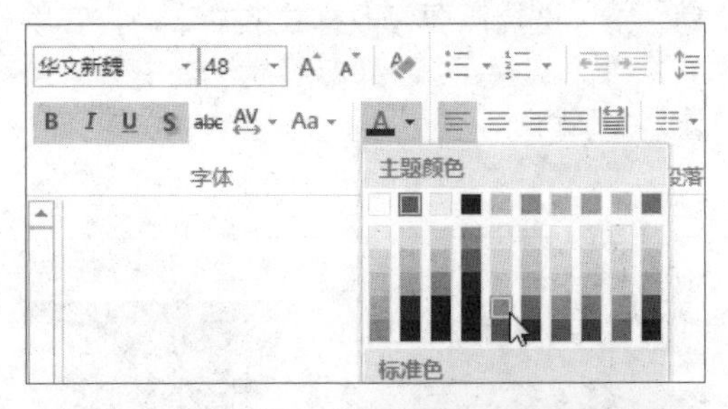

步骤09 **显示标题效果。**经过以上操作，完成对标题文本的格式设置，最终效果如右图所示。

办公点拨 清除文本格式

单击“字体”组中的“清除所有格式”按钮，即可清除选中文字的所有格式。

▶方法二：使用“字体”对话框中的选项进行设置

步骤01 选择需要设置格式的文本。继续之前的操作，切换至第2张幻灯片中，选中标题文本，如下图所示。

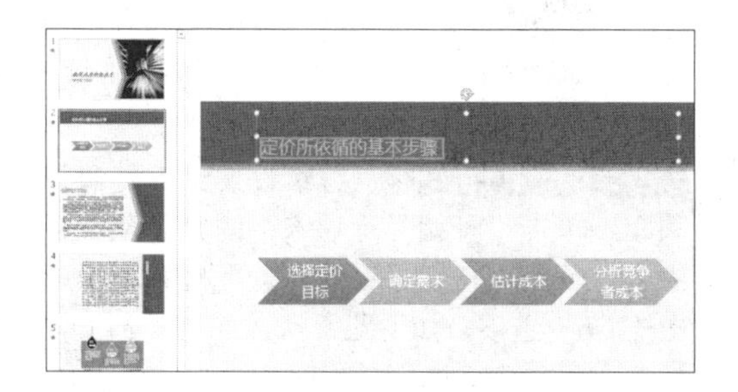

步骤02 打开“字体”对话框。单击“开始”选项卡下“字体”组中的对话框启动器，如下图所示。

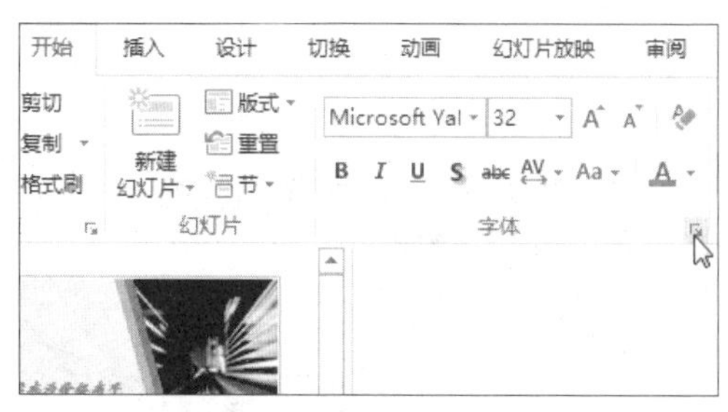

步骤03 设置字体格式。弹出“字体”对话框，在“字体”选项卡下可对字体样式、字体大小、字体颜色等进行设置，这里设置字体颜色为橙色，如下图所示。

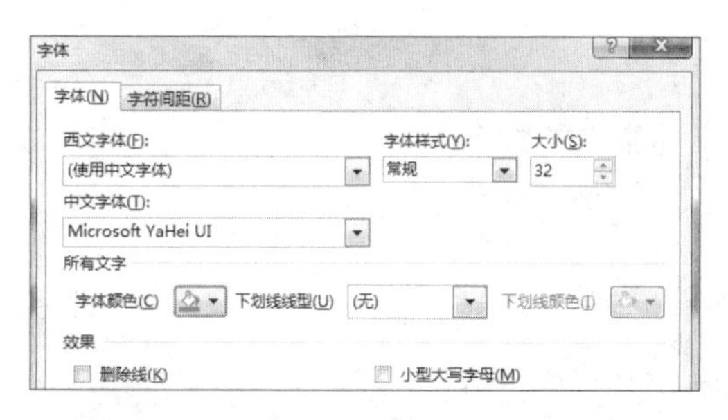

步骤04 显示字体效果。利用“字体”对话框中的选项对字体颜色进行设置后，单击“确定”按钮，效果如下图所示。

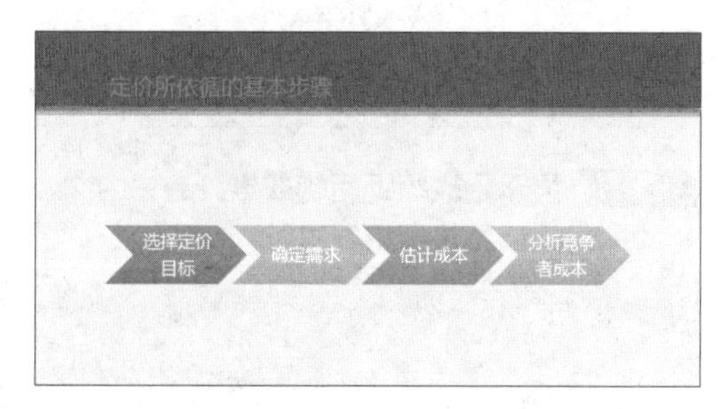

办公点拨　利用浮动工具栏设置字体

浮动工具栏是当用户选择或取消选择文本时显示或隐藏的一个工具栏。浮动工具栏提供了设置字体、字形、字号、对齐方式、文本颜色、缩进级别和项目符号等功能。

3.1.2　设置字符间距

在制作演示文稿时，为了给读者带来舒适的阅读体验，可为演示文稿中的字符设置合适的间距，具体操作如下。

原始文件：下载资源\实例文件\第3章\原始文件\设置字体格式.pptx
最终文件：下载资源\实例文件\第3章\最终文件\设置字符间距.pptx

步骤01 选择需要设置字符间距的文本。打开原始文件，切换至第3张幻灯片，选择需要设置字符间距的文本，如右图所示。

步骤02 **设置字符间距。**单击“开始”选项卡下“字体”组中的“字符间距”按钮，在展开的下拉列表中单击“很松”选项，如右图所示。

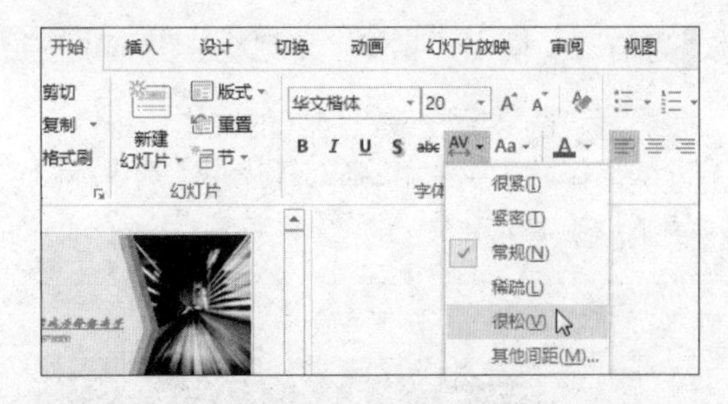

步骤03 **显示效果。**此时所选文本字符的间距增大，效果如下图所示。

步骤04 **设置行间距。**继续设置该标题的行间距，单击“开始”选项卡下的“段落”组中的“行距”按钮，在展开的下拉列表中单击“1.5”选项，如下图所示。

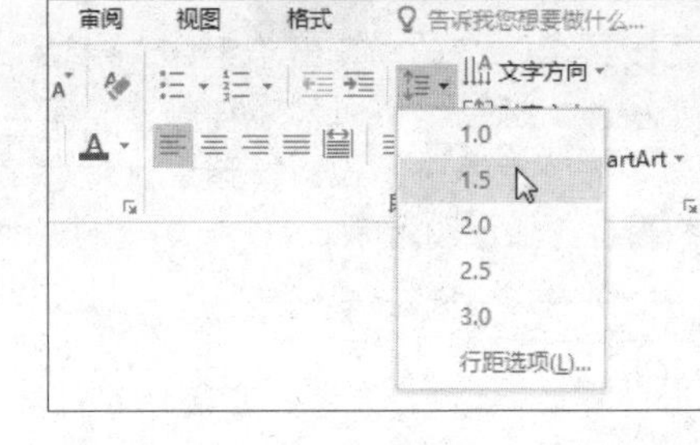

步骤05 **显示更改行距后的效果。**选中的文本标题的行距调整效果如右图所示。

办公点拨　自定义字符间距

如果想对字符间距进行自定义设置，可以单击“开始”选项卡下“字体”组中的“字符间距”按钮，在展开的下拉列表中单击“其他间距”选项，然后在弹出的“字体”对话框的“字符间距”选项卡中进行相应设置即可。

3.1.3 更改首字母大小写

如果想为演示文稿中的英文字母设置大小写，只需在“字体”组中的“更改大小写”列表中选择并设置即可，具体操作如下。

原始文件：下载资源\实例文件\第3章\原始文件\设置字符间距.pptx

最终文件：下载资源\实例文件\第3章\最终文件\设置首字母大小写.pptx

步骤01 **选择文本。**打开原始文件，切换至第6张幻灯片，选中文本框内的英文字母，如下左图所示。

步骤02 **更改为首字母大写形式。**单击“开始”选项卡下“字体”组中的“更改大小写”按钮，在展开的下拉列表中单击“句首字母大写”选项，如下右图所示。

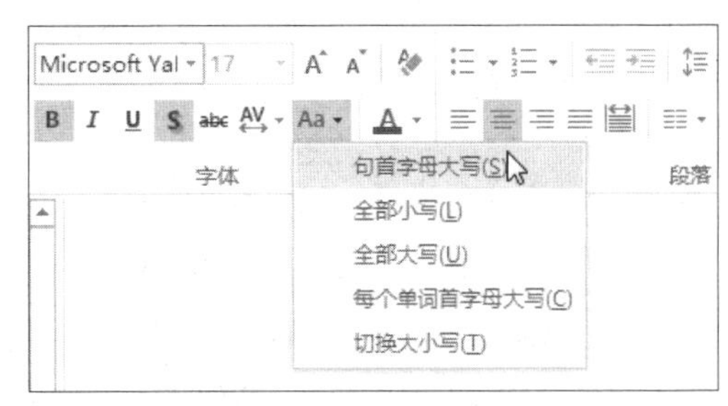

步骤03 **显示设置效果。**设置后的效果如右图所示。

3.2 设置段落格式

文本的段落格式包括文本的对齐与缩进、行距和段间距、制表位和文字分栏符，下面对PowerPoint 2016 用户界面中用来设置段落格式的区域进行介绍。

标尺和制表位：使用标尺和制表位可以快速对齐文本，还可以创建简单列表。下图及下表为标尺和制表位的功能说明。

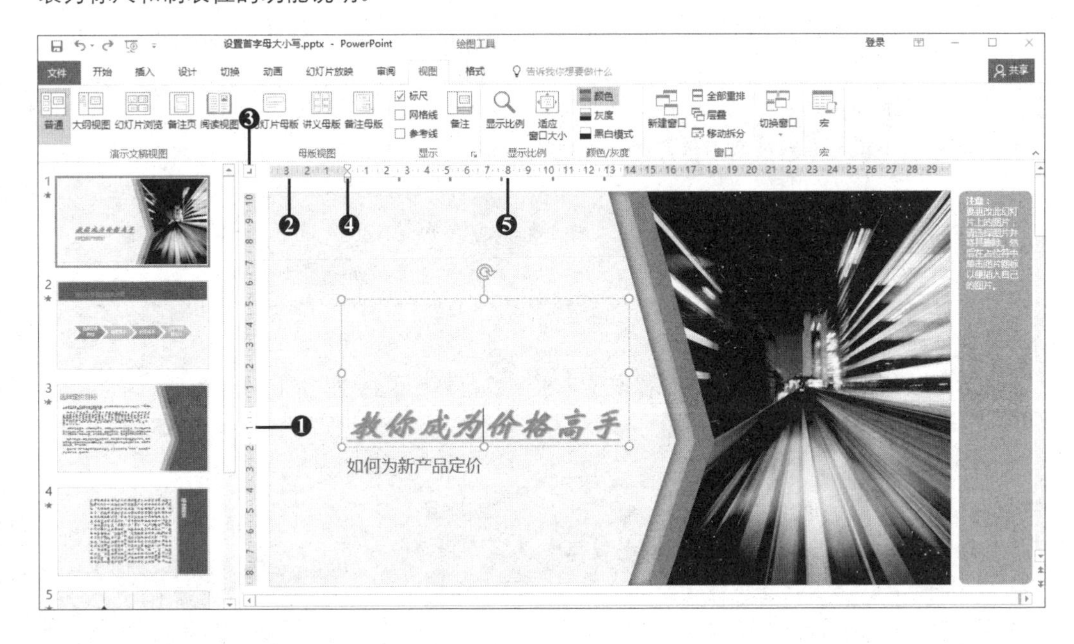

编号	名称	功能说明
❶	垂直标尺	标尺中的原点会根据在幻灯片中选中的对象而改变。移动鼠标指针或绘图工具时，标尺上会显示它在幻灯片上的位置
❷	水平标尺	
❸	制表符按钮	单击制表符按钮，可以自定义制表位标记
❹	默认制表位	在标尺数字下的灰色小标记是默认制表位，可以拖动它们到新的位置
❺	自定义制表位	自定义设置文字缩进距离或一栏文字的开始之处

缩进标记：在 PowerPoint 2016 中，用户还可以使用标尺的缩进标记来控制段落的缩进，让演示文稿的内容显得更有层次。缩进标记的功能说明如下图和下表所示。

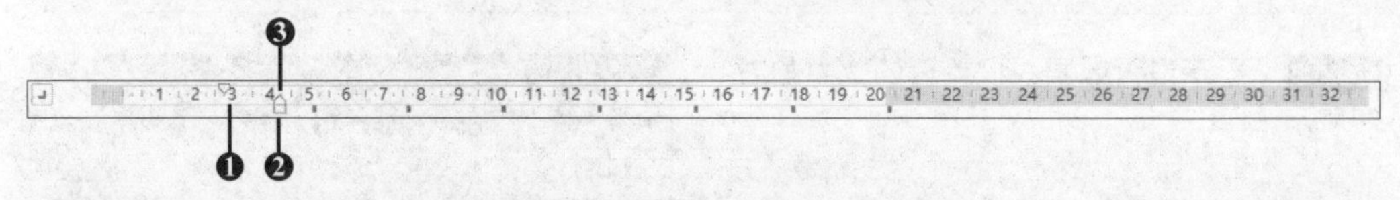

编号	名称	功能说明
❶	首行缩进标记	标尺顶端的倒三角，显示了段落中第1行的位置，拖动该标记，段落中第1行会缩进
❷	左缩进标记	标尺底端的矩形，控制段落与文本框的左边距。拖动该标记，所有文本会相对文本框的左边框缩进
❸	悬挂缩进标记	标尺底端的三角形，显示了段落中第2行及以下文本的位置。拖动该标记，段落首行不缩进，其余部分相对首行缩进

3.2.1 添加项目符号与编号

在文本中添加项目符号或编号，可以使文本显得更加有条理和层次。项目符号和编号是以段落为单位的，下面介绍为段落设置项目符号与编号的具体方法。

1 添加项目符号

默认情况下项目符号为一个圆点，若想修改或添加项目符号，PowerPoint 2016 提供两种途径：一是选择模板中默认的项目符号，二是添加自定义项目符号。

原始文件：下载资源 \ 实例文件 \ 第 3 章 \ 原始文件 \ 设置字体格式 .pptx
最终文件：下载资源 \ 实例文件 \ 第 3 章 \ 最终文件 \ 添加项目符号 .pptx

(1) 添加预设的项目符号

默认情况下，PowerPoint 2016 预设了 7 种项目符号，为整理文本提供了方便。单击功能区的“项目符号”按钮即可添加默认的圆点型项目符号，下面对添加其他预设的项目符号进行详细介绍。

步骤01 **选择需要添加项目符号的文本**。打开原始文件，切换至第5张幻灯片，选择需要添加项目符号的文本，这里按住【Ctrl】键，同时选中如右图所示的3个文本框。

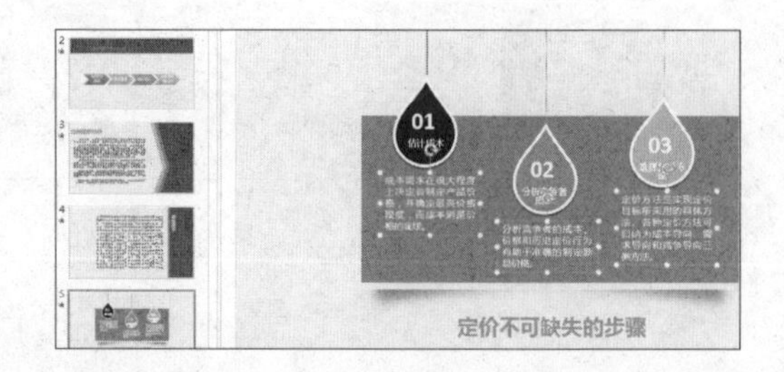

步骤02　选择预设的项目符号。单击“开始”选项卡下“段落”组中“项目符号”右侧的下三角按钮，在展开的下拉列表中选择合适的项目符号，如下图所示。

步骤03　显示添加预设项目符号后的效果。此时可以看到所选段落前都添加了预设的项目符号，如下图所示。

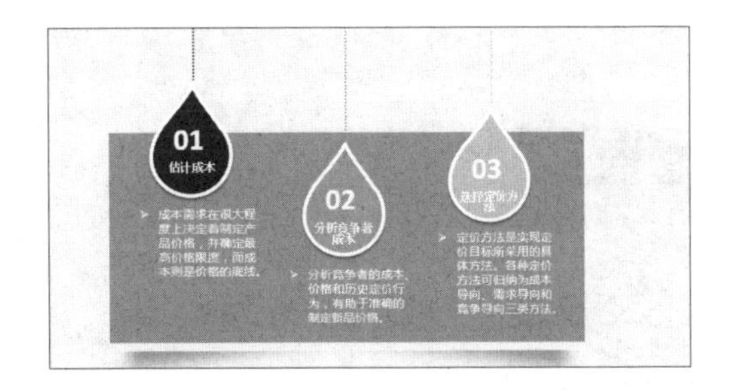

（2）添加自定义项目符号

如果预设的项目符号不能满足用户的需求，可以添加自定义项目符号，具体操作如下。

步骤01　选择文本段落。继续之前的操作，再次选择第5张幻灯片中已经添加有预设项目符号的文本框，如下图所示。

步骤02　单击“项目符号和编号”选项。单击“开始”选项卡下“段落”组中“项目符号”右侧的下三角按钮，在展开的下拉列表中单击“项目符号和编号”选项，如下图所示。

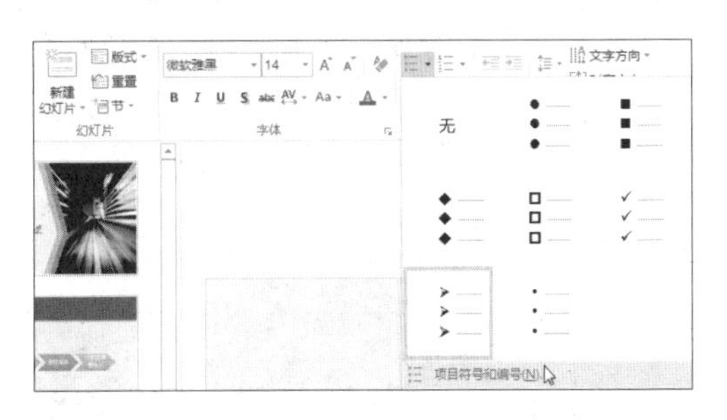

步骤03　自定义项目符号。弹出“项目符号和编号”对话框，在“项目符号”选项卡下单击“自定义”按钮，如下左图所示。

步骤04　选择项目符号。弹出“符号”对话框，在“字体”下拉列表框中选择“Wingdings 2”，然后在展开的列表中选择如下中图所示的符号，单击“确定”按钮。

步骤05　设置项目符号颜色。返回“项目符号和编号”对话框中，此时在“项目符号”选项卡下的列表框中自动添加并选中了上一步选择的符号，然后设置“颜色”为红色，最后单击“确定”按钮，如下右图所示。

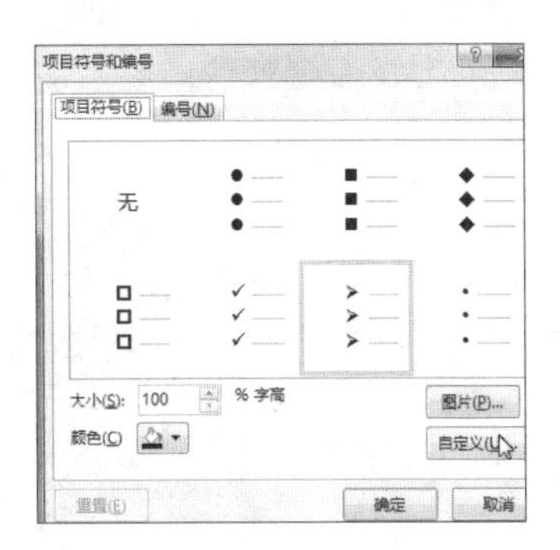

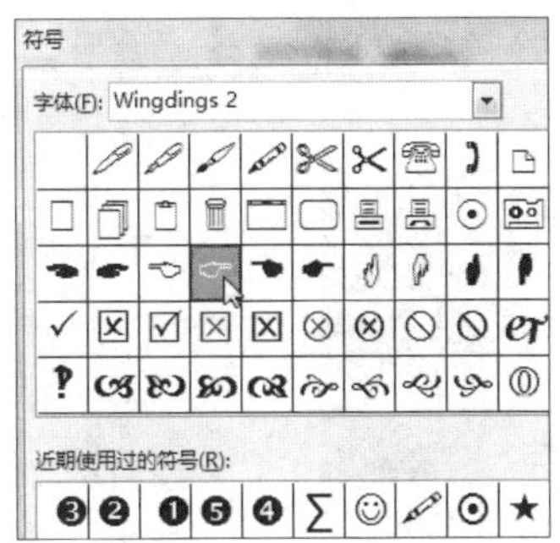

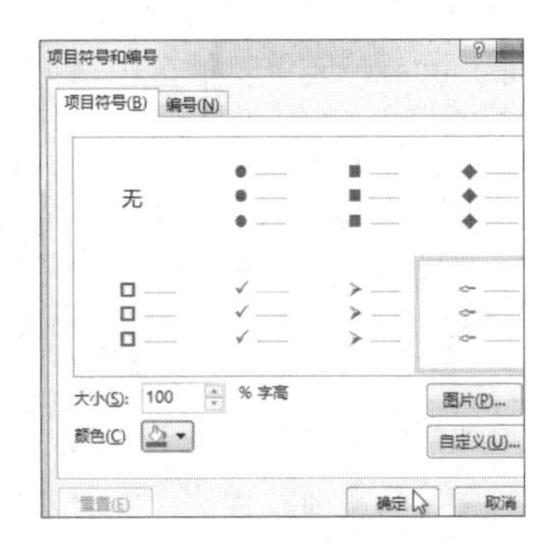

步骤06 **显示添加自定义项目符号的效果。** 此时所选文本框中的项目符号被替换为自定义的红色符号，效果如右图所示。

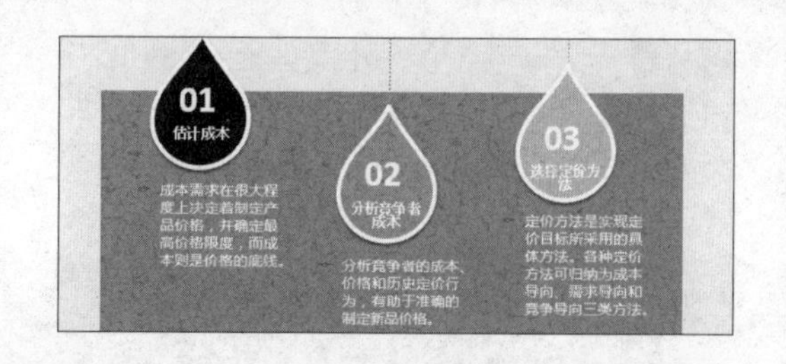

办公点拨 **将图片设置为项目符号**

选取要添加项目符号的段落，打开"项目符号和编号"对话框，单击"图片"按钮，弹出"插入图片"对话框，可以通过"来自文件""必应图像搜索"和"OneDrive-个人"3种途径选取需要的图片，将其作为项目符号。

2 添加编号

项目符号常用于表现并列的文本层次，而编号则用于表示文本的先后次序。项目符号和编号不能同时使用。在PowerPoint 2016中，用户可以为文本内容添加编号，此外，还可以设置编号的大小、颜色和起始值，具体操作如下。

原始文件： 下载资源\实例文件\第3章\原始文件\添加项目符号.pptx
最终文件： 下载资源\实例文件\第3章\最终文件\添加编号.pptx

步骤01 **选择文本段落。** 打开原始文件，切换至第6张幻灯片，选择需要添加编号的文本段落，如下图所示。

步骤02 **单击"编号"按钮。** 若需添加默认的数字编号，则单击"开始"选项卡下"段落"组中的"编号"按钮，如下图所示。

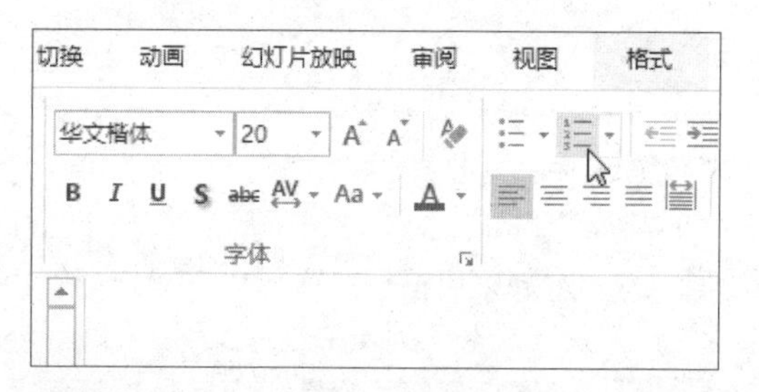

步骤03 **显示添加的编号效果。** 此时可以看到在所选段落前添加了默认的数字编号，效果如下图所示，单击文本占位符外的任意位置，可以取消文本的选中状态。

步骤04 **修改编号。** 若要更改编号，可以打开"项目符号和编号"对话框，在"编号"选项卡中进行设置，如设置大小为"100"磅、颜色为"红色"，保持默认的起始编号，如下图所示。

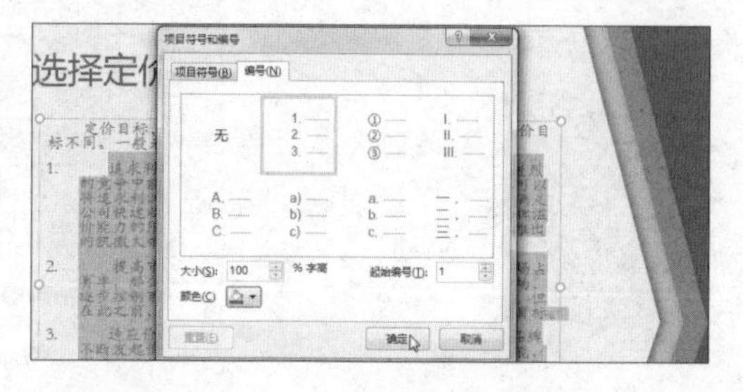

步骤05 **显示修改后的编号效果。**此时所选文本段落的编号效果如右图所示。

办公点拨 **选择其他形式的编号**

单击“段落”组中“编号”按钮右侧的下三角按钮，在展开的下拉列表中可以选择其他形式的编号。

3.2.2 设置对齐方式与缩进

在 PowerPoint 2016 中编辑文本时，为了让文字内容更加有序和醒目，可为段落和文本设置合适的对齐方式，并对段落的缩进效果进行设置。具体操作如下。

原始文件：下载资源 \ 实例文件 \ 第 3 章 \ 原始文件 \ 添加编号 .pptx
最终文件：下载资源 \ 实例文件 \ 第 3 章 \ 最终文件 \ 对齐文本 .pptx

1 段落的对齐

段落对齐方式包括左对齐、居中、右对齐、分散对齐，用于表示段落在文本框水平方向上的位置关系。

步骤01 **选择文本段落。**打开原始文件，切换至第3张幻灯片，将插入点定位在要设置对齐方式的段落中，如下图所示。

步骤02 **单击“居中”按钮。**单击“开始”选项卡下“段落”组中的“居中”按钮，如下图所示。

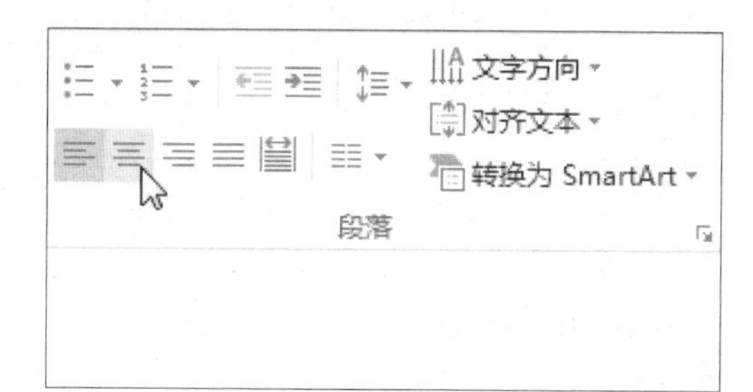

步骤03 **显示居中对齐的效果。**此时插入点所在的段落即居中显示，应用相同的方法为其他段落设置“两端对齐”的对齐方式，效果如右图所示。

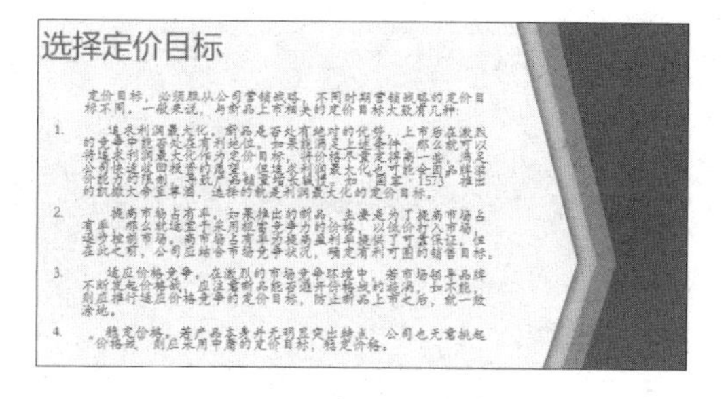

2 文本对齐

文本对齐是指文本在文本框垂直方向的位置。用户在功能区中可设置文本的对齐方式为顶端对齐、中部对齐或底端对齐，也可以单击“其他选项”自定义对齐方式。具体操作如下。

步骤01 **选择需要设置对齐方式的文本。**继续之前的操作，选中第2张幻灯片，单击标题文本，如下图所示。

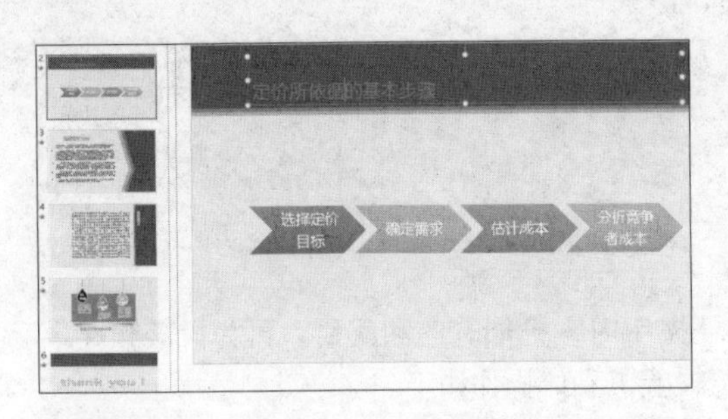

步骤02 **设置对齐方式。**单击“开始”选项卡下“段落”组中的“对齐文本”下三角按钮，在展开的下拉列表中单击“中部对齐”选项，如下图所示。

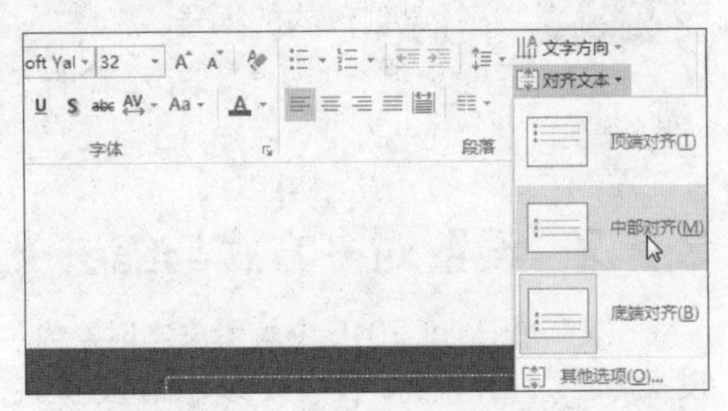

步骤03 **显示设置中部对齐后的效果。**此时文本框中的文字在文本框的垂直方向居中对齐，效果如右图所示。

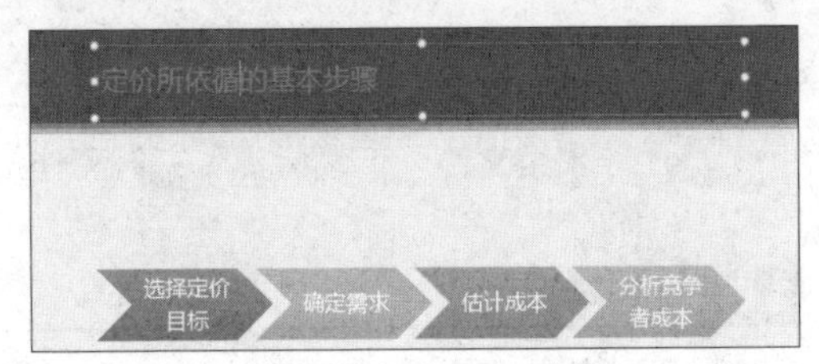

3 段落的缩进

段落缩进是指文本和文本框边框之间的距离。使用缩进标记可以使演示文稿的文本内容更有层次。常见的缩进特殊格式有“首行缩进”和“悬挂缩进”两种。首行缩进是指段落的首行文本相对其余行文本缩进指定值，悬挂缩进是指段落除首行外的其余行文本缩进指定值。下面介绍如何设置段落缩进。

▸方法一：使用标尺

步骤01 **显示标尺。**继续之前的操作，切换至第3张幻灯片，勾选“视图”选项卡下“显示”组中的“标尺”复选框，让标尺显示出来，如下图所示。

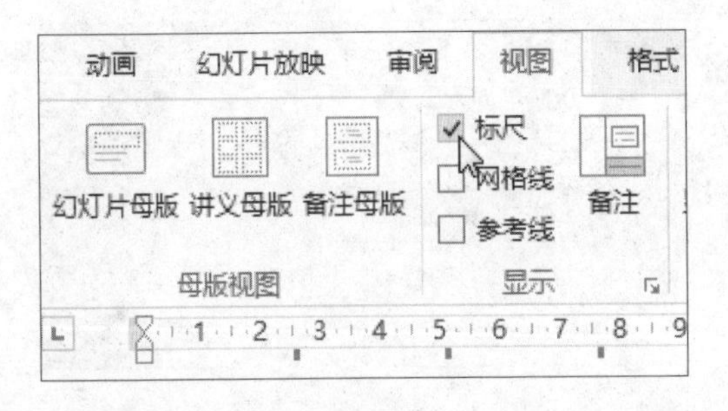

步骤02 **拖动悬挂缩进标记。**选中要设置缩进的段落或在该段落中的任意位置单击，这里选择编号为1的段落。在水平标尺上出现缩进标记，拖动悬挂缩进标记至标尺0.5刻度的位置，如下图所示。

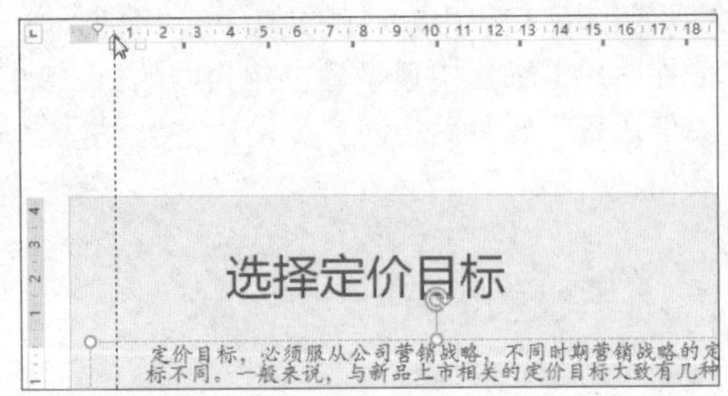

步骤03 **显示调整悬挂缩进后的效果。**此时可以看到编号为1的文本段落悬挂缩进的效果，如下图所示。

步骤04 **调整其他文本段落的缩进效果。**选中编号为2、3、4的文本段落，整体调整悬挂缩进值，最终效果如下图所示。

▸方法二：使用“段落”对话框

步骤01 **打开“段落”对话框。**继续之前的操作，单击“开始”选项卡下“段落”组的对话框启动器，如下图所示。

步骤02 **设置对齐方式。**弹出“段落”对话框，在“缩进和间距”选项卡下可设置对齐和缩进，如下图所示，设置完毕后单击“确定”按钮即可。

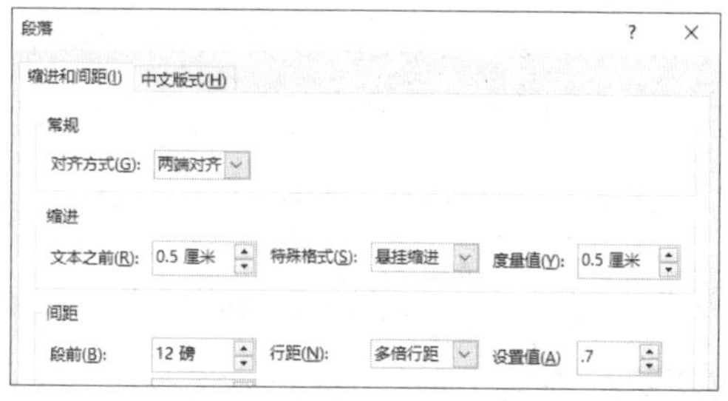

3.2.3 使用制表位

如果用户想要精确地控制文本框或形状内的文本位置，或者想要对齐幻灯片中的文本，可以使用代表水平标尺位置的制表位。

原始文件：下载资源\实例文件\第3章\原始文件\教你成为价格高手.pptx
最终文件：下载资源\实例文件\第3章\最终文件\使用制表位.pptx

步骤01 **定位插入点。**打开原始文件，确认界面中显示了标尺，然后切换至第4张幻灯片，单击需要设置对齐的段落开始处以定位插入点，如下图所示。

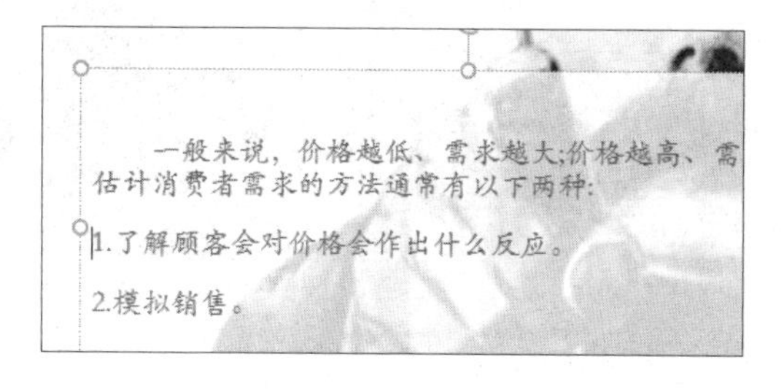

步骤02 **放置制表符。**连续单击制表符按钮，直到制表符类型变为左对齐，然后在自定义制表位中要放置制表符的位置上单击，如下图所示。

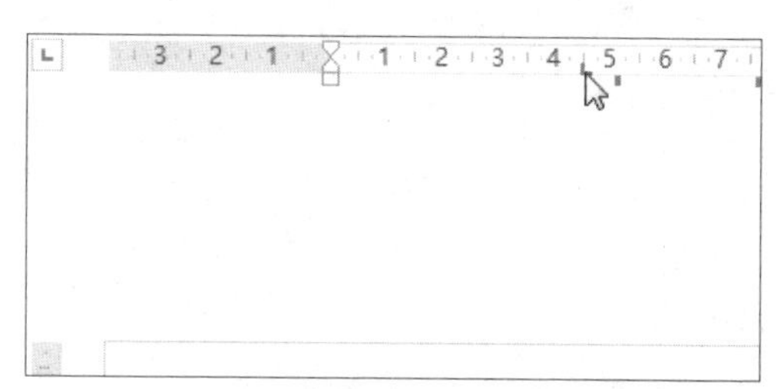

步骤03 **实现目标缩进。** 按下【Tab】键实现对齐。可以看到所选文本段进行了缩进，如下图所示。

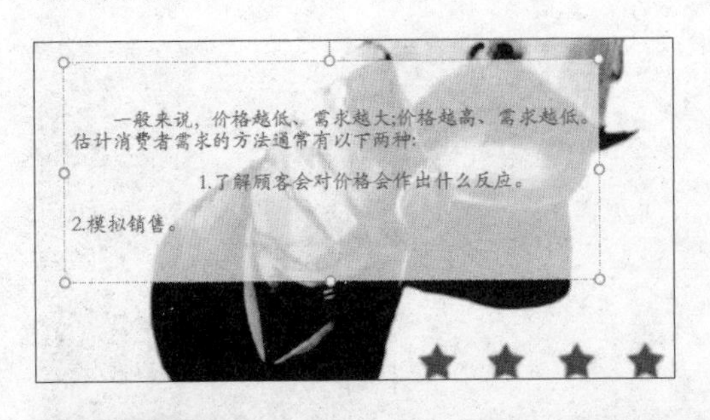

步骤04 **显示结果。** 使用同样方法对编号为2的段落进行相同的缩进，效果如下图所示。

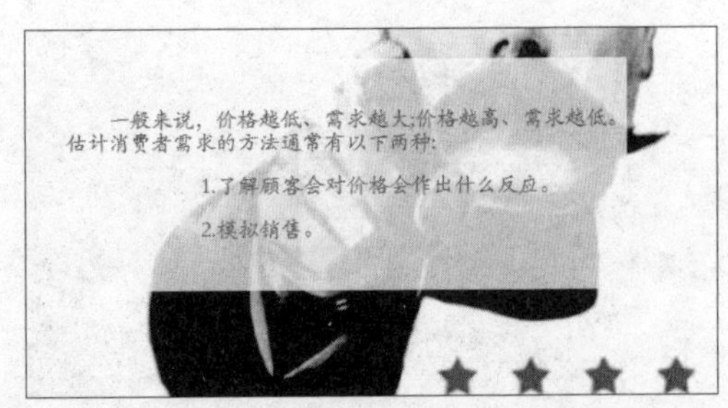

办公点拨 删除制表位

要想从标尺上删除某个制表位，则将鼠标指针指向该制表位，再按住鼠标左键将其拖离标尺即可。

3.2.4 设置文字分栏

默认情况下，输入文本时都是按一栏处理的，如果用户想对文本进行分栏设置，可以自定义栏数和间距，具体操作如下。

原始文件： 下载资源\实例文件\第3章\原始文件\教你成为价格高手.pptx
最终文件： 下载资源\实例文件\第3章\最终文件\设置文字分栏.pptx

步骤01 **激活文本框。** 打开原始文件，切换至第3张幻灯片，单击正文文本，激活文本框，如下图所示。

步骤02 **设置分栏效果。** 单击"开始"选项卡下"段落"组中的"分栏"按钮，在展开的下拉列表中单击"三列"选项，如下图所示。

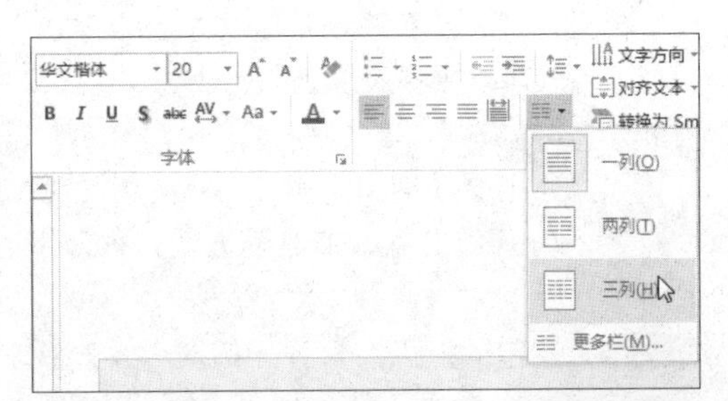

步骤03 **显示分栏效果。** 单击文本框外任意处，取消文本框选中状态，此时文本呈三列显示，列之间的间距为默认值，效果如右图所示。

步骤04 **单击“更多栏”选项。**若对分栏效果不满意，可单击“分栏”按钮，在展开的下拉列表中选择“更多栏”选项，如右图所示。

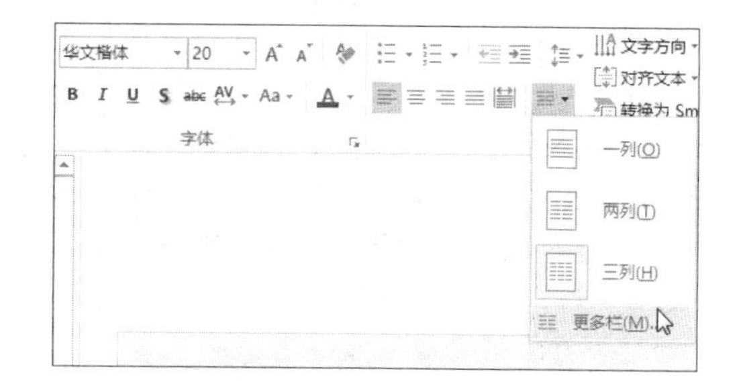

步骤05 **自定义分栏效果。**弹出“分栏”对话框，设置分栏的数量和间距，然后单击“确定”按钮，如下图所示。

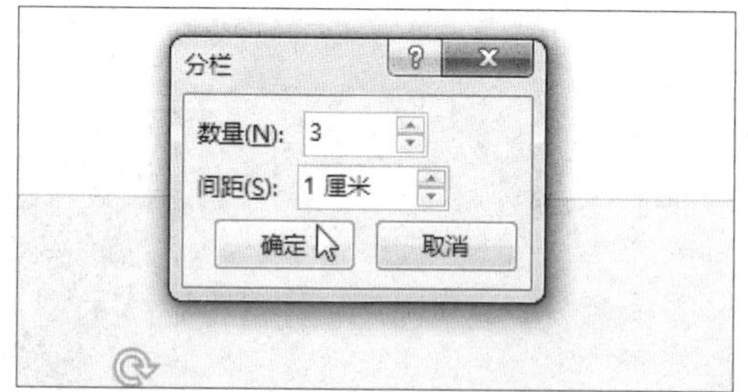

步骤06 **显示自定义分栏后的效果。**更改分栏间距后，文本列之间的距离增大，效果如下图所示。

3.3 插入并设置形状样式

在幻灯片中插入图形后，常常还需要设置图形的格式，使图形之间搭配得更加合理、美观。下面介绍在 PowerPoint 2016 中插入 SmartArt 图形，并使用快速样式功能设置形状格式、形状的排列和组合等的操作方法。

3.3.1 将文字转化为SmartArt图形

PowerPoint 2016 提供的将文本转换为 SmartArt 图形的功能可帮助用户方便地实现文本和 SmartArt 图形之间的相互转换，使幻灯片更加直观。下面介绍将文本转化为 SmartArt 图形的具体操作。

原始文件：下载资源\实例文件\第 3 章\原始文件\教你成为价格高手 2.pptx
最终文件：下载资源\实例文件\第 3 章\最终文件\将文本转换为 SmartArt 图形 .pptx

步骤01 **激活文本框。**打开原始文件，切换至第3张幻灯片，单击幻灯片中的正文文本，插入点将定位至鼠标单击处，激活文本框，如右图所示。

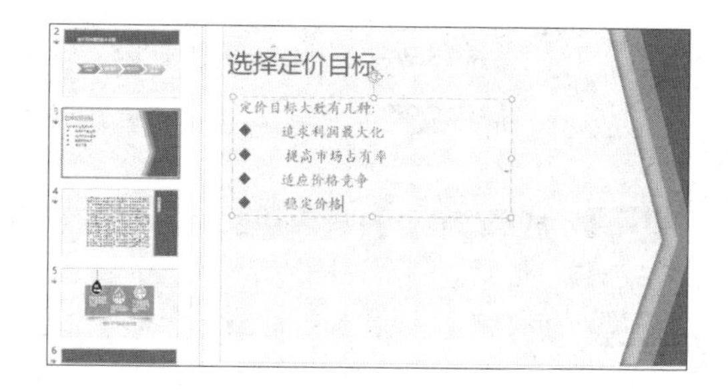

步骤02 **将文本转换为SmartArt图形。**单击“开始”选项卡下“段落”组中的“转换为SmartArt”下三角按钮，在展开的下拉列表中可选择一种常用的SmartArt图形，若需要选择其他图形，则单击“其他SmartArt图形”选项，如右图所示。

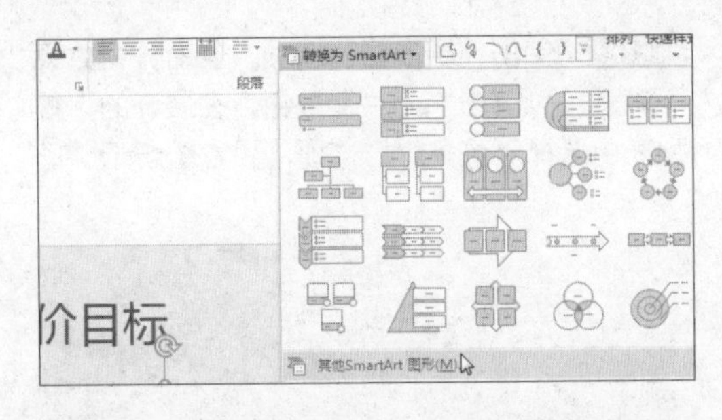

步骤03 **选择SmartArt图形。**弹出“选择SmartArt图形”对话框，在左侧列表框中选择“关系”选项，然后在中间列表框中选择“射线维恩图”，在对话框右侧可预览选择的图形，选定后单击“确定”按钮，如下图所示。

步骤04 **调整图形大小。**此时幻灯片中所选文本框的内容转换为了SmartArt图形，选中图形右下角的控点，按住鼠标左键向右下方拖动，如下图所示。

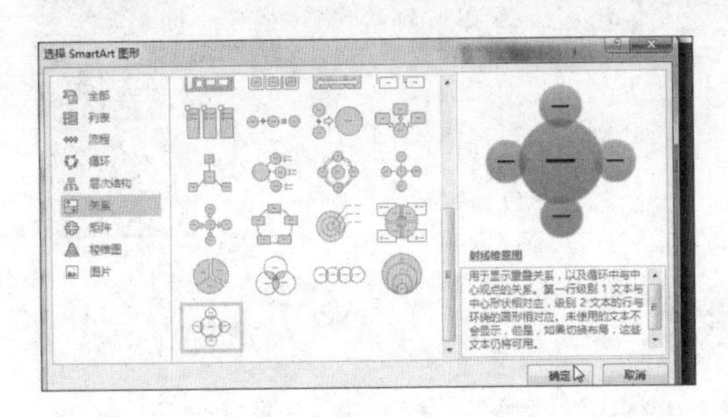

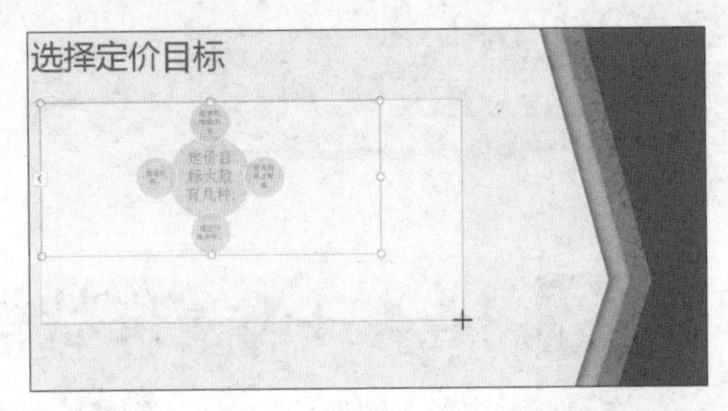

步骤05 **显示最终效果。**至图形合适大小后释放鼠标左键，最终效果如右图所示。

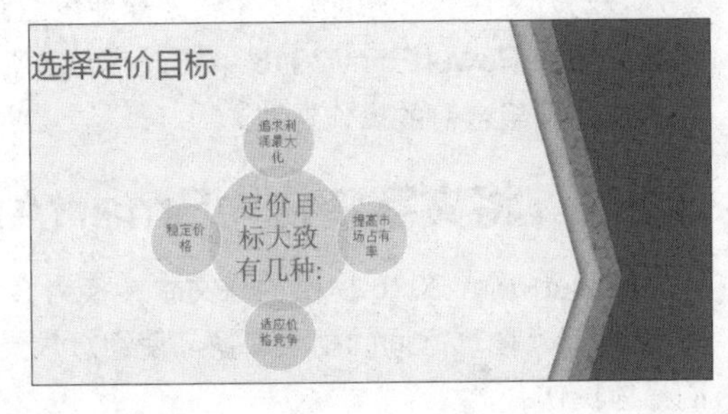

3.3.2 应用预设样式

在 PowerPoint 2016 中有许多设置好的快速样式，即预设样式。预设样式是格式设置选项的集合，用户使用预设样式更易于设置文档和对象的格式。下面具体介绍应用快速样式功能设置形状样式的方法。

原始文件：下载资源\实例文件\第 3 章\原始文件\新品推广方案 .pptx

最终文件：下载资源\实例文件\第 3 章\最终文件\应用预设样式 .pptx

步骤01 **选择形状。**打开原始文件，切换至第4张幻灯片中，按住【Ctrl】键，同时选中幻灯片中的3个形状，如下左图所示。

步骤02 **展开形状样式列表。**单击“绘图工具-格式”选项卡下“形状样式”组的快翻按钮，如下右图所示。

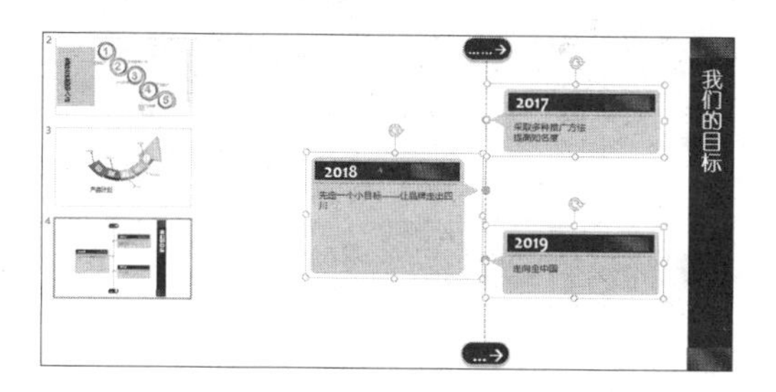

步骤03 **选择形状样式。**在展开的列表中选择合适的形状样式，这里选择如下图所示的样式。

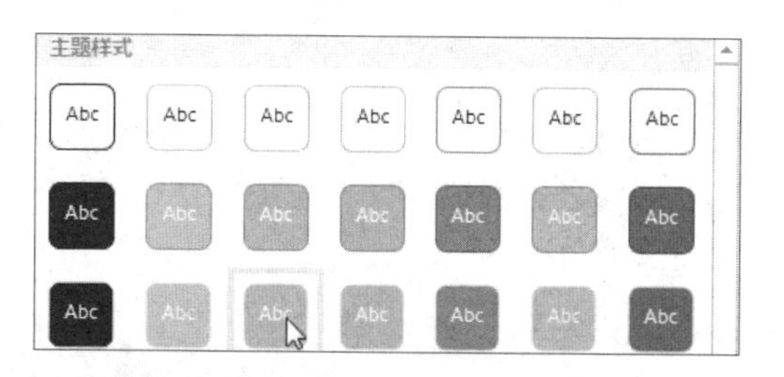

步骤04 **显示套用样式后的结果。**此时幻灯片中的形状套用了所选的样式，效果如下图所示。

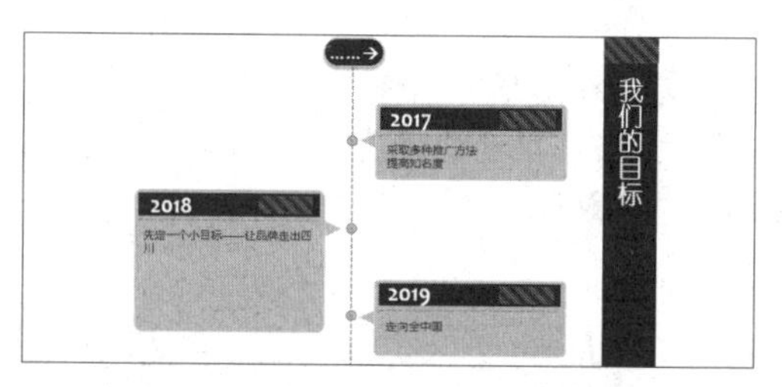

办公点拨　展开快速样式

选中形状对象后，单击“开始”选项卡下“绘图”组中的“快速样式”按钮，同样可展开“形状样式”列表，然后选择需要的形状样式即可。

3.3.3　设置形状格式

在幻灯片中绘制好图形后，可以设置图形对象的格式，包括设置形状填充、形状轮廓、形状效果等。下面介绍设置形状格式的具体操作。

原始文件：下载资源\实例文件\第3章\原始文件\新品推广方案.pptx
最终文件：下载资源\实例文件\第3章\最终文件\设置形状效果.pptx

▶方法一：利用“绘图”组中的按钮设置

步骤01 **选择形状。**打开原始文件，切换至第4张幻灯片中，按下【Ctrl】键，同时选中幻灯片中的3个形状，如下图所示。

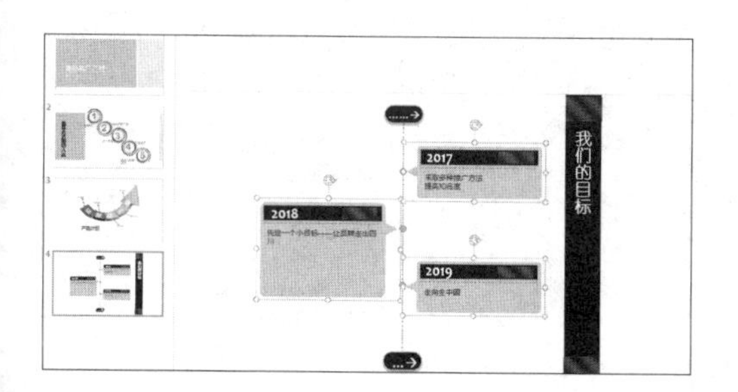

步骤02 **设置形状效果。**单击“开始”选项卡下“绘图”组中“形状效果”右侧的下三角按钮，在展开的下拉列表中指向“阴影”选项，然后在展开的子列表中选择“外部”组中的“左下斜偏移”阴影效果，如下图所示。

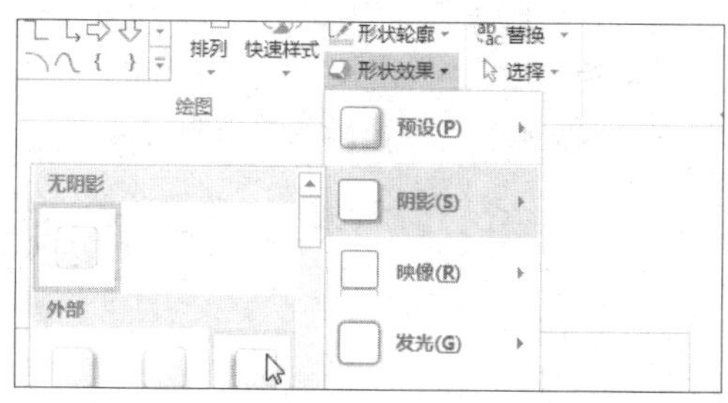

步骤03 **设置形状填充。**单击“绘图”组中“形状填充”右侧的下三角按钮，在展开的下拉列表中指向“渐变”选项，如下图所示。

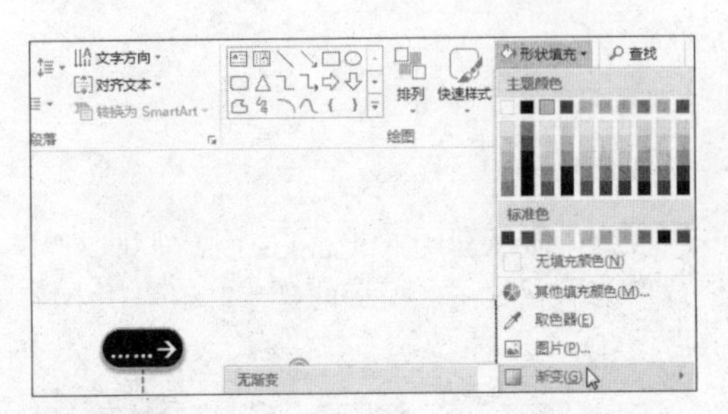

步骤04 **单击“其他渐变”选项。**在展开的子列表中单击“其他渐变”选项，如下图所示。

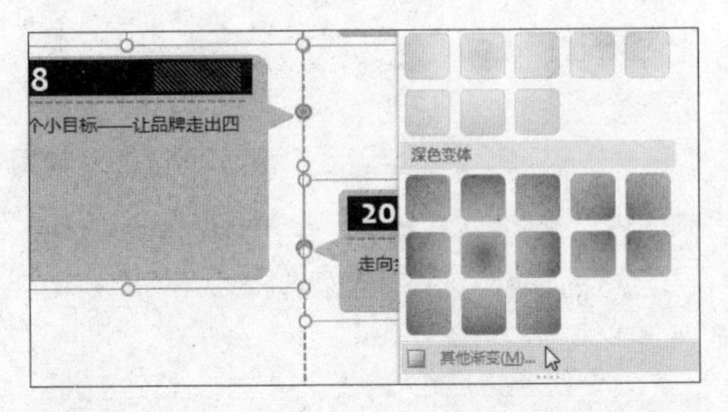

步骤05 **渐变填充。**弹出“设置形状格式”任务窗格，单击“填充”下方的“渐变填充”单选按钮，如下图所示。

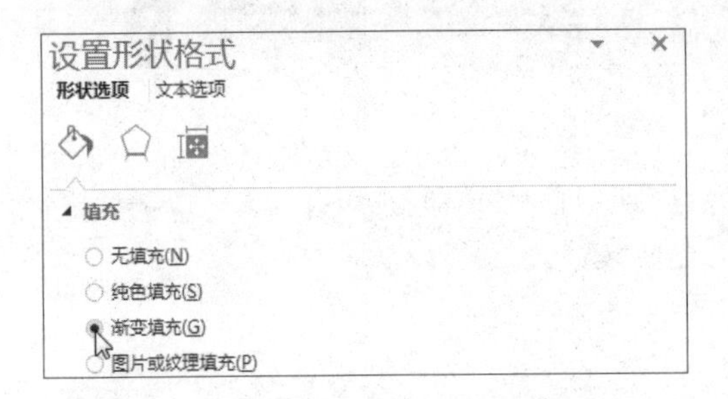

步骤06 **设置渐变方向。**保持默认的渐变类型为线性，然后单击“方向”右侧的下三角按钮，在展开的下拉列表中单击如下图所示的渐变方向。

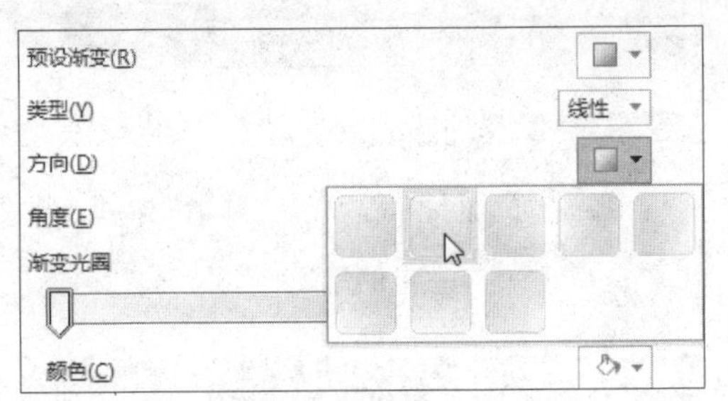

步骤07 **删除光圈。**默认包含4个光圈，用户可根据需要添加或删除光圈。首先选择需要删除的光圈，如选择光圈2，然后单击右侧的“删除渐变光圈”按钮，如下图所示。

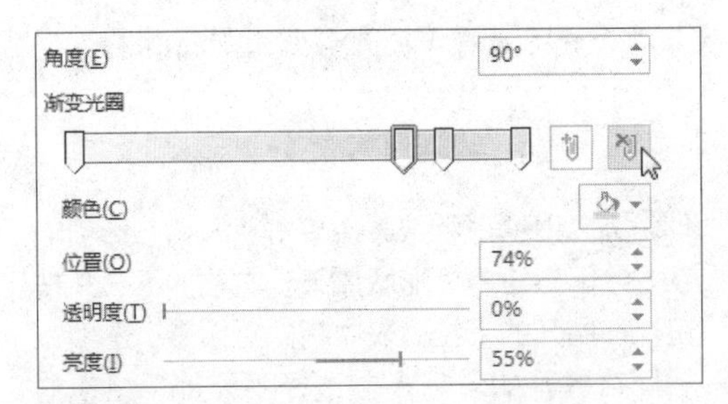

步骤08 **设置渐变颜色。**选中光圈3，然后单击“颜色”右侧的下三角按钮，在展开的下拉列表中选择如下图所示的颜色。

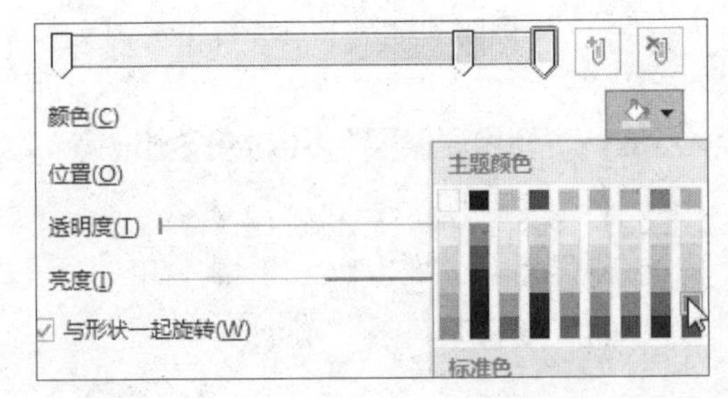

步骤09 **调整颜色透明度。**确保光圈3为选中状态，然后按住“透明度”右侧的调节滑块向右拖动，如右图所示，在“透明度”右侧的数值框中显示了当前颜色的透明度。

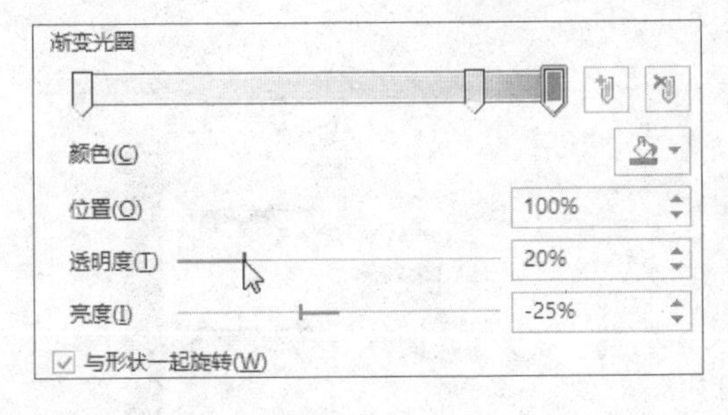

步骤10 显示最终效果。经过以上设置，幻灯片中的形状效果如右图所示。

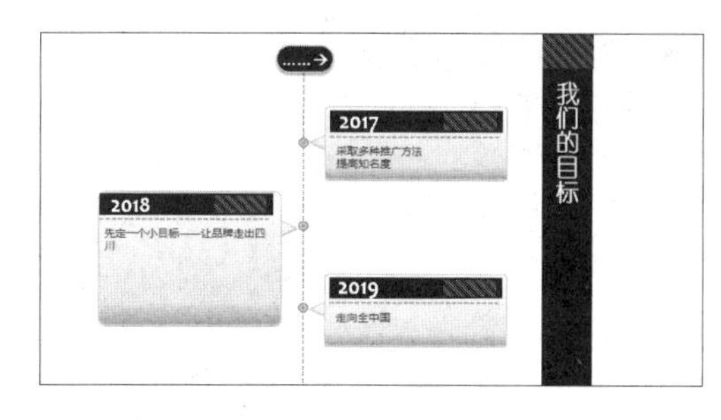

▸方法二：利用快捷菜单命令设置

用户也可以选中要设置的形状并右击，在弹出的快捷菜单中单击“设置形状格式”命令，如下图所示，在打开的“设置形状格式”任务窗格中进行设置。

▸方法三：利用对话框启动器设置

单击“开始”选项卡下“绘图”组中的对话框启动器，也可以打开“设置形状格式”任务窗格，如下图所示。

▸方法四：在“绘图工具-格式”选项卡下设置

切换至“绘图工具-格式”选项卡下，在“形状样式”组中可以设置“形状填充”“形状轮廓”“形状效果”，如右图所示。或者直接单击“形状样式”组的对话框启动器，打开“设置形状格式”任务窗格。

3.3.4 形状的排列

当幻灯片中的图形对象重叠在一起时，上层对象会覆盖下层对象，可能会影响整体效果。用户可以设置图形的排列次序，使其按照期望的层次进行排列。具体操作如下。

原始文件：下载资源\实例文件\第3章\原始文件\新品推广方案.pptx

最终文件：下载资源\实例文件\第3章\最终文件\形状的排列.pptx

步骤01 选择对象。打开原始文件，切换至第2张幻灯片中，选中覆盖其他对象重叠部分的形状，如右图所示。

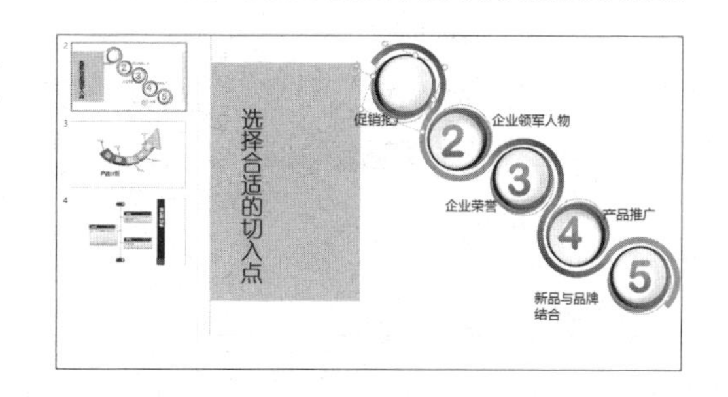

步骤02 **排列对象。** 单击“开始”选项卡下“绘图”组中的“排列”按钮，在展开的下拉列表中单击“置于底层”选项，如下图所示。

步骤03 **显示重新排列后的效果。** 此时幻灯片中重叠部分被遮挡的部分重新显示出来，效果如下图所示。

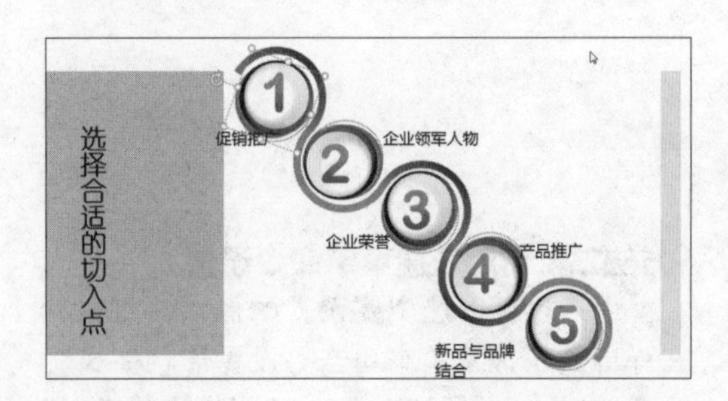

3.3.5 形状的组合

将多个形状组合起来后，可以将组合后的对象视为一个单一的对象进行移动、翻转、旋转及缩放等操作。组合形状的具体操作如下。

原始文件： 下载资源\实例文件\第3章\原始文件\新品推广方案.pptx
最终文件： 下载资源\实例文件\第3章\最终文件\形状的组合.pptx

步骤01 **选择需要组合的形状。** 打开原始文件，切换至第3张幻灯片，按住【Ctrl】键，同时选中如下图所示的所有形状。

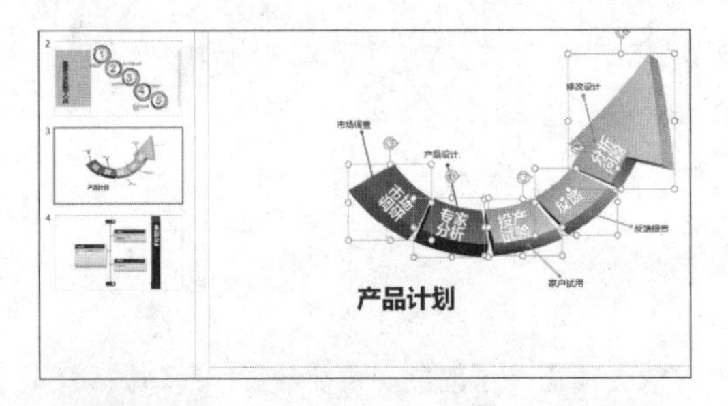

步骤02 **组合形状。** 单击“绘图工具-格式”选项卡下“排列”组中的“组合”按钮，在展开的下拉列表中单击“组合”选项，如下图所示。

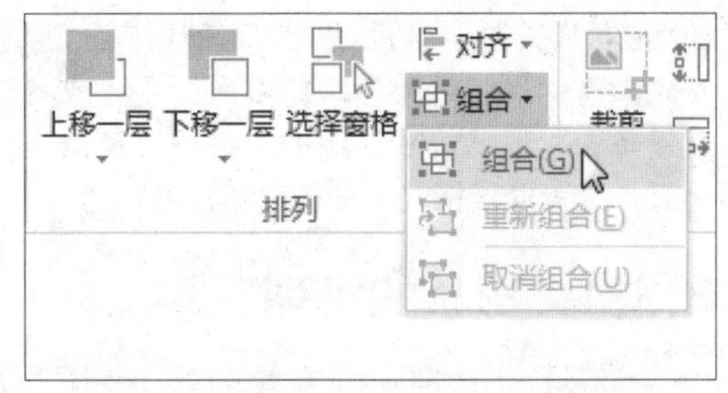

步骤03 **显示组合后的形状效果。** 将形状组合为一个对象后，选中该对象的效果如右图所示。

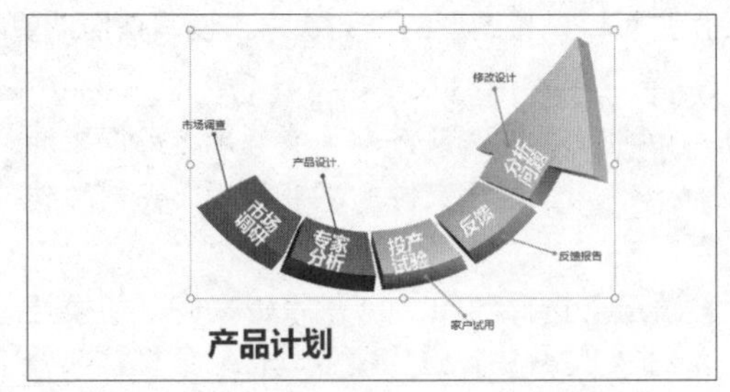

实例演练 制作营运推广策略演示文稿

一个项目在正式营运前都要进行市场推广，所以常常需要先制定出合理的营运推广策略，下面就以制作营运推广策略演示文稿为例，巩固本章所学知识。

原始文件：下载资源\实例文件\第 3 章\原始文件\营运推广策略.pptx

最终文件：下载资源\实例文件\第 3 章\最终文件\营运推广策略.pptx

步骤01 **选择需要设置字体格式的文本。**打开原始文件，切换至第2张幻灯片中，按住【Ctrl】键，拖动鼠标选择需要设置字体格式的文本，如下图所示。

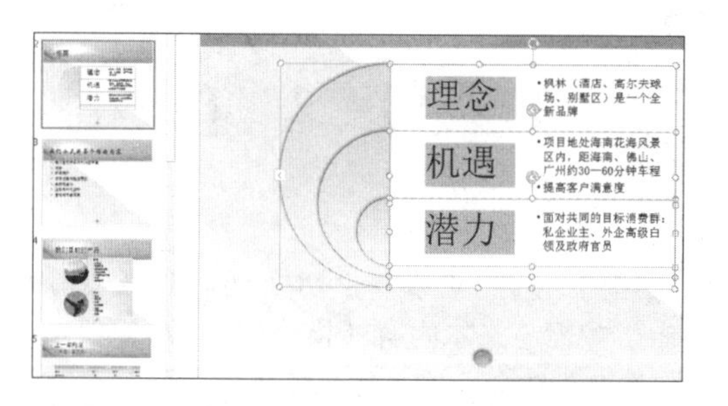

步骤02 **设置字体格式。**在“开始”选项卡下的“字体”组中设置字体为“华文行楷”、字号为44，然后单击“文字阴影”按钮，为文字添加阴影，再单击“字体颜色”右侧的下三角按钮，在展开的下拉列表中选择如下图所示的颜色。

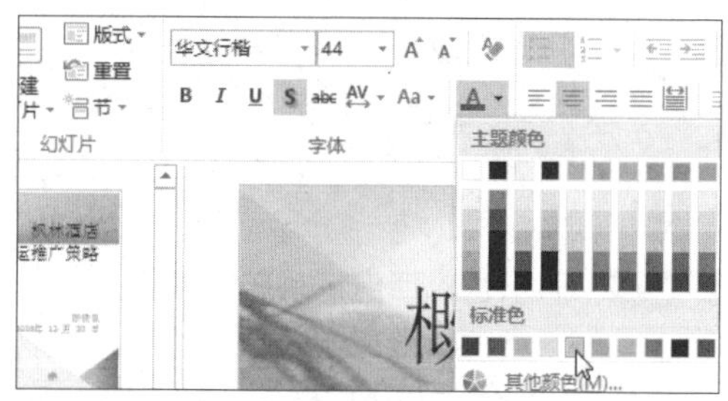

步骤03 **选择需要设置段落格式的文本。**设置后的字体效果如下图所示，然后再选择需要设置段落格式的文本。

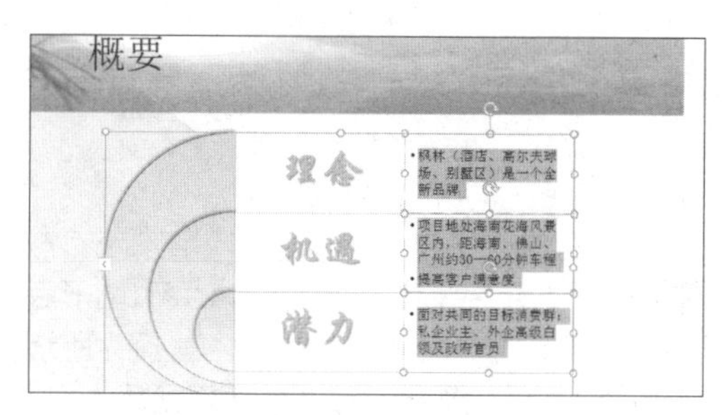

步骤04 **打开“段落”对话框。**单击“开始”选项卡下“段落”组的对话框启动器，如下图所示。

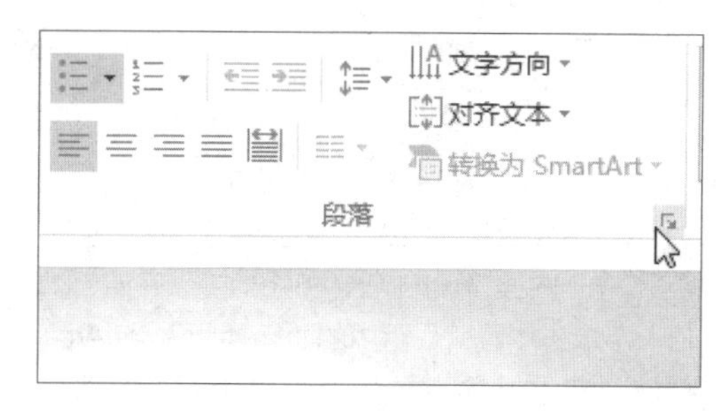

步骤05 **设置段落格式。**弹出“段落”对话框，设置文本的缩进值与间距，如右图所示，然后单击“确定”按钮。

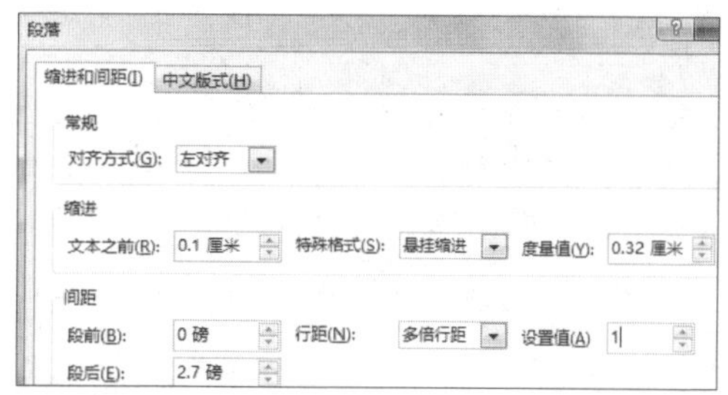

步骤06 **显示段落效果。**将文本前的缩进值缩小并增大行距后的段落效果如右图所示，单击文本外任意处即可取消文本的选中状态。

步骤07 **选择需要更改项目符号的文本框。**切换至第3张幻灯片中，单击幻灯片正文文本，激活文本框，然后单击文本框边框线，选中整个文本框，如下图所示。

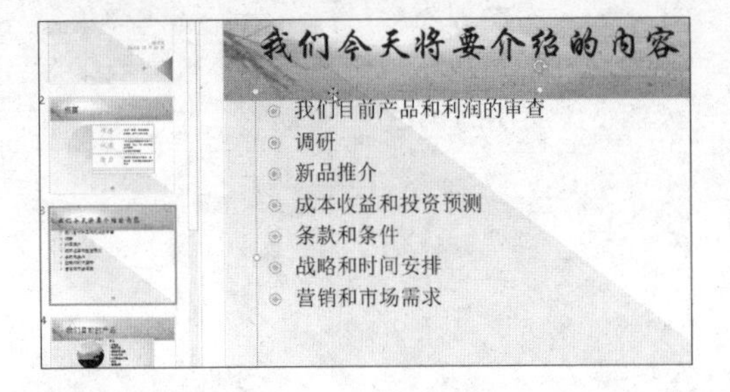

步骤08 **选择项目符号。**单击“开始”选项卡下“段落”组中“项目符号”右侧的下三角按钮，在展开的下拉列表中选择如下图所示的项目符号。

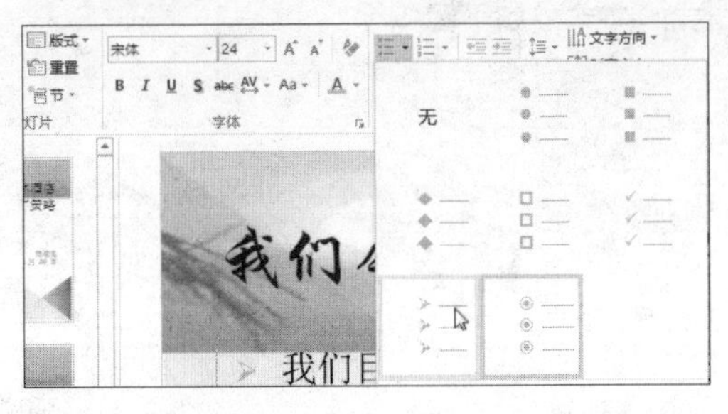

步骤09 **显示更改项目符号后的效果。**单击文本框外任意处取消文本框选中状态，更改项目符号后的效果如下图所示。

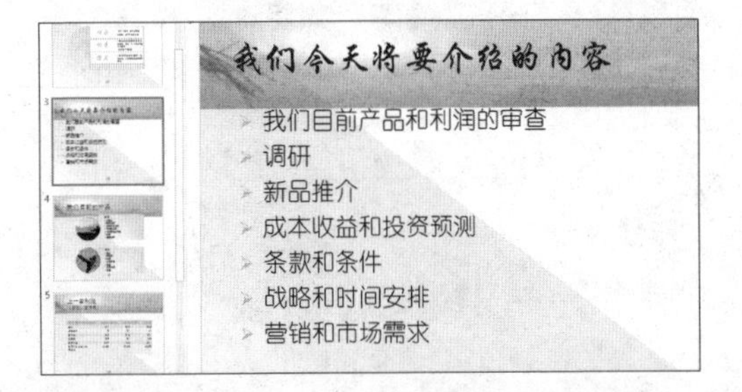

步骤10 **选择文本框。**切换至第6张幻灯片中，如需将文本内容转换为SmartArt图形，则首先选中整个文本框，如下图所示。

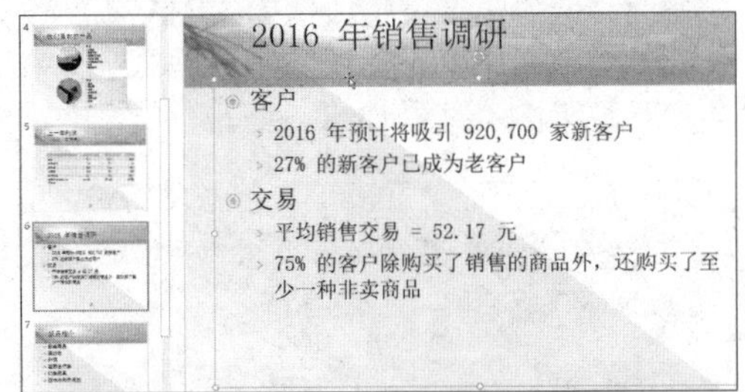

步骤11 **选择SmartArt图形。**在“开始”选项卡下单击“段落”组中的“转换为SmartArt”按钮，在展开的下拉列表中选择如下图所示的选项。

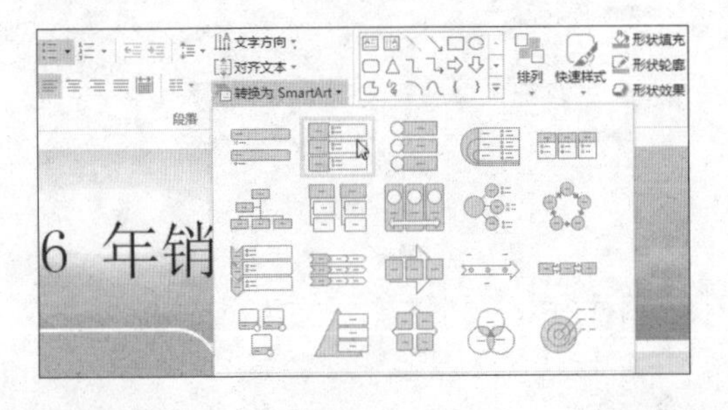

步骤12 **显示将文本转换为SmartArt图形后的效果。**此时，文本框中的文本转换为所选类型的SmartArt图形，效果如下图所示。

第4章 视图操作

默认情况下，PowerPoint 2016 的视图方式为普通视图，为了满足制作各种演示文稿的需要，用户还可以在其他视图方式中对演示文稿进行编辑操作。此外，为了便于同时查看演示文稿中的不同幻灯片内容，还可以进行新建窗口、并排和层叠比较窗口、切换窗口等操作。

4.1 PowerPoint 2016的视图方式

PowerPoint 2016 中的每一种视图都有自己的特点，用户可根据需要在各种视图模式之间切换，从而更方便快速地制作幻灯片。在 PowerPoint 2016 界面中有两个位置可以找到视图按钮，分别是功能区和状态栏。

单击“视图”选项卡下“演示文稿视图”组中的视图按钮，即可切换至相应的视图下，如下图所示。

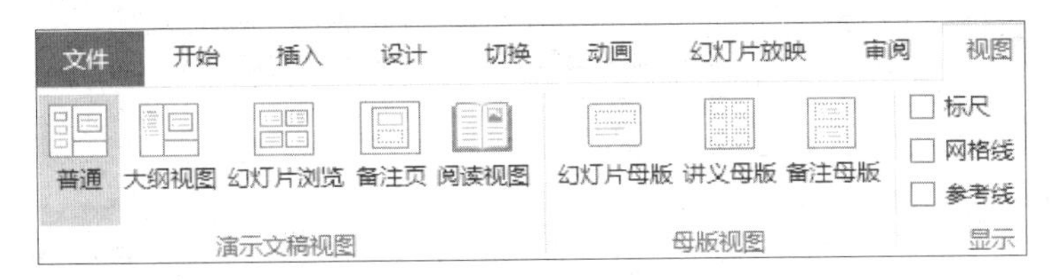

在 PowerPoint 2016 窗口右下角状态栏中也有视图按钮，如下图所示，从左到右依次为：普通视图、幻灯片浏览、阅读视图和幻灯片放映。

4.1.1 普通视图

普通视图是 PowerPoint 默认的视图。普通视图是主要的编辑视图，可用于编写或设计演示文稿。普通视图主要包含 3 个工作区域：幻灯片浏览窗格、幻灯片窗格和备注窗格，如下图所示，各个区域的名称及功能说明见下表。

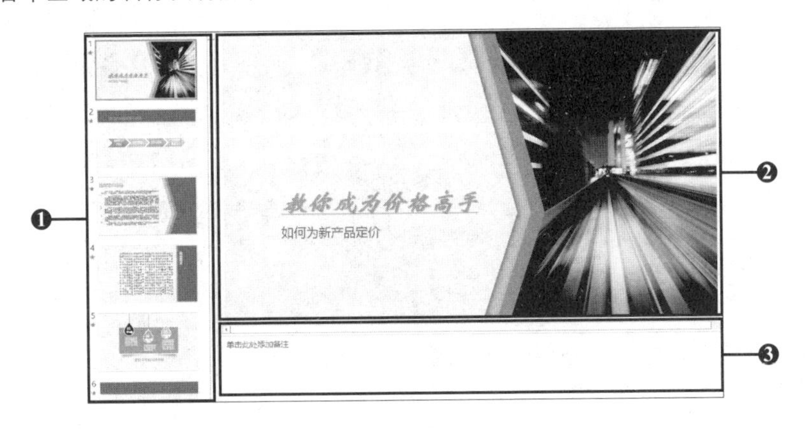

编号	名称	功能说明
❶	幻灯片浏览窗格	用于快速观看幻灯片设计更改的效果。还可以添加、删除幻灯片，重新排列幻灯片的顺序以及为幻灯片添加节进行管理
❷	幻灯片窗格	用于查看、编辑单张幻灯片
❸	备注窗格	用于为每张幻灯片键入演讲者备注

4.1.2 大纲视图

在大纲视图下，界面的左侧显示了演示文稿的大纲。大纲视图主要包含 3 个区域：大纲窗格、幻灯片窗格、备注窗格，如下图所示，各个区域的功能说明见下表。

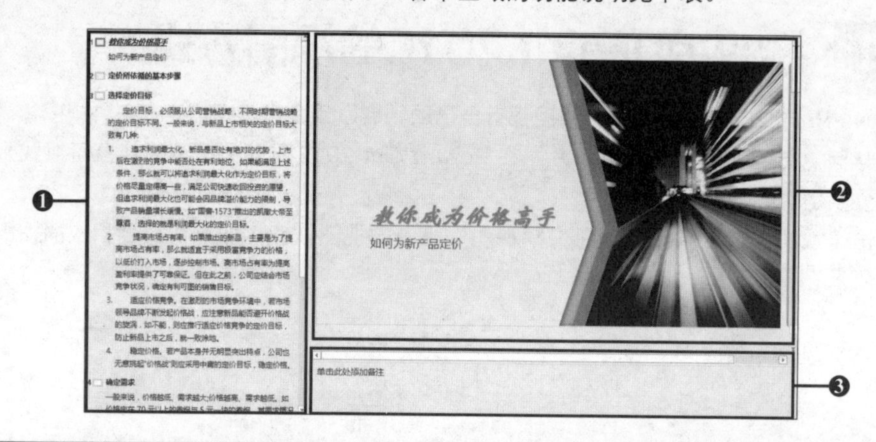

编号	名称	功能说明
❶	大纲窗格	在大纲窗格中可以看到幻灯片中的所有标题和文本，方便组织材料、编写大纲。用户可以在大纲窗格中随意安排幻灯片中的要点，或调整幻灯片的位置
❷	幻灯片窗格	用于查看、编辑单张幻灯片
❸	备注窗格	用于为每张幻灯片键入演讲者备注

4.1.3 幻灯片浏览视图

在幻灯片浏览视图下，演示文稿中的所有幻灯片都会以缩略图的方式显示出来。单击即可选中相应幻灯片，并对其进行移动、复制、删除等操作。双击某张幻灯片缩略图，即可切换至普通视图显示该幻灯片。幻灯片浏览视图效果如下图所示。

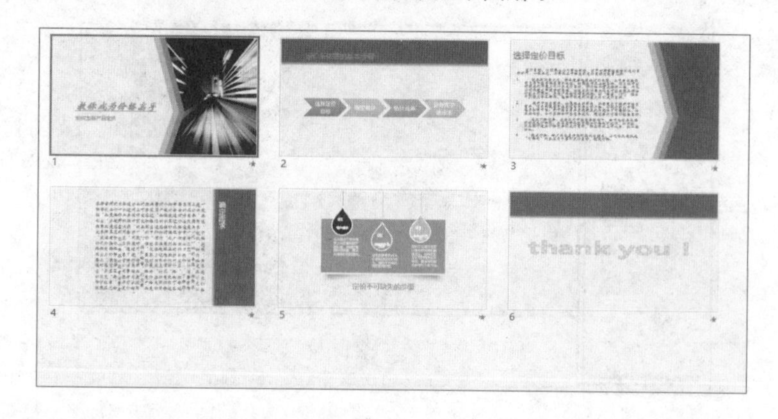

4.1.4 备注页视图

在普通视图的幻灯片窗格下方可以看到备注窗格，该窗格用于添加幻灯片的备注，以供演示者参考，并且可以打印出来，但这个备注窗格中只能包含文本，想要在备注中加入图片，则需要进入备注页视图。在备注页视图下，可以在幻灯片下方的备注页文本框中添加备注，如下图所示。

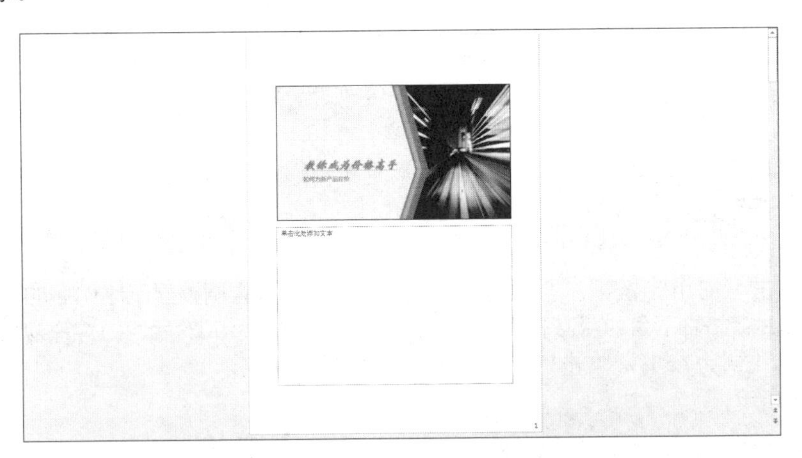

4.1.5 幻灯片放映视图

幻灯片放映视图即预览幻灯片放映效果，把演示文稿中的幻灯片以全屏方式显示出来。如果设置了动画特效、画面切换及时间设置等效果，在该视图方式下也可以看到。在该视图下可对放映的幻灯片进行切换、添加墨迹标示等操作。幻灯片放映视图的效果如下图所示。

办公点拨 退出幻灯片放映视图

幻灯片放映完毕后，会出现提示，此时，单击鼠标左键或按【Esc】键可退出幻灯片放映视图方式。在放映过程中按【Esc】键也可退出该视图。

4.2 PowerPoint 2016的视图操作

PowerPoint 2016 的视图操作包括调整视图的显示比例、调整颜色和灰度、使用大纲 / 幻灯片浏览视图来操作文本与演示文稿等内容。下面具体介绍 PowerPoint 2016 的视图操作。

4.2.1 调整视图的显示比例

用户可以根据编辑需要适当调整视图的显示比例，以放大或缩小幻灯片内容。大多数情况下，利用窗口右下角状态栏中的缩放比例控件可快速改变文档的显示比例，具体操作如下。

原始文件： 下载资源 \ 实例文件 \ 第 4 章 \ 原始文件 \ 如何定价 .pptx
最终文件： 无

步骤01 **单击“缩小”按钮。** 打开原始文件，在幻灯片窗格右下角的状态栏中可看到此时的显示比例为75%，单击“缩小”按钮，如下图所示。

步骤02 **查看调整显示比例后的效果。** 待显示比例缩小为50%后，幻灯片窗口的显示效果如下图所示。

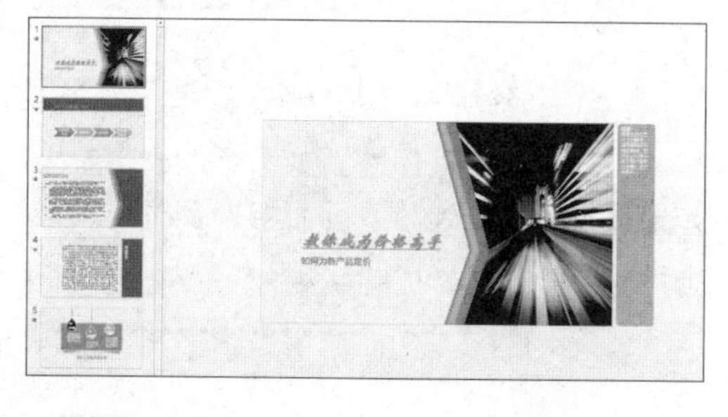

步骤03 **单击“适应窗口大小”按钮。** 缩小显示后，幻灯片窗口留白太多，想要快速调整至最佳显示状态，可单击“视图”选项卡下“显示比例”组中的“适应窗口大小”按钮，自动调整显示比例，如下图所示。

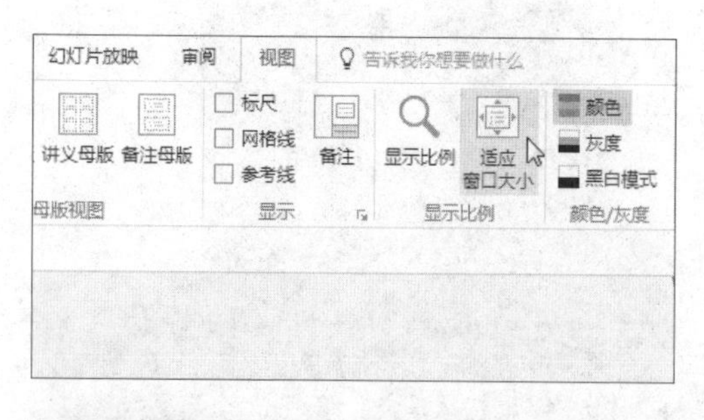

步骤04 **查看效果。** 幻灯片自动调整为适应窗口大小的显示比例后，效果如下图所示。

办公点拨　精确调整显示比例

用户还可以对幻灯片窗口的显示比例进行精确调整，只需单击“视图”选项卡下“显示比例”组中的“显示比例”按钮，在弹出的“缩放”对话框中设置所需显示比例即可。

4.2.2 调整颜色与灰度

在 PowerPoint 2016 中，用户可以选择以颜色、灰度或黑白 3 种模式查看演示文稿，具体操作如下。

原始文件：下载资源 \ 实例文件 \ 第 4 章 \ 原始文件 \ 如何定价 .pptx
最终文件：无

步骤01 切换至灰度视图。 打开原始文件，可以看到演示文稿默认显示为颜色模式，如果想使用其他模式进行查看，则可以单击“视图”选项卡下“颜色/灰度”组中的“灰度”或“黑白模式”按钮，这里单击“灰度”按钮，如下图所示。

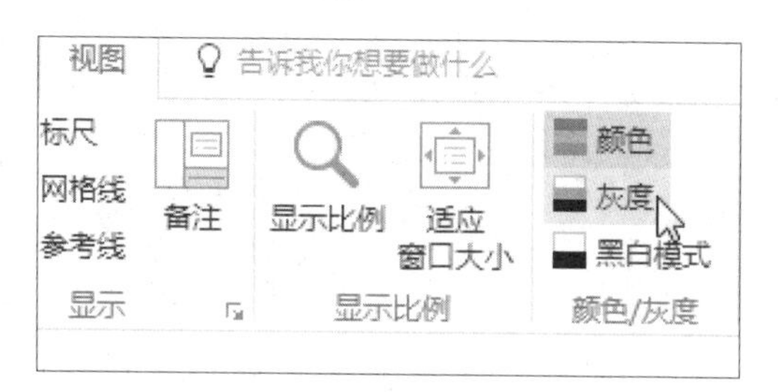

步骤02 显示灰度模式下的效果。 此时演示文稿以灰度模式显示，且自动切换至“灰度”选项卡下，如下图所示。

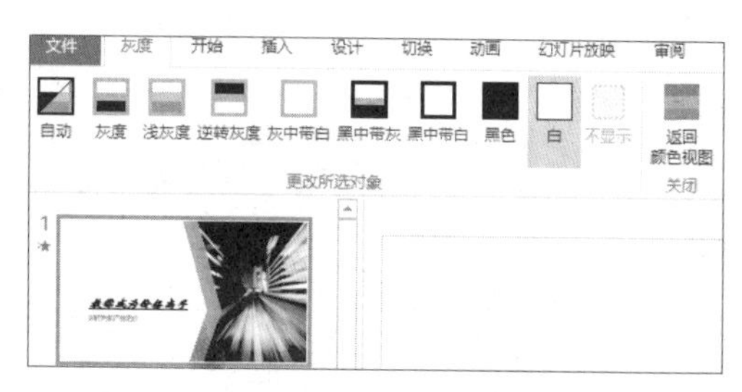

步骤03 选择需要更改灰度值的对象。 切换至第5张幻灯片，选中幻灯片中需要更改灰度值的对象，这里单击文本，激活文本框，如下图所示。

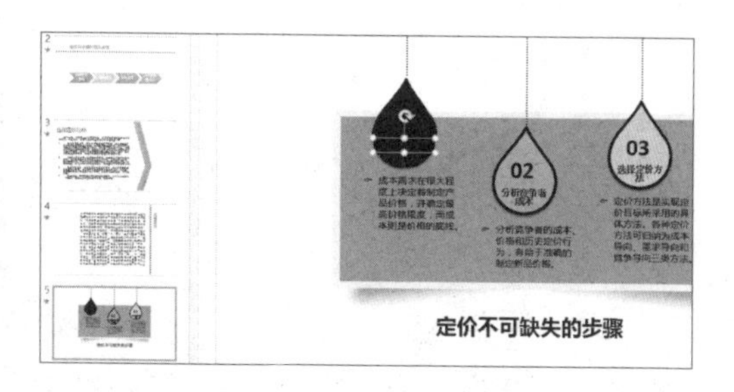

步骤04 设置灰度值。 单击“灰度”选项卡下“更改所选对象”组中的“浅灰度”按钮，如下图所示。

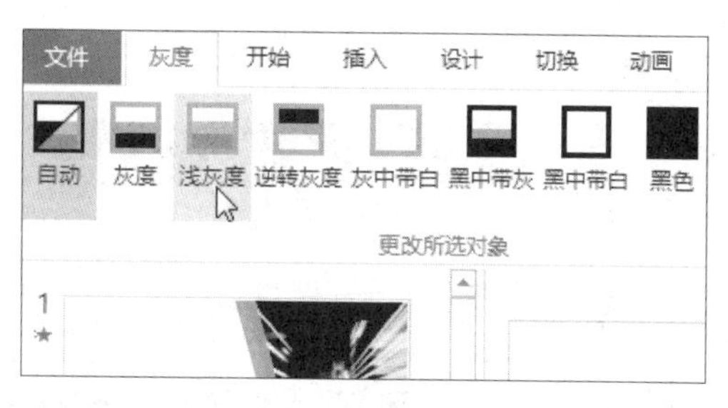

步骤05 显示更改灰度值后的效果。 设置为浅灰度后，单击文本框外任意处即可取消文本框的选中状态，效果如下图所示。

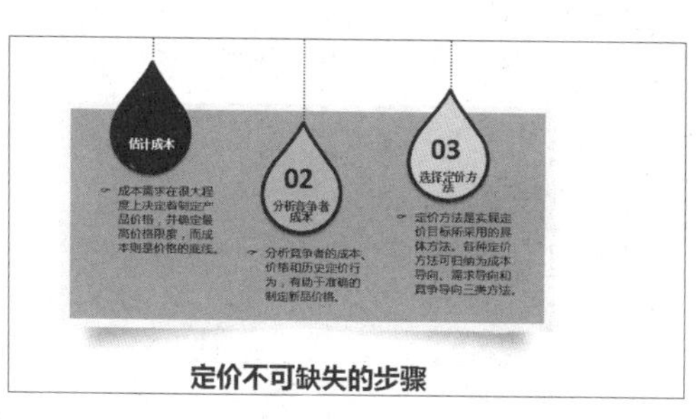

步骤06 激活文本框。 同样，单击其他需要设置的文本以激活文本框，插入点将在鼠标单击处闪烁，如下图所示。

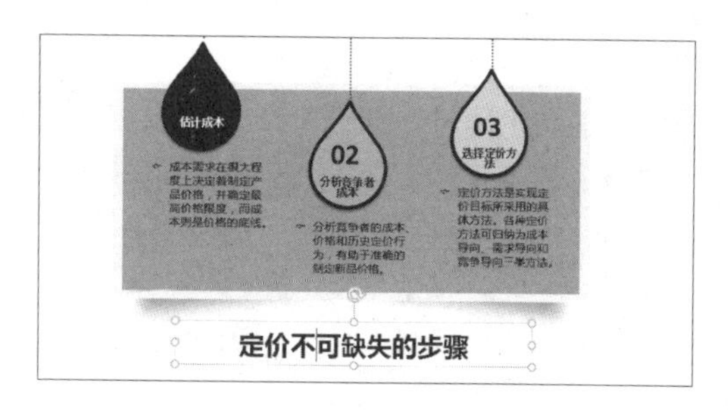

步骤07 **设置显示效果。**单击“灰度”选项卡下“更改所选对象”组中的“不显示”按钮，如下图所示。

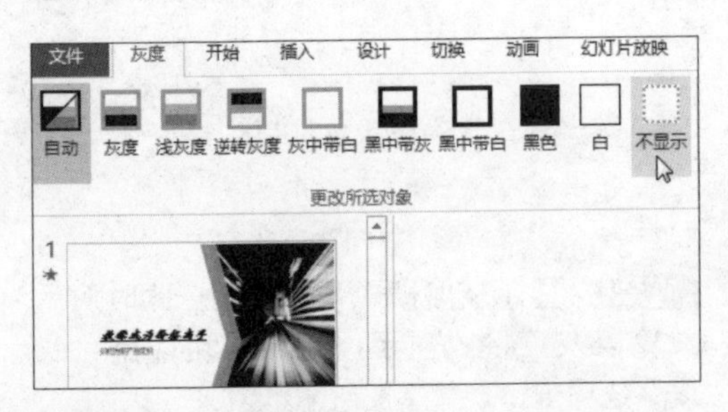

步骤08 **查看效果。**此时文本为隐藏状态，效果如下图所示。

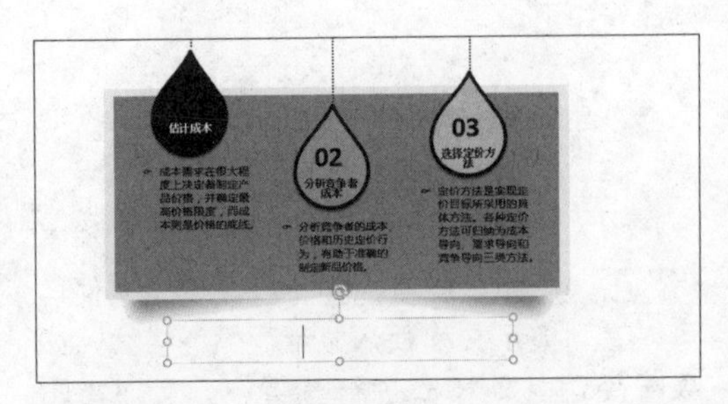

步骤09 **返回颜色视图。**单击“灰度”选项卡下“关闭”组中的“返回颜色视图”按钮，可以关闭灰度视图并返回颜色视图，如下图所示。

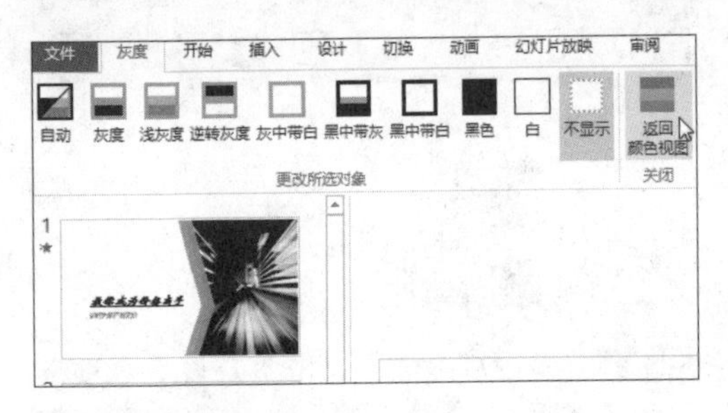

步骤10 **显示返回颜色视图的效果。**返回到颜色视图后，在灰度视图中设置为隐藏状态的文本正常显示，如下图所示。

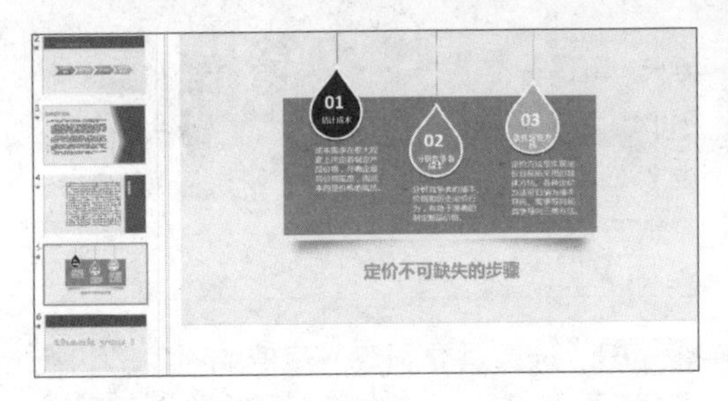

步骤11 **选择幻灯片。**在幻灯片浏览窗格中单击第2张幻灯片，切换至第2张幻灯片中，如下图所示。

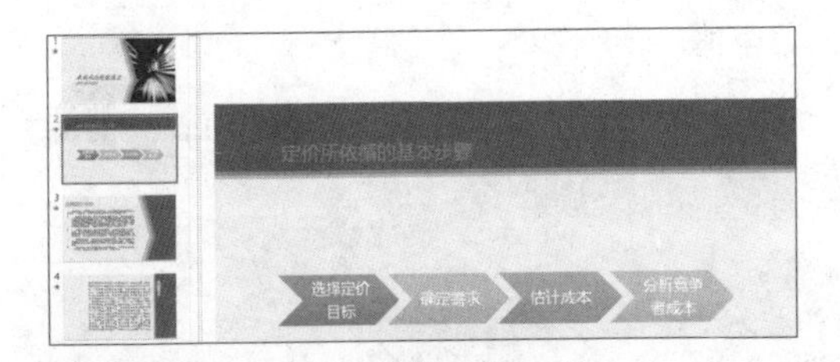

步骤12 **切换至黑白模式。**单击“视图”选项卡下“颜色/灰度”组中的“黑白模式”按钮，如下图所示。

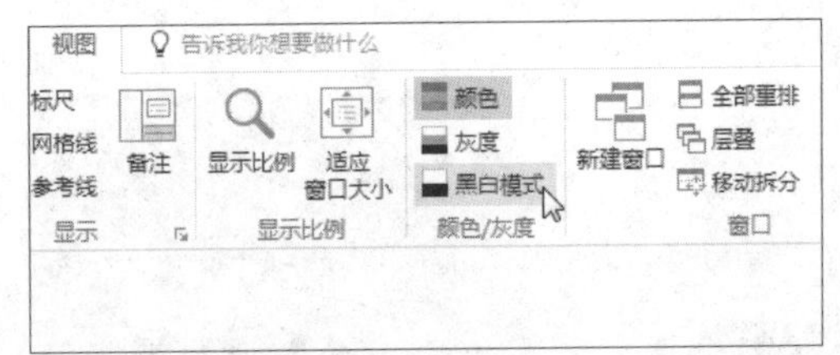

步骤13 **查看黑白模式的显示效果。**此时幻灯片呈黑白模式显示，效果如下图所示。

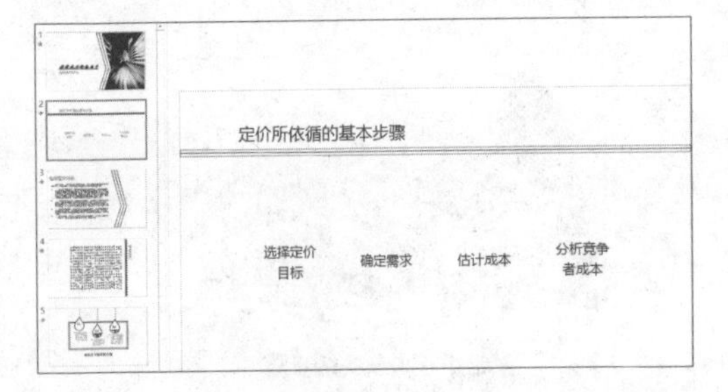

步骤14 **设置黑白模式效果。**在功能区中增加了“黑白模式”选项卡，在该选项卡下可设置幻灯片中对象的黑白效果。

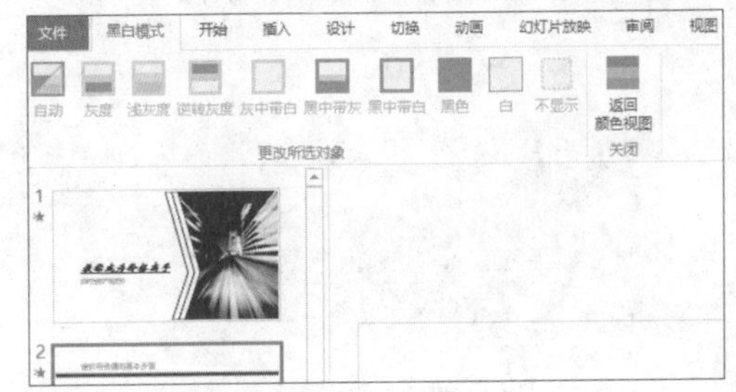

4.2.3 在大纲视图中编辑文本

由于在大纲视图中只显示了幻灯片标题和正文，因此用户可以更容易地看清演示文稿的中心思想和主题内容，易于编辑文本及构建和组织演示文稿，本小节将具体讲解如何在大纲视图中编辑文本。

原始文件： 下载资源\实例文件\第4章\原始文件\目标规划与有效达成.pptx

最终文件： 下载资源\实例文件\第4章\最终文件\目标规划与有效达成1.pptx

步骤01 **切换至大纲视图。** 打开原始文件，单击“视图”选项卡下“演示文稿视图”组中的“大纲视图”按钮，如下图所示。

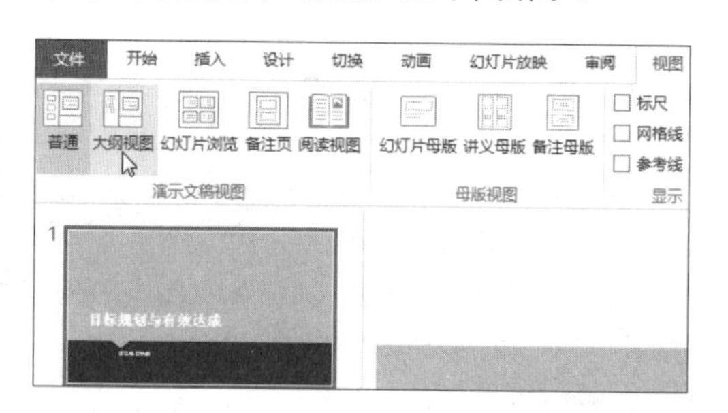

步骤02 **定位插入点。** 大纲窗格中显示的是序号和文本，单击第1张幻灯片标题末尾处，将插入点定位至标题末尾，如下图所示。

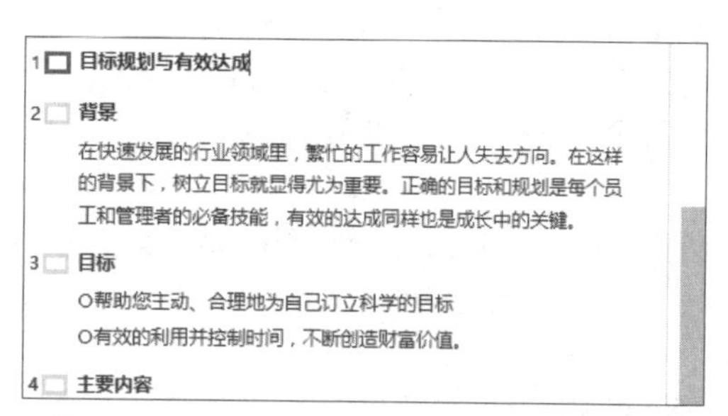

步骤03 **新建幻灯片。** 按下【Enter】键即可创建一张新的幻灯片，并显示插入点，如下图所示。

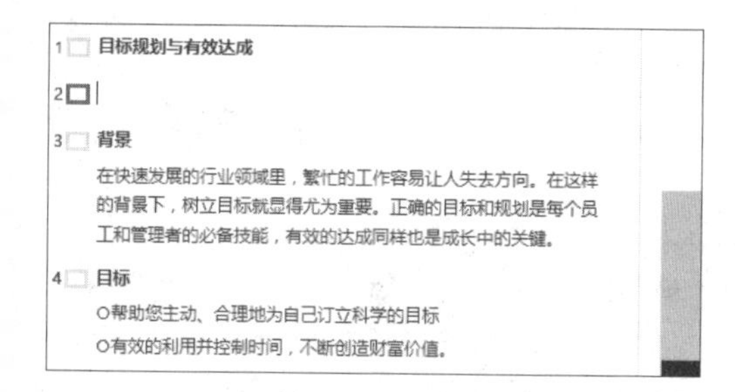

步骤04 **输入内容。** 输入该幻灯片的标题，这里输入“有目标 有计划”，此时新建的幻灯片中显示了输入的标题，如下图所示。

步骤05 **降低文本层级。** 选中输入的“有目标 有计划”，按下【Tab】键，降低文本层级，此时文本内容显示为第1张幻灯片中的副标题，如下图所示。

步骤06 **选中需要设置文本格式的文本。** 在大纲窗格中选中第2张幻灯片中的正文内容，如下图所示。

步骤07 **设置字体格式。**在“开始”选项卡下的“字体”组中设置字体、字号等，如下图所示。

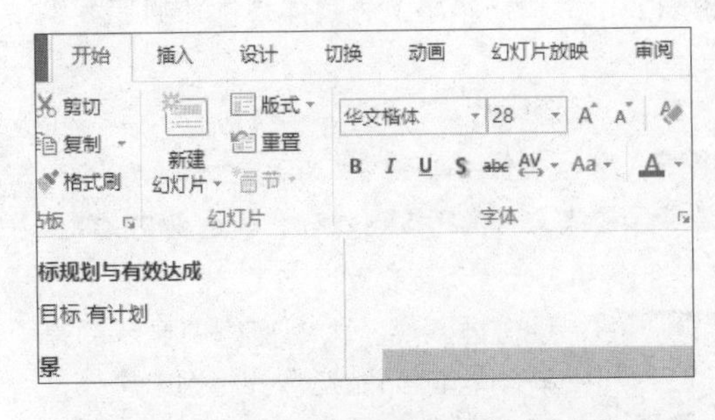

步骤08 **显示幻灯片中的文本效果。**此时，幻灯片中的文本显示效果如下图所示。

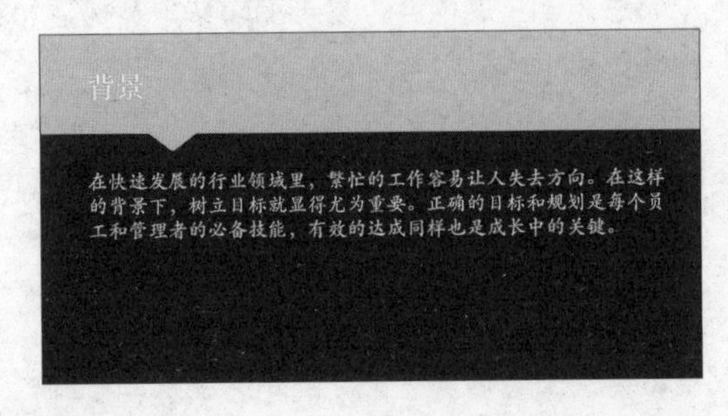

4.2.4 在大纲视图中调整演示文稿

在大纲视图下更容易从全局把握整个演示文稿的内容，因此，除了编辑文本外，该视图也常用于调整内容的级别和顺序。

原始文件：下载资源\实例文件\第4章\原始文件\目标规划与有效达成1.pptx

最终文件：下载资源\实例文件\第4章\最终文件\目标规划与有效达成2.pptx

1 选中文本

打开原始文件，切换至大纲视图中，移动鼠标指针至大纲窗格中第2张幻灯片的图标处，待鼠标指针呈十字箭头时单击，即可选中该幻灯片中的全部文本，如右图所示。

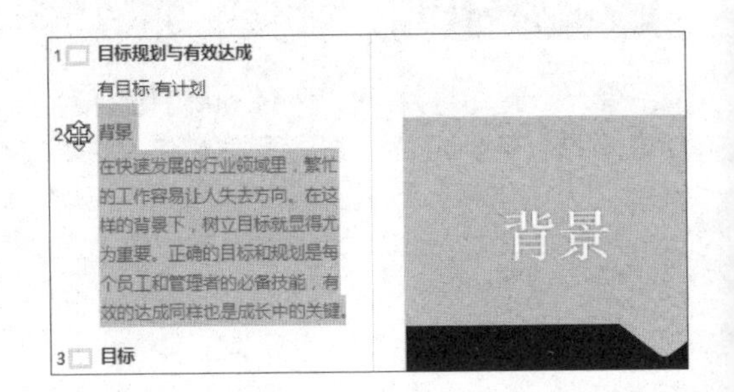

2 移动文本

步骤01 **选择文本。**在大纲窗格中拖动鼠标，选中第3张幻灯片中的第2段文本，如下图所示。

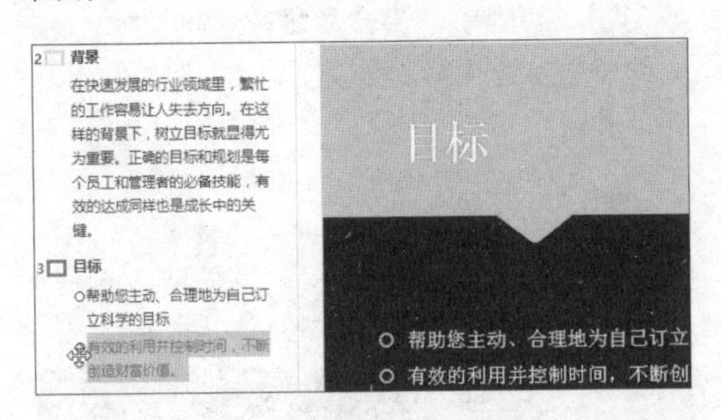

步骤02 **移动文本。**选中文本后，按住鼠标左键，拖动文本至合适的位置，拖动的同时出现水平线标示当前位置，如下图所示。

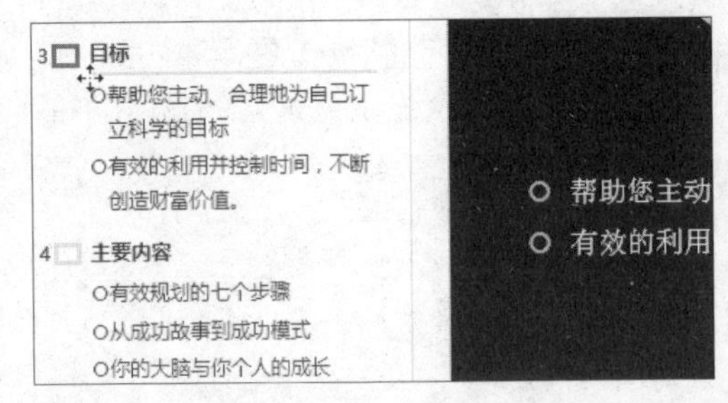

步骤03 **显示移动文本后的效果。**释放鼠标左键后，可以看到所选文本已经移动到新的位置，效果如右图所示。

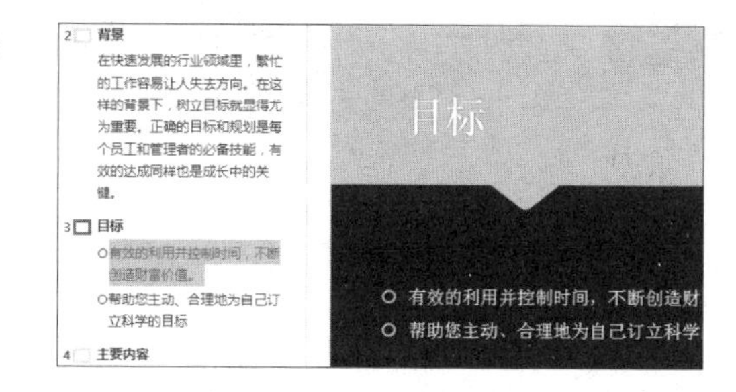

3 移动幻灯片

步骤01 **选择并移动幻灯片。**在大纲窗格中单击第3张幻灯片的编号，按住鼠标左键拖动，此时鼠标指针变成十字箭头，移动的同时出现一条水平线标示当前位置，如下图所示。

步骤02 **显示移动后的效果。**拖动到合适位置后，释放鼠标左键即可看到所选幻灯片变为了第2张幻灯片，如下图所示。

办公点拨 利用【Shift】键选择文本

在需选取文本的首字符前方单击，然后按住【Shift】键，再单击需选取文本的末尾处，即可选中该段文本。

4.2.5 在幻灯片浏览视图中调整演示文稿

使用幻灯片浏览视图可以浏览整个演示文稿，在该视图中虽然不能修改幻灯片中的内容，但可以删除或复制幻灯片、调整幻灯片的顺序。具体操作如下。

原始文件：下载资源\实例文件\第4章\原始文件\目标规划与有效达成1.pptx

最终文件：下载资源\实例文件\第4章\最终文件\在幻灯片浏览视图中调整演示文稿.pptx

1 复制并粘贴幻灯片

步骤01 **切换至幻灯片浏览视图。**打开原始文件，单击“视图”选项卡下“演示文稿视图”组中的“幻灯片浏览”按钮，如右图所示。

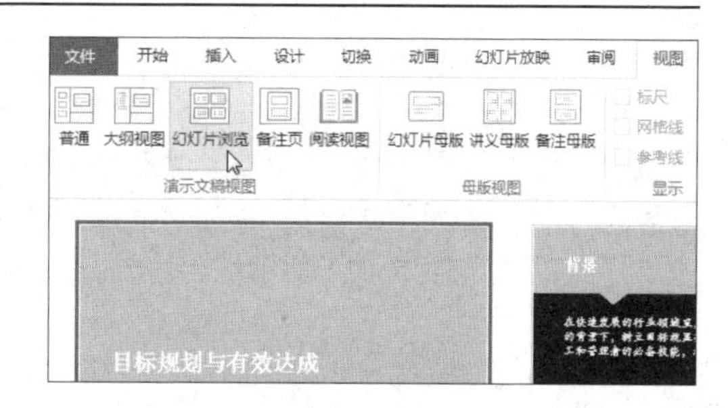

步骤02 **复制幻灯片。**右击需要复制的幻灯片的缩略图，在弹出的快捷菜单中单击“复制”命令，如右图所示。

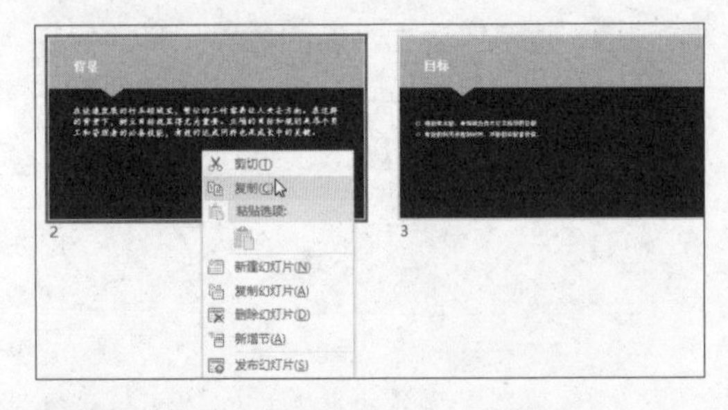

步骤03 **粘贴幻灯片。**右击要放置被复制幻灯片的位置，在弹出的快捷菜单中单击“粘贴选项”组中的“保留源格式”选项，如下图所示。

步骤04 **显示粘贴幻灯片后的效果。**此时可以看到复制的幻灯片已经被粘贴至新位置，如下图所示。

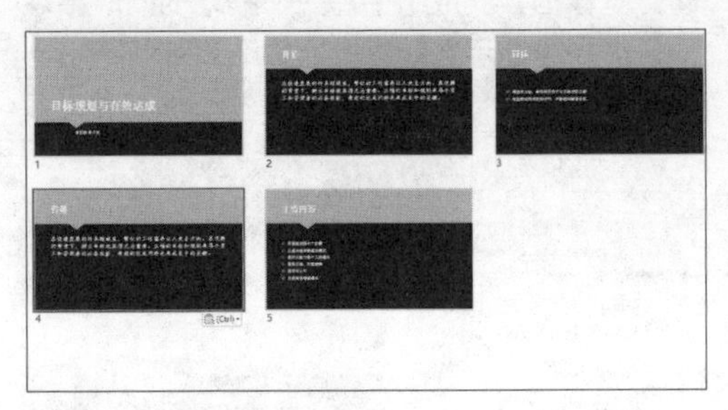

2 选择并删除幻灯片

步骤01 **选择需要删除的幻灯片。**选择第2张幻灯片的缩略图，如下图所示。

步骤02 **删除幻灯片。**按下【Delete】键或【Backspace】键，即可删除所选幻灯片，删除效果如下图所示。

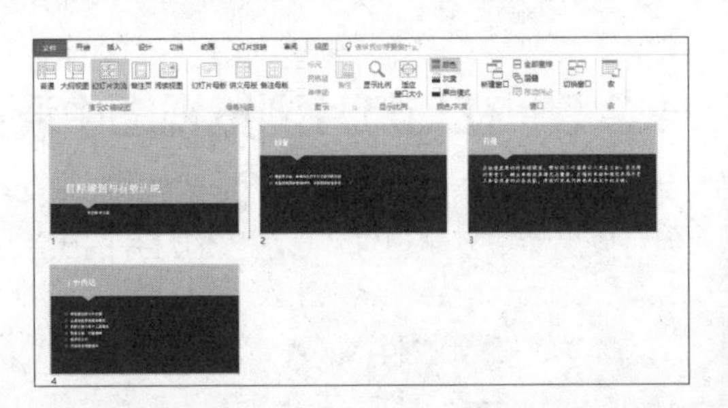

办公点拨　快速选中所有幻灯片

在幻灯片浏览视图下，按【Ctrl+A】快捷键可快速选中所有幻灯片的缩略图。

3 移动幻灯片

步骤01 **移动幻灯片。**单击需要移动的幻灯片的缩略图，按住鼠标左键拖动至新的位置，拖动时，幻灯片会根据鼠标移动位置重排，如下左图所示。

步骤02 **显示移动后的效果。**拖动至合适位置后，释放鼠标左键即可看到所选的第4张幻灯片变为了第2张幻灯片，如下右图所示。

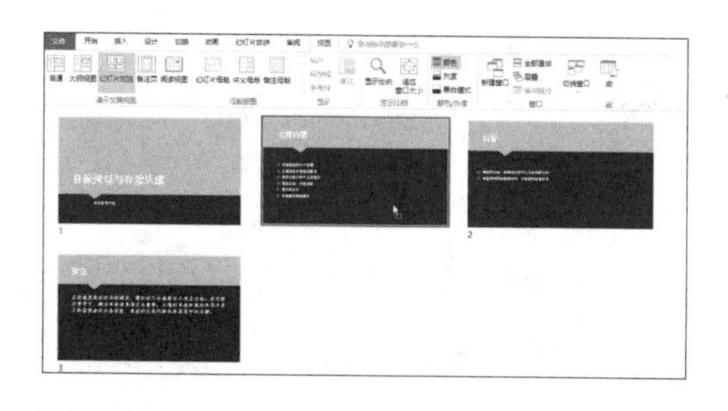

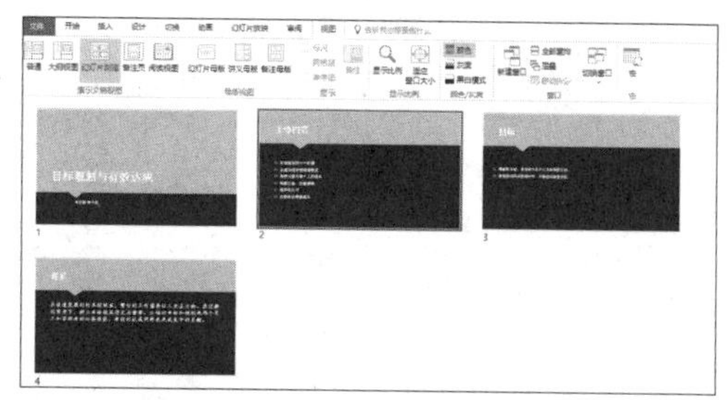

4.3 PowerPoint 2016的窗口操作

用户利用“视图”选项卡下“窗口”组中的按钮，可以很方便地对演示文稿进行窗口操作，包括新建窗口、并排和层叠比较窗口、切换窗口等，具体操作如下。

原始文件： 下载资源\实例文件\第 4 章\原始文件\目标规划与有效达成 1.pptx
最终文件： 无

步骤01 **新建窗口。** 打开原始文件，单击“视图”选项卡下“窗口”组中的“新建窗口”按钮，如下图所示。

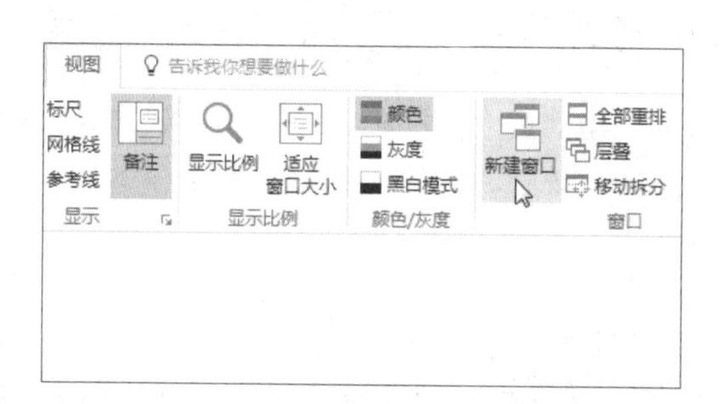

步骤02 **显示新建窗口后的效果。** 此时打开一个内容相同的演示文稿，在该演示文稿的标题栏的标题后面多了一个2，原来演示文稿的标题栏的标题后面多了一个1，如下图所示。

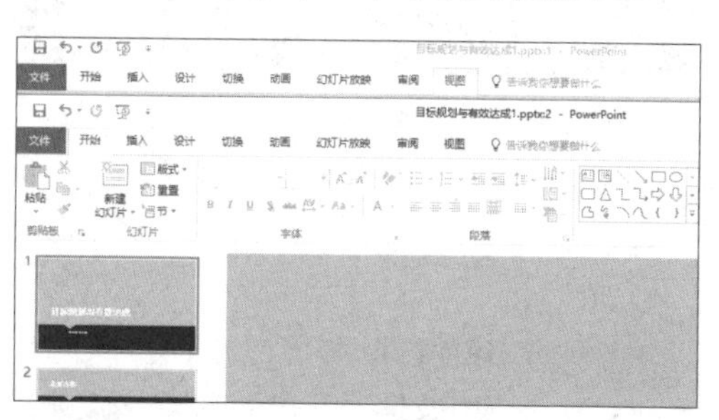

步骤03 **重排演示文稿。** 单击“视图”选项卡下“窗口”组中的“全部重排”按钮，如下图所示。

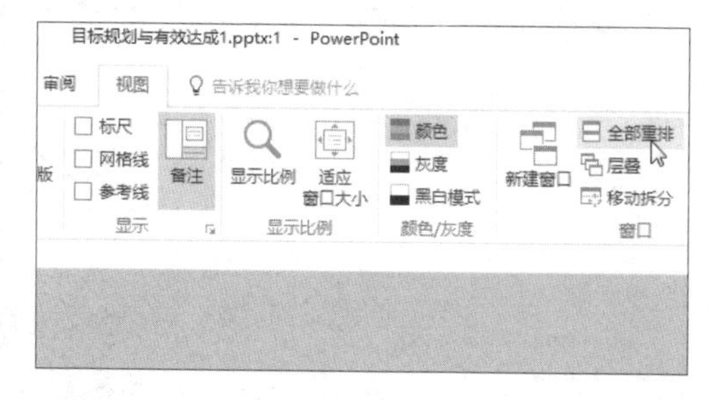

步骤04 **显示重排后的效果。** 此时两个窗口左右并排显示，可以很方便地对两个演示文稿进行比较、修改，如下图所示。

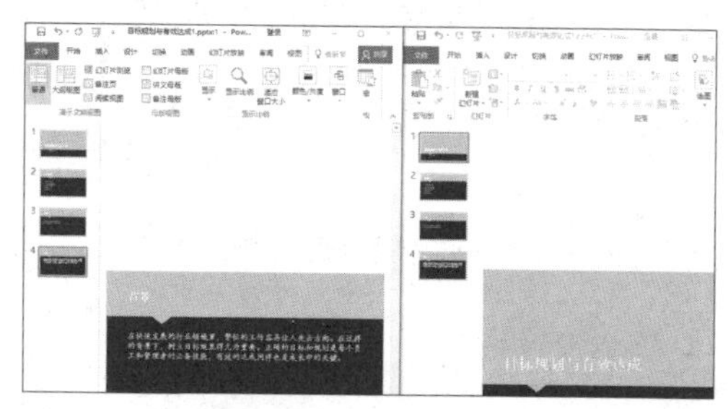

步骤05 **层叠排列演示文稿。** 单击“视图”选项卡下“窗口”组中的“层叠”按钮，如下左图所示。

步骤06 **显示层叠排列的效果。** 两个演示文稿窗口层叠排列，效果如下右图所示。

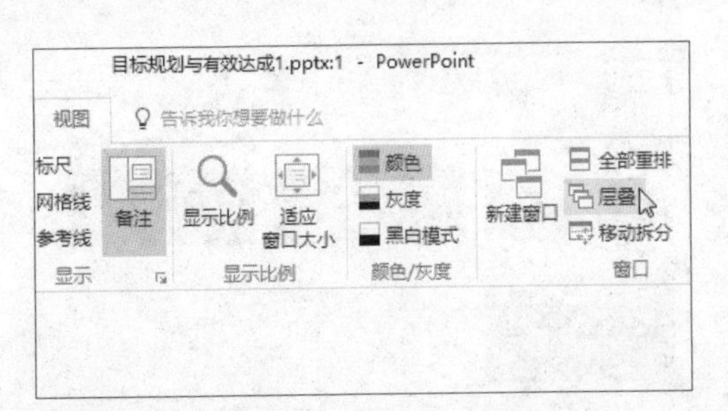

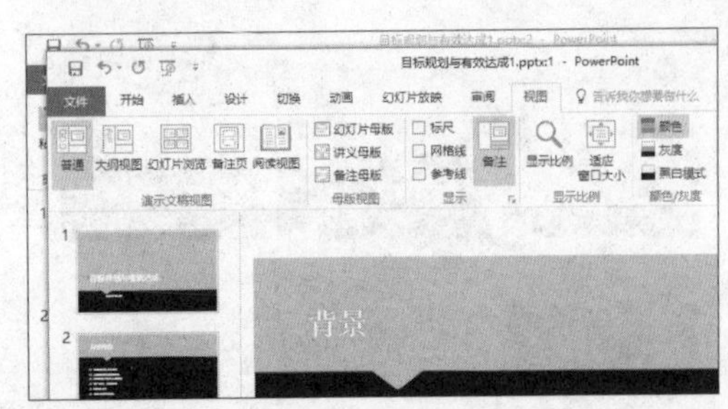

步骤07 **切换窗口。**单击“视图”选项卡下“窗口”组中的“切换窗口”按钮，在展开的下拉列表中单击“目标规划与有效达成1.pptx:2”，如下图所示。

步骤08 **显示窗口。**此时切换至所选的演示文稿中，效果如下图所示。

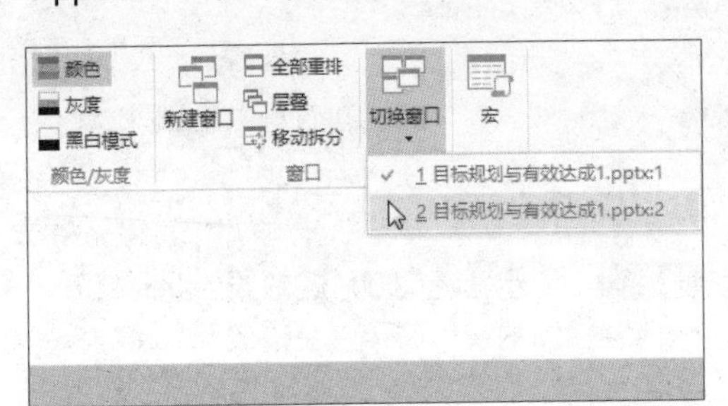

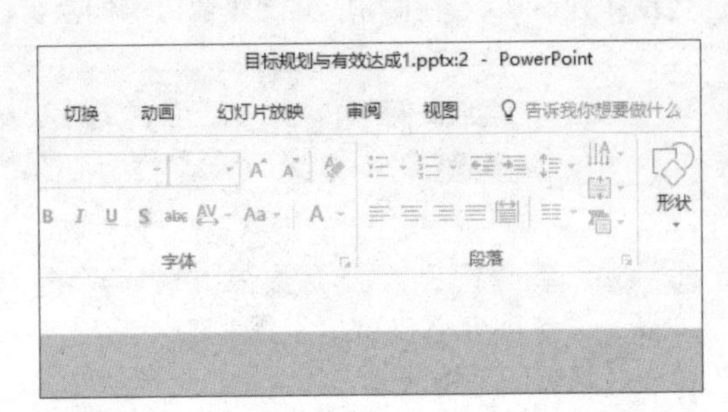

实例演练 制作企业绩效考核现状调查演示文稿

企业常常会对某项具体问题进行调查，以了解情况并从中找到解决问题的方法，因此，调查报告就显得十分重要。下面就以制作企业绩效考核现状调查演示文稿为例，巩固本章所学知识。

原始文件：下载资源\实例文件\第4章\原始文件\企业绩效考核现状调查.pptx
最终文件：下载资源\实例文件\第4章\最终文件\企业绩效考核现状调查.pptx

步骤01 **切换至大纲视图。**打开原始文件，单击“视图”选项卡下“演示文稿视图”组中的“大纲视图”按钮，如下图所示。

步骤02 **新建幻灯片。**将鼠标指针放置在大纲窗格中第2张幻灯片标题末尾处，按下【Enter】键新建一张幻灯片，再输入“绩效考核单一”，如下图所示。

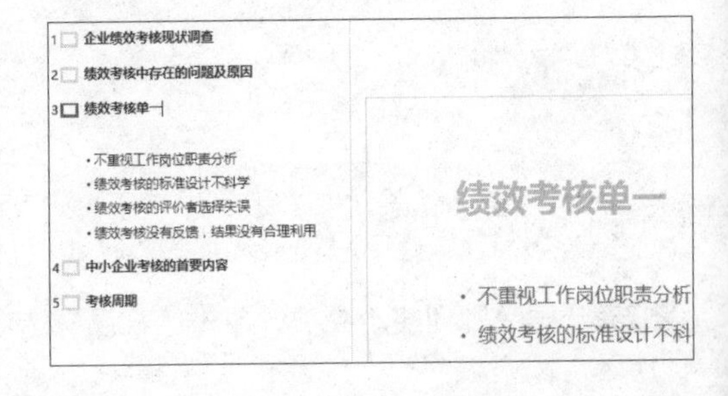

步骤03 **降级幻灯片内容。**在大纲窗格中右击新建的第3张幻灯片的标题，在弹出的快捷菜单中单击“降级”命令，如下左图所示。

步骤04 **显示降级后的效果。**此时该幻灯片的内容降级为第2张幻灯片的正文，并自动生成项目符号，如下右图所示。

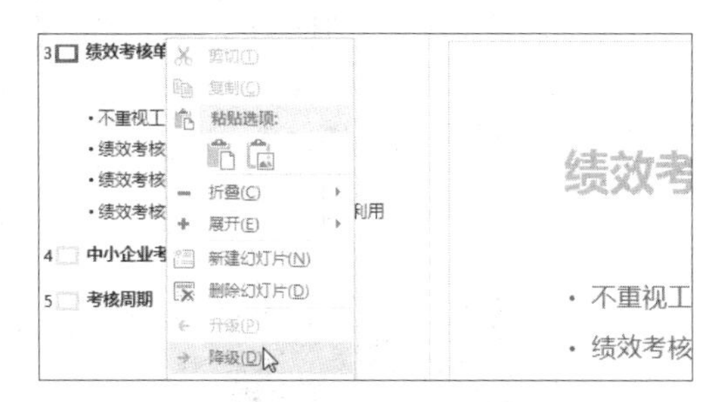

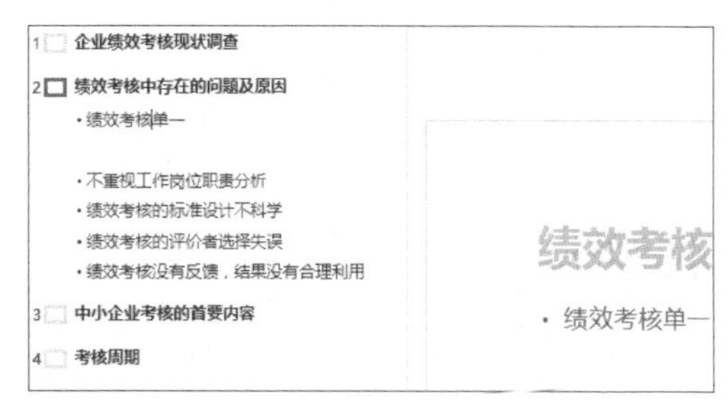

步骤05 **删除空白行。**将插入点定位至第2张幻灯片中的空白行，如下图所示，然后按下【Backspace】键或【Delete】键删除空白行。

步骤06 **选择需要设置字体格式的内容。**选中第2张幻灯片中的正文内容，如下图所示。

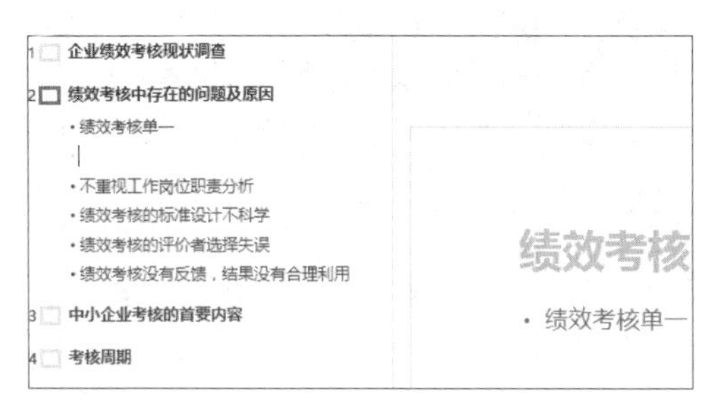

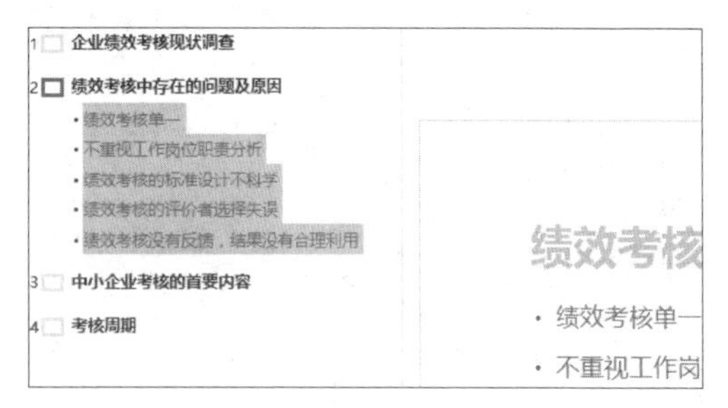

步骤07 **设置字体格式。**在“开始”选项卡下的“字体”组中设置“字体”为“华文楷体”，然后单击“增大字号”按钮，设置“字号”为“24”磅，如下图所示。

步骤08 **显示设置字体格式后的效果。**随后可看到第2张幻灯片中经过设置后的正文文本效果，如下图所示。

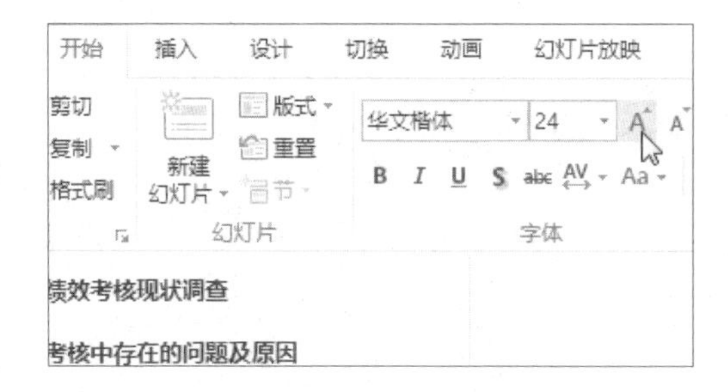

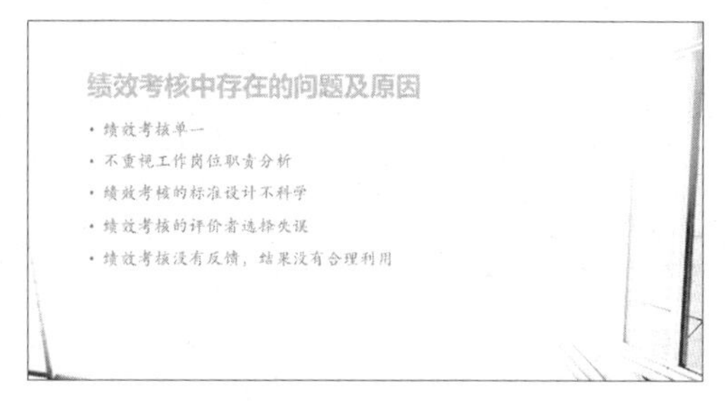

步骤09 **调整颜色与灰度。**单击“视图”选项卡下“颜色/灰度”组中的“灰度”按钮，如下图所示，此时幻灯片内容呈灰度模式显示。

步骤10 **选择文本框。**在灰度模式下，首先选中需设置灰度效果的内容，这里选中标题文本框，如下图所示。

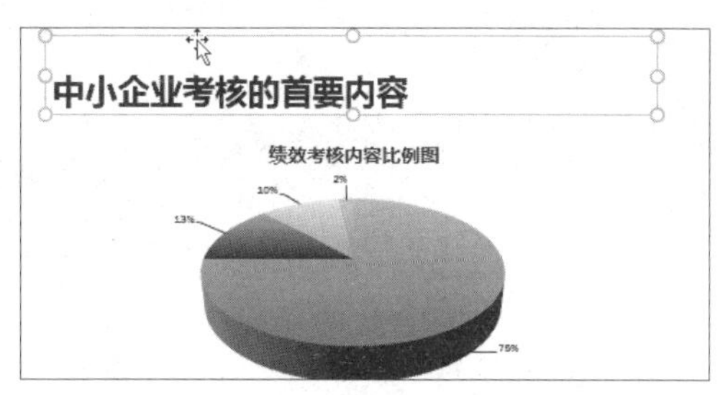

步骤11 **设置所选对象的显示效果。**单击“灰度”选项卡下“更改所选对象”组中的“不显示”按钮，如下图所示。

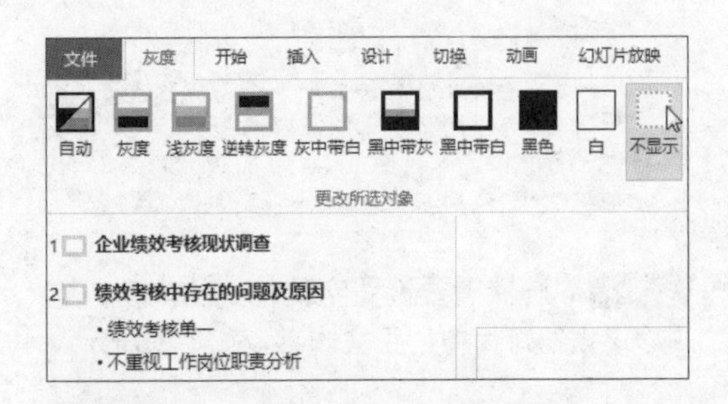

步骤12 **显示隐藏效果。**此时标题文本被隐藏，当使用“灰度”模式打印该幻灯片时，不打印此标题，但不影响彩色视图下幻灯片的效果，如下图所示。

步骤13 **返回颜色视图。**若需返回颜色视图，则单击“灰度”选项卡下“关闭”组中的“返回颜色视图”按钮，如下图所示。

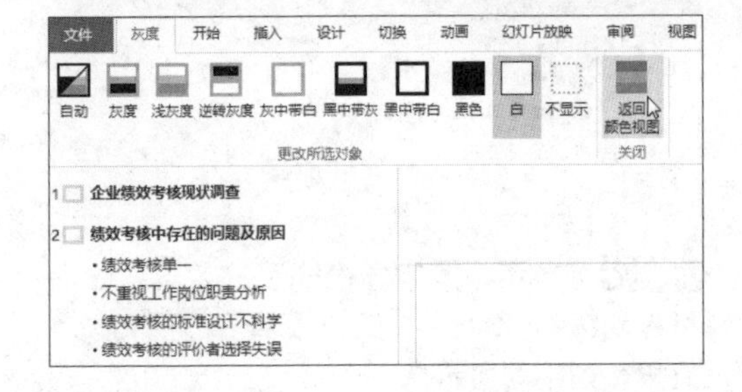

步骤14 **切换至普通视图。**单击“视图”选项卡下“演示文稿视图”组中的“普通”按钮，即可切换至普通视图窗口，如下图所示。

读书笔记

第5章 在幻灯片中插入图片

为了让幻灯片显得更加精美，更有吸引力，更能表达主题内容，除了为幻灯片中的文本内容设置特殊样式之外，还可以在幻灯片中插入计算机中的图片、联机图片或者屏幕截图等，让幻灯片的效果更丰富。

5.1 插入图片

为使演示文稿更加美观，可以在幻灯片中插入图片。插入的图片可以是计算机本地保存的文件，也可以是联机图片，还可以是手动截取的计算机屏幕。

5.1.1 插入计算机中的图片

为幻灯片插入计算机中的图片的方法有很多种，下面分别介绍通过功能区按钮插入及通过占位符按钮插入这两种方法。

原始文件：下载资源\实例文件\第5章\原始文件\插入图片.pptx、图片1.png、图片2.png、图片3.png、插图.tif

最终文件：下载资源\实例文件\第5章\最终文件\插入图片.pptx

▶方法一：通过功能区按钮插入图片

在PowerPoint 2016的功能区中设置了插入不同对象的按钮，用户可以通过这些按钮完成不同来源图片的插入。

步骤01 执行插入图片操作。打开原始文件中的演示文稿，切换至第1张幻灯片中，然后单击“插入”选项卡下“图像”组中的“图片”按钮，如下图所示。

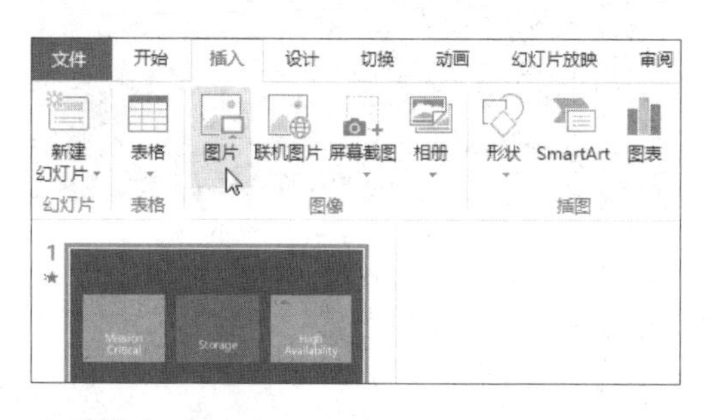

步骤02 选择需要插入的图片。弹出“插入图片”对话框，在地址栏中选择图片保存的位置，然后选择需要插入的图片，这里选择“图片1.png”，如下图所示，然后单击“插入”按钮。

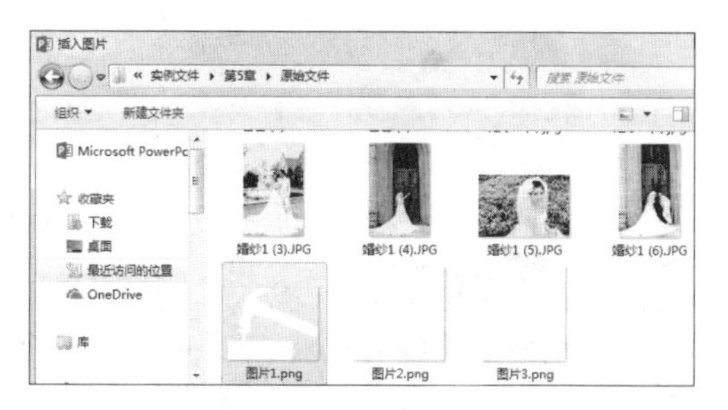

步骤03 移动图片。插入的图片位于幻灯片中间，选中图片，按住鼠标左键进行拖动，在拖动期间会出现红色线条帮助调整位置，如下左图所示。拖动至合适位置后释放鼠标左键即可。

步骤04 插入其他图片并调整图片位置。使用同样的方法插入图片并移动图片位置，最终效果如下右图所示。

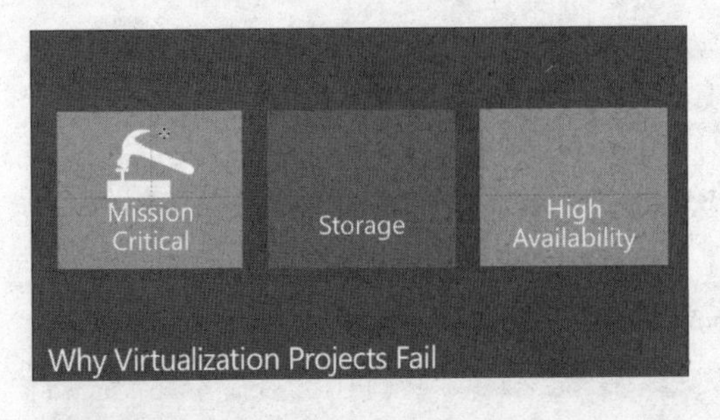

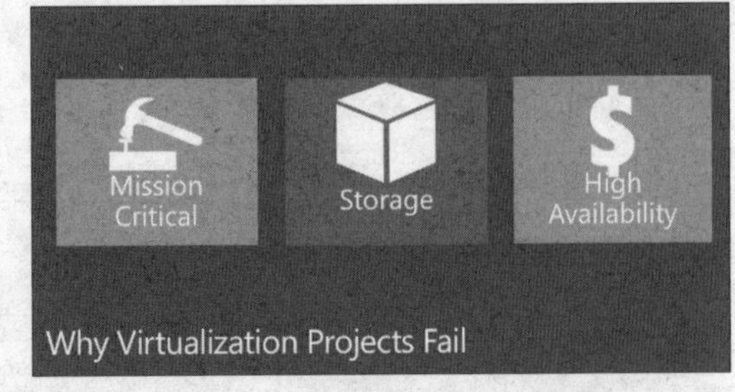

办公点拨　同时插入多张图片

若用户需要插入保存在同一位置的多张图片，则在“插入图片”对话框中按住【Ctrl】键，单击选中多张要插入的图片，最后单击“插入”按钮即可。

▶方法二：通过占位符中的按钮插入图片

在某些幻灯片的版式中预设了插入图片的占位符，用户可以直接使用占位符完成插入图片的操作。

步骤01　**单击图片占位符。**打开原始文件，切换至第2张幻灯片，单击页面中的“插入来自文件的图片”占位符，如下图所示。

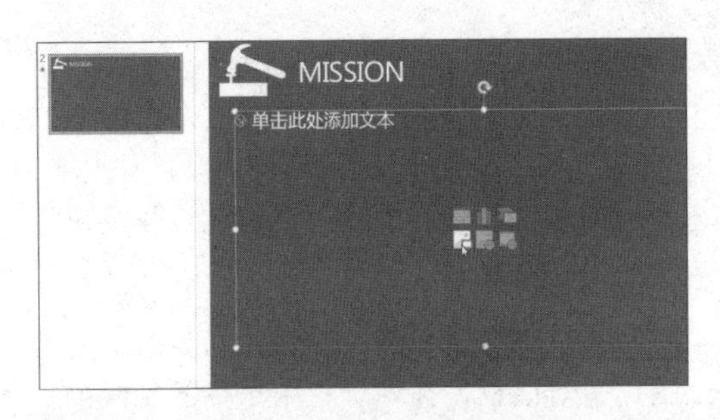

步骤02　**选择需要插入的图片。**弹出“插入图片”对话框，在地址栏中选择图片保存的位置，然后再选择需要插入的图片“插图.tif”，如下图所示，最后单击“插入”按钮。

步骤03　**显示插入图片后的效果。**此时幻灯片中将插入所选图片，单击图片外任意处，取消图片的选中状态，效果如右图所示。

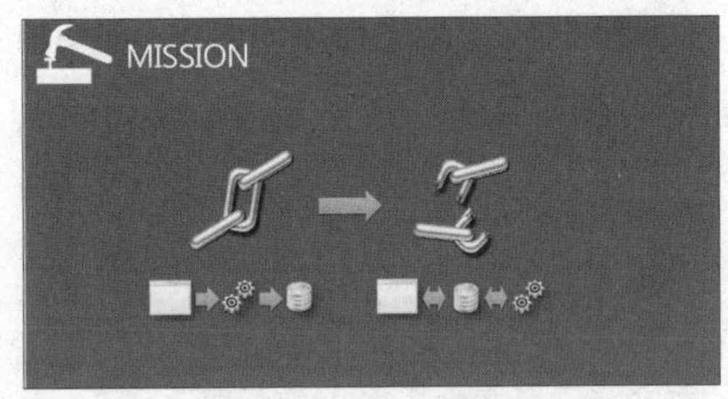

办公点拨　删除图片

如果需要删除插入到幻灯片中的图片，选中目标图片后，按下键盘中的【Delete】键即可。

5.1.2　插入联机图片

联机图片主要是运用“必应图像搜索”功能插入图片，通过“必应图像搜索”搜索图片并选择合适的图片插入即可。

原始文件： 下载资源\实例文件\第 5 章\原始文件\插入联机图片 .pptx
最终文件： 下载资源\实例文件\第 5 章\最终文件\插入联机图片 .pptx

步骤01 **选择需要插入图片的对象。** 打开原始文件，在第1张幻灯片中选择需要插入图片的对象，如下图所示。

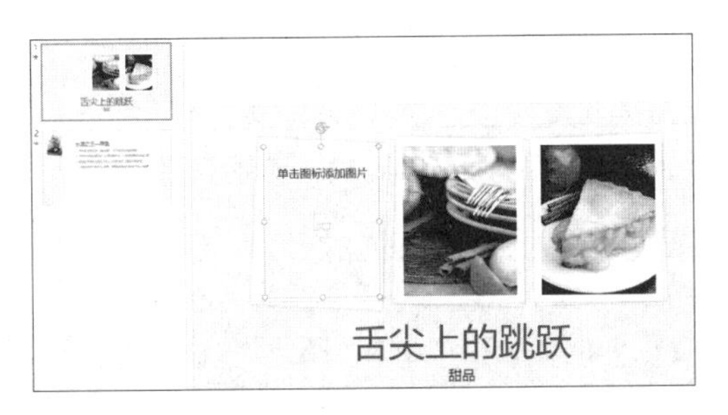

步骤02 **插入联机图片。** 单击“插入”选项卡下“图像”组中的“联机图片”按钮，如下图所示。

步骤03 **输入图像关键字。** 弹出“插入图片”对话框，在“必应图像搜索”右侧的文本框中输入需要的图片类型，如输入“甜品”，然后单击“搜索”按钮，或直接按下【Enter】键，如下图所示。

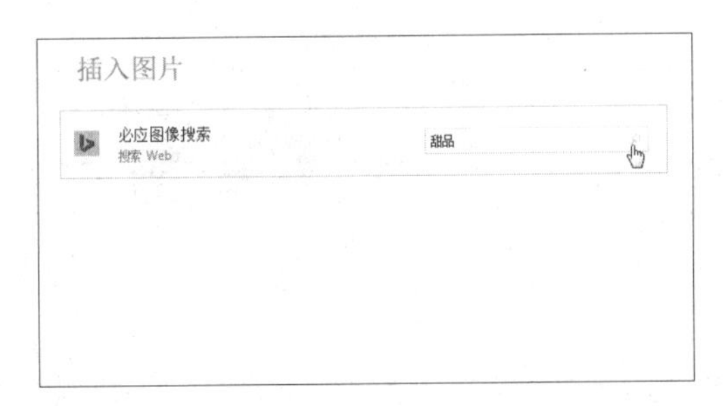

步骤04 **选择图片。** 进入搜索结果页面，选择需要插入的图片，如选择第1张，图片左上角出现勾选标志，然后单击“插入”按钮，如下图所示。

步骤05 **下载图片。** 弹出“正在下载。”提示框，如下图所示。

步骤06 **插入图片后的效果。** 下载完毕后返回演示文稿，此时在幻灯片中插入了所选的联机图片，效果如下图所示。

办公点拨 **插入OneDrive中的联机图片**

在步骤 03 中，用户还可以将保存在 OneDrive 网盘中的图片插入幻灯片中，前提是需要登录 OneDrive 账户。

5.1.3 插入屏幕截图

除了可以插入联机图片，PowerPoint 2016 还可以插入屏幕截图，即将当前计算机中的程序窗口以图片的方式直接截取到幻灯片中。

原始文件： 下载资源 \ 实例文件 \ 第 5 章 \ 原始文件 \ 插入屏幕截图 .pptx

最终文件： 下载资源 \ 实例文件 \ 第 5 章 \ 最终文件 \ 插入屏幕截图 .pptx

1 截取打开的窗口

若要在幻灯片中插入整个窗口的屏幕截图，可通过“可用的视窗”下的缩略图列表来实现。

步骤01 **执行截图操作。**打开原始文件，切换到要插入图像的第2张幻灯片中，然后单击“插入”选项卡下“图像”组中的“屏幕截图”按钮，在展开的“可用的视窗”列表中可以看到系统当前已打开的程序窗口的画面，单击需要截取的窗口的缩略图，如下图所示。

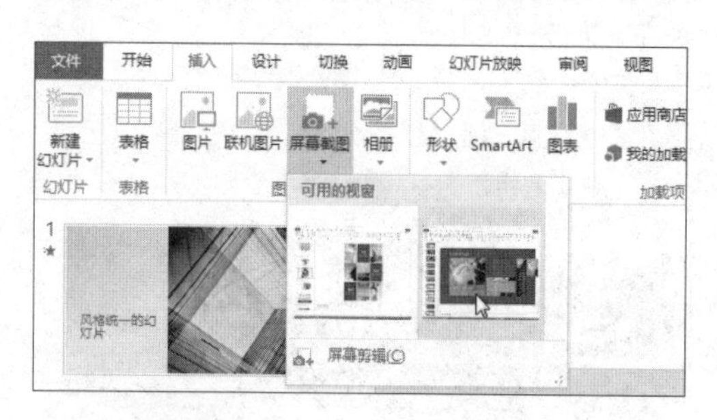

步骤02 **显示截取图像的效果。**经过以上操作后，程序就会执行截取图像的操作，并且将截取的图像插入到当前幻灯片中，如下图所示。

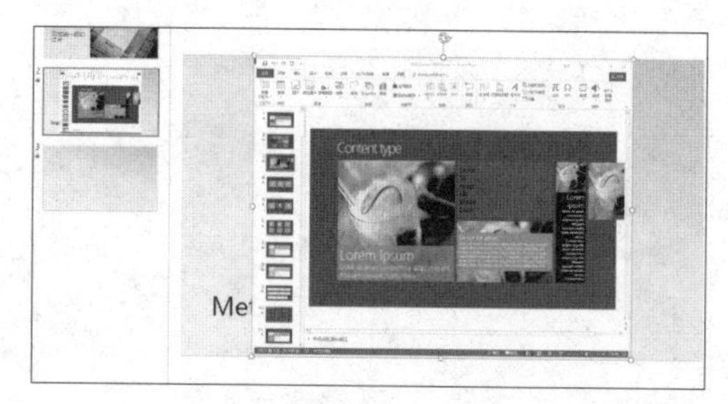

2 屏幕剪辑

进行屏幕剪辑时，用户可以根据需要对所截取的屏幕图像范围进行设置。需要说明的是，如果打开了多个窗口，在启动屏幕截图之前首先需要将要捕获的窗口移动到可用视窗库中的第 1 个位置。

步骤01 **选择需要插入截图的幻灯片。**继续之前的操作，切换到需要插入截图的第3张幻灯片，如下图所示。

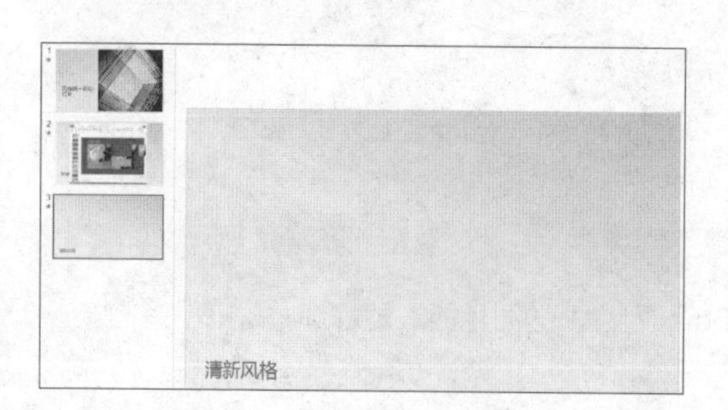

步骤02 **执行屏幕剪辑操作。**单击“插入”选项卡下“图像”组中的“屏幕截图”按钮，在展开的下拉列表中单击“屏幕剪辑”选项，如下图所示。

步骤03 **截取屏幕。**屏幕会自动跳转至停留的上一个窗口中，拖动鼠标选取需要进行截图的部分，如下图所示。

步骤04 **显示屏幕剪辑效果。**经过以上操作后，就完成了屏幕剪辑的操作，在幻灯片中可以看到所截取的图像，效果如下图所示。

5.2 调整图片的背景、亮度与色调

插入到幻灯片中的图片不一定能够很好地与幻灯片融合，此时可以对图片的背景、亮度等效果进行调整，还可以为图片添加艺术效果，来适应演示文稿的需要。

5.2.1 删除图片背景

在添加图片后，用户不仅可以删除图片背景，还可以手动选择要删除的部分。需注意的是，删除背景适用于色彩单一、且主体与背景的颜色对比度较高的图片。

原始文件：下载资源\实例文件\第5章\原始文件\删除背景.pptx
最终文件：下载资源\实例文件\第5章\最终文件\删除背景.pptx

步骤01 **选择需要删除背景的图片。**打开原始文件，选中幻灯片中需要删除背景的图片，如下图所示。

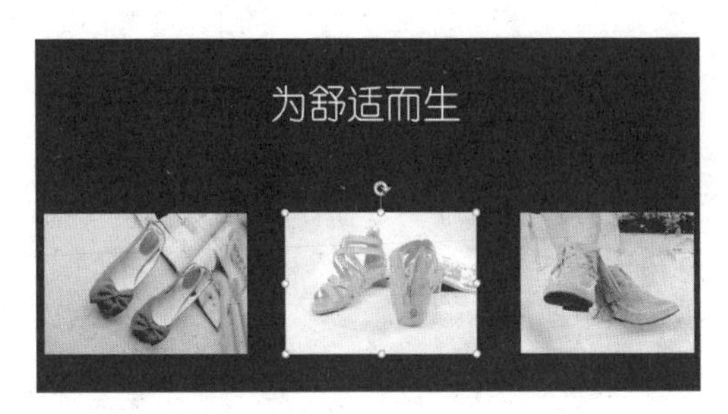

步骤02 **删除图片背景。**单击“图片工具-格式”选项卡下“调整”组中的“删除背景”按钮，如下图所示。

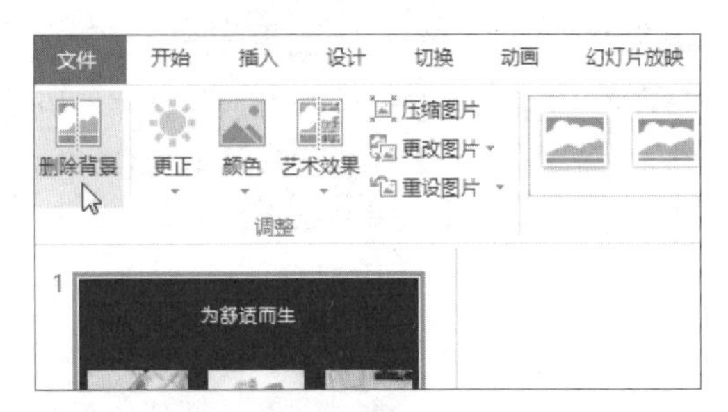

步骤03 **设置删除背景的范围。**此时图片中间出现8个控点，图片中的洋红色区域为要删除的部分，如右图所示，将鼠标指针指向图片中的控点，当鼠标指针呈↘形状时，按住鼠标左键不放拖动，即可调整背景的删除范围。

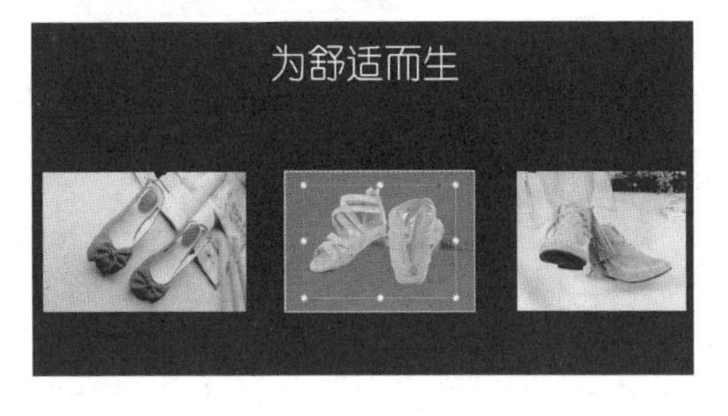

步骤04 **保留更改。**单击“背景消除”选项卡下“关闭”组中的“保留更改”按钮，如右图所示。

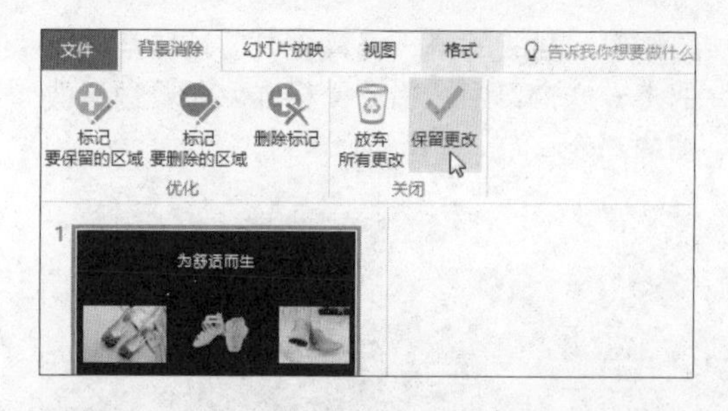

步骤05 **显示删除背景后的效果。**此时所选图片的背景被删除，商品主体更加突出，效果如下图所示。

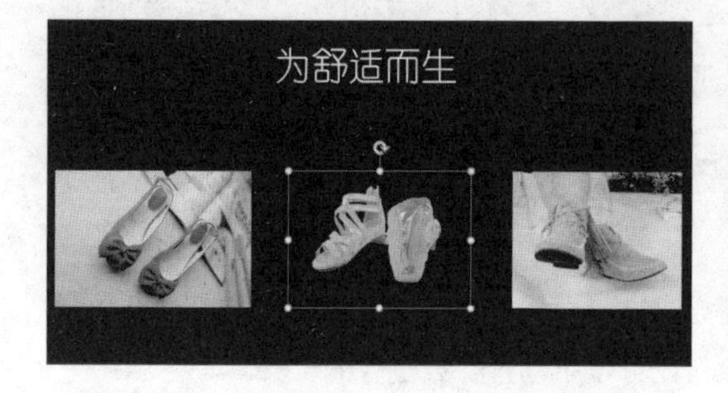

步骤06 **删除其他图片的背景。**使用同样的方法，为幻灯片中的其他两张图片删除背景，最终效果如下图所示。

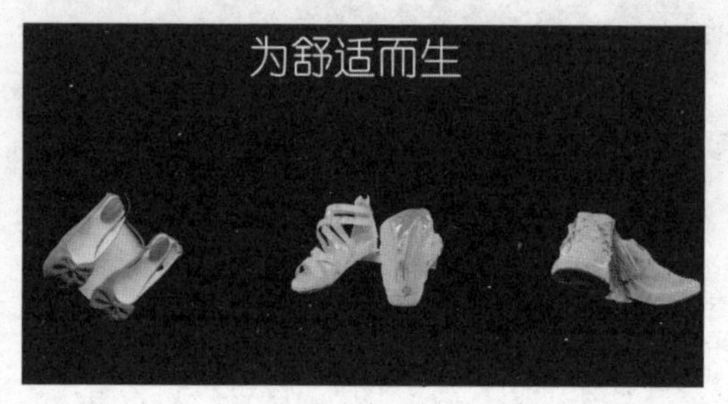

5.2.2 更改图片的亮度与对比度

当插入的图片有光线不足或对比不够强的缺陷时，可直接在幻灯片中进行调整，可以使用程序中预设的参数，也可以手动进行自定义调整。

原始文件：下载资源\实例文件\第5章\原始文件\更改图片亮度与对比度.pptx
最终文件：下载资源\实例文件\第5章\最终文件\更改图片亮度与对比度.pptx

1 使用程序预设的亮度与对比度参数

步骤01 **选择目标图片。**打开原始文件，切换至第2张幻灯片中，选择需要设置亮度与对比度的目标图片，如下图所示。

步骤02 **选择预设的参数。**单击“图片工具-格式”选项卡下“调整”组中的“更正”按钮，在展开的列表中单击“亮度/对比度”选项组中的“亮度：+20% 对比度：-40%”选项，如下图所示。

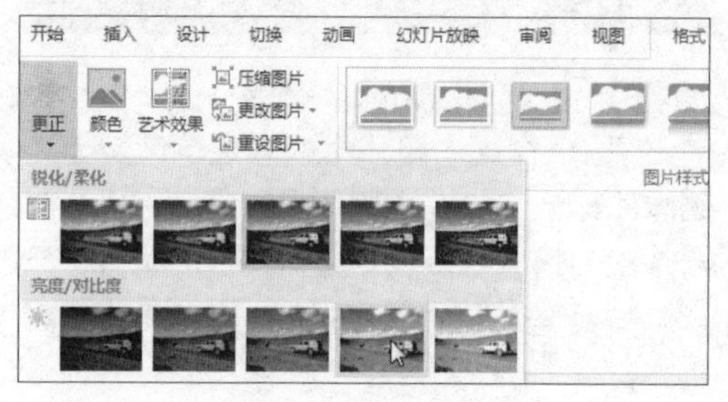

步骤03 **显示更改效果。**此时，目标图片的亮度增加，对比度降低，效果如右图所示。

2 自定义调整亮度与对比度

步骤01 **选择目标图片。**继续之前的操作，选中第2张幻灯片中的另一张图片，如下图所示。

步骤02 **单击"图片更正选项"选项。**单击"图片工具-格式"选项卡下"调整"组中的"更正"按钮，在展开的列表中单击"图片更正选项"选项，如下图所示。

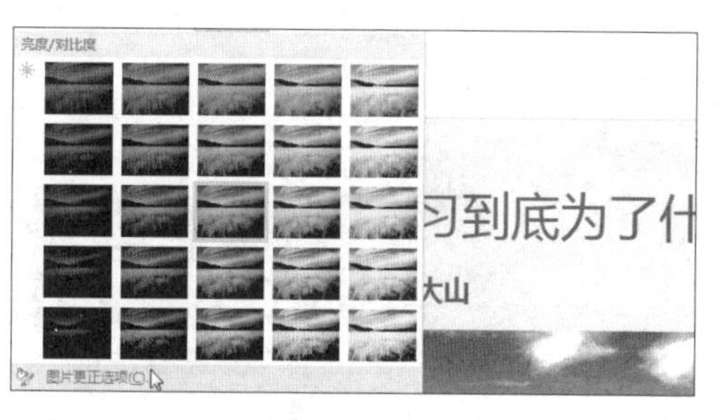

步骤03 **自定义图片的亮度与对比度。**弹出"设置图片格式"任务窗格，在"图片更正"下方的"亮度/对比度"组中设置"亮度"值为"16%"、"对比度"值为"15%"，如下图所示，最后单击"关闭"按钮。

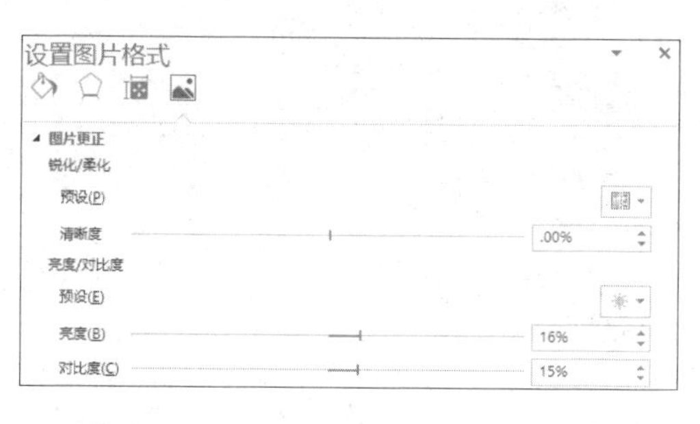

步骤04 **显示调整效果。**经过以上操作，完成了图片亮度与对比度的自定义调整，返回幻灯片即可看到设置后的效果，如下图所示。

办公点拨　重设图片

如果用户对调整图片的效果不满意，可以选中该图片，切换到"图片工具-格式"选项卡，单击"调整"组中的"重设图片"按钮，即可将图片恢复为刚插入到幻灯片时的效果。

5.2.3 为图片添加艺术效果

除了上小节中提到的图片调整功能，PowerPoint 2016 还提供了包括标记、铅笔灰度、铅笔素描、线条图、粉笔素描、画图笔画、画图刷等共 23 种艺术效果，直接选择相应的效果图标即可为图片添加艺术效果。

原始文件： 下载资源 \ 实例文件 \ 第 5 章 \ 原始文件 \ 更改图片亮度与对比度 .pptx
最终文件： 下载资源 \ 实例文件 \ 第 5 章 \ 最终文件 \ 添加艺术效果 .pptx

步骤01 选择目标图片。 打开原始文件，切换至第2张幻灯片中，选中目标图片，如下图所示。

步骤02 设置图片的艺术效果。 单击“图片工具-格式”选项卡下“调整”组中的“艺术效果”按钮，在展开的列表中选择“塑封”效果，如下图所示。

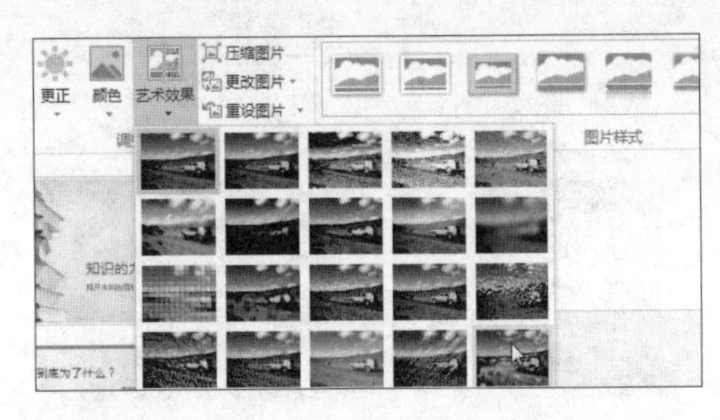

步骤03 显示设置的艺术效果。 此时就完成了图片艺术效果的添加，如下图所示。

步骤04 设置其他艺术效果。 使用同样的方法，为幻灯片中的另一张图片设置“影印”艺术效果，最终效果如下图所示。

5.3 设置图片的形状、大小及位置

为幻灯片添加了图片后，程序会根据图片的原始大小对图片的大小、形状、位置进行自动调整。为了幻灯片的美观，用户也可以在插入图片后，对图片的大小、形状、位置进行适当的更改。

原始文件： 下载资源 \ 实例文件 \ 第 5 章 \ 原始文件 \ 农家乐商业推广前景 .pptx
最终文件： 下载资源 \ 实例文件 \ 第 5 章 \ 最终文件 \ 设置图片效果 .pptx

5.3.1 将图片裁剪为指定形状

默认情况下，插入到幻灯片中的图片都是矩形的，用户可将图片裁剪为圆形等其他形状。

步骤01 **选择目标图片。**打开原始文件，切换至第3张幻灯片中，选择需要裁剪的图片，如下图所示。

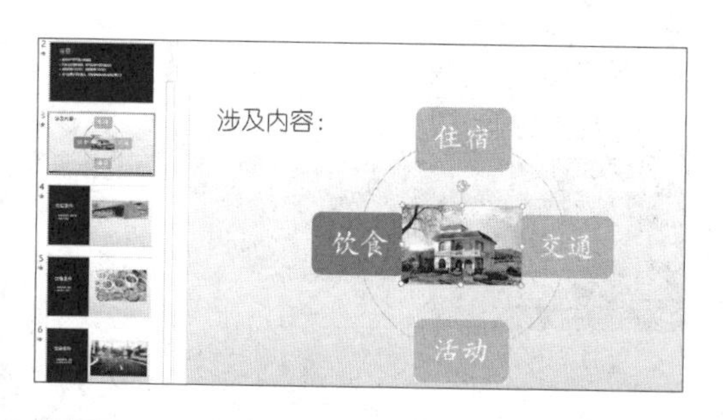

步骤02 **选择裁剪形状。**单击“图片工具-格式”选项卡下“大小”组中的“裁剪”按钮，在展开的下拉列表中单击“裁剪为形状”选项，在展开的形状列表中单击“基本形状”组中的“云形”，如下图所示。

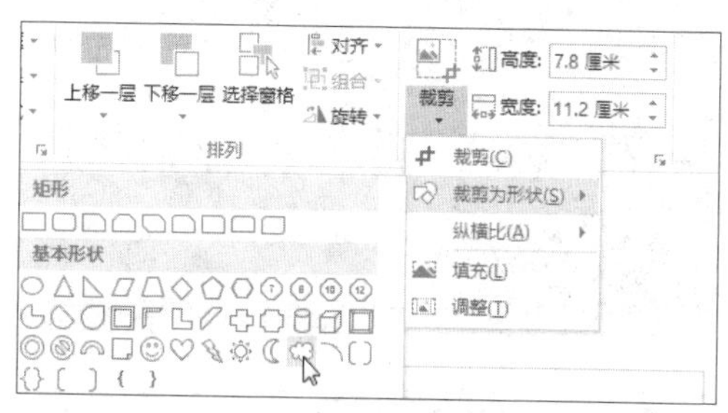

步骤03 **调整形状大小。**此时原图片被剪切为默认大小的云形，同时图片周围出现控点，拖动控点调整图片大小，如下图所示。

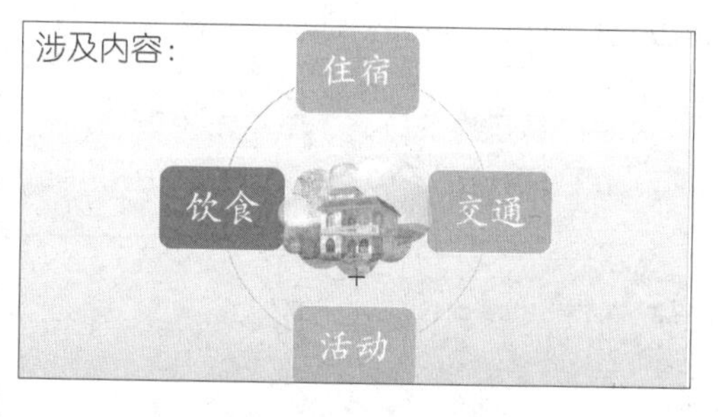

步骤04 **显示裁剪后的效果。**调整好裁剪的形状大小后，单击图片外任意处，取消图片的选中状态，最终效果如下图所示。

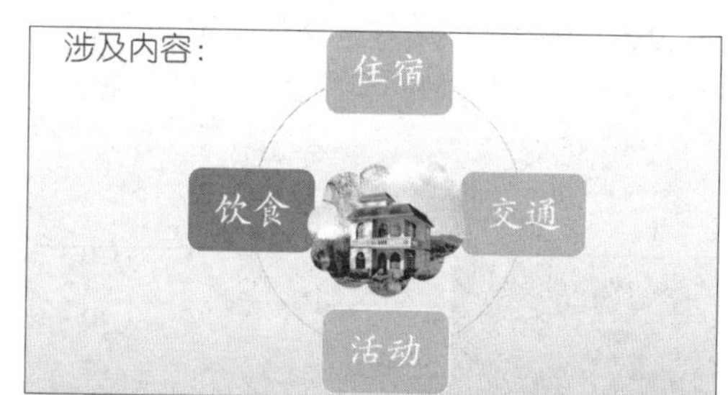

5.3.2 按纵横比裁剪图片

PowerPoint 2016 提供了按比例裁剪的图片编辑功能，当图片的纵横比不符合实际的工作需要时，可使用该功能将图片裁剪为多种预设比例。

步骤01 **选择目标图片。**继续上小节的操作，切换至第7张幻灯片，选择需要裁剪的图片，如下图所示。

步骤02 **选择裁剪比例。**单击“图片工具-格式”选项卡下“大小”组中“裁剪”下方的下三角按钮，在展开的列表中单击“纵横比>3∶2”选项，如下图所示。

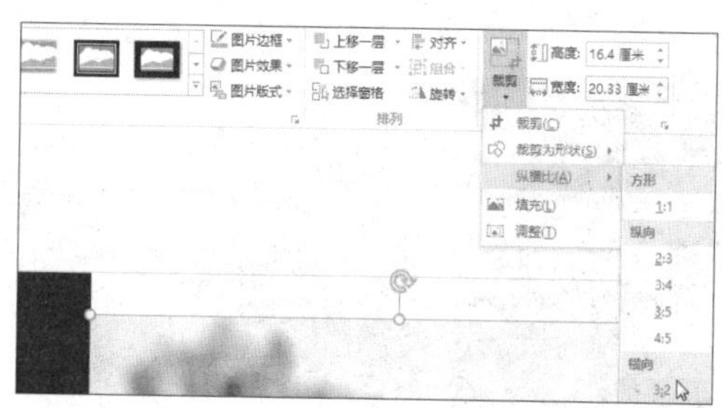

步骤03 裁剪图片。此时图片根据所选的比例进行了裁剪，被剪切部分呈灰色显示，且图片的四周出现了黑色粗线条形状的裁剪控点。如果对裁剪的效果不满意，可将鼠标指针放置在图片上边框的中间控点上，此时鼠标指针变为了⊥形状，按住鼠标左键不放向内拖动，如下图所示。

步骤04 显示裁剪效果。拖动至合适位置后，释放鼠标，单击图片外的任意处，即可看到图片的裁剪效果，如下图所示。

5.3.3 调整图片

在对图片进行裁剪操作后，如果想要让裁剪前的整个图片内容在现有的图片区域完整显示，同时保持原始的纵横比，可通过调整功能来实现。

步骤01 选择目标图片。继续之前的操作，选中第7张幻灯片中在上一小节裁剪过的图片，如下图所示。

步骤02 单击“调整”选项。单击“图片工具-格式”选项卡下“大小”组中的“裁剪”按钮，在展开的下拉列表中单击“调整”选项，如下图所示。

步骤03 调整图片。系统自动调整图片的大小，并使整个图片在图片区域完整显示，同时保持了图片的原始纵横比，如下图所示。此外，用户也可通过拖动图片周围的控点调整其高度或宽度。

步骤04 显示缩放效果。经过以上操作后，幻灯片中的图片就缩小填充至当前整个图片区域，并保留了原始的纵横比，如下图所示。

5.3.4 调整图片大小和位置

为幻灯片插入图片后，用户还可以根据实际需要对图片大小及位置进行适当的调整。

1 调整图片大小

在调整图片大小时，可手动进行自定义调整，也可以在功能组中调整，下面分别介绍这两种方法的具体操作。

▸方法一：手动调整图片大小

步骤01 **手动调整图片大小。**继续之前的操作，切换至第4张幻灯片中，选择目标图片，然后将鼠标指针移至图片下方中间处的控点，此时鼠标指针呈上下双向箭头形状，如下图所示。

步骤02 **显示调整图片大小后的效果。**按住鼠标左键向下拖动，此时鼠标指针呈十字形状，图片高度将增加，如下图所示，拖动至合适高度时，释放鼠标左键即可。

办公点拨 同时调整图片的高度和宽度

选中目标图片后，拖动图片上任意顶点处的控点，即可同时调整图片的高度和宽度。指向顶点处控点时，鼠标指针变成斜向双箭头形状，按住鼠标左键向内拖动会缩小图片，向外拖动会放大图片。

▸方法二：在功能组中调整图片大小

步骤01 **选择目标图片。**切换至第5张幻灯片中，选择目标图片，如下图所示。

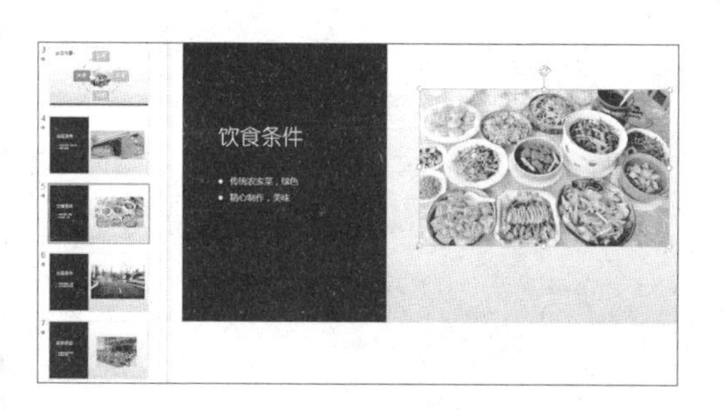

步骤02 **设置图片的宽度。**切换至“图片工具-格式”选项卡下，在“大小”组中“宽度”右侧的数值框内输入图片的宽度值，如下图所示，然后按下【Enter】键即可。

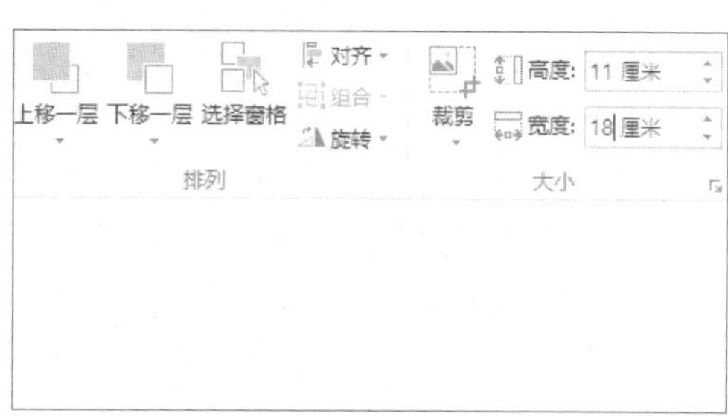

步骤03 **显示调整图片大小后的效果。**此时幻灯片中图片的宽度变为了所设置的大小，图片的高度也进行了相应的更改，效果如右图所示。默认情况下，图片将锁定纵横比，因此用户只需设置图片高度和宽度中的一个数值即可。

2 调整图片位置

如果想调整图片在幻灯片中的位置，最方便快捷的方法就是通过鼠标拖动来完成，具体操作如下。

步骤01 **选中目标图片。**继续之前的操作，选中第5张幻灯片中的目标图片，将鼠标指针放置在图片上方，鼠标指针呈十字箭头和指针形状，如下图所示。

步骤02 **移动图片。**按住鼠标左键，移动图片至合适的位置，移动时鼠标指针呈十字箭头形状，如下图所示，移动完毕后释放鼠标左键即可。

5.4 制作电子相册

在 PowerPoint 2016 中，用户可以通过创建相册展示个人或工作照片。用户可以为相册应用丰富多彩的主题、添加标题、调整顺序和版式、在图片周围添加相框、自定义图片的外观，从而使相册更具观赏性。

如果用户要使用PowerPoint 2016的相册功能，就需要在“相册”对话框中进行相应的设置，“相册”对话框的功能及说明如下图和下表所示。

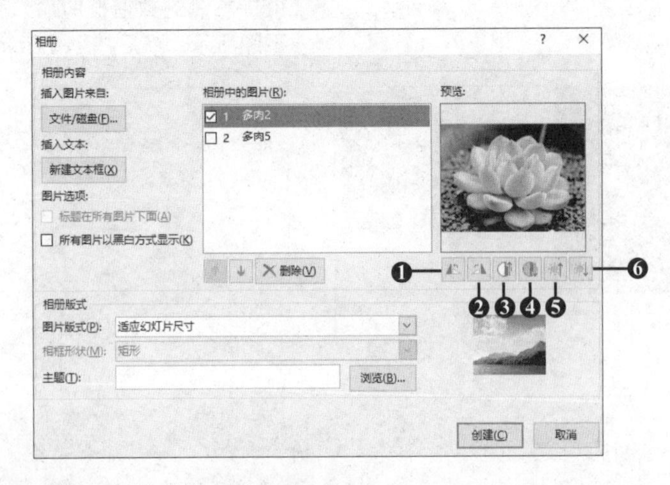

编号	名称	功能
❶	“逆时针旋转”按钮	逆时针旋转图片
❷	“顺时针旋转”按钮	顺时针旋转图片
❸	“提高对比度”按钮	提高图片对比度
❹	“降低对比度”按钮	降低图片对比度
❺	“提高亮度”按钮	提高图片亮度
❻	“降低亮度”按钮	降低图片亮度

5.4.1 添加图片

制作相册的最主要步骤就是添加图片，在 PowerPoint 2016 中通过“相册”对话框插入本地图片后，即可创建相册，具体操作如下。

原始文件： 下载资源\实例文件\第 5 章\原始文件\婚纱 1（1）.jpg ～婚纱 1（6）.jpg

最终文件： 下载资源\实例文件\第 5 章\最终文件\创建相册 .pptx

步骤01 **创建相册。** 首先新建一个空白演示文稿，然后单击“插入”选项卡下“图像”组中的“相册”按钮，在展开的下拉列表中单击“新建相册”选项，如下图所示。

步骤02 **选择图片来源。** 弹出“相册”对话框，单击“插入图片来自”下方的“文件/磁盘”按钮，如下图所示。

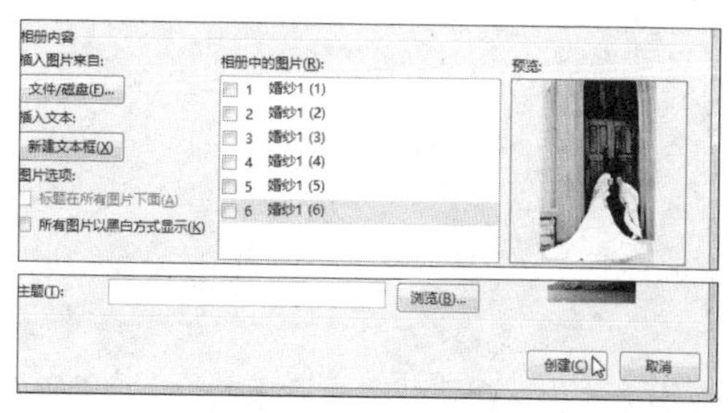

步骤03 **选择图片。** 弹出“插入新图片”对话框，在地址栏选择图片保存的位置，然后按住【Ctrl】键，同时选中多张需要添加进相册的图片，如下图所示。

步骤04 **单击“创建”按钮。** 此时在“相册中的图片”列表框中显示了所添加的图片，用户还可对添加的图片进行预览，单击“创建”按钮即可创建相册，如下图所示。

步骤05　**显示创建的相册效果。**系统自动创建一个标题为“相册”的演示文稿，且默认幻灯片背景为黑色，效果如右图所示。

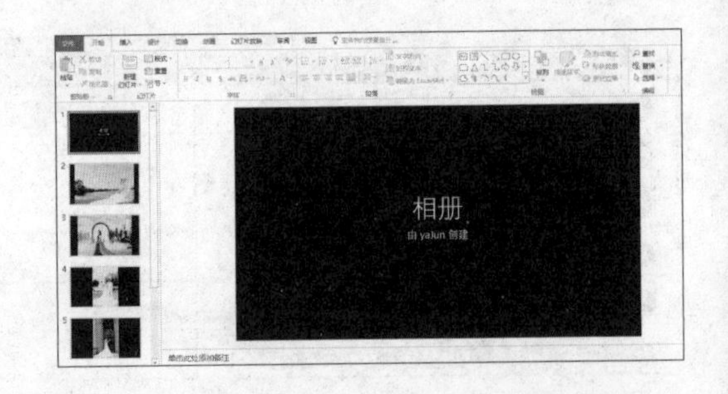

5.4.2　添加标题

创建相册后，用户可以给相册添加标题，并为相册中的每一张图片输入描述性文字。要给相册添加标题，首先要为相册中的标题选择版式。为相册设置标题内容和版式的具体操作如下。

原始文件：下载资源\实例文件\第5章\原始文件\创建相册.pptx

最终文件：下载资源\实例文件\第5章\最终文件\添加标题.pptx

步骤01　**编辑相册。**打开原始文件，单击“插入”选项卡下“图像”组中的“相册”按钮，在展开的下拉列表中单击“编辑相册”选项，如下图所示。

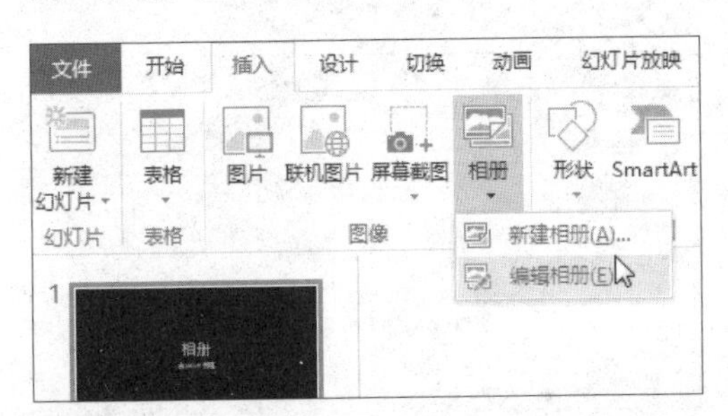

步骤02　**设置图片版式。**弹出“编辑相册”对话框，单击“图片版式”下拉列表框右侧的下三角按钮，在展开的下拉列表中选择“2张图片（带标题）”选项，如下图所示。

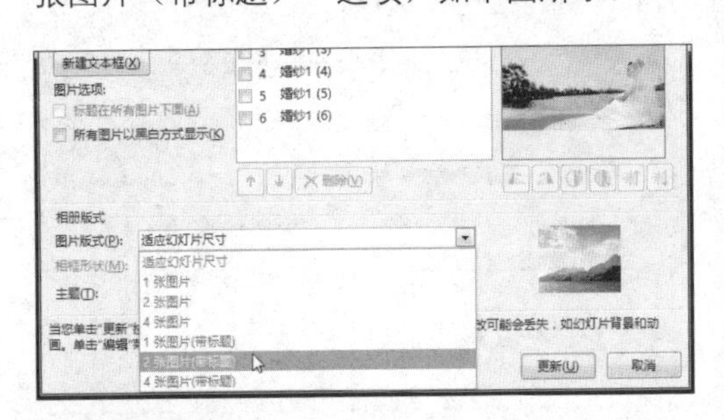

步骤03　**设置图片标题位置。**勾选“图片选项”选项组中的“标题在所有图片下面”复选框，如下图所示。

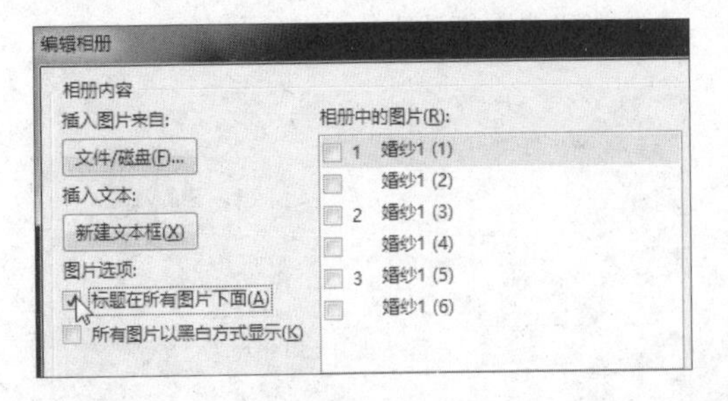

步骤04　**更新相册设置。**设置完毕后，单击“更新”按钮，如下图所示。

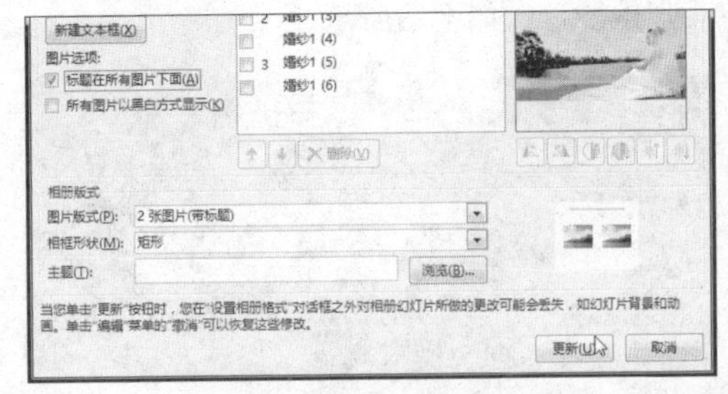

步骤05　**显示更新后的图片版式。**切换至第2张幻灯片，可以看到幻灯片的版式为文本标题和两张图片的形式，且图片下面都带有图片标题名，如下左图所示。默认情况下，PowerPoint 2016使用图片文件名作为标题名。

步骤06 **输入幻灯片标题。**单击标题文本占位符，然后输入标题，效果如下右图所示。

5.4.3 更改图片外观

如果用户想要更改图片的外观，可以使用前面介绍过的编辑图片的方法，也可以在“编辑相册”对话框中进行设置，具体操作如下。

原始文件：下载资源\实例文件\第5章\原始文件\添加标题.pptx
最终文件：下载资源\实例文件\第5章\最终文件\更改图片外观.pptx

步骤01 **设置图片的显示方式。**打开原始文件，打开“编辑相册”对话框，勾选“图片选项”选项组中的“所有图片以黑白方式显示”复选框，如下图所示。

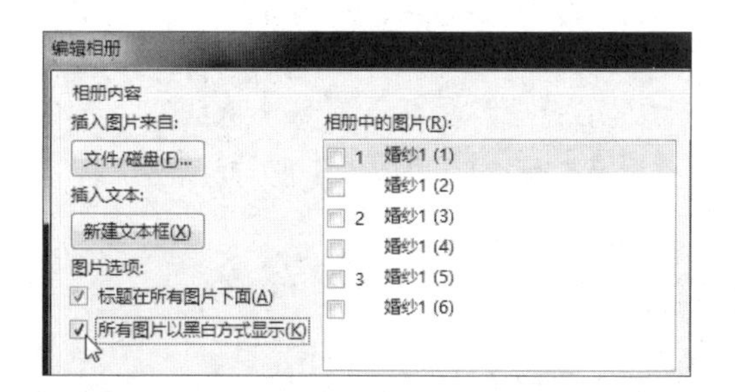

步骤02 **降低图片亮度。**在“相册中的图片”列表框中勾选需要设置显示效果的图片，这里勾选“婚纱1（3）”复选框，然后单击“预览”框下方的“降低亮度”按钮，如下图所示。

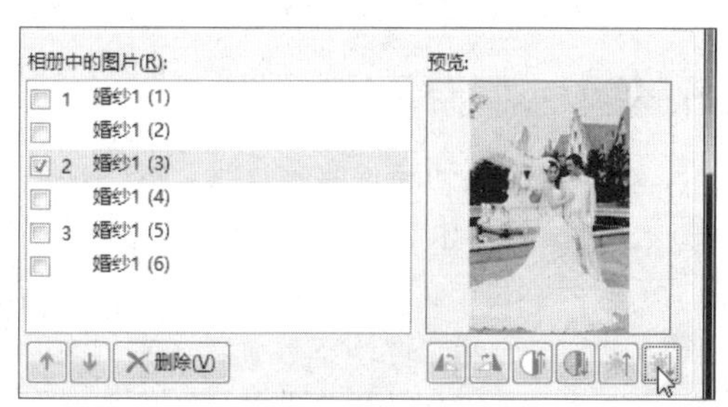

步骤03 **设置相框形状。**单击“相框形状”下拉列表框右侧的下三角按钮，在展开的下拉列表中单击“居中矩形阴影”选项，如下图所示。

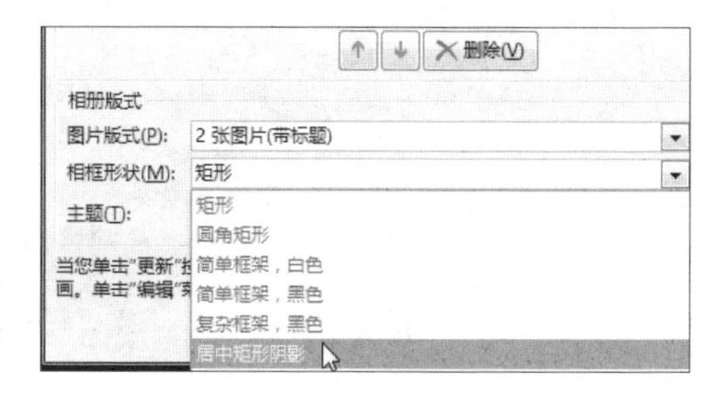

步骤04 **设置相册主题。**单击“主题”文本框右侧的“浏览”按钮，如下图所示。

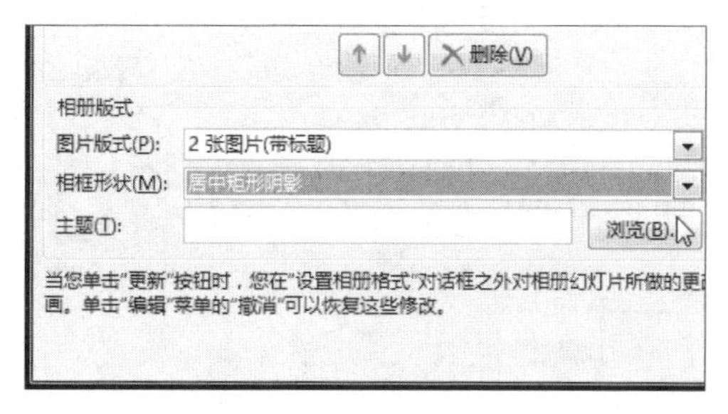

步骤05 **选择主题。**弹出“选择主题”对话框，在该对话框中找到要使用的主题，然后单击“选择”按钮，如下图所示。

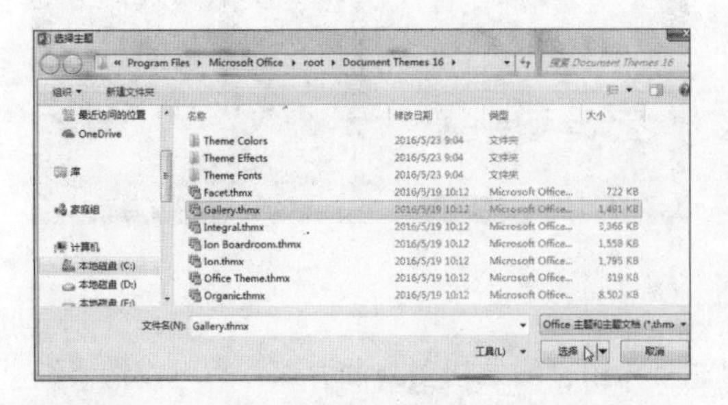

步骤06 **更新设置。**返回“编辑相册”对话框，此时在“主题”文本框中显示了设置的主题保存路径，确定后单击“更新”按钮，如下图所示。

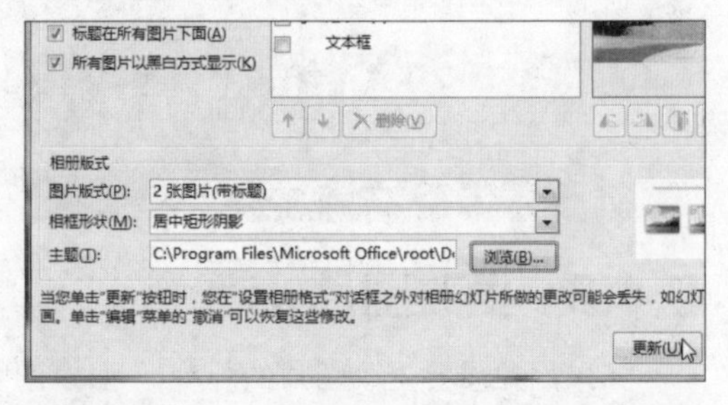

步骤07 **显示相册效果。**返回演示文稿中，可以看到幻灯片应用了设置的主题效果，如下图所示。

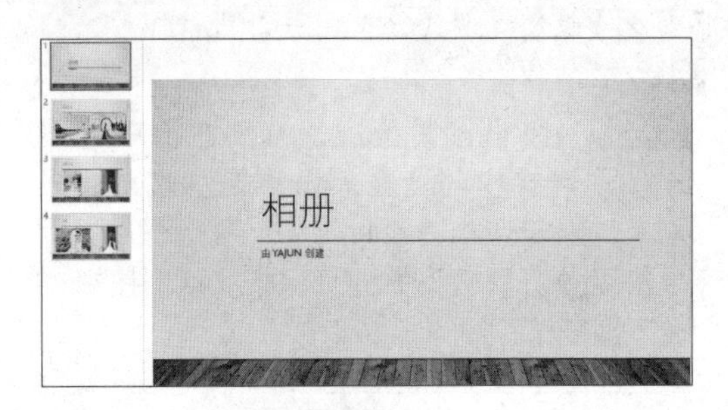

步骤08 **显示图片效果。**切换至任意一张幻灯片中，可看到当前幻灯片中的图片呈黑白显示，效果如下图所示。

5.4.4 删除图片

如果发现添加的某些图片与主题不符或不需要展示，可以在“编辑相册”对话框中将其删除，具体操作如下。

原始文件：下载资源\实例文件\第 5 章\原始文件\更改图片外观 .pptx

最终文件：下载资源\实例文件\第 5 章\最终文件\删除图片 .pptx

步骤01 **单击“编辑相册”选项。**打开原始文件，单击“插入”选项卡下“图像”组中的“相册”按钮，在展开的下拉列表中单击“编辑相册”选项，如下图所示。

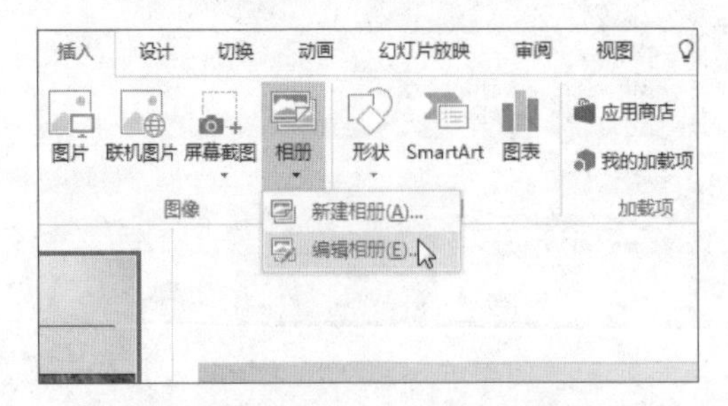

步骤02 **删除相册中的图片。**弹出“编辑相册”对话框，在“相册中的图片”列表框中勾选需要删除的图片前的复选框，然后单击“删除”按钮，如下图所示。

步骤03 **更新设置。**删除选中图片后，单击对话框中的“更新”按钮，如下图所示。

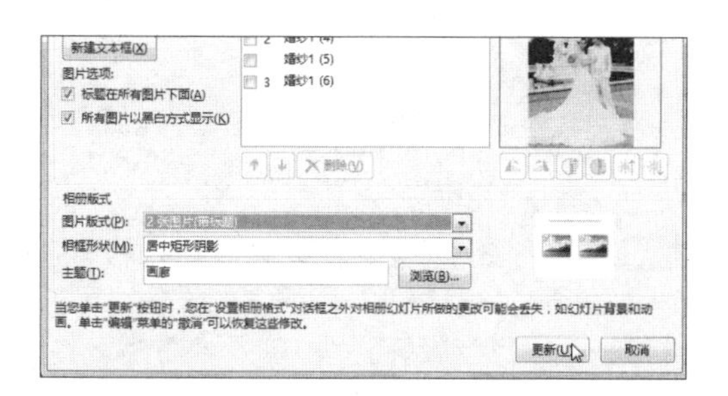

步骤04 **查看删除图片后的效果。**返回演示文稿中，切换至第2张幻灯片，可看到所选的图片已被删除，效果如下图所示。

办公点拨 **利用快捷键删除图片**

若已制作好相册，在浏览过程中发现某些照片需要删除，选中该图片后按【Delete】键即可。

实例演练 制作公司产品海报

商家往往会制作一些广告或海报宣传自己的产品，以吸引消费者。海报一般是由专业人员使用图像软件制作出来的，其实在 PowerPoint 2016 中也可以制作一些简单的海报。下面就以制作公司产品海报为例，巩固本章所学知识。

原始文件：下载资源\实例文件\第 5 章\原始文件\公司海报.pptx、包包 (1).jpg、包包 (2).jpg

最终文件：下载资源\实例文件\第 5 章\最终文件\公司海报.pptx

步骤01 **插入图片。**打开原始文件中的演示文稿，单击“插入”选项卡下“图像”组中的“图片”按钮，如下图所示。

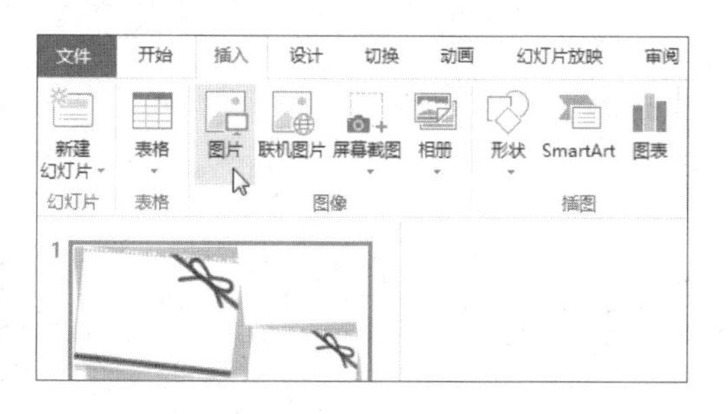

步骤02 **选择插入的图片。**弹出“插入图片”对话框，在地址栏中选择图片保存的位置，然后按住【Ctrl】键选择需要插入的图片，这里选择“包包(1).jpg”和“包包(2).jpg”，再单击“插入”按钮，如下图所示。

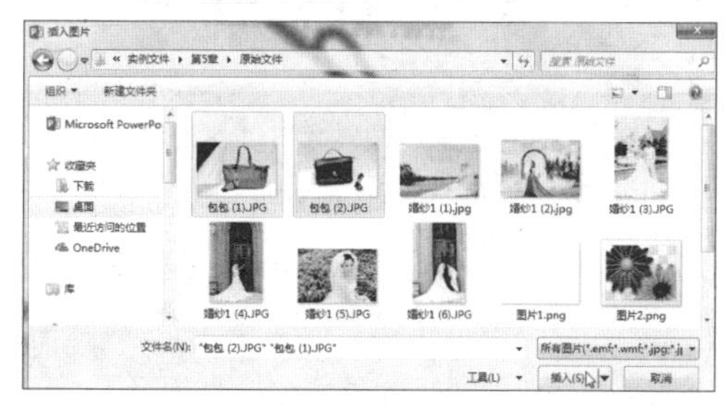

步骤03 **选择需要裁剪的图片。**此时幻灯片中插入了所选择的两张图片，且都处于选中状态，选择其中的黑色手提包图片，如下左图所示。

步骤04 **启动裁剪功能。**单击“图片工具-格式”选项卡下“大小”组中的“裁剪”按钮，如下右图所示。

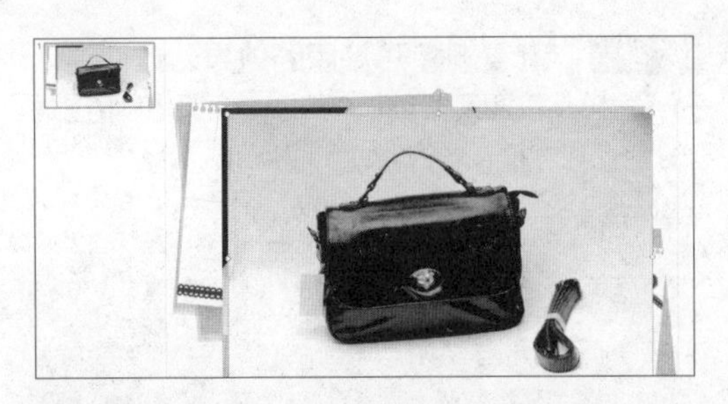

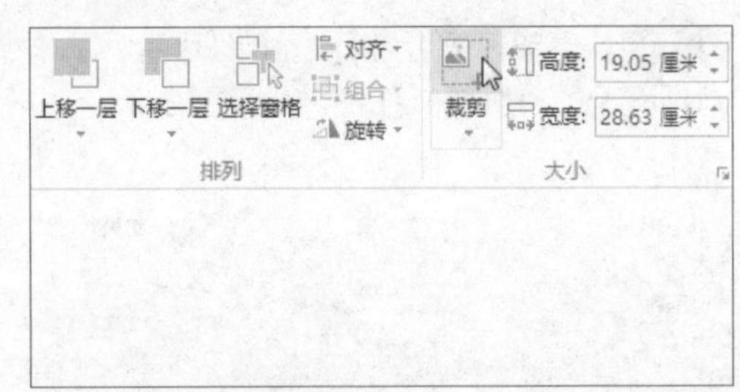

步骤05 **裁剪图片。**此时图片周围出现黑色粗线条形状的裁剪控点，将鼠标指针指向图片右边框的中间控点上，按住鼠标左键向图片中心拖动，如下图所示，裁剪完毕后单击图片外任意处，确认图片的裁剪。

步骤06 **将图片下移一层。**由于插入的两张图片重叠，影响对下一张图片的操作，可选中上一步剪裁后的图片，单击“图片工具-格式”选项卡下的“排列”组中的“下移一层”按钮，在展开的下拉列表中单击“下移一层”选项，如下图所示。

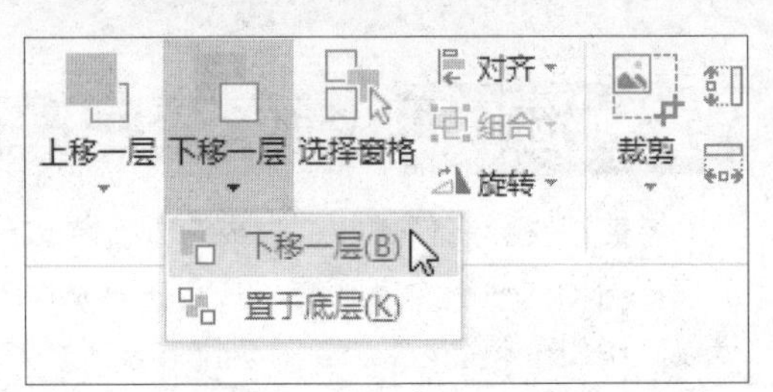

步骤07 **选择另一张图片。**此时黑色手提包图片置于编织包图片下面，选中编织包图片，如下图所示。

步骤08 **裁剪图片。**按上述方法对编织包图片进行裁剪，如下图所示。裁剪完毕后，单击图片外任意处取消图片的选中状态。

步骤09 **设置图片格式。**选择编织包图片，单击“图片工具-格式”选项卡下“大小”组中的对话框启动器，如下图所示。

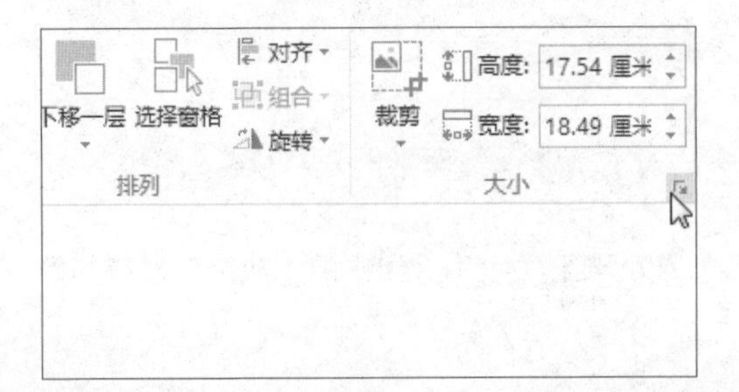

步骤10 **设置图片大小。**弹出“设置图片格式”任务窗格，首先取消勾选“锁定纵横比”单选按钮，然后在“大小”选项组中设置图片的高度和宽度，如下图所示。

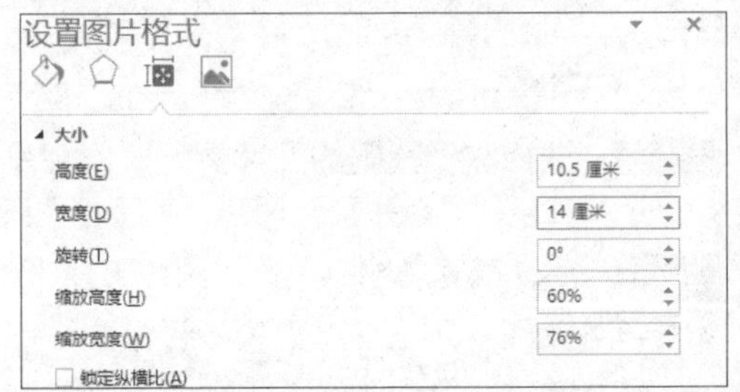

步骤11 设置另一张图片的大小。 在“设置图片格式”任务窗格未关闭的情况下，直接选中幻灯片中的另一张图片，即可对另一张图片的大小进行设置，同样取消勾选“锁定纵横比”复选框，然后设置其高度和宽度，如下图所示。

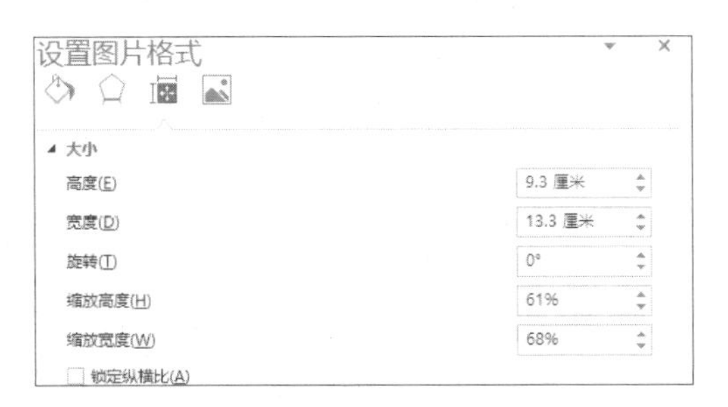

步骤12 更改图片位置。 选中黑色手提包图片，将鼠标指针移至图片上，当鼠标指针呈十字箭头时，按住鼠标左键将图片移至合适位置。再选中编织包图片，按住图片控制柄旋转图片，如下图所示。

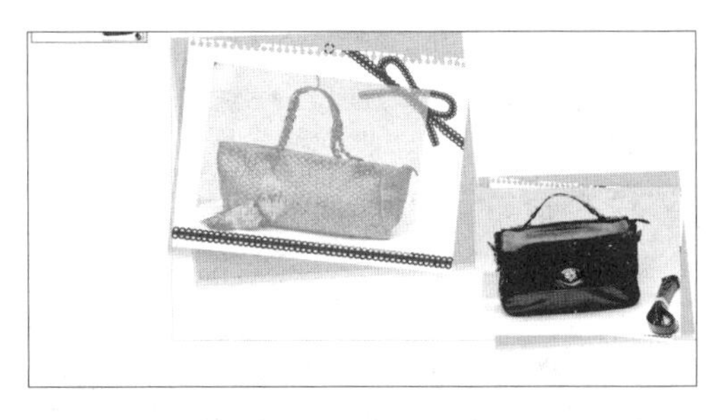

步骤13 删除背景。 选中目标图片，单击“图片工具-格式”选项卡下“调整”组中的“删除背景”按钮，如下图所示。使用同样的方法，删除幻灯片中另一张图片的背景。

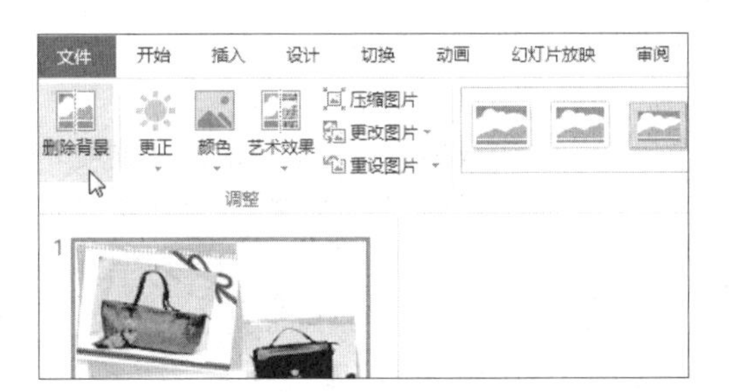

步骤14 添加文字。 向幻灯片中添加必要的文字说明，并设置其字体格式，宣传海报最终效果如下图所示。

读书笔记

第6章 在幻灯片中插入表格

在上一章中介绍了通过插入图片来美化演示文稿的方法，其实在 PowerPoint 2016 中还可以向幻灯片中插入表格或 Excel 电子表格。表格是显示和表达数据的最佳方式，能够高效而明确地传递信息。本章将介绍在幻灯片中插入表格、编辑表格和设置表格格式等操作。

6.1 创建表格

表格是由单元格组成的，在每一个单元格中都可以输入文字或数据，用户可以使用占位符中的“插入表格”按钮或是“插入”选项卡下“表格”组中的命令来创建表格，还可以插入 Excel 电子表格。下面分别对这 3 种方法进行介绍。

原始文件： 下载资源 \ 实例文件 \ 第 6 章 \ 原始文件 \ 汽车销量分析 .pptx
最终文件： 下载资源 \ 实例文件 \ 第 6 章 \ 最终文件 \ 创建表格 .pptx

▸方法一：使用“表格”组中的命令

步骤01 **选择目标幻灯片。**打开原始文件，选择需要插入表格的幻灯片，这里选择第3张幻灯片，如下图所示。

步骤02 **选择行列数。**单击“插入”选项卡下“表格”组中的“表格”按钮，在展开的下拉列表中有一个示意表格，移动鼠标选择表格的行数和列数，如下图所示。

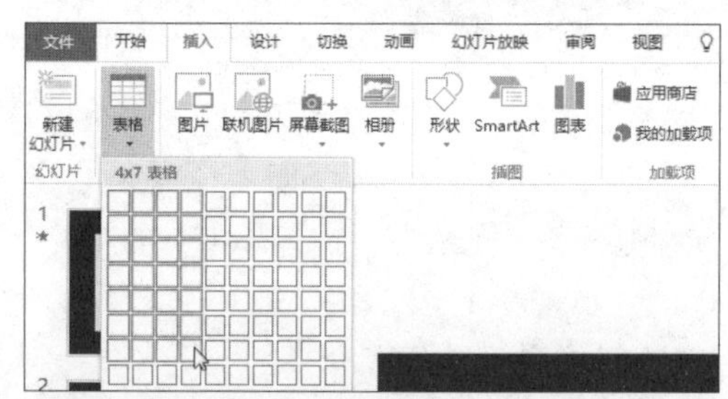

步骤03 **显示插入的表格。**选择好表格的行数和列数后，单击鼠标即可插入表格，如右图所示。

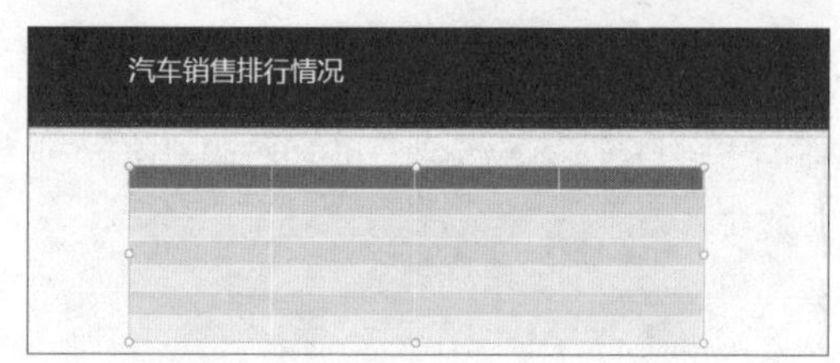

▸方法二：使用占位符中的按钮

步骤01 **单击“插入表格”按钮。**打开原始文件，切换至第3张幻灯片，然后单击占位符中的“插入表格”按钮，如下左图所示。

步骤02 **设置表格行列数。**弹出“插入表格”对话框，在“列数”和“行数”右侧的数值框中分别输入相应数字，然后单击“确定”按钮，如下右图所示。

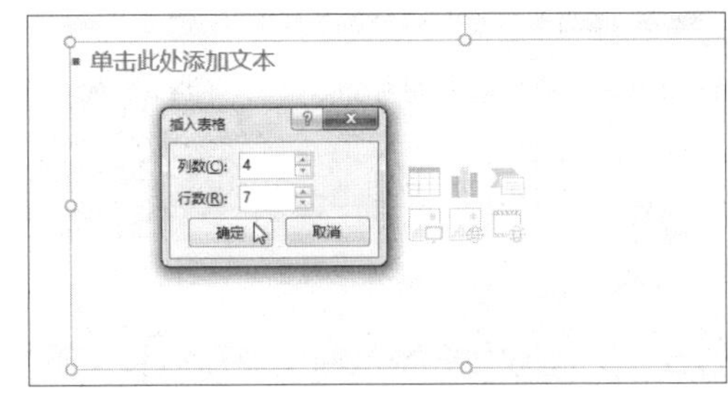

办公点拨　表格的默认样式

插入的表格的样式是系统根据当前幻灯片主题自动设置的。如在该表格中输入文本，字体颜色也是系统根据当前幻灯片主题自动设置的。

▶方法三：插入Excel电子表格

原始文件： 下载资源\实例文件\第6章\原始文件\汽车销量分析.pptx

最终文件： 下载资源\实例文件\第6章\最终文件\创建电子表格.pptx

步骤01 **创建电子表格。** 打开原始文件，切换至第3张幻灯片中，单击“插入”选项卡下“表格”组中的“表格”按钮，在展开的下拉列表中单击“Excel电子表格”选项，如下图所示。

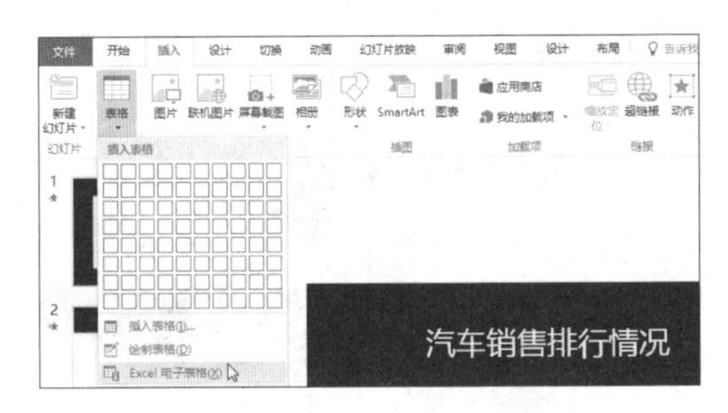

步骤02 **显示插入的电子表格。** 可看到在幻灯片中插入了一个Excel电子表格，同时显示Excel 2016的功能区，如下图所示，用户可以在其中进行数据处理。

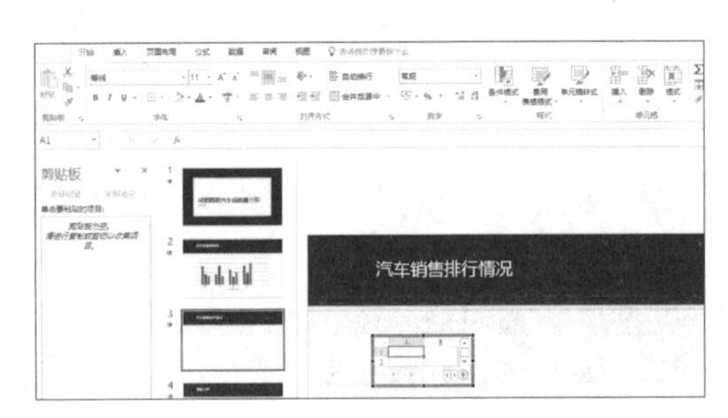

步骤03 **更改表格大小。** 默认情况下，插入的电子表格包含的单元格数量较少，用户可以拖动表格周围的控点更改表格中单元格的数量，如下图所示。

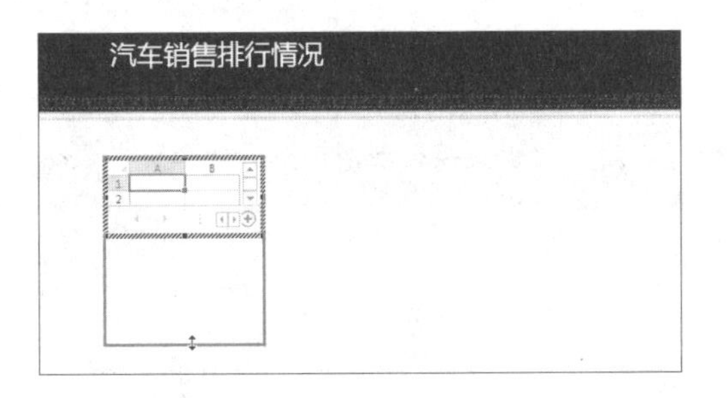

步骤04 **显示插入的表格效果。** 单击Excel电子表格外任意处，即可显示插入的表格效果，如下图所示。

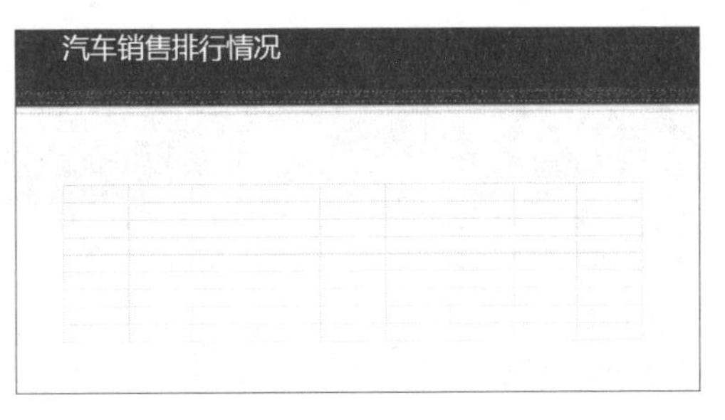

6.2 美化表格

在演示文稿中创建的表格一般都有默认的样式，但是默认样式不一定符合实际需要，而且可能并不美观。平淡的表格无法激起观众的兴趣，让人不愿意仔细阅读里面的信息，相比之下，一个精致的表格更方便信息的传达，因此表格的美化显得十分重要。下面将介绍如何设计合理的表格样式。

6.2.1 设置表格样式选项

默认情况下，插入的表格已经应用标题行和镶边行选项，用户要自定义设置表格样式选项，可以在“表格工具 - 设计”选项卡下的“表格样式选项”组中勾选相应的复选框，例如汇总行、第一行等，使表格的层次更加清楚。下面介绍设置表格样式选项的具体操作。

原始文件： 下载资源 \ 实例文件 \ 第 6 章 \ 原始文件 \ 创建表格 .pptx

最终文件： 下载资源 \ 实例文件 \ 第 6 章 \ 最终文件 \ 设置表格样式选项 .pptx

步骤01 **选中表格。** 打开原始文件，切换至第3张幻灯片中，在表格中输入相关文本，如下图所示。

步骤02 **设置表格样式选项。** 可以看到“表格工具-设计”选项卡下“表格样式选项”组中默认勾选了“标题行”“镶边行”复选框，这里再勾选“第一列”复选框，如下图所示。

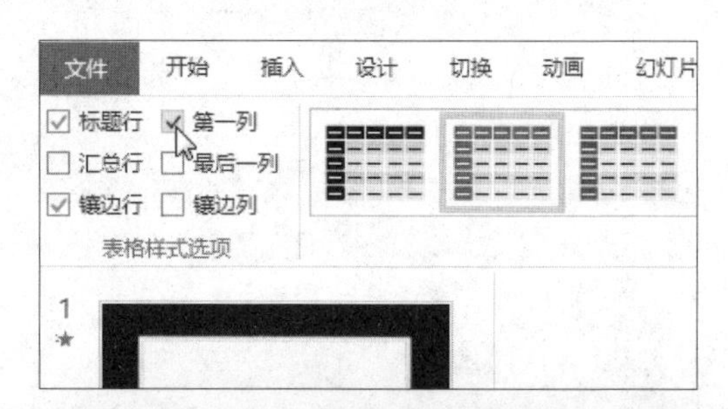

步骤03 **设置表格样式选项后的效果。** 此时表格中第一列的样式发生了变化，效果如右图所示。

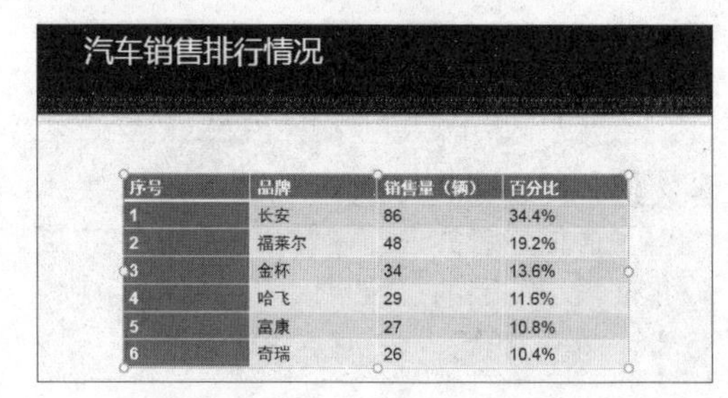

6.2.2 设置表格样式

PowerPoint 2016 提供了很多预设的表格样式，用户可以直接在表格样式列表中选择表格样式，也可以对表格样式进行自定义。下面分别对这两种方法进行介绍。

1 为表格套用预设样式

原始文件： 下载资源\实例文件\第 6 章\原始文件\设计表格样式.pptx
最终文件： 下载资源\实例文件\第 6 章\最终文件\套用预设样式.pptx

步骤01 **选中表格。** 打开原始文件，切换至第3张幻灯片中，选中需要设置样式的表格，如下图所示。

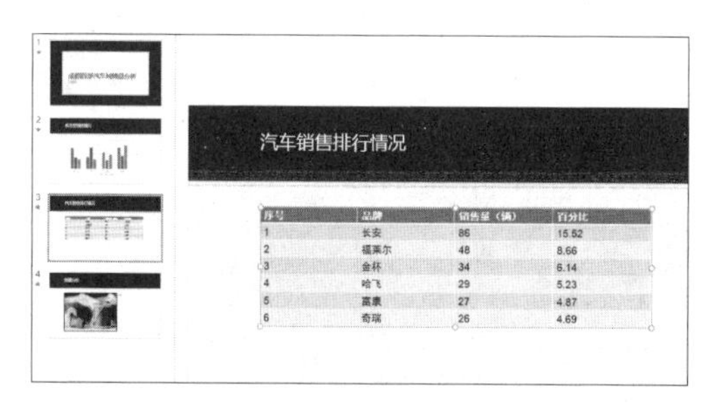

步骤02 **展开表格样式列表。** 单击“表格工具-设计”选项卡下“表格样式”组中的快翻按钮，如下图所示。

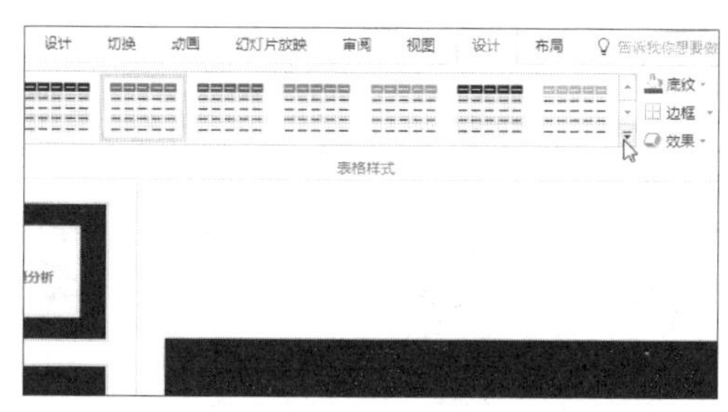

步骤03 **选择预设表格样式。** 在展开的列表中显示了预设的表格样式，用户选择合适的样式即可，这里选择“文档的最佳匹配对象”组中的样式，如下图所示。

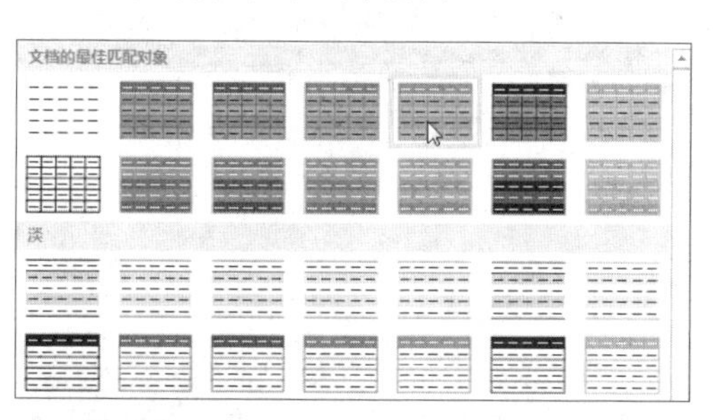

步骤04 **显示套用样式后的效果。** 此时幻灯片中的表格套用了所选样式，效果如下图所示。

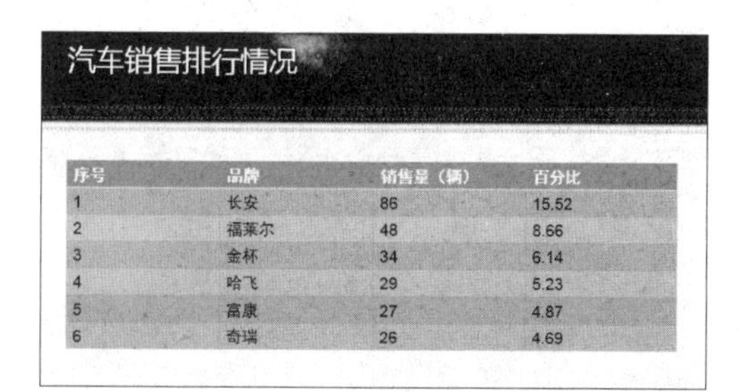

办公点拨　清除表格样式

如果用户对设置的表格样式不满意，可单击快速样式列表中的“清除表格”选项，清除表格样式，然后重新设置。

2 自定义表格样式

原始文件： 下载资源\实例文件\第 6 章\原始文件\设计表格样式.pptx
最终文件： 下载资源\实例文件\第 6 章\最终文件\自定义表格样式.pptx

步骤01 **设置表格底纹。** 打开原始文件，选中第3张幻灯片中的表格，单击“表格工具-设计”选项卡下“表格样式”组中“底纹”右侧的下三角按钮，如下左图所示。

步骤02 **选择渐变样式。** 在展开的下拉列表中单击“渐变”选项，然后在展开的渐变样式列表中选择合适的渐变样式，如下右图所示。

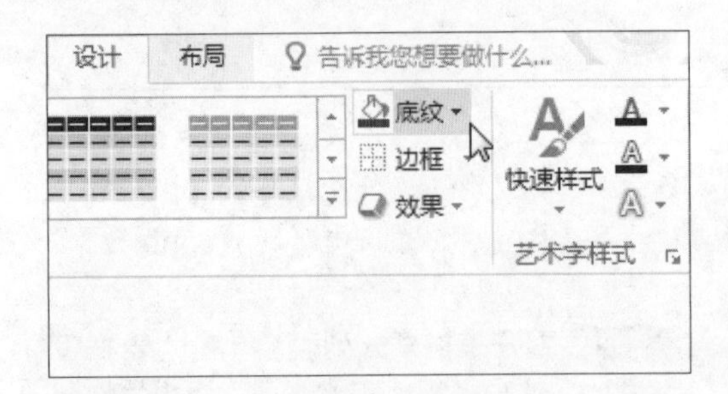

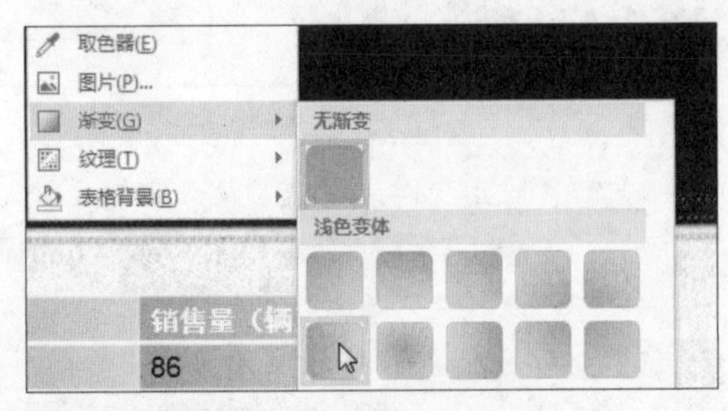

步骤03 **设置表格边框。**单击“表格样式”组中“边框”右侧的下三角按钮，在展开的下拉列表中单击“无框线”选项，如下图所示。

步骤04 **设置表格阴影效果。**单击“表格样式”组中“效果”右侧的下三角按钮，在展开的下拉列表中指向“阴影”选项，然后在展开的列表中选择“外部”中的“偏移：下”，如下图所示。

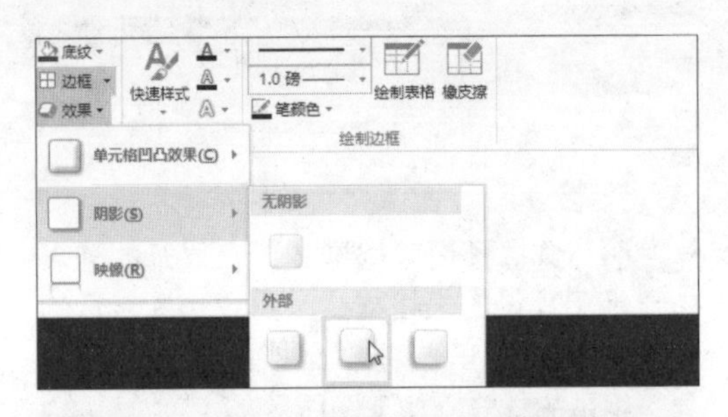

步骤05 **显示自定义表格样式后的效果。**经过以上操作，表格的底纹、边框都发生了变化，再设置表格中的字体格式，最终效果如右图所示。用户还可以根据需要设置纹理填充或单元格的凹凸效果。

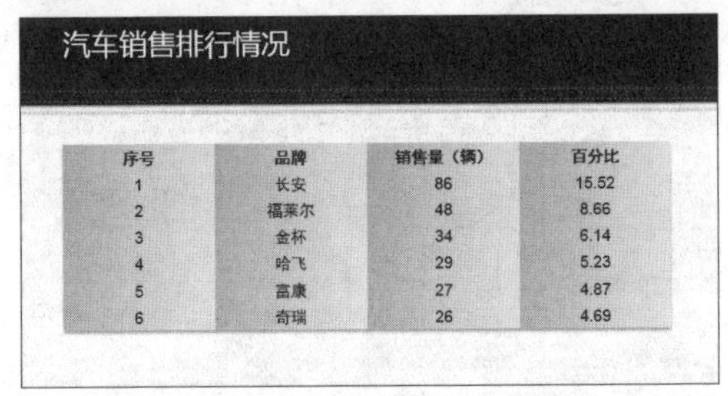

序号	品牌	销售量（辆）	百分比
1	长安	86	15.52
2	福莱尔	48	8.66
3	金杯	34	6.14
4	哈飞	29	5.23
5	富康	27	4.87
6	奇瑞	26	4.69

6.3 调整表格布局

在幻灯片中创建并设置好表格后，用户还可以根据需要对表格进行调整和设置，例如调整单元格大小、表格中文字的对齐方式等，即调整表格的布局。本节介绍如何调整表格的布局。

6.3.1 选择单元格、行或列

要对表格进行修改，首先应该选中操作对象。既可以用鼠标选择，也可以用键盘或选项组中的命令选择。下面以利用选项组中的命令选取表格为例，介绍选择单元格、行或列的方法。

原始文件：下载资源 \ 实例文件 \ 第 6 章 \ 原始文件 \ 设计表格样式 .pptx
最终文件：无

步骤01 **选择单元格。**打开原始文件，切换至第3张幻灯片中，单击表格中的任意单元格，如单击序号为1的单元格，此时插入点定位至该单元格中，如下左图所示。

步骤02 **选择行。** 单击“表格工具-布局”选项卡下“表”组中的“选择”按钮，在展开的下拉列表中单击“选择行”选项，如下右图所示。

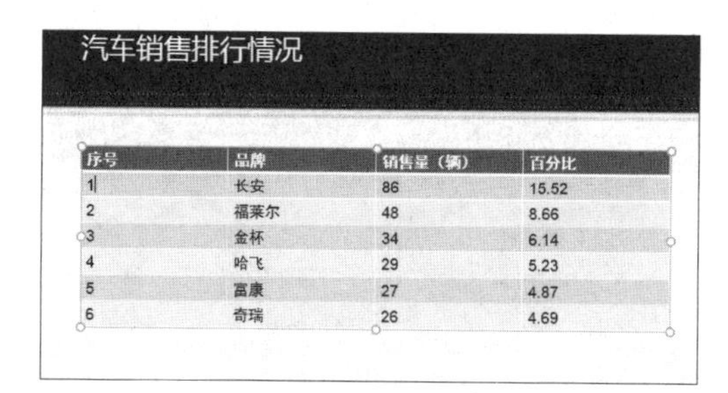

序号	品牌	销售量（辆）	百分比
1	长安	86	15.52
2	福莱尔	48	8.66
3	金杯	34	6.14
4	哈飞	29	5.23
5	富康	27	4.87
6	奇瑞	26	4.69

步骤03 **显示选择行的效果。** 此时表格中序号为1的单元格所在行为选中状态，效果如下图所示。

汽车销售排行情况

序号	品牌	销售量（辆）	百分比
1	长安	86	15.52
2	福莱尔	48	8.66
3	金杯	34	6.14
4	哈飞	29	5.23
5	富康	27	4.87
6	奇瑞	26	4.69

步骤04 **显示选择列的效果。** 若单击“选择”按钮后，在下拉列表中单击“选择列”选项，则选中第一列，如下图所示。

汽车销售排行情况

序号	品牌	销售量（辆）	百分比
1	长安	86	15.52
2	福莱尔	48	8.66
3	金杯	34	6.14
4	哈飞	29	5.23
5	富康	27	4.87
6	奇瑞	26	4.69

6.3.2 插入或删除行/列

在编辑表格的过程中，经常会遇到表格的行列数不够或某些行列已经无用的情况，此时需要在表格中插入或删除行或列。行和列的插入或删除方法是类似的。

1 插入行/列

原始文件： 下载资源\实例文件\第6章\原始文件\设计表格样式.pptx

最终文件： 下载资源\实例文件\第6章\最终文件\插入行.pptx

步骤01 **选择单元格。** 打开原始文件，切换至第3张幻灯片中，单击表格中的任意单元格，这里单击文本为“哈飞”的单元格，如下图所示。此时插入点将在选中单元格中闪烁。

汽车销售排行情况

序号	品牌	销售量（辆）	百分比
1	长安	86	15.52
2	福莱尔	48	8.66
3	金杯	34	6.14
4	哈飞	29	5.23
5	富康	27	4.87
6	奇瑞	26	4.69

步骤02 **在上方插入行。** 单击“表格工具-布局”选项卡下“行和列”组中的“在上方插入”按钮，如下图所示。

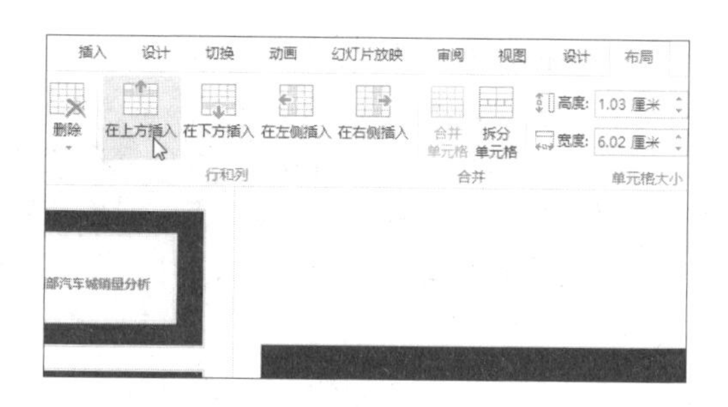

步骤03 **显示插入行的效果。** 此时表格中所选单元格的上方插入了一行空白行，效果如下图所示。

汽车销售排行情况

序号	品牌	销售量（辆）	百分比
1	长安	86	15.52
2	福莱尔	48	8.66
3	金杯	34	6.14
4	哈飞	29	5.23
5	富康	27	4.87
6	奇瑞	26	4.69

步骤04 **在下方插入行。** 使用相同方法在新的空白行下方再插入一行，效果如下图所示。可以看到插入的行的样式与表格样式一致。

汽车销售排行情况

序号	品牌	销售量（辆）	百分比
1	长安	86	15.52
2	福莱尔	48	8.66
3	金杯	34	6.14
4	哈飞	29	5.23
5	富康	27	4.87
6	奇瑞	26	4.69

办公点拨 **在表格中插入列**

单击“表格工具 - 布局”选项卡下“行和列”组中的“在左侧插入”或者“在右侧插入”按钮，即可在所选单元格的左侧或右侧插入列。

2 删除行/列

原始文件： 下载资源 \ 实例文件 \ 第 6 章 \ 原始文件 \ 设计表格样式 .pptx

最终文件： 下载资源 \ 实例文件 \ 第 6 章 \ 最终文件 \ 删除列 .pptx

步骤01 **删除表格中的列。** 打开原始文件，选择需要删除的第1列或该列中的任一单元格，单击“表格工具-布局”选项卡下“行和列”组中的“删除”按钮，在展开的下拉列表中单击“删除列”选项，如下图所示。

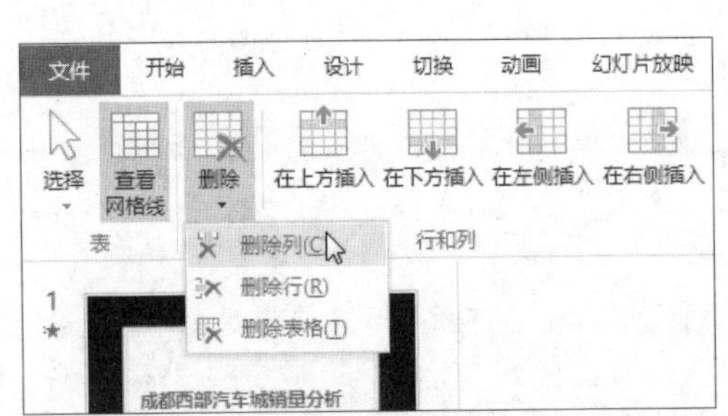

步骤02 **显示删除列后的效果。** 此时表格中的第1列即序号列被删除了，效果如下图所示。

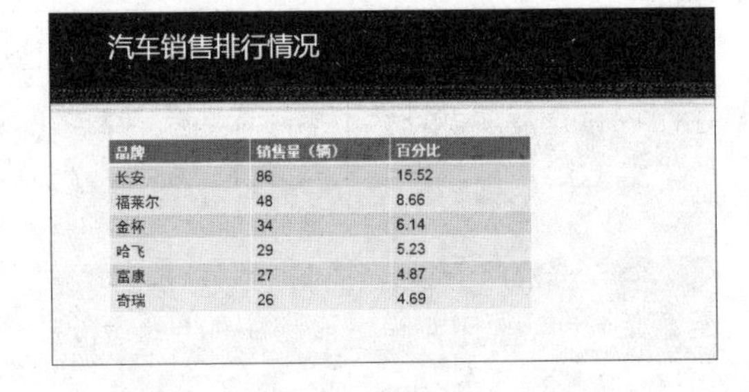

汽车销售排行情况

品牌	销售量（辆）	百分比
长安	86	15.52
福莱尔	48	8.66
金杯	34	6.14
哈飞	29	5.23
富康	27	4.87
奇瑞	26	4.69

6.3.3 合并或拆分单元格

合并单元格是指将几个单元格合并为一个单元格，合并后单元格的宽度等于被合并的几个单元格宽度之和；拆分单元格则是将一个单元格分为几个等宽的单元格。具体操作如下。

原始文件： 下载资源 \ 实例文件 \ 第 6 章 \ 原始文件 \ 自定义表格样式 .pptx

最终文件： 下载资源 \ 实例文件 \ 第 6 章 \ 最终文件 \ 合并与拆分单元格 .pptx

1 合并单元格

步骤01 **选择单元格。**打开原始文件，切换至第3张幻灯片中，首先在表格中插入一行空白行，然后选中插入的行，如下图所示。

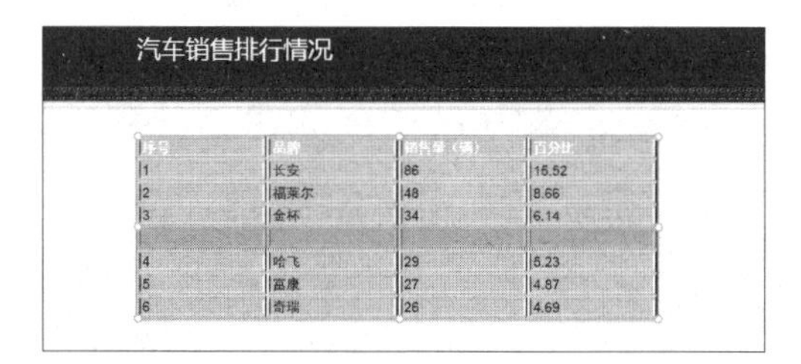

步骤02 **合并单元格。**单击“表格工具-布局”选项卡下“合并”组中的“合并单元格”按钮，如下图所示。

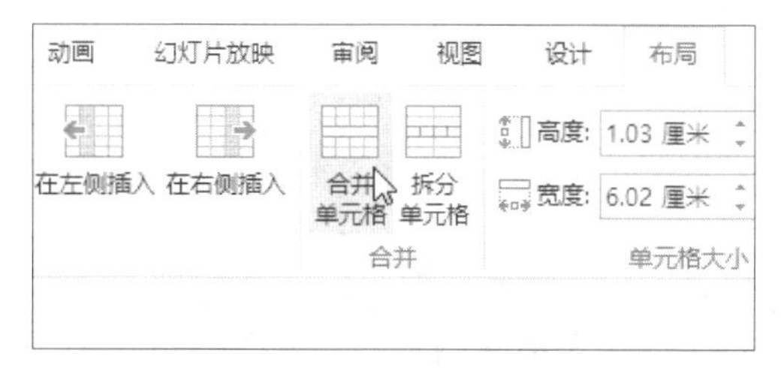

步骤03 **显示合并单元格后的效果。**此时所选单元格合并为一个单元格，效果如右图所示。

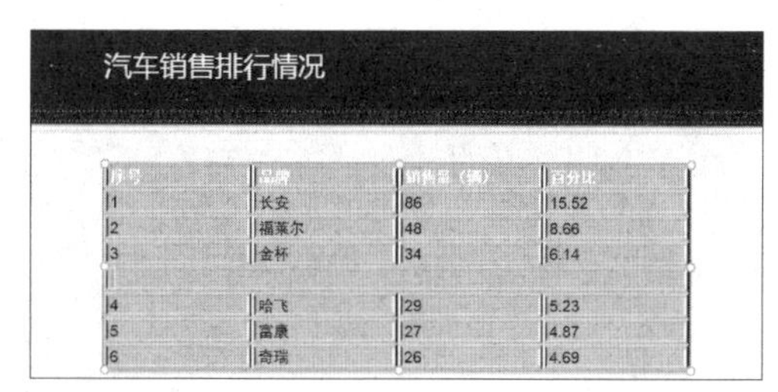

2 拆分单元格

步骤01 **选择需要拆分的单元格。**继续之前的操作，选择合并后的单元格，如下图所示。

步骤02 **拆分单元格。**单击“表格工具-布局”选项卡下“合并”组中的“拆分单元格”按钮，如下图所示。

步骤03 **设置拆分单元格的行/列数。**弹出“拆分单元格”对话框，在“行数”和“列数”右侧的数值框中输入相应数字，然后单击“确定”按钮，如下图所示。

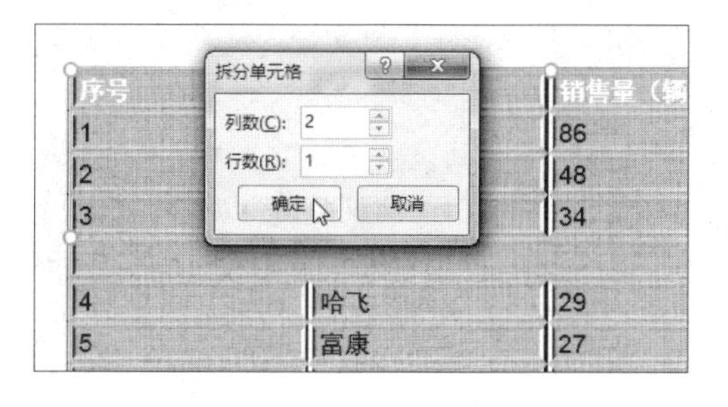

步骤04 **显示拆分后的单元格效果。**此时所选单元格被拆分为一行两列，效果如下图所示。

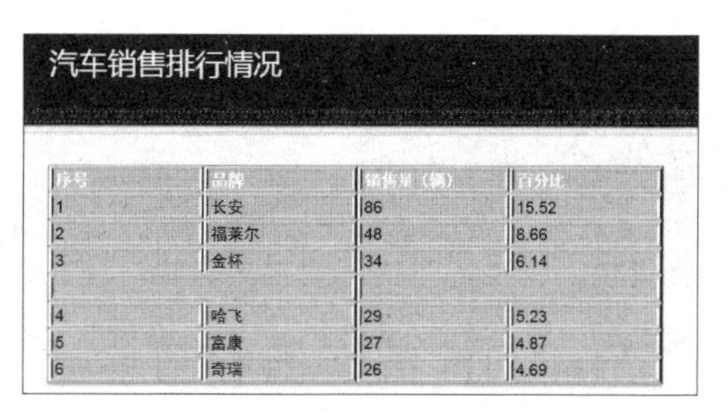

办公点拨　利用快捷菜单命令合并与拆分单元格

用户还可以在选择单元格或单元格区域后，右击选中的单元格或单元格区域，在弹出的快捷菜单中执行“合并单元格”或“拆分单元格”命令。

6.3.4　调整单元格大小和表格尺寸

在调整表格格式的过程中，有时还需要重新调整表格的列宽和行高，具体操作如下。

▸方法一：使用“布局”选项卡中的命令调整

原始文件： 下载资源\实例文件\第6章\原始文件\自定义表格样式.pptx
最终文件： 下载资源\实例文件\第6章\最终文件\调整单元格大小1.pptx

步骤01　设置单元格大小。 打开原始文件，选中第3张幻灯片中表格的第1行，在“表格工具-布局”选项卡下“单元格大小”组中的“高度”数值框中输入合适的值，如下图所示，然后按下【Enter】键。

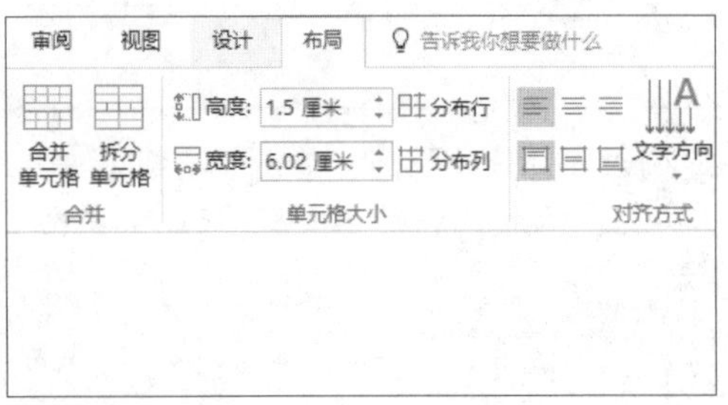

步骤02　显示设置后的效果。 此时表格中第1行的单元格高度根据设置值进行了相应的调整，效果如下图所示。

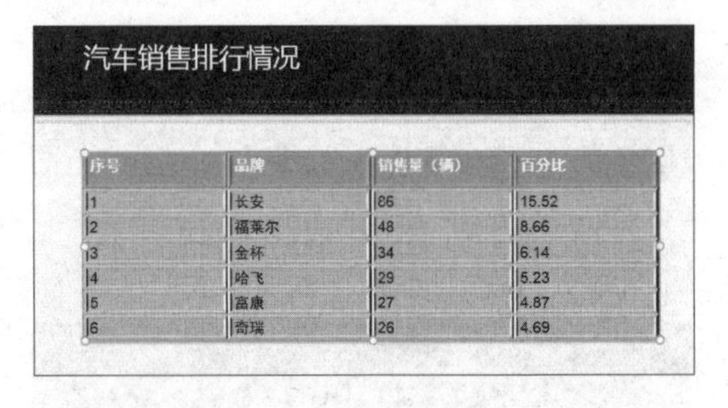

序号	品牌	销售量（辆）	百分比
1	长安	86	15.52
2	福莱尔	48	8.66
3	金杯	34	6.14
4	哈飞	29	5.23
5	富康	27	4.87
6	奇瑞	26	4.69

步骤03　分布行。 选中整个表格，单击“表格工具-布局”选项卡下“单元格大小”组中的“分布行”按钮，如下图所示。

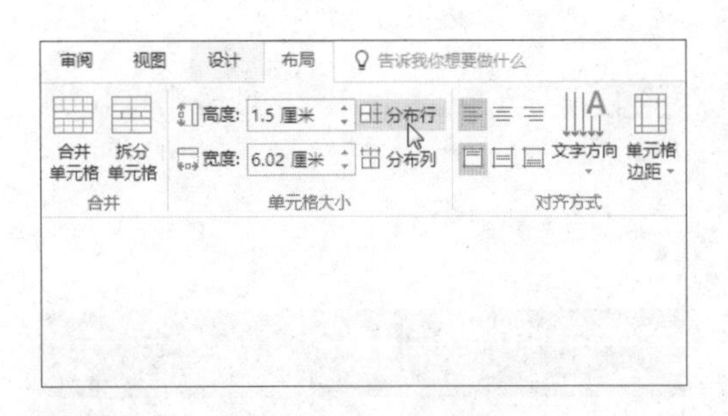

步骤04　显示分布行后的效果。 可看到表格中的单元格高度平均分配，效果如下图所示。如果用户需要平均分配列宽，则单击“单元格大小”组中的“分布列”按钮即可。

步骤05　设置表格尺寸。 选中整个表格，然后在“表格工具-布局”选项卡下“表格尺寸”组中的“高度”和“宽度”数值框中输入合适的数值，如下左图所示，按下【Enter】键即可完成设置。

步骤06　显示最终效果。 经过以上操作后，表格的最终效果如下右图所示。

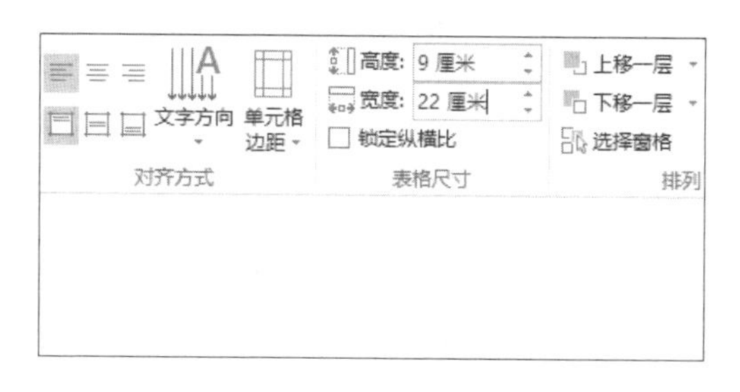

▸方法二：使用鼠标拖动调整

原始文件：下载资源 \ 实例文件 \ 第 6 章 \ 原始文件 \ 自定义表格样式 .pptx
最终文件：下载资源 \ 实例文件 \ 第 6 章 \ 最终文件 \ 调整单元格大小 2.pptx

步骤01 **放置鼠标指针。**打开原始文件，如需改变第1行单元格的高度，则将鼠标指针置于该行中任意单元格下边框上，此时鼠标指针呈÷形，如下图所示。

步骤02 **调整行高。**按住鼠标左键向下拖动，出现的虚线提示了单元格调整后的高度，如下图所示，拖至合适位置后释放鼠标左键即可。

步骤03 **定位鼠标指针。**拖动鼠标也可以调整表格的大小，将鼠标指针移至表格边框的任意一个控点上，鼠标指针将根据控点的位置变为不同方向的双向箭头，这里移动鼠标至表格下边框中间的控点，如下图所示。

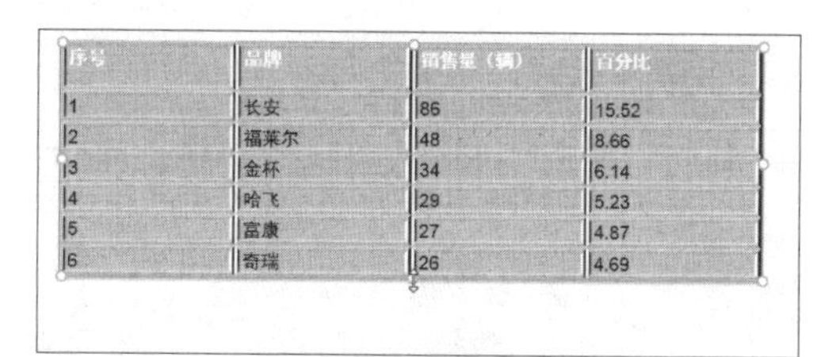

序号	品牌	销售量（辆）	百分比
1	长安	86	15.52
2	福莱尔	48	8.66
3	金杯	34	6.14
4	哈飞	29	5.23
5	富康	27	4.87
6	奇瑞	26	4.69

步骤04 **调整表格大小。**按住鼠标左键拖动，即可调整表格的大小，这里向下拖动鼠标，出现的虚线提示了表格调整后的大小，如下图所示。拖至合适位置后释放鼠标即可。

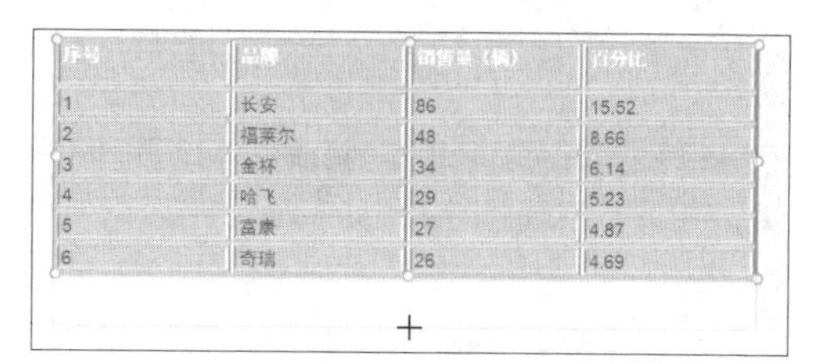

序号	品牌	销售量（辆）	百分比
1	长安	86	15.52
2	福莱尔	48	8.66
3	金杯	34	6.14
4	哈飞	29	5.23
5	富康	27	4.87
6	奇瑞	26	4.69

6.3.5 设置文本对齐方式

如果用户要使表格中的文本和表格搭配得更协调，就需要对表格中的文本进行调整，例如设置文本对齐方式、单元格边距等。

原始文件：下载资源 \ 实例文件 \ 第 6 章 \ 原始文件 \ 设置文本对齐方式 .pptx
最终文件：下载资源 \ 实例文件 \ 第 6 章 \ 最终文件 \ 设置文本对齐方式 .pptx

▸方法一：利用功能区按钮设置

步骤01 **选择单元格区域。**打开原始文件，切换至第3张幻灯片中，选择表格中的第1行，如下图所示。

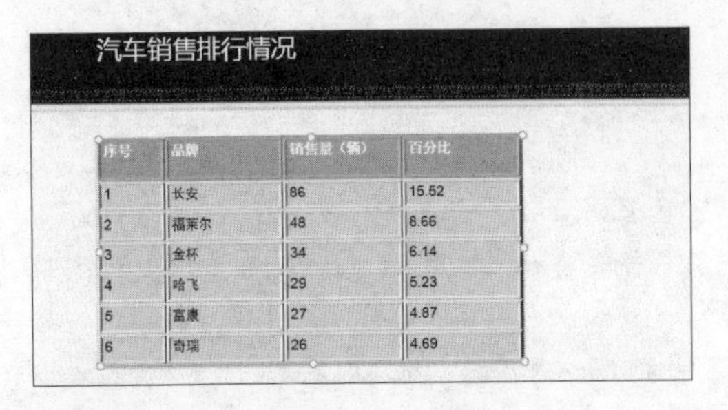

步骤02 **设置水平对齐方式。**单击“表格工具-布局”选项卡下“对齐方式”组中的“居中”按钮，如下图所示，所选单元格区域中的文本将在水平方向上居中显示。

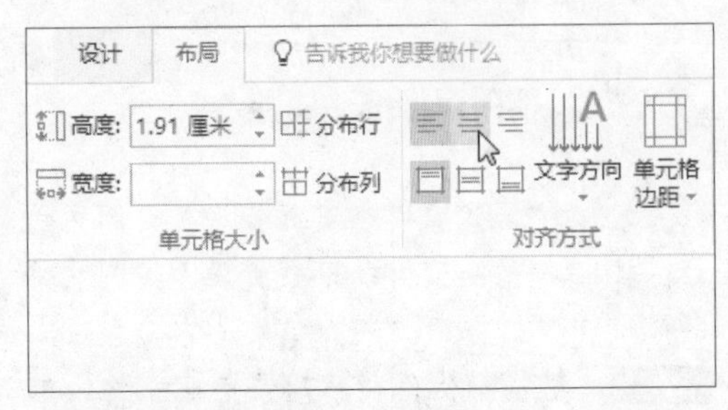

步骤03 **设置垂直居中。**单击“对齐方式”组中的“垂直居中”按钮，如下图所示。

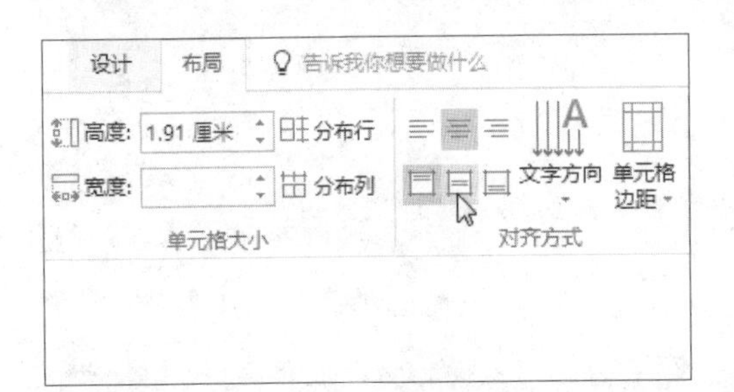

步骤04 **显示设置后的效果。**此时所选的单元格区域，即第1行的文本内容在水平和垂直方向都居中显示，效果如下图所示。

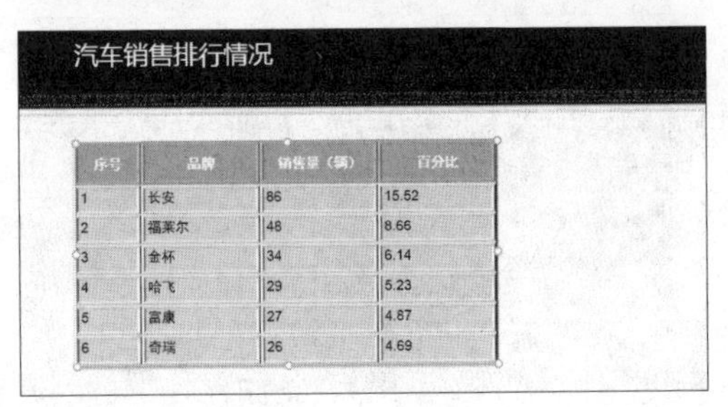

▸方法二：自定义单元格边距

步骤01 **选择单元格区域。**继续之前的操作，选择表格中除标题行之外的所有单元格，如下图所示。

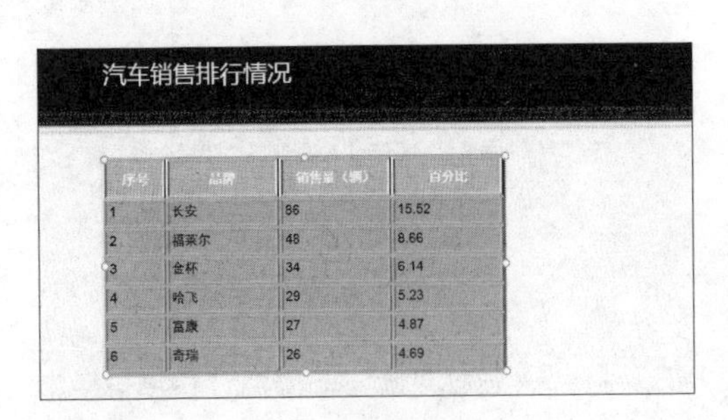

步骤02 **自定义边距。**单击“表格工具-布局”选项卡下“对齐方式”组中的“单元格边距”按钮，在展开的下拉列表中单击“自定义边距”选项，如下图所示。

步骤03 **设置单元格边距。**弹出“单元格文本布局”对话框，在其中设置“垂直对齐方式”为“顶部”、“文字方向”为“横排”，然后设置内边距中的“向左”为“1.5厘米”，其余保持默认参数，最后单击“确定”按钮，如下左图所示。

步骤04 **显示设置后的表格效果。**经过以上操作，单元格中的文本对齐方式都发生了相应的更改，最终效果如下右图所示。

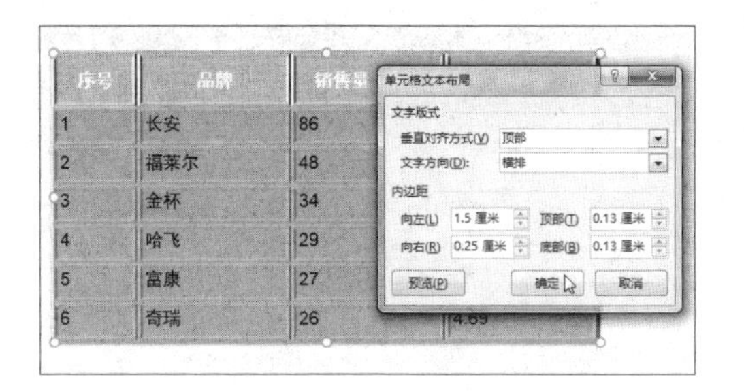

汽车销售排行情况

序号	品牌	销售量（辆）	百分比
1	长安	86	15.52
2	福莱尔	48	8.66
3	金杯	34	6.14
4	哈飞	29	5.23
5	富康	27	4.87
6	奇瑞	26	4.69

6.3.6 调整表格的排列方式

在调整表格格式的过程中，有时还需要重新调整表格的排列方式，具体操作如下。

原始文件： 下载资源 \ 实例文件 \ 第 6 章 \ 原始文件 \ 表格排列 .pptx

最终文件： 下载资源 \ 实例文件 \ 第 6 章 \ 最终文件 \ 表格排列 .pptx

步骤01 **选中表格。** 打开原始文件，切换至第3张幻灯片，选中幻灯片中的表格，如下图所示。

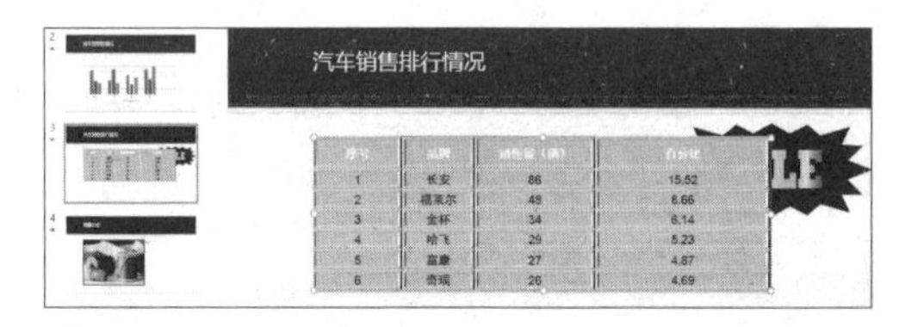

步骤02 **下移表格。** 单击“表格工具-布局”选项卡下“排列”组中“下移一层”右侧的下三角按钮，在展开的下拉列表中单击“下移一层”选项，如下图所示。

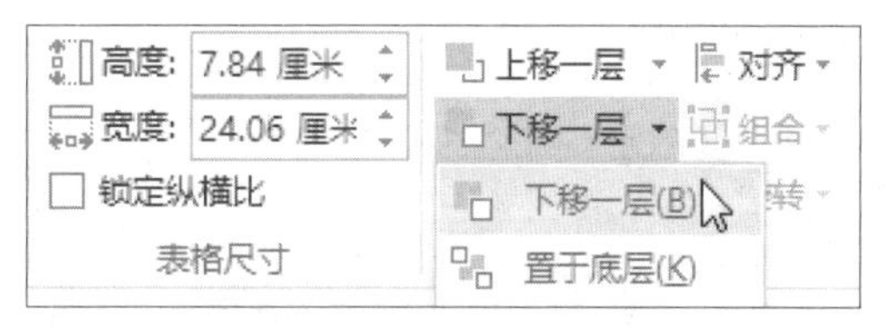

步骤03 **显示重新排列后的效果。** 此时幻灯片中的表格移到自选图形下方，效果如下图所示。

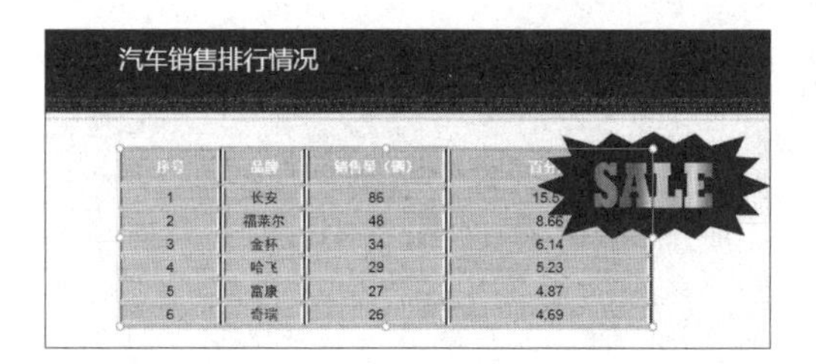

步骤04 **单击“选择窗格”按钮。** 单击“表格工具-布局”选项卡下“排列”组中的“选择窗格”按钮，如下图所示。

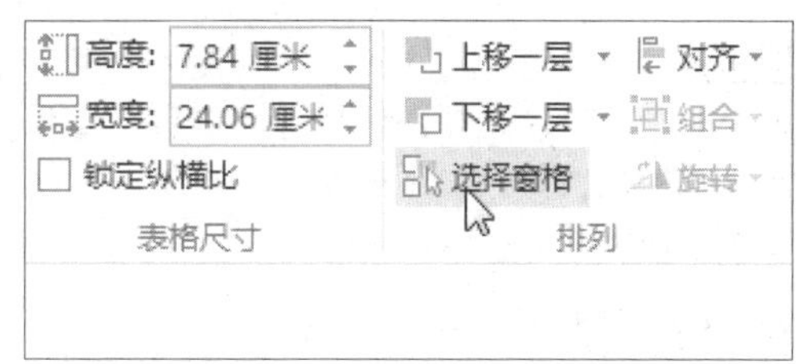

步骤05 **隐藏表格。** 弹出“选择”任务窗格，单击“内容占位符7”右侧的眼睛图标，此时图标变为短横线，表示所选内容不显示，如右图所示。隐藏表格后可在幻灯片中添加其他元素，如有需要，可单击短横线重新显示表格。

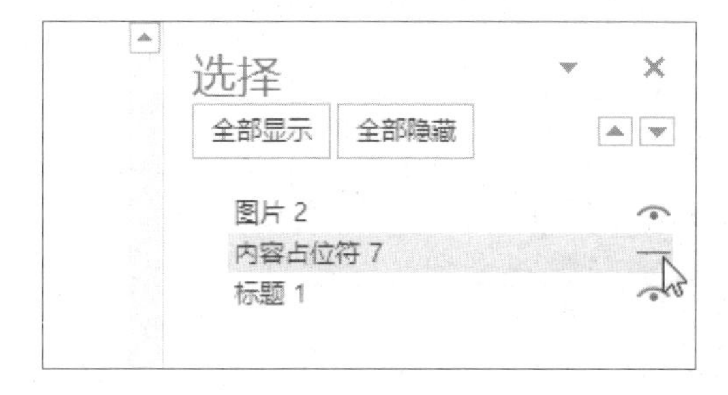

步骤06 **显示隐藏表格后的效果。**关闭任务窗格，返回幻灯片中，可看到此时表格不再显示，效果如右图所示。

6.4 设置表格背景

创建并编辑完表格后，还可以自定义设置表格的背景，从而达到突出表格的效果。本节以将图片设置为表格背景为例，介绍具体操作。

原始文件：下载资源\实例文件\第6章\原始文件\设计表格样式.pptx、表格背景.jpg

最终文件：下载资源\实例文件\第6章\最终文件\添加背景.pptx

步骤01 **单击"设置形状格式"命令。**打开原始文件中的演示文稿，切换至第3张幻灯片，选中表格中的第1行并右击，在弹出的快捷菜单中单击"设置形状格式"命令，如下图所示。

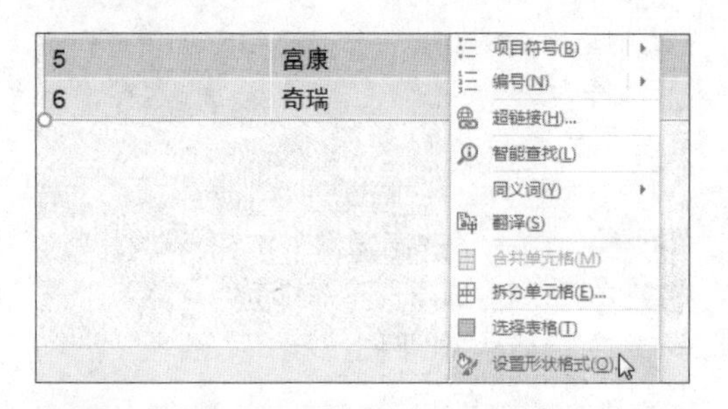

步骤02 **选择图片来源。**弹出"设置形状格式"任务窗格，单击"填充"下方的"图片或纹理填充"单选按钮，这里选择本地保存的图片进行填充，所以单击"文件"按钮，如下图所示。

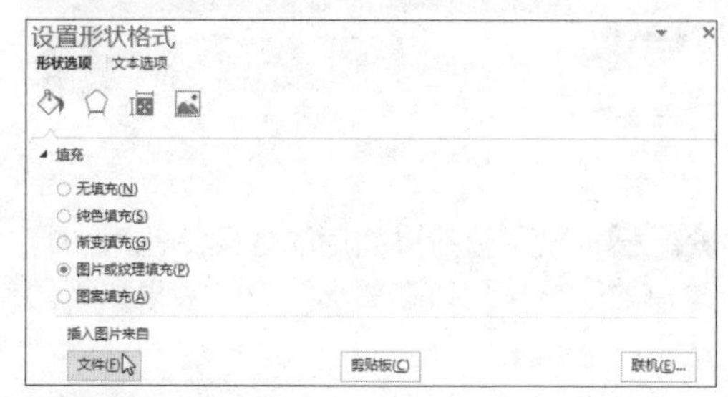

步骤03 **选择图片。**弹出"插入图片"对话框，在地址栏中选择图片保存的位置，然后选择需要的图片，如下图所示，再单击"插入"按钮。

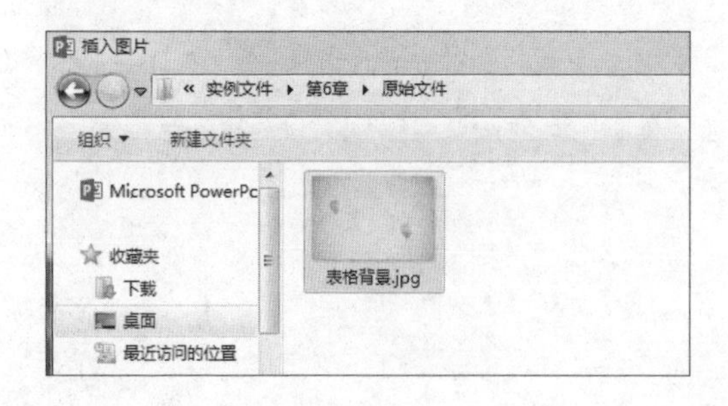

步骤04 **调节图片透明度。**在"设置形状格式"任务窗格中，设置"透明度"为34%，并勾选"将图片平铺为纹理"复选框，如下图所示。

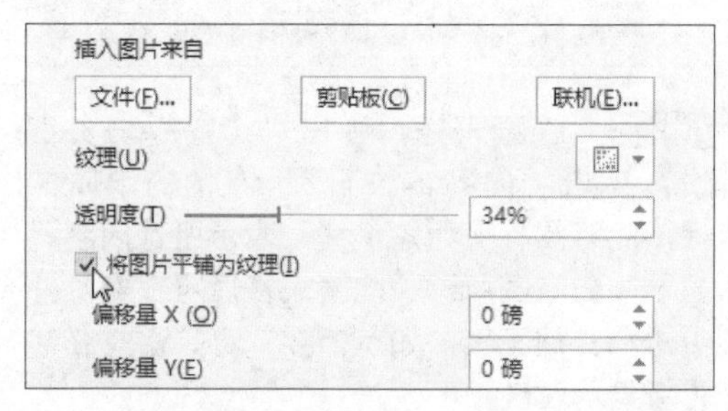

步骤05 **显示设置背景后的效果。**此时表格中所选单元格中添加了设置的背景图案，再为表格中的文本设置字体格式，最终效果如右图所示。

汽车销售排行情况

序号	品牌	销售量（辆）	百分比
1	长安	86	15.52
2	福莱尔	48	8.66
3	金杯	34	6.14
4	哈飞	29	5.23
5	富康	27	4.87
6	奇瑞	26	4.69

实例演练 制作汽车销售情况演示文稿

为了制定合理的销售策略，可在销售演示文稿中插入具体的销售数据表格，以便于对企业的销售情况进行分析。下面就以制作汽车销售情况表并美化表格为例，巩固本章所学知识。

原始文件：下载资源\实例文件\第6章\原始文件\汽车销售情况表.pptx

最终文件：下载资源\实例文件\第6章\最终文件\汽车销售情况表.pptx

步骤01 **插入表格。**打开原始文件，单击“插入”选项卡下“表格”组中的“表格”按钮，在展开的下拉列表中移动鼠标选择1列4行的表格后单击，如下图所示。

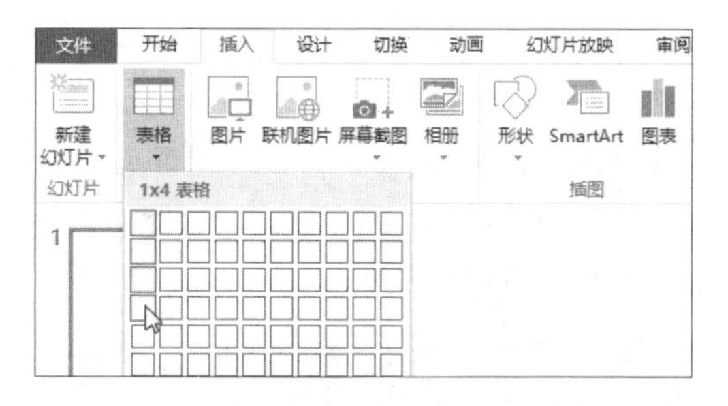

步骤02 **调整表格大小。**此时可在幻灯片中看到插入的默认效果的表格，将鼠标指针移至表格右侧边框的控点，按住鼠标左键向左下方拖动，调整表格大小，如下图所示。

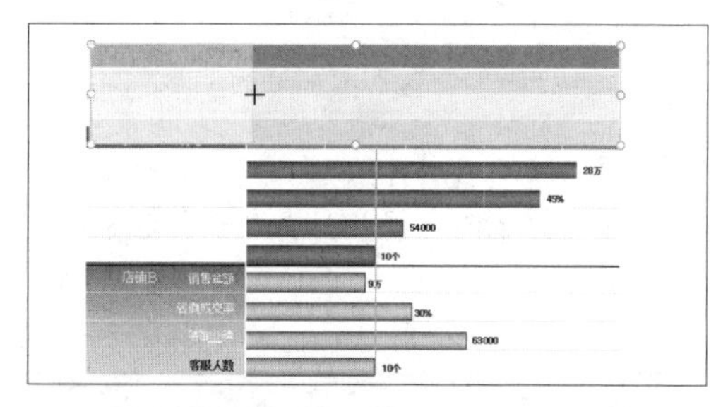

步骤03 **移动表格。**选中表格，将鼠标指针移至表格边框处，待鼠标指针呈✥形时，按住鼠标左键拖动表格至目标位置，如下图所示。

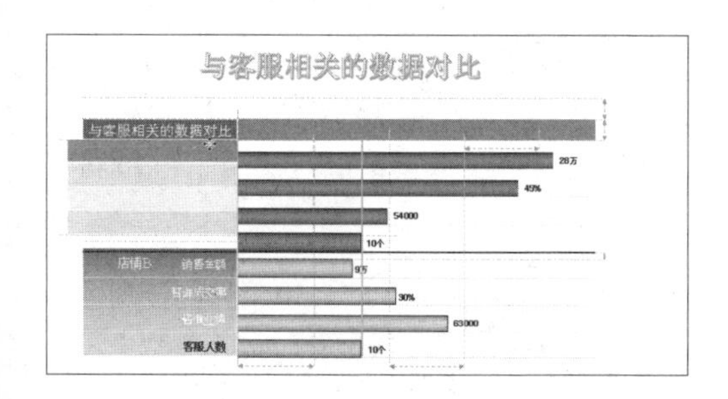

步骤04 **选中目标单元格。**移至目标位置后释放鼠标左键，然后利用表格控点再次调整表格大小以符合当前位置。然后单击第1行，如下图所示。

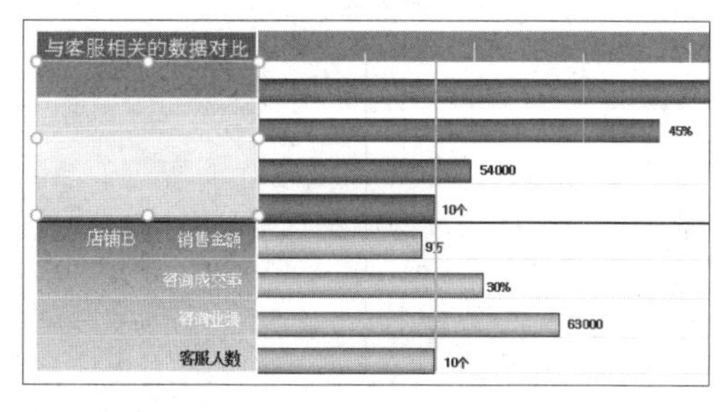

步骤05 **拆分单元格。**单击“表格工具-布局”选项卡下“合并”组中的“拆分单元格”按钮，如下图所示。

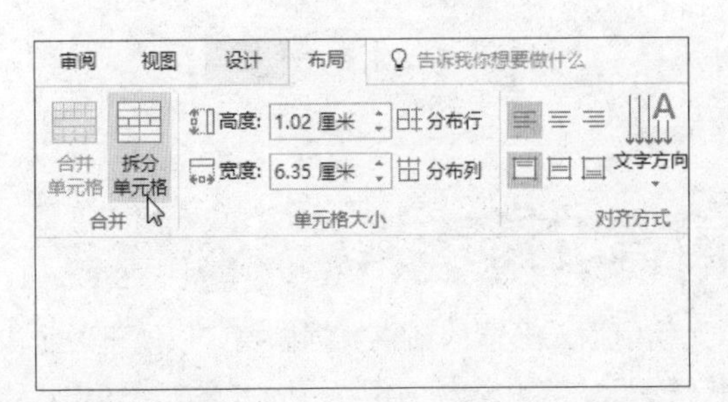

步骤06 **设置单元格行/列数。**弹出“拆分单元格”对话框，在“列数”和“行数”右侧的数值框中输入相应的数值，再单击“确定”按钮，如下图所示。

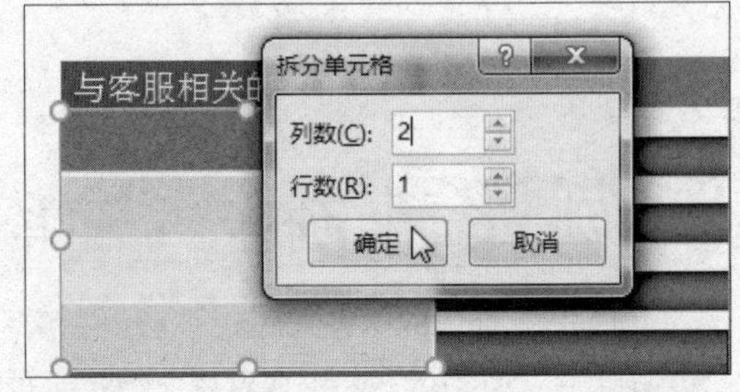

步骤07 **输入文本。**此时所选单元格被拆分为一行两列，在表格中输入对应的文本内容，然后选择后三行，如下图所示。

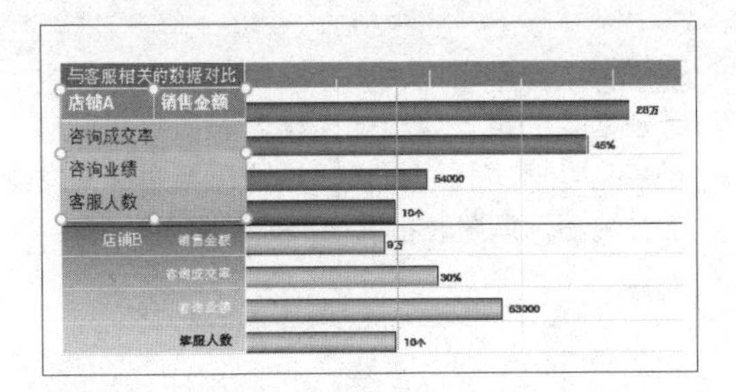

步骤08 **设置对齐方式。**单击“表格工具-布局”选项卡下“对齐方式”组中的“右对齐”按钮，如下图所示。

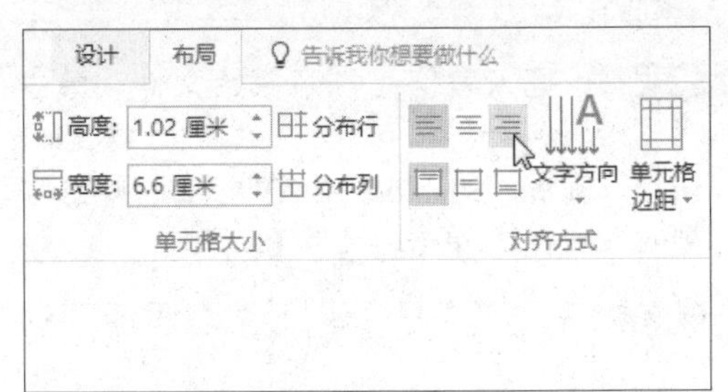

步骤09 **显示右对齐效果。**此时表格中选中的行内的文本内容显示为右对齐，效果如下图所示。

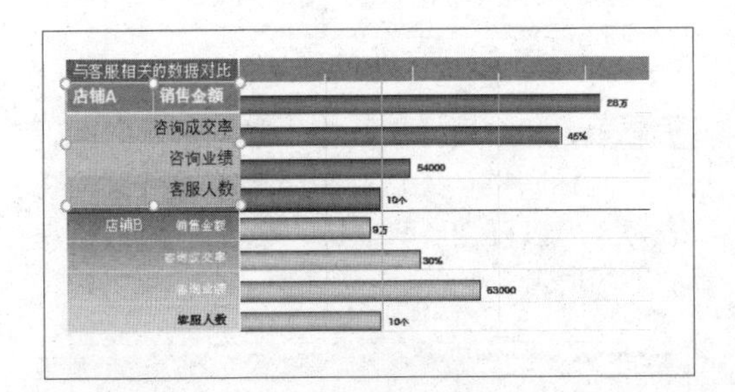

步骤10 **设置形状格式。**右击选中的表格行，在弹出的快捷菜单中单击“设置形状格式”命令，如下图所示。

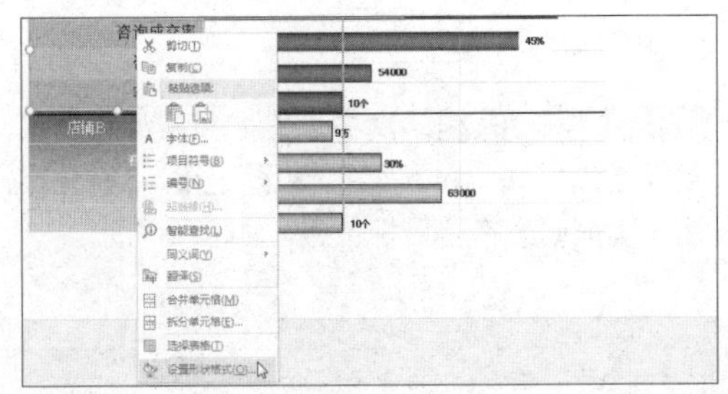

步骤11 **设置填充方式。**弹出“设置形状格式”任务窗格，单击“填充”下方的“渐变填充”单选按钮，如右图所示。

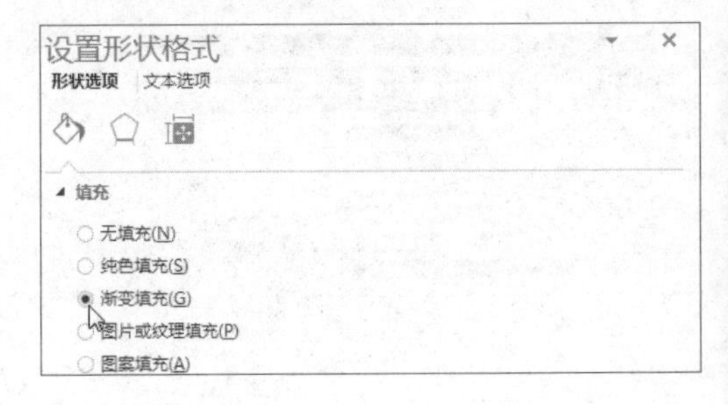

步骤12　删除多余光圈。单击选中“渐变光圈”下的光圈2，然后单击“删除渐变光圈”按钮，如下图所示。

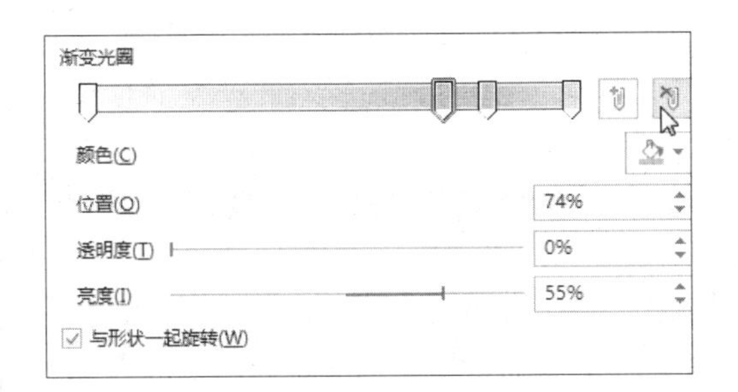

步骤13　设置填充颜色。此时还剩3个渐变光圈，选中中间的光圈，然后单击“颜色”右侧的下三角按钮，在展开的下拉列表中选择如下图所示的颜色。

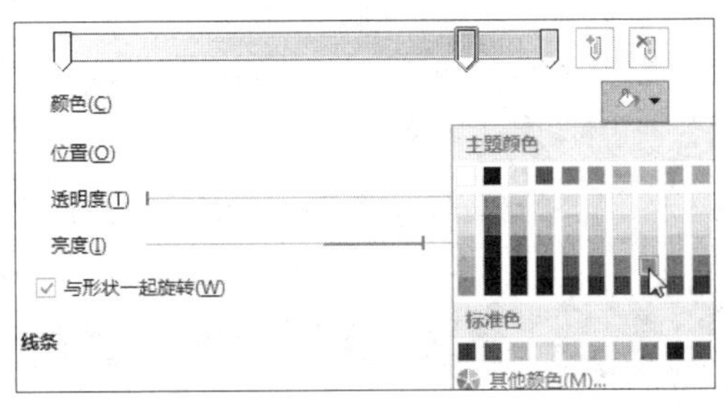

步骤14　继续设置填充颜色。使用同样的方法，选中最右侧的光圈，然后设置其颜色为比“光圈2”颜色更深的金色，如下图所示。

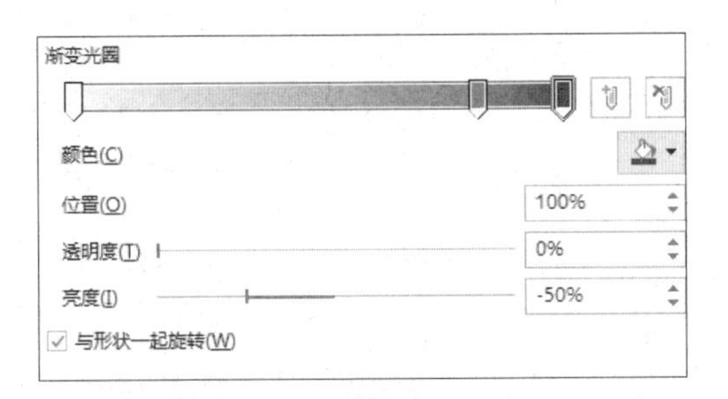

步骤15　设置渐变填充方向。单击“方向”右侧的下三角按钮，在展开的列表中选择“线性向下”选项，如下图所示。

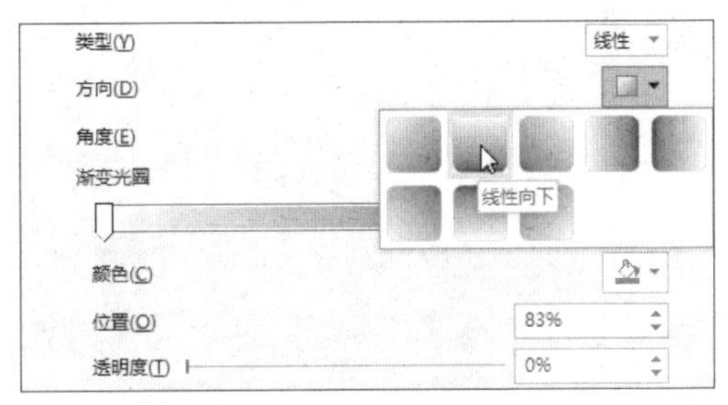

步骤16　显示效果。经过上述操作，表格的最终效果如右图所示。

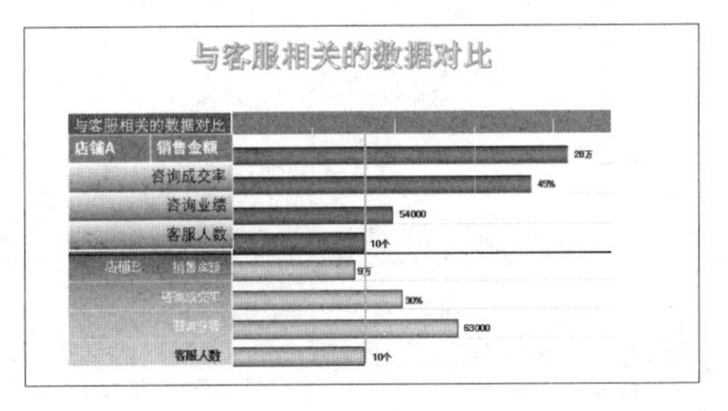

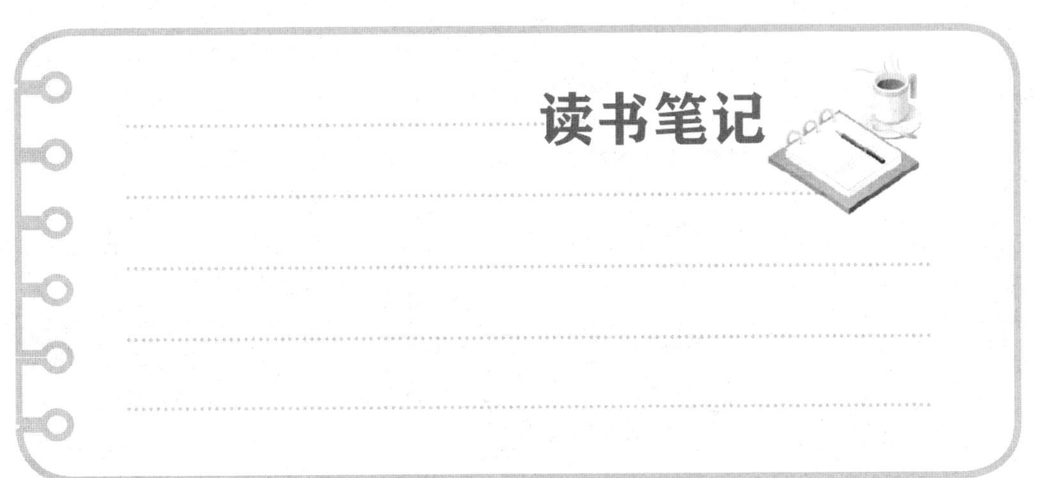

第7章 在幻灯片中插入图表

图表就是以图形的方式显示数据。单纯罗列数据往往不足以表现出数据的变化趋势，而使用图表则可以将数据组织起来，更加直观地传递变化趋势，同时也可以使幻灯片中的信息更加具有说服力。PowerPoint 2016 中包含很多种类型的图表，本章将带领读者学习在幻灯片中插入和编辑图表的相关方法。

7.1 创建图表

用户可以使用占位符中的按钮或功能区的命令来创建图表，创建图表后会自动打开一个数据表，在数据表中输入和编辑数据后，数据会直观地展示在图表中。

PowerPoint 2016 中图表的基本结构如下图所示，各部分名称及说明见下表。

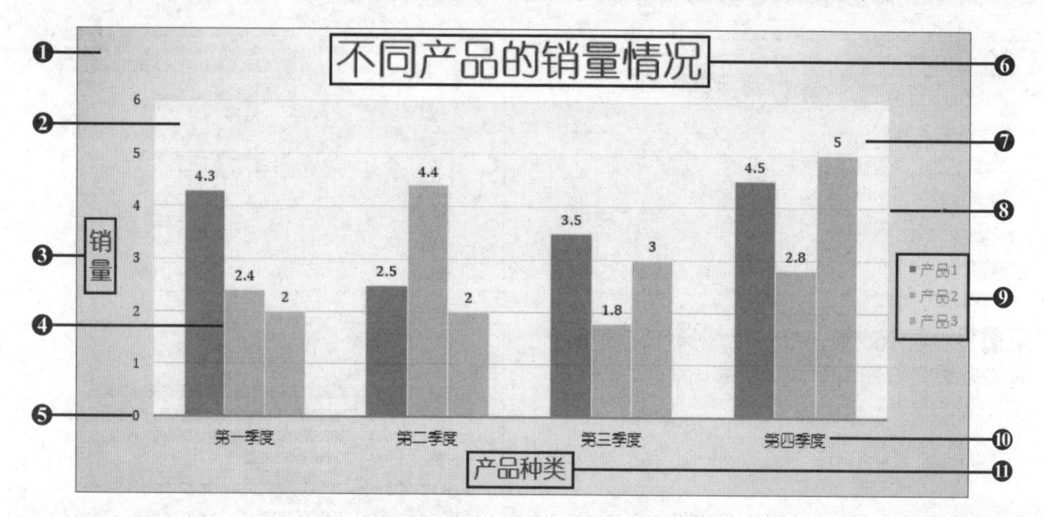

编号	名称	说明
❶	图表区	整个图表及其全部元素
❷	绘图区	在二维图表中，绘图区是以坐标轴为边界并包含全部数据系列的区域。在三维图表中，绘图区是以坐标轴为边界并包含数据系列、分类名称、刻度线和坐标轴标题的区域
❸	垂直坐标轴标题	表示垂直坐标轴的含义
❹	数据系列	图表中的一组数据点，来源于工作表中的一行或一列
❺	垂直坐标轴	垂直坐标轴是图表中的垂直参考线，一般为数据的值
❻	图表标题	表示图表的含义
❼	数据标签	数据系列所表示的具体数值
❽	网格线	将度量线延长至整个绘图区域的参考线
❾	图例	用指定图案或颜色标识图表数据系列
❿	水平坐标轴	水平坐标轴是图表中的水平参考线，一般表示数据的类别
⓫	水平坐标轴标题	表示水平坐标轴的含义

原始文件：下载资源\实例文件\第 7 章\原始文件\公司简介 .pptx
最终文件：下载资源\实例文件\第 7 章\最终文件\插入图表 .pptx

▶方法一：通过占位符插入图表

步骤01 **单击“插入图表”按钮。**打开原始文件，切换至第5张幻灯片，单击幻灯片占位符中的“插入图表”按钮，如下图所示。

步骤02 **选择图表类型。**弹出“插入图表”对话框，在“所有图表”选项卡下的左侧列表框中选择需要插入的图表类型，如选择“柱形图”，然后在右侧选择“簇状柱形图”，如下图所示，最后单击“确定”按钮即可。

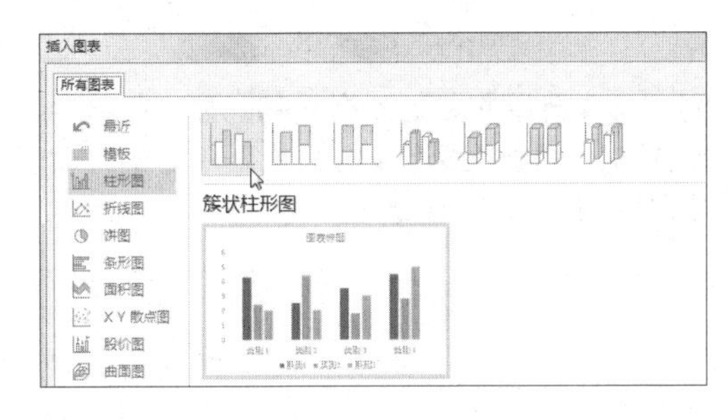

步骤03 **显示插入图表后的效果。**此时在幻灯片中插入了默认数据系列的柱形图，并打开一个数据表，用户可以在其中输入与图表相关的数据，如右图所示。

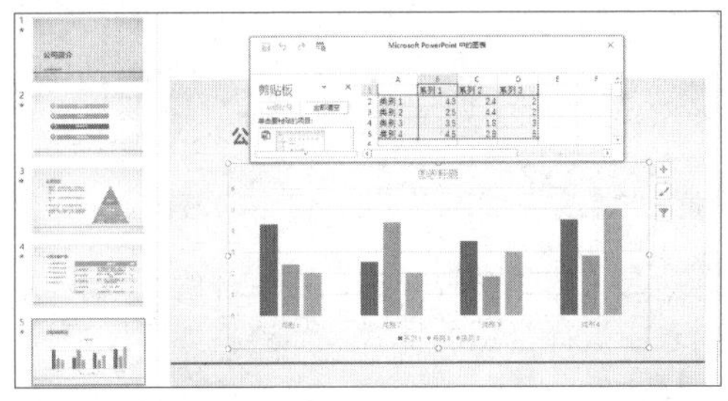

▶方法二：通过功能区按钮插入图表

步骤01 **单击“图表”按钮。**打开原始文件，切换至第5张幻灯片，单击“插入”选项卡下“插图”组中的“图表”按钮，如下图所示。

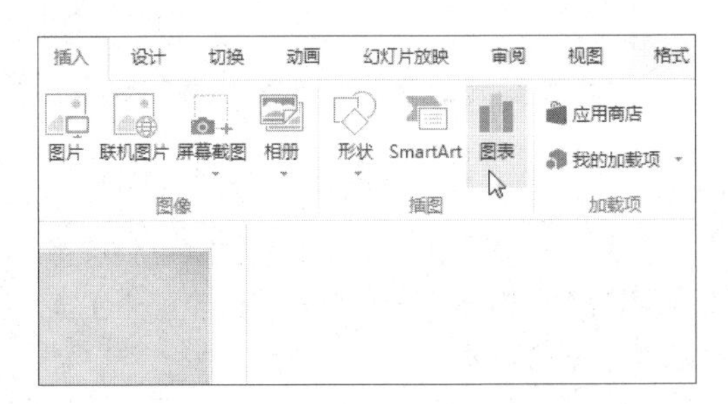

步骤02 **选择图表类型。**弹出“插入图表”对话框，之后的操作与方法一相同，即在左侧列表框中选择图表类型，然后在右侧选择图表，如下图所示，最后单击“确定”按钮即可。

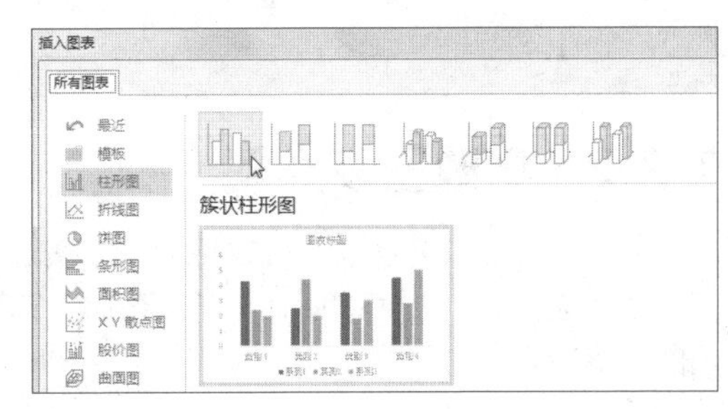

7.2 设计图表

在幻灯片中添加了图表后，常常需要对其进行设计，如更改图表类型、编辑图表数据、设置图表样式和布局等，让图表更加形象生动。

7.2.1 应用快速样式和布局

用户可以使用 PowerPoint 2016 提供的快速样式，直接为图表应用布局和样式，而不必手动添加或更改图表元素及设置图表格式，具体操作如下。

原始文件： 下载资源\实例文件\第7章\原始文件\插入图表.pptx
最终文件： 下载资源\实例文件\第7章\最终文件\应用快速样式.pptx

步骤01 **选择需要更改样式的图表。** 打开原始文件，切换至第5张幻灯片，单击幻灯片中的图表，如下图所示。

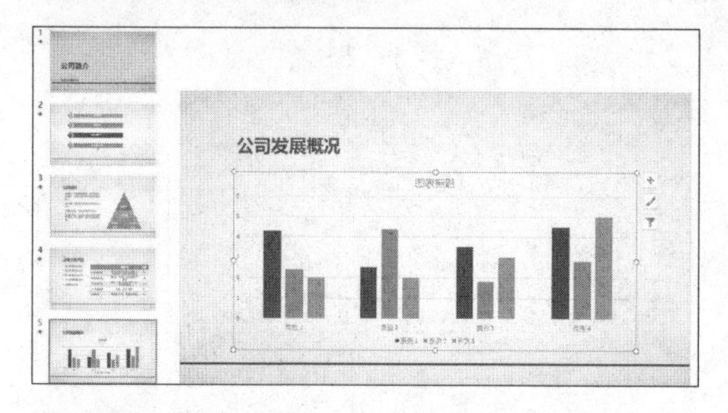

步骤02 **展开更多的样式。** 单击“图表工具-设计”选项卡下“图表样式”组中的快翻按钮，如下图所示。

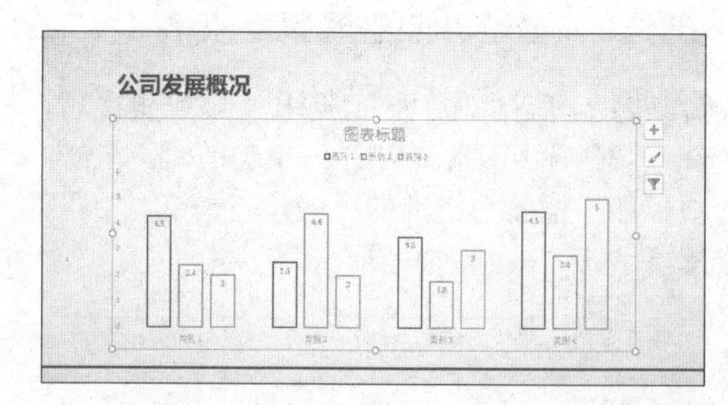

步骤03 **选择图表样式。** 在展开的图表样式列表中选择合适的样式，如选择如下图所示的样式。

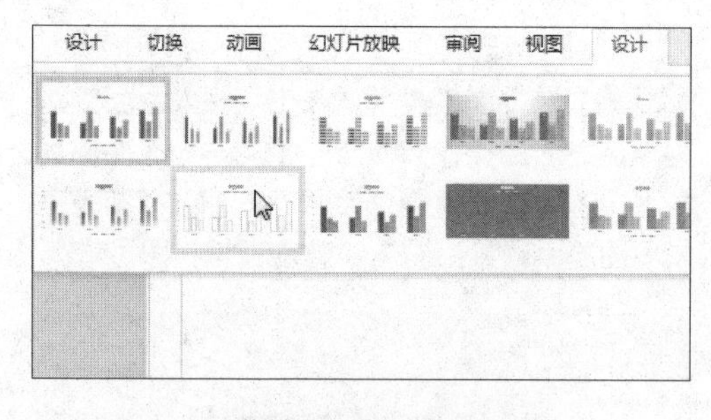

步骤04 **显示套用图表样式后的效果。** 此时幻灯片中的图表套用了所选的图表样式，效果如下图所示。

7.2.2 更改图表类型

对于大多数二维图表，可以更改整个图表的图表类型，也可以为任何单个数据系列选择不同的图表类型，使图表转换为组合图表。而气泡图和大多数三维图表则只能更改整个图表的图表类型。

原始文件： 下载资源\实例文件\第7章\原始文件\更改图表类型.pptx
最终文件： 下载资源\实例文件\第7章\最终文件\更改图表类型.pptx

步骤01　选择图表。打开原始文件，切换至第5张幻灯片中，选中幻灯片中的图表，如下图所示。

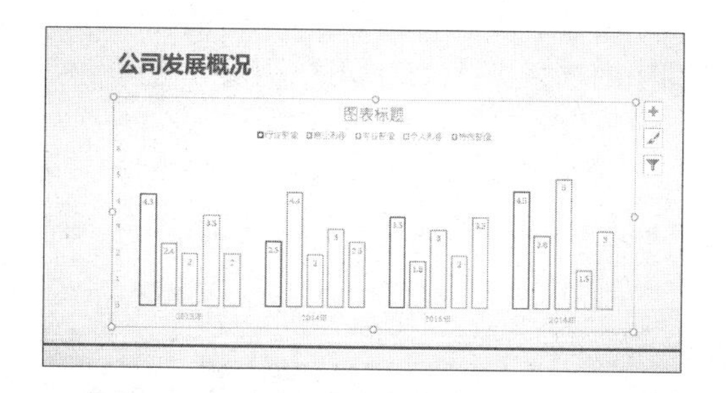

步骤02　更改图表类型。单击“图表工具-设计”选项卡下“类型”组中的“更改图表类型”按钮，如下图所示。

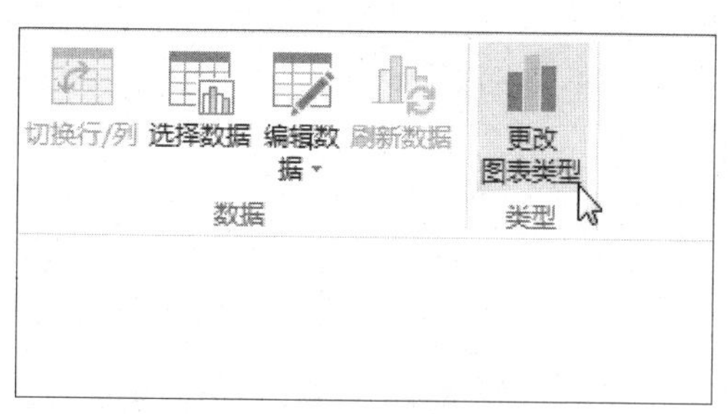

步骤03　选择图表类型。弹出“更改图表类型”对话框，在“所有图表”选项卡下左侧的列表框中选择图表类型，然后在右侧选择合适的图表，如下图所示，最后单击“确定”按钮。

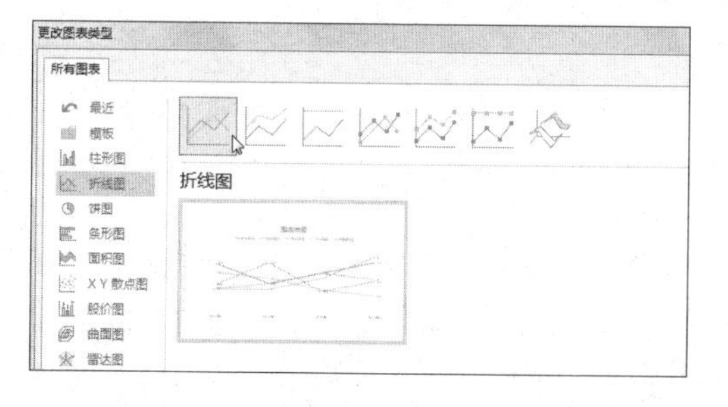

步骤04　显示更改图表类型后的效果。此时幻灯片中的图表更改为了折线图，效果如下图所示。

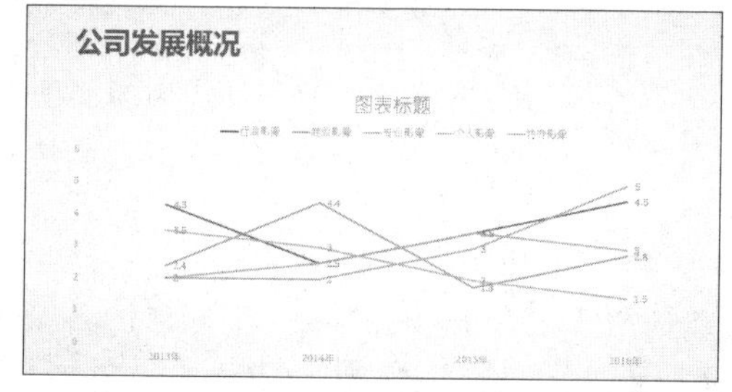

7.2.3　将图表另存为图表模板

用户如果想要重复使用自己喜爱的自定义图表类型，可以将其保存在图表模板文件夹，保存后就可以像使用 Office 自带的模板一样方便高效，具体操作如下。

原始文件：下载资源\实例文件\第 7 章\原始文件\将图表另存为模板.pptx
最终文件：下载资源\实例文件\第 7 章\最终文件\将图表另存为模板.pptx

步骤01　选中图表。打开原始文件，切换至第5张幻灯片，选中幻灯片中的图表，如下图所示。

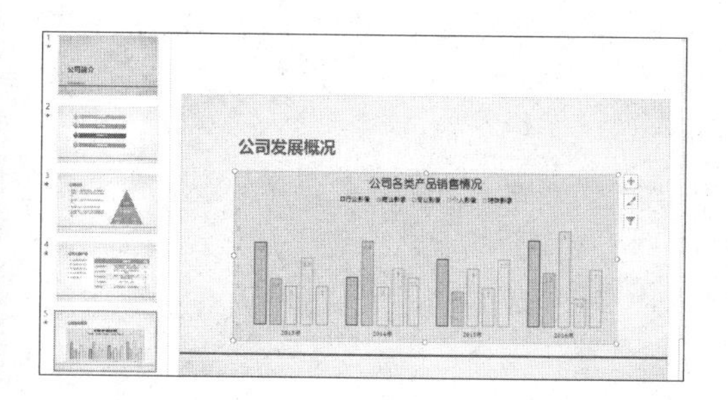

步骤02　另存为模板。右击图表区，在弹出的快捷菜单中单击“另存为模板”命令，如下图所示。

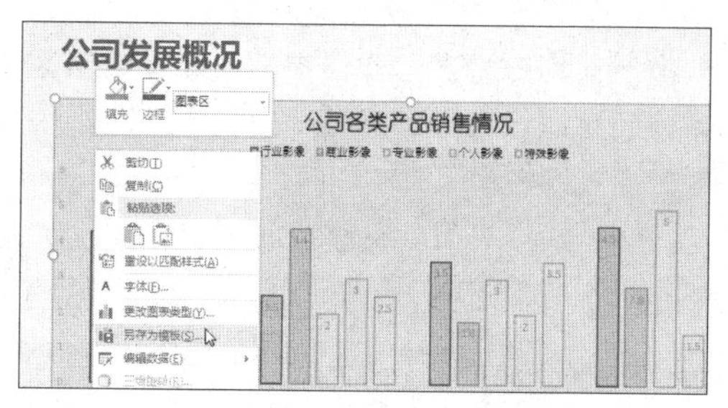

步骤03 **模板保存设置。**弹出“保存图表模板”对话框，保持地址栏中默认的保存位置，然后在“文件名”右侧的文本框中输入模板的名称，这里保持默认的名称“图表1.crtx”不变，然后单击“保存”按钮，如下图所示。

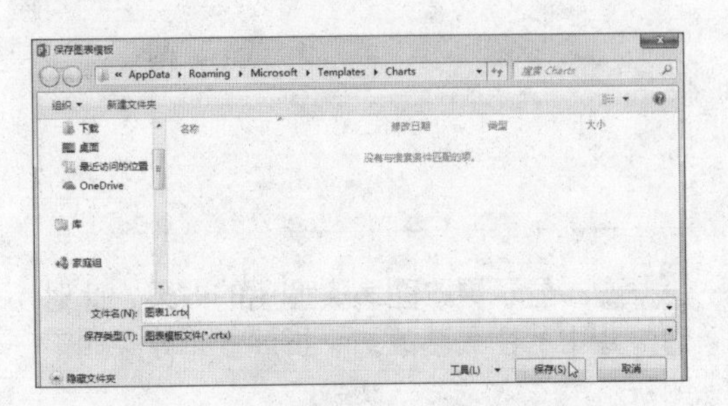

步骤04 **显示保存的模板。**当保存好自己设计的图表模板后，需要再次使用该模板时，则首先选中需要应用该模板的图表，然后单击“图表工具-设计”选项卡下“图表样式”组中的快翻按钮，在展开的列表中选择保存好的模板样式即可，如下图所示。

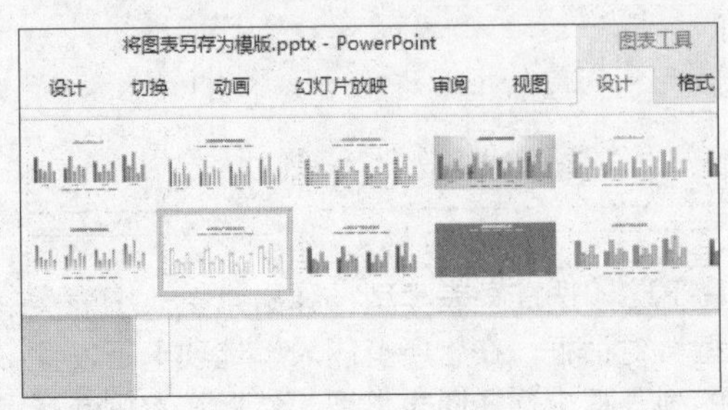

7.2.4 编辑图表的数据源

在演示文稿中创建了图表后，用户可以更改图表的数据源，具体操作如下。

原始文件：下载资源\实例文件\第7章\原始文件\更改图表类型.pptx
最终文件：下载资源\实例文件\第7章\最终文件\切换数据行列.pptx

步骤01 **选择图表。**打开原始文件，切换至第5张幻灯片，选中幻灯片中的图表，如下图所示。

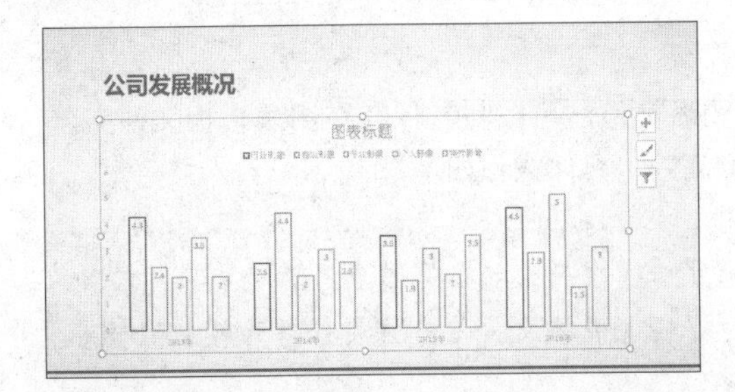

步骤02 **单击“选择数据”按钮。**单击“图表工具-设计”选项卡下“数据”组中的“选择数据”按钮，如下图所示。

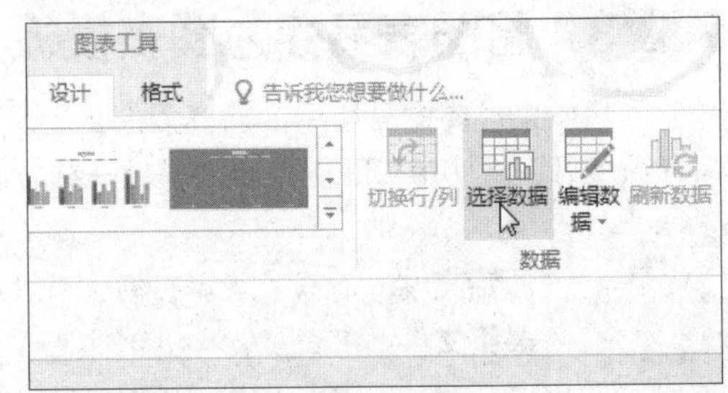

步骤03 **选择数据源。**弹出“选择数据源”对话框，单击“切换行/列”按钮，然后单击“确定”按钮，如右图所示。该对话框的“图表数据区域”文本框中显示了图表的数据源，用户可在工作表中拖动选择数据区域，还可以设置“图例项（系列）”“水平（分类）轴标签”显示的数据。

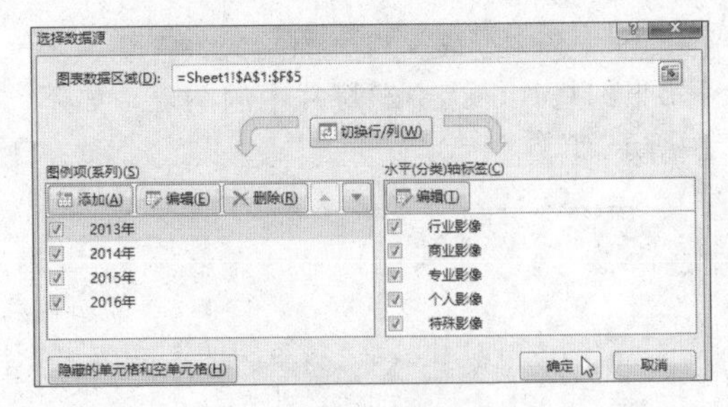

步骤04 **显示切换行/列后的图表效果。**此时图表中X轴和Y轴中的数据将会交换显示，如右图所示。

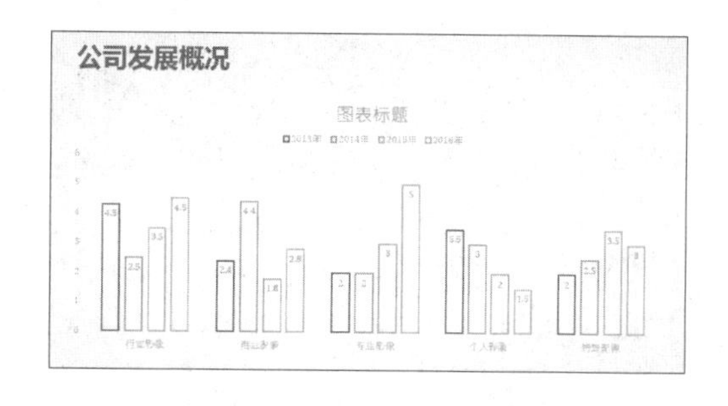

办公点拨 **打开工作表的其他方式**

单击“图表工具 - 设计”选项卡下“数据”组中的“编辑数据”下三角按钮，在展开的下拉列表中单击“编辑数据”选项，可打开与单击“选择数据”按钮相同的工作表；若单击“在 Excel 中编辑数据”选项，则打开 Excel 工作表。

7.2.5 工作表的基本操作

对于演示文稿中的图表来说，除了可以在工作表中输入和更改数据外，可能还需要在工作表中进行进一步操作。如建立的表格行 / 列数目不够时，可以向其中插入行 / 列或单元格，也可以将不需要的单元格删除，具体操作如下。

原始文件：下载资源\实例文件\第 7 章\原始文件\更改图表类型 .pptx
最终文件：无

1 选中单元格、单元格区域、行/列

步骤01 **进入数据编辑状态。**打开原始文件，切换至第5张幻灯片中，选中图表，单击“图表工具-设计”选项卡下“数据”组中的“编辑数据”下三角按钮，在展开的下拉列表中单击“在Excel中编辑数据”选项，如下图所示。

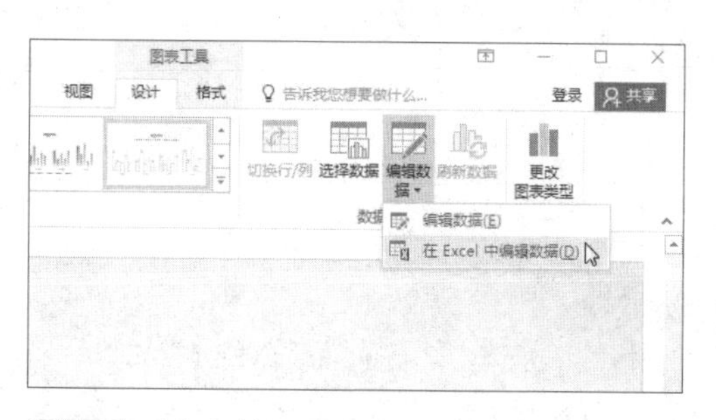

步骤02 **选中单个单元格。**打开工作表，在工作表中将鼠标指针移至要选择的单元格处，此时鼠标指针呈空心十字状，单击即可选中该单元格，如下图所示。

B2 4.3

	A	B	C	D	E	F
1		行业影像	商业影像	专业影像	个人影像	特殊影像
2	2013年	4.3	2.4	2	3.5	2
3	2014年	2.5	4.4	2	3	2.5
4	2015年	3.5	1.8	3	2	3.5
5	2016年	4.5	2.8	5	1.5	3
6						
7						
8						
9						

步骤03 **选中单元格区域。**首先选中需选择范围内左上角的单元格，然后按住鼠标左键不放，将其拖动至需选择范围内右下角的单元格，释放鼠标，即可选中拖动过程中经过的所有单元格，如下左图所示。

步骤04 **选中一行或一列。**将鼠标指针移至需选择行或列的行标或列标上，当鼠标指针变成➡或⬇形状时，单击鼠标左键即可选择该行或该列的所有单元格，如下右图所示。

	A	B	C	D	E
1		行业影像	商业影像	专业影像	个人影像
2	2013年	4.3	2.4	2	3.5
3	2014年	2.5	4.4	2	3
4	2015年	3.5	1.8	3	2
5	2016年	4.5	2.8	5	1.5

	A	B	C	D	E	F
1		行业影像	商业影像	专业影像	个人影像	特殊影像
2	2013年	4.3	2.4	2	3.5	2
3	2014年	2.5	4.4	2	3	2.5
4	2015年	3.5	1.8	3	2	3.5
5	2016年	4.5	2.8	5	1.5	3

步骤05　选中多行或多列。首先选中需选择范围的第一行，如选中第2行，然后按住鼠标左键在行号上拖动，如下图所示，释放鼠标左键后即可选中拖动过程中经过的行。选中多列的方法相同，只需选中列，然后在列标上拖动鼠标即可。

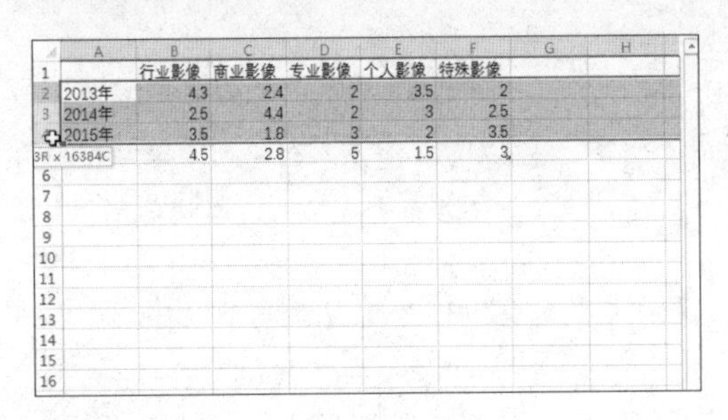

步骤06　选中全部单元格。单击工作表中行号和列标交叉处的全选按钮，即可选中工作表的所有单元格，如下图所示。

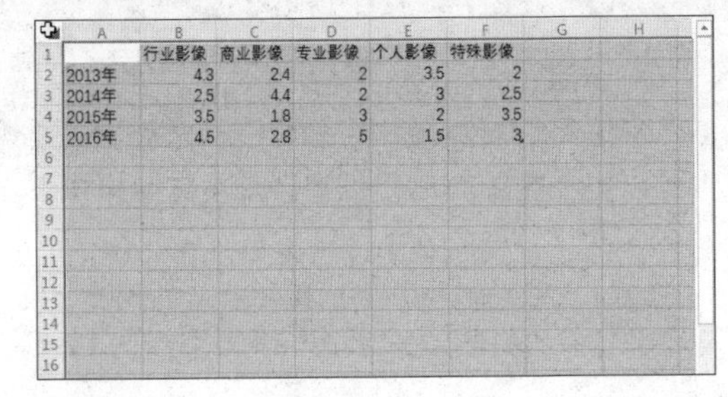

2 插入行

步骤01　插入行。首先选中需要插入行的位置的下一行，然后右击选中的行，在弹出的快捷菜单中单击“插入”命令，如下图所示。

剪切(T)
复制(C)
粘贴选项:
选择性粘贴(S)...
插入(I)
删除(D)
清除内容(N)

步骤02　显示插入行后的效果。此时在选中行的上方新插入了一行空白行，如下图所示。

	A	B	C	D	E	F
1		行业影像	商业影像	专业影像	个人影像	特殊影像
2						
3	2013年	4.3	2.4	2	3.5	2
4	2014年	2.5	4.4	2	3	2.5
5	2015年	3.5	1.8	3	2	3.5
6	2016年	4.5	2.8	5	1.5	3

办公点拨　同时插入多行

若需同时插入多行，如 3 行，则在要插入行的位置的下方选中 3 行，然后右击选中的行，在弹出的快捷菜单中单击“插入”命令即可同时插入 3 行。

3 删除列

步骤01　单击“删除”命令。首先选中需要删除的列，这里选中A列到D列，然后右击选中的列，在弹出的快捷菜单中单击“删除”命令，如下左图所示。

步骤02 **显示删除列后的效果。**此时工作表中选中的列被删除，数据列依次向左移动4列，原来的E列移动到A列，如下右图所示。删除行的方法与此类似。

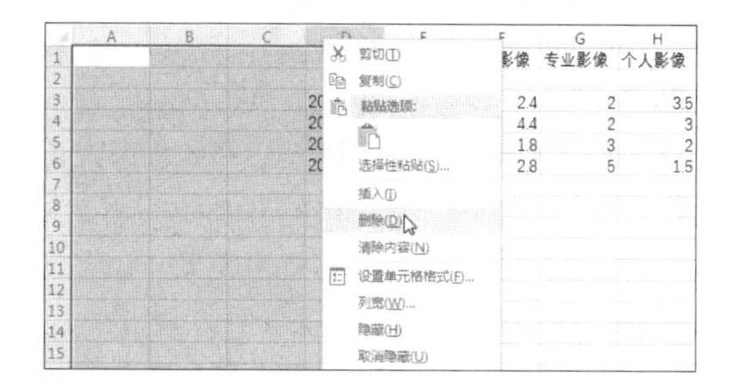

	A	B	C	D	E
1	行业影像	商业影像	专业影像	个人影像	特殊影像
2					
3	4.3	2.4	2	3.5	2
4	2.5	4.4	2	3	2.5
5	3.5	1.8	3	2	3.5
6	4.5	2.8	5	1.5	3
7					
8					
9					
10					

4 清除单元格中的内容

步骤01 **选中需要清除内容的单元格区域。**打开工作表，首先拖动选中需要清除内容的单元格区域，如下图所示。

	A	B	C	D	E	F
1		行业影像	商业影像	专业影像	个人影像	特殊影像
2	2013年	4.3	2.4	2	3.5	2
3	2014年	2.5	4.4	2	3	2.5
4	2015年	3.5	1.8	3	2	3.5
5	2016年	4.5	2.8	5	1.5	3
6						
7						
8						
9						
10						
11						
12						

步骤02 **清除单元格内容。**单击“开始”选项卡下“编辑”组中的“清除”按钮，在展开的下拉列表中单击“清除内容”选项，如下图所示。

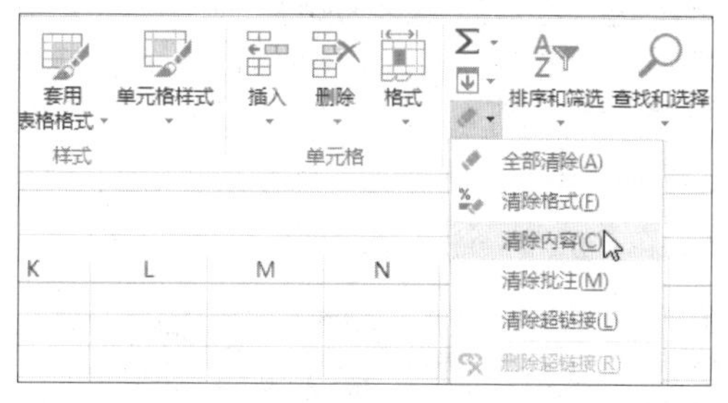

步骤03 **显示清除内容后的效果。**此时所选单元格区域中的内容全部清除，效果如右图所示。

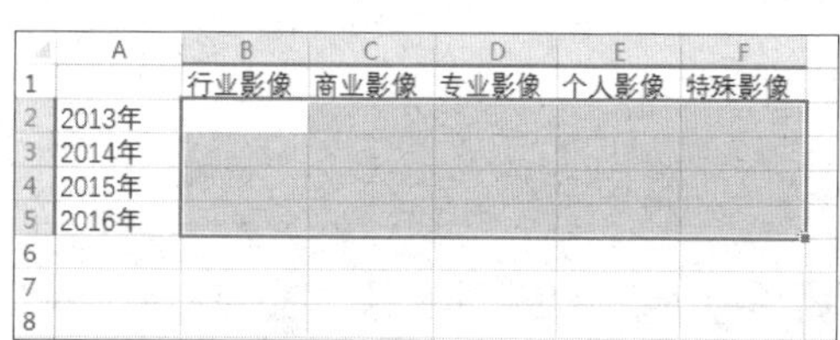

	A	B	C	D	E	F
1		行业影像	商业影像	专业影像	个人影像	特殊影像
2	2013年					
3	2014年					
4	2015年					
5	2016年					
6						
7						
8						

7.3 图表的布局

除了应用快速布局改变图表的样式外，用户还可以手动更改单个图表元素的布局。如果希望再次使用相同的布局格式，可以用 7.2.3 小节的方法将图表另存为模板。

7.3.1 设置标题与数据标签

标题包括图表标题和坐标轴标题，默认情况下，创建的图表包含图表标题，不包含坐标轴标题，若想更清楚地显示坐标轴的含义，可添加坐标轴标题。默认情况下创建的图表是没有数据标签的，例如，柱形图中的各数据点没有大小标记，饼图中没有各数据点所占的比例。这种表现方式只能让人看到图表中各数据系列的大概意义，不能看到数据系列所代表的精确数值。如果需要同时看到图表及其中各数据点所代表的值，可以为图表添加数据标签。

原始文件：下载资源\实例文件\第7章\原始文件\更改图表类型.pptx
最终文件：下载资源\实例文件\第7章\最终文件\设置标题.pptx

步骤01 **激活“图表标题”文本框。** 打开原始文件，切换至第5张幻灯片中，选中图表，然后单击图表标题文本框，此时插入点定位至单击处，如下图所示。

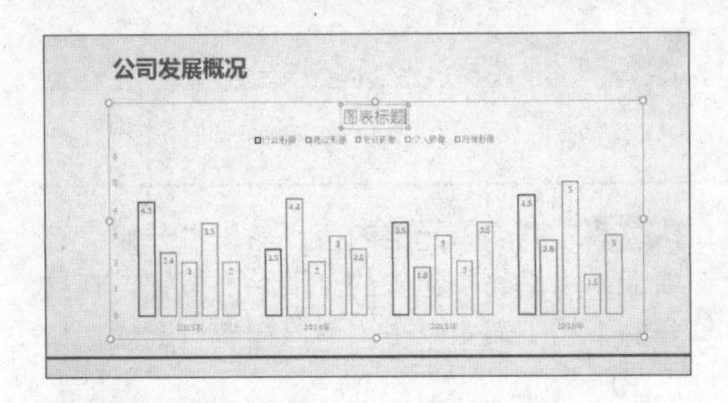

步骤02 **输入标题。** 首先删除标题文本框中的文本，然后输入符合图表主题的标题，再选中整个文本框，如下图所示。

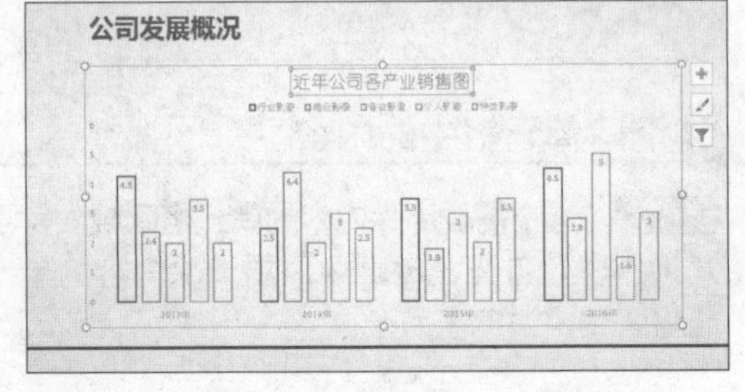

步骤03 **设置标题字体加粗。** 单击“开始”选项卡下“字体”组中的“加粗”按钮，如下图所示。

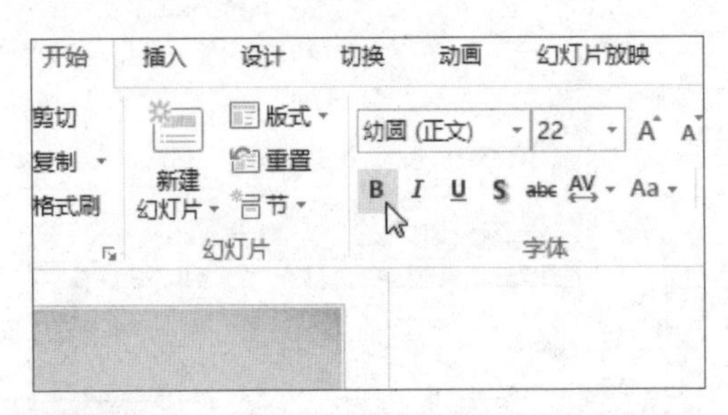

步骤04 **设置标题字体颜色。** 单击“字体”组中“字体颜色”右侧的下三角按钮，在展开的下拉列表中选择合适的颜色，如选择“黑色,文字2”，如下图所示。

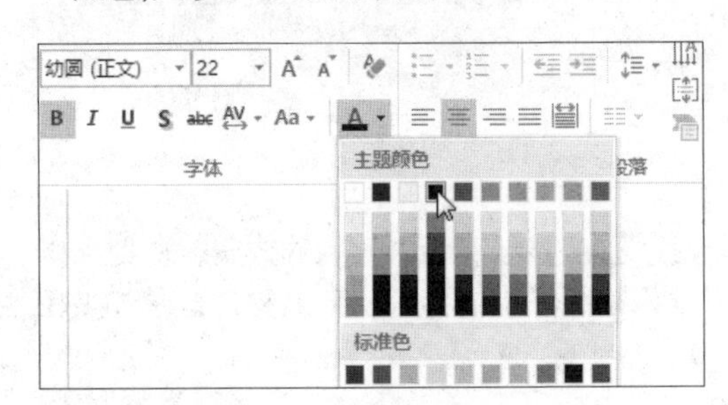

步骤05 **添加坐标轴标题。** 选中图表，单击右上角加号形状的“图表元素”按钮，在展开的列表中勾选“坐标轴标题”复选框，如下图所示。

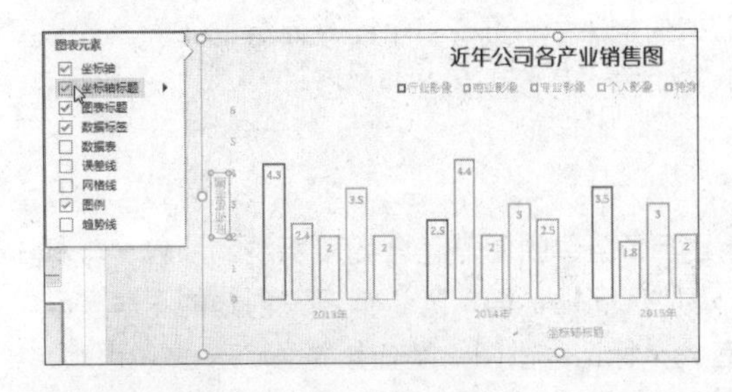

步骤06 **显示设置后的效果。** 此时图表中的标题字体格式发生了变化，且添加了横/纵坐标轴标题占位符，效果如下图所示。

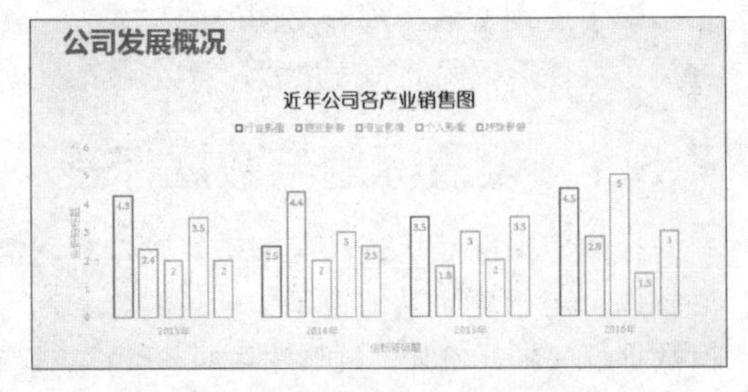

步骤07 **设置坐标轴标题格式。** 首先输入横/纵坐标轴标题文字，然后右击纵坐标轴标题，在弹出的快捷菜单中单击“设置坐标轴标题格式”命令，如下左图所示。

步骤08 **设置文字方向。**弹出“设置坐标轴标题格式”任务窗格，在“文本选项”选项卡下单击“文本框”选项组中“文字方向”下拉列表框右侧的下三角按钮，在展开的下拉列表中单击“竖排”选项，如下右图所示。

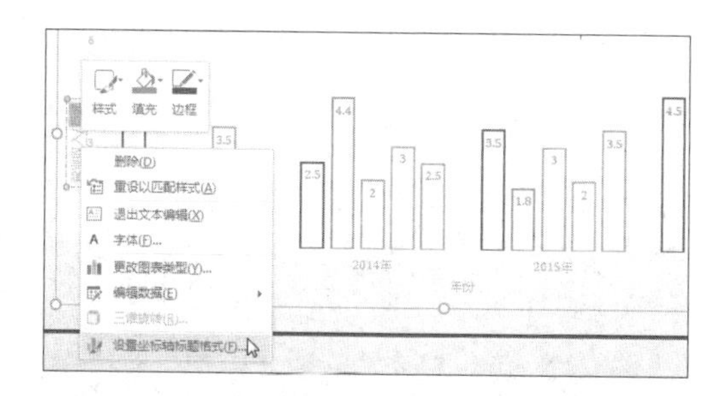

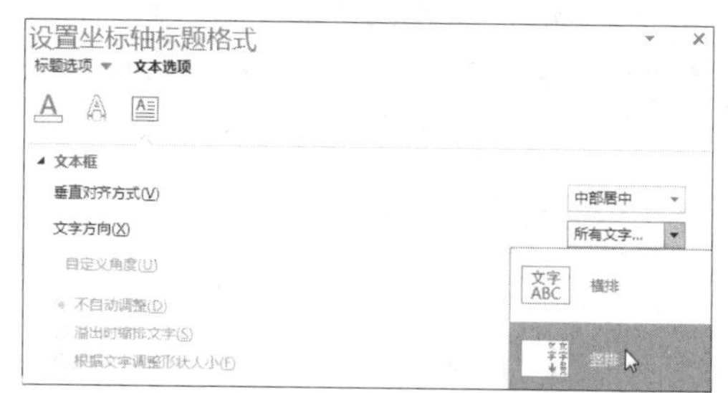

步骤09 **设置文本填充。**切换至“文本填充与轮廓”选项卡下，单击“文本填充”选项组中的“纯色填充”单选按钮，然后设置“颜色”为“红色”，如下图所示。

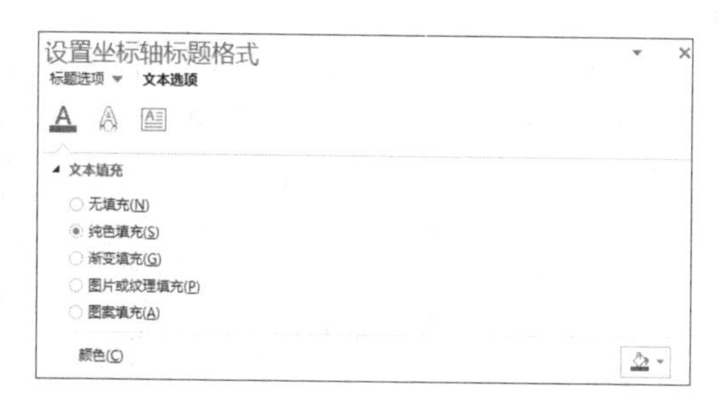

步骤10 **显示设置后的效果。**设置好纵坐标轴标题后，单击图表中的横坐标轴标题，在“设置坐标轴标题格式”任务窗格中对横坐标轴标题进行设置，效果如下图所示。

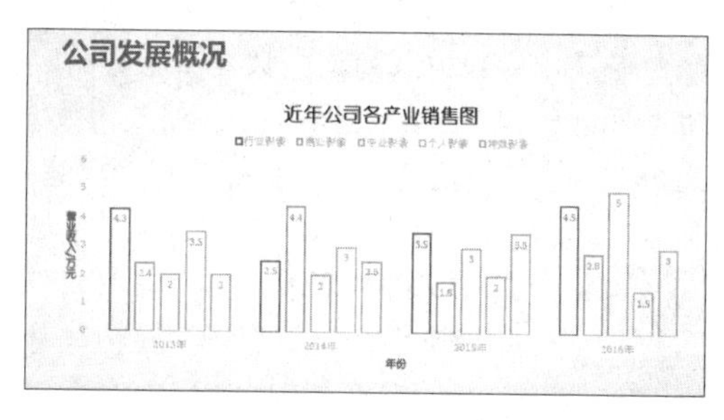

步骤11 **设置数据标签位置。**选中图表，单击“图表元素”按钮，在展开的列表中单击“数据标签>数据标签外”选项，如下图所示。

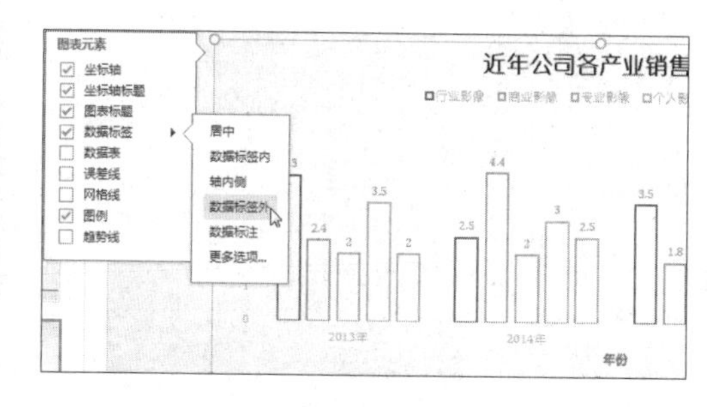

步骤12 **显示最终效果。**经过以上设置，图表中的标题与数据标签的最终效果如下图所示。

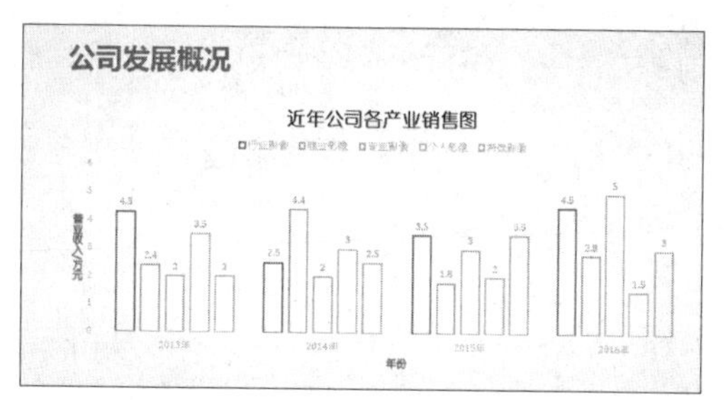

7.3.2 设置网格线

图表中的网格线分别包括两个坐标轴的主要、次要网格线。设置网格线可方便用户查看和分析图表中的数据。下面以添加主轴主要水平网格线为例，介绍网格线的添加方法。

原始文件： 下载资源\实例文件\第7章\原始文件\设置网格线.pptx

最终文件： 下载资源\实例文件\第7章\最终文件\设置网格线.pptx

步骤01 添加“主轴主要水平网格线”。打开原始文件，切换至第5张幻灯片中，选中图表，单击“图表工具-设计”选项卡下“图表布局”组中的“添加图表元素”按钮，在展开的下拉列表中执行“网格线>主轴主要水平网格线”命令，如下图所示。

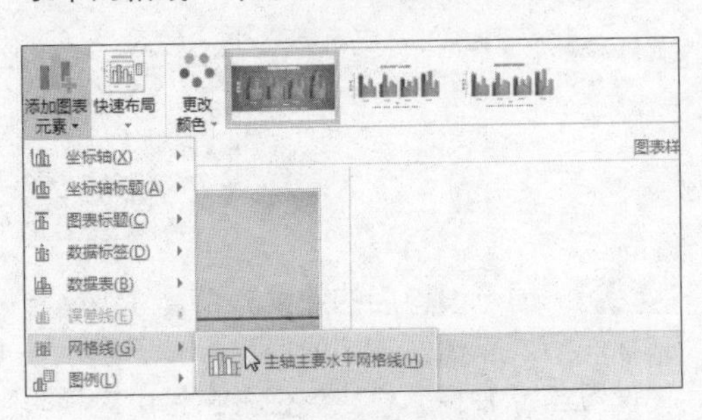

步骤02 显示添加网格线后的效果。此时图表中添加了主轴主要水平网格线，效果如下图所示。

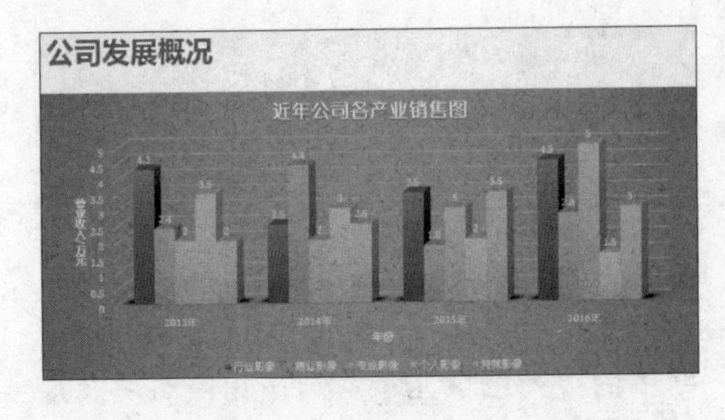

7.3.3 设置数据系列

图表中的数据系列是由数据点组成的，每个数据点对应数据区域中的一行或一列数据，在绘图区形成点、线、面等图形。格式化数据系列，例如设置数据系列的颜色、边框、形状等，可增强图表的可读性。设置数据系列格式的具体操作如下。

原始文件： 下载资源\实例文件\第7章\原始文件\设置数据系列.pptx

最终文件： 下载资源\实例文件\第7章\最终文件\设置数据系列.pptx

步骤01 设置数据系列格式。打开原始文件，切换至第5张幻灯片中，右击图表中的“行业影像”数据系列，在弹出的快捷菜单中单击“设置数据系列格式”命令，如下图所示。

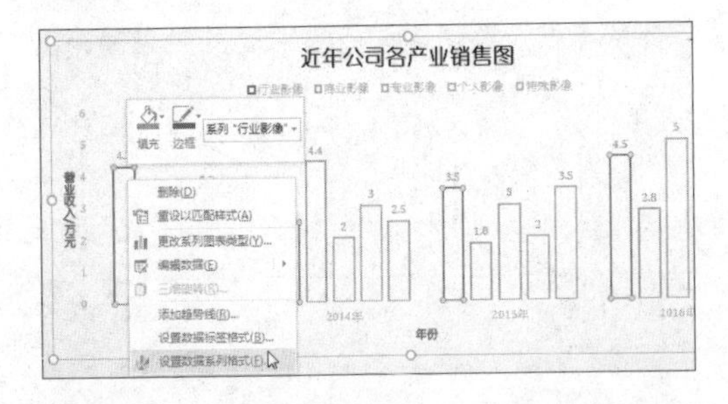

步骤02 设置填充方式。弹出“设置数据系列格式”任务窗格，切换至“填充与线条”选项卡下，单击选中“填充”选项组中的“渐变填充”单选按钮，如下图所示。

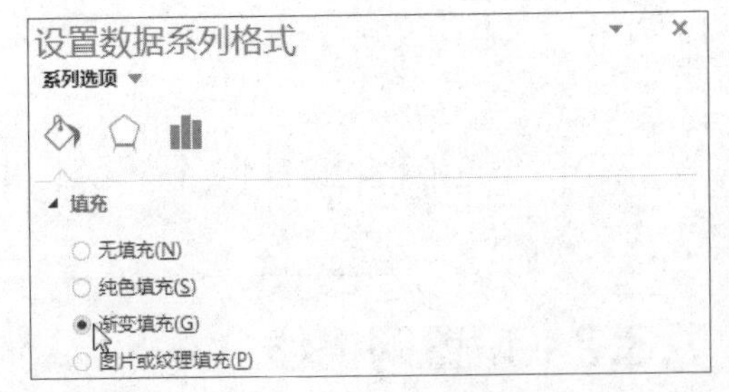

步骤03 删除多余光圈。在“渐变光圈”下选中第3个光圈，然后单击“删除渐变光圈”按钮，如右图所示。

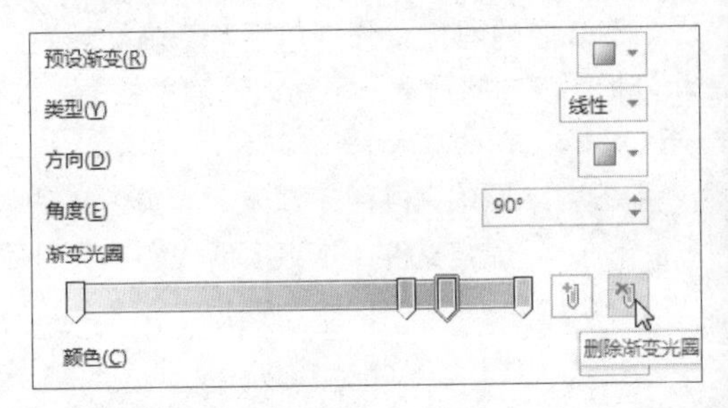

步骤04 **设置光圈颜色。**选中第2个光圈，设置其颜色为红色，再向右拖动“透明度”调节滑块至“50%”，如右图所示。

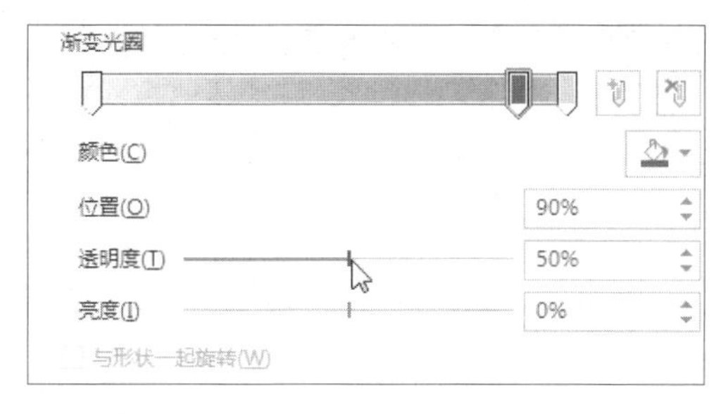

步骤05 **设置其他数据系列格式。**用同样的方法为其他的数据系列设置不同的填充颜色，最终效果如右图所示。

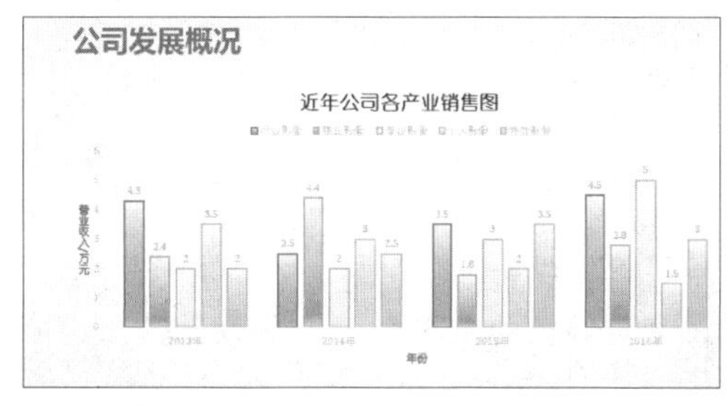

7.3.4 设置图表区格式

要想使图表更加美观，合理地设置图表区格式是一个必不可少的过程。下面介绍设置图表区格式的方法。

原始文件：下载资源\实例文件\第7章\原始文件\设置图表区格式.pptx

最终文件：下载资源\实例文件\第7章\最终文件\设置图表区格式.pptx

步骤01 **单击“设置图表区域格式”命令。**打开原始文件，切换至第5张幻灯片中，右击图表区，在弹出的快捷菜单中单击“设置图表区域格式”命令，如下图所示。

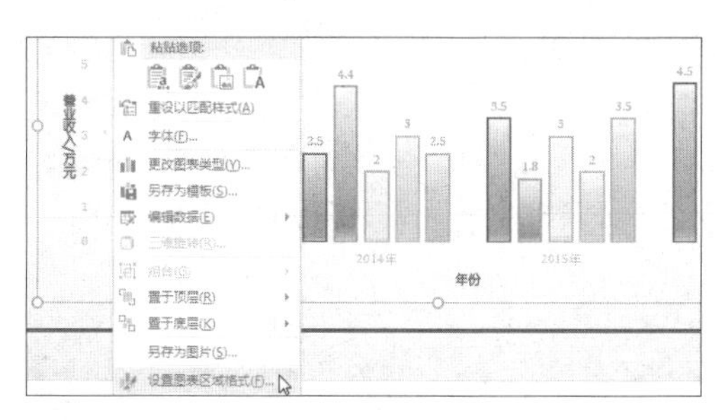

步骤02 **选择填充方式。**弹出“设置图表区格式”任务窗格，切换至“填充与线条”选项卡下，单击选中“填充”选项组中的“渐变填充”单选按钮，如下图所示。

步骤03 **调整第1个光圈的位置。**选中第1个光圈，按住鼠标左键向右拖动至合适位置，如右图所示。

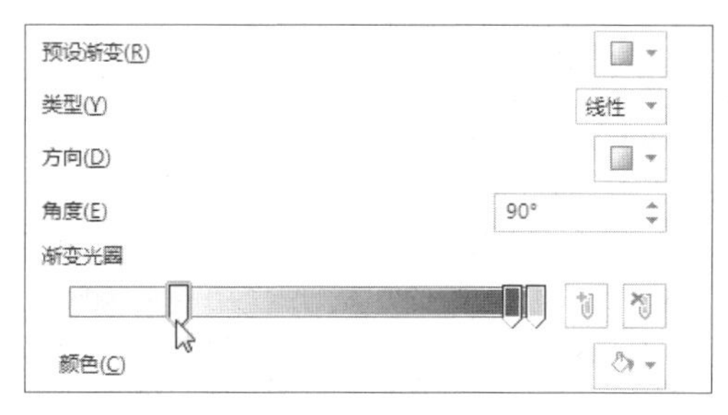

步骤04 **设置第2个光圈的颜色和位置。** 选中第2个光圈，首先设置其颜色为紫色，然后向右拖动至“位置”数值框中的值为“84%”，如下图所示。

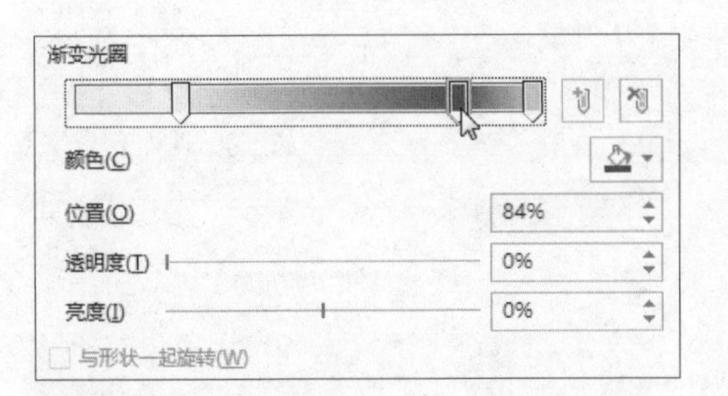

步骤05 **设置第2个光圈的颜色亮度。** 向左拖动“亮度”右侧的调节滑块，至其右侧的数值框中显示的值为“-57%”，如下图所示。

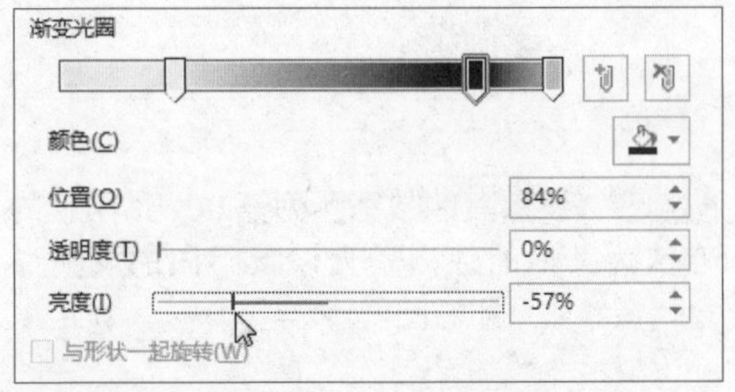

步骤06 **设置第3个光圈。** 选中第3个光圈，设置其颜色为“黑色”，再设置其“透明度”为“80%”，如下图所示。

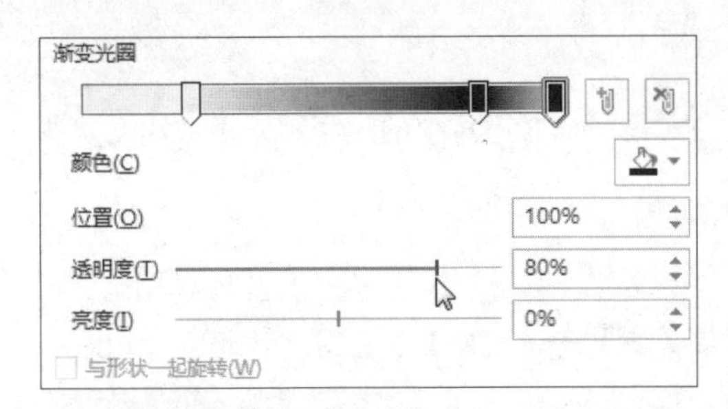

步骤07 **显示设置图表区后的效果。** 经过以上步骤，完成对图表区的填充效果设置后，最终效果如下图所示。

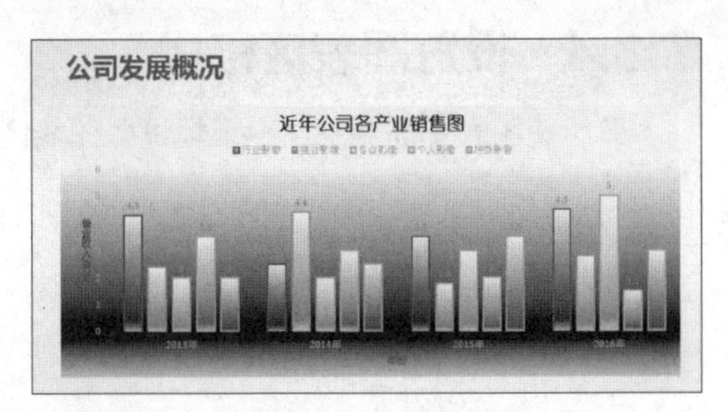

实例演练 制作客户满意度调查演示文稿

企业常常通过发放调查问卷的形式来了解相关的情况，并研究解决相关问题的方法，因此，调查报告就显得十分重要。而在调查报告中，图表是一个必不可少的工具。下面就以制作包含图表的客户满意度调查演示文稿为例，巩固本章所学知识。

原始文件： 下载资源\实例文件\第7章\原始文件\客户满意度调查.pptx
最终文件： 下载资源\实例文件\第7章\最终文件\客户满意度调查.pptx

步骤01 **插入图表。** 打开原始文件，切换至第3张幻灯片中，单击占位符中的“插入图表”按钮，如右图所示。

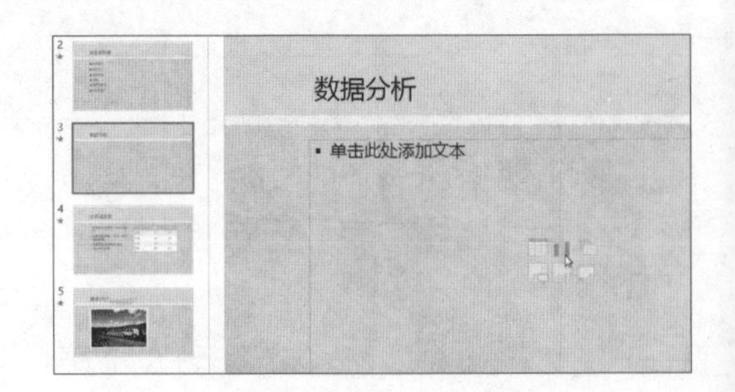

步骤02 **选择图表类型。** 弹出“插入图表”对话框，在左侧列表框中选择图表类型，然后在右侧选择图表的子类型，这里选择“柱形图”中的“簇状柱形图”，如下图所示，然后单击“确定”按钮。

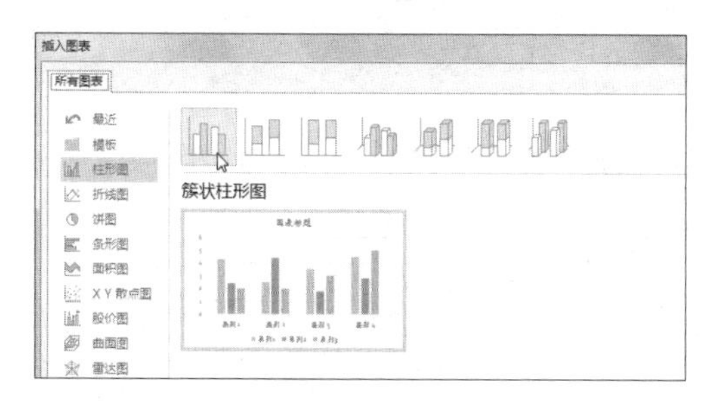

步骤03 **显示插入图表后的效果。** 此时幻灯片中插入了所选类型的图表，图表包含默认数据系列和数值，如下图所示。

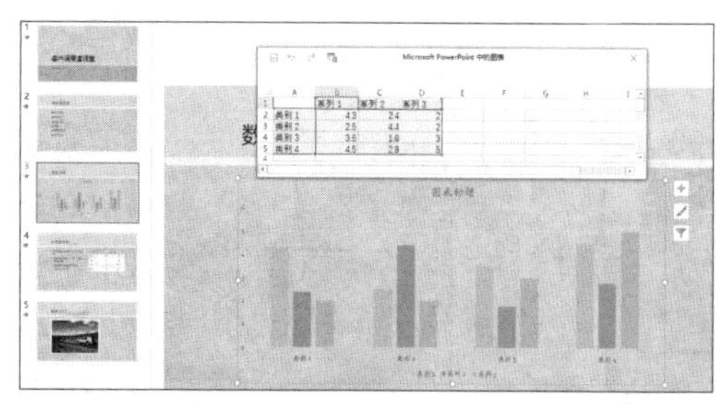

步骤04 **修改数据。** 在工作表中删除原有数据并输入新数据，这里满意度满分为5分，如下图所示。

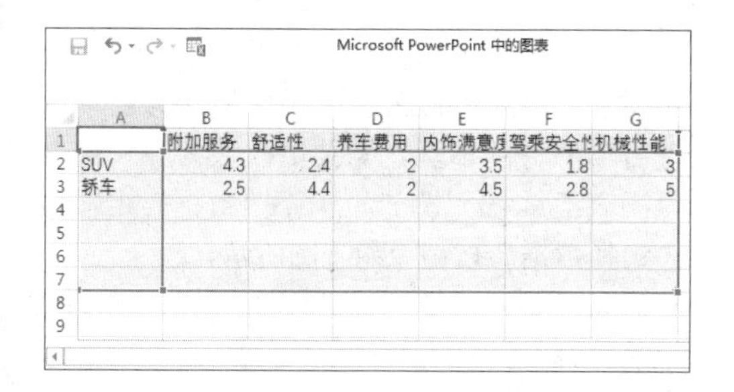

	A	B	C	D	E	F	G
1		附加服务	舒适性	养车费用	内饰满意	驾乘安全性	机械性能
2	SUV	4.3	2.4	2	3.5	1.8	3
3	轿车	2.5	4.4	2	4.5	2.8	5

步骤05 **设置数据源。** 在工作表中输入数据后，将图表中的数据源设置为当前数据，即将鼠标指针移动至单元格G7右下角，此时鼠标指针呈双向箭头形状，按住鼠标左键向上拖动至单元格G3，如下图所示。

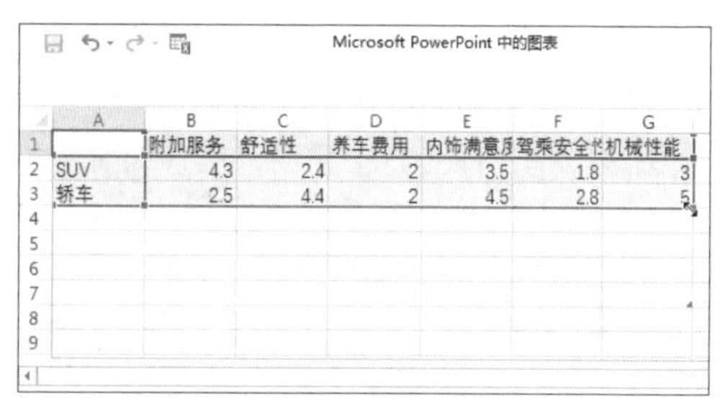

	A	B	C	D	E	F	G
1		附加服务	舒适性	养车费用	内饰满意	驾乘安全性	机械性能
2	SUV	4.3	2.4	2	3.5	1.8	3
3	轿车	2.5	4.4	2	4.5	2.8	5

步骤06 **输入图表标题。** 修改工作表中的数据后，关闭工作表。此时可看到图表内容也进行了相应的调整，然后在标题文本框中输入合适的图表标题，如下图所示。

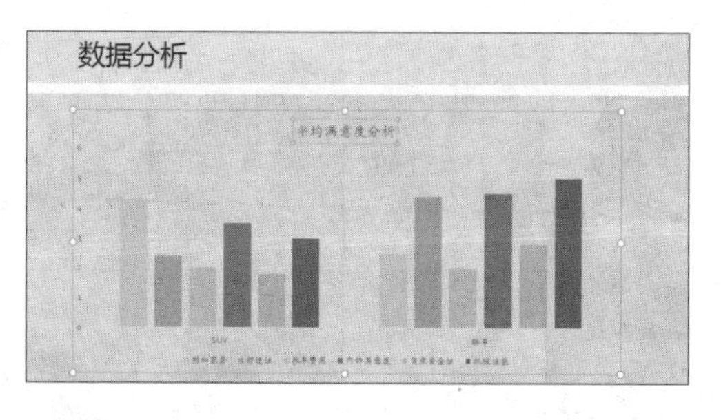

步骤07 **展开图表样式列表。** 若需快速更改图表样式，可直接套用预设的图表样式。单击“图表工具-设计”选项卡下“图表样式”组中的快翻按钮，如下图所示，即可展开更多的图表样式。

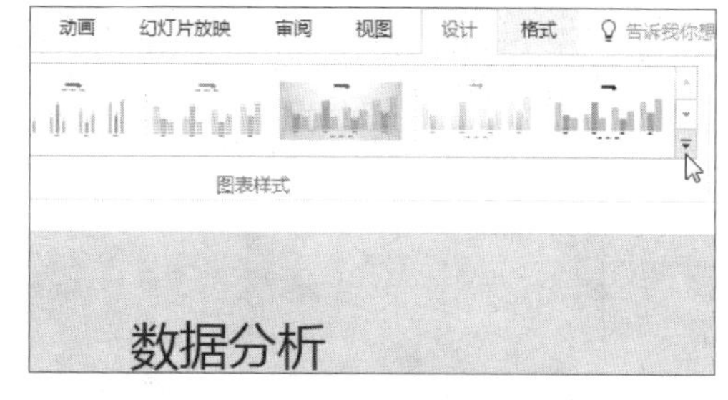

步骤08 **选择图表样式。** 在展开的图表样式列表中选择合适的样式，如选择“样式14”，如下左图所示。

步骤09 **单击“设置图表区域格式”命令。** 如需更改图表区格式，右击图表区，在弹出的快捷菜单中单击“设置图表区域格式”命令，如下右图所示。

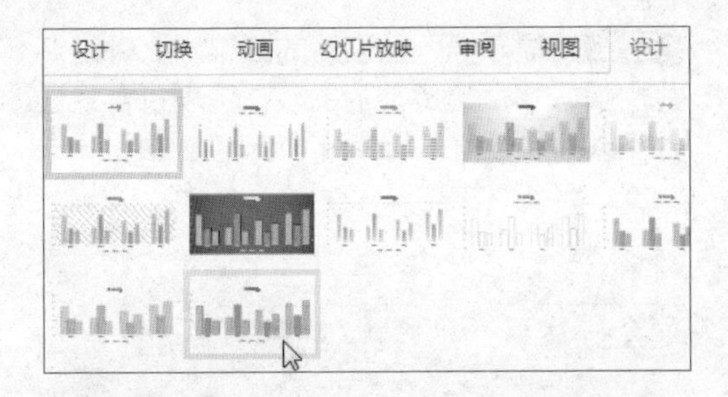

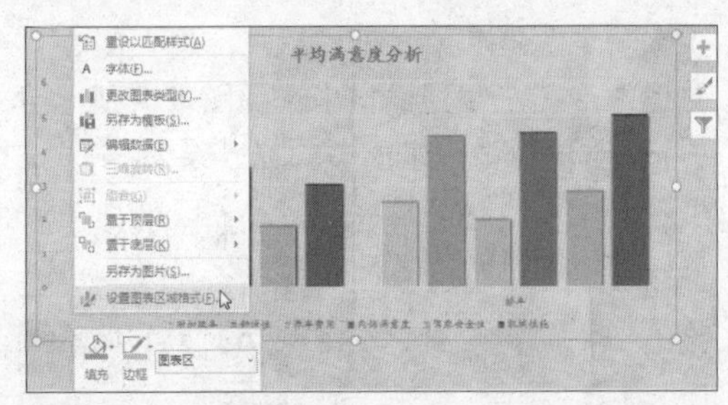

步骤10 **设置图表区填充方式。**弹出“设置图表区格式”任务窗格，切换至“填充与线条”选项卡下，单击“填充”选项组中的“纯色填充”单选按钮，如下图所示。

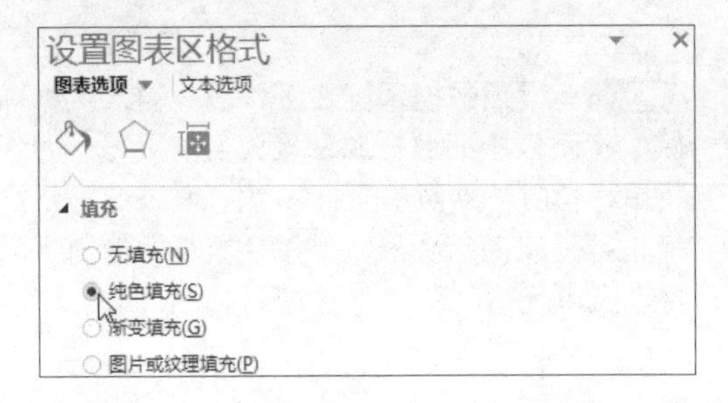

步骤11 **设置填充颜色。**单击“颜色”右侧的下三角按钮，在展开的下拉列表中选择合适的颜色，如下图所示。设置完毕后关闭任务窗格。

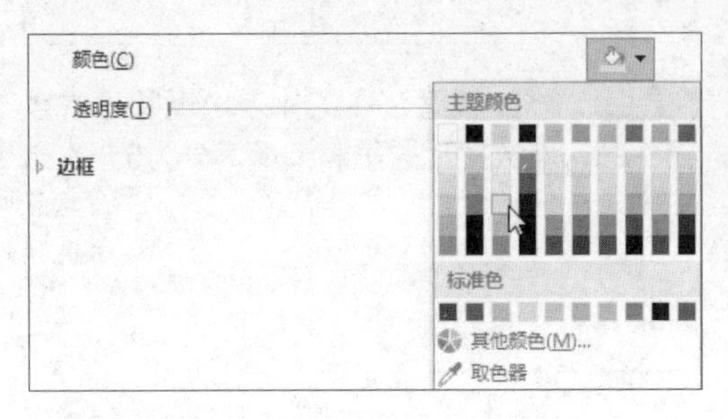

步骤12 **设置数据标签。**返回幻灯片中，选中图表，单击图表右上角的“图表元素”按钮，在展开的列表中单击“数据标签>数据标签外”选项，如下图所示。

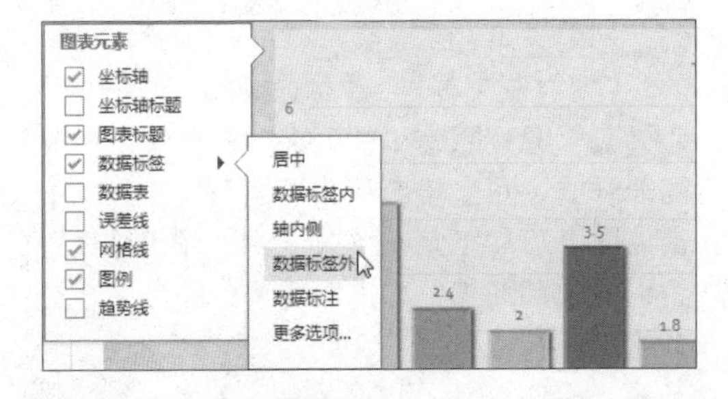

步骤13 **重新选择数据。**为方便比较两种车型各项服务的情况，需要更改数据源。单击“图表工具-设计”选项卡下“数据”组中的“选择数据”按钮，如下图所示。

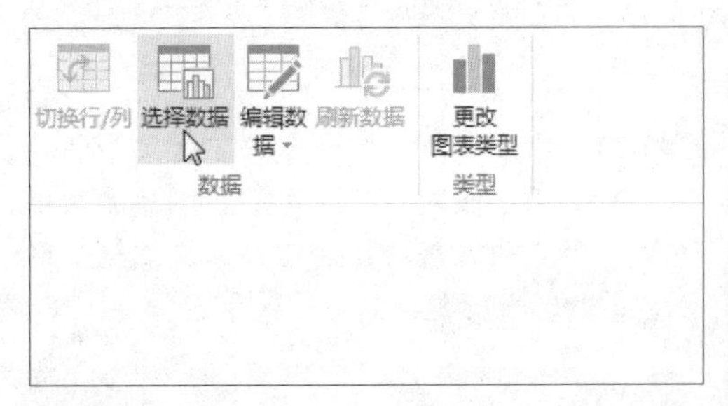

步骤14 **切换数据行/列。**弹出“选择数据源”对话框，单击“切换行/列”按钮，然后单击“确定”按钮，如下图所示。

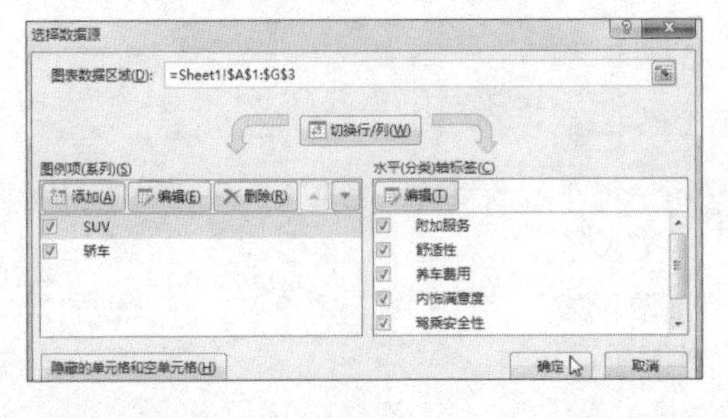

步骤15 **显示设置后的效果。**经过以上操作，完成对图表的制作，最终效果如下图所示。从图中可明显看出两种车型的各项服务满意度差别。

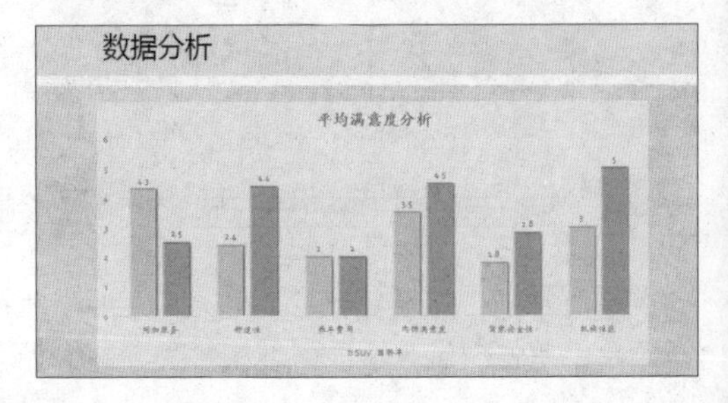

第8章 在幻灯片中插入SmartArt图形

PowerPoint 2016 中包含 SmartArt 图形功能，SmartArt 的含义为智能化图形，可以理解为信息的视觉表达形式。用户可以利用该功能制作流程图或循环图等。PowerPoint 2016 还提供了很多不同的 SmartArt 布局，让用户可以快速轻松地创建所需图形，丰富演示文稿内容。

8.1 创建SmartArt图形

创建 SmartArt 图形时，系统将提示用户选择一种 SmartArt 图形类型，如“流程”“层次结构”“循环”“关系”等，每种类型又包含几种不同的布局。

SmartArt 图形主要是在“选择 SmartArt 图形”对话框中进行设置的，“选择 SmartArt 图形”对话框的基本结构如下图所示，各部分的名称及说明见下表。

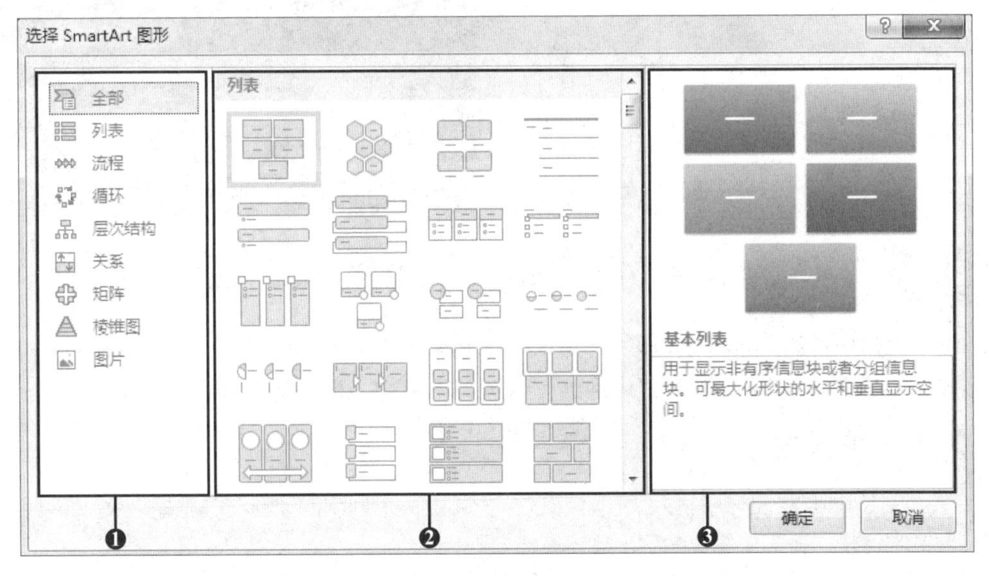

编号	名称	说明
❶	SmartArt图形类别	SmartArt图形类别包括列表、流程、循环、层次结构、关系、矩阵、棱锥图和图片
❷	不同类别的模板	拖动列表框右侧的滑块可详细查看各种类别的模板
❸	预览区	可以查看到所选类别模板的预览效果和相关介绍

原始文件： 下载资源\实例文件\第 8 章\原始文件\公司发展战略 .pptx
最终文件： 下载资源\实例文件\第 8 章\最终文件\添加 SmartArt 图形 .pptx

步骤01 选择需要插入SmartArt图形的幻灯片。打开原始文件，切换至第9张幻灯片中，如下图所示。

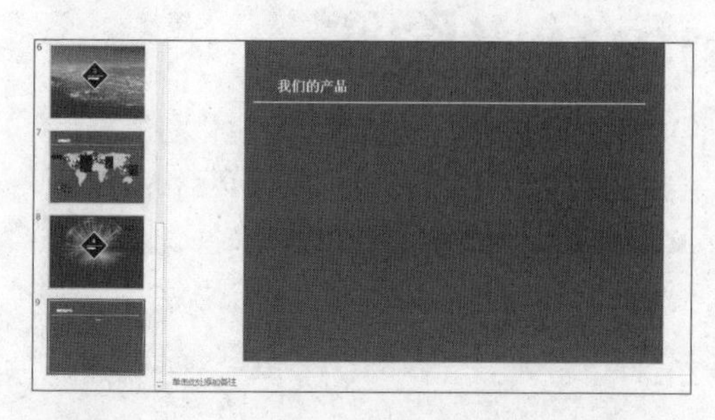

步骤02 单击“SmartArt”按钮。单击“插入”选项卡下“插图”组中的“SmartArt”按钮，如下图所示。

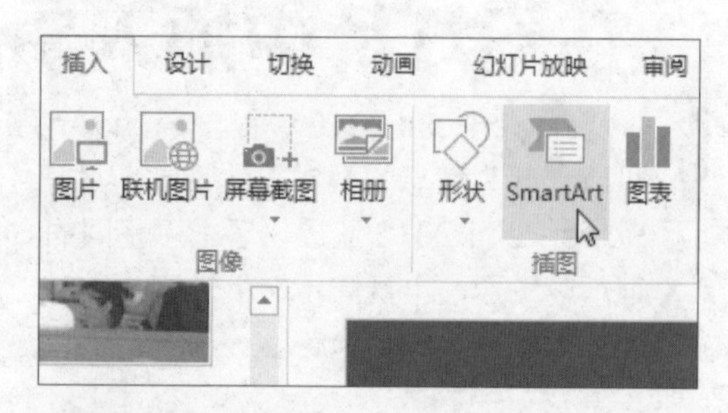

步骤03 选择SmartArt图形类型。弹出“选择SmartArt图形”对话框，在左侧列表框中选择“流程”类型，然后在中间的列表框中选择流程图模板，如下图所示，最后单击“确定”按钮。

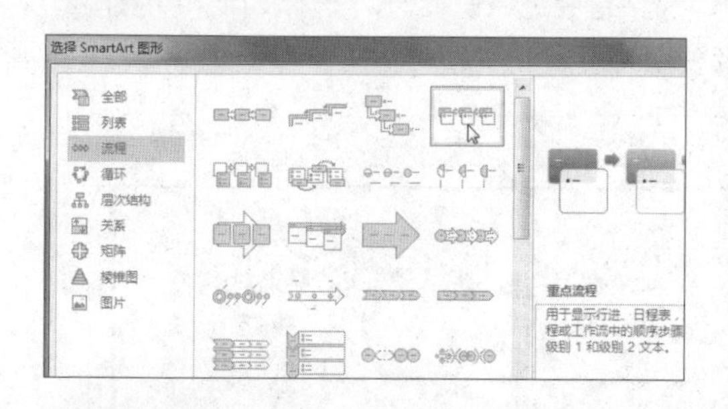

步骤04 显示创建的SmartArt图形。此时，幻灯片中插入了所选类型的SmartArt图形，效果如下图所示。

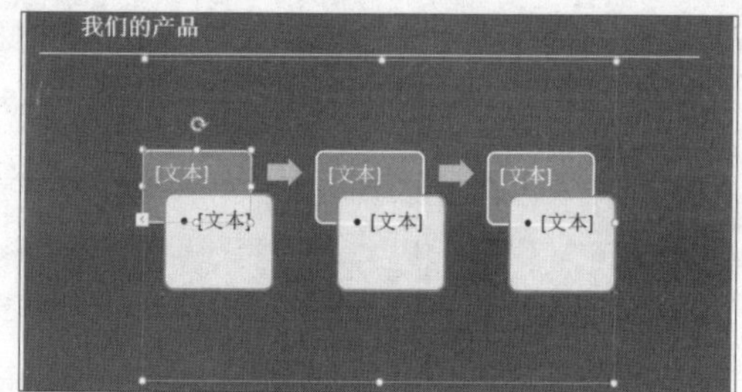

8.2 在SmartArt图形中添加文字

在幻灯片中添加 SmartArt 图形后，还要在其中输入、编辑和格式化文本，在第 4 章中介绍过格式化文本的操作，下面介绍在 SmartArt 图形中输入、编辑文字的具体操作。

8.2.1 输入文字

要想在 SmartArt 图形中输入文字，可以单击其中一个形状，然后在其中输入文本，也可以打开文本窗格，在其中编辑文字。具体操作如下。

原始文件：下载资源 \ 实例文件 \ 第 8 章 \ 原始文件 \ 添加 SmartArt 图形 .pptx

最终文件：下载资源 \ 实例文件 \ 第 8 章 \ 最终文件 \ 添加文字 .pptx

▶方法一：利用占位符输入

步骤01 单击占位符。打开原始文件，切换至第9张幻灯片中，单击SmartArt图形中的“[文本]”占位符，此时插入点定位至形状内，如下左图所示。

步骤02 输入文本。在形状内输入文字，这里输入“技术准备过程”，如下右图所示。

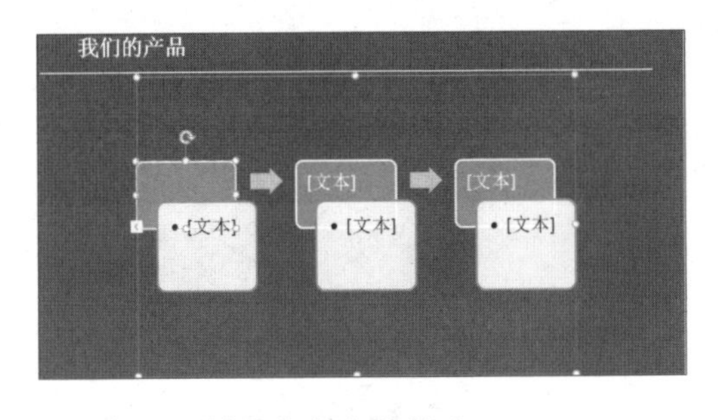

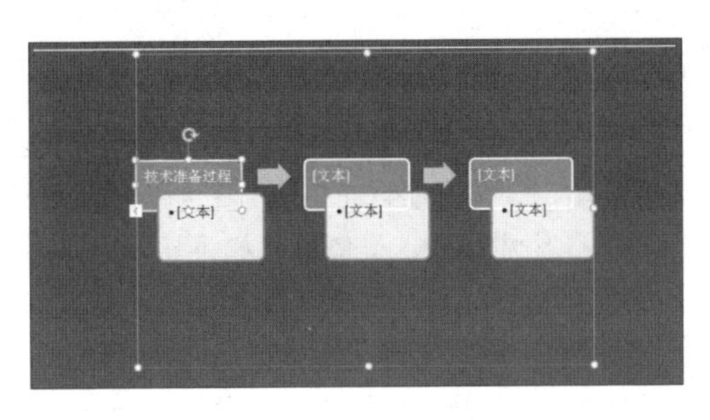

▸方法二：利用文本窗格输入

步骤01 **打开文本窗格。**继续之前的操作，首先单击图形左侧的“文本窗格”按钮，如下图所示。

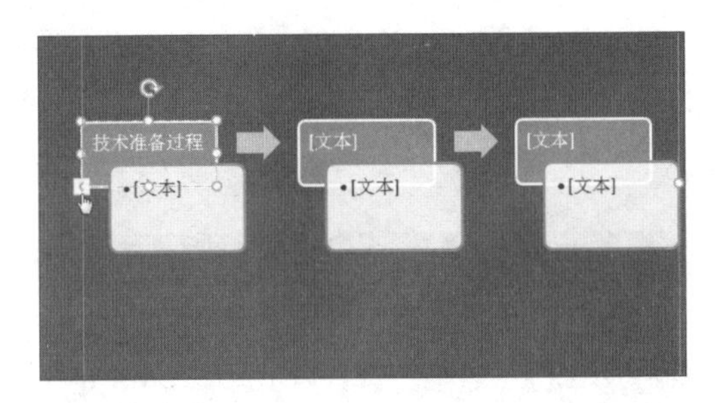

步骤02 **单击“[文本]”提示符。**此时显示出文本窗格，可以在其中输入和编辑SmartArt 图形中的文字。这里单击第二级项目符号后的“[文本]”提示符，如下图所示。

步骤03 **输入文本。**在文本窗格中添加和编辑内容的时候，SmartArt图形会自动跟随输入的文字更新。在完成一行文本的输入后，按下【Enter】键，可切换至下一行继续输入，效果如下图所示。

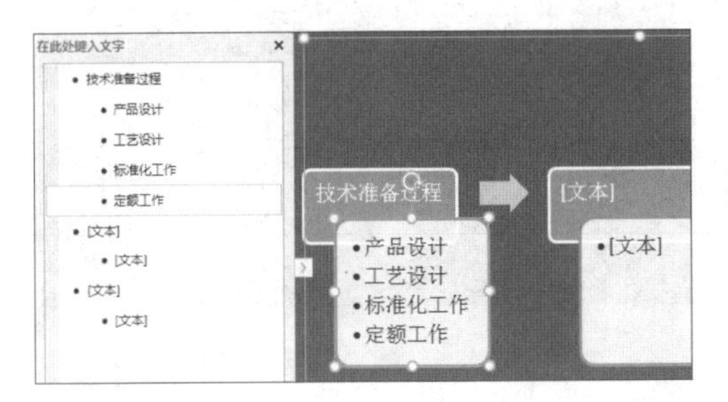

步骤04 **完成其他文本的输入。**利用上述任意一种方法完成其他图形中的文本输入，然后单击图形外任意处取消图形的选中状态，效果如下图所示。

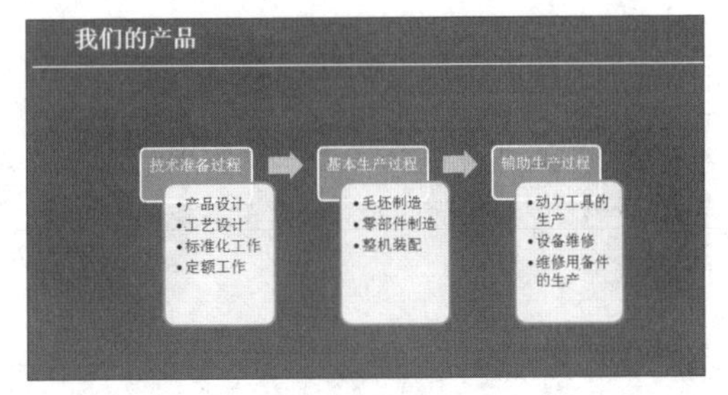

办公点拨　文本窗格中快捷键的使用

在文本窗格中按【Enter】键可以新建一行带有项目符号的文本，按【Tab】键可以对项目符号进行“降级”操作，按【Shift+Tab】组合键可以对项目符号进行“升级”操作。

8.2.2 设置文字的样式

插入 SmartArt 图形并输入文本后，文本都有默认的格式。若用户想要更改格式，除了在功能区的“字体”组中进行设置之外，还可以在“SmartArt 工具 - 格式”选项卡下的“艺术字样式”组中设置，具体操作如下。

原始文件：下载资源 \ 实例文件 \ 第 8 章 \ 原始文件 \ 添加文字 .pptx
最终文件：下载资源 \ 实例文件 \ 第 8 章 \ 最终文件 \ 设置文字样式 .pptx

步骤01 **选中图形。** 打开原始文件，切换至第9张幻灯片中，选中整个SmartArt图形，如下图所示。

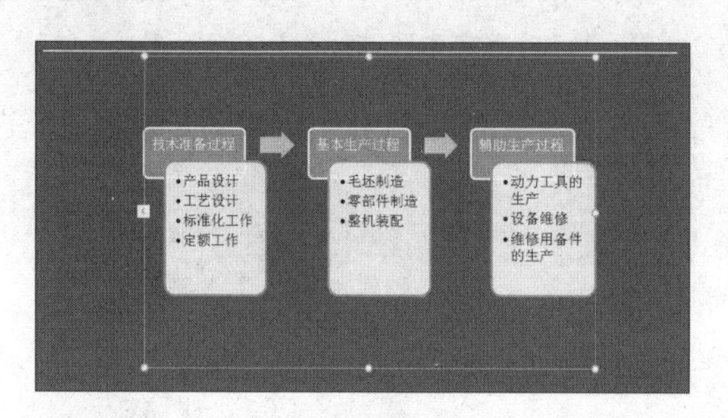

步骤02 **展开艺术字样式列表。** 在“SmartArt 工具-格式”选项卡下单击“艺术字样式”组中的快翻按钮，如下图所示。

步骤03 **选择艺术字样式。** 在展开的列表中选择合适的样式，如下图所示。

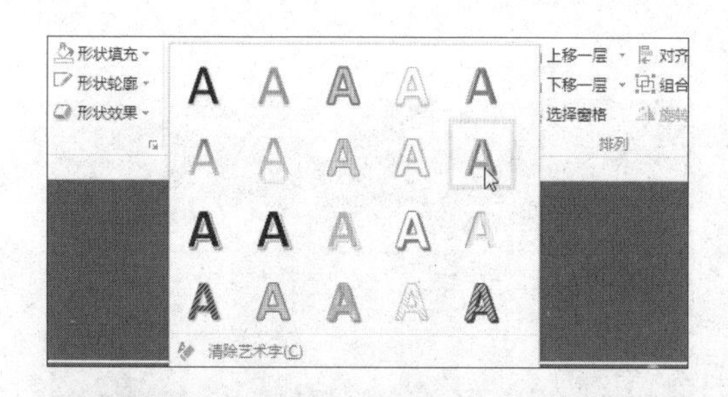

步骤04 **显示效果。** 选择样式后，SmartArt 图形中的文本字体格式全部应用了该艺术字效果，如下图所示。若用户需要单独设置某个形状中的文字，可单击需要设置的形状，然后对其进行设置。

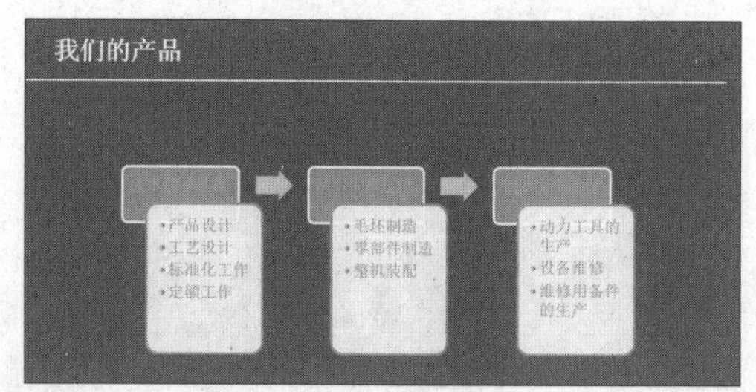

8.3 SmartArt图形设计

SmartArt 图形虽然具有让文字排版变得更加规整漂亮的作用，但是在默认情况下插入的 SmartArt 图形效果有可能并不能满足当前用户的实际需要，此时可以对图形进行相关的设计，如添加和删除形状、更改图形布局和样式。

8.3.1 添加与删除形状

默认情况下插入的 SmartArt 图形中的形状个数可能不符合用户的要求，此时需要用户手动在 SmartArt 图形中添加或者删除形状。添加形状的方法有多种，下面介绍 3 种方法，用户可根据需要进行选择。

原始文件：下载资源\实例文件\第 8 章\原始文件\添加与删除形状 .pptx
最终文件：下载资源\实例文件\第 8 章\最终文件\添加形状 .pptx

▸方法一：利用快捷菜单添加

步骤01 **添加形状。**打开原始文件，切换至第9张幻灯片，右击需要在其前方或后方添加形状的形状，如右击最后一个形状，在弹出的快捷菜单中执行“添加形状>在后面添加形状”命令，如下图所示。

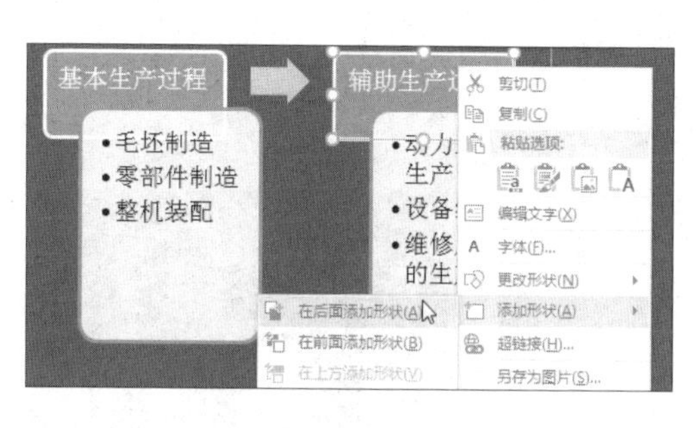

步骤02 **显示添加形状后的效果。**此时在所选形状的后方添加了一个不包含任何文本的形状，如下图所示。用户若需向形状中添加文本，可以使用8.2.1小节介绍的方法，还可以右击形状，在弹出的快捷菜单中单击“编辑文字”命令，然后输入文本即可。

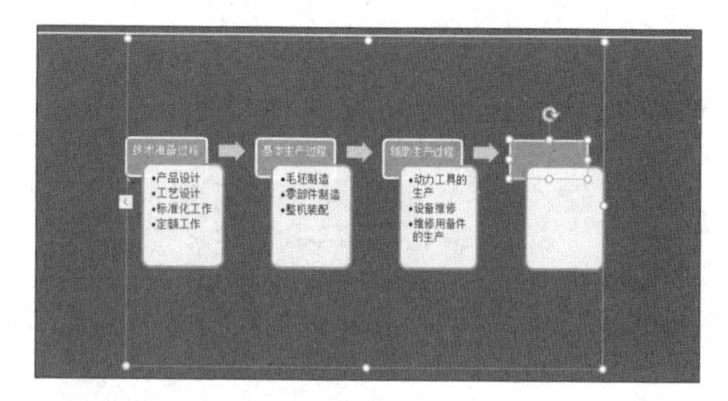

▸方法二：利用功能区命令添加

步骤01 **选择形状。**继续之前的操作，单击图形中的第1个形状，如下图所示。

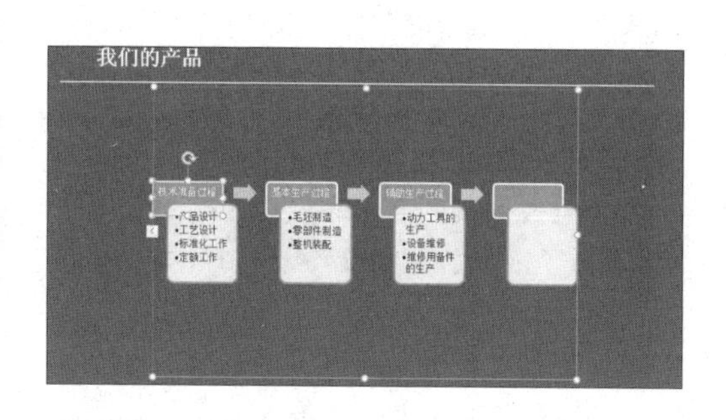

步骤02 **添加形状。**单击“SmartArt工具-设计”选项卡下“创建图形”组中“添加形状”右侧的下三角按钮，在展开的下拉列表中选择“在后面添加形状”选项，如下图所示。

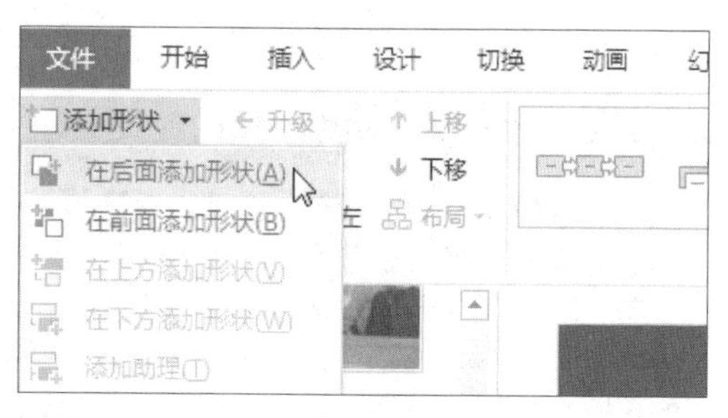

步骤03 **显示添加形状后的效果。**此时SmartArt图形中包含了5个形状，在第1个形状后为新添加的空白形状，如右图所示。

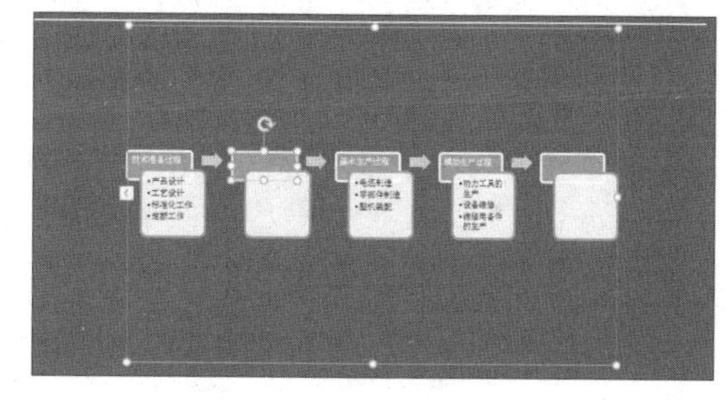

▸方法三：在文本窗格中添加

步骤01 **单击定位。**继续之前的操作，打开文本窗格，在需要在其后方添加形状的文本结尾处单击，这里单击“整机装配”结尾处，如下左图所示。

步骤02 **添加项目符号。**按下【Enter】键即可添加一个项目符号，如下右图所示，还可以单击“SmartArt工具-设计”选项卡下“创建图形”组中的“添加项目符号”按钮来添加。

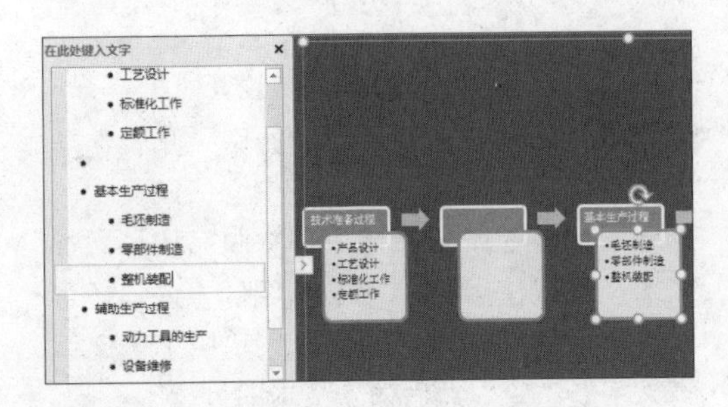

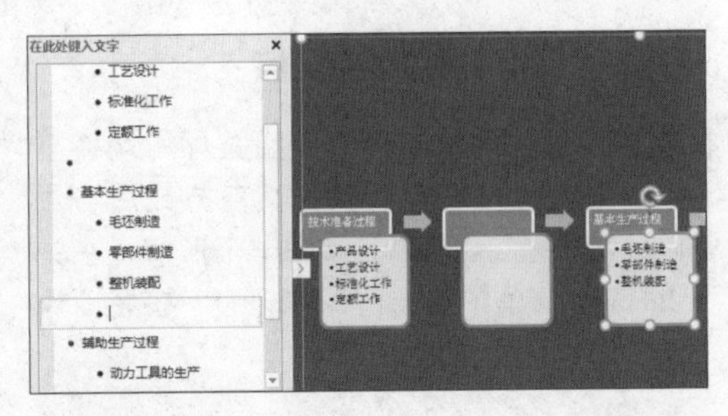

步骤03 **升级文本。**右击添加的项目符号，在弹出的快捷菜单中单击“升级”命令，如下图所示。

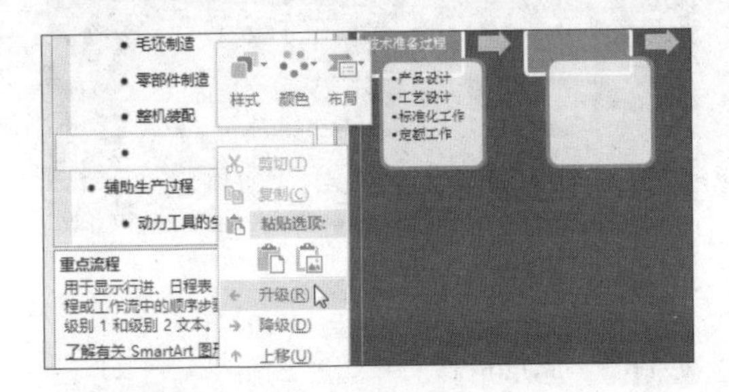

步骤04 **显示效果。**此时添加的项目符号升级，同时SmartArt图形中新增了一个空白形状，如下图所示。

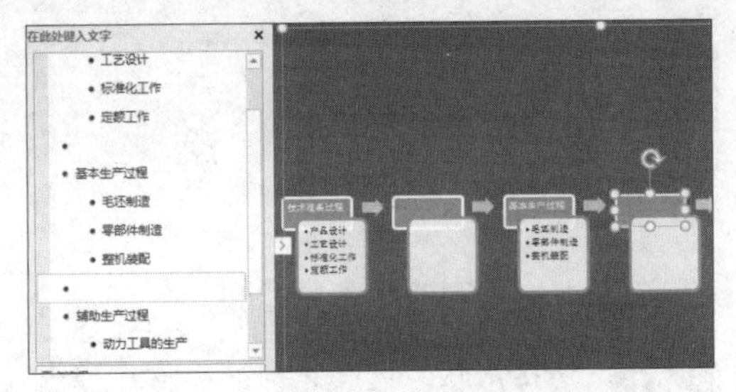

办公点拨　快速删除形状

与添加形状相比，删除形状就简单得多，直接在 SmartArt 图形中选择需要删除的形状，或在文本窗格中选中需要删除的形状文本的位置，再按下【Delete】键即可。

8.3.2 更改图形布局

对于 SmartArt 布局来说，一些布局只是使用项目符号或列表的形式来展现，而另一些布局（如组织结构图）适合展现特定种类的信息。本小节介绍如何更改 SmartArt 图形的布局。

原始文件：下载资源\实例文件\第 8 章\原始文件\更改图形布局 .pptx
最终文件：下载资源\实例文件\第 8 章\最终文件\更改图形布局 .pptx

步骤01 **展开版式列表。**打开原始文件，切换至第9张幻灯片中，选中SmartArt图形，单击“SmartArt工具-设计”选项卡下“版式”组中的快翻按钮，如右图所示。

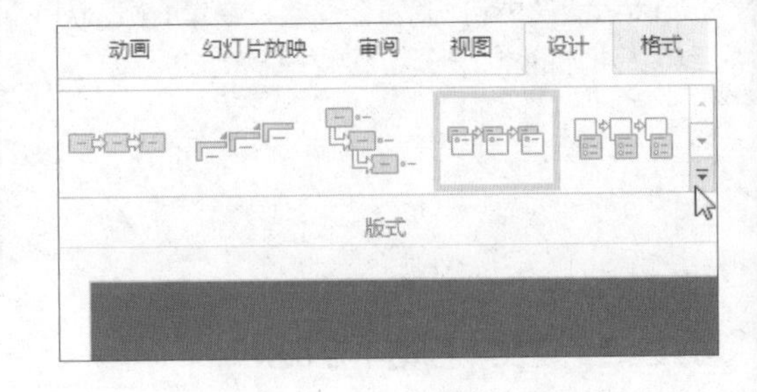

步骤02 **选择版式。**在展开的列表中选择“连续块状流程”，如下图所示。

步骤03 **显示套用版式后的效果。**此时为SmartArt图形套用了所选的图形版式，效果如下图所示。

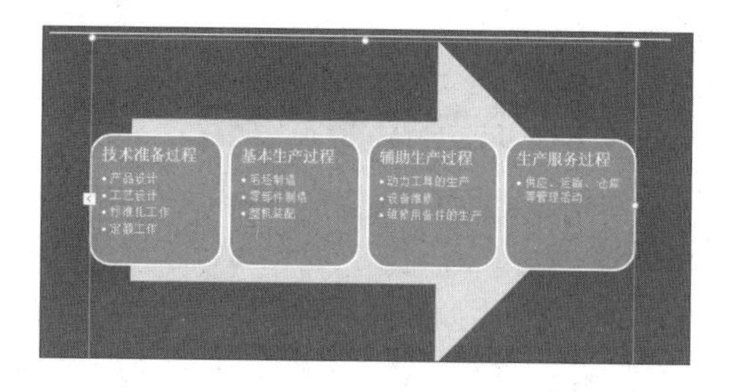

8.3.3 快速设置样式

在 PowerPoint 2016 中，用户可以通过快速样式来制作高水准的 SmartArt 图形，具体操作如下。

原始文件：下载资源 \ 实例文件 \ 第 8 章 \ 原始文件 \ 快速设置样式 .pptx

最终文件：下载资源 \ 实例文件 \ 第 8 章 \ 最终文件 \ 快速设置样式 .pptx

步骤01 **选中图形。**打开原始文件，切换至第9张幻灯片中，选中SmartArt图形，如下图所示。

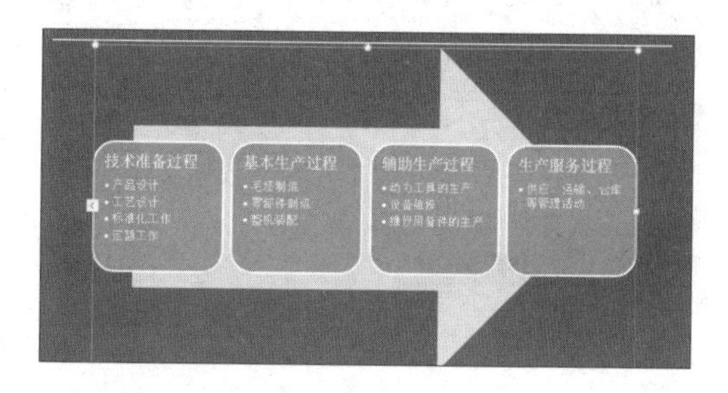

步骤02 **展开样式列表。**单击“SmartArt工具-设计”选项卡下“SmartArt样式”组的快翻按钮，如下图所示。

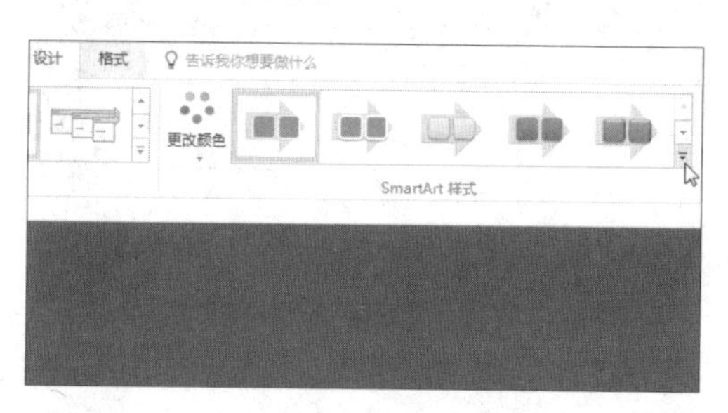

步骤03 **选择预设样式。**在展开的样式列表中选择“三维”选项组中的“日落场景”样式，如下图所示。

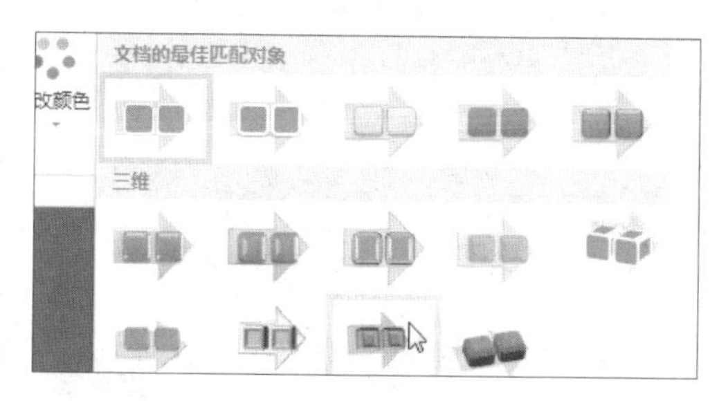

步骤04 **显示设置样式后的效果。**此时为SmartArt图形套用了所选的“日落场景”样式，效果如下图所示。

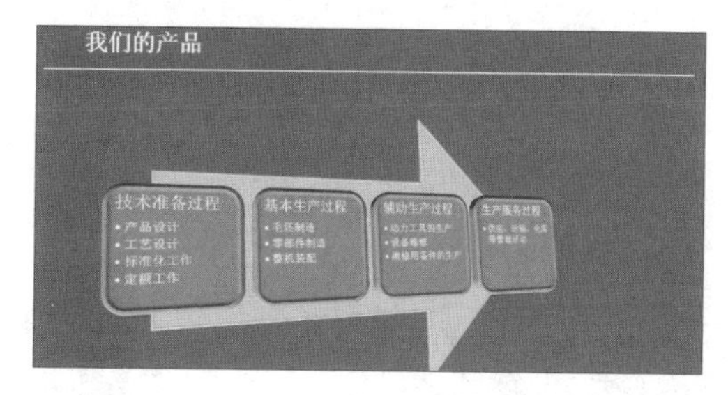

8.4 调整SmartArt图形中的形状

默认情况下，添加的 SmartArt 图形都是组合图形，更改其中一个形状的大小后，其余形状的大小和位置会自动进行调整。本节将主要介绍 SmartArt 图形形状的调整操作。

8.4.1 调整和移动图形

用户如果想要更改整个 SmartArt 图形或单个形状的大小，可以使用“大小”组中的选项来调节，也可以手动调整 SmartArt 图形的大小和位置，具体操作如下。

原始文件： 下载资源 \ 实例文件 \ 第 8 章 \ 原始文件 \ 调整图形 .pptx
最终文件： 下载资源 \ 实例文件 \ 第 8 章 \ 最终文件 \ 调整图形 .pptx

1 调整图形

▸方法一：利用控制柄调整

步骤01 **选中控点。**打开原始文件，切换至第9张幻灯片中，选中SmartArt图形，然后移动鼠标指针至图形上方的控点，此时鼠标指针呈上下双向箭头状，如下图所示。

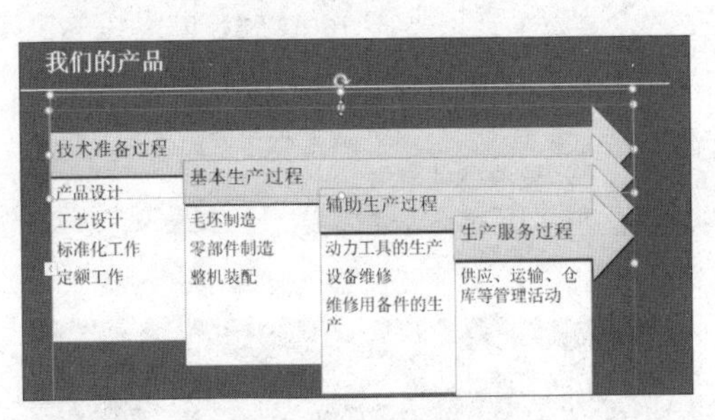

步骤02 **拖动鼠标。**按住鼠标左键，拖动鼠标时鼠标指针呈十字状，如下图所示，拖动至合适位置处释放鼠标左键即可。

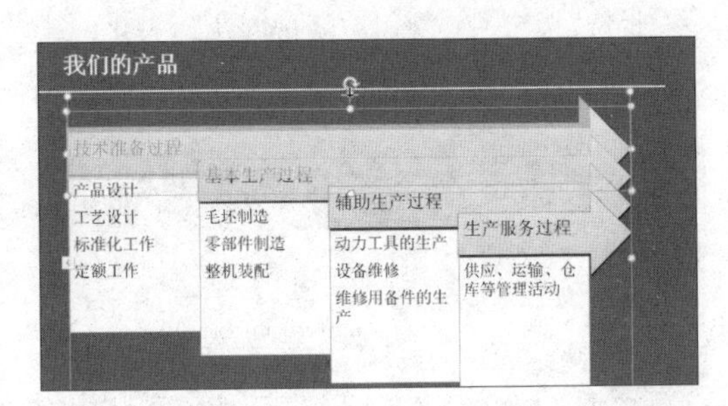

▸方法二：利用功能区命令调整

步骤01 **选择需要调整的形状。**继续之前的操作，选择从左到右的第一个矩形，如下图所示。

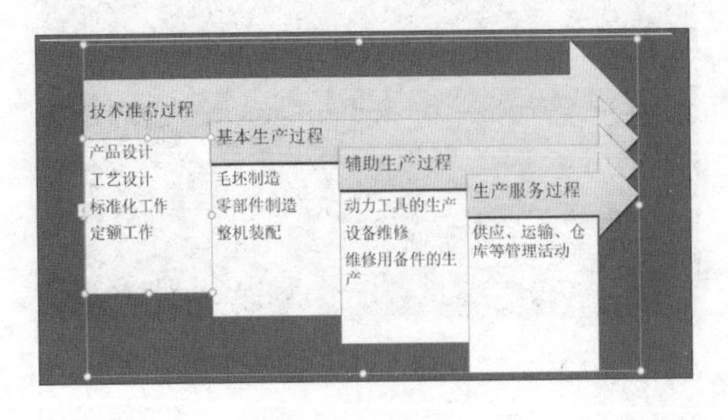

步骤02 **单击“增大”按钮。**单击“SmartArt 工具-格式”选项卡下“形状”组中的“增大”按钮，如下图所示。为了突出增大效果，可以多单击几次“增大”按钮。

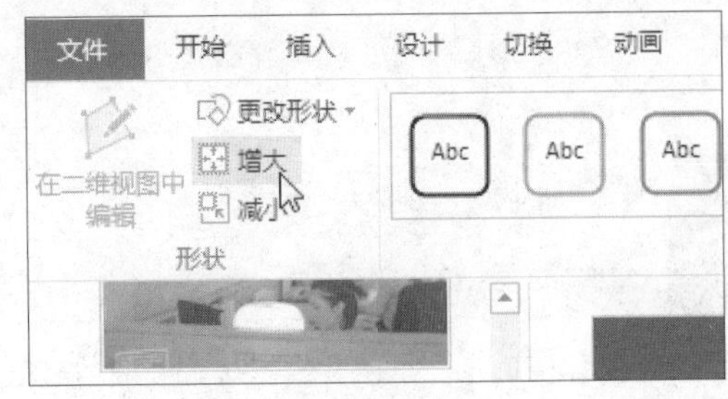

2 移动图形

步骤01 **取消图形组合。**继续之前的操作，选中SmartArt图形，单击“SmartArt工具-格式”选项卡下“排列”组中“组合”右侧的下三角按钮，在展开的下拉列表中单击“取消组合”选项，如下图所示。

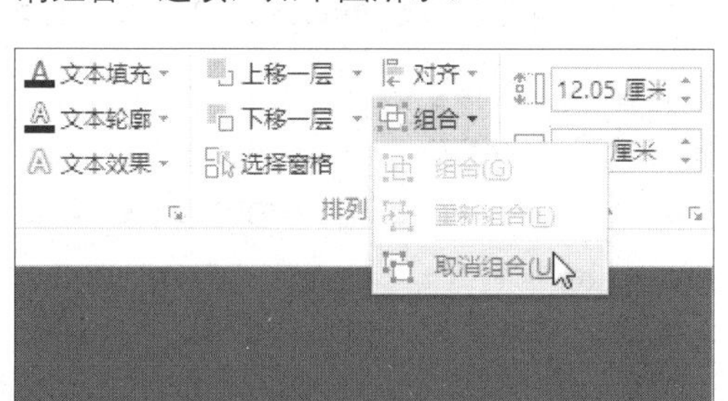

步骤02 **选中需要移动的形状。**单击选中SmartArt图形中需要移动的形状，将鼠标指针移至所选形状上，如下图所示。

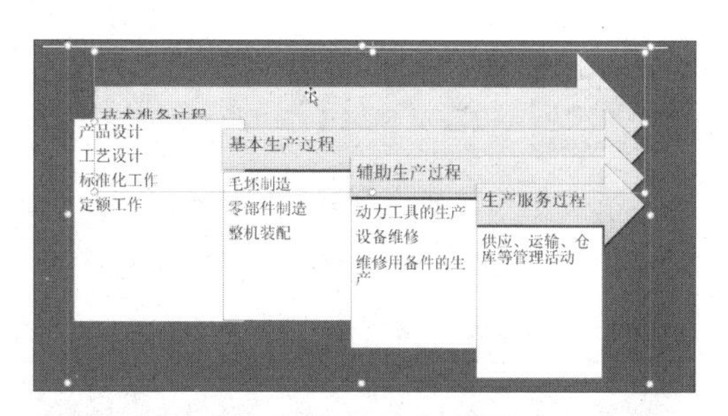

步骤03 **移动形状。**按住鼠标左键，拖动图形至合适的位置，效果如右图所示。

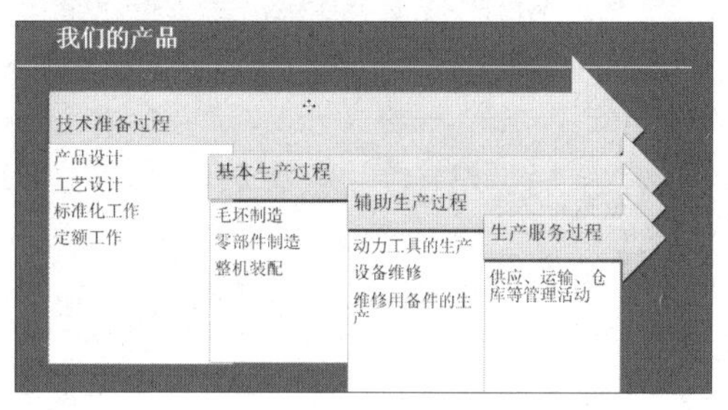

8.4.2 更改形状

若用户对创建的 SmartArt 图形中的形状不满意，可以对其进行更改，具体操作如下。

原始文件：下载资源\实例文件\第 8 章\原始文件\快速设置样式 .pptx
最终文件：下载资源\实例文件\第 8 章\最终文件\更改形状 .pptx

步骤01 **选中需要更改的形状。**打开原始文件，切换至第9张幻灯片，按住【Ctrl】键，选中SmartArt图形中的多个形状，如下图所示。

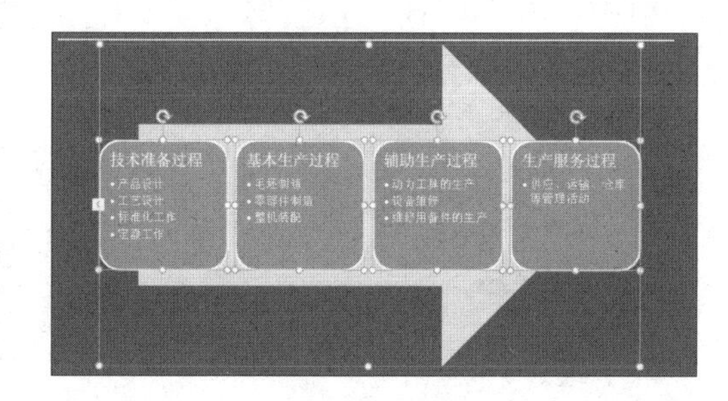

步骤02 **选择新形状。**单击“SmartArt工具-格式”选项卡下“形状”组中的“更改形状”按钮，在展开的下拉列表中选择“椭圆”，如下图所示。

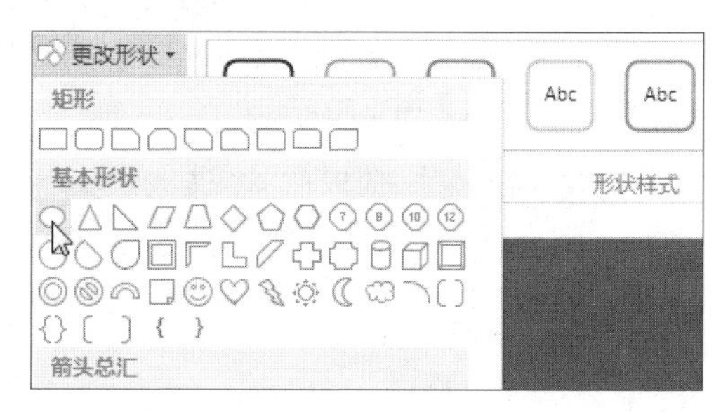

步骤03 显示更改形状后的效果。此时所选形状都更改为了所选择的椭圆形状，效果如右图所示。

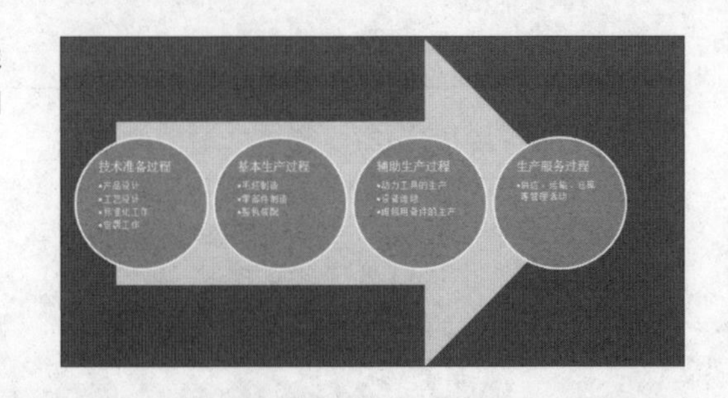

8.5 在SmartArt图形中插入图片

图片是创建精彩的演示文稿不可或缺的元素，在SmartArt图形中插入图片，会使传达的信息更加清晰明了。本节介绍如何在SmartArt图形中设置图片。

8.5.1 使用图片占位符插入图片

在PowerPoint 2016中，除了可以直接在幻灯片中插入图片之外，还可以使用SmartArt图形新布局中的图片占位符在图形中插入图片，具体操作如下。

原始文件：下载资源\实例文件\第8章\原始文件\添加图片.pptx、图片1.png～图片4.png

最终文件：下载资源\实例文件\第8章\最终文件\使用图片占位符.pptx

步骤01 单击图片占位符。打开原始文件中的演示文稿，切换至第6张幻灯片中，单击SmartArt图形中的图片占位符，如下图所示。

步骤02 选择图片来源。弹出"插入图片"选项面板，单击"来自文件"右侧的"浏览"按钮，如下图所示。

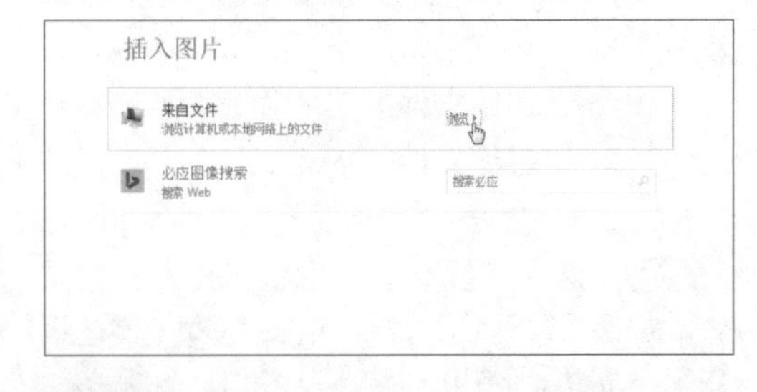

步骤03 选择插入的图片。弹出"插入图片"对话框，在地址栏中选择需要插入图片的保存位置，然后选择"图片1.png"，再单击"插入"按钮，如下图所示。

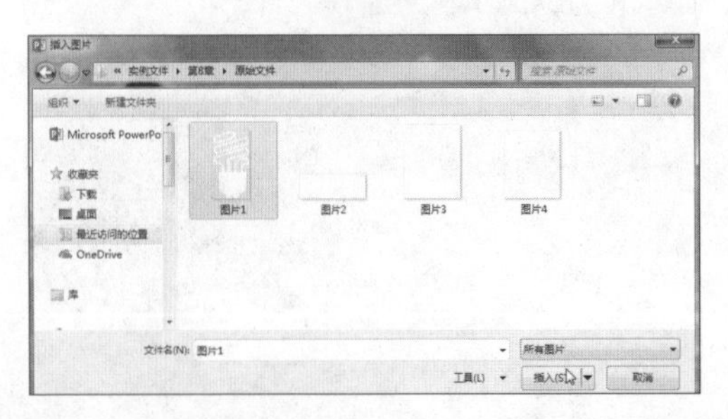

步骤04 显示效果。此时形状中插入了所选的图片，效果如下图所示。

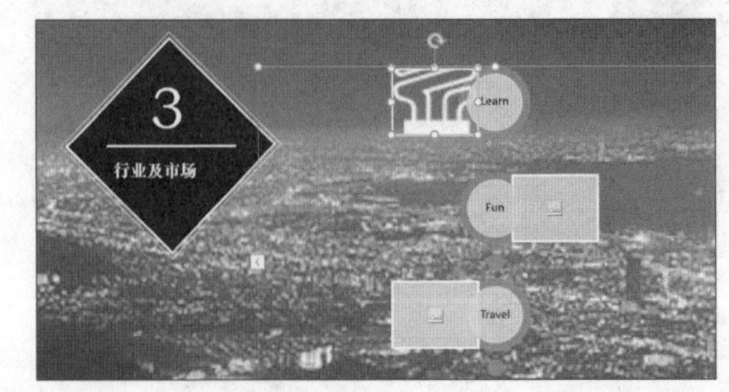

步骤05 **插入其他图片。**利用同样的方法，在SmartArt图形中插入其他图片，最终效果如右图所示。

8.5.2 使用图片填充

前面介绍了使用图片占位符在图形中添加图片的方法，用户也可以通过填充的方式将图片设定为 SmartArt 图形的背景。使用图片填充的具体操作如下。

原始文件：下载资源\实例文件\第 8 章\原始文件\填充图片.pptx
最终文件：下载资源\实例文件\第 8 章\最终文件\填充图片.pptx

步骤01 **执行图片填充命令。**打开原始文件，切换至第6张幻灯片中，右击需要填充图片的形状，在弹出的快捷菜单中单击"填充"下三角按钮，在展开的下拉列表中单击"图片"选项，如下图所示。

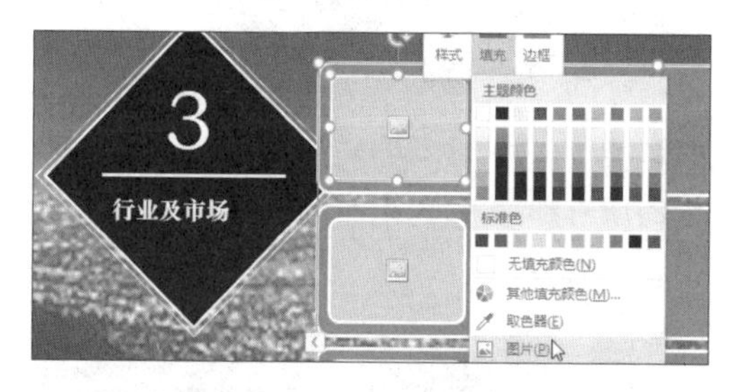

步骤02 **选择图片来源。**弹出"插入图片"选项面板，单击"来自文件"右侧的"浏览"按钮，如下图所示。

步骤03 **显示填充后的效果。**接下来的操作和"使用图片占位符插入图片"一样，插入后使用同样的方法完成其他几个形状的图片填充，最终效果如右图所示。

8.6 设置图形形状样式

用户可以对 SmartArt 图形中的所有形状同时应用自定义的样式和布局，还可以更改单个形状或形状边框的颜色，具体操作如下。

原始文件：下载资源\实例文件\第 8 章\原始文件\设置图形格式.pptx
最终文件：下载资源\实例文件\第 8 章\最终文件\设置图形格式.pptx

步骤01 **选择形状。**打开原始文件，切换至第6张幻灯片中，选择第一个形状，如下图所示。

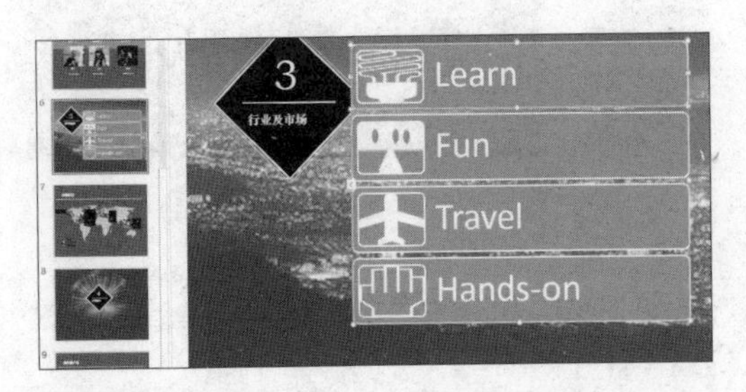

步骤02 **选择填充颜色。**单击“SmartArt工具-格式”选项卡下“形状样式”组中“形状填充”右侧的下三角按钮，在展开的下拉列表中选择合适的颜色，如下图所示。

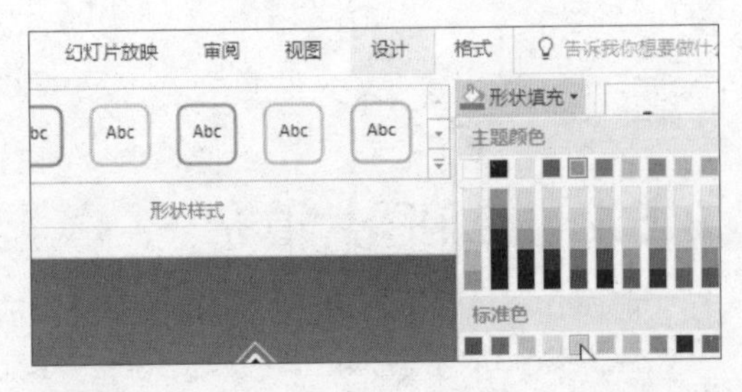

步骤03 **显示填充颜色后的效果。**使用同样的方法为其他几个形状填充不同颜色，效果如下图所示。

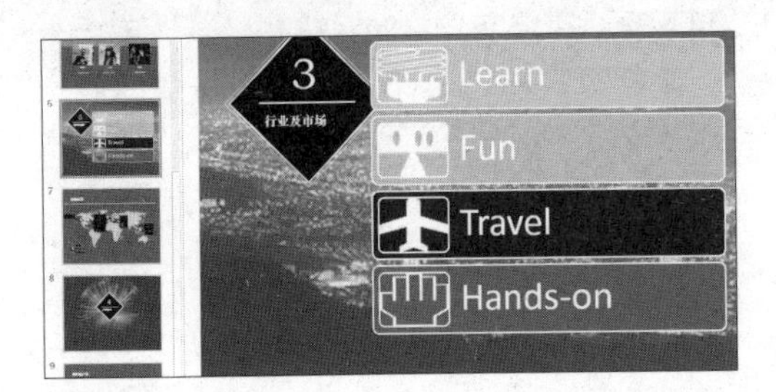

步骤04 **设置形状效果。**首先选中所有形状，然后单击“SmartArt工具-格式”选项卡下“形状样式”组中“形状效果”右侧的下三角按钮，如下图所示。

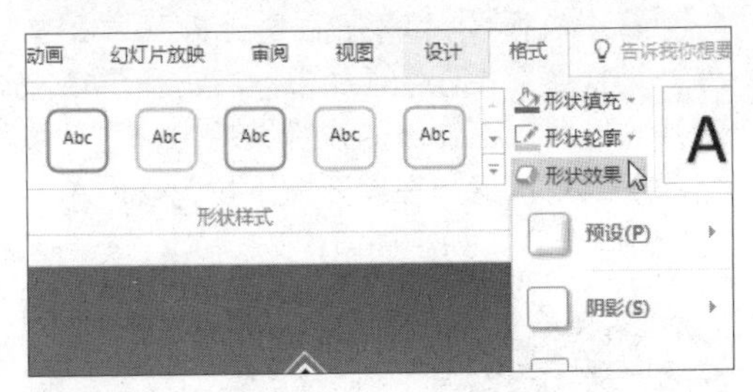

步骤05 **选择形状效果。**在展开的下拉列表中指向“棱台”选项，然后在展开的列表中选择合适的效果，如下图所示。

步骤06 **显示最终效果。**此时SmartArt图形中的所有形状都应用了所选的形状效果，如下图所示。

8.7 还原默认的布局和颜色

如果用户对设置后的图形效果不满意，想要从头开始设置 SmartArt 图形的效果，则需通过重设图形功能，快速还原整个 SmartArt 图形的默认布局和颜色。

原始文件：下载资源\实例文件\第 8 章\原始文件\还原布局和颜色 .pptx

最终文件：下载资源\实例文件\第 8 章\最终文件\还原布局和颜色 .pptx

步骤01 **重设图形。**打开原始文件，切换至第6张幻灯片中，选中SmartArt图形，单击“SmartArt工具-设计”选项卡下“重置”组中的“重设图形”按钮，如下图所示。

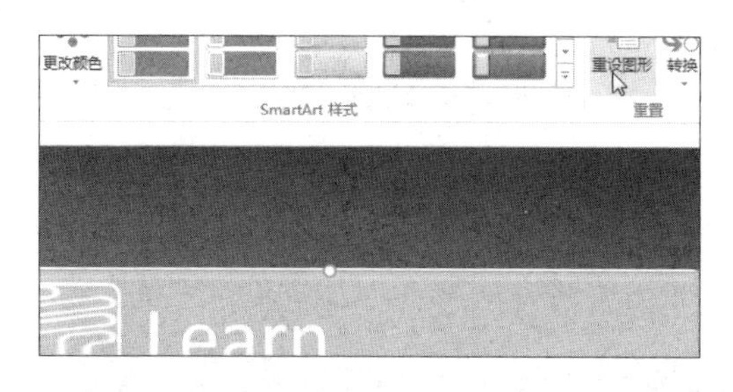

步骤02 **显示重置后的效果。**此时SmartArt图形还原为默认的布局和颜色，效果如下图所示。

实例演练　制作公司组织结构图

公司组织结构图是公司组织架构的直观反映，是最常见的表现雇员、职称和群体关系的一种图表，它形象地反映了公司内各机构、岗位之间的关系。下面就以制作公司组织结构图为例，巩固本章所学知识。

原始文件：下载资源 \ 实例文件 \ 第 8 章 \ 原始文件 \ 公司组织结构图 .pptx
最终文件：下载资源 \ 实例文件 \ 第 8 章 \ 最终文件 \ 公司组织结构图 .pptx

步骤01 **插入SmartArt图形。**打开原始文件，单击“插入”选项卡下“插图”组中的“SmartArt”按钮，如下图所示。

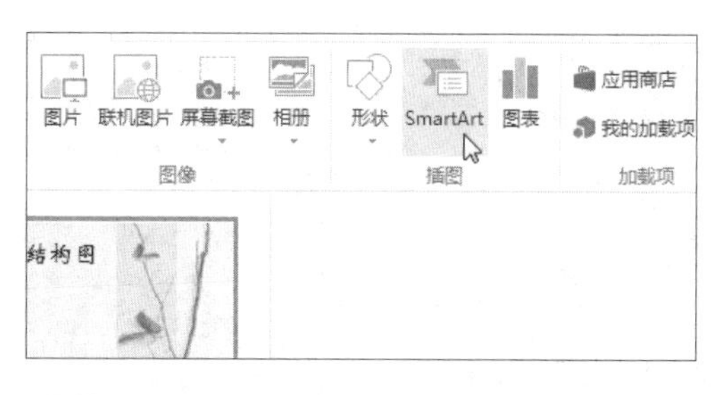

步骤02 **选择SmartArt图形类型。**弹出“选择SmartArt图形”对话框，在左侧列表框中选择“层次结构”类型，在中间列表框中选择“组织结构图”选项，如下图所示，然后单击“插入”按钮。

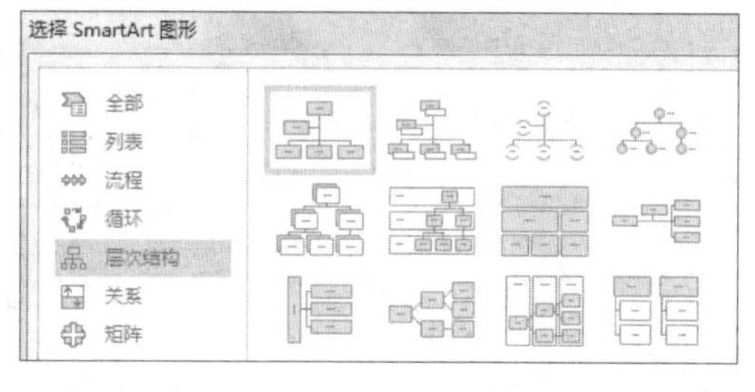

步骤03 **添加形状。**此时幻灯片中插入了所选的“组织结构图”SmartArt图形，右击第二排的第一个形状，在弹出的快捷菜单中执行“添加形状>在后面添加形状”命令，如右图所示。

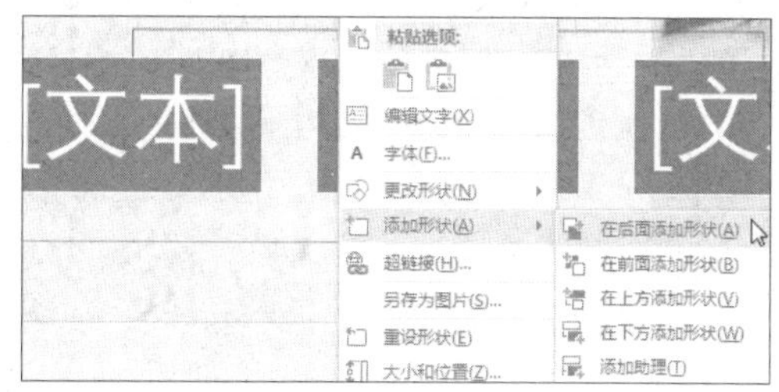

步骤04 **添加第二个形状。**再次选择第二排的第一个形状，单击“SmartArt工具-设计”选项卡下“创建图形”组中的“添加形状”按钮，在展开的下拉列表中单击“添加助理”选项，如下图所示。

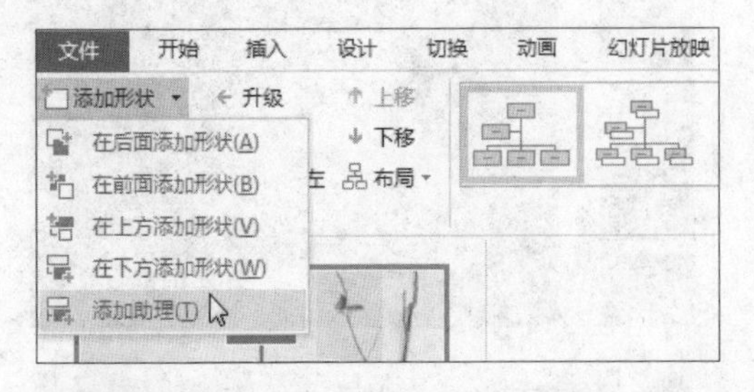

步骤05 **继续添加形状。**参照步骤03和步骤04的方法继续为SmartArt图形添加形状，添加后调整SmartArt图形的大小，并将其移动到合适位置，效果如下图所示。

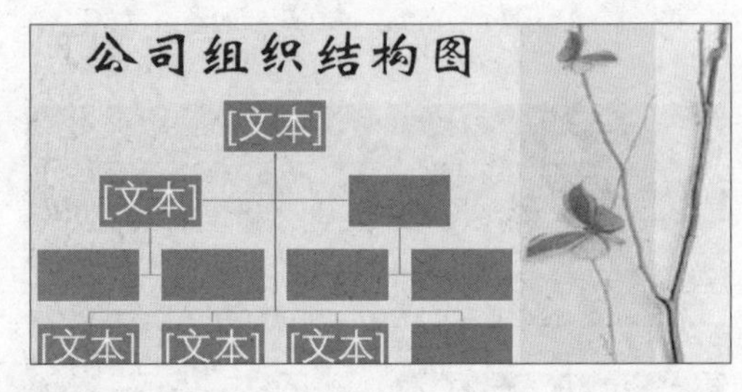

步骤06 **输入文本。**展开文本窗格，然后在文本窗格中输入相应的文字，如下图所示，最后关闭文本窗格。

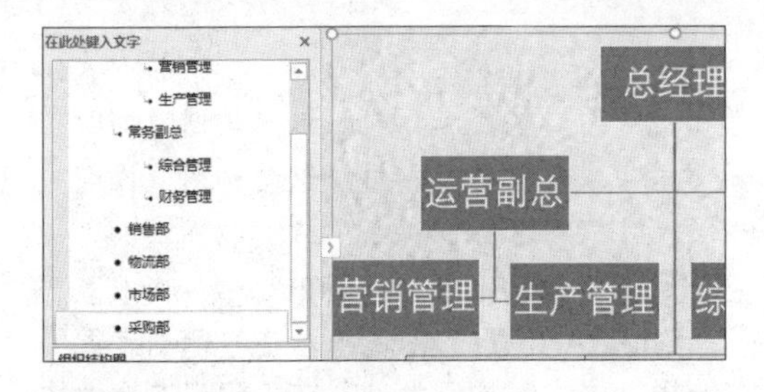

步骤07 **更改颜色。**单击“SmartArt工具-设计”选项卡下“SmartArt样式”组中的快翻按钮，在展开的列表中选择“三维”选项组中的“卡通”样式，如下图所示。

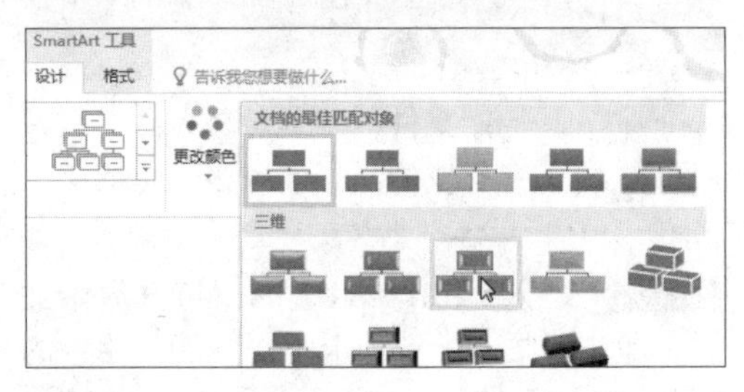

步骤08 **展开艺术字样式列表。**在“SmartArt工具-格式”选项卡下单击“艺术字样式”组中的快翻按钮，如下图所示。

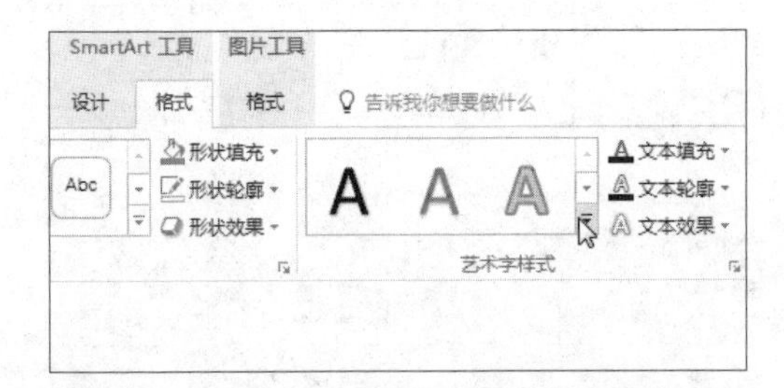

步骤09 **选择艺术字样式。**在展开的艺术字样式列表中选择如下图所示的样式。

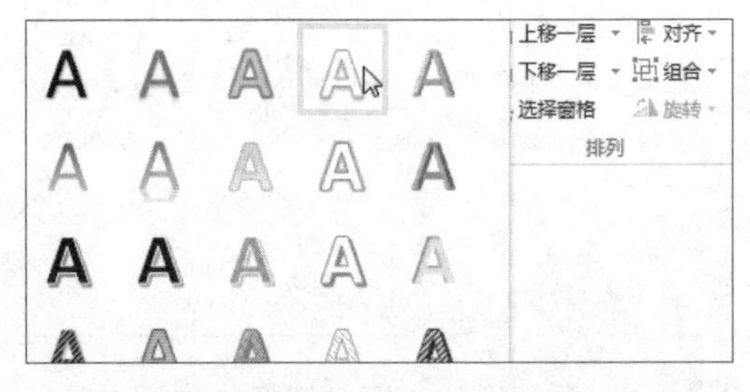

步骤10 **显示设置后的最终效果。**经过以上操作，制作的公司组织结构图最终效果如右图所示。

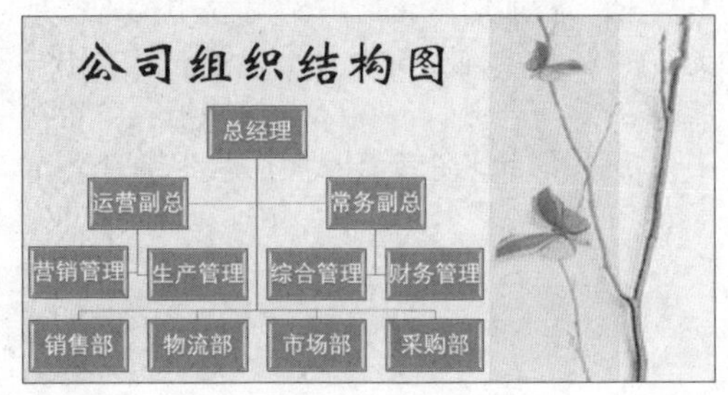

第9章 幻灯片的设计

一个演示文稿能否吸引观众的目光，往往取决于幻灯片的画面色彩和背景图案。在 PowerPoint 2016 中，用户可以利用幻灯片设计功能快速应用内置主题，也可以对画面色彩和幻灯片背景进行自定义设置。本章详细介绍设计幻灯片的相关方法。

9.1 设计演示文稿主题

通过应用不同的主题，可以轻松更改演示文稿的外观。主题具有关联的配色方案、字体和效果，可以帮助用户制作出风格统一的演示文稿。用户可根据需要选择 PowerPoint 2016 中内置的主题样式，或者对主题样式进行自定义设置，具体操作如下。

9.1.1 应用内置主题

为了使幻灯片更富表现力，可以对演示文稿应用内置主题效果，具体操作如下。

原始文件：下载资源 \ 实例文件 \ 第 9 章 \ 原始文件 \ 迎接新挑战 .pptx

最终文件：下载资源 \ 实例文件 \ 第 9 章 \ 最终文件 \ 应用内置主题 .pptx

步骤01 **选择幻灯片。** 打开原始文件，切换至第2张幻灯片，如下图所示。

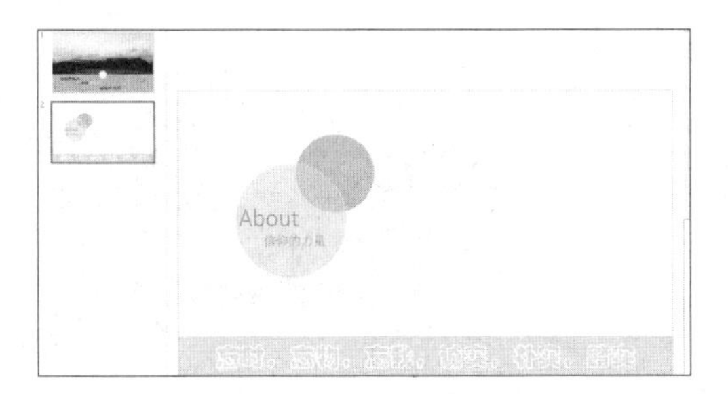

步骤02 **展开主题列表。** 单击“设计”选项卡下“主题”组的快翻按钮，如下图所示。

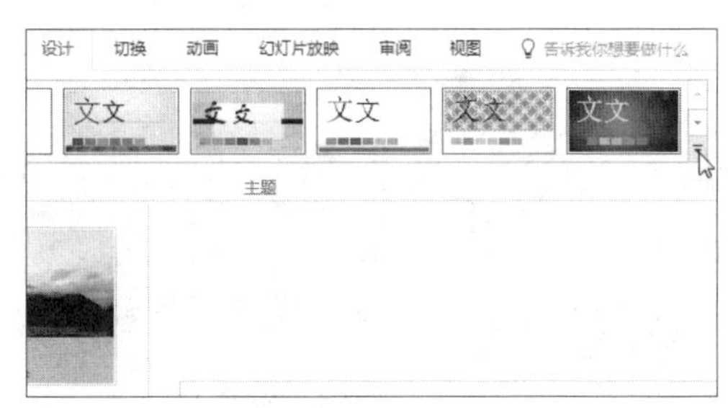

步骤03 **选择主题样式。** 在展开的主题列表中选择“丝状”样式，如下图所示。

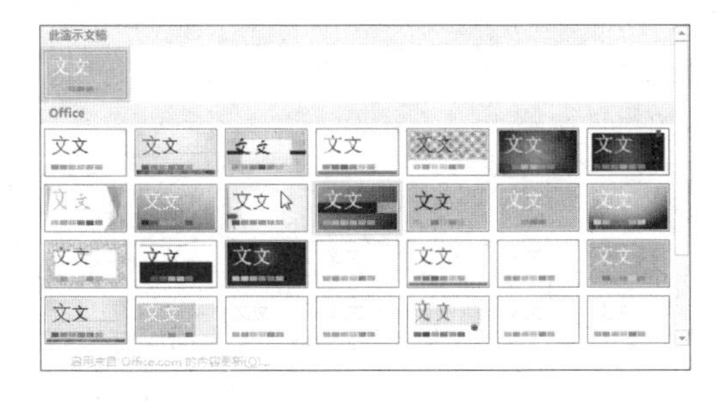

步骤04 **显示设置主题后的效果。** 演示文稿套用所选“丝状”主题样式后，效果如下图所示。

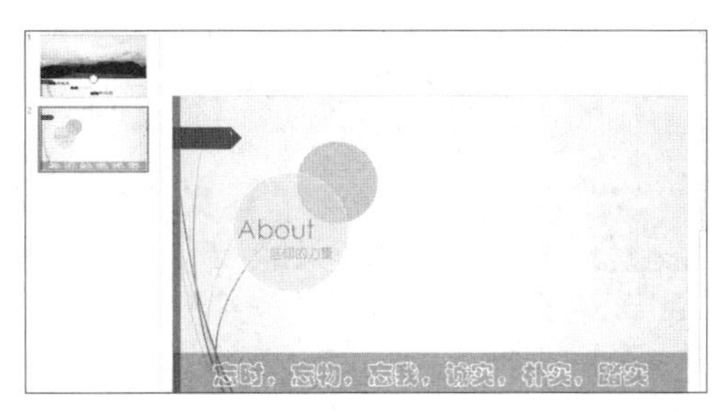

步骤05 **展开变体选项组。**单击“设计”选项卡下“变体”组的快翻按钮，如下图所示。

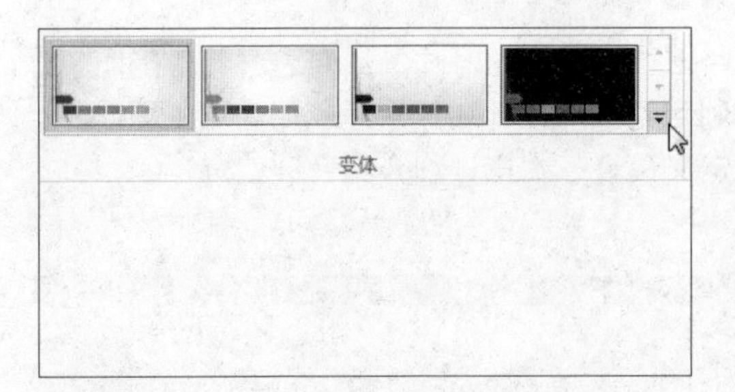

步骤06 **设置主题颜色。**在展开的变体选项组中单击“颜色>蓝色 II”选项，如下图所示。

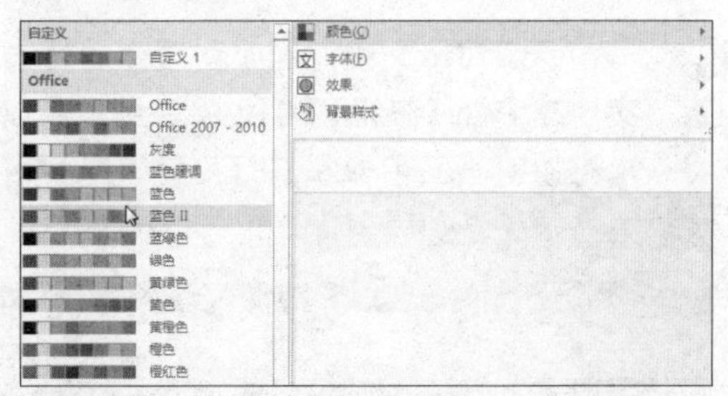

步骤07 **设置主题字体。**展开变体选项组，单击“字体>方正姚体”选项，如下图所示。

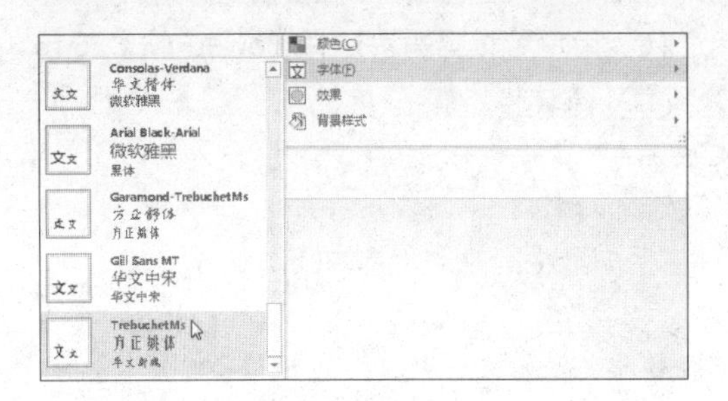

步骤08 **设置主题效果。**展开变体选项组，单击“效果>磨砂玻璃”选项，如下图所示。

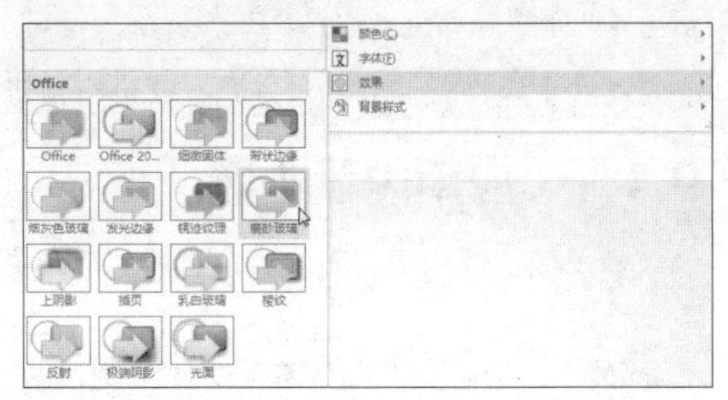

步骤09 **设置背景样式。**展开变体选项组，单击“背景样式>样式7”，如下图所示。

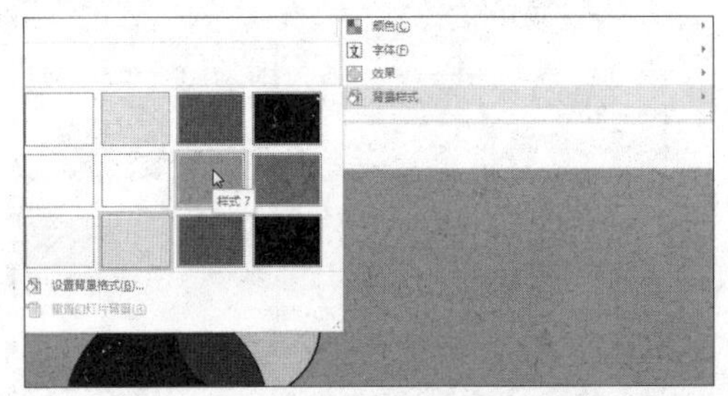

步骤10 **显示最终效果。**经过以上操作，演示文稿的主题、颜色、字体、背景等都发生了改变，效果如下图所示。

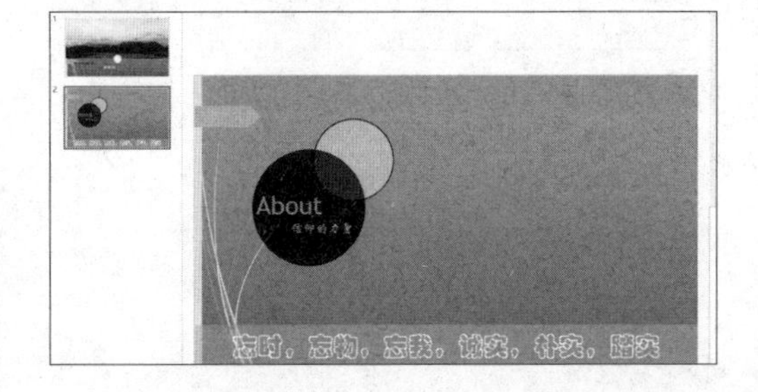

9.1.2 自定义主题颜色

在制作演示文稿的过程中，主题的默认色彩和幻灯片内容可能不够契合，此时用户可以通过 PowerPoint 2016 提供的功能自定义主题颜色。具体操作如下。

原始文件：下载资源\实例文件\第 9 章\原始文件\自定义颜色 .pptx
最终文件：下载资源\实例文件\第 9 章\最终文件\自定义颜色 .pptx

步骤01 **单击“自定义颜色”选项。**打开原始文件，单击“设计”选项卡下“变体”组的快翻按钮，在展开的下拉列表中单击“颜色>自定义颜色”选项，如下左图所示。

步骤02 **自定义主题颜色。**弹出“新建主题颜色”对话框，单击“主题颜色”选项组中“文字/背景-深色1”右侧的下三角按钮，在展开的颜色列表中选择需要的颜色，如下右图所示。

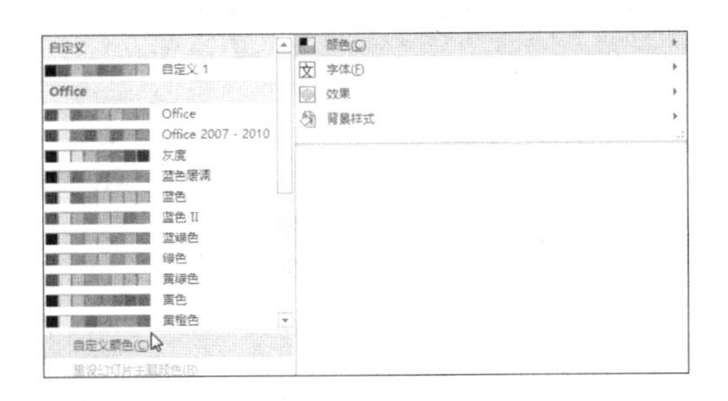

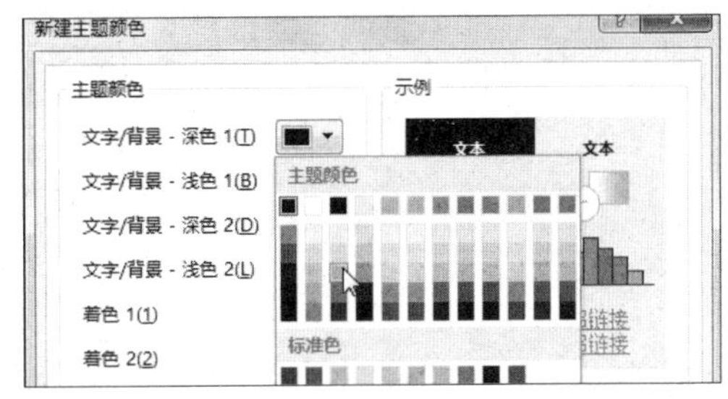

步骤03 **设置自定义颜色名称。** 使用同样的方法设置好其他颜色，然后在“名称”文本框中输入名称“自定义颜色”，再单击“保存”按钮，如下图所示。

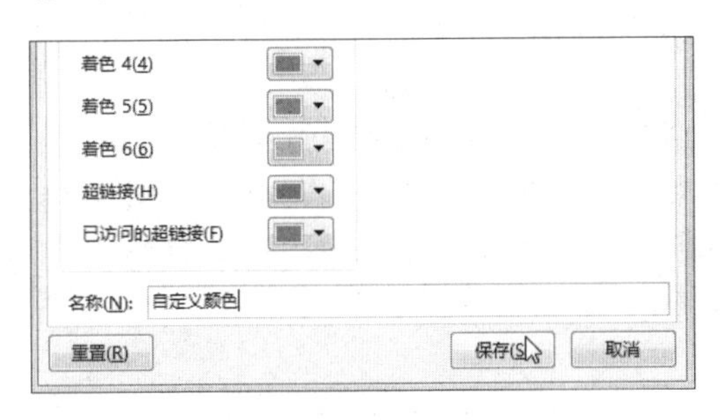

步骤04 **应用自定义颜色。** 当需要使用自定义的主题颜色时，单击“变体”组的快翻按钮，在展开的下拉列表中单击“颜色>自定义>自定义颜色”选项，如下图所示。

9.1.3 自定义主题字体

主题字体包含标题字体和正文字体。在主题字体列表中可看到各个主题的标题字体和正文字体的名称，用户也可以自定义一组主题字体，具体操作如下。

原始文件： 下载资源\实例文件\第9章\原始文件\自定义字体.pptx

最终文件： 下载资源\实例文件\第9章\最终文件\自定义字体.pptx

步骤01 **单击“自定义字体”选项。** 打开原始文件，单击“设计”选项卡下“变体”组的快翻按钮，在展开的下拉列表中单击“字体>自定义字体”选项，如下图所示。

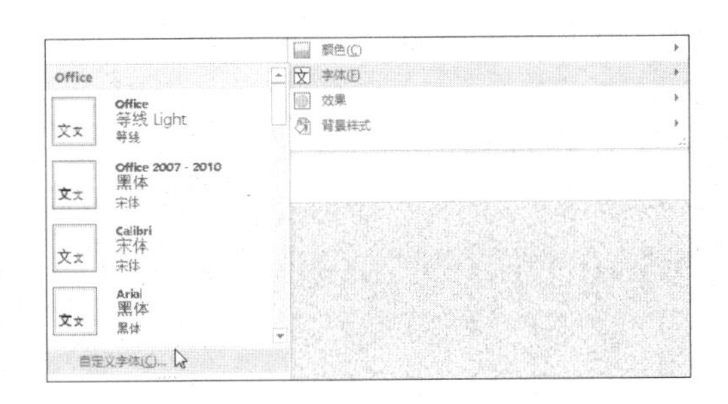

步骤02 **自定义字体。** 弹出“新建主题字体”对话框，单击“西文”选项组中“标题字体（西文）”下拉列表框右侧的下三角按钮，在展开的下拉列表中选择如下图所示的字体。

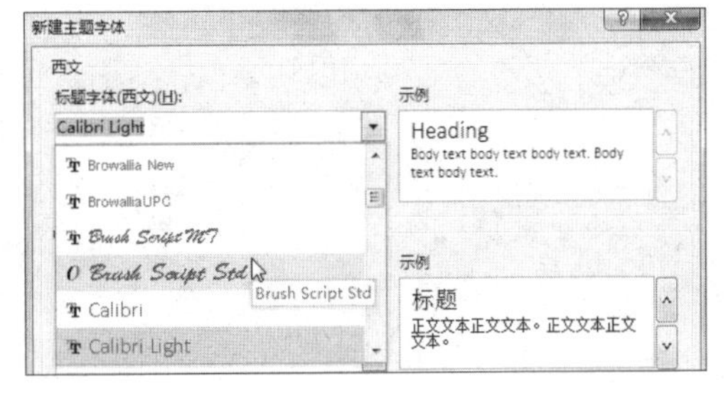

步骤03 **保存自定义字体。**使用同样的方法选择“中文”选项组的字体，然后在“名称”文本框中输入自定义字体的名称，如“自定义字体”，最后单击“保存”按钮，如下图所示。

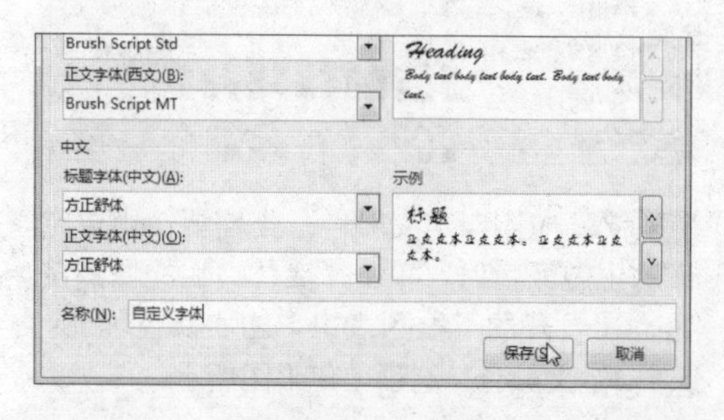

步骤04 **显示效果。**切换至第2张幻灯片中，可以看到此时幻灯片中的文本字体都发生了改变，如下图所示。

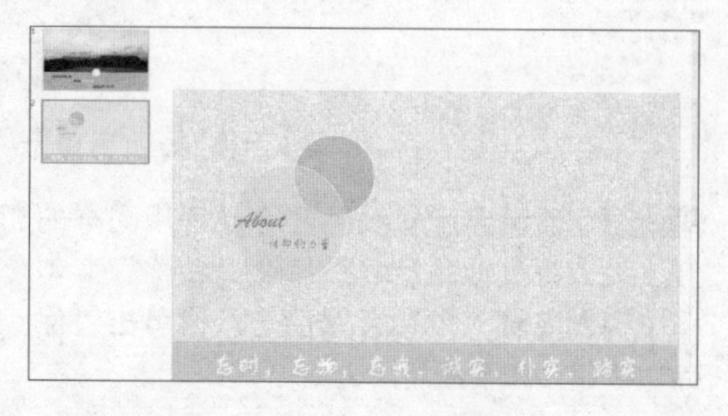

9.1.4 保存和删除自定义主题

在 PowerPoint 2016 中，对演示文稿主题的颜色、字体或线条和填充效果等做任何更改后都可以另存为自定义主题，便于将其应用到其他演示文稿中。当用户自定义主题并将其保存后，该自定义主题会保存到演示文稿的主题文件夹中，并自动添加到自定义主题列表中。当从主题列表中删除了该主题时，演示文稿的主题文件夹也会将该主题一并删除。具体操作如下。

原始文件：下载资源\实例文件\第 9 章\原始文件\自定义主题 .pptx

最终文件：下载资源\实例文件\第 9 章\最终文件\自定义主题 .pptx

1 保存自定义主题

步骤01 **保存主题。**打开原始文件，单击“设计”选项卡下“主题”组的快翻按钮，在展开的下拉列表中单击“保存当前主题”选项，如下图所示。

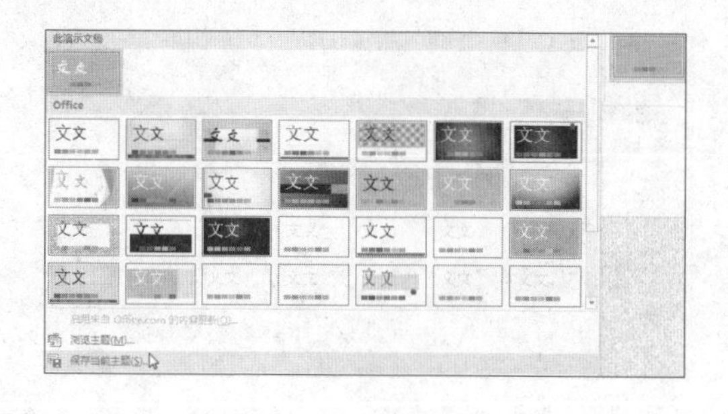

步骤02 **设置主题名称。**弹出“保存当前主题”对话框，保持默认的保存路径，可以在“文件名”文本框中输入新主题名称，这里保持默认值不变，如下图所示，最后单击“保存”按钮即可。当需要再次应用所保存的自定义主题时，单击“主题”组的快翻按钮，在展开的主题列表中选择“自定义”选项组中的自定义主题即可。

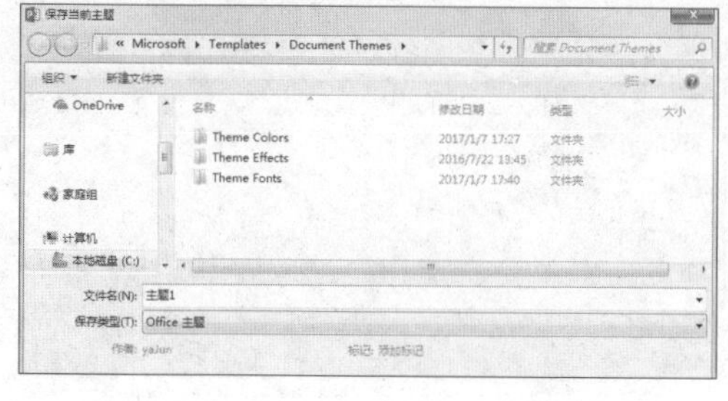

2 删除自定义主题

当不再需要所设置的自定义主题时，可以将其删除。右击“设计”选项卡下“主题”组中的该主题样式，在弹出的快捷菜单中单击“删除”命令，如右图所示。

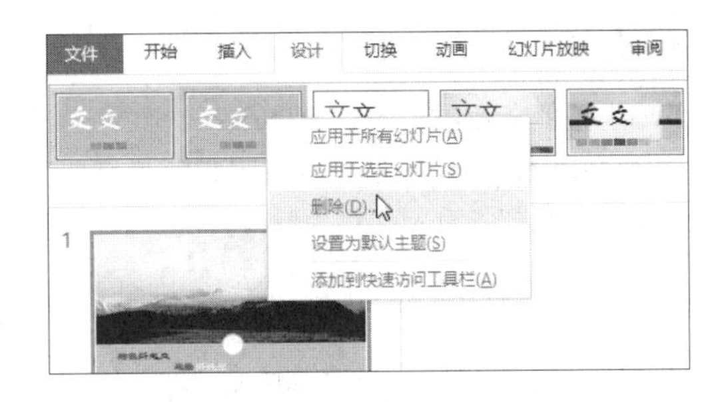

9.2 设计幻灯片背景

幻灯片的背景决定了幻灯片的美观度。背景样式是演示文稿“主题”中主题颜色和背景亮度的组合的背景填充。当用户更改演示文稿的主题时，背景样式也会随之改变。

9.2.1 使用内置背景

内置的背景样式在背景样式列表中显示为缩略图。将鼠标指针置于某个背景样式缩略图上时，可以预览该背景样式在演示文稿中的效果，单击该样式缩略图即可将其应用于当前演示文稿。具体操作如下。

原始文件： 下载资源\实例文件\第 9 章\原始文件\迎接新挑战 .pptx
最终文件： 下载资源\实例文件\第 9 章\最终文件\使用内置背景 .pptx

步骤01 **选择背景样式。** 打开原始文件，切换至“设计”选项卡下，单击“变体”组中的快翻按钮，在展开的下拉列表中指向“背景样式”选项，然后在展开的列表中选择需要的背景样式，如选择“样式12”选项，如下图所示。

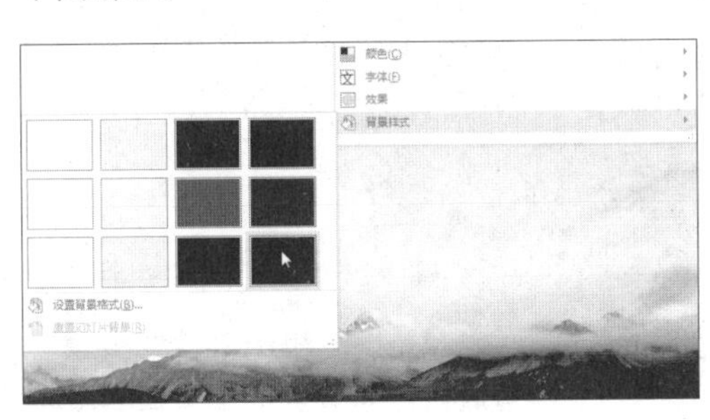

步骤02 **显示应用背景样式后的效果。** 此时演示文稿中的所有幻灯片都应用了选定的背景样式，效果如下图所示。

办公点拨　只更改选定幻灯片的背景

如果只需更改选定幻灯片的背景，可以先选中要更改背景的幻灯片，然后单击“变体”组中的快翻按钮，在展开的下拉列表中指向“背景样式”选项，在展开的列表中右击需要应用的背景样式，在弹出的快捷菜单中单击“应用于所选幻灯片”命令即可。

9.2.2 自定义背景样式

内置的背景样式不仅颜色单一，且可供选择的数量也很少。为了满足用户更多的需求，在 PowerPoint 2016 中可以自定义背景样式，比如设置背景样式为纯色、渐变、图片或纹理效果。本小节以设置图片为背景为例，介绍自定义背景样式的方法。

原始文件： 下载资源\实例文件\第 9 章\原始文件\迎接新挑战 .pptx、背景图案 .jpg

最终文件： 下载资源\实例文件\第 9 章\最终文件\自定义背景样式 .pptx

步骤01 单击"设置背景格式"按钮。 打开原始文件中的演示文稿，切换至第2张幻灯片中，单击"设计"选项卡下"自定义"组中的"设置背景格式"按钮，如下图所示。

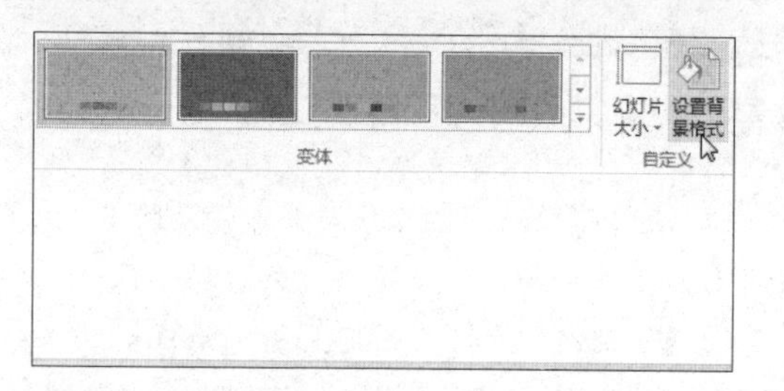

步骤02 选择背景填充样式。 弹出"设置背景格式"任务窗格，单击"填充"选项卡下"填充"组的"图片或纹理填充"单选按钮，如下图所示。

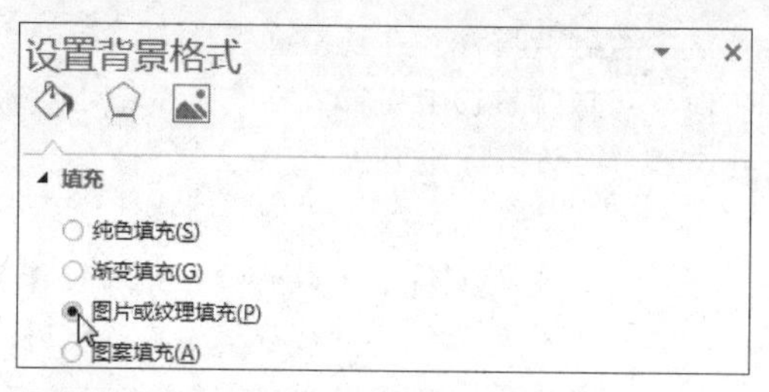

步骤03 选择图片来源。 单击"插入图片来自"下方的"文件"按钮，如下图所示，即可插入本地保存的图片。

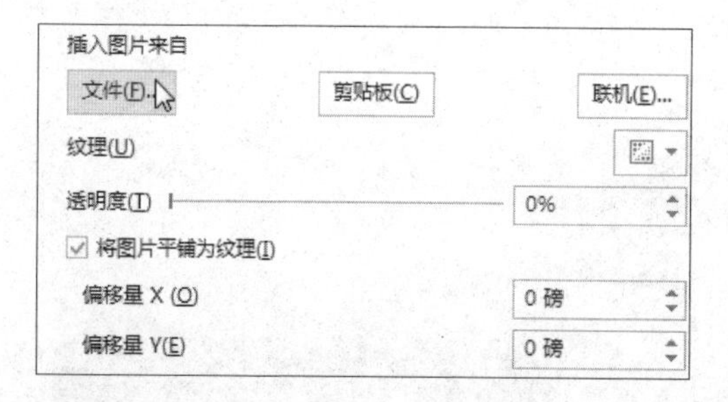

步骤04 选择图片。 弹出"插入图片"对话框，在地址栏中选择图片的保存位置，然后选中需要插入的图片，再单击"插入"按钮，如下图所示。

步骤05 将图片平铺为纹理。 勾选"将图片平铺为纹理"复选框，如下图所示，用户还可以设置图片的偏移量。

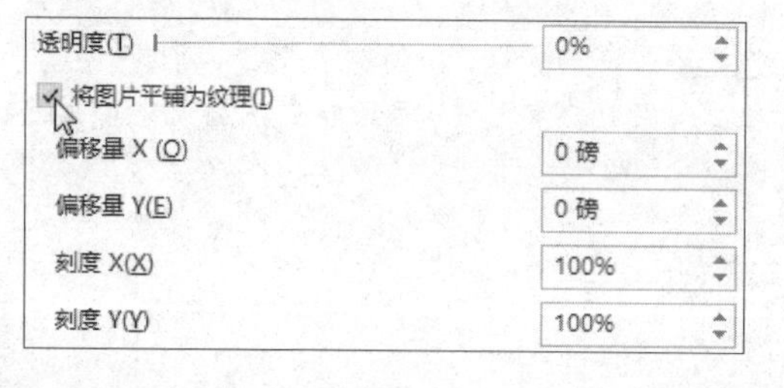

步骤06 设置镜像类型。 单击"镜像类型"右侧的下三角按钮，在展开的下拉列表中单击"水平"选项，如下图所示。

步骤07 **显示设置后的效果。**关闭任务窗格，返回幻灯片中，可以看到背景图片显示为水平对称效果，如右图所示。

9.3 设置幻灯片大小

默认情况下，PowerPoint 2016 幻灯片版式以“宽屏（16∶9）”显示，用户也可以将幻灯片版式更改为“标准（4∶3）”，还可以自定义幻灯片大小。

9.3.1 更改幻灯片大小比例

为了让幻灯片在播放时更匹配显示设备的尺寸，可对幻灯片的大小进行更改。具体操作如下。

原始文件：下载资源\实例文件\第 9 章\原始文件\自定义背景样式.pptx
最终文件：下载资源\实例文件\第 9 章\最终文件\更改幻灯片方向.pptx

步骤01 **选择幻灯片大小比例。**打开原始文件，单击“设计”选项卡下“自定义”组中“幻灯片大小”下三角按钮，在展开的下拉列表中单击“标准（4∶3）”选项，如下图所示。

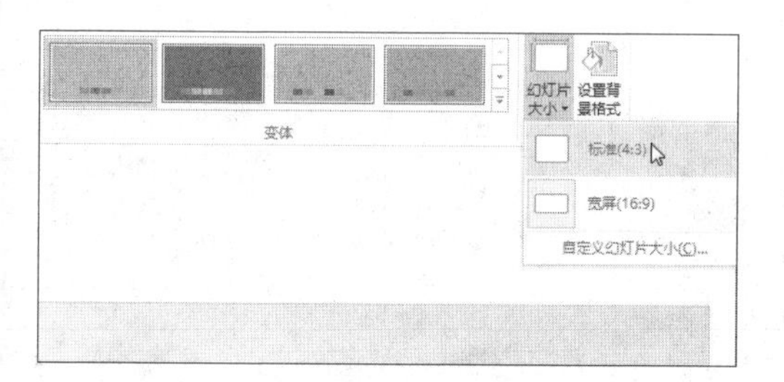

步骤02 **确定缩放比例。**弹出提示框，提示是要最大化内容大小还是按比例缩小以确保适应新幻灯片，这里单击“确保适合”按钮，如下图所示。

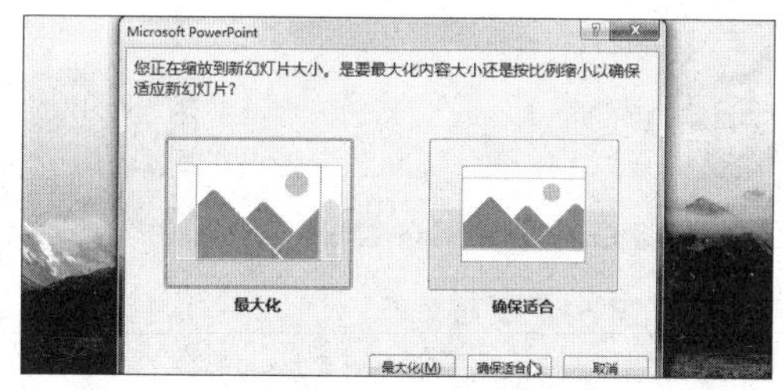

办公点拨 **“最大化”与“确保适合”的区别**

当幻灯片无法自动缩放内容大小时，会出现上述实例步骤 02 中的对话框，其中两个选项具体含义为：“最大化”选项表示在缩放到较大的幻灯片大小时，会增大幻灯片内容的大小，选择此选项可能导致幻灯片内容不能全部显示在幻灯片上。“确保适合”选项表示在缩放到较小的幻灯片大小时，减小幻灯片内容的大小，选择此选项虽然会使内容显示得较小，但可以保证用户能够看到幻灯片的所有内容。

9.3.2 自定义幻灯片大小

在制作幻灯片时，如果已有的幻灯片大小并不匹配实际使用的显示设备，可自行对幻灯片的大小进行设置，具体的操作方法如下。

原始文件： 下载资源 \ 实例文件 \ 第 9 章 \ 原始文件 \ 迎接新挑战 .pptx
最终文件： 下载资源 \ 实例文件 \ 第 9 章 \ 最终文件 \ 自定义幻灯片大小 .pptx

步骤01 **单击“自定义幻灯片大小”选项。** 打开原始文件，单击“设计”选项卡下“自定义”组中的“幻灯片大小”下三角按钮，在展开的下拉列表中单击“自定义幻灯片大小”选项，如下图所示。

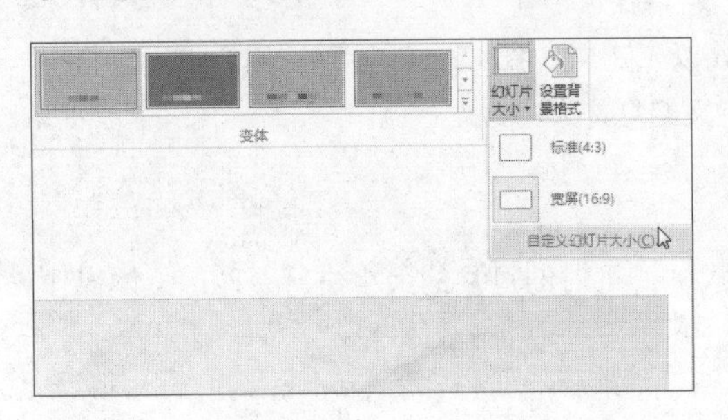

步骤02 **设置幻灯片大小。** 弹出“幻灯片大小”对话框，单击“幻灯片大小”下拉列表框右侧的下三角按钮，在展开的下拉列表中单击“自定义”选项，如下图所示。

步骤03 **设置其他选项。** 用户可自定义幻灯片的宽度、高度，如设置“高度”为“21.5 厘米”，还可以设置幻灯片及备注、讲义和大纲的方向，设置完毕后单击“确定”按钮即可，如下图所示。

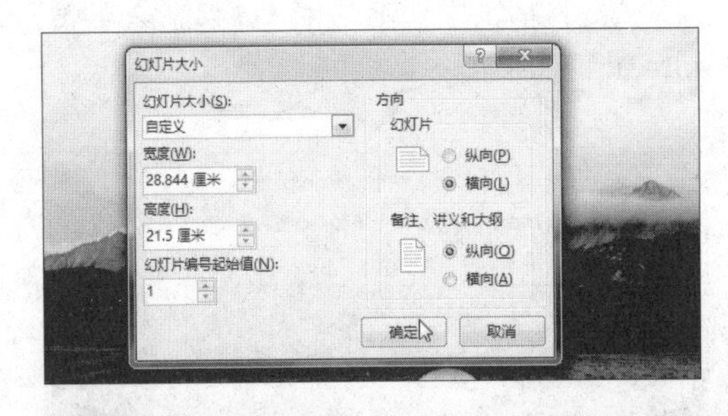

步骤04 **单击“确保适合”按钮。** 弹出提示框，选择需要的缩放方式，这里单击“确保适合”按钮，如下图所示。经过以上操作，即完成了对幻灯片自定义大小的设置。

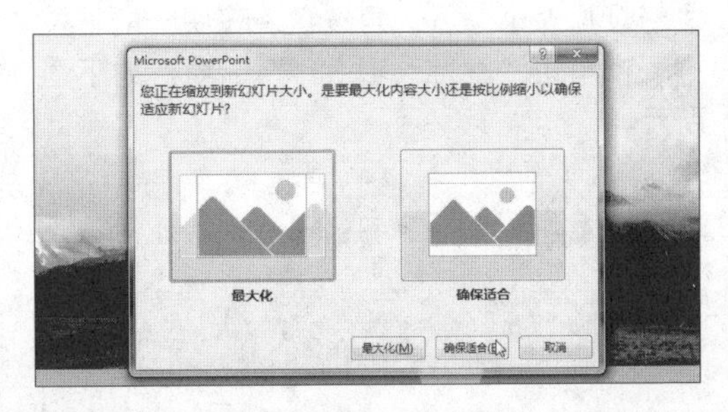

实例演练 更改演示文稿的整体风格

一个风格精美的演示文稿能够吸引更多观众的目光，从而使观众产生了解文稿内容的欲望。下面就以制作宣传片演示文稿为例，巩固本章所学知识。

原始文件： 下载资源 \ 实例文件 \ 第 9 章 \ 原始文件 \ 宣传片 .pptx
最终文件： 下载资源 \ 实例文件 \ 第 9 章 \ 最终文件 \ 宣传片 .pptx

步骤01 **选择主题效果。** 打开原始文件，单击“设计”选项卡下“主题”组中的快翻按钮，在展开的列表中单击要设置的主题样式，如“视差”主题效果，如下左图所示。

步骤02 **显示主题效果。** 随后可看到幻灯片应用了内置主题样式后的效果，如下右图所示。

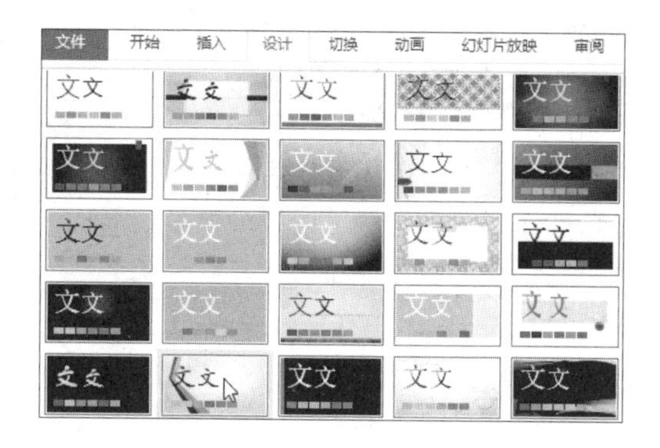

步骤03 设置主题颜色。单击“设计”选项卡下“变体”组中的快翻按钮，在展开的列表中单击“颜色>绿色”选项，如下图所示。

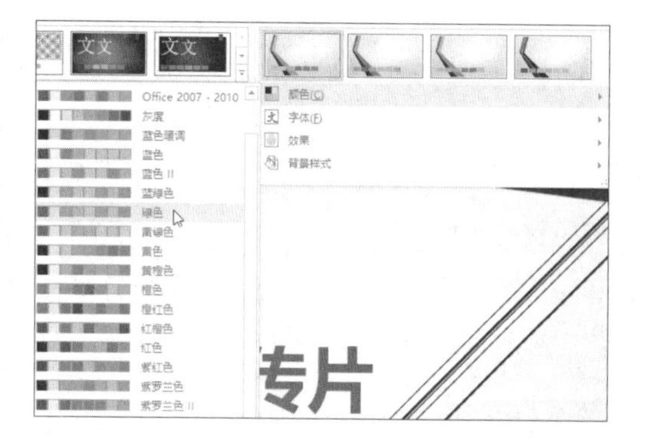

步骤05 设置背景格式。继续单击“设计”选项卡下“变体”组中的快翻按钮，在展开的列表中单击“背景样式>样式11”选项，如下图所示。

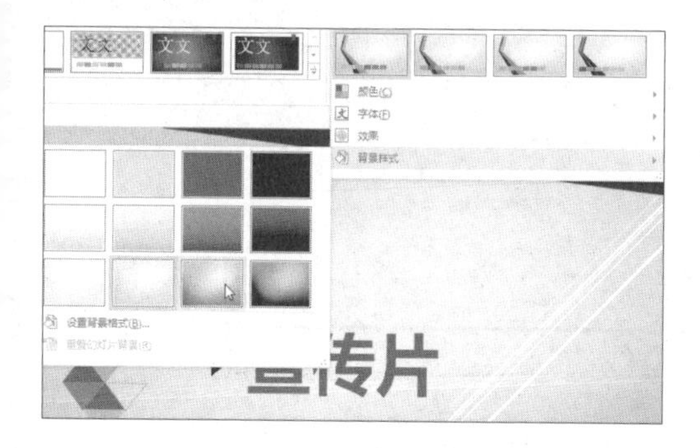

步骤04 设置主题字体。单击“设计”选项卡下“变体”组中的快翻按钮，在展开的列表中单击“字体”选项，在级联列表中选择合适的字体效果，如下图所示。

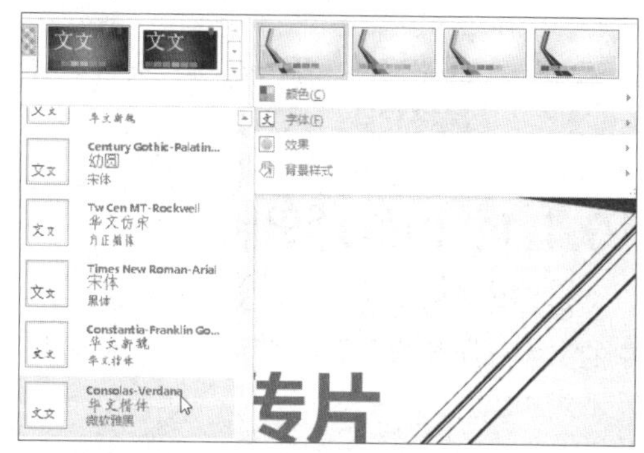

步骤06 显示统一设置的幻灯片效果。随后可看到应用主题效果、颜色、字体及背景样式后的幻灯片效果，如下图所示。

第10章 母版的使用和修改

幻灯片母版是存储有关设计模板信息的幻灯片，在母版中可对字形、占位符大小或位置、背景设计和配色方案等进行设置。适当运用母版可以减少很多重复性的工作，提高工作效率，更重要的是，使用幻灯片母版可以让幻灯片具有统一的风格和样式。

10.1 母版类型

PowerPoint 2016 中一共有 3 种母版类型：幻灯片母版、讲义母版和备注母版。本节就来介绍这 3 种母版包含的内容及用途。

原始文件：下载资源 \ 实例文件 \ 第 10 章 \ 原始文件 \ 母版类型 .pptx
最终文件：无

10.1.1 幻灯片母版

幻灯片母版包含 5 个区域：标题区、正文区和页脚区。这些区域实际上就是占位符，其中的文字并不会显示在幻灯片中，只是起提示作用。幻灯片母版各区域的形式和名称如下图及下表所示。

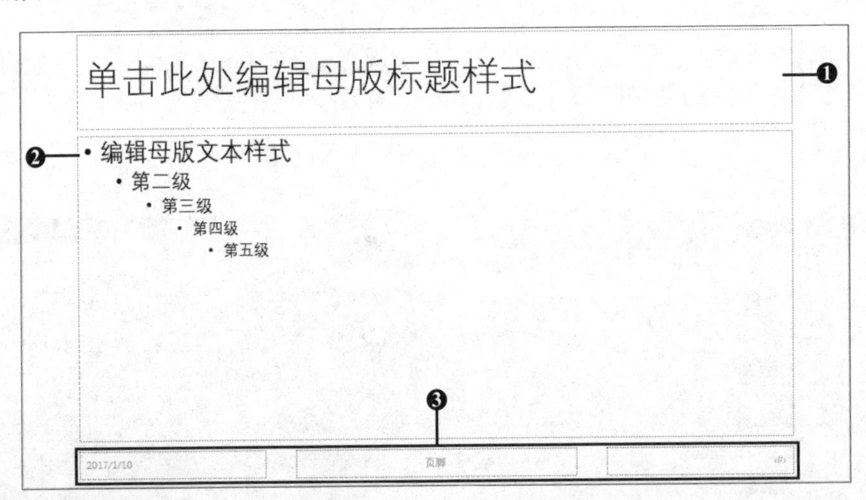

编号	❶	❷	❸
名称	标题区	正文区	页脚区

幻灯片母版是最常用的母版。为了保证整个幻灯片风格统一，并能将每张幻灯片中固定出现的内容进行一次性编辑，可切换至幻灯片母版进行如下操作。

步骤01 单击“幻灯片母版”按钮。打开原始文件，切换至“视图”选项卡下，单击“母版视图”组中的“幻灯片母版”按钮，如下图所示。

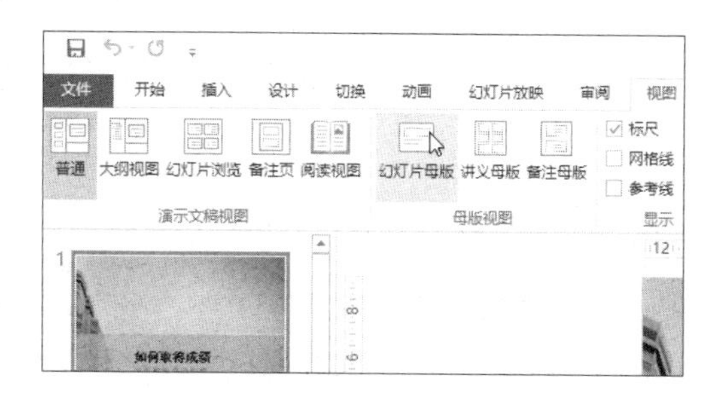

步骤02 显示幻灯片母版视图效果。此时，功能区增加了“幻灯片母版”选项卡，在幻灯片浏览窗格中显示了当前母版及包含的所有版式，如下图所示。

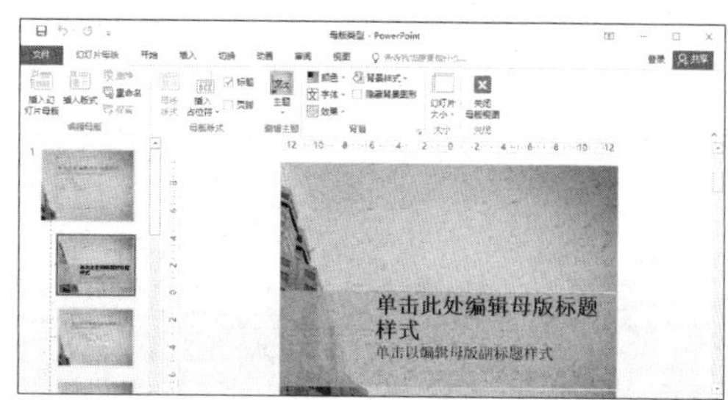

10.1.2 讲义母版

讲义母版包括 5 个区域：虚线占位符、页眉区、日期区、页码区和页脚区，讲义母版各区域的形式和名称如下图及下表所示。

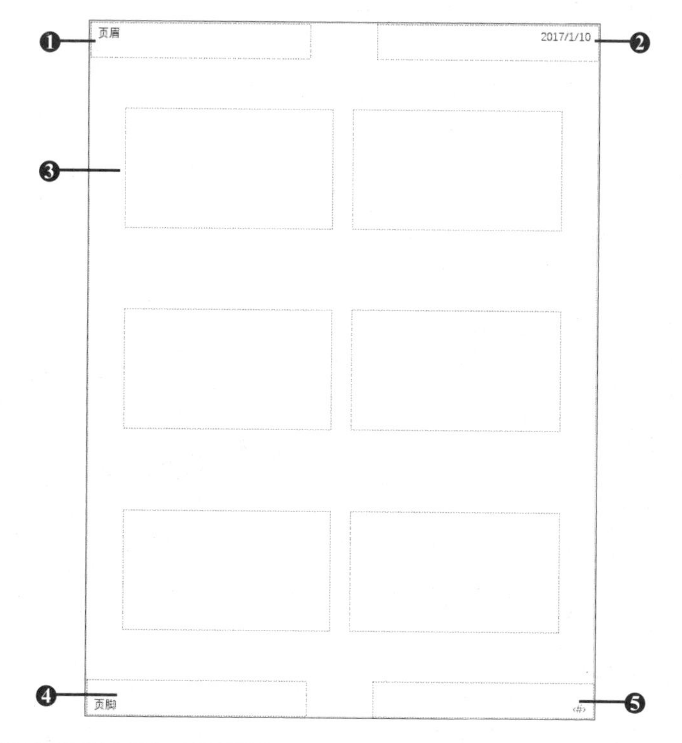

编号	❶	❷	❸	❹	❺
名称	页眉区	日期区	虚线占位符	页脚区	页码区

为节约资源，可以设置讲义母版将多张幻灯片打印在同一张纸上。下面介绍如何打开讲义母版。

步骤01 单击“讲义母版”按钮。继续之前的操作，首先切换至“视图”选项卡下，然后单击“母版视图”组中的“讲义母版”按钮，如下左图所示。

步骤02 **显示讲义母版效果。**此时，功能区中增加了“讲义母版”选项卡，同时可以看到在一页中包含有多张幻灯片，如下右图所示。

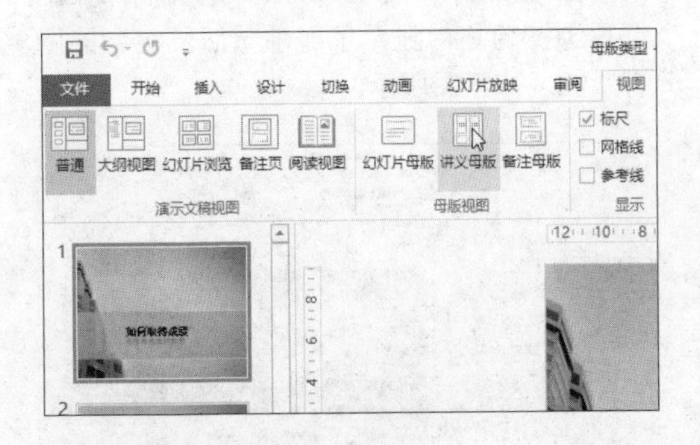

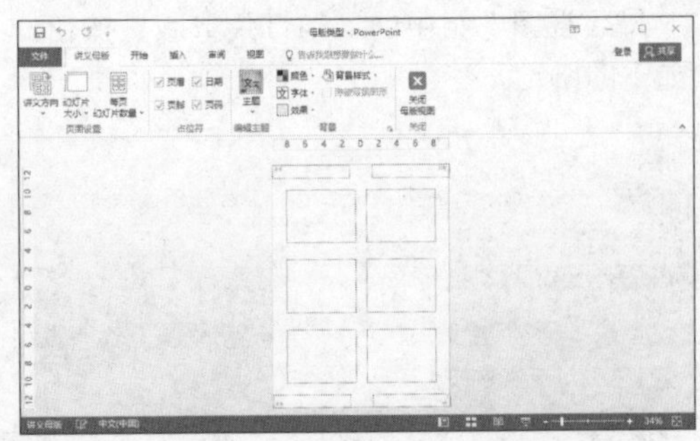

10.1.3 备注母版

备注母版包含 6 个区域：幻灯片图像、正文区、页眉区、日期区、页脚区和页码区，备注母版各区域的形式和名称如下图及下表所示。

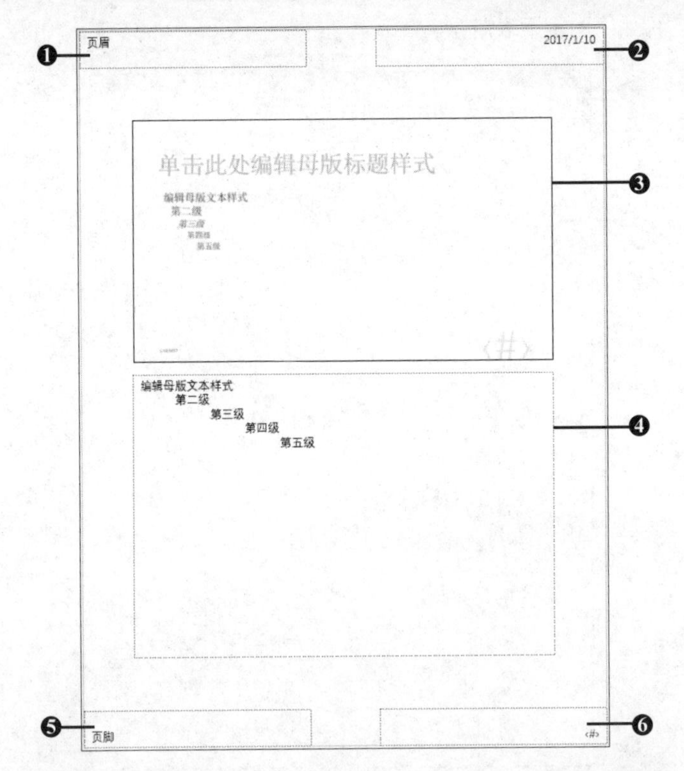

编号	❶	❷	❸	❹	❺	❻
名称	页眉区	日期区	幻灯片图像	正文区	页脚区	页码区

备注母版可以设置备注的格式，让绝大部分的备注具有统一的外观。备注母版作为演示者在演示文稿时的提示和参考，可以单独打印出来。下面介绍如何打开备注母版。

步骤01 **单击“备注母版”按钮。**继续之前的操作，切换至“视图”选项卡，单击“母版视图”组中的“备注母版”按钮，如下左图所示。

步骤02 **显示备注母版效果。**此时功能区增加“备注母版”选项卡，同时显示备注母版结构，如下右图所示。

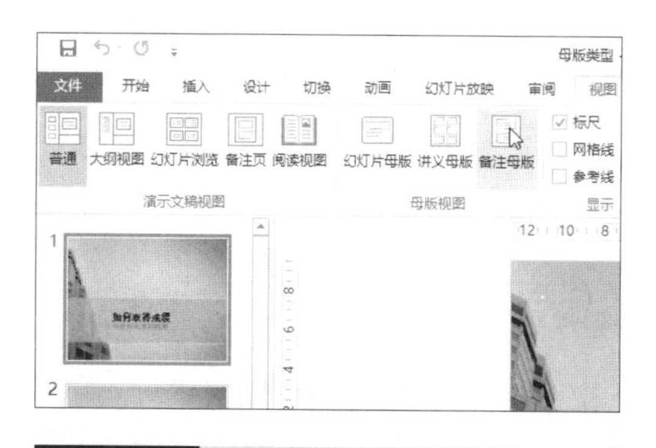

10.2 设置幻灯片母版

虽然各种母版的功能不同，但设置方法基本一致。设置母版包括设置母版的文字属性、项目符号、日期、编号、页眉和页脚，以及添加图片和绘制图形。本节以设置幻灯片母版为例，介绍具体的操作方法。

10.2.1 编辑母版

进入幻灯片母版视图后，即可对该母版进行修改，例如在母版中添加图片、绘制图形、设置文本格式、设置项目符号和更改背景等，这些操作会影响所有基于该母版的演示文稿中的幻灯片。编辑幻灯片母版的具体操作如下。

1 添加幻灯片母版

原始文件：下载资源\实例文件\第 10 章\原始文件\如何取得成绩 .pptx

最终文件：下载资源\实例文件\第 10 章\最终文件\添加幻灯片母版 .pptx

▸方法一：利用功能区命令插入

打开原始文件，切换至幻灯片母版视图下，单击“幻灯片母版”选项卡下“编辑母版”组中的“插入幻灯片母版”按钮，即可添加新的幻灯片母版，如下左图所示。

▸方法二：利用快捷菜单命令插入

打开原始文件，首先切换至幻灯片母版视图下，然后右击幻灯片浏览窗格中的幻灯片缩略图，在弹出的快捷菜单中单击“插入幻灯片母版”命令即可，如下右图所示。

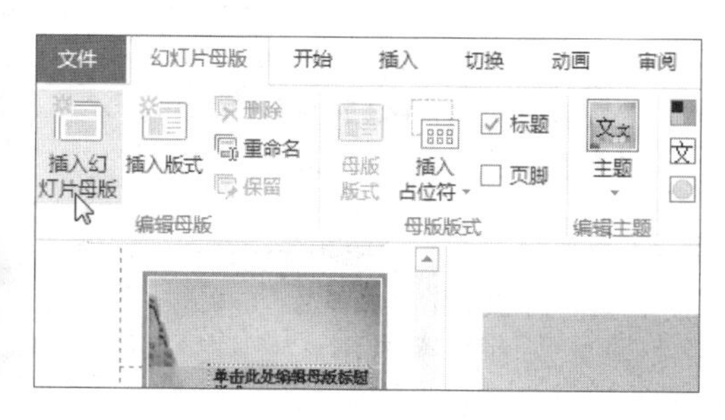

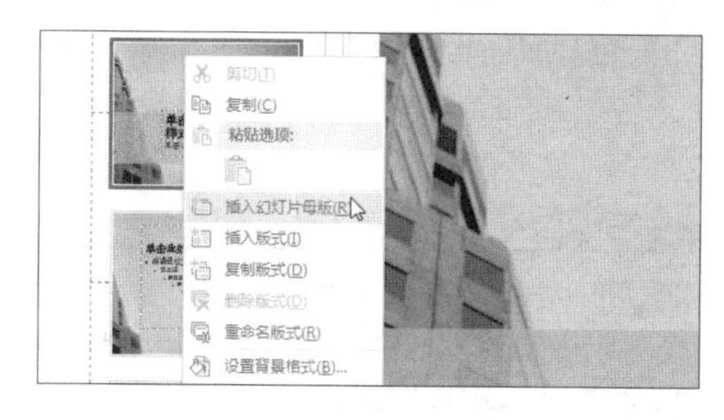

2 删除母版

▶方法一：利用功能区命令删除

继续之前的操作，选中需要删除的母版，然后单击“幻灯片母版”选项卡下“编辑母版”组中的“删除”按钮，如下左图所示。

▶方法二：利用快捷菜单命令删除

右击需要删除的母版，在弹出的快捷菜单中单击“删除母版”命令，如下右图所示。

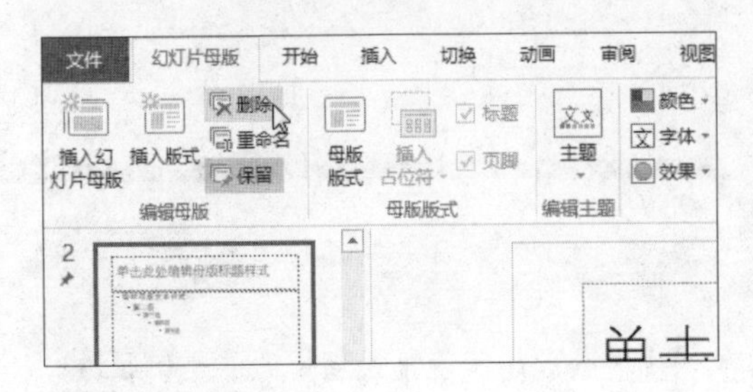

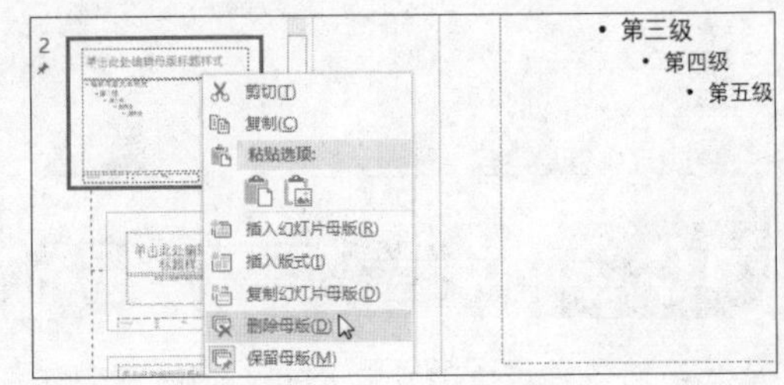

3 重命名母版

步骤01 **单击“重命名”按钮。**打开原始文件，切换至幻灯片母版视图下，选中需要重命名的幻灯片母版，再单击“幻灯片母版”选项卡下“编辑母版”组中的“重命名”按钮，如下图所示。还可以右击母版，在弹出的快捷菜单中单击“重命名母版”命令。

步骤02 **输入名称。**弹出“重命名版式”对话框，在“版式名称”文本框中输入名称，这里输入“蔚蓝天空”，然后单击“重命名”按钮，如下图所示。

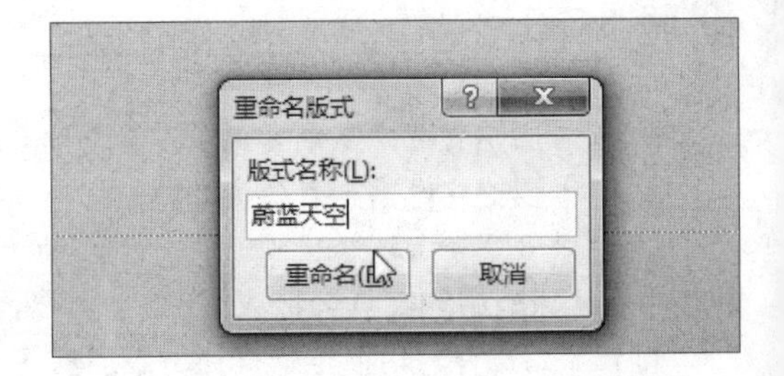

10.2.2 设置母版版式

在使用母版制作演示文稿时，若要在演示文稿中显示或隐藏日期、页脚等，可通过设置母版版式功能显示或隐藏相应的占位符。具体操作如下。

原始文件：下载资源\实例文件\第10章\原始文件\新年新气象.pptx

最终文件：下载资源\实例文件\第10章\最终文件\设置母版版式.pptx

1 在母版中插入占位符

步骤01 **单击“母版版式”按钮。**打开原始文件，切换至幻灯片母版视图下，选中母版版式，单击“幻灯片母版”选项卡下“母版版式”组中的“母版版式”按钮，如下左图所示。

步骤02 **选择需要添加的占位符。**弹出“母版版式”对话框，勾选需要添加的占位符，然后单击“确定”按钮，如下右图所示。默认情况下，母版版式中包含所有占位符。

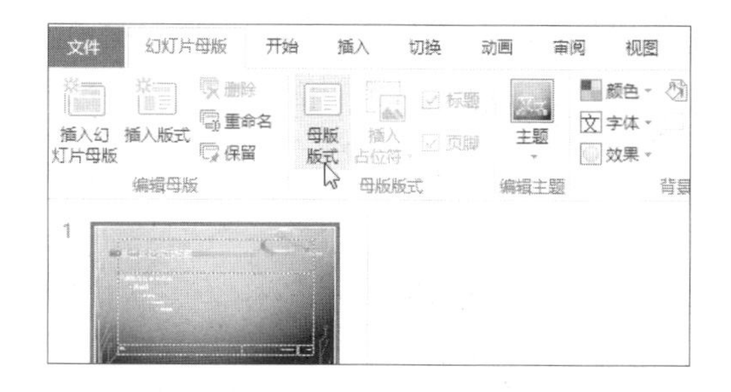

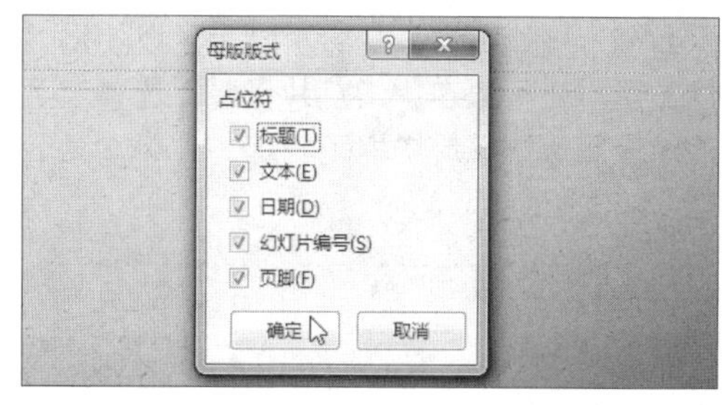

步骤03 选中空白版式。接下来在其他版式中添加占位符，这里以空白版式为例，选中空白版式，如下图所示。

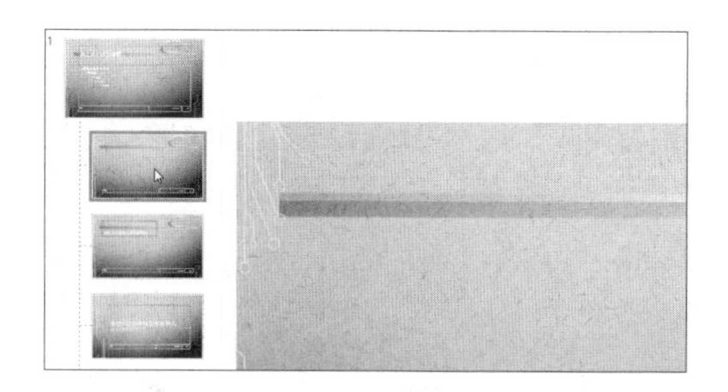

步骤04 选择需要添加的占位符。单击“幻灯片母版”选项卡下“母版版式”组中的“插入占位符”下三角按钮，在展开的下拉列表中选择“图片”选项，如下图所示。

步骤05 绘制占位符。此时鼠标指针呈黑色十字状，按住鼠标左键拖动绘制图片占位符，如下图所示。

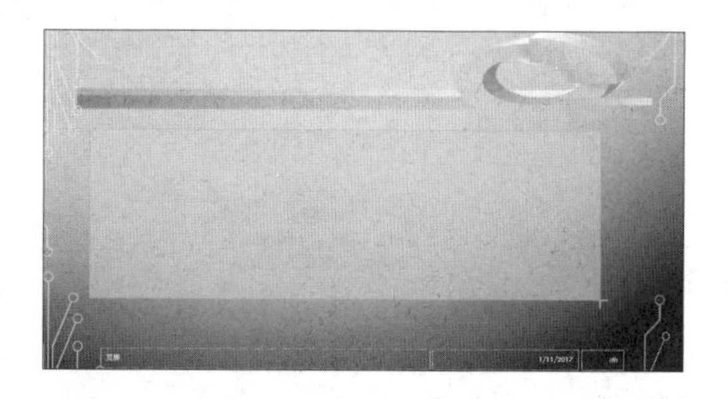

步骤06 显示添加的图片占位符。拖至合适位置后释放鼠标左键，此时在幻灯片中添加了图片占位符，如下图所示。

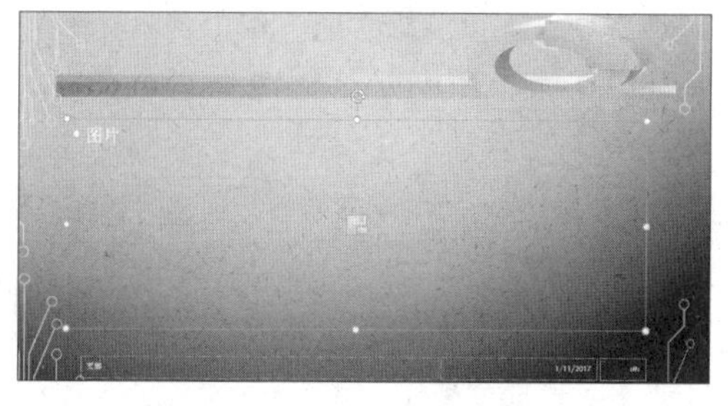

2 删除占位符

步骤01 选中标题占位符。继续之前的操作，首先在标题版式幻灯片中选中需要删除的占位符，如选中标题占位符，如下图所示。

步骤02 利用快捷键删除占位符。按下【Backspace】或者【Delete】键即可删除所选占位符，效果如下图所示。

步骤03 **删除页脚。**删除页脚也可以使用上述方法，还可以在“幻灯片母版”选项卡下的“母版版式”组中取消勾选“页脚”复选框，如下图所示。

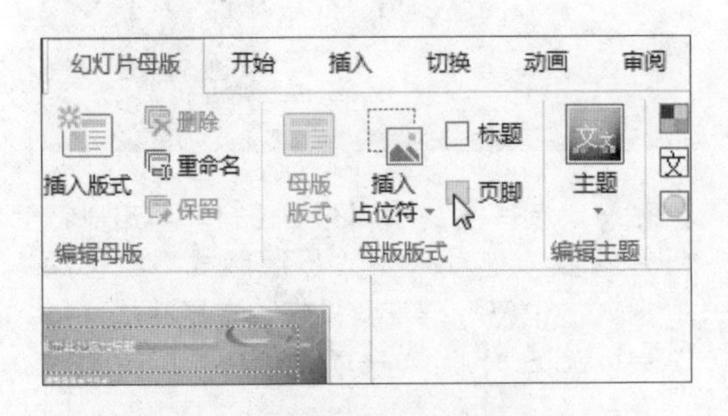

步骤04 **显示效果。**此时在所选版式幻灯片中删除了标题占位符和页脚占位符，效果如下图所示。

10.2.3 编辑母版主题

用户可将内置主题应用于幻灯片母版，将主题应用于幻灯片母版后，该主题将同时应用于与此幻灯片母版关联的所有版式（关于幻灯片主题详见第 9 章）。本小节以标题幻灯片为例，介绍如何编辑母版主题。

原始文件：下载资源 \ 实例文件 \ 第 10 章 \ 原始文件 \ 新年新气象 .pptx
最终文件：下载资源 \ 实例文件 \ 第 10 章 \ 最终文件 \ 编辑母版主题 .pptx

步骤01 **选择主题样式。**打开原始文件，切换至幻灯片母版视图下，单击“幻灯片母版”选项卡下“编辑主题”组中的“主题”按钮，在展开的下拉列表中选择如下图所示的主题样式。

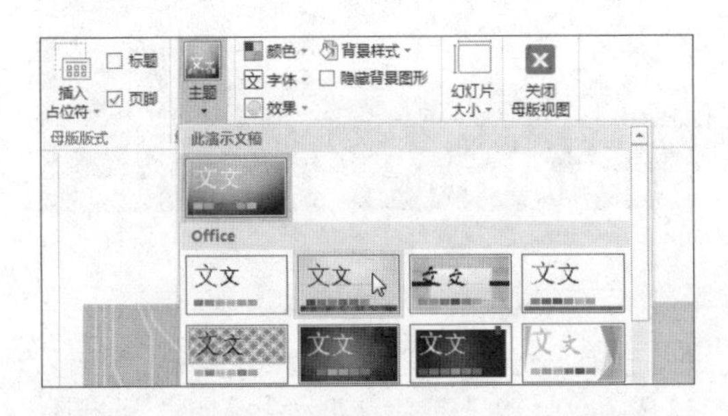

步骤02 **设置主题颜色。**接着单击“幻灯片母版”选项卡下“背景”组中的“颜色”按钮，在展开的下拉列表中选择“纸张”选项，如下图所示。

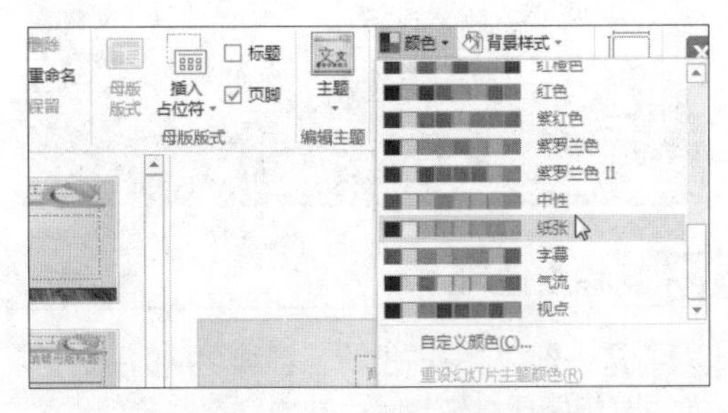

步骤03 **设置字体样式。**单击“幻灯片母版”选项卡下“背景”组中的“字体”按钮，在展开的下拉列表中选择“华文新魏”样式，如右图所示。

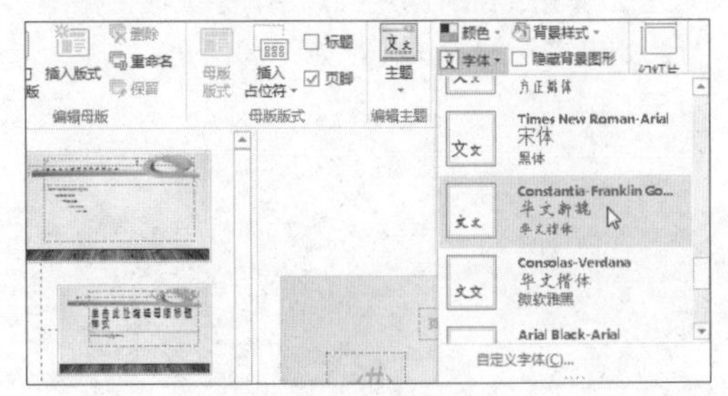

步骤04 **显示设置主题样式后的效果。**此时，在幻灯片母版视图下可看到幻灯片中的背景、主题颜色及字体格式都发生了改变，效果如右图所示。

10.2.4 在母版中插入图片

添加图片作为背景能让演示文稿更加吸引人。在母版中插入图片的具体操作如下。

原始文件： 下载资源\实例文件\第 10 章\原始文件\编辑母版主题 .pptx、母版背景图片 .jpg

最终文件： 下载资源\实例文件\第 10 章\最终文件\在母版中插入图片 .pptx

步骤01 **单击"图片"按钮。**打开原始文件中的演示文稿，切换至幻灯片母版视图下，选中幻灯片母版，然后单击"插入"选项卡下"图像"组中的"图片"按钮，如下图所示。

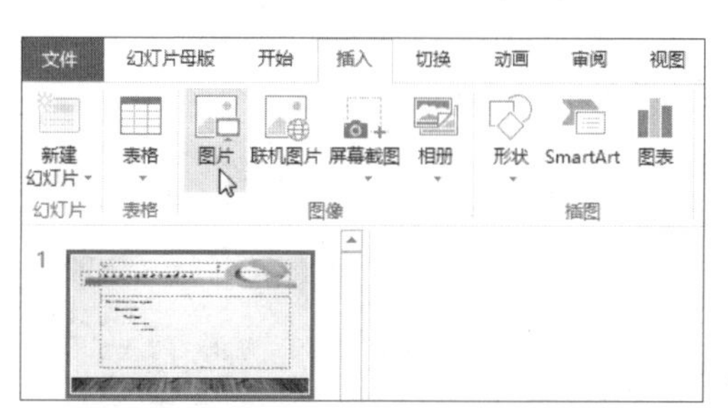

步骤02 **选择图片。**弹出"插入图片"对话框，选择图片保存的位置，然后选择需要插入的图片，最后单击"插入"按钮，如下图所示。

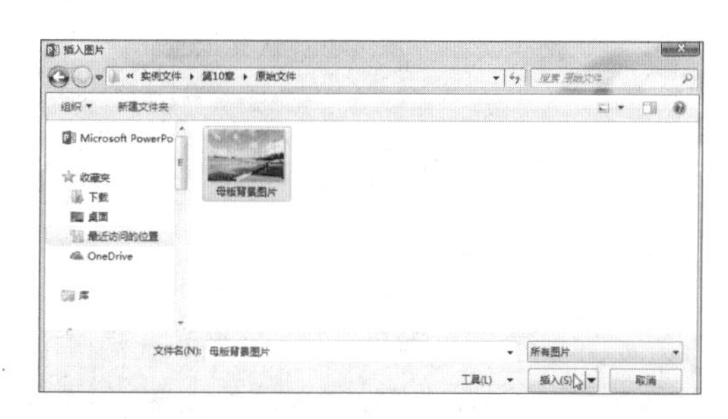

步骤03 **设置图片。**选中图片，设置其大小与幻灯片大小一致，然后右击图片，在弹出的快捷菜单中执行"置于底层>置于底层"命令，如下图所示。

步骤04 **显示设置图片为背景后的效果。**此时，图片被设置为幻灯片母版的背景图，且背景图应用于其余各版式中，效果如下图所示。

办公点拨 **单独设置版式背景**

若用户不需要让设置的背景应用于全部版式中，可选中某个版式进行单独设置。

10.2.5 在母版中插入文本对象

用户除了可以在母版幻灯片中插入图片之外，还可以在母版幻灯片中插入日期、编号、页眉及页脚等文本对象，具体操作如下。

原始文件： 下载资源\实例文件\第 10 章\原始文件\在母版中插入图片 .pptx
最终文件： 下载资源\实例文件\第 10 章\最终文件\在母版中插入文本 .pptx

步骤01 **单击“页眉和页脚”按钮。** 打开原始文件，切换至幻灯片母版视图下，单击“插入”选项卡下“文本”组中的“页眉和页脚”按钮，如下图所示。

步骤02 **设置页眉和页脚。** 弹出“页眉和页脚”对话框，勾选“幻灯片”选项卡下的“日期和时间”复选框，然后单击“自动更新”单选按钮，再依次勾选“页脚”“标题幻灯片中不显示”复选框，在“页脚”文本框中输入公司相关信息，最后单击“全部应用”按钮，如下图所示。此时除标题幻灯片外，所有幻灯片都添加了日期与公司信息。

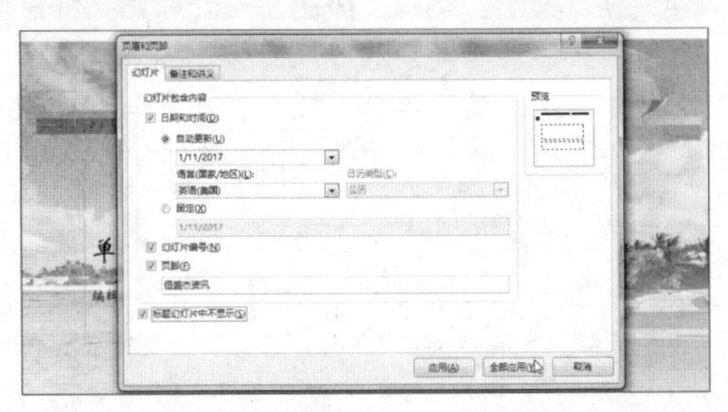

办公点拨 单击“应用”按钮的区别

若用户选中幻灯片母版，然后进行页眉和页脚的设置，单击“应用”按钮，则设置将应用于所有版式幻灯片中；若设置前选中的是某个版式幻灯片，单击“应用”按钮，则设置仅对当前所选版式幻灯片有效。

10.3 设置讲义母版

用户可以在讲义母版中对页眉和页脚占位符进行移动、调整大小和设置格式等操作。由于这些操作与在幻灯片母版中的操作相似，本节不再赘述。用户还可以在讲义母版中指定每页要打印的幻灯片数量和讲义母版的方向，具体操作如下。

原始文件： 下载资源\实例文件\第 10 章\原始文件\在母版中插入图片 .pptx
最终文件： 下载资源\实例文件\第 10 章\最终文件\设置讲义母版 .pptx

步骤01 **切换至讲义母版视图。** 打开原始文件，切换至讲义母版视图下，可以看到默认的每页讲义中包含6张幻灯片，如下左图所示。

步骤02 **设置讲义方向。** 单击“讲义母版”选项卡下“页面设置”组中的“讲义方向”下三角按钮，在展开的下拉列表中选择“横向”选项，如下右图所示。

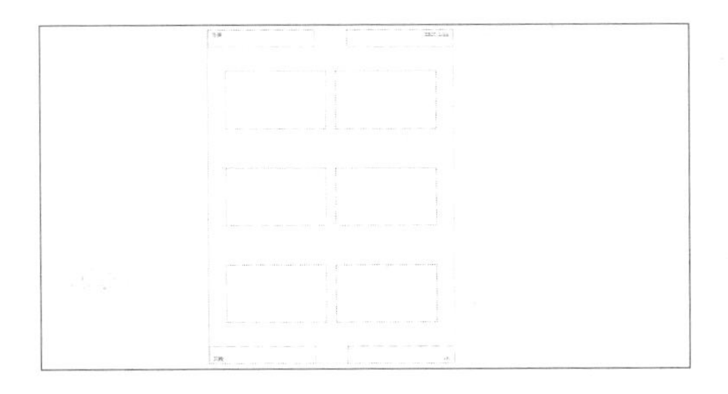

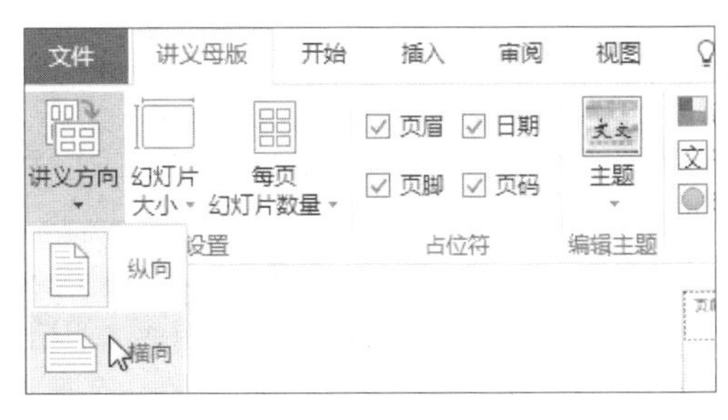

步骤03 **设置每页的幻灯片数量。**单击“页面设置”组中的“每页幻灯片数量”下三角按钮，在展开的下拉列表中选择“3张幻灯片”选项，如下图所示。

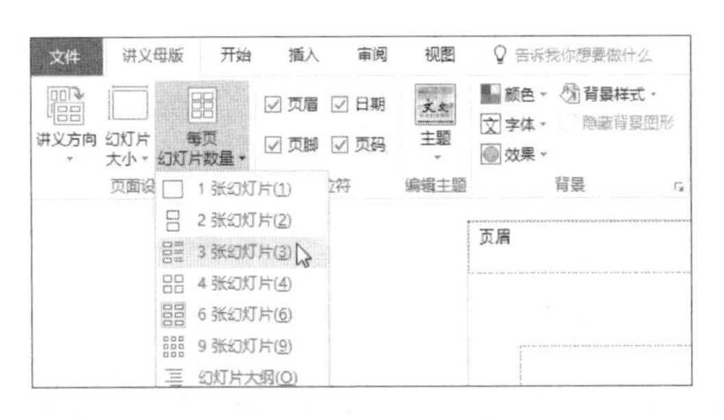

步骤04 **显示设置后的效果。**此时讲义母版中包含3张幻灯片，且横向排列，如下图所示。

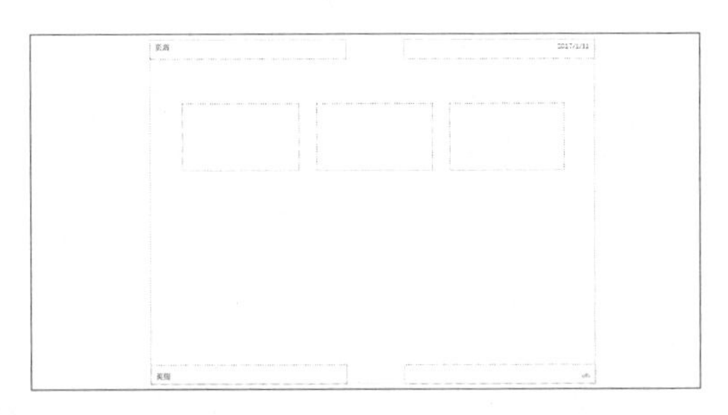

实例演练 制作职业生涯规划演示文稿

制定职业生涯规划时，需要对决定个人职业生涯的主客观因素进行分析、总结和测定，确定事业奋斗目标，并选择实现这一事业目标的职业，编制相应的工作、教育和培训的计划及相应的时间安排。下面就以制作职业生涯规划演示文稿为例，巩固本章所学知识。

原始文件：下载资源\实例文件\第10章\原始文件\职业规划.pptx、背景.png

最终文件：下载资源\实例文件\第10章\最终文件\职业规划.pptx

步骤01 **切换至幻灯片母版视图。**打开原始文件中的演示文稿，单击“视图”选项卡下“母版视图”组中的“幻灯片母版”按钮，如下图所示。

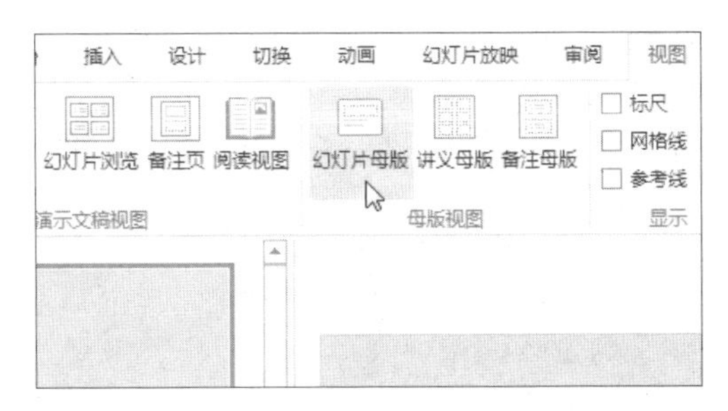

步骤02 **插入图片。**选中幻灯片母版，然后单击“插入”选项卡下“图像”组中的“图片”按钮，如下图所示。

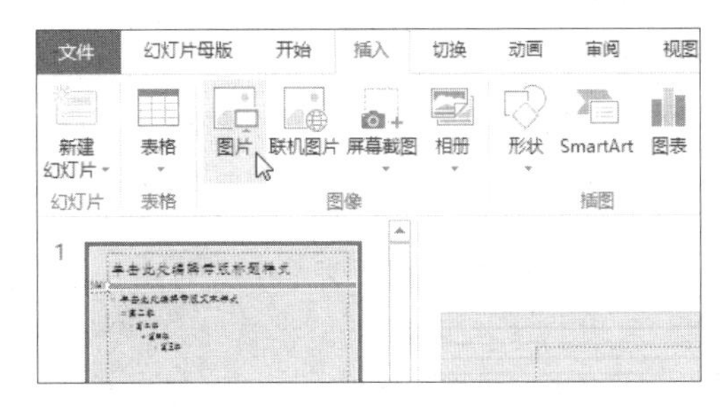

步骤03 **选择图片。** 弹出“插入图片”对话框，在地址栏中选择图片的保存位置，然后选择需要插入的图片，再单击“插入”按钮，如下图所示。

步骤04 **编辑图片。** 插入图片后，进行移动图片位置、改变图片大小、删除图片背景等操作，最终效果如下图所示。

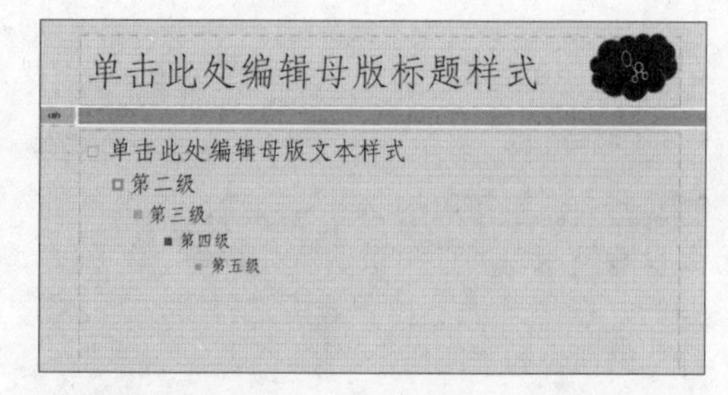

步骤05 **设置背景样式。** 右击标题版式，在弹出的快捷菜单中单击“设置背景格式”命令，如下图所示。

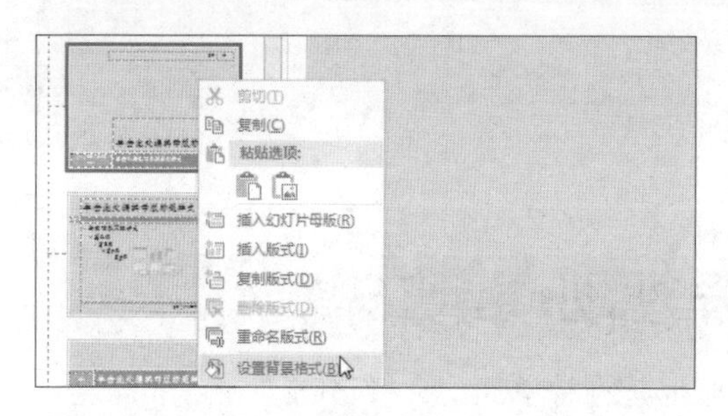

步骤06 **选择填充方式。** 弹出“设置背景格式”任务窗格，然后在“填充”下方选中“图片或纹理填充”单选按钮，如下图所示。

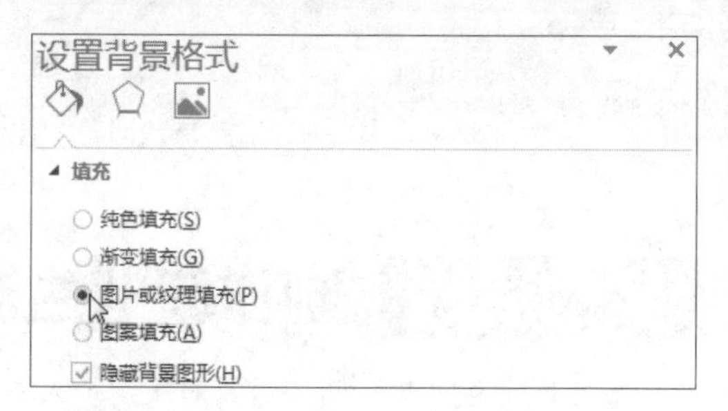

步骤07 **选择纹理图案。** 单击“纹理”右侧的下三角按钮，在展开的列表中选择如下图所示的图案。

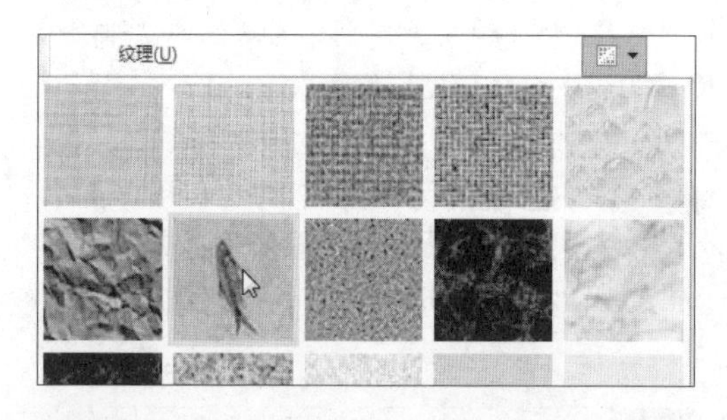

步骤08 **设置纹理样式。** 设置纹理透明度为15%，并取消勾选“将图片平铺为纹理”选项，如下图所示。设置完毕后，关闭任务窗格。

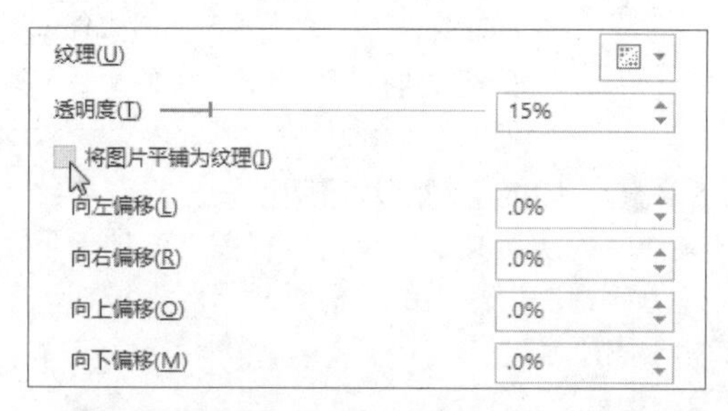

步骤09 **添加页眉和页脚。** 单击“插入”选项卡下“文本”组中的“页眉和页脚”按钮，如右图所示。

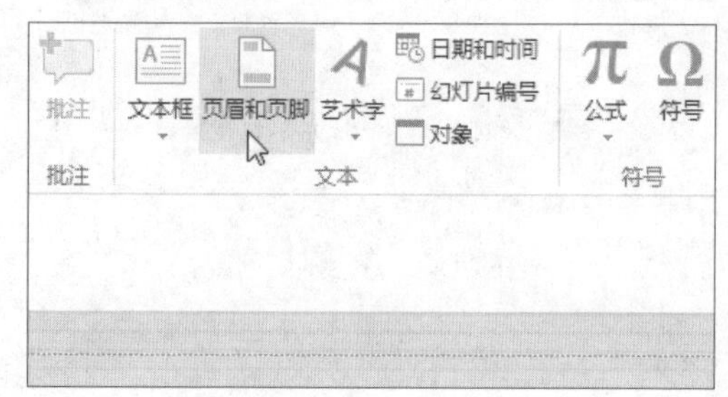

步骤10 **设置页眉和页脚。**弹出“页眉和页脚”对话框，勾选“幻灯片”选项卡下的“日期和时间”复选框，再单击“固定”单选按钮，在“固定”文本框中自动填充当前时间，用户也可自定义。然后勾选“幻灯片编号”“页脚”复选框，并在“页脚”文本框中输入要在页脚显示的文本，这里输入“唯蓝一抹年少”，如右图所示。最后单击“全部应用”按钮即可。

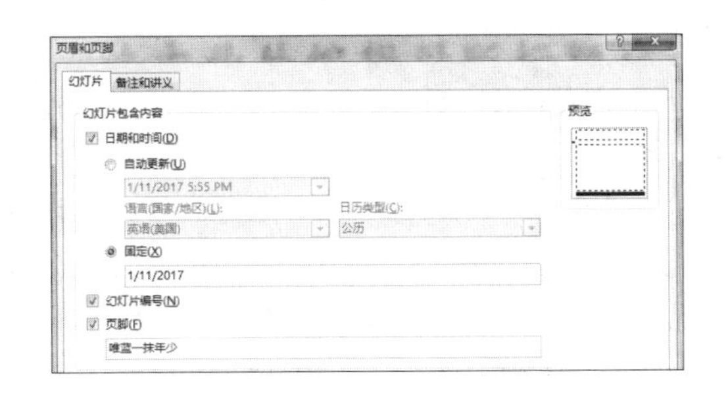

步骤11 **重命名版式。**选中幻灯片母版，单击“幻灯片母版”选项卡下“编辑母版”组中的“重命名”按钮，如下图所示。

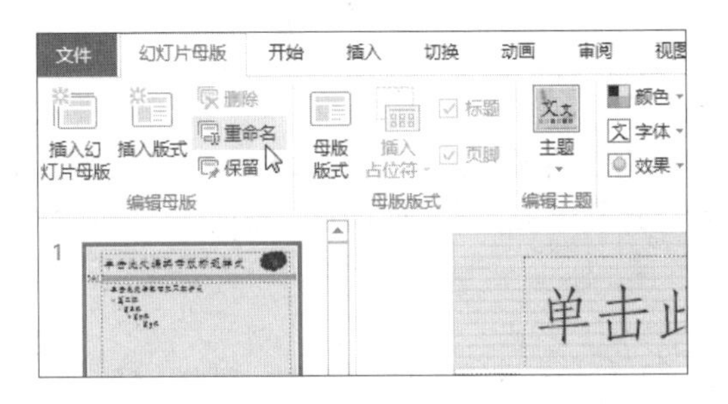

步骤12 **设置版式名称。**弹出“重命名版式”对话框，在“版式名称”文本框中输入新的母版名称，这里输入“职业生涯规划”，然后单击“重命名”按钮，如下图所示。

步骤13 **保留母版。**若需保存所设置的母版版式效果，则单击“幻灯片母版”选项卡下“编辑母版”组中的“保留”按钮，如下图所示。

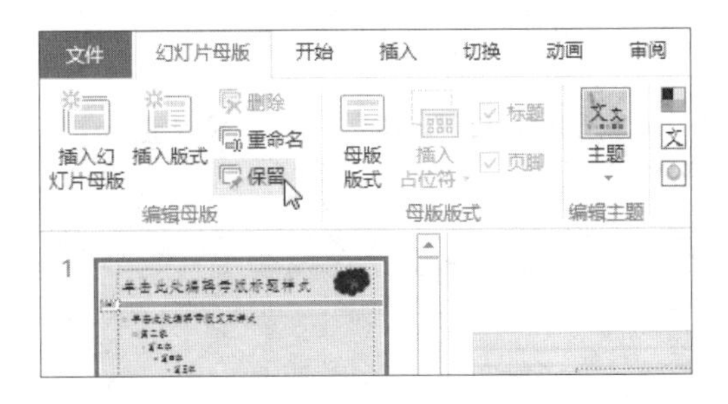

步骤14 **关闭母版视图。**单击“幻灯片母版”选项卡下“关闭”组中的“关闭母版视图”按钮，如下图所示，切换至普通视图。

步骤15 **显示普通视图下的效果。**返回普通视图下，此时切换至第1张标题幻灯片中，效果如右图所示。如果页眉和页脚的位置遮挡了幻灯片中的文本内容，可切换回幻灯片母版视图下更改页脚的位置。

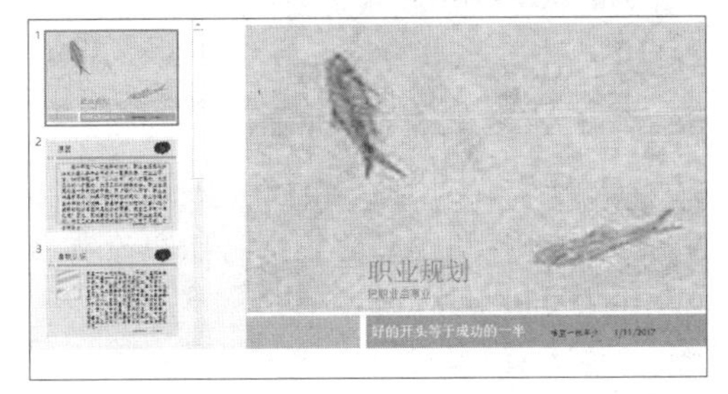

第11章 让幻灯片动起来

为了使幻灯片更有活力，可以为其中的对象添加动画效果，还可以为幻灯片之间的切换添加特殊效果，既能丰富放映时的视觉效果，又能增加演示的趣味性。本章将介绍在幻灯片中添加对象动画和切换效果的方法与技巧。

11.1 为幻灯片中的对象添加动画效果

PowerPoint 中有两种类型的动画：预设动画和自定义动画。预设动画是系统预先设置好的一组动画效果，用户只需选择合适的动画方案单击套用即可；而自定义动画则是由用户手动为幻灯片中的各个对象设置不同的动画效果。本节分别介绍这两种动画效果。

11.1.1 为对象添加预设动画

PowerPoint 2016 提供了“预设动画”功能，可以立即将一组预定义的动画应用于所选幻灯片或整篇演示文稿，使演示文稿看起来更生动、更易于引起观众的注意。预设动画是初级用户设置动画效果最简单快捷的手段。

原始文件： 下载资源\实例文件\第 11 章\原始文件\信息传媒 .pptx

最终文件： 下载资源\实例文件\第 11 章\最终文件\添加预设动画 .pptx

步骤01 **选择要添加动画的对象。** 打开原始文件，切换至第1张幻灯片中，因为要为该演示文稿的标题添加动画效果，所以选中标题所在的文本框，如下左图所示。

步骤02 **展开“动画”列表。** 单击“动画”选项卡下“动画”组中的快翻按钮，如下中图所示，将展开预设的“动画”列表。

步骤03 **选择预设动画方案。** 从展开的列表中可以看到系统预设了4种类型的动画方案，这里选择“进入”选项组中的“飞入”方案，如下右图所示。

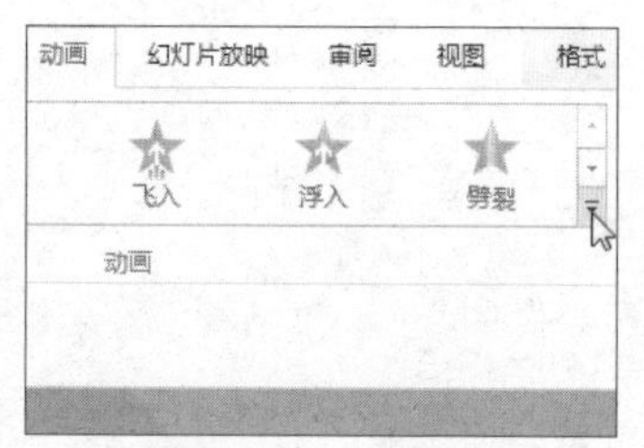

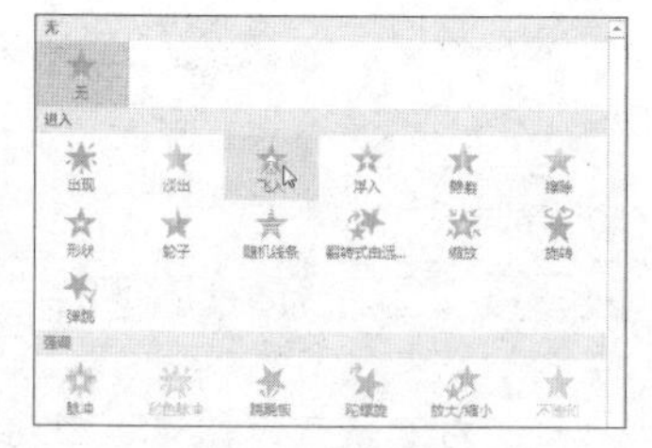

步骤04 **单击“预览”选项。** 在插入该动画方案后即会播放动画效果，若用户没有看清，可单击“动画”选项卡下“预览”组中的“预览”按钮，如右图所示。若单击“预览”下三角按钮，在展开的下拉列表中单击“自动预览”选项，则可在为对象选择动画时进行预览。

步骤05 **预览动画效果。**此时，在幻灯片中选中的标题文本框自动播放“飞入”动画方案，默认从下方飞入，效果如右图所示。

11.1.2 为对象添加自定义动画

如果用户对预设的动画方案不太满意，还可以为幻灯片中的对象添加自定义动画。PowerPoint 2016 提供了功能强大的动画效果，包括进入和退出动画、其他计时控制和动作路径，可以使多个对象的动画同步。

1 添加进入动画效果

对象的进入效果是指幻灯片放映过程中对象进入放映界面的动画效果，在 PowerPoint 2016 中设置对象的进入效果的具体操作如下。

原始文件：下载资源\实例文件\第 11 章\原始文件\添加预设动画 .pptx
最终文件：下载资源\实例文件\第 11 章\最终文件\自定义进入动画 .pptx

步骤01 **选择要添加动画的对象。**打开原始文件，切换至第2张幻灯片，选择如下图所示的标题文本框。

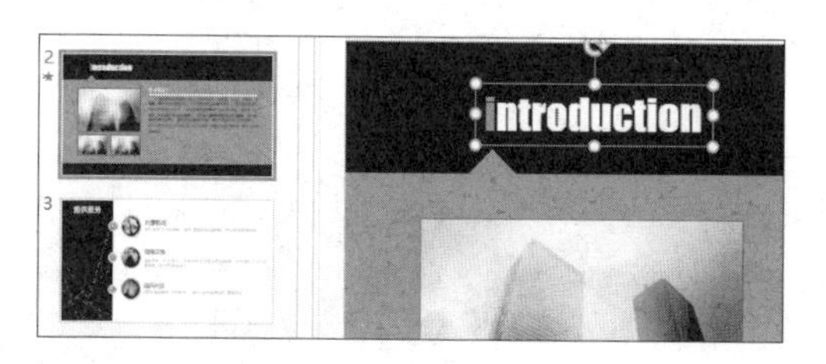

步骤02 **展开更多的进入效果。**单击“动画”选项卡下“动画”组中的快翻按钮，在展开的列表中单击“更多进入效果”选项，如下图所示。

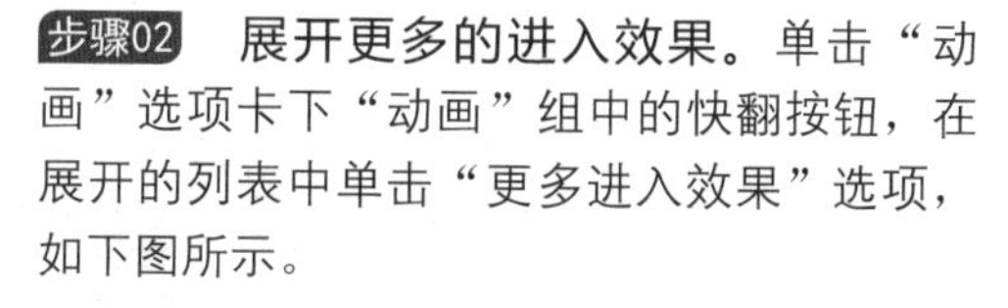

步骤03 **选择进入动画效果。**弹出“更改进入效果”对话框，选择“细微型”组中的“缩放”效果，如下左图所示，选定后单击“确定”按钮即可。

步骤04 **显示添加动画后的效果。**此时在所选文本框左上角出现动画编号，如下右图所示，如需预览，则单击“动画”选项卡下“预览”组中的“预览”按钮。

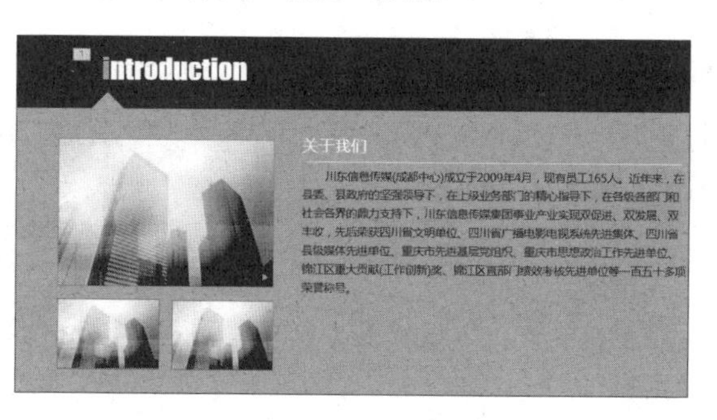

2 添加强调动画效果

除了设置对象的进入动画效果外，用户还可以设置对象的强调效果来增强对象的表现力。在 PowerPoint 2016 中设置对象的强调效果的具体操作如下。

原始文件： 下载资源 \ 实例文件 \ 第 11 章 \ 原始文件 \ 自定义进入动画 .pptx
最终文件： 下载资源 \ 实例文件 \ 第 11 章 \ 最终文件 \ 添加强调效果 .pptx

步骤01 选择要添加强调动画效果的对象。 打开原始文件，切换至第2张幻灯片，选中幻灯片中需要添加强调动画效果的对象，这里选择幻灯片中的正文文本框，如下图所示。

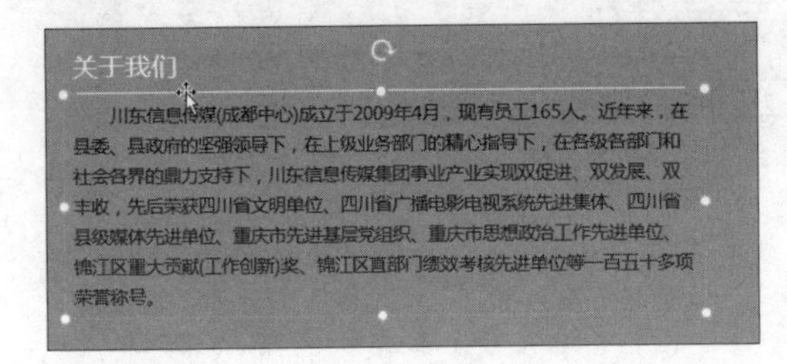

步骤02 展开更多的强调效果。 单击“动画”选项卡下“动画”组中的快翻按钮，在展开的列表中单击“更多强调效果”选项，如下图所示。

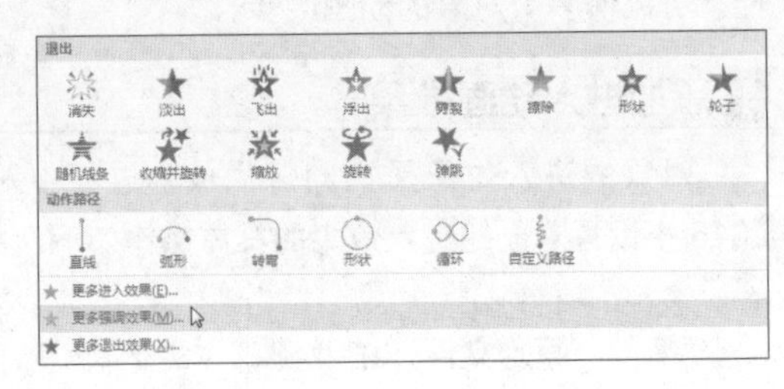

步骤03 选择强调动画效果。 弹出“更改强调效果”对话框，选择“细微型”组中的“下画线”效果，如下左图所示，选定后单击“确定”按钮即可。

步骤04 预览设置的强调效果。 单击“预览”按钮，可以看到文字下方自动添加了下画线，以表示对该段文字的强调，如下右图所示。

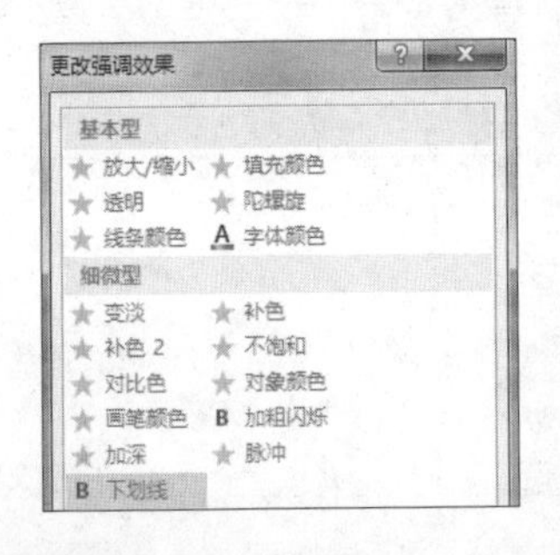

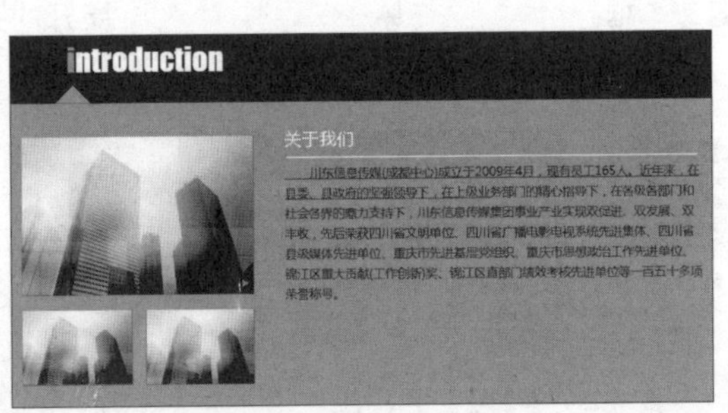

办公点拨 删除动画效果

如果需要删除已应用的动画效果，可在幻灯片中选择该动画的编号，然后按下【Delete】键即可。

3 添加退出动画效果

为对象退出放映界面设置动画，可以达到更好的视觉效果。在 PowerPoint 2016 中设置对象的退出效果的具体操作如下。

原始文件： 下载资源 \ 实例文件 \ 第 11 章 \ 原始文件 \ 添加强调效果 .pptx
最终文件： 下载资源 \ 实例文件 \ 第 11 章 \ 最终文件 \ 添加退出效果 .pptx

步骤01 **选择要添加退出动画效果的对象。** 打开原始文件，切换至第4张幻灯片，选择要添加退出动画效果的对象，如下图所示。

步骤02 **单击“更多退出效果”选项。** 单击“动画”选项卡下“动画”组中的快翻按钮，在展开的列表中单击“更多退出效果”选项，如下图所示。

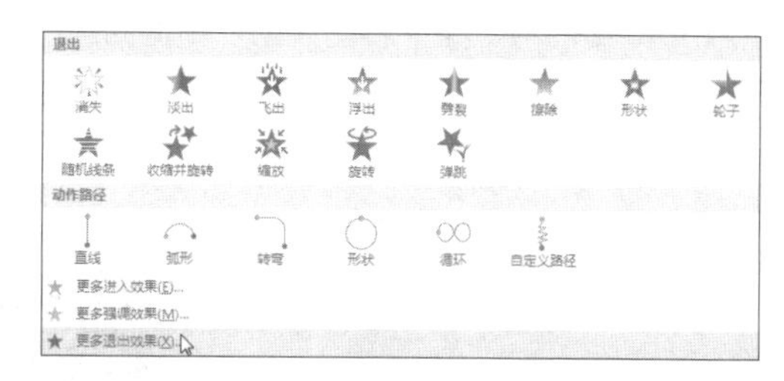

步骤03 **选择退出动画效果。** 弹出“更改退出效果”对话框，在该对话框中退出动画效果有4种类型——“基本型”“细微型”“温和型”和“华丽型”，这里选择“细微型”选项组中的“收缩”效果，如下左图所示。

步骤04 **预览退出动画效果。** 单击“确定”按钮，返回幻灯片中，单击“动画”选项卡下“预览”组中的“预览”按钮，从展开的下拉列表中单击“预览”选项，此时可以看到图片向内收缩。当动画播放完毕后，图片将被隐藏，如下右图所示。

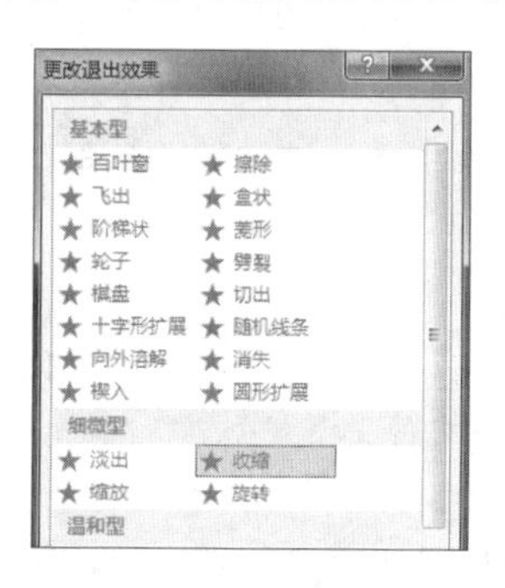

4 添加动作路径效果

在 PowerPoint 中，用户可设置对象沿特定路径运动，具体的操作步骤如下。

原始文件： 下载资源 \ 实例文件 \ 第 11 章 \ 原始文件 \ 添加退出效果 .pptx

最终文件： 下载资源 \ 实例文件 \ 第 11 章 \ 最终文件 \ 添加动作路径 .pptx

步骤01 **选择要添加动作路径效果的对象。** 打开原始文件，切换至第7张幻灯片中，选中需要添加动作路径效果的对象，如下图所示。

步骤02 **单击“其他动作路径”选项。** 单击“动画”选项卡下“动画”组中的快翻按钮，在展开的列表中单击“其他动作路径”选项，如下图所示。

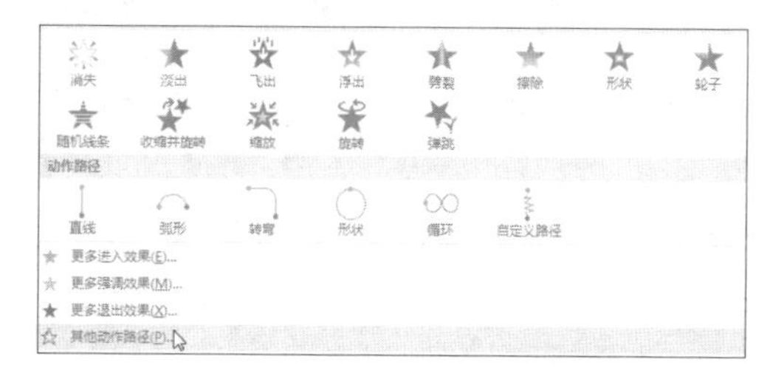

步骤03 **选择动作路径效果。**弹出“更改动作路径”对话框，在该对话框中有“基本”“直线和曲线”和“特殊”3种类型的动作路径，这里选择“基本”选项组中的“圆形扩展”动作路径效果，如下左图所示。

步骤04 **显示添加的圆形扩展动画。**单击“确定”按钮，返回幻灯片中，此时在图片上显示出了一个椭圆形，如下右图所示。预览动画时所选对象将沿此椭圆运动一周。

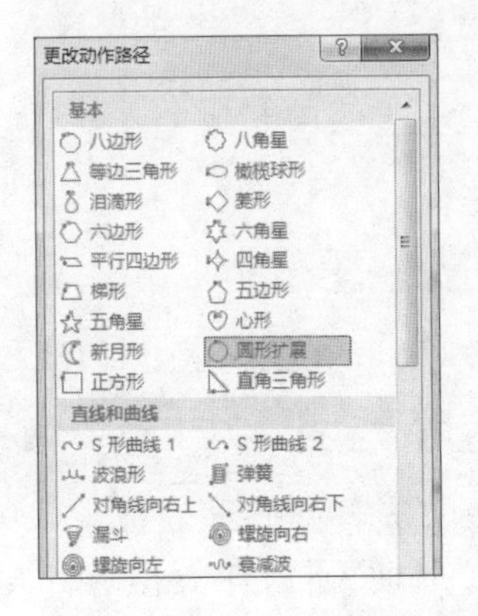

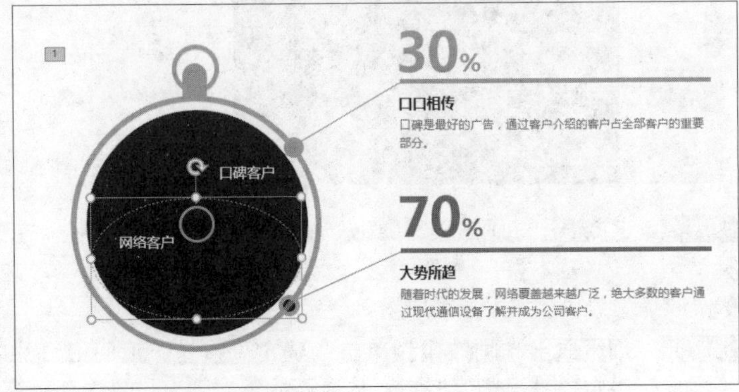

11.1.3 为对象动画指定触发对象

默认情况下，当为对象设置了动画效果后，在放映幻灯片时，单击幻灯片中任意空白处即可播放动画。若用户需要设置动画的特殊开始条件，例如单击播放按钮播放动画，或当媒体播放器到达书签时播放，可按照如下步骤操作。

原始文件：下载资源\实例文件\第 11 章\原始文件\添加动作路径.pptx
最终文件：下载资源\实例文件\第 11 章\最终文件\指定触发对象.pptx

步骤01 **选择要触发的对象。**打开原始文件，切换至第4张幻灯片中，然后在幻灯片中选择要触发的对象，这里选择幻灯片中已添加动画的两张图片，如下图所示。

步骤02 **选择单击对象。**单击“动画”选项卡下“高级动画”组中的“触发”按钮，在展开的列表中单击“单击>Group3”选项，如下图所示。即单击“Group3”即可播放选中图片的动画。

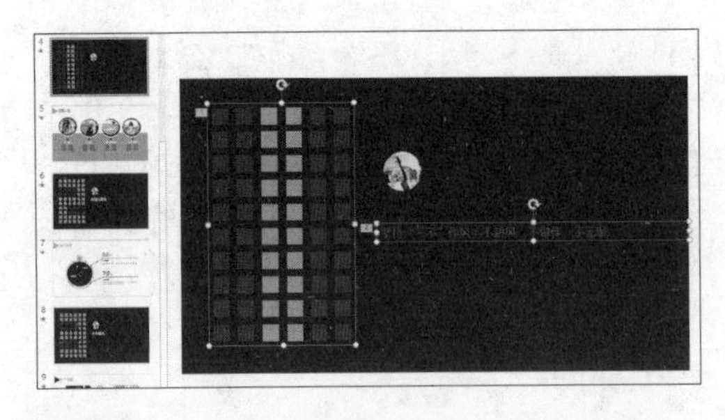

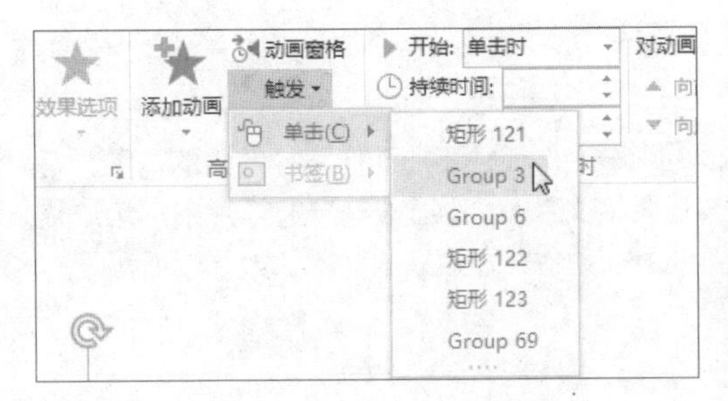

步骤03 **单击图片对象。**单击状态栏中的“幻灯片放映”按钮，进入幻灯片放映状态，将鼠标指针移近图片，当鼠标指针变成手状后，单击图片，如下左图所示。

步骤04 **触发动画播放。**此时可以看到幻灯片中自动播放动画，如下右图所示，再次单击则开始播放下一个动画。

办公点拨　使用动画刷快速复制动画效果

PowerPoint 2016 中的动画刷功能可以复制动画，其使用方式与使用格式刷复制文本格式类似。借助动画刷，用户可以将某一对象或幻灯片中的动画效果复制到其他对象或幻灯片、演示文稿中的多张幻灯片或影响所有幻灯片的幻灯片母版中，甚至复制来自不同演示文稿的动画。

11.2 设置动画效果选项

为对象添加动画效果后，还可以进一步设置动画效果选项，包括设置动画的运行方式、动画的声音效果、动画播放后的效果。本节将进行详细介绍。

11.2.1 设置动画的运行方式

不同的动画对应的运行方式也有所不同，本小节以在演示文稿中设置“形状”进入动画的运行方式为例，进行详细讲解。

原始文件： 下载资源\实例文件\第 11 章\原始文件\添加预设动画 .pptx
最终文件： 下载资源\实例文件\第 11 章\最终文件\设置动画的运行方式 .pptx

步骤01 **选择要设置动画效果选项的对象。** 打开原始文件，选择第1张幻灯片中要设置动画效果选项的对象，这里选择标题文本框，如下左图所示。

步骤02 **选择动画方向。** 单击“动画”选项卡下“动画”组中的“效果选项”按钮，在展开的列表中的“方向”选项组中选择“自左上部”选项，如下中图所示。

步骤03 **预览更改动画运行方式的效果。** 单击“动画”选项卡下“预览”组中的“预览”按钮，在展开的下拉列表中单击“预览”选项，此时可以看到标题文本从左上方飞入，效果如下右图所示。

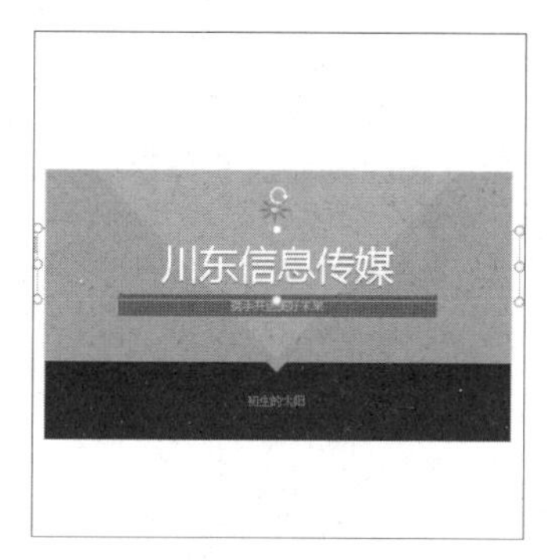

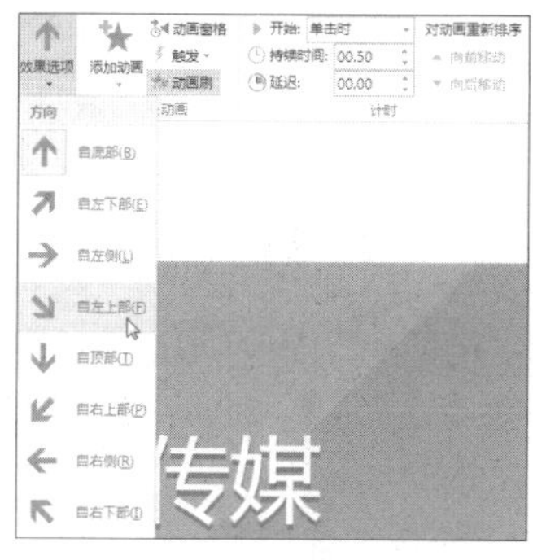

11.2.2 设置动画的声音效果

默认情况下，播放动画时是不会发出声音的，但很多时候为了使幻灯片更加生动活泼，可以为动画添加声音效果。

原始文件：下载资源\实例文件\第 11 章\原始文件\添加动作路径 .pptx
最终文件：下载资源\实例文件\第 11 章\最终文件\设置动画的声音 .pptx

步骤01 **打开"动画窗格"任务窗格。**打开原始文件，切换至第2张幻灯片中，单击"动画"选项卡下"高级动画"组中的"动画窗格"按钮，如下图所示。

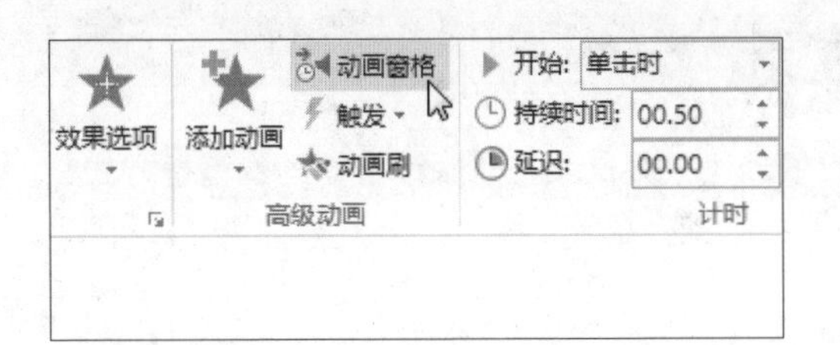

步骤02 **单击"效果选项"选项。**弹出"动画窗格"任务窗格，选择需要添加声音效果的对象，这里选择"前言正文"，然后单击其右侧的下三角按钮，在展开的下拉列表中单击"效果选项"选项，如下图所示。

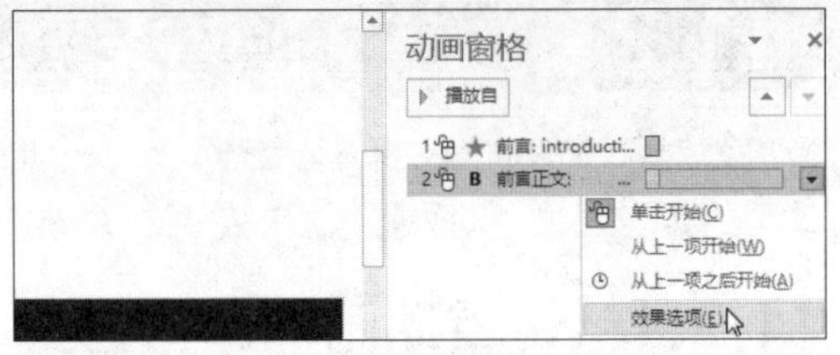

步骤03 **设置声音效果。**弹出"下画线"对话框，单击"效果"选项卡下"声音"下拉列表框右侧的下三角按钮，在展开的下拉列表中选择声音效果，这里选择"打字机"声音效果，如下图所示。

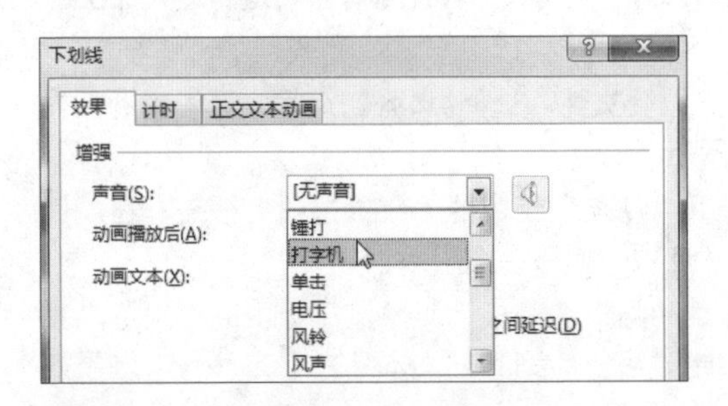

步骤04 **调节声音大小。**单击"声音"下拉列表框右侧的喇叭图标，在展开的音量框中按住鼠标左键拖动滑块，调节播放的音量，如下图所示。调整完毕后单击"确定"按钮即可。

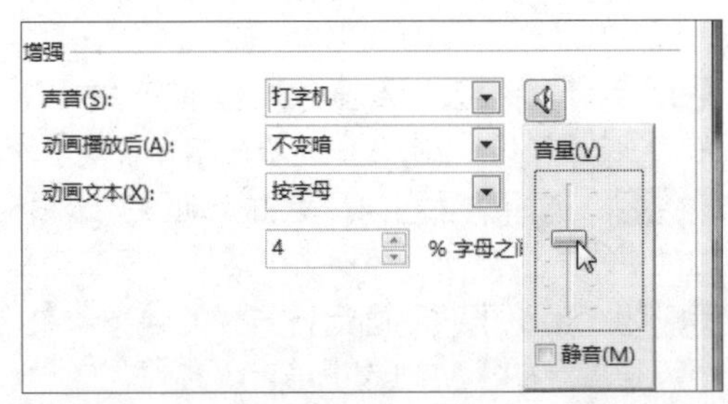

步骤05 **选择其他对象的声音。**返回幻灯片中，在"动画窗格"中选择"前言：introduction"对象，打开其对应的"缩放"对话框，在"效果"选项卡下设置"声音"为"鼓掌"，如下图所示。

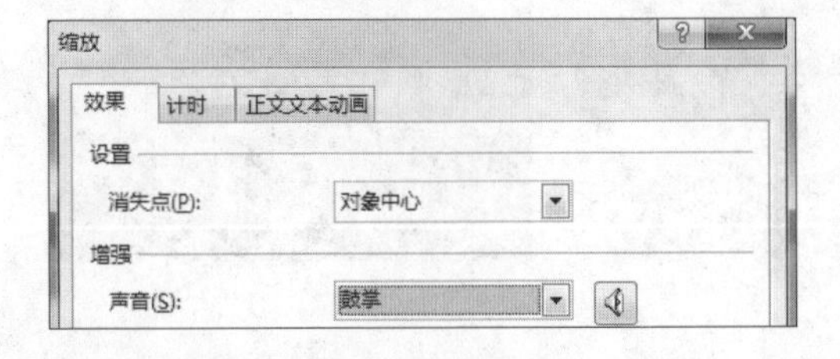

步骤06 **播放动画。**单击"确定"按钮，返回幻灯片中，此时带上耳麦或者打开音箱，单击"播放自"按钮，如下图所示，可以在播放幻灯片的同时听到动画播放的声音。

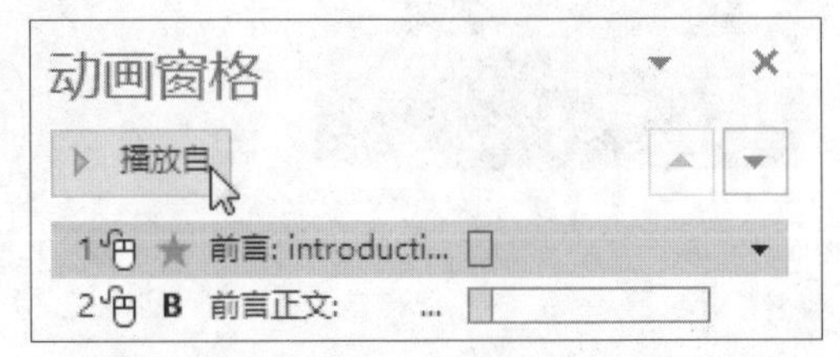

11.2.3 设置动画播放后的效果

默认情况下，动画播放完毕后对象都不再变化，用户可以根据自己的需求设置动画播放后的效果，例如使对象变成其他颜色或者播放后隐藏对象等。

原始文件：下载资源\实例文件\第 11 章\原始文件\添加动作路径 .pptx
最终文件：下载资源\实例文件\第 11 章\最终文件\设置播放后效果 .pptx

步骤01 **打开“动画窗格”任务窗格。**打开原始文件，切换至第4张幻灯片，单击“动画”选项卡下“高级动画”组中的“动画窗格”按钮，如下图所示。

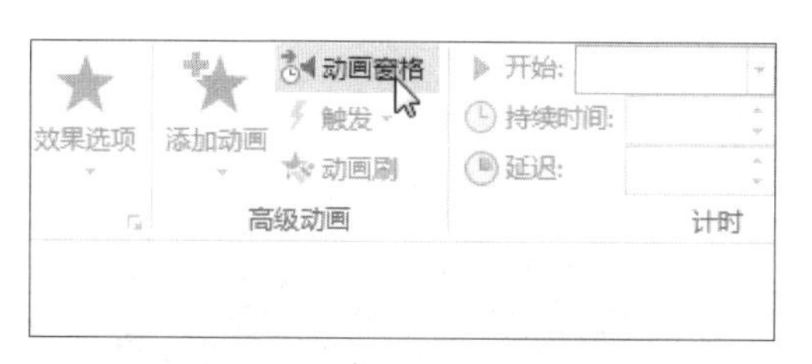

步骤02 **单击“效果选项”选项。**弹出“动画窗格”任务窗格，单击动画对象“Group6”右侧的下三角按钮，在展开的下拉列表中单击“效果选项”选项，如下图所示。

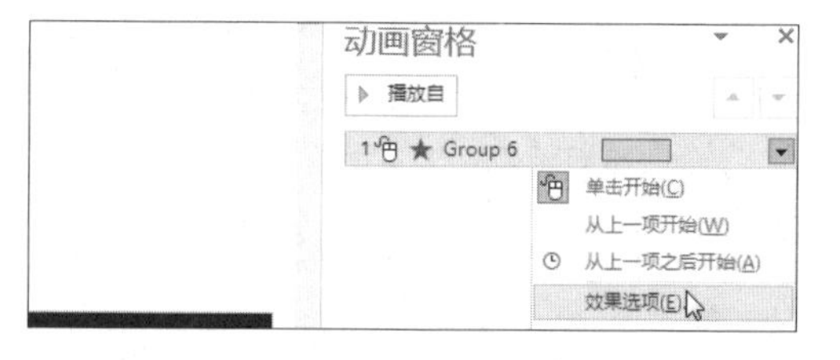

步骤03 **设置播放后的效果。**弹出“下画线”对话框，单击“效果”选项卡下“动画播放后”下拉列表框右侧的下三角按钮，在展开的下拉列表中选择如下图所示的灰色。还可以设置为其他颜色，或设置为播放动画后隐藏。

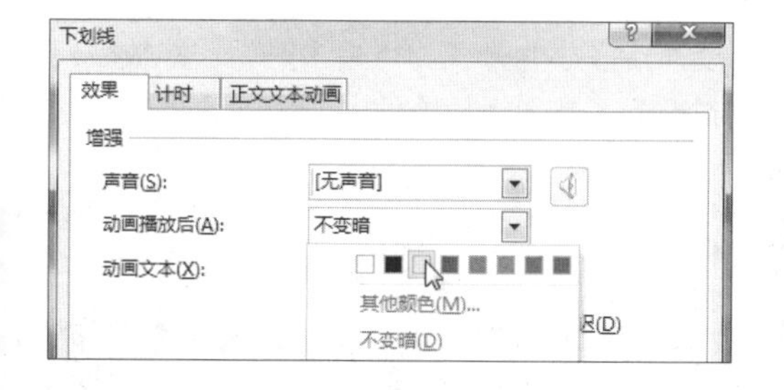

步骤04 **预览动画。**返回幻灯片中，单击“动画窗格”中的“播放自”按钮，此时可以看到动画播放完毕后正文字体颜色变为灰色，如下图所示。

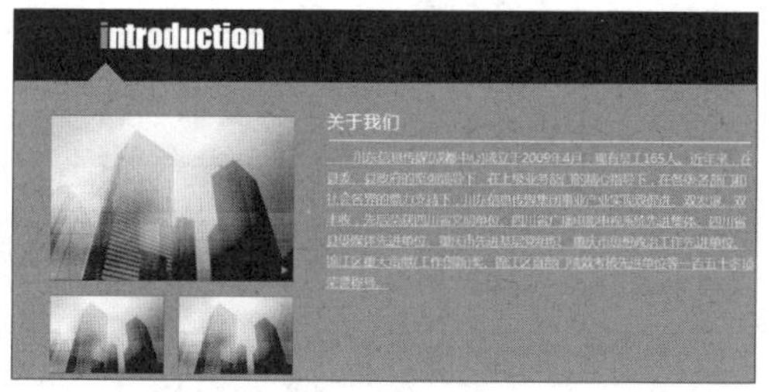

办公点拨 设置动画文本发送方式

如果用户设置了文本的动画效果，那么就可以进一步设置动画文本的发送方式，一般包括“整批发送”“按字母”和“按字 / 词”3 种，用户可按照自己的需求进行选择和设置。

11.2.4 调整动画的播放顺序

在 PowerPoint 中添加动画的顺序就是动画的播放顺序，设置好动画效果后，如果发现播放顺序不理想，可以对动画顺序进行调整，具体操作如下。

原始文件：下载资源\实例文件\第 11 章\原始文件\播放设置 .pptx
最终文件：下载资源\实例文件\第 11 章\最终文件\设置播放顺序 .pptx

步骤01 **打开“动画窗格”任务窗格。**打开原始文件，单击“动画”选项卡下“高级动画”组中的“动画窗格”按钮，如下图所示。

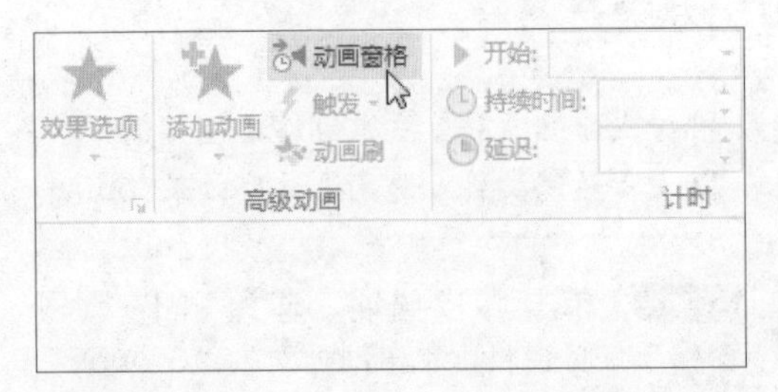

步骤02 **选择对象。**弹出“动画窗格”任务窗格，选择需要调整播放顺序的对象，这里单击“图片3”，如下图所示。

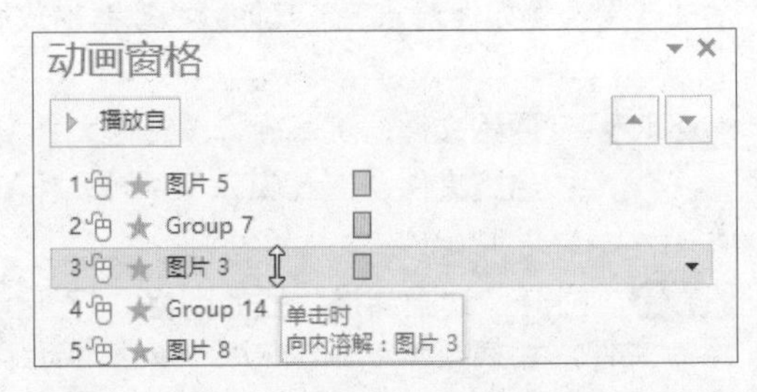

步骤03 **调整动画顺序。**如需将所选对象的动画提前播放，则单击“上移”按钮，如下图所示。单击一次“上移”按钮则上移一位，直到移至所需位置为止。若需将所选对象的动画延后播放，则单击“下移”按钮。

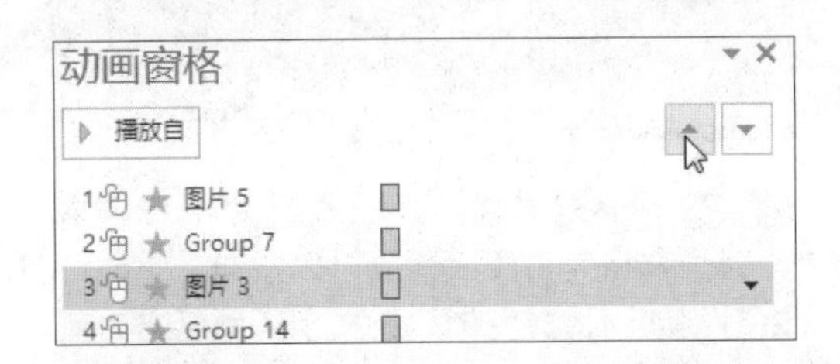

步骤04 **显示幻灯片中动画编号的变化。**此时可看到幻灯片中对象左上角的动画编号随之改变，如下图所示。

11.3 设置动画的播放时间

当为对象添加了动画效果后，默认情况下动画开始播放的方式为“单击时”，即放映幻灯片时单击任意空白处即可触发播放动画。用户若设置了其他播放方式，则需要设置动画的各种时间元素，包括持续时间和延迟时间。

11.3.1 使用动画计时设置播放时间

为对象添加的动画效果默认情况下的开始播放方式为“单击时”，若用户想自动播放动画，则可以设置其他开始方式，例如“与上一动画同时”或“上一动画之后”。

原始文件：下载资源\实例文件\第 11 章\原始文件\播放设置 .pptx
最终文件：下载资源\实例文件\第 11 章\最终文件\播放设置 .pptx

▸方法一：在功能区设置计时选项

步骤01 **选择需要进行播放设置的对象。**打开原始文件，选中第5张幻灯片中动画编号为“2”的对象，如右图所示。

步骤02 **设置动画开始方式。**单击“动画”选项卡下“计时”组中“开始”下拉列表框右侧的下三角按钮，在展开的下拉列表中选择“上一动画之后”选项，如右图所示。

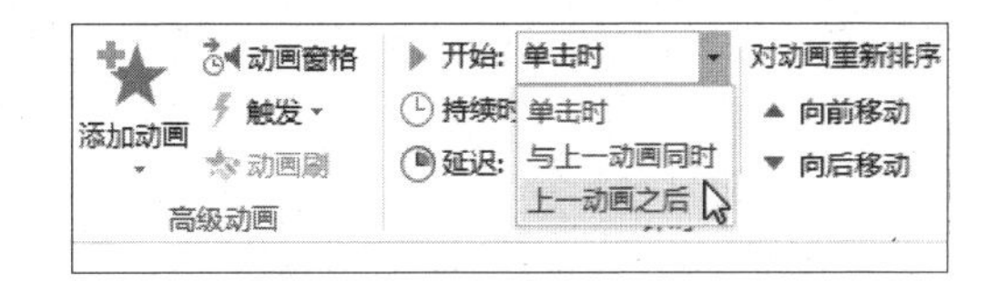

步骤03 **设置动画持续时间。**在添加完动画效果后，都有默认的播放时间，用户也可自定义播放时间。单击“计时”组中“持续时间”数值框右侧的数字微调按钮，即可对时间进行调节，也可以直接在数值框中输入相应的时间数值，这里设置为“01.50”，即1.5秒，如下左图所示。

步骤04 **设置延迟时间。**同样，在“延迟”数值框中可以设置动画播放的延迟时间，这里设置为“00.50”，如下右图所示。

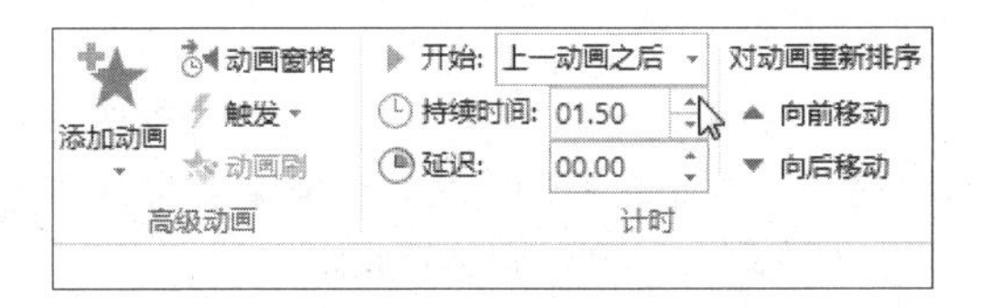

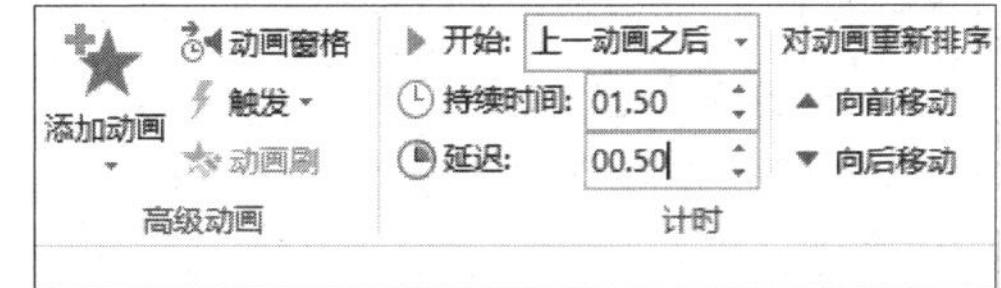

▸方法二：在“计时”对话框中设置

步骤01 **选择需要设置动画计时效果的对象。**继续之前的操作，此时利用方法一设置后的对象的动画编号变为“1”，这里单击动画编号“2”，如下图所示。

步骤02 **打开“动画窗格”任务窗格。**单击“动画”选项卡下“高级动画”组中的“动画窗格”按钮，如下图所示。

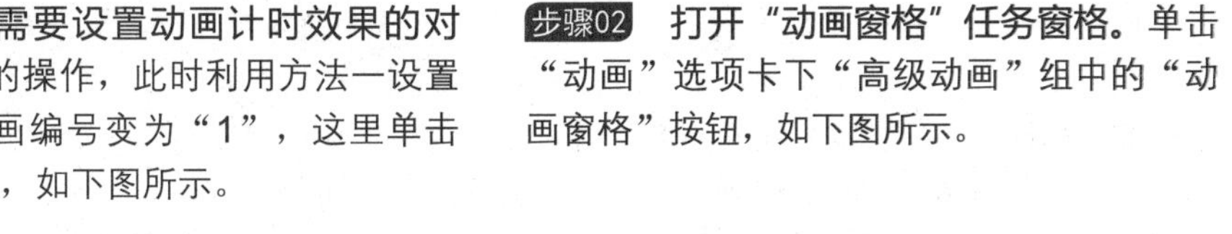

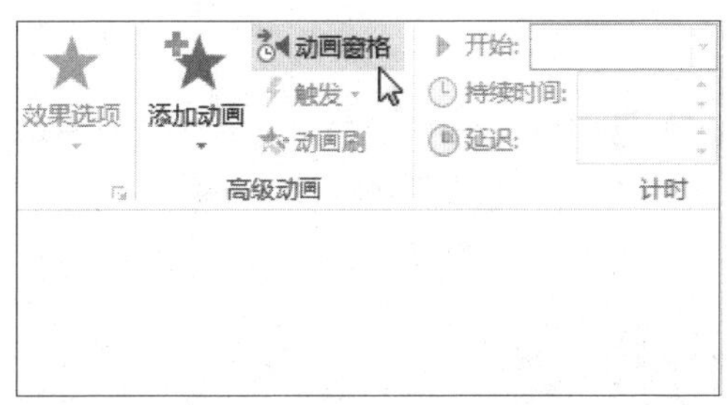

步骤03 **单击“效果选项”选项。**弹出“动画窗格”任务窗格，此时自动选中“图片3”对象，单击其右侧的下三角按钮，在展开的下拉列表中单击“效果选项”选项，如下图所示。

步骤04 **设置动画开始方式。**弹出“向内溶解”对话框，切换至“计时”选项卡，单击“开始”下拉列表框右侧的下三角按钮，在展开的下拉列表中选择“上一动画之后”选项，如下图所示。

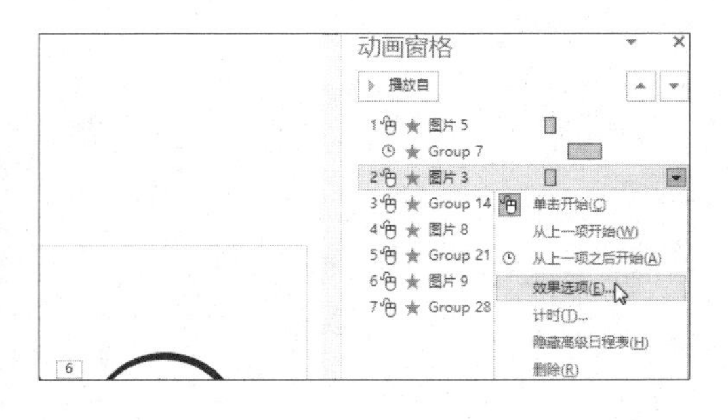

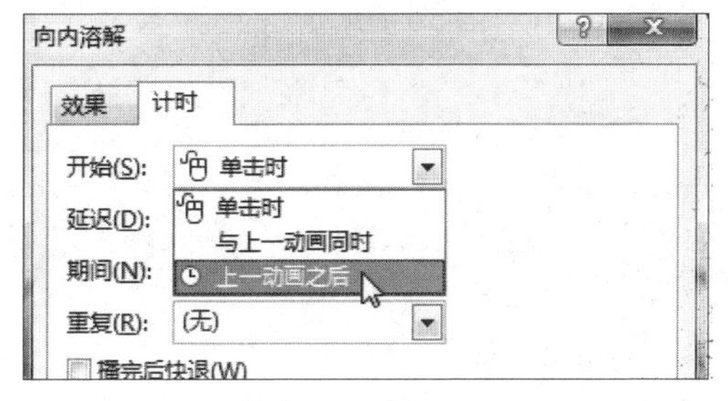

步骤05 **设置动画延迟时间。**单击“延迟”数值框右侧的数字微调按钮，设置延迟时间为0.5秒，如下图所示。

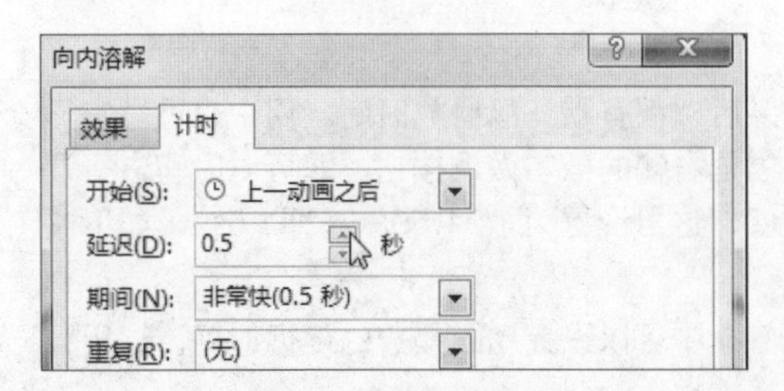

步骤06 **设置播放速度。**单击“期间”下拉列表框右侧的下三角按钮，在展开的下拉列表中单击“中速（2秒）”选项，如下图所示。

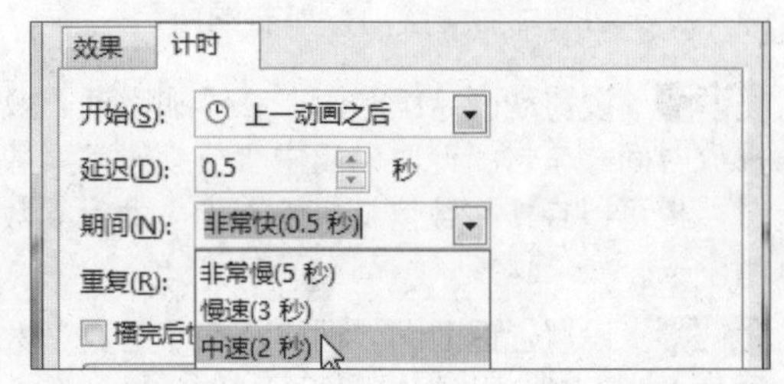

11.3.2 使用高级日程表设置播放时间

在“动画窗格”任务窗格中会显示日程表，用来说明每一种动画效果所消耗的时间情况，用户可以通过选择“动画窗格”任务窗格中的动画效果，再拖动其日程表标记来调整动画效果的开始、延迟、播放或结束时间。使用高级日程表更改动画时间的具体操作如下。

原始文件：下载资源\实例文件\第 11 章\原始文件\播放设置 .pptx
最终文件：下载资源\实例文件\第 11 章\最终文件\高级日程表 .pptx

步骤01 **打开“动画窗格”任务窗格。**打开原始文件，单击“动画”选项卡下“高级动画”组中的“动画窗格”按钮，即可打开“动画窗格”任务窗格，在该任务窗格中，每个动画效果的右侧会显示一个代表时间条的方块，同时在任务窗格下方显示有日程表标记，如下左图所示。

步骤02 **显示动画效果信息。**将鼠标指针移至“Group7”对象右侧的时间条，当其变为双向箭头时会出现一个提示框，显示该动画的开始和结束时间，如下右图所示。

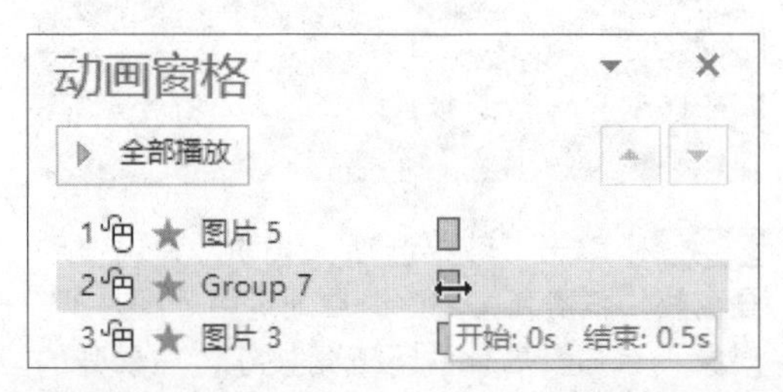

步骤03 **设置动画开始时间。**当鼠标指针呈双向箭头时，按住鼠标左键拖动即可改变动画的开始时间，如下图所示。

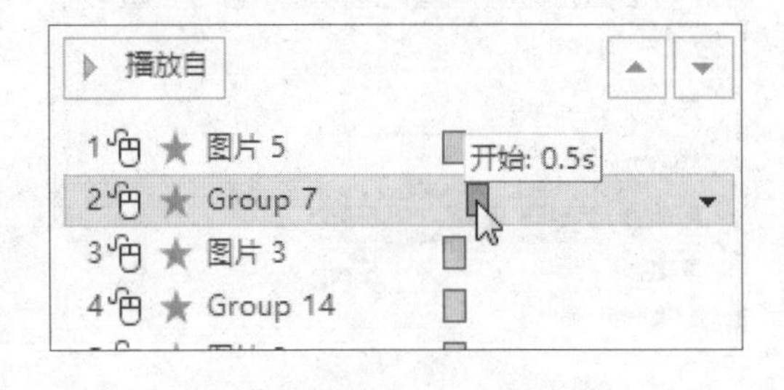

步骤04 **移动鼠标指针。**要想改变动画播放的时间长度，则将鼠标指针移至时间条一侧，如下图所示。

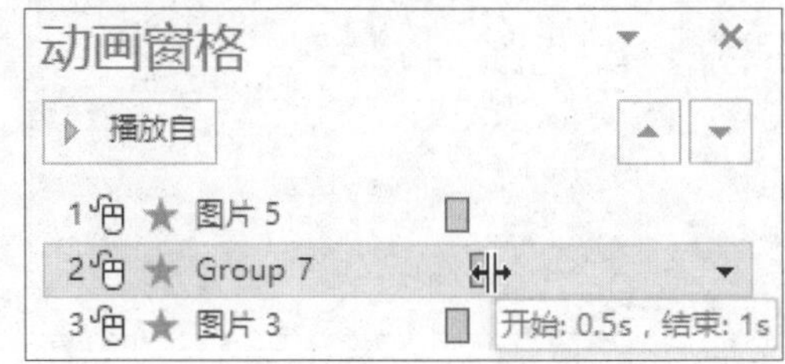

步骤05 **设置动画播放时间长度。**按住鼠标左键拖动，直至显示“结束：1.6s”时释放鼠标左键，如下图所示。

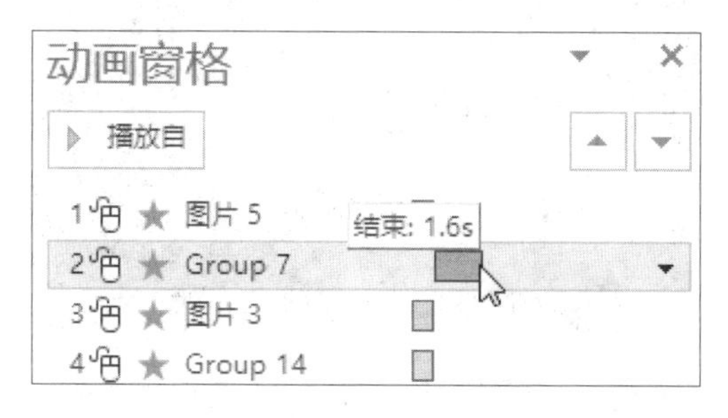

步骤06 **设置其他动画的播放时间。**直接拖动时间条改变其他对象的动画播放时间，使动画按先后顺序依次播放，设置后的时间条显示效果如下图所示。

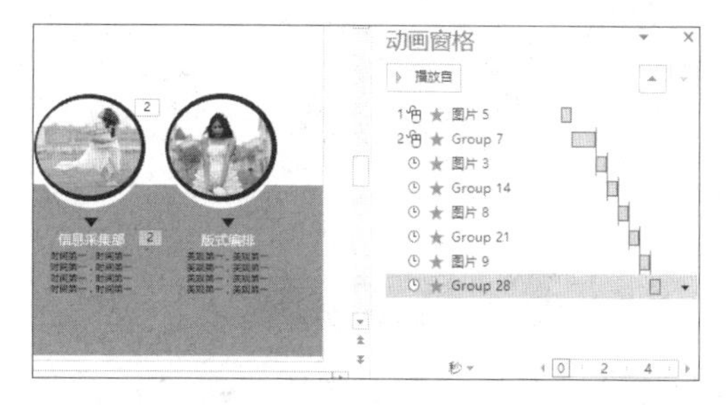

步骤07 **预览动画效果。**单击“动画窗格”任务窗格中的“播放自”按钮，如右图所示，即可预览动画效果。

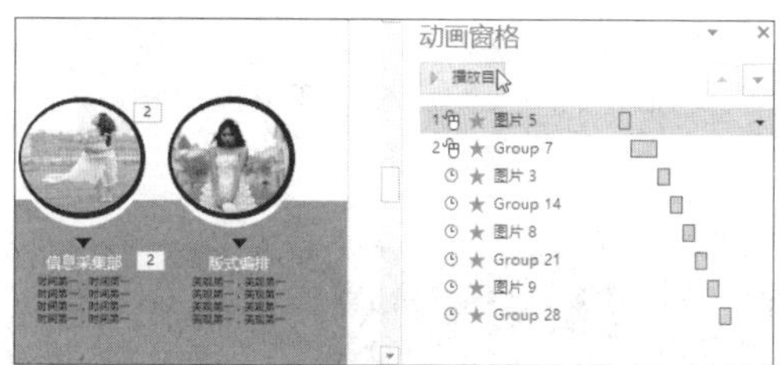

11.4 设置幻灯片的切换效果

幻灯片切换效果是指一张幻灯片播放结束过渡到下一张幻灯片的动画效果。用户可以设置幻灯片的切换效果，使幻灯片以多种不同的方式出现在屏幕上，并且可以在切换时播放声音。

11.4.1 使用预设切换效果

PowerPoint 2016 为用户提供了一组预设的切换效果，用户可以为一组幻灯片设置同一种切换效果，也可以为每张幻灯片设置不同的切换效果，具体操作如下。

原始文件：下载资源\实例文件\第 11 章\原始文件\信息传媒.pptx

最终文件：下载资源\实例文件\第 11 章\最终文件\设置切换效果.pptx

步骤01 **展开切换效果列表。**打开原始文件，默认选中第1张幻灯片，单击“切换”选项卡下“切换到此幻灯片”组的快翻按钮，如下图所示。

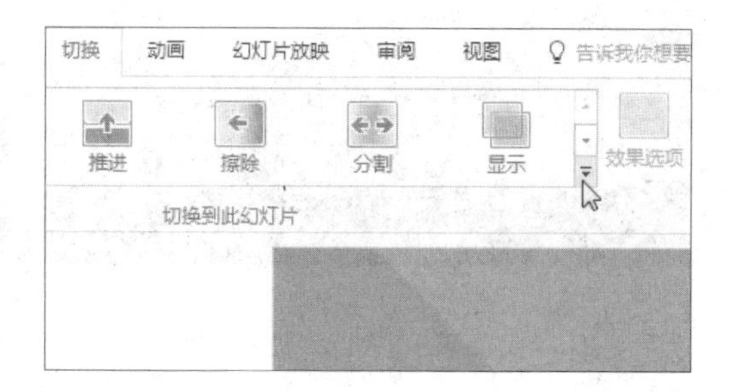

步骤02 **选择切换效果。**在展开的列表中选择合适的效果，这里选择“华丽型”选项组中的“百叶窗”样式，如下图所示。

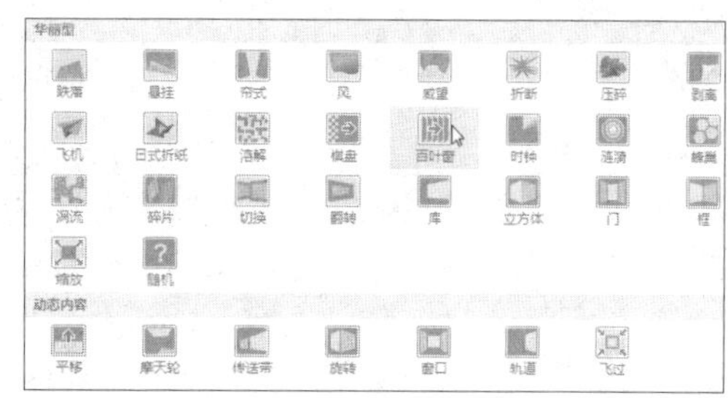

步骤03　**预览切换效果。**单击“切换”选项卡下“预览”组中的“预览”按钮，如下图所示，可以预览设置的切换效果。

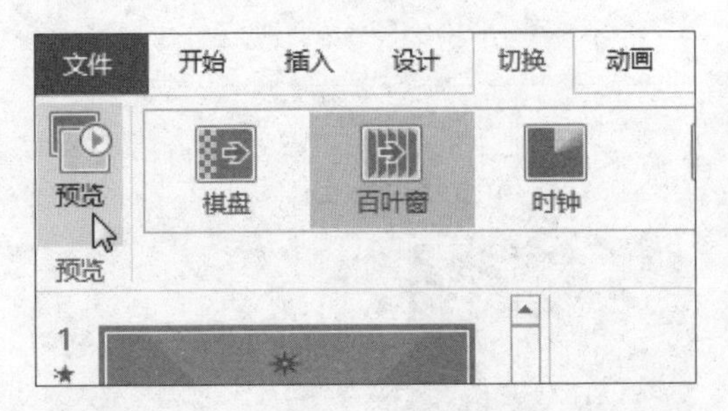

步骤04　**显示选择的切换效果。**此时幻灯片播放百叶窗的切换效果，默认方向为垂直方向，如下图所示。

步骤05　**选中需要设置的幻灯片。**按住【Ctrl】键，在幻灯片浏览窗格中同时选中除第1张外的所有幻灯片，如下图所示。

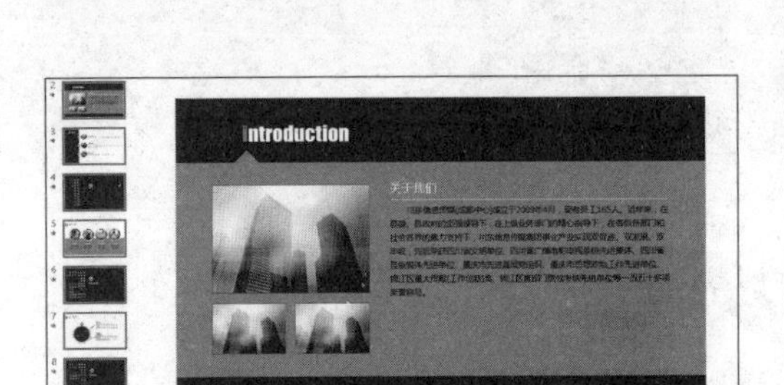

步骤06　**选择切换方式。**为所选幻灯片选择合适的切换效果，这里直接单击“切换”选项卡下“切换到此幻灯片”选项组中的“推进”效果，如下图所示。

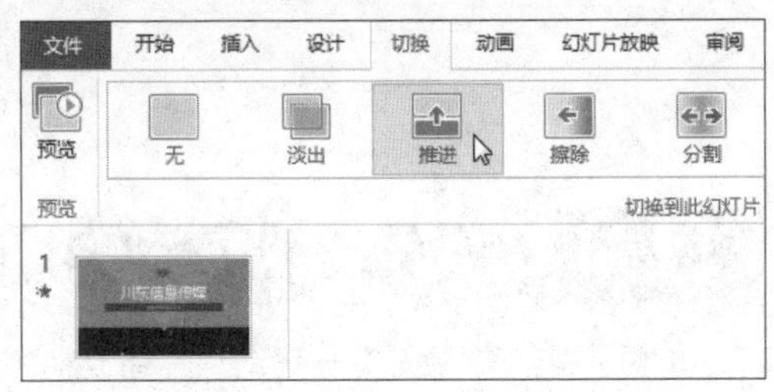

11.4.2　设置幻灯片的切换方向

为幻灯片选择了切换效果后，还可以为不同的切换效果选择切换方向，具体操作如下。

原始文件：下载资源\实例文件\第 11 章\原始文件\设置切换效果 .pptx
最终文件：下载资源\实例文件\第 11 章\最终文件\设置换片方向 .pptx

步骤01　**设置切换方向。**打开原始文件，单击“切换”选项卡下“切换到此幻灯片”组中的“效果选项”按钮，在展开的下拉列表中选择“水平”选项，如下图所示。

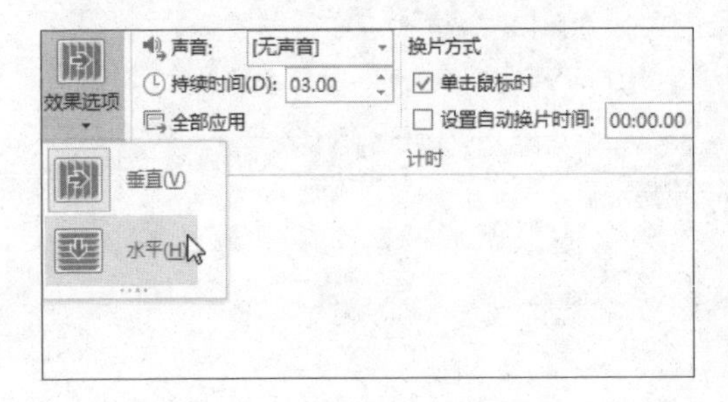

步骤02　**预览水平切换方向的效果。**选择选项后将自动预览效果，如下图所示。若需再次查看效果，可单击“切换”选项卡下“预览”组中的“预览”按钮。

11.4.3 设置幻灯片的切换声音

在切换幻灯片的同时，还可以为其添加切换时的声音效果，并设置声音持续的时间。具体操作如下。

原始文件： 下载资源 \ 实例文件 \ 第 11 章 \ 原始文件 \ 设置切换效果 .pptx
最终文件： 下载资源 \ 实例文件 \ 第 11 章 \ 最终文件 \ 设置切换声音 .pptx

步骤01 **选择声音。** 打开原始文件，切换至第1张幻灯片中，单击“切换”选项卡下“计时”组中“声音”下拉列表框右侧的下三角按钮，在展开的下拉列表中选择要添加的声音，这里选择“风声”，如下图所示。

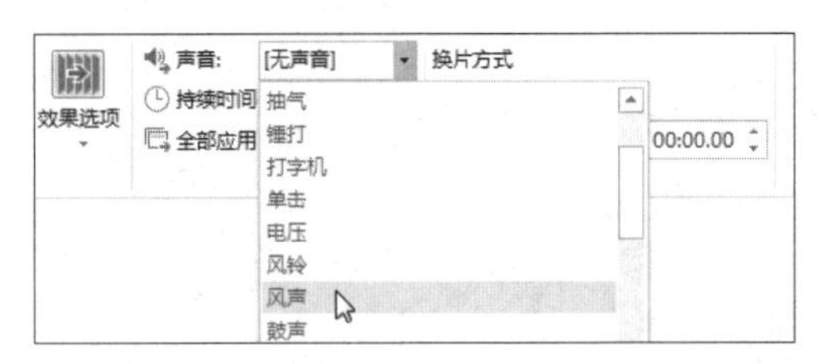

步骤02 **设置声音的持续时间。** 在“持续时间”数值框中设置声音持续的时间，这里设置为“02.00”秒，如下图所示。设置的时间越长，幻灯片的切换就越慢，反之则越快。

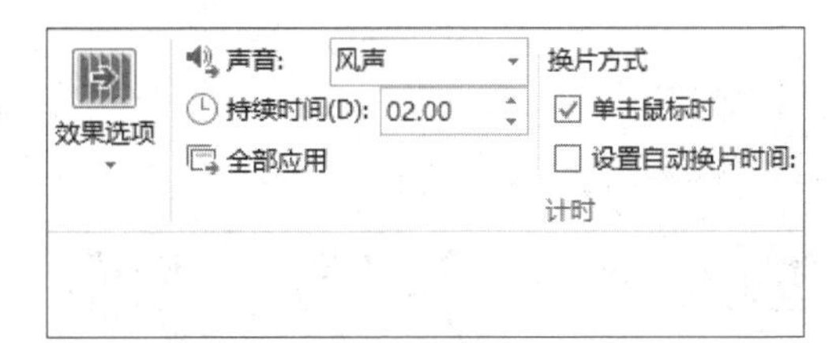

11.4.4 设置幻灯片的换片方式

在 PowerPoint 2016 中，默认“单击鼠标时”即可播放切换效果，用户也可以设置自动换片，并设置自动换片的时间。

原始文件： 下载资源 \ 实例文件 \ 第 11 章 \ 原始文件 \ 设置切换效果 .pptx
最终文件： 下载资源 \ 实例文件 \ 第 11 章 \ 最终文件 \ 设置换片方式 .pptx

步骤01 **选择换片方式。** 打开原始文件，按住【Ctrl】键，在幻灯片浏览窗格中选中所有的幻灯片，然后在“切换”选项卡下“计时”组中的“换片方式”选项组中选择换片方式，这里勾选“设置自动换片时间”复选框，如下左图所示。

步骤02 **设置自动换片时间。** 单击“设置自动换片时间”数值框右侧的数字微调按钮，设置经过多少秒后移至下一张幻灯片中，这里调整为“00:05.00”，即5秒钟，如下右图所示。

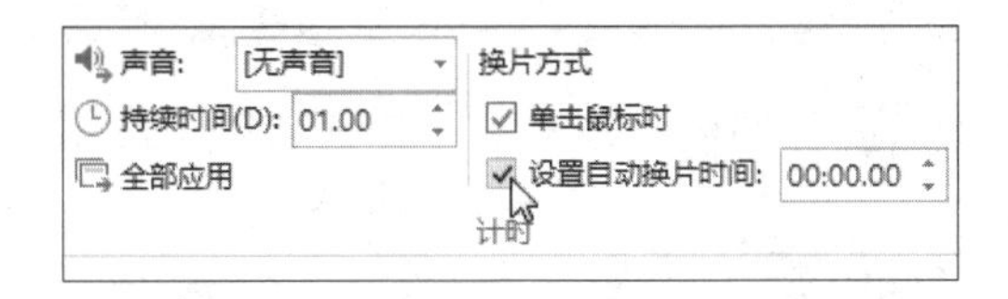

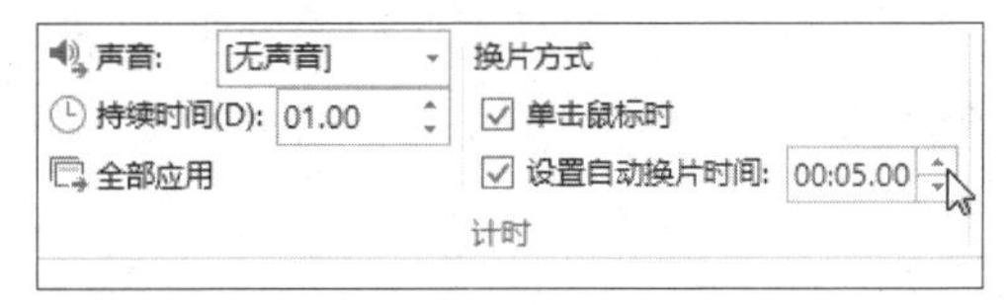

办公点拨 所有幻灯片应用相同切换效果

当设置好某一张幻灯片的切换效果后，如果需要将其效果应用到演示文稿中的其他所有幻灯片中，则单击“计时”选项组中的“全部应用”按钮，如右图所示。

实例演练 设计新品展示演示文稿

一个好的产品展示可以增加客户的关注度。制作新品展示演示文稿首先需要考虑产品的主要消费人群。例如，女鞋的主要消费人群是年轻女性，她们更喜欢靓丽、活泼的画面，因此在幻灯片中添加动画效果，可以给产品带来灵动的效果，增加产品的受欢迎程度。下面就以制作新品展示演示文稿为例，巩固本章所学知识。

原始文件： 下载资源 \ 实例文件 \ 第 11 章 \ 原始文件 \ 新品展示 .pptx
最终文件： 下载资源 \ 实例文件 \ 第 11 章 \ 最终文件 \ 新品展示 .pptx

步骤01 **选择需要添加动画的对象。** 打开原始文件，选中第1张幻灯片中的标题文本框，如下图所示。

步骤02 **选择动画效果。** 单击“动画”选项卡下“动画”组中的“擦除”效果，如下图所示，即可为所选对象添加“擦除”动画效果。

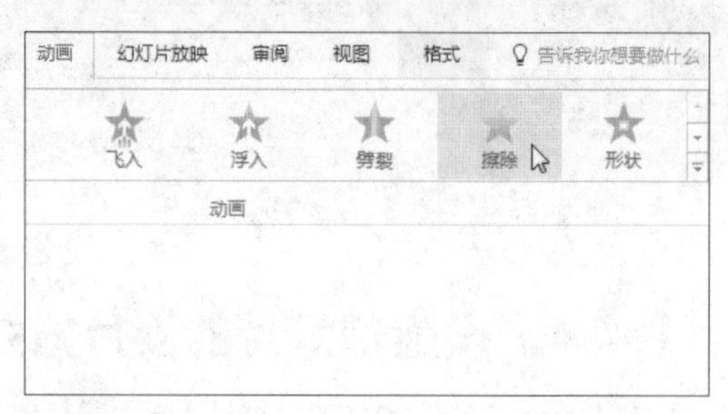

步骤03 **选择效果选项。** 单击“动画”选项卡下“动画”组中的“效果选项”按钮，在展开的下拉列表中选择“自左侧”选项，如下图所示。

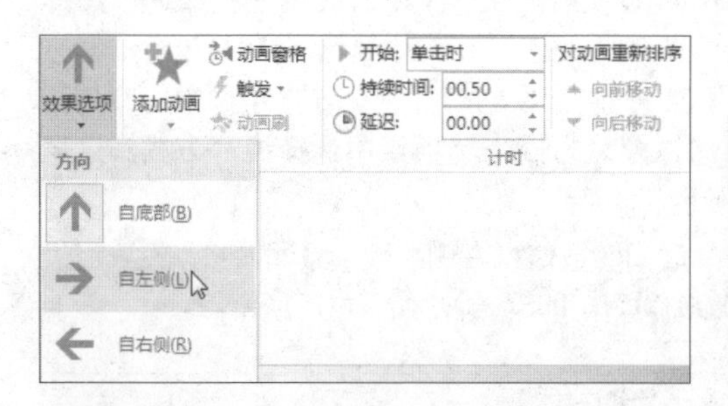

步骤04 **选择图片对象。** 切换至第2张幻灯片中，按住【Ctrl】键，选中幻灯片中的3张图片，如下图所示。

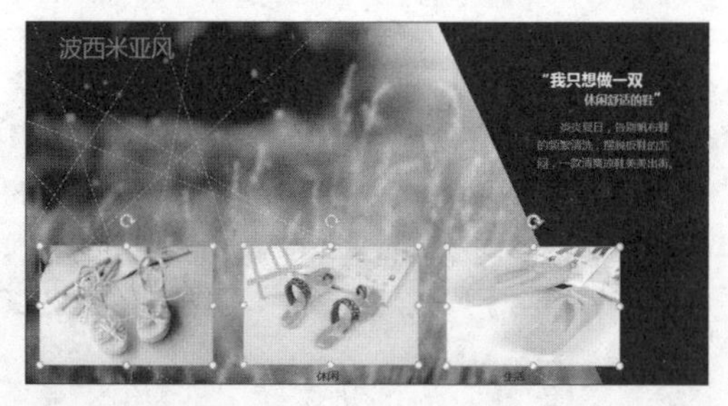

步骤05 **展开动画效果列表。** 单击“动画”组中的快翻按钮，展开更多的动画效果，如下图所示。

步骤06 **单击“更多进入效果”选项。** 在展开的列表中单击“更多进入效果”选项，如下图所示。

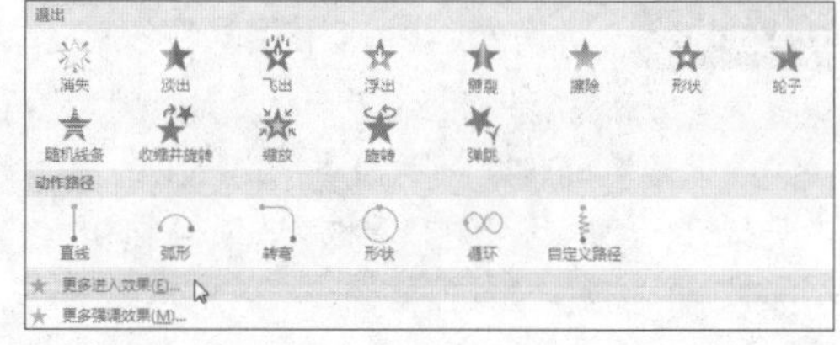

步骤07 **选择进入动画效果。**弹出“更改进入效果”对话框，选择“温和型”组中的“上浮”效果，如下左图所示，然后单击“确定”按钮。

步骤08 **打开“动画窗格”任务窗格。**单击“动画”选项卡下“高级动画”组中的“动画窗格”按钮，如下右图所示。

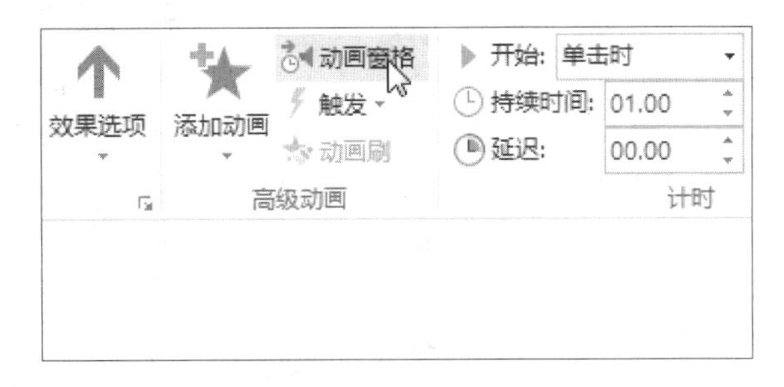

步骤09 **设置动画开始方式。**弹出“动画窗格”任务窗格，单击“图片1”右侧的下三角按钮，在展开的下拉列表中单击“从上一项之后开始”选项，如下图所示。为“图片2”“图片3”也设置相同的开始方式。

步骤10 **设置效果选项。**再次单击“图片1”右侧的下三角按钮，在展开的下拉列表中单击“效果选项”选项，如下图所示。

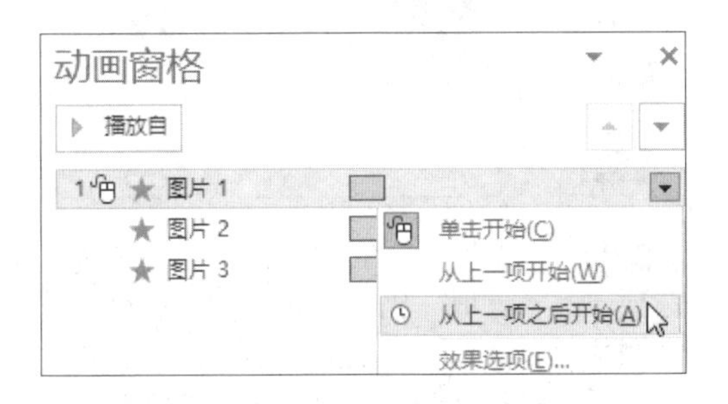

步骤11 **设置播放时的声音。**弹出“上浮”对话框，单击“效果”选项卡下“声音”下拉列表框右侧的下三角按钮，选择声音为“照相机”，如下图所示，然后单击右侧的喇叭图标，拖动滑块调节音量。

步骤12 **设置计时开始时间。**切换至“计时”选项卡下，单击“期间”下拉列表框右侧的下三角按钮，在展开的下拉列表中选择“中速（2秒）”，然后设置“重复”为“（无）”，如下图所示，设置完毕单击“确定”按钮即可。

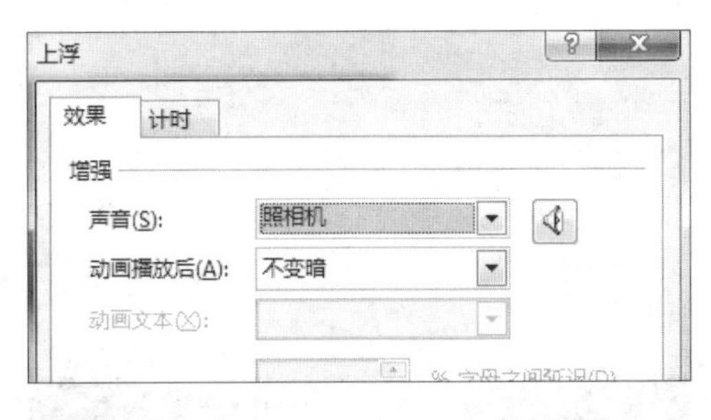

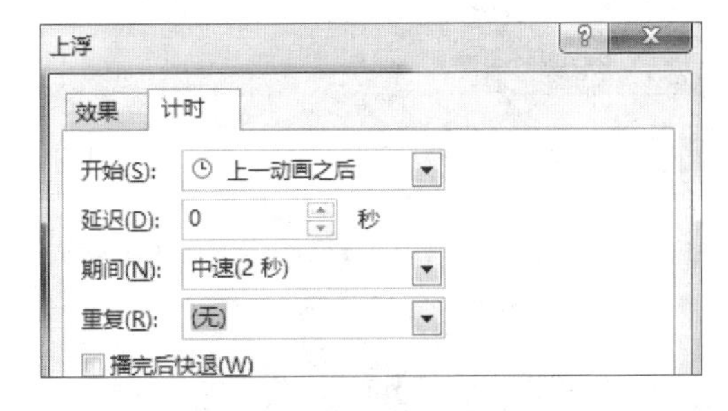

步骤13 **预览动画。**返回“动画窗格”任务窗格，单击“播放自”按钮，如下左图所示。

步骤14 **显示动画播放效果。**此时幻灯片中播放为图片添加的上浮动画效果，如下右图所示。

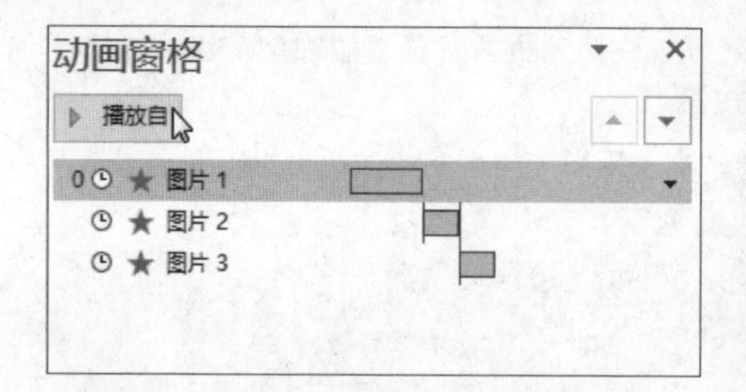

步骤15　设置第1张幻灯片的切换方式。选中第1张幻灯片，单击“切换”选项卡下“切换到此幻灯片”列表中的“分割”效果，如下图所示，若在“切换到此幻灯片”列表中没有显示需要的切换效果，可以单击其快翻按钮，展开更多的幻灯片切换效果。

步骤16　选择其他要添加切换效果的幻灯片。按住【Ctrl】键，在幻灯片浏览窗格中选择需要添加切换效果的幻灯片，如下图所示。

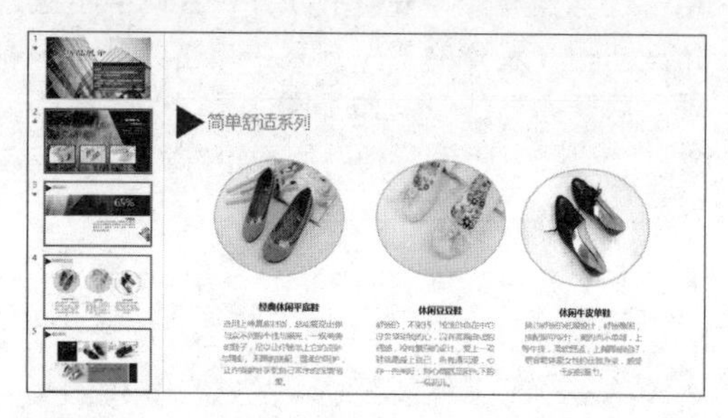

步骤17　选择切换效果。单击“切换”选项卡下“切换到此幻灯片”组中的“推进”效果，如下图所示。

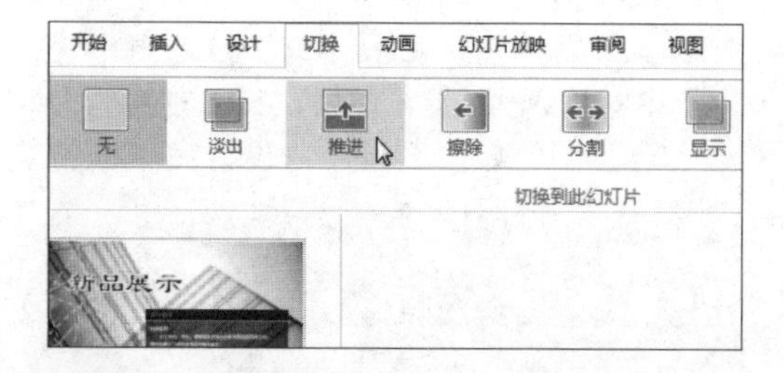

步骤18　设置换片时的声音。单击“切换”选项卡下“计时”组中“声音”下拉列表框右侧的下三角按钮，在展开的下拉列表中选择合适的切换声音，这里选择“鼓声”，如下图所示。

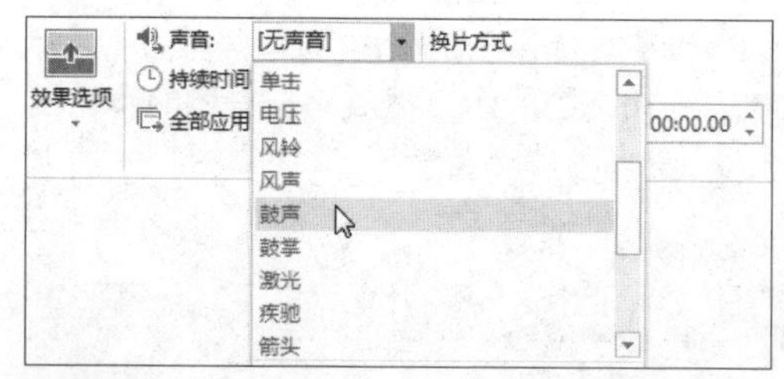

步骤19　设置换片方式。勾选“计时”组中的“设置自动换片时间”复选框，然后单击数值框右侧的数字微调按钮，设置换片时间为10秒，如下图所示。

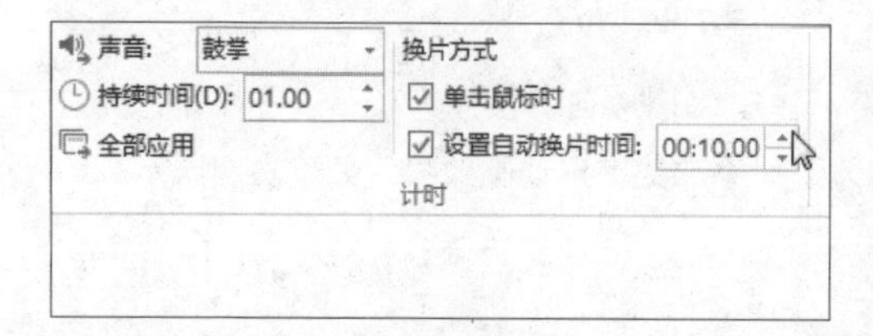

步骤20　预览效果。切换至第1张幻灯片中，单击“切换”选项卡下“预览”组中的“预览”按钮，即可预览设置的换片效果，如下图所示。

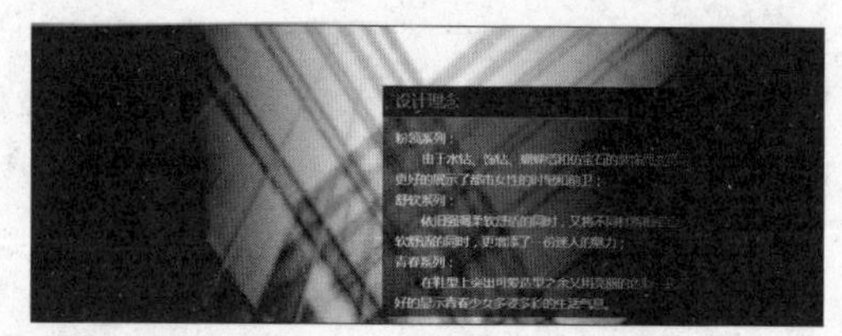

第12章 制作声情并茂的互动式幻灯片

在前一章中介绍了为幻灯片添加动画效果和切换效果的方法，如果要更加突显主题，可以在幻灯片中添加多媒体元素，包括音频和视频等，还可以插入动作和链接，使演示文稿变得更具观赏性和感染力。

12.1 插入声音对象

用户可以在演示文稿中插入声音对象，以达到强调或实现某种特殊效果的目的。为防止可能出现的链接丢失问题，向演示文稿添加音频文件之前，最好将音频文件复制到演示文稿所在的文件夹，具体操作如下。

12.1.1 添加音频文件

为了让演示文稿的内容更加丰富，营造更加轻松的氛围，用户可以在演示文稿中添加悦耳的音频文件。PowerPoint 2016 支持插入的音频文件类型很多，下面介绍在幻灯片中添加音频文件的方法。

原始文件： 下载资源\实例文件\第 12 章\原始文件\加油 2017.pptx、DefaultHold.wma

最终文件： 下载资源\实例文件\第 12 章\最终文件\添加文件中的音频 .pptx

步骤01 **单击“PC上的音频”选项。**打开原始文件中的演示文稿，在“插入”选项卡下单击“媒体”组中的“音频”按钮，在展开的下拉列表中单击“PC上的音频”选项，如右图所示。

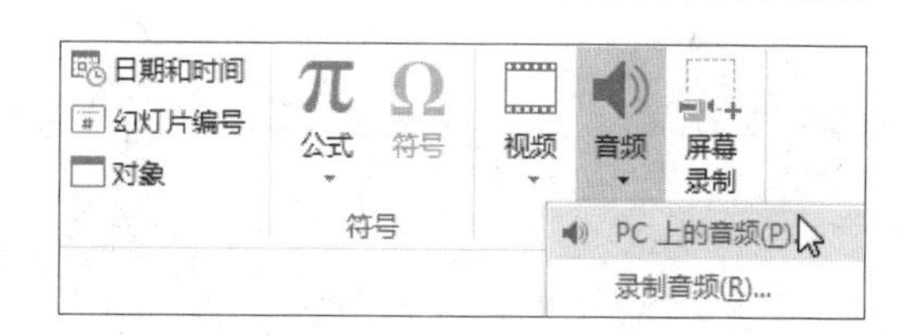

步骤02 **选择音频文件。**弹出“插入音频”对话框，在地址栏中选择音频文件的保存位置，然后选择需要的音频文件，如下图所示，选定后单击“插入”按钮。

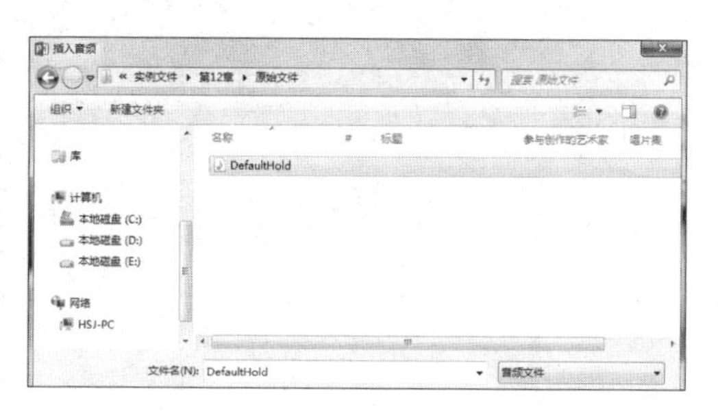

步骤03 **显示插入的音频文件图标。**此时在当前幻灯片中显示了声音图标及控件，如下图所示。

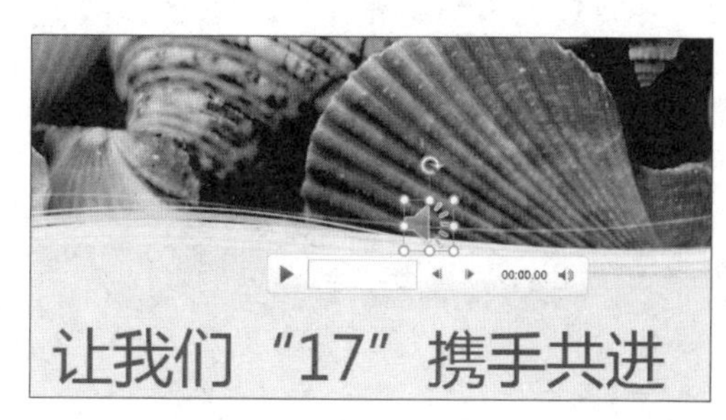

12.1.2 插入录制的音频

在某些场合中，演示文稿的制作者不必亲临现场，只需将事先录制好的解说或旁白插入到比较重要的幻灯片中即可。随着幻灯片的放映，观众除了能欣赏到幻灯片的画面，还能听到录制的解说或旁白。为幻灯片录制解说音频的具体操作如下。

原始文件： 下载资源\实例文件\第 12 章\原始文件\加油 2017.pptx

最终文件： 下载资源\实例文件\第 12 章\最终文件\录制音频 .pptx

步骤01 **单击“录制音频”选项。** 打开原始文件，切换至“插入”选项卡下，单击“媒体”组中的“音频”按钮，在展开的下拉列表中单击“录制音频”选项，如下图所示。

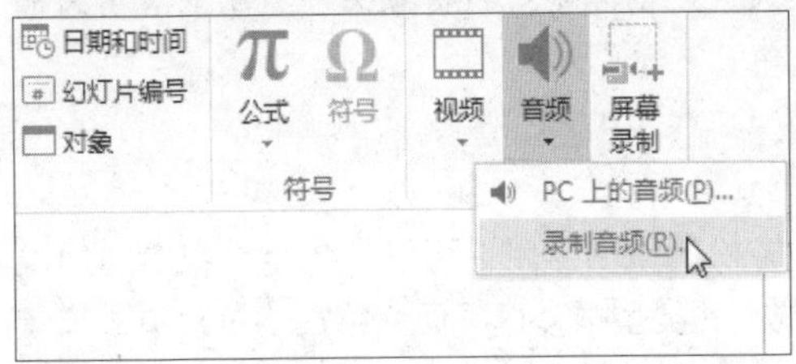

步骤02 **单击“录制”按钮。** 弹出“录制声音”对话框，首先在“名称”文本框中输入录制的音频文件的名称，这里输入“奋发图强”。单击红色的“录制”按钮，如下图所示，即可开始录制解说。

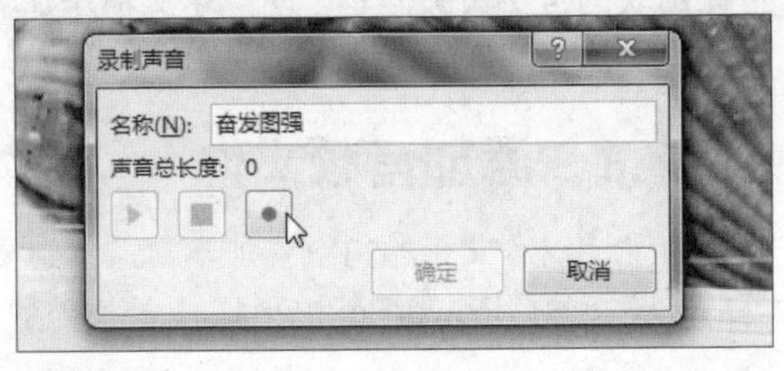

步骤03 **停止声音录制。** 此时，在对话框中显示声音的总长度，并根据录制声音的时间进行累计。完成声音的录制后，单击“停止”按钮，如下图所示。

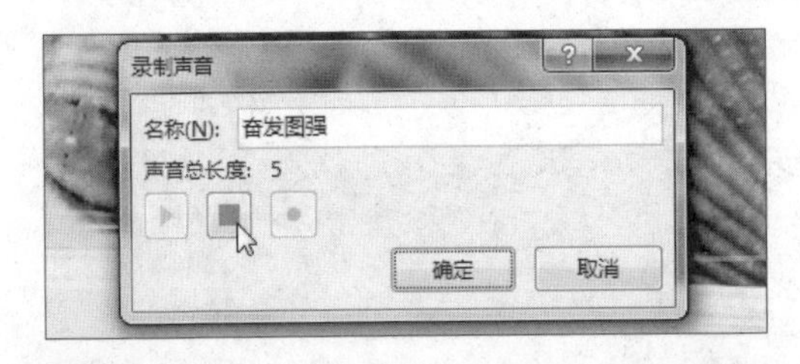

步骤04 **试听录制的声音文件。** 若要试听录制的解说，单击“播放”按钮，如下图所示。

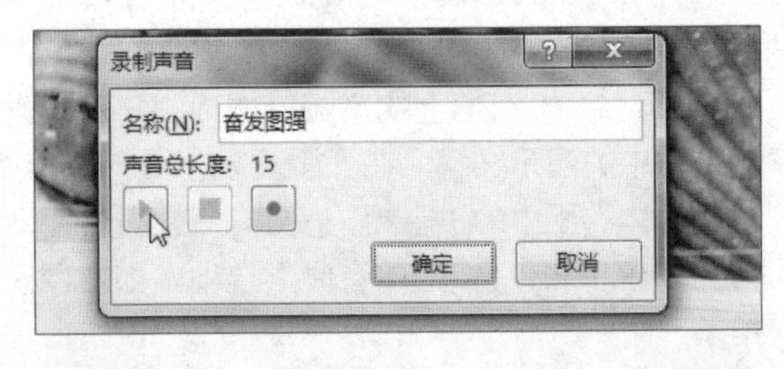

步骤05 **完成声音录制。** 完成幻灯片解说的录制后，单击“确定”按钮，如下图所示。

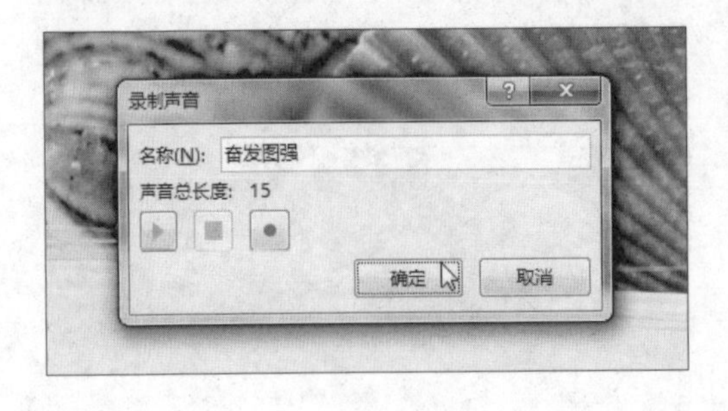

步骤06 **显示声音图标。** 此时在当前幻灯片中显示了声音图标，如下图所示。

12.1.3 设置声音效果

为演示文稿添加声音后，用户可以对音频文件进行设置，例如设置其开始播放的时间、播放时的音量，以及只在一张幻灯片放映期间连续播放某个声音，或者跨越多张幻灯片连续播放。具体操作如下。

原始文件： 下载资源\实例文件\第 12 章\原始文件\录制音频 .pptx

最终文件： 下载资源\实例文件\第 12 章\最终文件\设置声音效果 .pptx

1 剪裁音频

为了让用户更好地使用音频文件修饰演示文稿，PowerPoint 2016 提供了剪裁音频功能，用户可以通过指定开始时间和结束时间来剪裁音频首尾多余的部分，具体操作如下。

步骤01 **单击“剪裁音频”按钮。** 打开原始文件，选中第1张幻灯片中的声音图标，然后单击“音频工具-播放”选项卡下“编辑”组中的“剪裁音频”按钮，如下图所示。

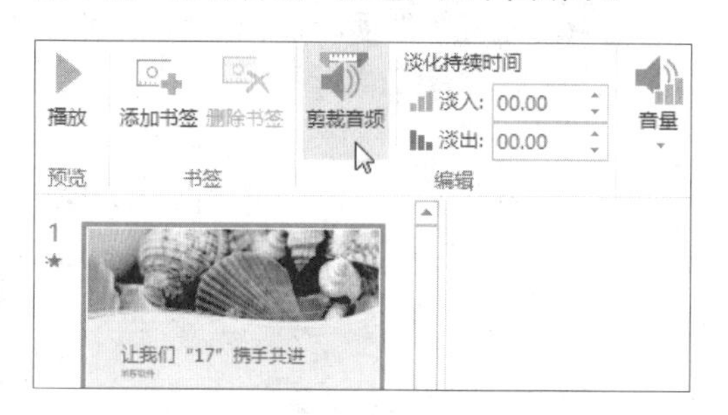

步骤02 **设置开始时间。** 弹出“剪裁音频”对话框，向右拖动音频进度条左侧的绿色滑块，设置音频文件开始播放的时间，如下图所示。

步骤03 **设置结束时间。** 接着向左拖动音频进度条右侧的红色滑块，调整音频文件结束播放的时间，如下图所示。

步骤04 **确认音频剪裁。** 完成剪裁后，可单击“播放”按钮试听音频，确认剪裁则单击“确定”按钮，如下图所示。

2 设置音频淡化持续时间

音频淡化是指在音频开始或结束的几秒内使用淡入、淡出效果，让音频渐渐地从无到有、从有到无，也可以说是音频播放的缓冲时间。

步骤01 **设置淡入淡出持续时间。** 继续之前的操作，选中第1张幻灯片中的声音图标，在“音频工具-播放”选项卡下“编辑”组的“淡入”数值框中输入“01.00”，表示音频在开始的1秒内使用淡入效果，然后单击“淡出”数值框右侧的微调按钮，将时间设置为“00.75”秒，表示音频在结束的0.75秒内使用淡出效果，如下左图所示。

步骤02 **试听音频淡化持续时间设置效果。**完成音频淡化持续时间的设置后，可以单击“音频工具-播放”选项卡下“预览”组中的“播放”按钮，如下右图所示，试听设置效果。

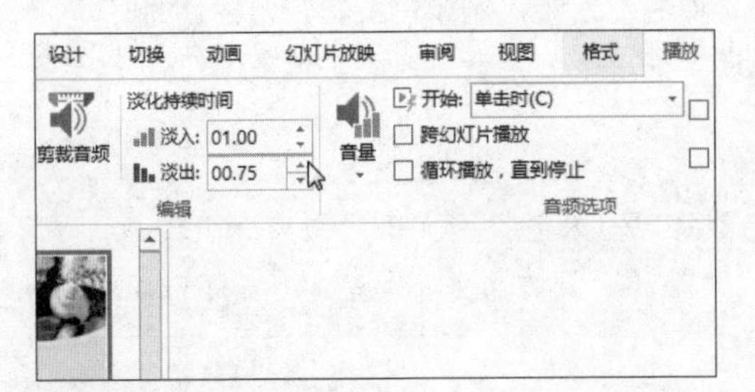

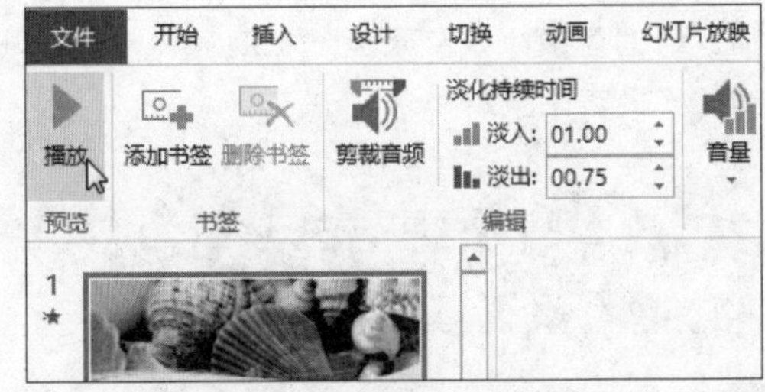

3 设置音频选项

音频选项包括开始方式、放映时隐藏声音图标、“循环播放，直到停止”、播放完返回开头和音量等。设置音频选项的方法很简单，只需在“音频工具-播放”选项卡下的“音频选项”组中进行设置即可。

步骤01 **设置音量大小。**继续之前的操作，选中声音图标，单击“音频工具-播放”选项卡下“音频选项”组中的“音量”按钮，在展开的下拉列表中单击“中”选项，如下图所示。

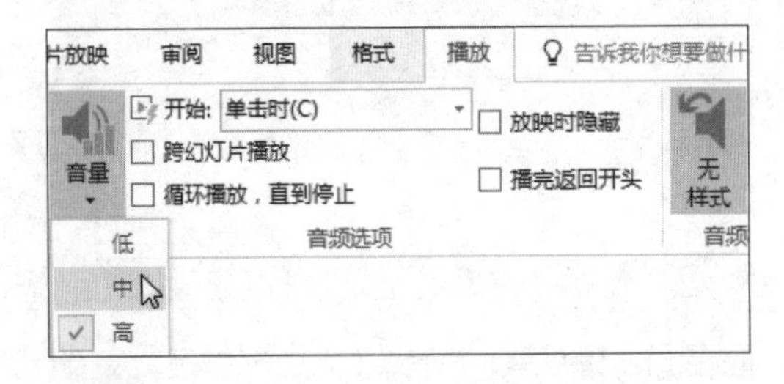

步骤02 **设置开始方式。**单击“开始”下拉列表框右侧的下三角按钮，在展开的下拉列表中选择“自动”选项，如下图所示，即放映到此幻灯片时自动播放声音。

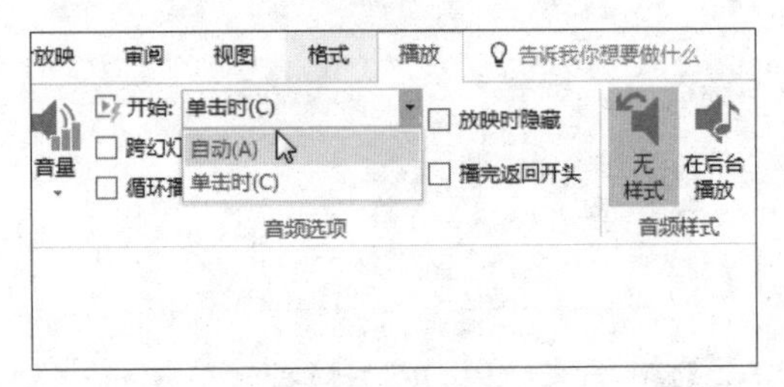

步骤03 **设置“循环播放，直到停止”。**如果希望幻灯片中的音频一直播放，直到跳转到其他幻灯片中或者演示文稿放映结束，可在“音频选项”组中勾选“循环播放，直到停止”复选框，如右图所示。若需设置其他选项，勾选相应复选框即可。

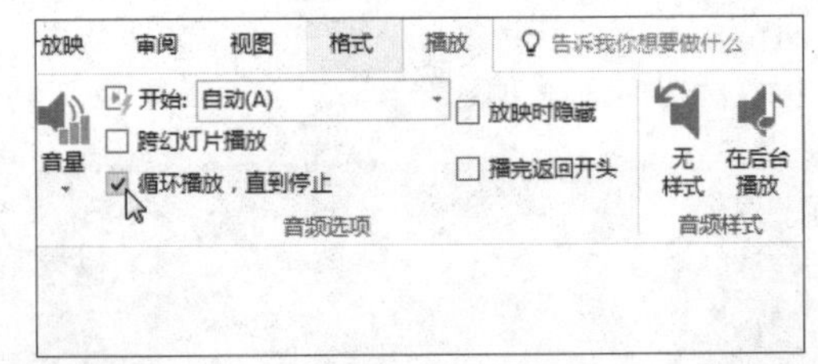

12.1.4 使用播放按钮控制声音的播放

为演示文稿中的某张幻灯片添加声音后，用户有时可能会需要控制声音的播放。本小节就以添加了音频文件的幻灯片为例，介绍将音频文件的播放设定为使用播放按钮控制的具体操作方法。

原始文件： 下载资源\实例文件\第12章\原始文件\使用按钮控制声音播放.pptx

最终文件： 下载资源\实例文件\第12章\最终文件\使用按钮控制声音播放.pptx

步骤01 **绘制形状。**打开原始文件，切换至第3张幻灯片，在幻灯片中插入一个椭圆形，然后双击形状，将插入点定位至形状内，如下图所示。

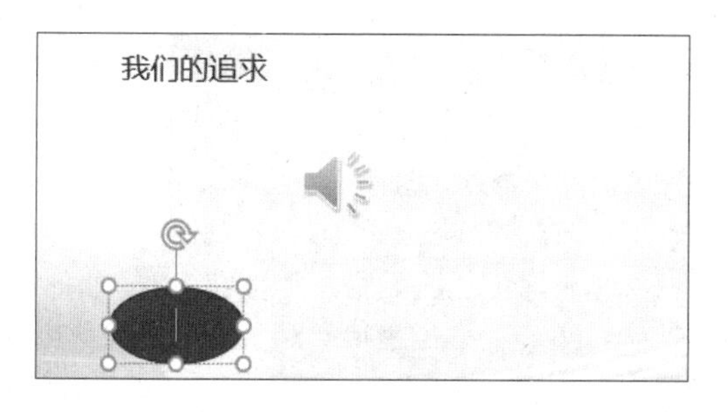

步骤02 **编辑文本。**在椭圆形内输入“开始播放”，然后再绘制两个相同的椭圆，分别输入“暂停播放”“停止”，效果如下图所示。

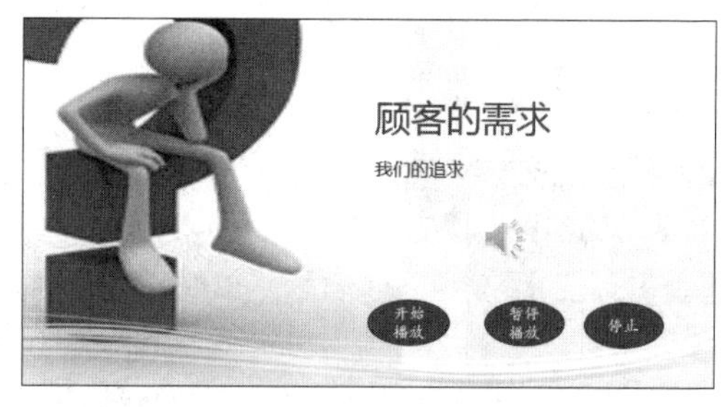

步骤03 **选中声音图标。**接下来为声音图标添加控制按钮，首先选中声音图标，如下图所示。

步骤04 **设置播放的触发按钮。**切换至“动画”选项卡下，此时默认的动画效果为“播放”，单击“高级动画”组中的“触发”按钮，在展开的下拉列表中单击“单击>椭圆7”选项，如下图所示。

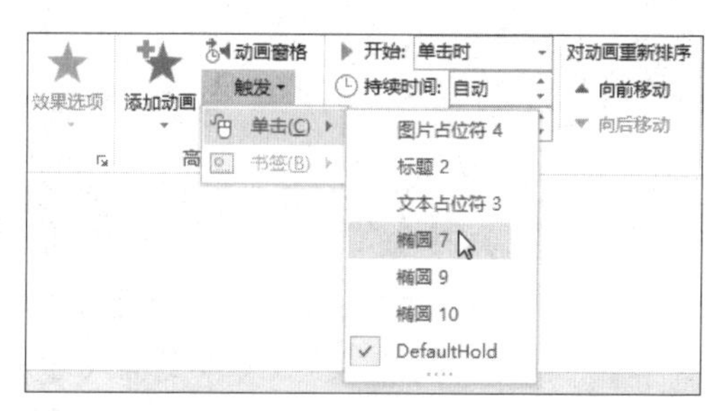

步骤05 **添加暂停动画效果。**设置好声音文件播放的触发按钮后，单击“动画”选项卡下“高级动画”组中的“添加动画”按钮，在展开的列表中选择“媒体”组中的“暂停”效果，如下图所示。

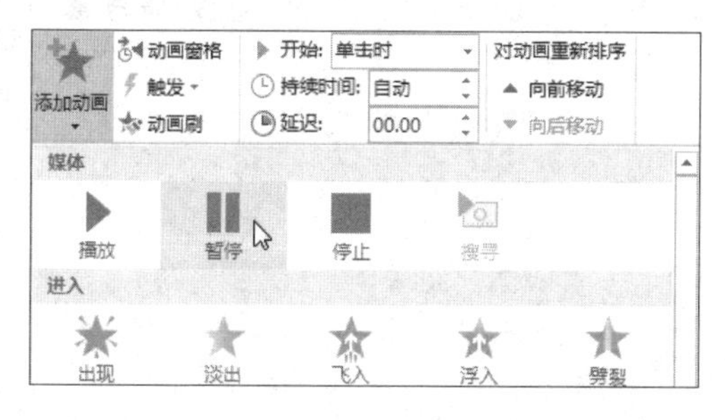

步骤06 **设置暂停的触发按钮。**单击“高级动画”组中的“触发”按钮，在展开的下拉列表中单击“单击>椭圆9”选项，如下图所示。

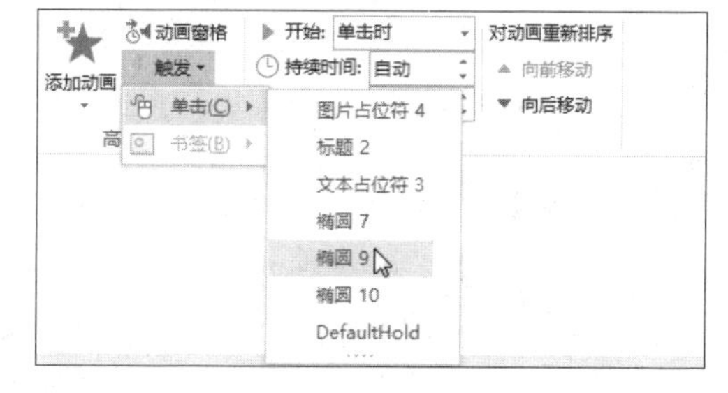

步骤07 **添加停止动画效果。**再次单击“高级动画”组中的“添加动画”按钮，在展开的列表中选择“媒体”组中的“停止”效果，如下左图所示。

步骤08 **设置停止的触发按钮。**单击“高级动画”组中的“触发”按钮，在展开的下拉列表中指向“单击”，然后单击级联列表中的“椭圆10”选项，如下右图所示。

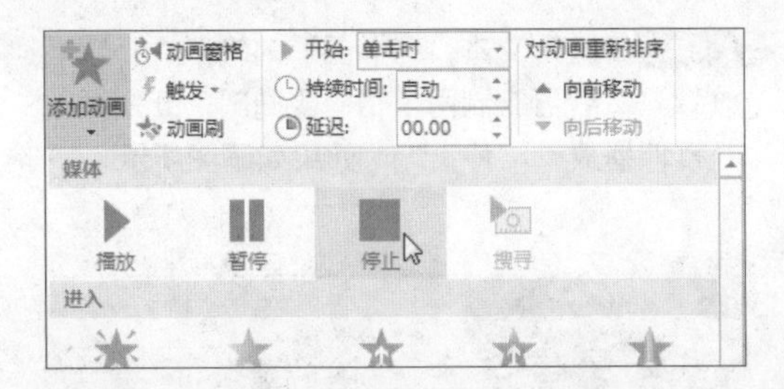

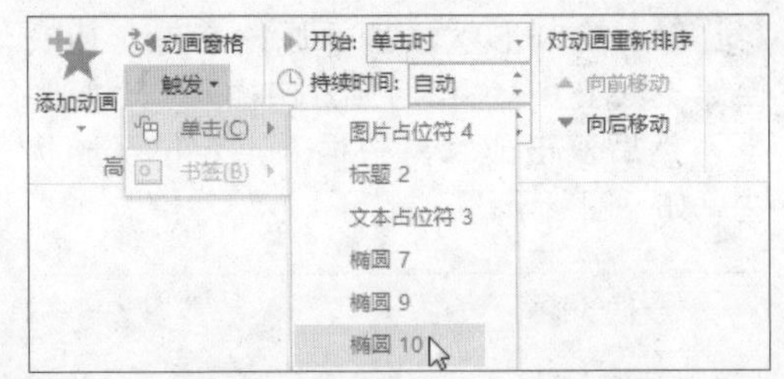

步骤09 **显示添加触发按钮后的效果。**此时为音频文件添加了播放、暂停、停止触发按钮，在声音图标的左侧出现如下左图所示的标志。

步骤10 **利用按钮播放声音。**放映幻灯片时，将鼠标指针移至“开始播放”按钮上方，此时鼠标指针呈手形，单击即可播放声音，如下右图所示。单击“暂停播放”则暂停，再次单击“暂停播放”则继续播放，单击“停止”则停止播放。

12.2 插入视频对象

除了动画和声音，用户还可以在演示文稿中插入视频。插入视频的方式主要有两种：一种是插入 PC 上的视频文件，一种是插入联机视频网站中的视频。本节将介绍如何在幻灯片中插入 PC 中的视频文件、如何调整视频文件的画面效果以及如何控制视频文件的播放。

12.2.1 插入PC中的视频文件

在 PowerPoint 2016 中，插入 PC 上的视频文件的具体操作如下。

原始文件：下载资源 \ 实例文件 \ 第 12 章 \ 原始文件 \ 使用按钮控制声音播放 .pptx、媒体 1.mp4

最终文件：下载资源 \ 实例文件 \ 第 12 章 \ 最终文件 \ 插入视频文件 .pptx

步骤01 **选择目标幻灯片。**打开原始文件中的演示文稿，切换至第2张幻灯片，如下图所示。

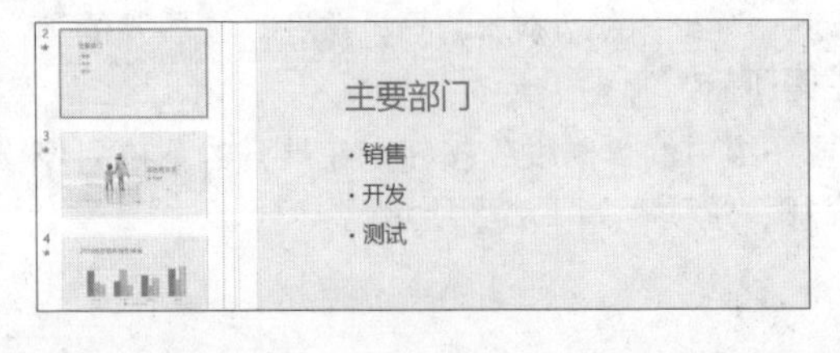

步骤02 **插入PC上的视频。**单击“插入”选项卡下“媒体”组中的“视频”按钮，在展开的下拉列表中单击“PC上的视频”选项，如下图所示。

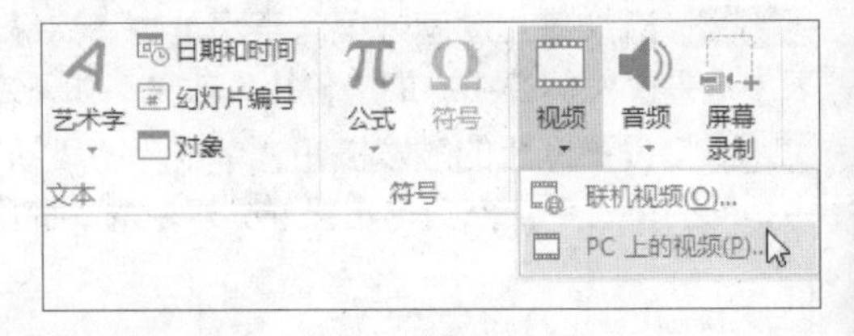

步骤03　选择视频文件。弹出“插入视频文件”对话框，在地址栏中选择视频文件的保存位置，然后选中“媒体1.mp4”，如下图所示，最后单击“插入”按钮。

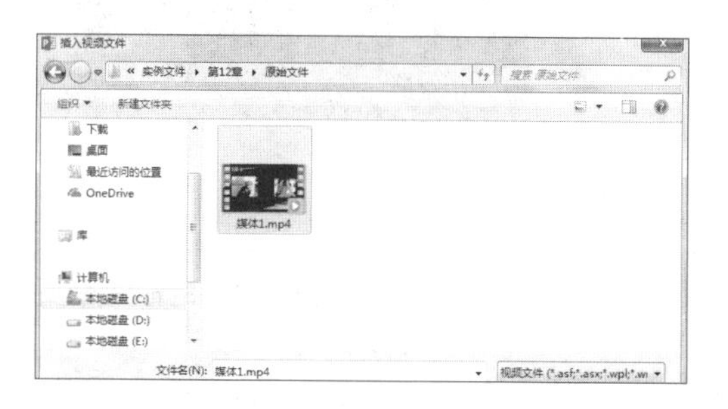

步骤04　查看插入视频后的效果。此时在幻灯片中显示了视频图标及播放控制条，如下图所示，默认情况下，视频图标画面为视频的第1帧。

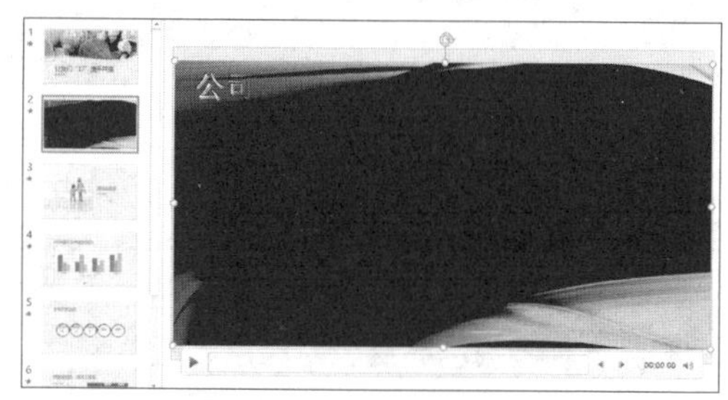

12.2.2　调整视频文件的画面效果

调整视频文件画面效果是 PowerPoint 2016 新增的功能，可以调整视频文件画面的色彩、标牌框架、视频样式、形状与边框等，极大地方便了用户设置视频展示效果。

1 调整视频文件画面大小

调整视频文件画面大小和设置图片对象大小的方法一致，可以用鼠标拖动控点调整，也可以在功能区的“大小”组或“设置视频格式”任务窗格中精确设置。精确设置大小的具体操作如下。

原始文件：下载资源\实例文件\第 12 章\原始文件\插入视频文件 .pptx

最终文件：下载资源\实例文件\第 12 章\最终文件\调整视频文件画面大小 .pptx

步骤01　选中视频图标。打开原始文件，切换至第2张幻灯片，选中幻灯片中的视频图标，如下图所示。

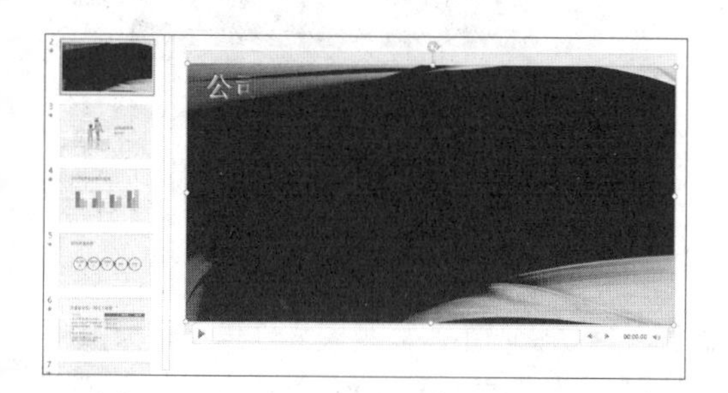

步骤02　设置视频文件画面的高度。在“视频工具-格式”选项卡下的“大小”组中设置高度为“12厘米”，如下图所示。按下【Enter】键，宽度值将按原始比例自动调整。

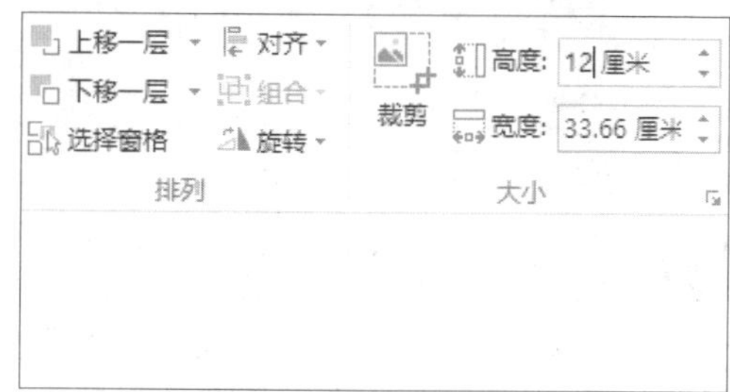

步骤03　显示调整大小后的效果。此时视频文件画面的高度、宽度都改变了，效果如下左图所示。

步骤04　移动视频图标的位置。调整大小后，视频图标在画面中的位置显得不美观，因此选中图标，按住鼠标左键拖动至适当位置，释放鼠标左键即可，如下右图所示。

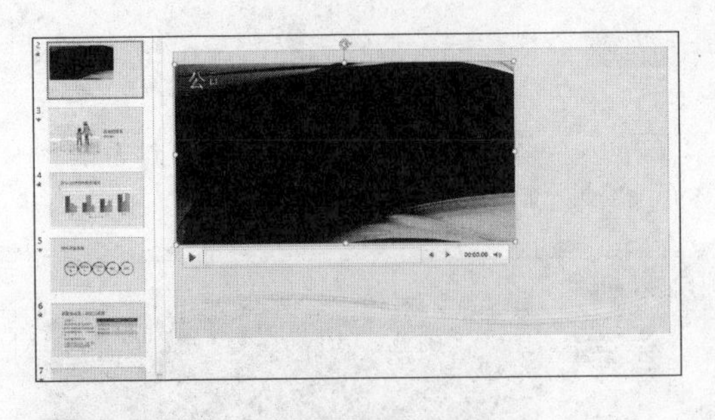

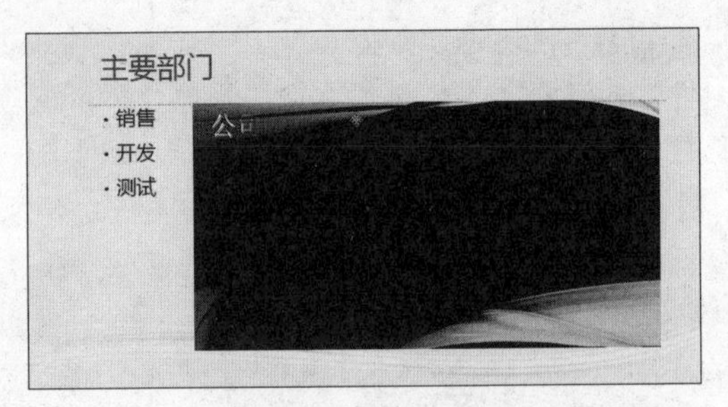

2 调整视频文件的画面色彩

调整视频文件的画面色彩是指通过“视频工具 - 格式”选项卡下“调整”组中的命令来更改视频文件画面的亮度、对比度、颜色属性。

原始文件： 下载资源 \ 实例文件 \ 第 12 章 \ 原始文件 \ 调整视频文件画面大小 .pptx

最终文件： 下载资源 \ 实例文件 \ 第 12 章 \ 最终文件 \ 调整视频文件画面色彩 .pptx

步骤01 **调整画面亮度/对比度。** 打开原始文件，切换至第2张幻灯片，选中视频图标，单击“视频工具-格式”选项卡下“调整”组的“更正”按钮，在展开的下拉列表中选择合适的亮度与对比度选项，这里选择“亮度：+20% 对比度：+20%”，如下图所示。

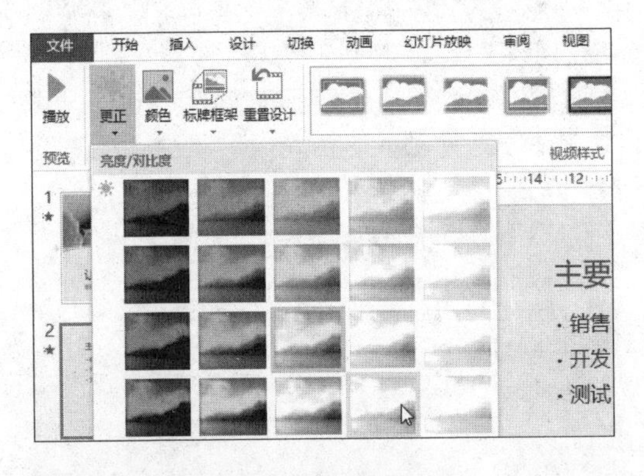

步骤02 **更改画面颜色。** 若要修改视频画面的颜色，单击“调整”组中的“颜色”按钮，在展开的下拉列表中选择合适的颜色效果，如下图所示。

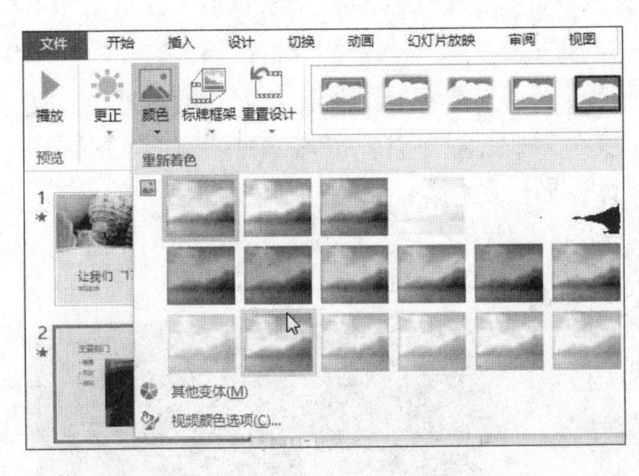

3 设置视频文件的标牌框架

标牌框架是指幻灯片中视频图标中显示的画面。默认情况下，以视频文件第 1 帧为视频图标画面，在播放完成后，有可能是以最后一帧为视频图标画面。PowerPoint 2016 的标牌框架功能让用户可以随心所欲地选择一幅图像来作为视频图标画面。

原始文件： 下载资源 \ 实例文件 \ 第 12 章 \ 原始文件 \ 调整视频文件画面色彩 .pptx、标牌框架 .jpg

最终文件： 下载资源 \ 实例文件 \ 第 12 章 \ 最终文件 \ 设置视频标牌框架 .pptx

步骤01 **选中视频图标。**打开原始文件中的演示文稿，切换至第2张幻灯片中，可以看到视频图标中显示的画面为视频文件第1帧，选中视频图标，如下图所示。

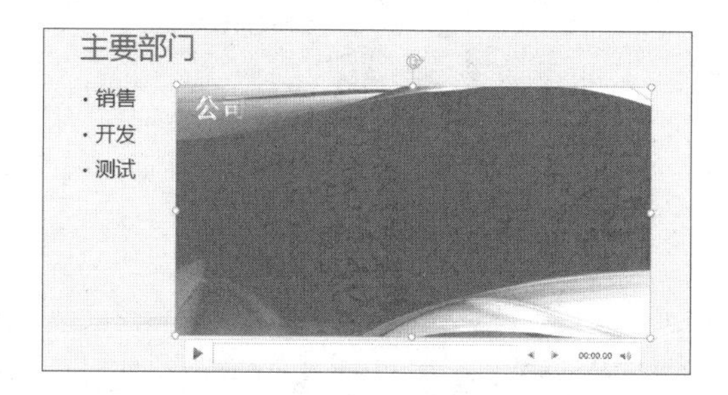

步骤02 **添加标牌框架。**单击“视频工具-格式”选项卡下“调整”组中的“标牌框架”按钮，在展开的下拉列表中单击“文件中的图像”选项，如下图所示。

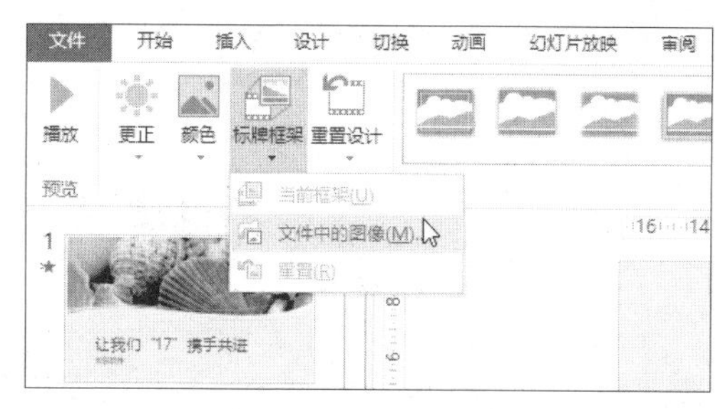

步骤03 **选择图片来源。**弹出“插入图片”选项面板，单击“来自文件”右侧的“浏览”按钮，如下图所示。

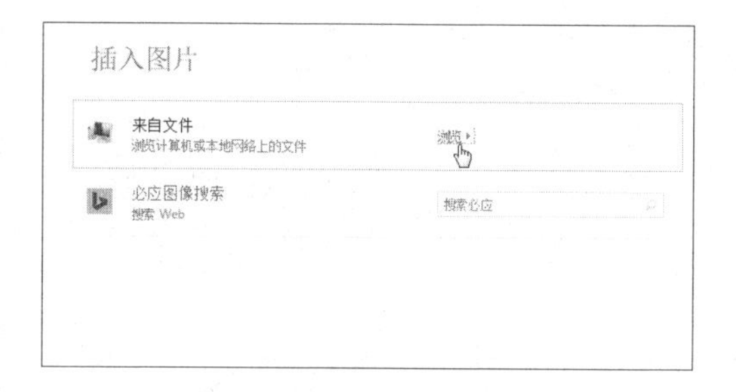

步骤04 **选择图片。**弹出“插入图片”对话框，在地址栏中选择图片保存的位置，然后选择“标牌框架.jpg”，如下图所示，选定后单击“插入”按钮。

步骤05 **显示设置后的画面效果。**此时视频图标画面显示为添加的标牌框架图片，颜色及亮度/对比度为之前设置的画面效果，如右图所示。在播放视频时，会先显示标牌框架图像，之后逐渐切换至视频内容。

办公点拨 **快速清除视频文件画面的设置**

如果对自定义设置的视频文件画面大小、色彩等不满意，单击“调整”组中的“重置设计”按钮，即可还原至默认视频画面效果。

4 设置视频画面样式

设置视频画面样式是指直接对视频画面应用预设的视频样式。PowerPoint 2016 提供了 34 种预设视频样式，应用内置视频样式的操作方法如下。

原始文件：下载资源\实例文件\第12章\原始文件\设置视频标牌框架.pptx

最终文件：下载资源\实例文件\第12章\最终文件\设置视频画面样式.pptx

步骤01 **选择视频图标。**打开原始文件，切换至第2张幻灯片，选择幻灯片中的视频图标，如下图所示。

步骤02 **展开更多的视频样式。**单击“视频工具-格式”选项卡下“视频样式”组中的快翻按钮，展开更多的视频样式，如下图所示。

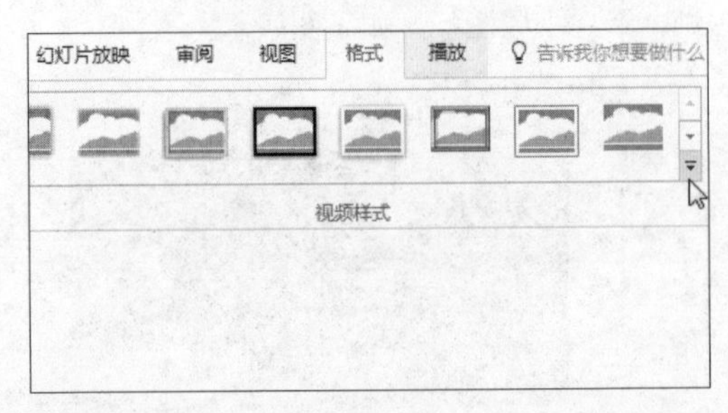

步骤03 **选择预设样式。**在展开的列表中选择需要的视频样式，这里选择“中等”组中的“中等复杂框架，渐变”样式，如下图所示。

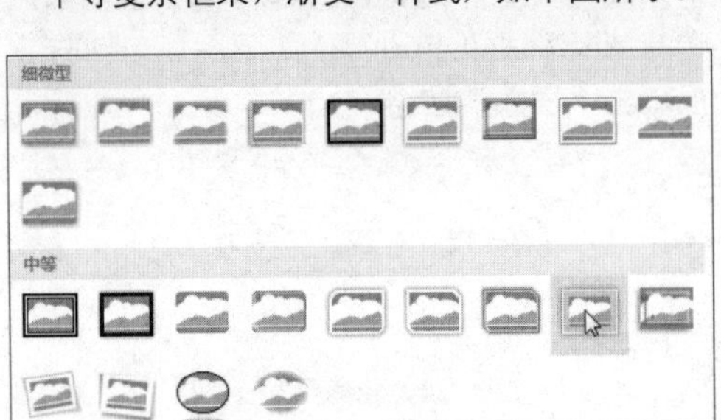

步骤04 **显示应用预设视频样式的效果。**此时对选中的视频图标画面应用了指定视频样式，如下图所示。

5 自定义视频画面样式

除了使用预设视频样式设置视频画面外，还可以使用“视频样式”组中的“视频形状”“视频边框”和“视频效果”按钮自定义视频画面样式，方法与自定义图片样式的方法相同，具体操作如下。

原始文件：下载资源\实例文件\第12章\原始文件\设置视频标牌框架.pptx
最终文件：下载资源\实例文件\第12章\最终文件\自定义视频画面样式.pptx

步骤01 **更改视频边框颜色。**打开原始文件，切换至第2张幻灯片，选中幻灯片中的视频图标，单击“视频工具-格式”选项卡下“视频样式”组中“视频边框”右侧的下三角按钮，在展开的下拉列表中选择“橙色”，如下左图所示。

步骤02 **单击“其他线条”选项。**若要更改线条样式，则再次单击“视频边框”的下三角按钮，在展开的列表中执行“粗细>其他线条”命令，如下右图所示。

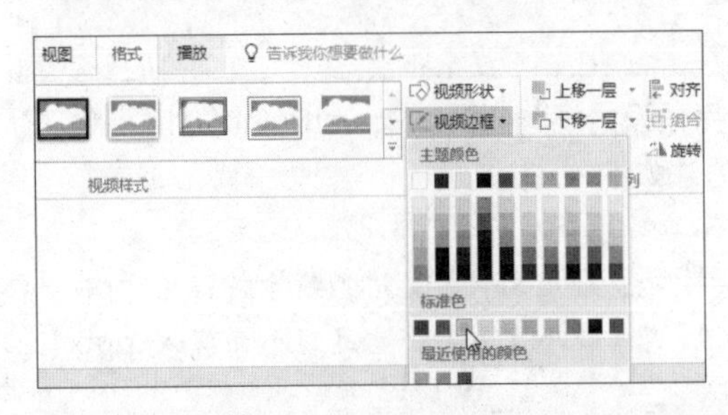

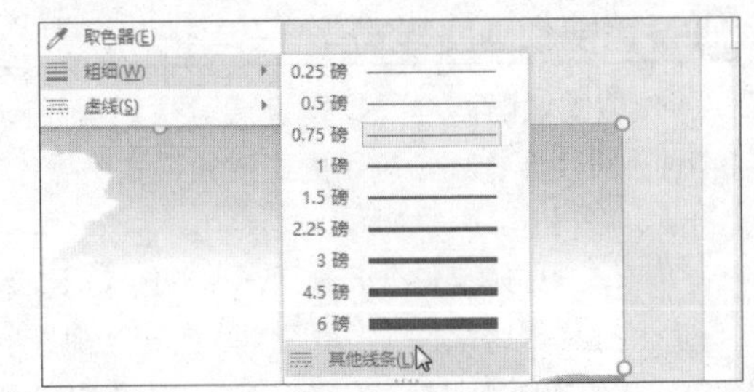

步骤03 **设置线条宽度。**弹出“设置视频格式”任务窗格，单击“宽度”数值框右侧的数字微调按钮，调整边框线条的宽度值，如下图所示。

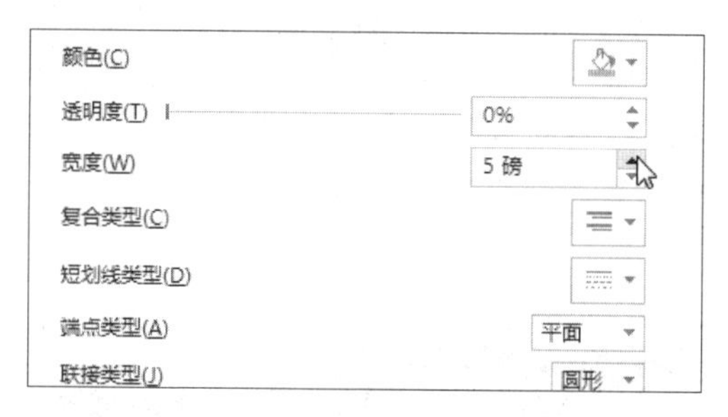

步骤04 **设置边框样式。**在“边框”选项组中单击“复合类型”下三角按钮，在展开的下拉列表中单击“三线”选项，如下图所示。

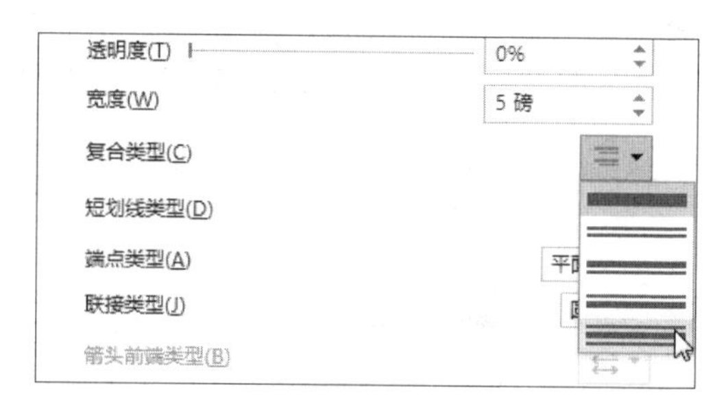

步骤05 **设置阴影效果。**首先切换至“效果”选项卡下，然后单击“阴影”三角按钮，展开“阴影”选项组，再单击“预设”右侧的下三角按钮，在展开的下拉列表中单击“右下斜偏移”选项，如下图所示。

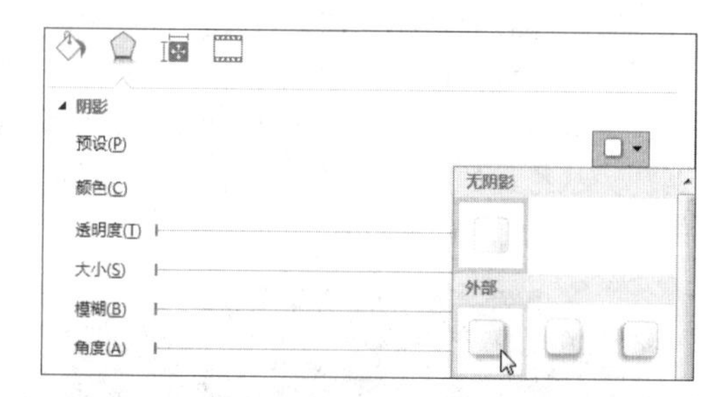

步骤06 **调整阴影距离。**选择阴影效果后，其下方的各项参数都设置为默认值，选中“距离”右侧的滑动条，按住鼠标左键向右拖动至“20磅”时，释放鼠标左键，如下图所示。

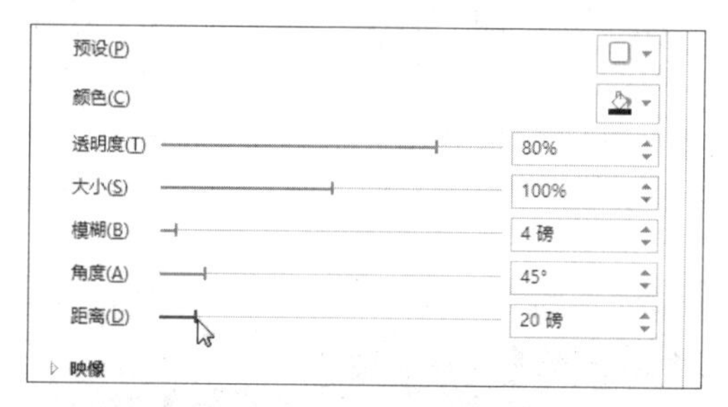

步骤07 **显示设置后的效果。**此时，选中的视频图标的画面边框即为设置的样式，如右图所示。

12.2.3 控制视频文件的播放

将视频添加到幻灯片中后，就需要播放视频文件。PowerPoint 2016 中新增了视频文件的剪辑、书签功能，能直接剪裁多余的部分及设置视频播放的起始点，让用户可以更好地控制视频文件的播放。

原始文件：下载资源\实例文件\第 12 章\原始文件\调整文件画面大小.pptx
最终文件：下载资源\实例文件\第 12 章\最终文件\控制视频文件的播放.pptx

1 剪裁视频

剪裁视频是通过指定开始时间点和结束时间点来剪辑视频，以删除与演示文稿内容无关的部分，使视频更加简洁。

步骤01 **单击“剪裁视频”按钮。**打开原始文件，选中幻灯片中的视频图标，单击“视频工具-播放”选项卡下“编辑”组中的“剪裁视频”按钮，如下图所示。

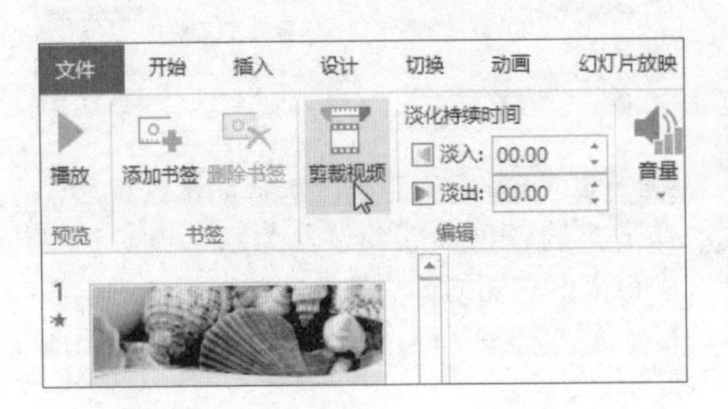

步骤02 **裁剪视频开始部分。**弹出“剪裁视频”对话框，可以在该对话框中裁剪视频开始与结束的多余部分。向右拖动左侧的绿色滑块，如下图所示，可以设置视频从指定时间处开始播放。

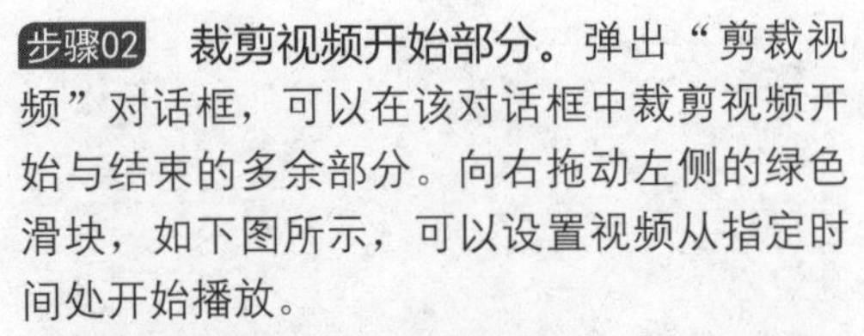

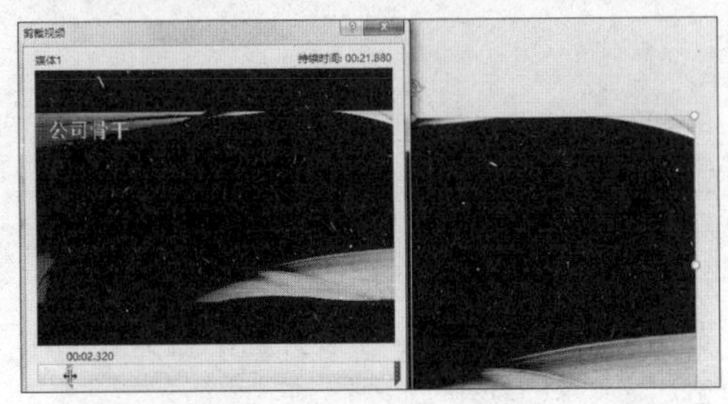

步骤03 **裁剪视频结束部分。**向左拖动右侧的红色滑块，如下图所示，可以设置视频在指定时间点结束播放。

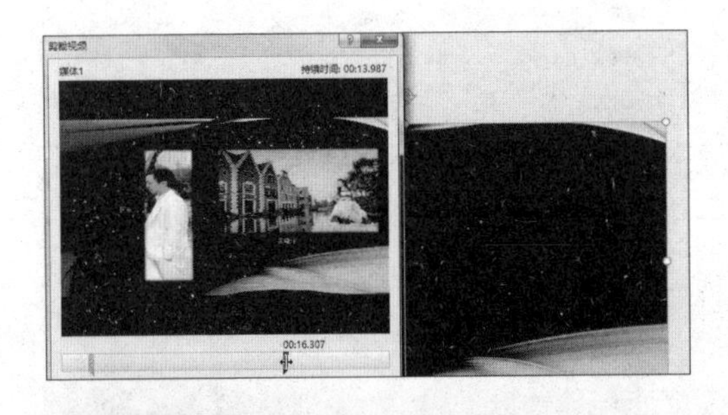

步骤04 **播放剪裁视频后的效果。**完成剪裁后，单击播放控制条上的“播放”按钮，可以试看剪裁后的视频，如下图所示。可以看到视频从指定的时间处开始播放，当到指定的结束时间时停止播放。

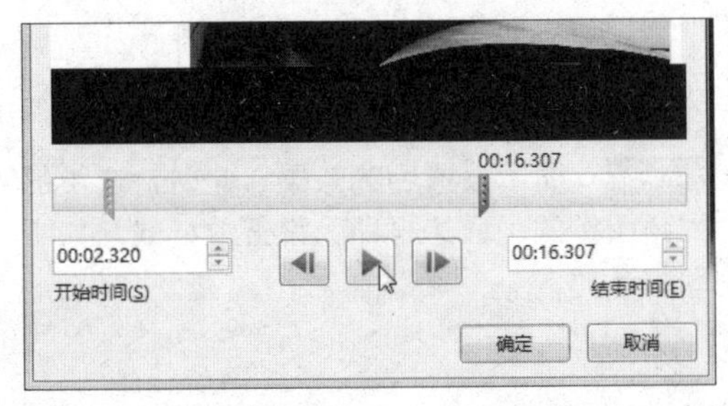

办公点拨 为视频添加书签

在视频中添加书签可以快速跳转至指定位置。要为视频添加书签，首先在视频图标下方的播放控制条上选中要添加书签的帧，然后单击“视频工具-播放”选项卡下“书签”组中的“添加书签”按钮即可。在播放时，可按【Alt+Home】或【Alt+End】组合键在书签之间进行跳转。

2 设置视频文件的淡化持续时间

视频文件的淡化是指在视频开始/结束的几秒内使用淡入/淡出效果，让视频与幻灯片切换更自然。

步骤01 **设置淡入时间。**继续之前的操作，选中视频图标，单击“视频工具-播放”选项卡下“编辑”组中“淡入”数值框右侧的数字微调按钮，设置淡入时间为“00.50”秒，如下左图所示。

步骤02 **设置淡出时间。**在“淡出”数值框中输入“01.00”，如下右图所示，按【Enter】键，即可将视频文件的淡化持续时间设置为指定的时间，让视频与幻灯片更好地融合。

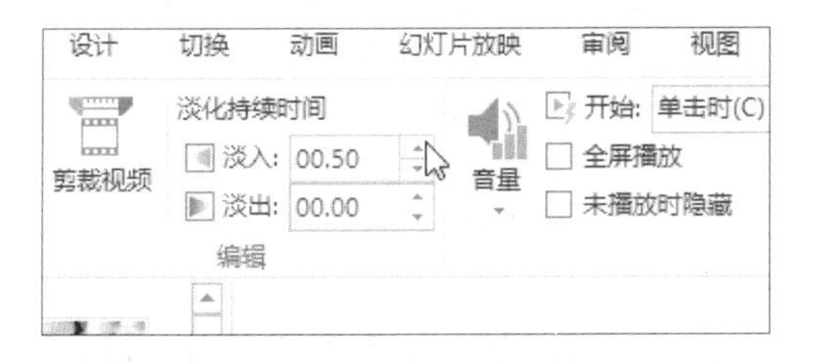

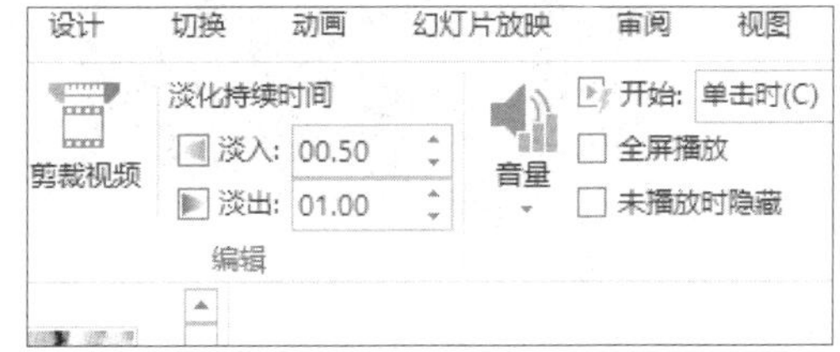

3 设置视频选项

视频文件播放的开始方式有两种：一种是单击时开始播放；另一种是自动开始播放，即切换至视频文件所在幻灯片时自动播放视频文件。

步骤01 **调整音量。**继续之前的操作，选中幻灯片中的视频图标，在“视频选项”组中单击“音量”按钮，然后在展开的下拉列表中单击“中”选项，如下图所示。

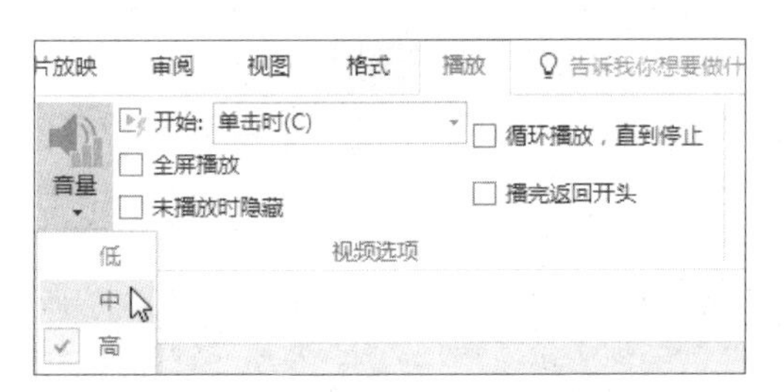

步骤02 **设置开始方式。**单击“视频工具-播放”选项卡下“视频选项”组中“开始”右侧的下三角按钮，在展开的下拉列表中单击“自动”选项，如下图所示。

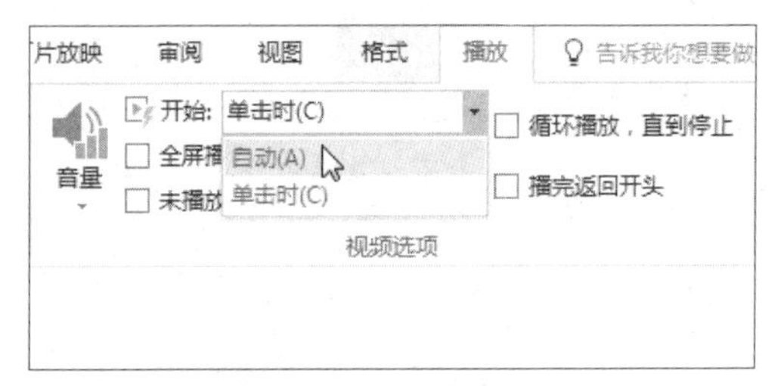

步骤03 **设置全屏播放。**在“视频选项”组中勾选“全屏播放”复选框，如下图所示，可以设置视频文件为全屏播放。

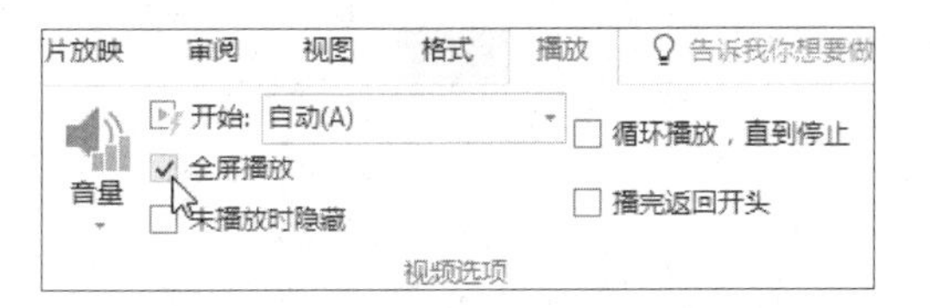

步骤04 **设置播放结束方式。**在“视频选项”组中勾选“循环播放，直到停止”复选框和“播完返回开头”复选框，如下图所示，即完成了视频文件播放方式的设置。

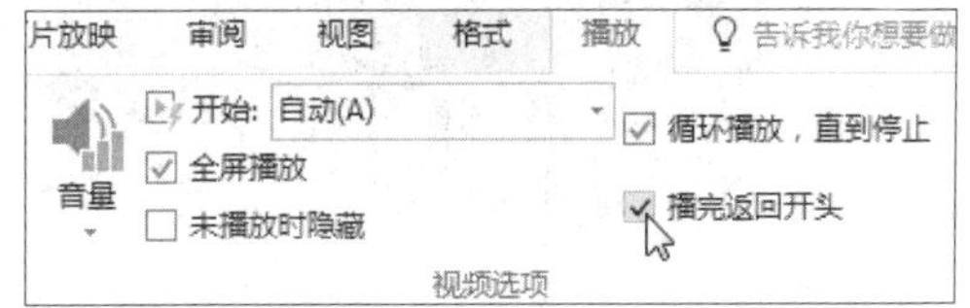

4 播放视频文件

在幻灯片中添加了视频文件后，可以通过两种方式来实现视频文件的播放，一种是利用功能区中的“播放”按钮，另一种是使用播放控制条。下面分别进行介绍。

▶方法一：利用播放控制条播放

在幻灯片中单击选中视频图标，将在视频图标的下方显示出一个播放控制条，若要播放视频文件，单击“播放/暂停”按钮即可，如下左图所示。

▶方法二：单击“播放”按钮播放

在幻灯片中单击选中视频图标，切换至“视频工具-播放”选项卡下，在“预览”组中单击“播放”按钮，即可在幻灯片窗格中播放视频文件的内容，如下右图所示。

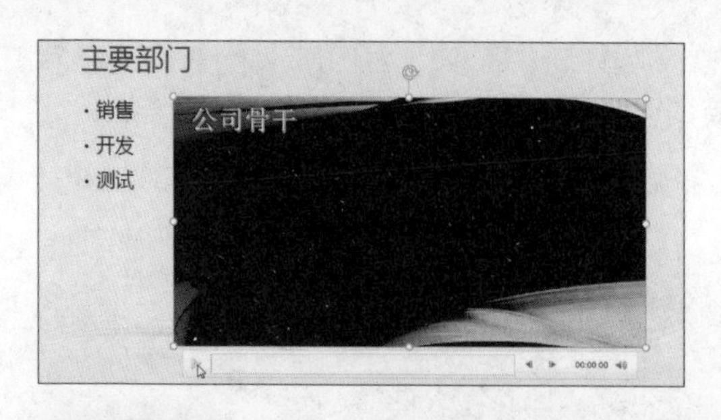

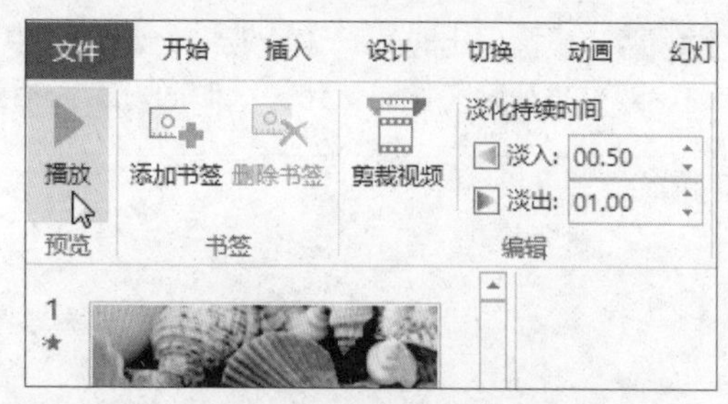

12.3 使用超链接实现用户与演示文稿的互动

超链接是指和特定的位置或文件之间形成一定的交互的一种连接方式，利用它可以指定程序跳转的位置，增强演示文稿与观众的交互能力。

12.3.1 添加超链接

在幻灯片中为对象添加超链接，可以链接到当前演示文稿中的某张幻灯片，也可以链接到现有文件或网页，还可以链接到新文档和指定的电子邮件地址等。下面介绍添加超链接到现有文件的具体操作。

原始文件：下载资源\实例文件\第 12 章\原始文件\调整文件画面大小.pptx
最终文件：下载资源\实例文件\第 12 章\最终文件\添加超链接.pptx

步骤01 **选择文本对象。**打开原始文件，切换至第2张幻灯片中，然后选中需要添加超链接的文本对象“销售”，如下图所示。

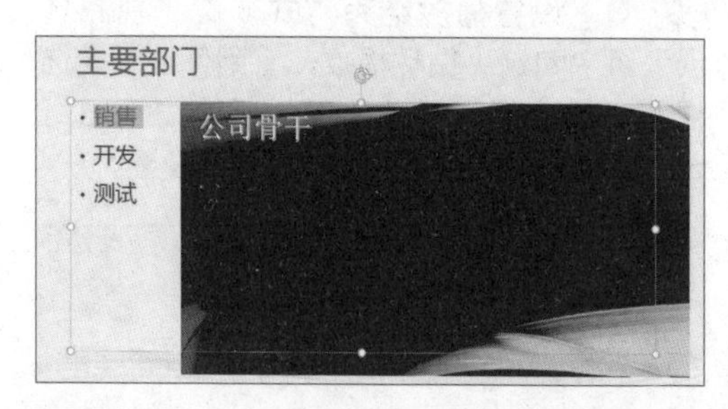

步骤02 **单击“超链接”按钮。**单击“插入”选项卡下“链接”组中的“超链接”按钮，如下图所示。

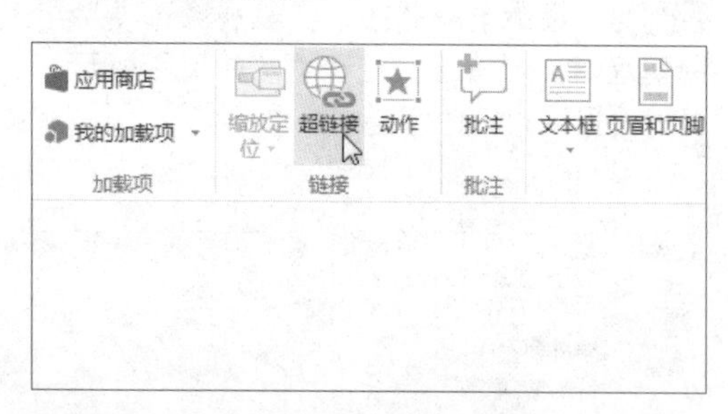

步骤03 **单击“屏幕提示”按钮。**弹出“插入超链接”对话框，单击“屏幕提示”按钮，如下图所示。

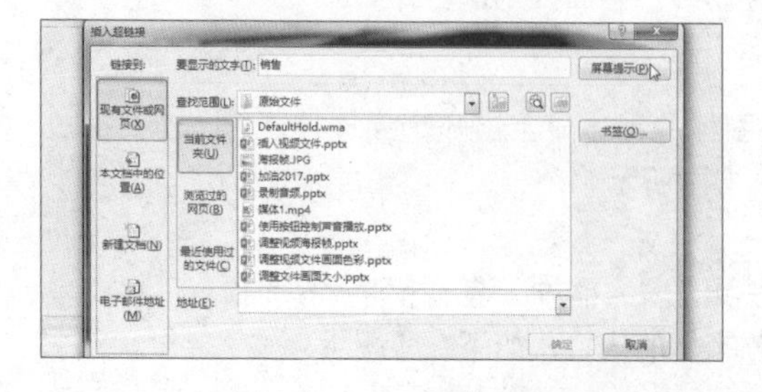

步骤04 **设置屏幕提示文字。**弹出“设置超链接屏幕提示”对话框，在文本框中输入提示文字，这里输入“上年销售情况”，然后单击“确定”按钮，如下图所示。

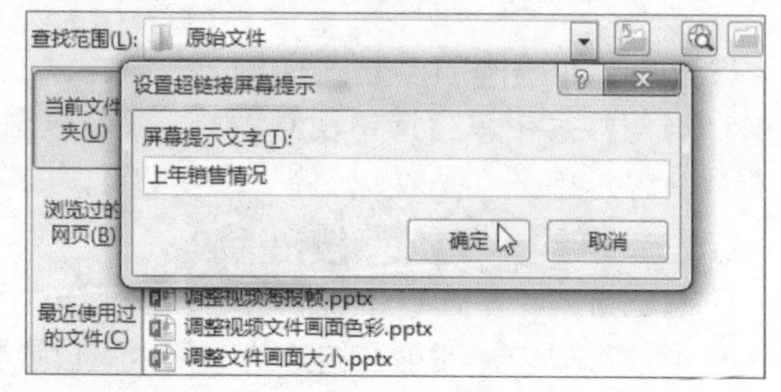

步骤05 **设置超链接位置。**首先单击左侧“链接到”列表框中的“本文档中的位置”选项，然后单击中间“请选择文档中的位置”列表框中的“4.2016医疗软件销售情况”，最后单击“确定”按钮，如下图所示。

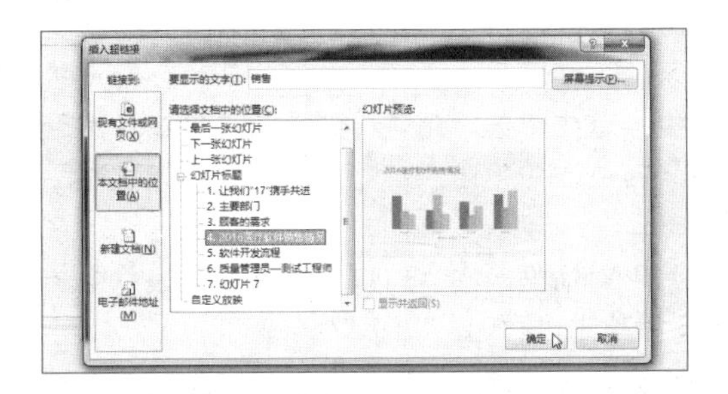

步骤06 **显示添加超链接后的效果。**此时选中的文本应用了超链接样式，放映幻灯片时，将鼠标指针移至添加了超链接的文本上方，鼠标指针呈手形，并显示屏幕提示文字，如下图所示。单击可跳转至指定幻灯片。

12.3.2 删除超链接

如果需要对已经创建好的超链接重新设置链接的目标地址，可直接删除链接再重新设置，具体操作如下。

步骤01 **单击“超链接”按钮。**首先选中需要删除超链接的对象，然后单击“插入”选项卡下“链接”组中的“超链接”按钮，如下图所示。

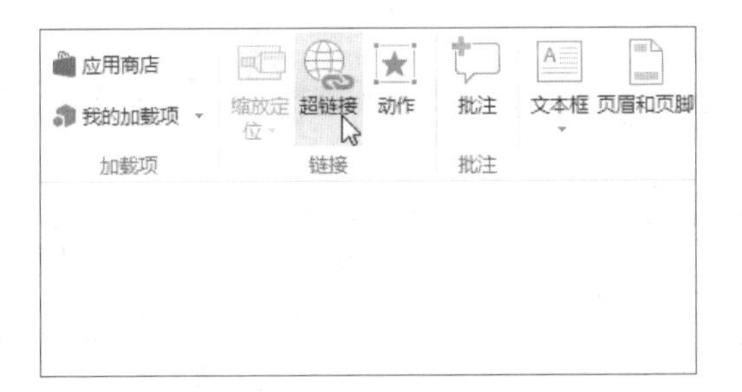

步骤02 **删除超链接。**弹出“编辑超链接”对话框，单击“删除链接”按钮即可，如下图所示。接着按上一小节介绍的方法重新添加超链接。

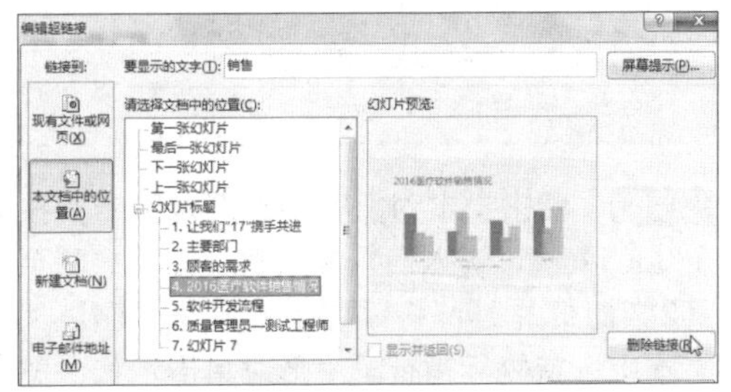

12.3.3 添加动作按钮

动作是为所选对象指定单击该对象或者鼠标指针在其上悬停时应执行的操作。PowerPoint中预置了一组带有特定动作的图形按钮，默认分别指向前一张、后一张、第一张、最后一张幻灯片和播放声音、影片等链接。除此之外，用户也可以自定义动作对象，具体操作如下。

原始文件：下载资源\实例文件\第12章\原始文件\添加超链接.pptx
最终文件：下载资源\实例文件\第12章\最终文件\添加动作按钮.pptx

步骤01 **选择要添加动作的对象。**打开原始文件，切换至第2张幻灯片中，选中幻灯片中的文本对象“测试”，如下左图所示。

步骤02 **单击“动作”按钮。**单击“插入”选项卡下“链接”组中的“动作”按钮，如下右图所示。

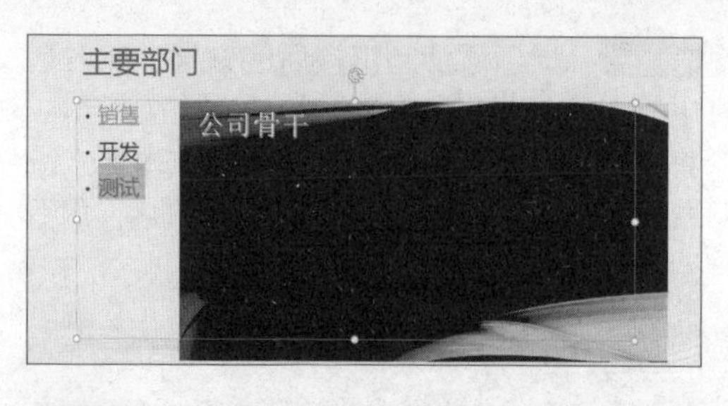

步骤03 **选择链接位置。**弹出“操作设置”对话框，首先单击“超链接到”单选按钮，然后单击其下拉列表框右侧的下三角按钮，在展开的下拉列表中单击“幻灯片”选项，如下左图所示。

步骤04 **选择幻灯片标题。**弹出“超链接到幻灯片”对话框，在“幻灯片标题”列表框中选择需要跳转至的幻灯片标题，如下中图所示，选择后单击“确定”按钮。

步骤05 **设置播放声音。**返回“操作设置”对话框，勾选“播放声音”复选框，然后单击其下拉列表框右侧的下三角按钮，在展开的下拉列表中选择“照相机”选项，如下右图所示，然后单击“确定”按钮。

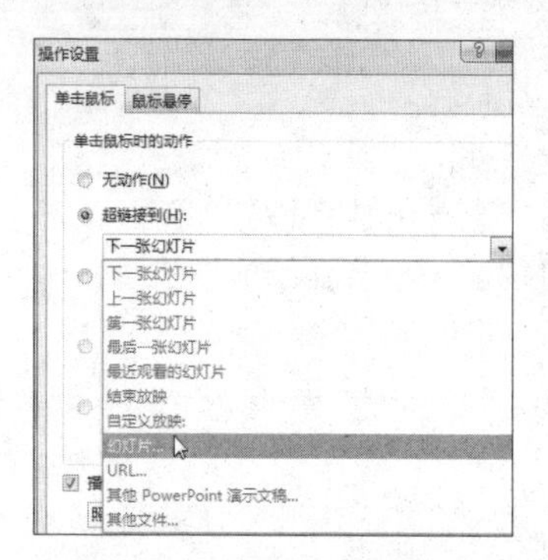

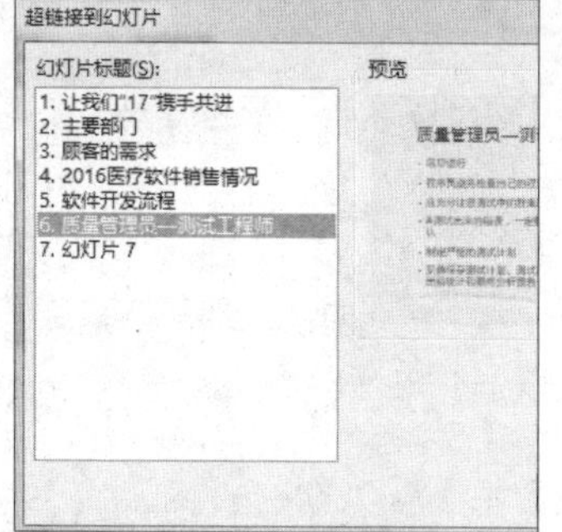

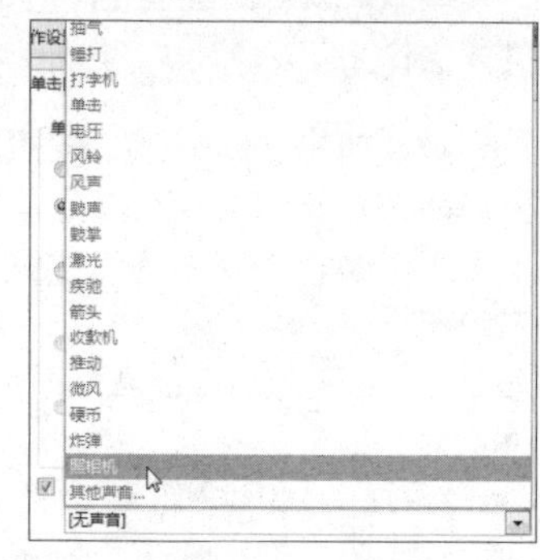

步骤06 **单击文本对象实现幻灯片跳转。**按下【F5】键，进入幻灯片放映视图，放映至第2张幻灯片时，将鼠标指针置于“测试”文本上，待鼠标指针呈手形时单击，如下图所示。

步骤07 **显示幻灯片跳转结果。**此时演示文稿跳转至标题为“质量管理员—测试工程师”的幻灯片中，如下图所示。

实例演练 制作产品宣传演示文稿

精美的产品宣传演示是企业进行自身及产品宣传的有力工具。在信息时代，电子化的产品宣传可以在网络中传播，并且可以在其中添加多媒体效果，从而增强宣传的效果。下面就以制作鞋类产品宣传演示文稿为例，巩固本章所学知识。

原始文件：下载资源\实例文件\第 12 章\原始文件\产品宣传演示文稿 .pptx、初春 .jpg、媒体 2.mp4、DefaultHold.wma

最终文件：下载资源\实例文件\第 12 章\最终文件\产品宣传演示文稿 .pptx

步骤01 插入PC上的音频。打开原始文件中的演示文稿，单击“插入”选项卡下“媒体”组中的“音频”按钮，在展开的下拉列表中单击“PC上的音频”选项，如下图所示。

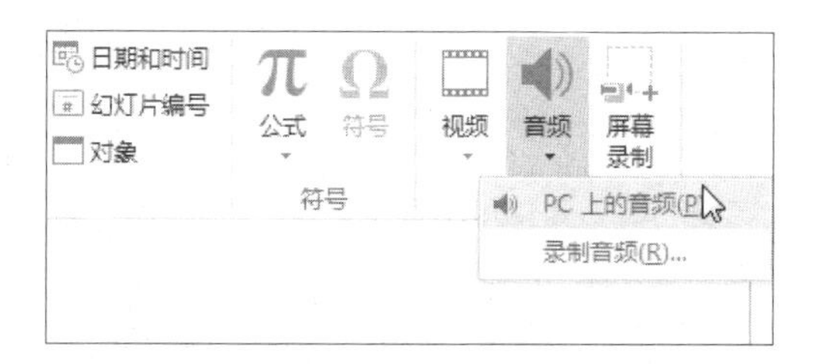

步骤02 选择音频文件。弹出“插入音频”对话框，在地址栏中选择音频文件保存的位置，然后选择需要插入的音频文件，如下图所示，选定后单击“插入”按钮即可。

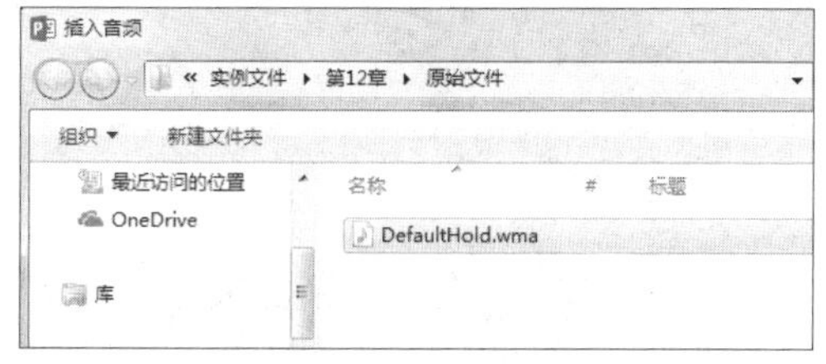

步骤03 显示插入的声音图标。此时目标幻灯片中显示了声音图标及播放控制条，如下图所示。

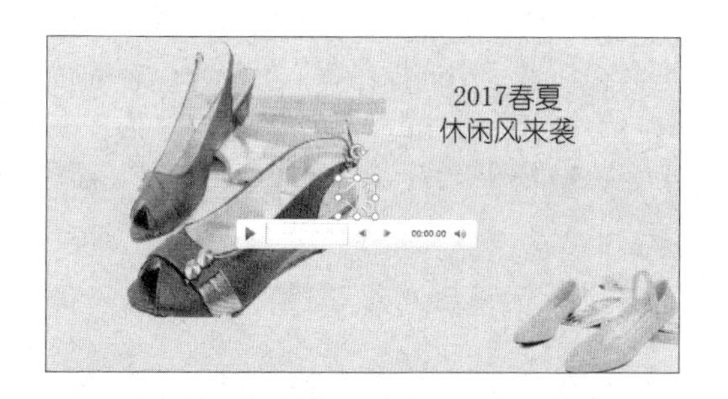

步骤04 设置音量。单击“音频工具-播放”选项卡下“音频选项”组中的“音量”按钮，在展开的下拉列表中选择“中”选项，如下图所示。

步骤05 选择要添加视频的目标幻灯片。选择需要添加视频文件的幻灯片，这里选择第4张幻灯片，如下图所示。

步骤06 添加PC上的视频。单击“插入”选项卡下“媒体”组中的“视频”按钮，在展开的下拉列表中选择“PC上的视频”选项，如下图所示。

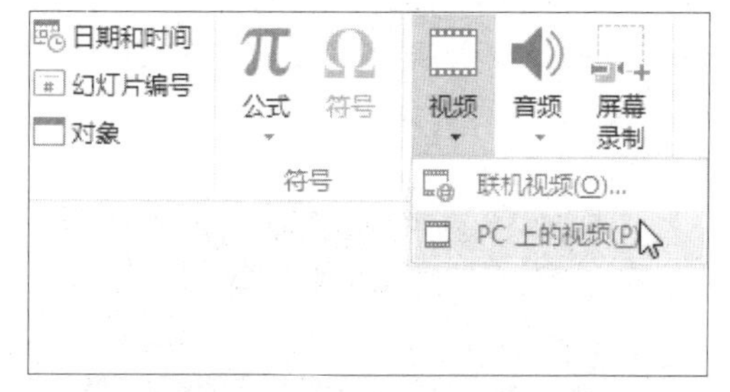

步骤07 选择视频文件。弹出“插入视频文件”对话框，在地址栏中选择视频文件保存的位置，然后选择“媒体2.mp4”，如下左图所示，选定后单击“插入”按钮即可。

步骤08 显示插入的视频效果。此时在幻灯片中显示了视频图标，如下右图所示。

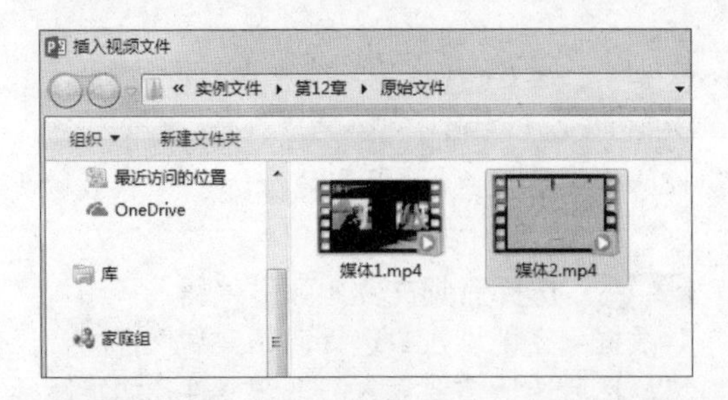

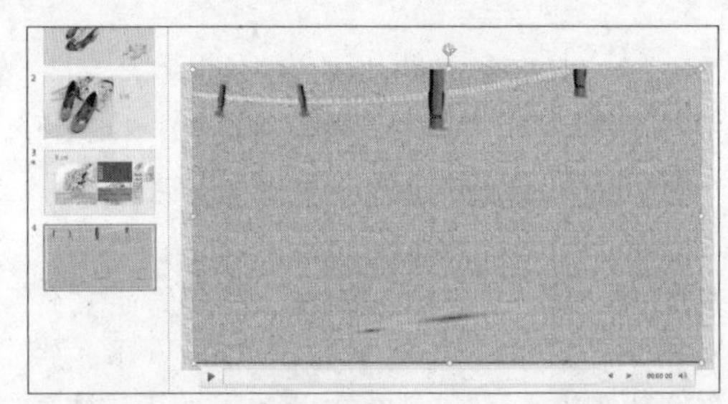

步骤09 调整视频文件大小。用鼠标拖动视频文件的控点，改变视频文件画面的大小，调整后的效果如下图所示。

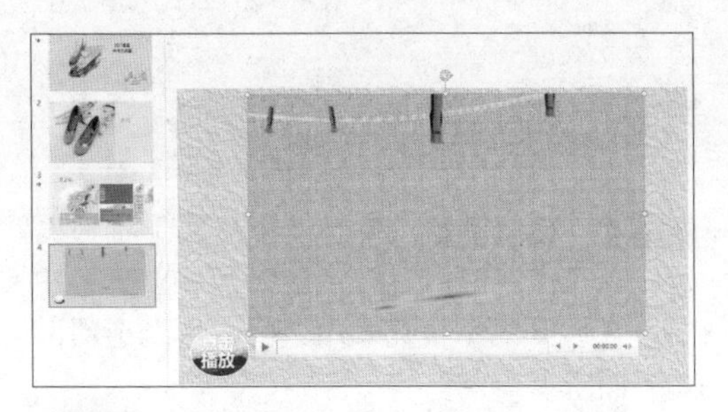

步骤10 设置标牌框架。单击“视频工具-格式”选项卡下“调整”组的“标牌框架”按钮，在展开的下拉列表中选择“文件中的图像”选项，如下图所示。

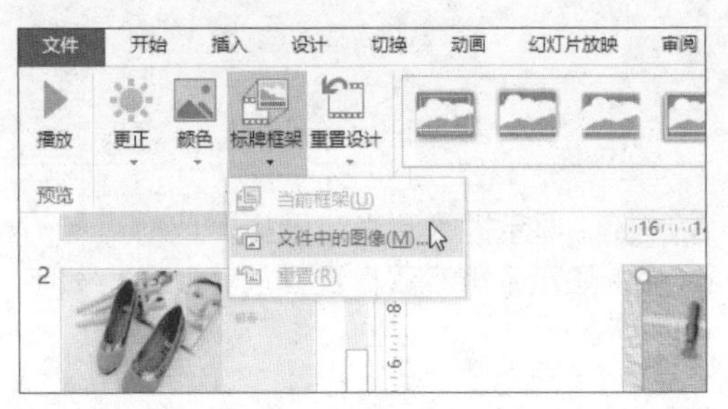

步骤11 选择图片来源。弹出“插入图片”选项面板，单击“来自文件”右侧的“浏览”按钮，如下图所示。

步骤12 选择图片。弹出“插入图片”对话框，在地址栏中选择标牌框架图片保存的位置，选择“初春.jpg”，然后单击“插入”按钮，如下图所示。

步骤13 显示设置标牌框架后的视频画面。此时视频图标画面为插入的图片，如下图所示。

步骤14 展开视频样式列表。单击“视频工具-格式”选项卡下“视频样式”组的快翻按钮，如下图所示。

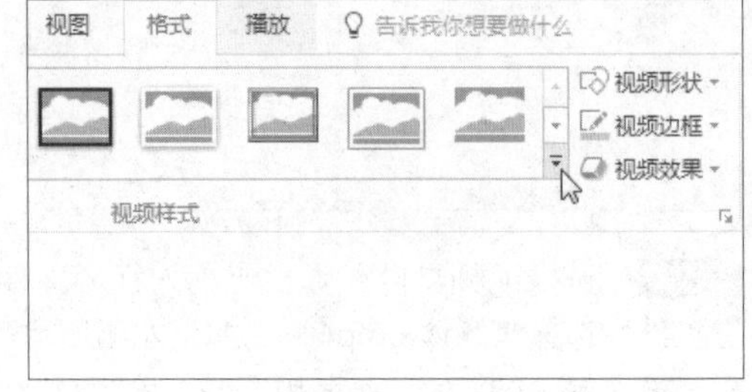

步骤15 **选择视频样式。**在展开的列表中选择合适的样式，这里选择“中等”选项组中的“剪裁对角，渐变”样式，如下图所示。

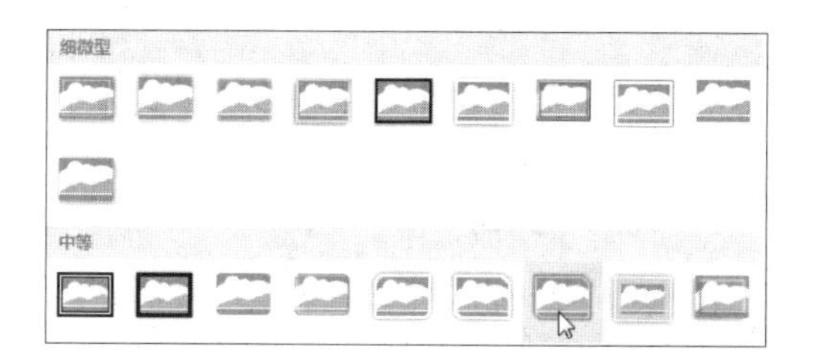

步骤16 **剪裁视频。**设置好视频样式后，接着裁剪视频中多余的部分。首先单击“视频工具-播放”选项卡下“编辑”组中的“剪裁视频”按钮，如下图所示。

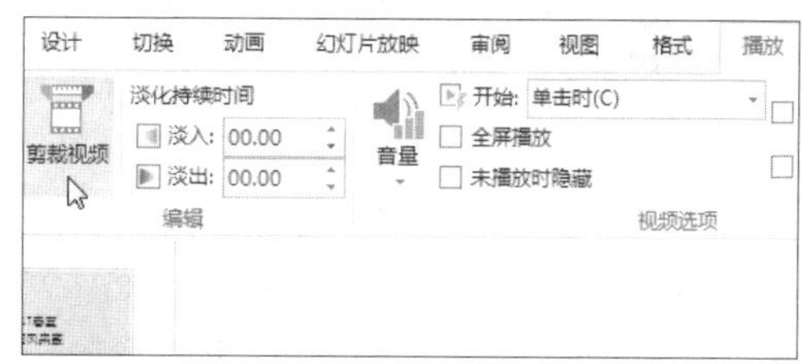

步骤17 **剪裁视频开始部分。**弹出“剪裁视频”对话框，向右拖动左侧的绿色滑块，如下图所示，设置视频从指定时间点开始播放。

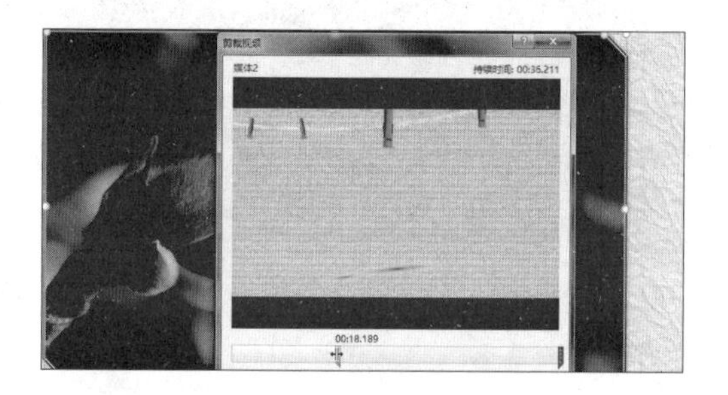

步骤18 **剪裁视频结束部分。**向左拖动右侧的红色滑块，如下图所示，设置视频在指定时间点结束播放。

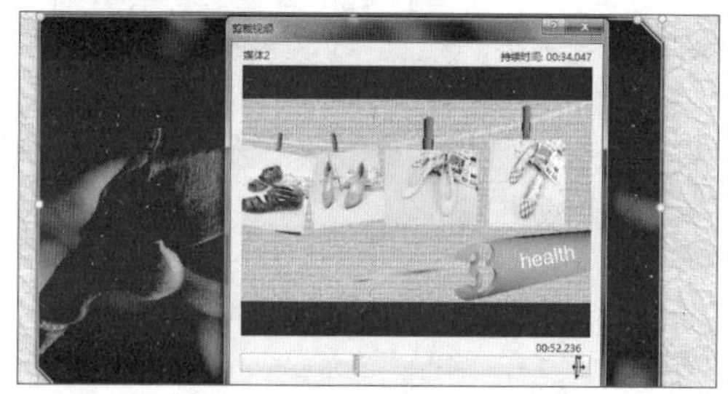

步骤19 **播放剪裁后的视频。**完成剪裁后，单击播放控制条上的“播放”按钮，可以试看剪裁后的视频，如下图所示。可以看到视频从指定的时间处开始播放，到指定的结束时间时停止播放。最后单击“确定”按钮完成视频剪裁。

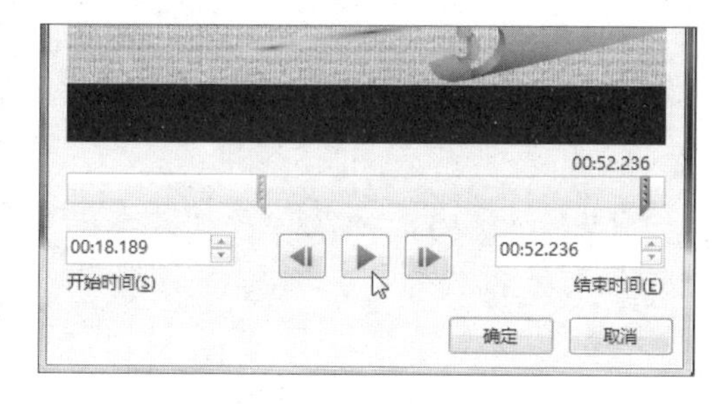

步骤20 **设置视频淡化持续时间。**切换至“视频工具-播放”选项卡下，在“编辑”组中的“淡入”“淡出”数值框中设置淡入时间为1.75秒、淡出时间为2秒，如下图所示。

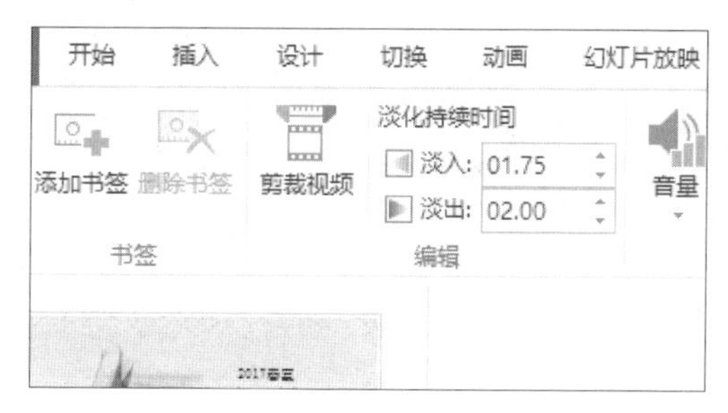

步骤21 **设置视频文件动画效果。**若需要设置视频触发条件，首先选中视频文件，切换至“动画”选项卡下，然后在“动画”框中选择动画效果，这里选择“播放”效果，如右图所示。

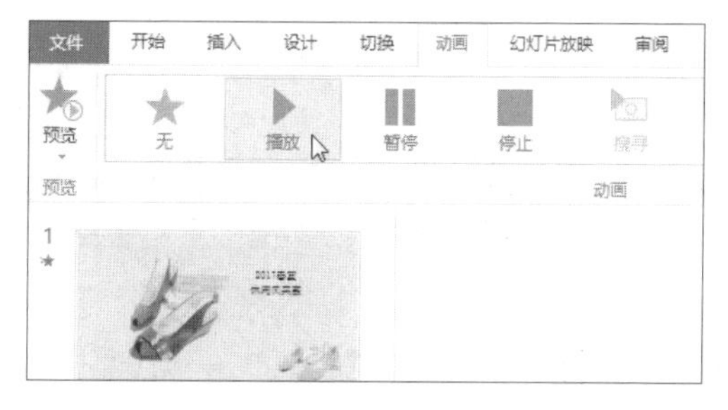

步骤22 **设置触发对象。** 单击“动画”选项卡下“高级动画”组中的“触发”按钮，在展开的下拉列表中执行“单击>TextBox 80”命令，即设置TextBox 80（“点击播放”文本）为触发对象，如右图所示。

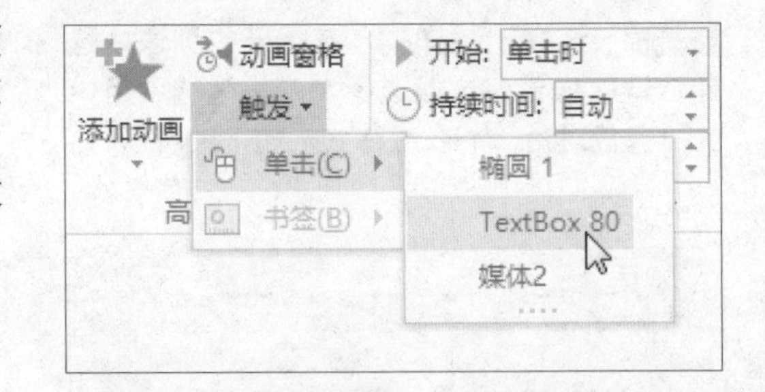

步骤23 **利用按钮播放视频。** 放映幻灯片时，将鼠标指针移至“点击播放”文本处，此时鼠标指针呈手形，单击即可播放视频，如下图所示。

步骤24 **显示播放效果。** 单击控制按钮后，开始播放视频，在视频即将播放结束时，可看到设置的视频淡出效果，如下图所示。

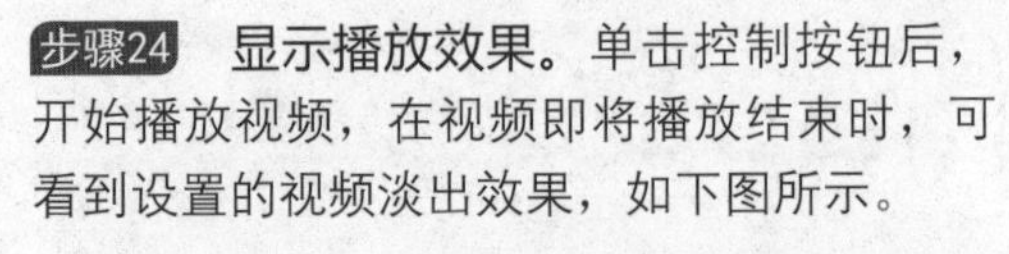

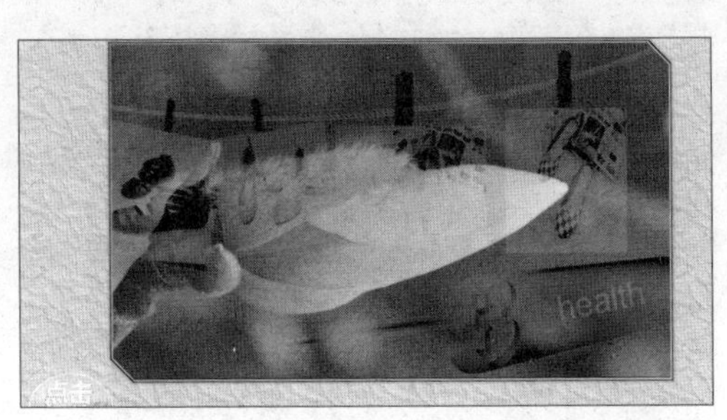

读书笔记

第13章 幻灯片的放映

制作演示文稿的目的就是演示和放映。在完成演示文稿内容的编辑及幻灯片中对象的动画设置后，就可以进行演示文稿的放映了。本章将介绍幻灯片放映前的准备工作，如隐藏幻灯片、为幻灯片添加排练计时、录制幻灯片放映过程和自定义放映等操作，并介绍在幻灯片放映过程中的一些技巧，用户掌握这些放映技巧后，就能够更加巧妙、熟练地放映演示文稿。

13.1 放映前的准备工作

为了让演示文稿能更好地表达制作者的思想、观点，可以在放映之前对演示文稿进行统筹安排，例如此次放映演示文稿的具体内容为哪些、哪些内容此次演讲时不需要展示、每张幻灯片放映的时间要多长、是否为演示文稿预先配置解说声音、在放映时应采用哪些方式等。

13.1.1 设置幻灯片放映方式

幻灯片的放映方式包括幻灯片放映类型、放映范围、放映选项、换片方式及激光笔的默认颜色等，用户可以事先根据放映演示文稿的场合进行设置。

原始文件： 下载资源\实例文件\第13章\原始文件\产品宣传.pptx
最终文件： 下载资源\实例文件\第13章\最终文件\设置幻灯片放映方式.pptx

步骤01 **单击"设置幻灯片放映"按钮。** 打开原始文件，单击"幻灯片放映"选项卡下"设置"组中的"设置幻灯片放映"按钮，如下图所示。

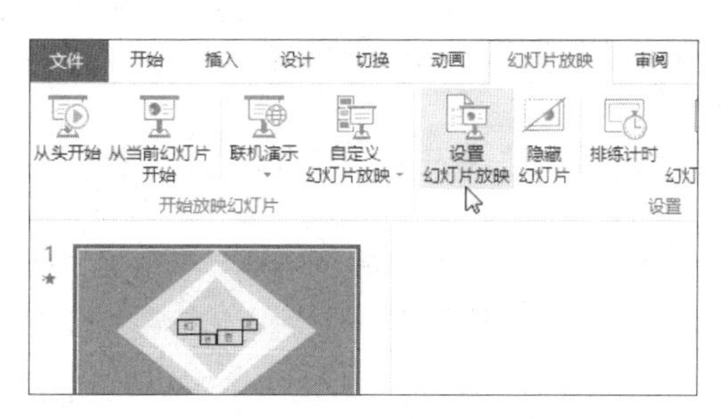

步骤02 **设置放映类型。** 弹出"设置放映方式"对话框，在"放映类型"组中单击选中"观众自行浏览（窗口）"单选按钮，如下图所示。

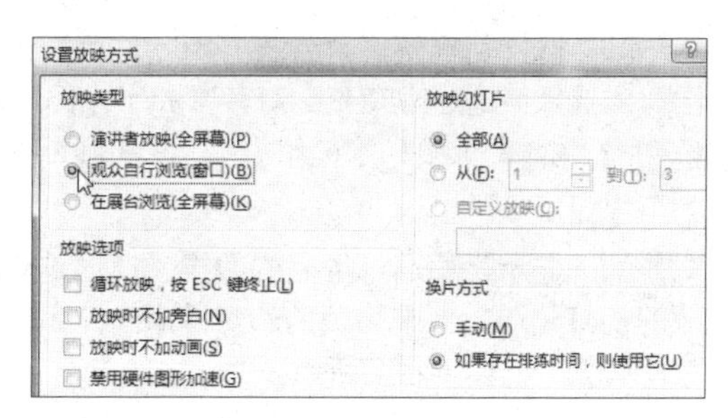

步骤03 **设置放映幻灯片范围。** 在"放映幻灯片"选项组中单击"从 到 "单选按钮，在"从"后面的数值框中输入幻灯片放映开始的页码，如"2"，在"到"后面的数值框中输入幻灯片放映结束的页码，如"3"，如右图所示。

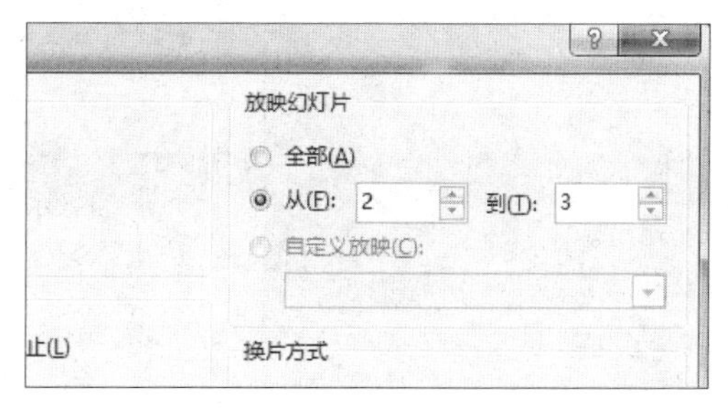

步骤04 **设置放映选项。**在“放映选项”选项组中勾选“放映时不加旁白”复选框，单击“激光笔颜色”下拉列表右侧的下三角按钮，在展开的下拉列表中单击需要的颜色图标，如右图所示。

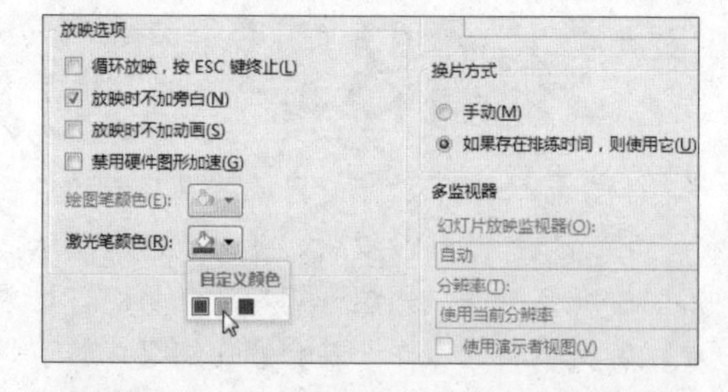

步骤05 **选择换片方式。**在“换片方式”选项组中单击“手动”单选按钮，如下图所示，则不使用演示文稿中幻灯片所添加的排练计时，只使用鼠标单击进行换片。

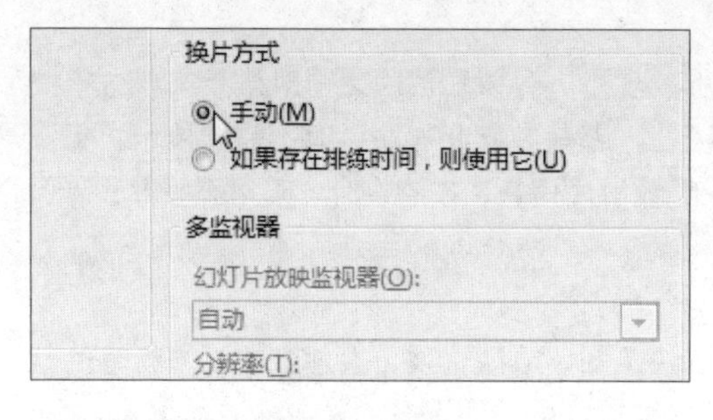

步骤06 **显示设置效果。**完成幻灯片放映方式的设置后，按下【F5】键进入幻灯片放映视图，可以看到如下图所示的放映效果。

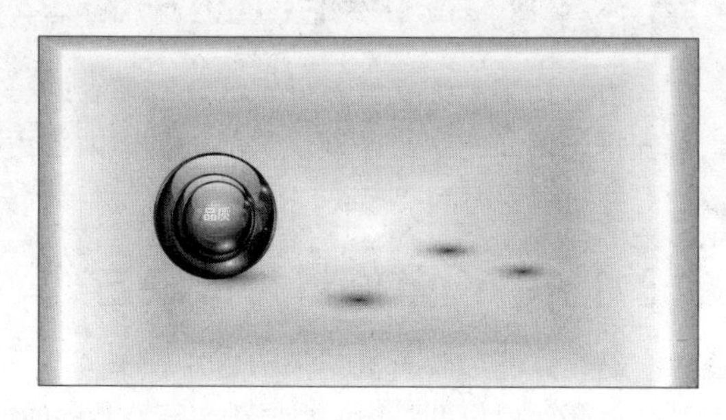

13.1.2 隐藏幻灯片

如果用户希望放映时不显示演示文稿中的某些幻灯片，可以隐藏这些幻灯片。这并不是将幻灯片从演示文稿中删除，演讲者（或制作者）仍然可以在演示文稿的普通视图下查看隐藏幻灯片的内容。隐藏幻灯片能有效节省放映时间。

原始文件：下载资源\实例文件\第 13 章\原始文件\产品宣传演示文稿 .pptx
最终文件：下载资源\实例文件\第 13 章\最终文件\隐藏幻灯片 .pptx

步骤01 **选择目标幻灯片。**打开原始文件，在幻灯片浏览窗格中选择需要隐藏的幻灯片缩略图，如选择第2张和第3张幻灯片，如下左图所示。

步骤02 **隐藏幻灯片。**单击“幻灯片放映”选项卡下“设置”组中的“隐藏幻灯片”按钮，如下中图所示。

步骤03 **显示隐藏幻灯片后的效果。**此时选中的幻灯片被隐藏，在放映时不会显示出来。隐藏的幻灯片与其他未隐藏的幻灯片有一个明显的区分标记，即位于幻灯片左上角的编号由一条斜线划去，如下右图所示。

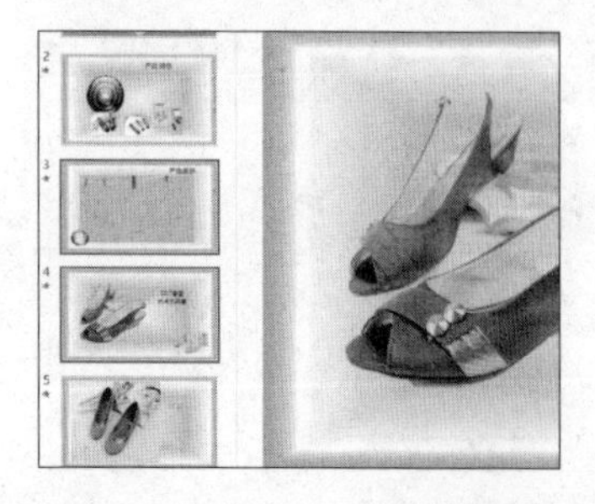

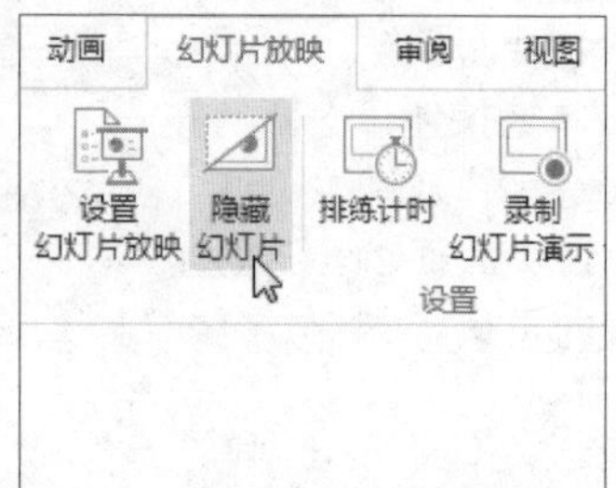

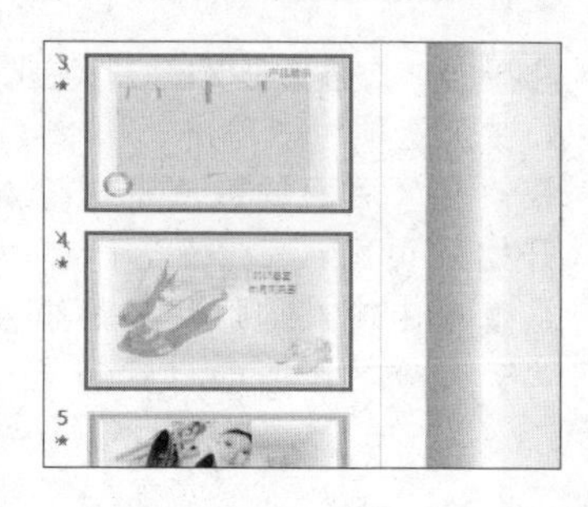

13.1.3 排练计时

为演示文稿添加排练计时常用于展台浏览方式放映。排练计时就是将每张幻灯片在屏幕上放映的时间记录下来，在自动放映演示文稿时，将按记录的时间重现放映过程。

原始文件： 下载资源\实例文件\第13章\原始文件\产品宣传演示文稿.pptx

最终文件： 下载资源\实例文件\第13章\最终文件\排练计时.pptx

步骤01 单击"排练计时"按钮。 打开原始文件，单击"幻灯片放映"选项卡下"设置"组中的"排练计时"按钮，如下左图所示。

步骤02 自动开始计时。 进入幻灯片放映视图下，从第1张幻灯片开始放映并弹出"录制"工具栏，在"计时"文本框中自动记录进入幻灯片放映视图后幻灯片在屏幕上停留的时间，然后单击"下一项"按钮开始播放下一个动画，如下中图所示。

步骤03 开始录制。 单击"下一项"按钮后，幻灯片中的动画自动播放，如下右图所示。录制完毕可再次单击"录制"工具栏中的"下一项"按钮。

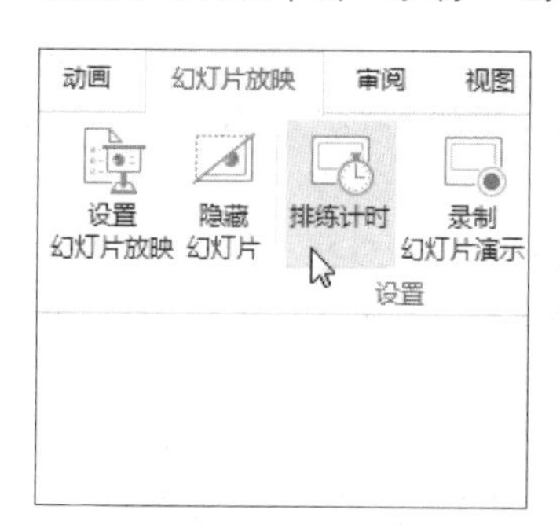

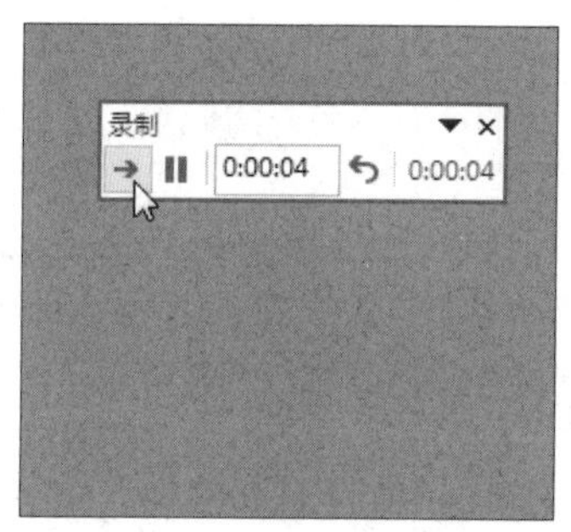

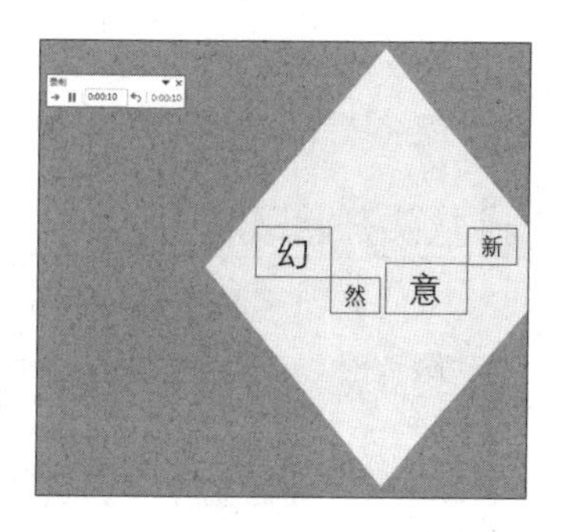

步骤04 开始记录下一张幻灯片的时间。 如果切换至下一张幻灯片中，"录制"工具栏中的时间文本框中记录的时间将归零重新计算，如下左图所示。

步骤05 单击"重复"按钮。 若当前幻灯片中录制的时间不符合要求，可以单击"重复"按钮，如下中图所示，将该幻灯片的排练计时归零，准备重新记录，但它将保留上一张幻灯片的排练计时。

步骤06 继续录制。 此时弹出Microsoft PowerPoint对话框，提示"录制已暂停"，若要继续录制，可单击"继续录制"按钮，如下右图所示。

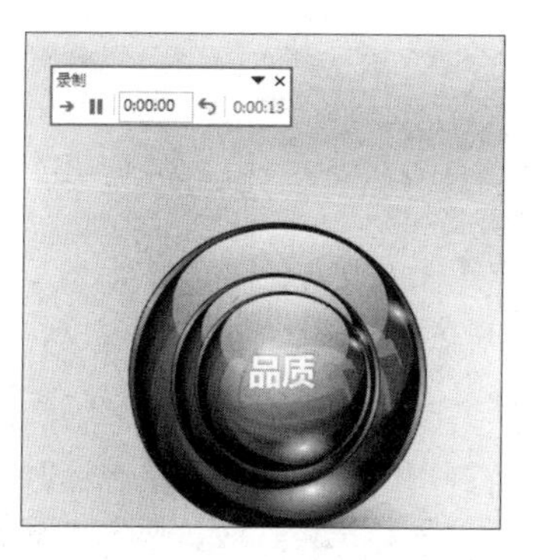

步骤07 单击"关闭"按钮。 若幻灯片放映结束，单击"录制"工具栏中的"关闭"按钮结束计时，如下左图所示。

步骤08 **保留计时。**此时弹出Microsoft PowerPoint对话框，提示放映总时间，询问是否保留，如需保留，单击“是”按钮，如下中图所示。

步骤09 **查看添加排练计时的效果。**切换至“视图”选项卡下，单击“演示文稿视图”组中的“幻灯片浏览”按钮，可看到每张幻灯片下显示了相应的放映时间记录，如下右图所示。

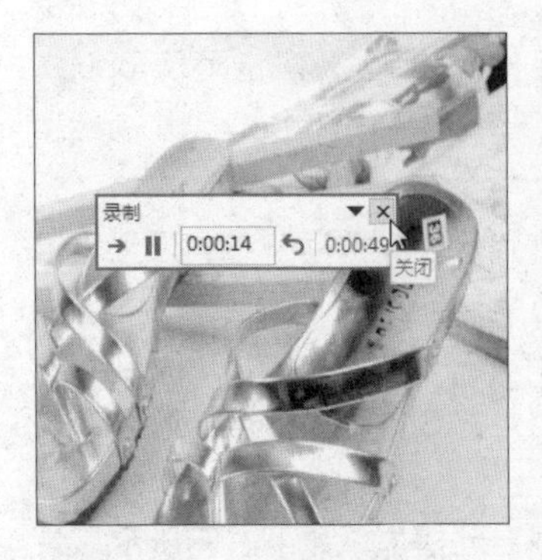

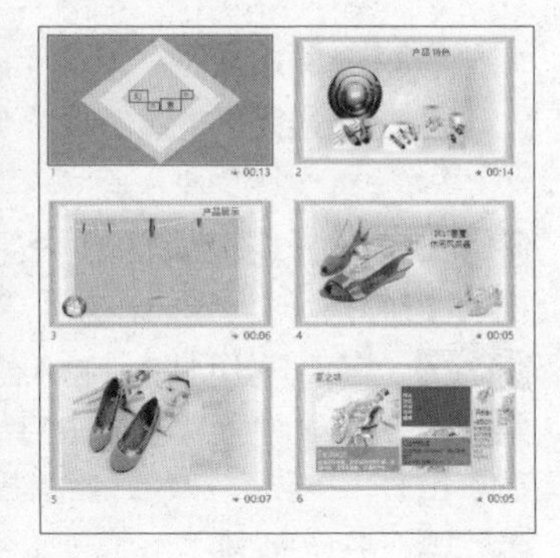

13.1.4　录制幻灯片演示

PowerPoint 2016 中的“录制幻灯片演示”功能可以记录为演示文稿添加的旁白和放映时间，还能选择开始录制或清除录制的计时和旁白的位置。

1 从头开始录制

从头开始录制就是从演示文稿的第 1 张幻灯片开始，录制旁白、墨迹和激光笔、幻灯片和动画计时。录制完成后，以上内容会在放映幻灯片时显示。具体操作如下。

原始文件：下载资源 \ 实例文件 \ 第 13 章 \ 原始文件 \ 录制幻灯片 .pptx
最终文件：下载资源 \ 实例文件 \ 第 13 章 \ 最终文件 \ 从头开始录制 .pptx

步骤01 **单击“从头开始录制”按钮。**打开原始文件，单击“幻灯片放映”选项卡下“设置”组中的“录制幻灯片演示”按钮，在展开的下拉列表中单击“从头开始录制”选项，如下图所示。

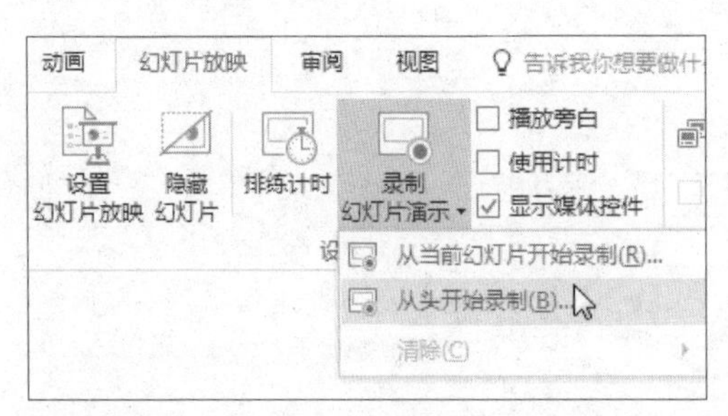

步骤02 **开始录制。**弹出“录制幻灯片演示”对话框，勾选“幻灯片和动画计时”和“旁白、墨迹和激光笔”复选框，然后单击“开始录制”按钮，如下图所示。

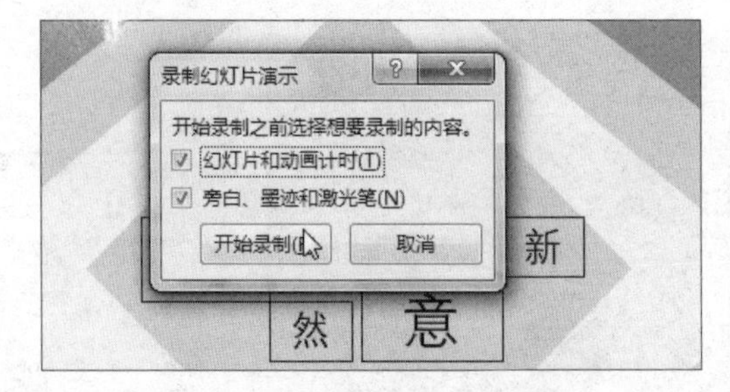

步骤03 **录制幻灯片演示过程。**进入幻灯片放映视图，弹出“录制”工具栏，它与排练计时的“录制”工具栏功能相同，唯一的区别在于该录制工具栏中不能手动设置计时，单击“下一项”按钮切换动画或幻灯片，如下左图所示。

步骤04 **显示录制幻灯片演示后的效果。**当完成幻灯片演示的录制后，单击“视图”选项卡下“演示文稿视图”组中的“幻灯片浏览”按钮，可看到在每张幻灯片中都添加了声音图标，且在其下方显示了幻灯片的放映时间，如下右图所示。

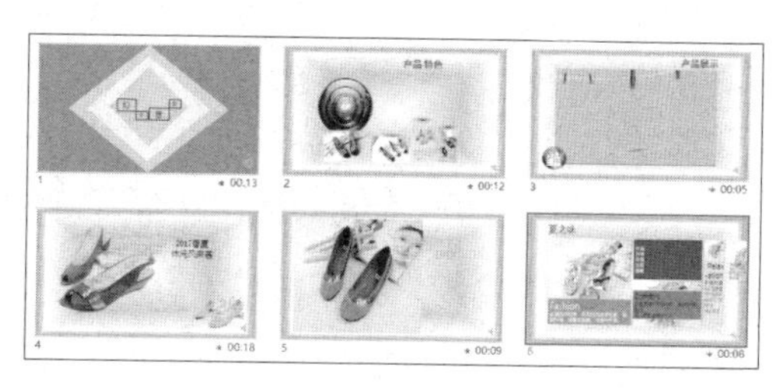

2 从当前幻灯片开始录制

从当前幻灯片开始录制即从演示文稿中当前选中的幻灯片开始向后录制。

原始文件：下载资源\实例文件\第 13 章\原始文件\录制幻灯片 .pptx

最终文件：下载资源\实例文件\第 13 章\最终文件\从当前幻灯片开始录制 .pptx

步骤01 **选择开始录制的幻灯片。**打开原始文件，在幻灯片浏览窗格中选择开始放映的幻灯片缩略图，这里选择第3张幻灯片，如下图所示。

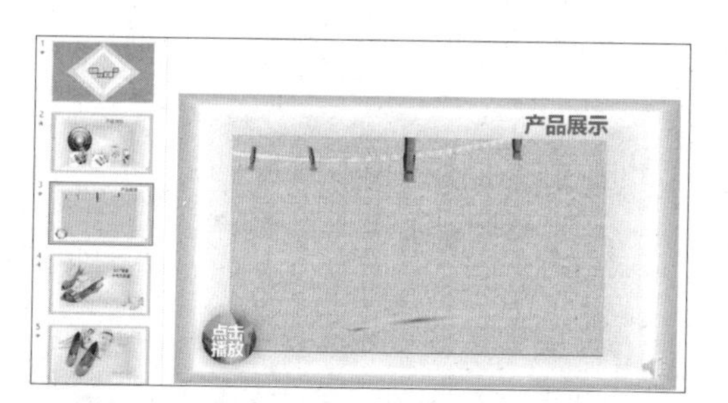

步骤02 **从当前幻灯片开始录制。**单击“幻灯片放映”选项卡下“设置”组中的“录制幻灯片演示”按钮，在展开的下拉列表中选择“从当前幻灯片开始录制”选项，如下图所示。

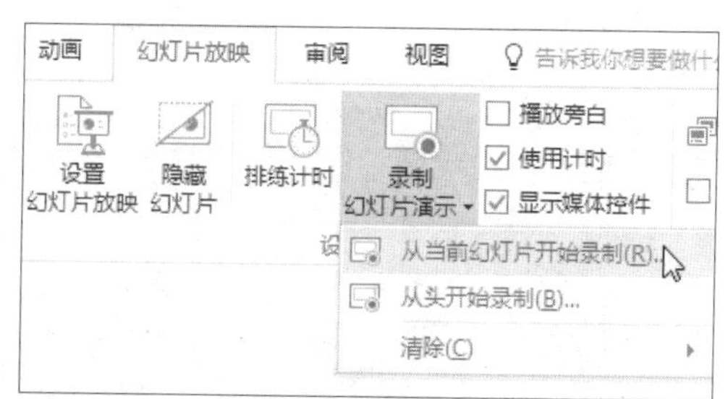

步骤03 **选择需要录制的内容。**弹出“录制幻灯片演示”对话框，勾选“幻灯片和动画计时”“旁白、墨迹和激光笔”复选框，然后单击“开始录制”按钮，如下图所示。

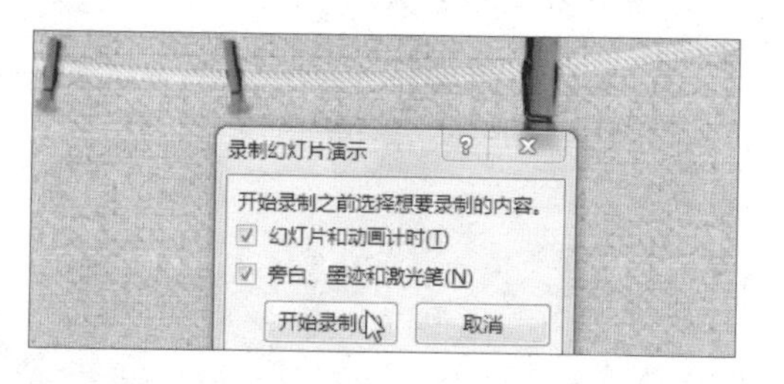

步骤04 **开始录制。**进入幻灯片放映视图，可看到从所选幻灯片开始放映，弹出“录制”工具栏，单击“下一项”按钮开始录制，如下图所示。

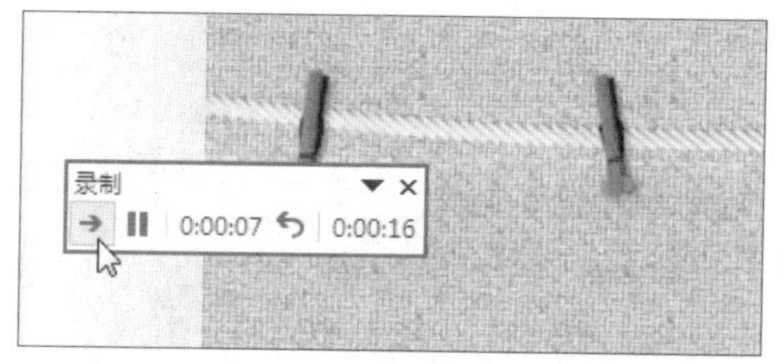

步骤05 **录制其余幻灯片。**进入下一张幻灯片，记录每一张幻灯片中的操作，如幻灯片跳转、幻灯片排练计时、旁白等，如下左图所示。

步骤06 **显示录制幻灯片演示后的效果。**切换至幻灯片浏览视图下，可以看到从第3张幻灯片开始每张幻灯片中都添加了声音图标，并且在其下方都显示了幻灯片的放映时间，如下右图所示。

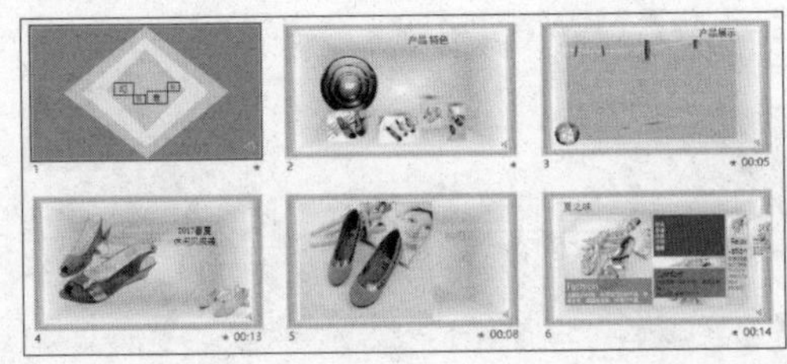

3 清除幻灯片中的计时和旁白

如果用户对录制的幻灯片演示不满意，可以将演示文稿中所有幻灯片或当前幻灯片中的计时或旁白清除。

原始文件： 下载资源\实例文件\第13章\原始文件\清除计时.pptx

最终文件： 下载资源\实例文件\第13章\最终文件\清除计时.pptx

步骤01 **查看幻灯片演示计时。** 打开原始文件，可看到幻灯片浏览视图下每张幻灯片中的声音图标和放映时间，如下图所示。

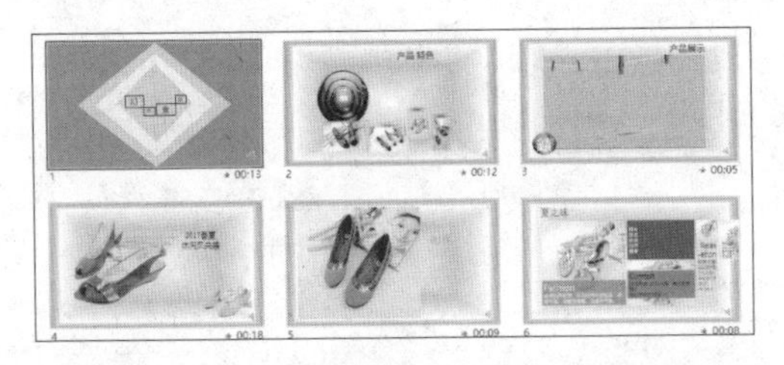

步骤02 **清除所有幻灯片中的计时。** 单击"幻灯片放映"选项卡下"设置"组中的"录制幻灯片演示"按钮，在展开的下拉列表中指向"清除"选项，在展开的子列表中选择"清除所有幻灯片中的计时"选项，如下图所示。

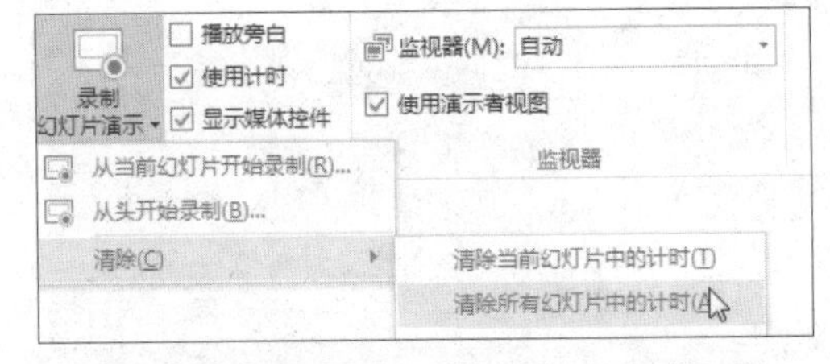

步骤03 **显示清除所有计时后的效果。** 再次切换至幻灯片浏览视图下，可看到幻灯片中的声音图标及放映时间都消失了，效果如右图所示。

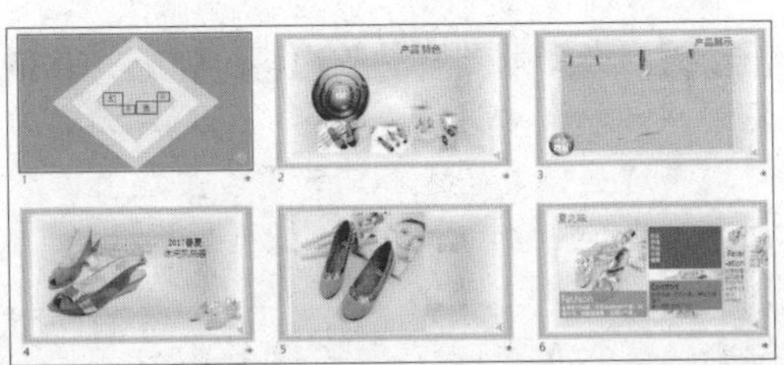

13.2 放映幻灯片

完成放映前的准备工作后，就可以开始放映演示文稿了。放映演示文稿分为普通放映和自定义放映两种，下面分别进行介绍。

13.2.1 普通放映

演示文稿有两种普通放映方法，分别为"从头开始"和"从当前幻灯片开始"。

原始文件： 下载资源 \ 实例文件 \ 第 13 章 \ 原始文件 \ 产品宣传演示文稿 .pptx
最终文件： 无

1 从头开始放映

从头开始放映即不管当前所处位置是哪张幻灯片，都将从第 1 张幻灯片开始依次进行放映，具体操作如下。

步骤01 **从头开始放映。** 打开原始文件，选中第2张幻灯片，然后单击“幻灯片放映”选项卡下“开始放映幻灯片”组中的“从头开始”按钮，如下图所示。

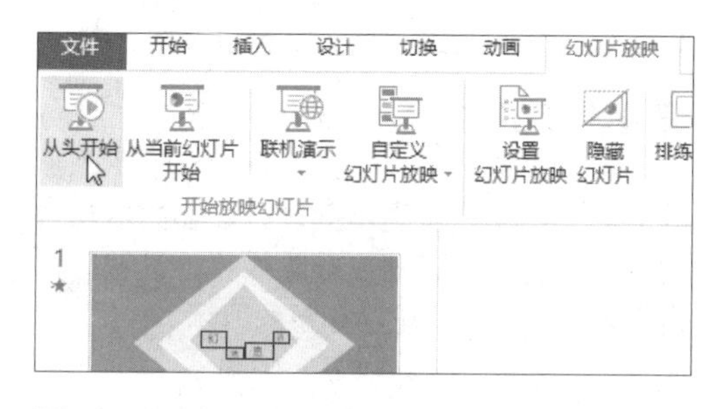

步骤02 **显示幻灯片放映效果。** 此时进入幻灯片放映视图，从当前演示文稿的第1张幻灯片开始放映，如下图所示。

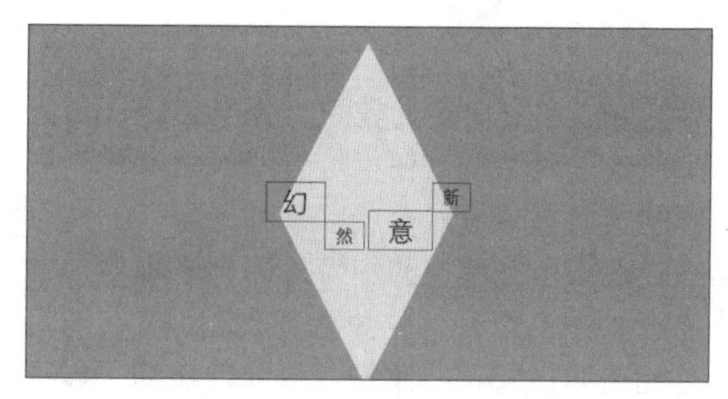

2 从当前幻灯片开始放映

从当前幻灯片开始放映即从用户所选幻灯片开始放映，具体操作如下。

步骤01 **从当前幻灯片开始放映。** 打开原始文件，选择第2张幻灯片，单击“幻灯片放映”选项卡下“开始放映幻灯片”组中的“从当前幻灯片开始”按钮，如下图所示。

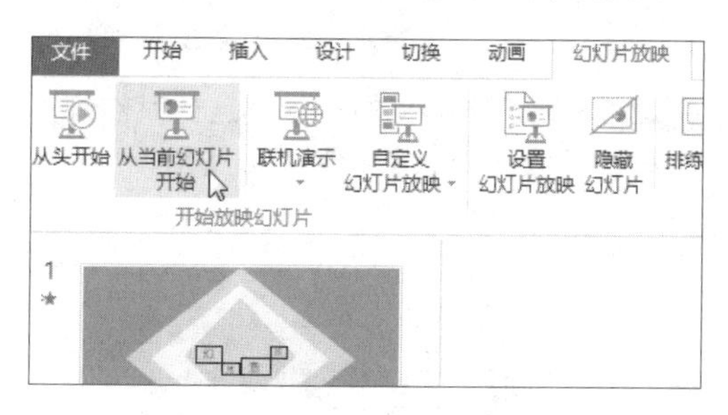

步骤02 **显示幻灯片放映效果。** 此时进入幻灯片放映视图，从当前所选的第2张幻灯片开始依次放映，效果如下图所示。

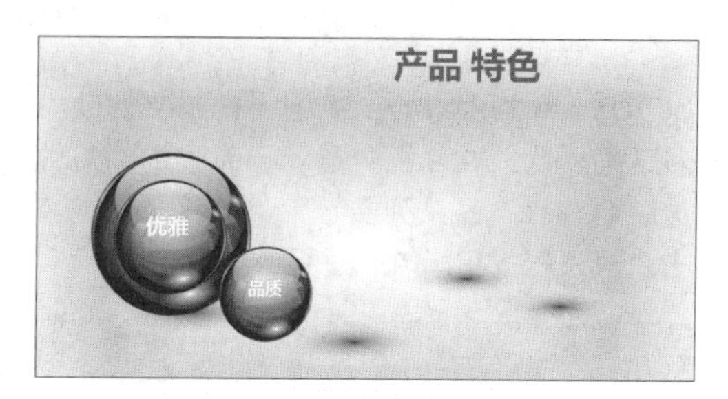

13.2.2 自定义放映

针对不同的场合及观众，在放映演示文稿时，如果只需要放映其中的一部分幻灯片，可以通过设置自定义放映来实现。自定义放映是最灵活的放映方式，它可以将演示文稿中的所有幻灯片进行重组，生成新的放映内容组，但不能生成新的幻灯片，因此不会造成磁盘的负担。

原始文件： 下载资源 \ 实例文件 \ 第 13 章 \ 原始文件 \ 产品宣传演示文稿 .pptx
最终文件： 无

步骤01 **自定义放映。**打开原始文件，单击“幻灯片放映”选项卡下“开始放映幻灯片”组中的“自定义幻灯片放映”按钮，在展开的下拉列表中单击“自定义放映”选项，如下图所示。若已添加自定义放映，则在该下拉列表中会显示自定义幻灯片放映的名称。

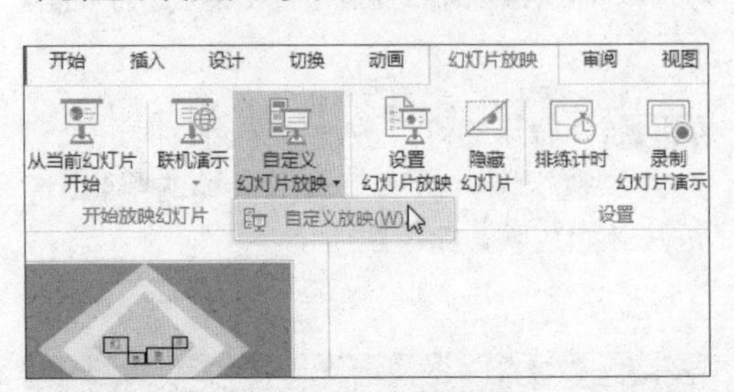

步骤02 **新建自定义放映。**弹出“自定义放映”对话框，此时列表框中未显示任何内容，若要新建自定义放映，单击“新建”按钮即可，如下图所示。

步骤03 **定义自定义放映。**弹出“定义自定义放映”对话框，在“幻灯片放映名称”右侧的文本框中输入“产品系列展示”，然后在“在演示文稿中的幻灯片”列表框中勾选要放映的幻灯片，这里选择幻灯片4、幻灯片5和幻灯片6，再单击“添加”按钮，如下图所示。

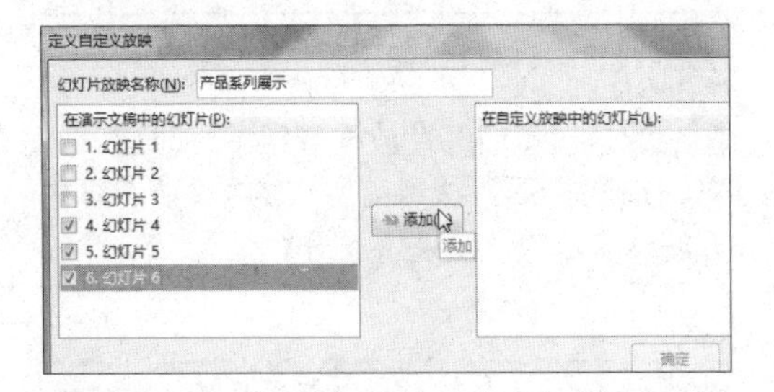

步骤04 **单击“确定”按钮。**此时在“在自定义放映中的幻灯片”列表框中显示了添加的幻灯片，用户可利用列表框右侧的按钮对幻灯片进行上下移动或删除操作，设置后单击“确定”按钮即可，如下图所示。

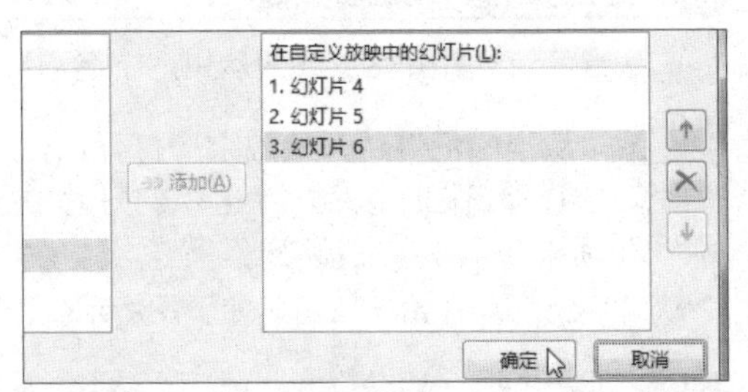

步骤05 **放映幻灯片。**返回“自定义放映”对话框，此时文本框中显示了新建的幻灯片放映名称“产品系列展示”，如需预览，单击“放映”按钮，如下图所示。

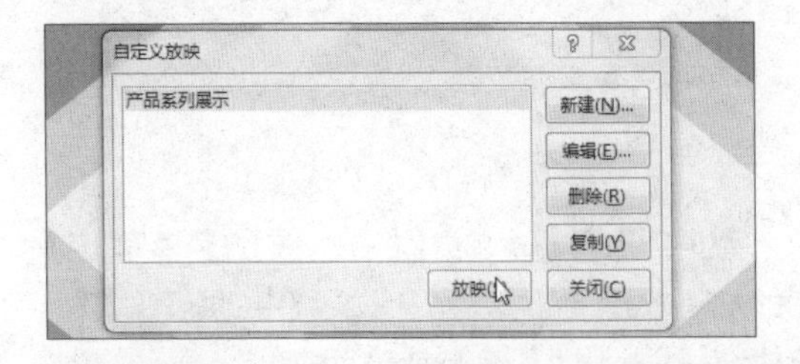

步骤06 **显示自定义放映效果。**此时幻灯片从第4张开始放映，效果如下图所示。

13.3 放映中的过程控制

在演示文稿的放映过程中，如果幻灯片没有设置为自动切换，就需要对其放映过程进行控制。利用右键快捷菜单中的命令或屏幕左下角幻灯片放映工具栏中的控制按钮均可完成。

13.3.1 放映过程中的普通控制

放映过程的普通控制包括切换幻灯片、定位幻灯片和结束放映等操作，这些操作都可以通过右键快捷菜单或控制按钮来完成。注意在控制幻灯片放映过程时，如果幻灯片中的对象添加了动画效果，那么在单击“下一张”或“上一张”命令时，将播放下一个或上一个动画。下面分别对两种方法进行介绍。

原始文件：下载资源\实例文件\第13章\原始文件\放映幻灯片.pptx

最终文件：无

▶方法一：通过右键快捷菜单切换与定位幻灯片

步骤01 **单击“下一张”命令。**打开原始文件，按下【F5】键进入幻灯片放映视图，若要播放下一个动画，右击屏幕任意位置，在弹出的快捷菜单中单击“下一张”命令，如下左图所示。也可直接单击鼠标左键播放下一个动画。

步骤02 **显示跳转效果。**此时在屏幕上开始播放下一个动画，如下右图所示。

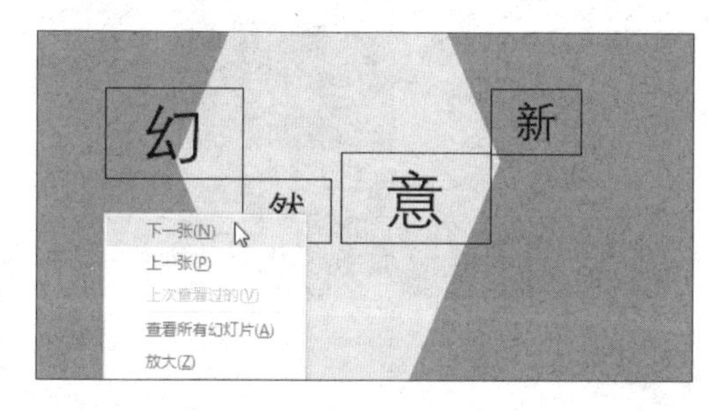

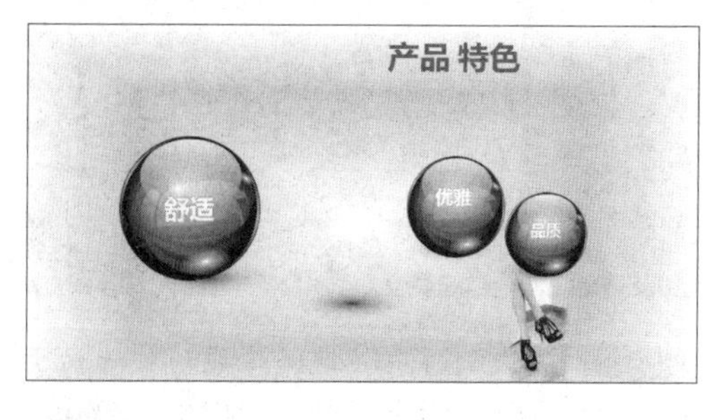

步骤03 **单击“上一张”命令。**若要播放上一张幻灯片或上一个动画，可以右击屏幕任意位置，在弹出的快捷菜单中单击“上一张”命令，如下图所示。

步骤04 **显示跳转效果。**此时播放当前幻灯片的前一张，如下图所示。

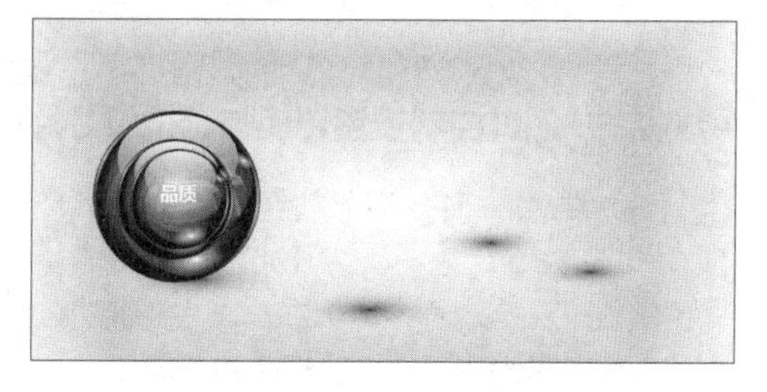

步骤05 **单击“上次查看过的”命令。**为了方便观众区分，在跳转到目标位置后，右击屏幕任意位置，在弹出的快捷菜单中单击“上次查看过的”命令，如右图所示。

步骤06 **显示跳转幻灯片效果。**此时返回至刚才查看的幻灯片中，如下图所示。

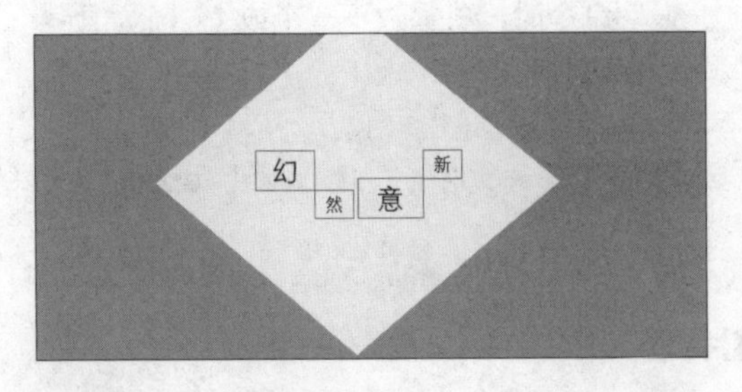

步骤07 **单击“查看所有幻灯片”命令。**幻灯片放映时，右击任意位置，在弹出的快捷菜单中单击“查看所有幻灯片”命令，如下图所示。

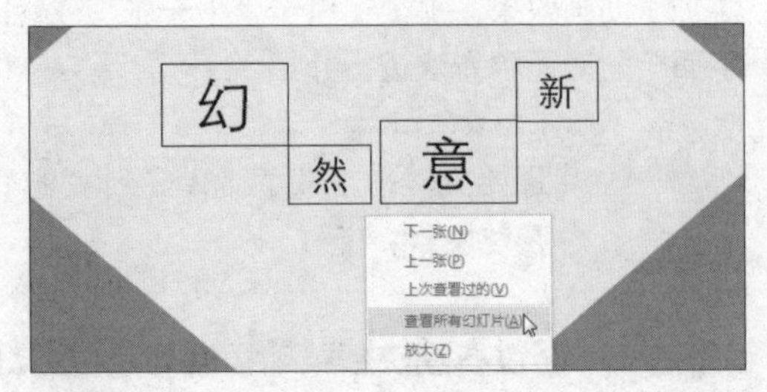

步骤08 **选择要查看的幻灯片。**切换到演示文稿缩略图界面，单击选择要查看的幻灯片即可，这里单击第6张幻灯片，如下图所示。

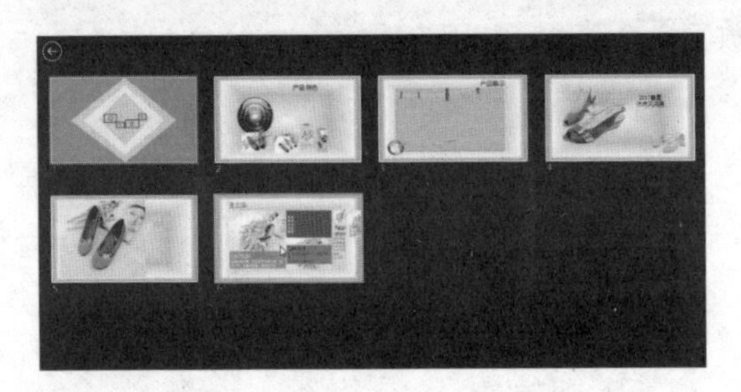

步骤09 **显示跳转幻灯片效果。**返回幻灯片放映视图，自动切换至第6张幻灯片，如下图所示。

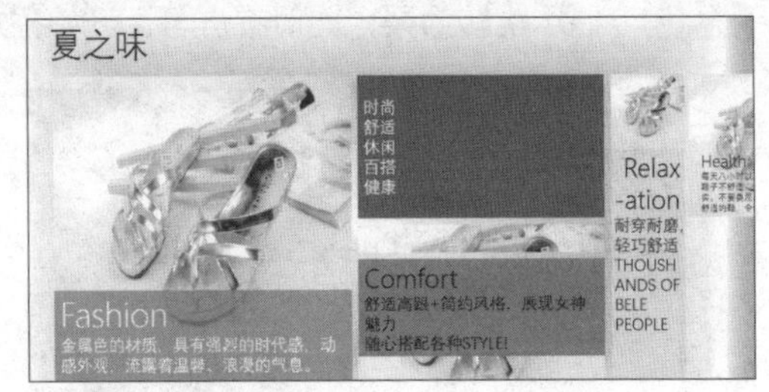

步骤10 **结束幻灯片放映。**完成幻灯片的放映后，继续单击鼠标左键将自动结束幻灯片的放映。若要中途终止幻灯片放映，右击屏幕任意位置，在弹出的快捷菜单中单击“结束放映”命令即可，如右图所示。

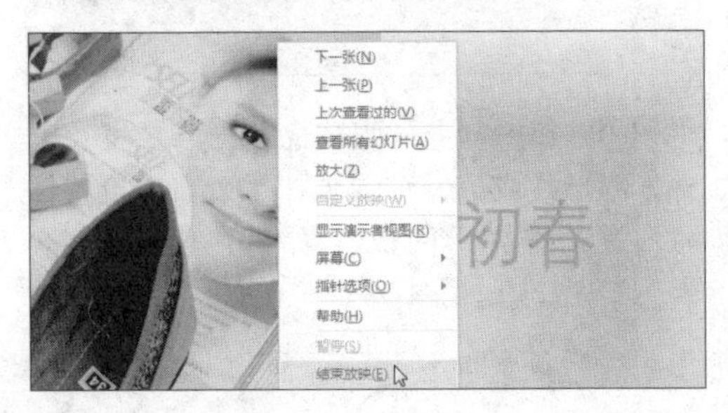

▸方法二：通过控制按钮切换与定位幻灯片

步骤01 **单击“下一张”按钮。**打开原始文件，按下【F5】键，从头开始放映幻灯片，若要播放下一个动画，可以在屏幕左下角的幻灯片放映工具栏中单击▶按钮，如下图所示。

步骤02 **播放幻灯片中的下一个动画。**此时在幻灯片中切换至下一个动画并开始播放，如下图所示。

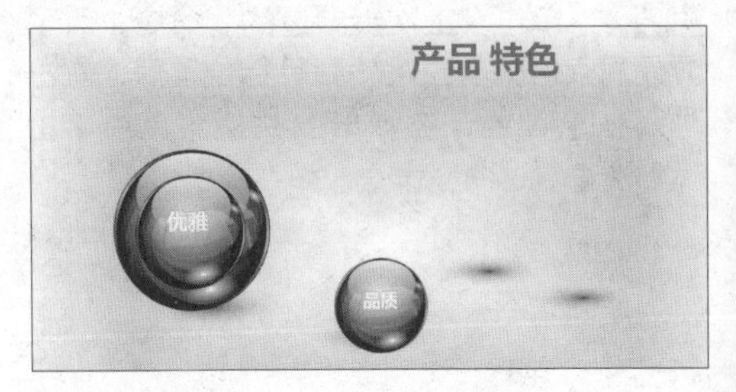

步骤03 单击“上一张”按钮。若要播放当前幻灯片中的前一个动画，可以单击按钮，如下图所示。

步骤04 显示播放效果。此时幻灯片中返回到步骤03播放的动画之前，如下图所示。

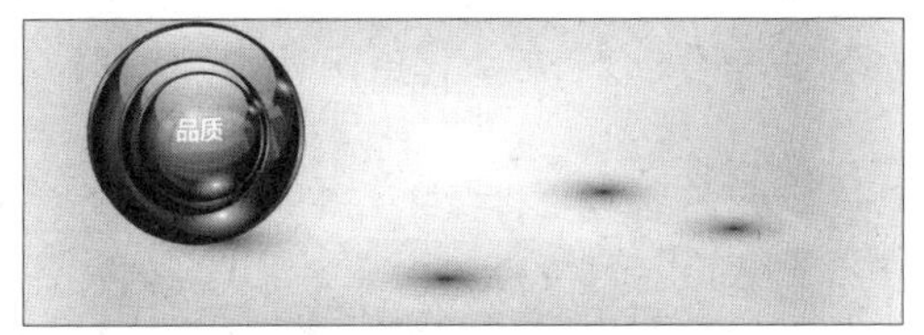

步骤05 定位至特定幻灯片。若要定位至特定幻灯片，在幻灯片放映工具栏中单击按钮，在展开的列表中单击“显示演示者视图”选项，如下图所示。

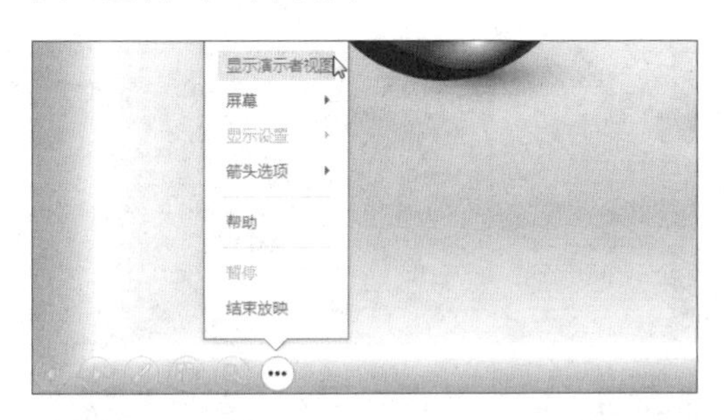

步骤06 单击“请查看所有幻灯片”按钮。在演示者视图界面底部单击按钮，如下图所示，将切换至演示文稿缩略图界面。

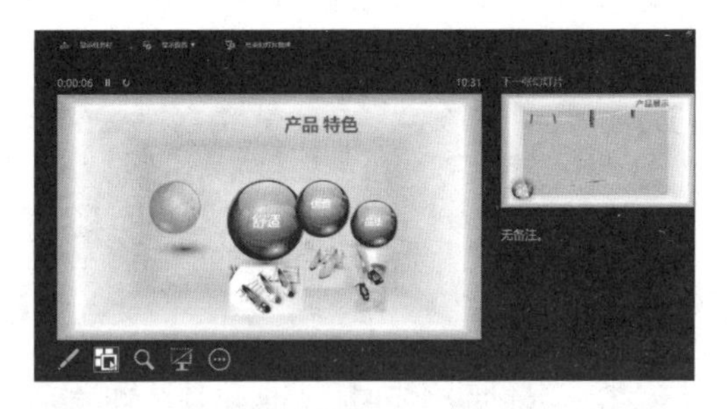

步骤07 选择目标幻灯片。演示文稿缩略图界面中包含所有幻灯片，单击需定位至的目标幻灯片，如第4张幻灯片缩略图，如下图所示。

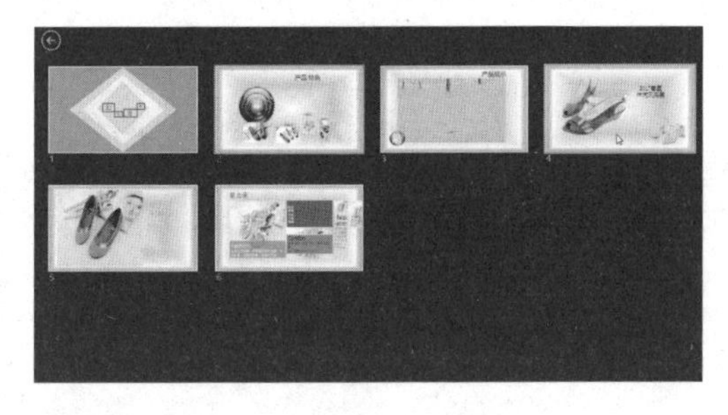

步骤08 显示演示者视图模式效果。返回演示者视图模式下的界面，视图左边即显示所选幻灯片的内容，效果如下图所示。

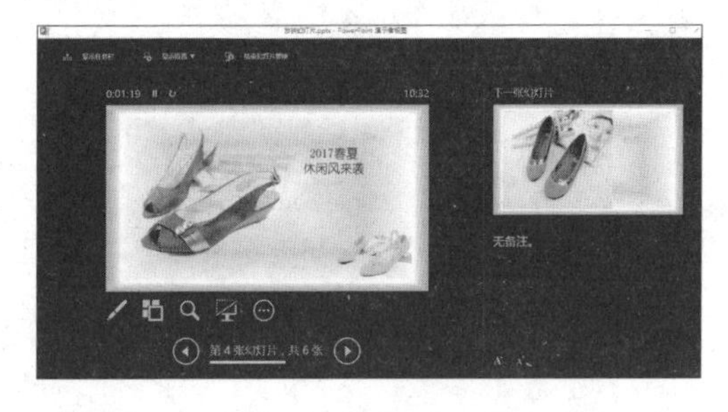

步骤09 隐藏演示者视图。为确认幻灯片已切换至指定处，单击演示者视图模式下界面中底部的图标，在展开的列表中单击“隐藏演示者视图”命令，如下图所示。

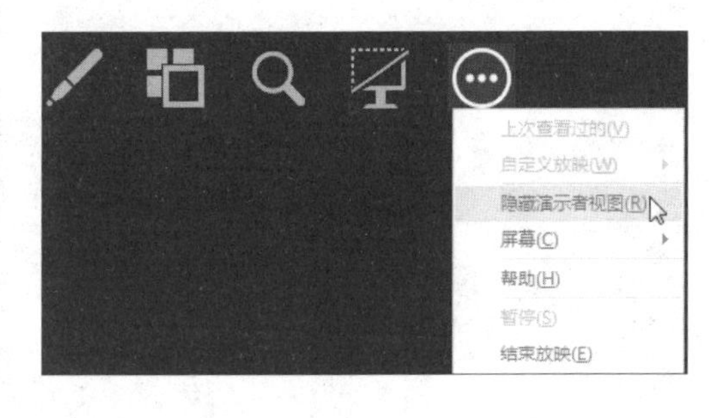

步骤10 显示幻灯片定位效果。此时跳转至指定的第4张幻灯片，效果如下图所示。

13.3.2 在幻灯片上作墨迹标记

在演示文稿的放映过程中，如果要对某些内容进行重点讲解，可以为这些内容做标记，就像老师在讲课时用粉笔在黑板上圈点、注释重要内容一样。在为幻灯片中的重点内容添加标记后，还可以将标记保留在演示文稿中，方便日后查看。

原始文件： 下载资源\实例文件\第 13 章\原始文件\放映幻灯片.pptx

最终文件： 下载资源\实例文件\第 13 章\最终文件\墨迹标记.pptx

步骤01 选择箭头样式。 打开原始文件，放映至最后一张幻灯片后，右击屏幕任意处，在弹出的快捷菜单中执行“指针选项>荧光笔”命令，如下图所示。

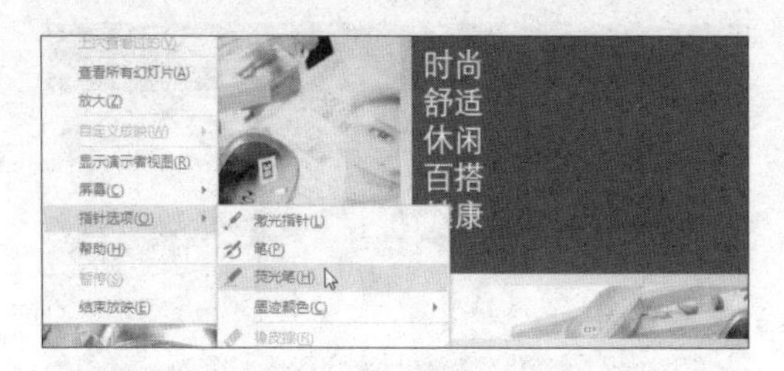

步骤02 更改墨迹颜色。 默认的荧光笔颜色为黄色，若需更改，则可右击屏幕任意处，在弹出的快捷菜单中执行“指针选项>墨迹颜色>红色”命令，如下图所示。

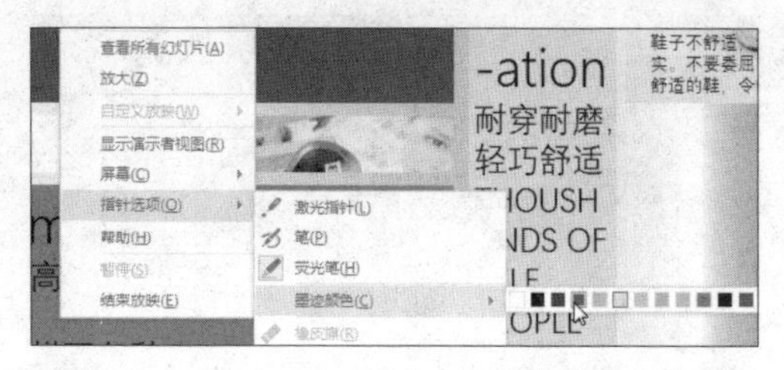

步骤03 绘制墨迹标记。 此时鼠标指针呈红色长方形，在需要添加墨迹标记的位置单击，并按住鼠标左键拖动，即可在幻灯片中绘制墨迹标记，如下图所示。

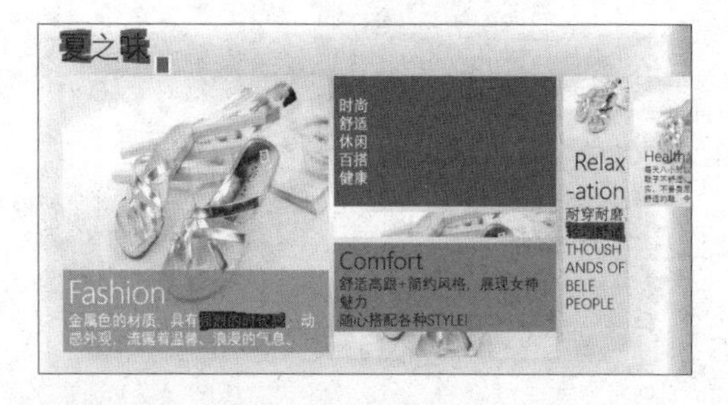

步骤04 单击“橡皮擦”命令。 如果需要清除绘制好的墨迹，可以利用橡皮擦功能。首先右击屏幕任意处，然后在弹出的快捷菜单中执行“指针选项>橡皮擦”命令，如下图所示。

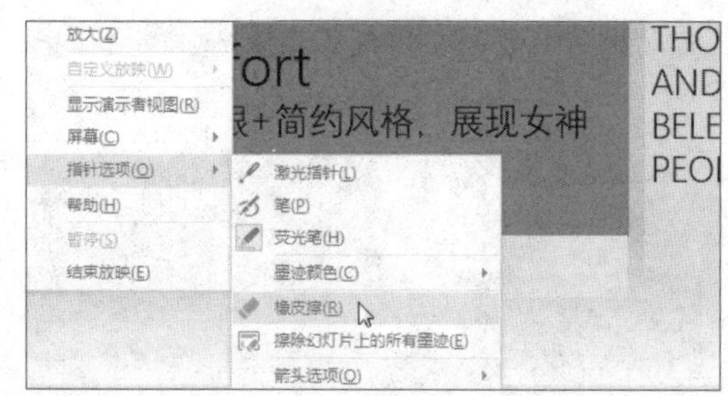

步骤05 清除墨迹。 此时鼠标指针呈橡皮擦形状，将鼠标指针移至需要清除的墨迹处，如下左图所示，单击鼠标左键即可。

步骤06 显示清除墨迹后的效果。 单击后可以看到墨迹已被清除，如下右图所示。这种方法只能清除选定的墨迹，如果需要同时清除幻灯片中的所有墨迹，则需右击屏幕任意处，然后在弹出的快捷菜单中执行“指针选项>擦除幻灯片上的所有墨迹”命令，注意该命令不能清除其他幻灯片中的墨迹标记。

步骤07 **将鼠标指针更改为箭头状。**在幻灯片中完成墨迹标记的绘制后，若要继续播放幻灯片中的动画或执行其他操作，需要将鼠标指针转为箭头状，退出墨迹标记绘制状态。右击屏幕任意处，在弹出的快捷菜单中指向“指针选项”，在展开的子列表中执行“箭头选项>自动”命令，如下左图所示。

步骤08 **查看鼠标指针形状。**此时鼠标指针呈箭头状，如下右图所示，单击鼠标左键即可播放下一个动画。

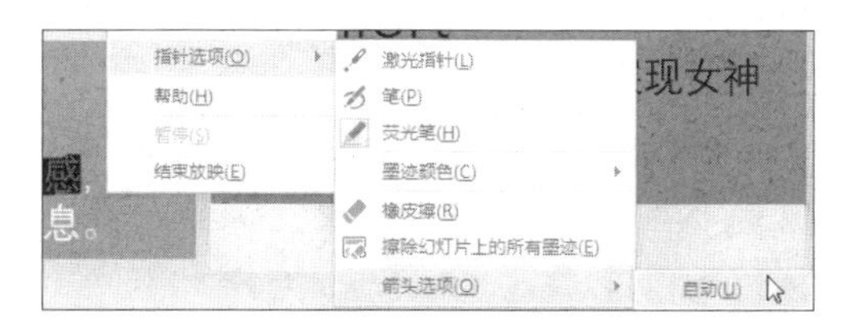

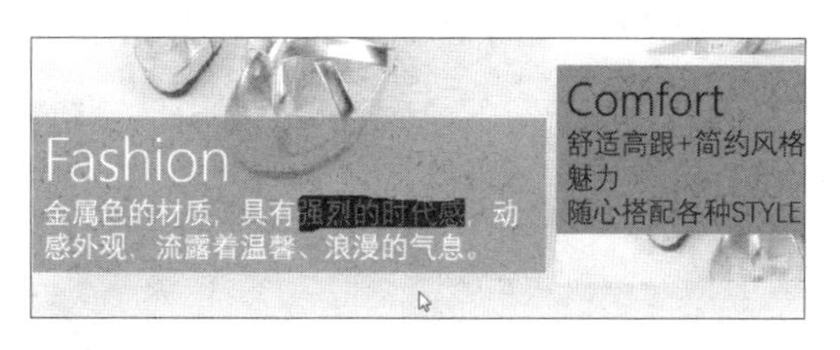

步骤09 **保留墨迹。**幻灯片放映完后将弹出“Microsoft PowerPoint”对话框，询问是否保留墨迹注释，如下图所示。若要保留则单击“保留”按钮，反之则单击“放弃”按钮。

步骤10 **显示保留的墨迹效果。**返回幻灯片普通视图下，可以看到幻灯片中添加的墨迹标记依然存在，如下图所示。

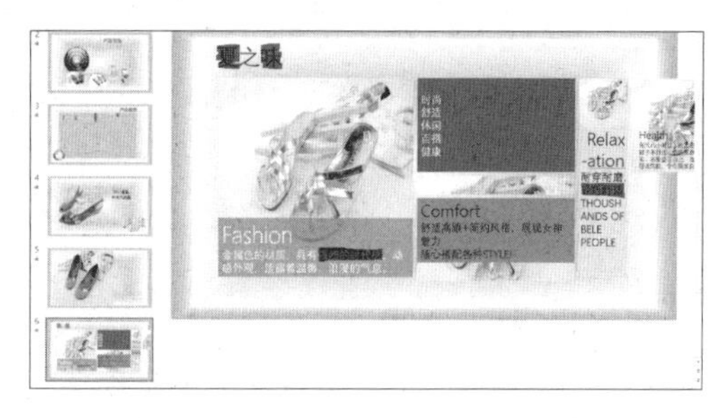

13.3.3 设置屏幕显示效果

为了帮助用户更好地放映幻灯片，下面介绍两种演示过程中设置屏幕显示效果的实用方法，分别为使用白屏或黑屏屏蔽屏幕内容和在放映过程中显示任务栏。

1 使用白屏或黑屏屏蔽幻灯片画面

在演示过程中，若要对某个问题进行讨论，想让观众的注意力集中，可以屏蔽幻灯片画面，让屏幕显示成白屏或黑屏。当需要取消白屏或黑屏时，单击任意处即可。

步骤01 **选择屏幕画面效果。**继续上小节中的操作，在幻灯片放映模式下右击屏幕任意处，在弹出的快捷菜单中执行“屏幕>白屏”命令，如下图所示。或者直接按下【W】键即可设置白屏屏蔽，按下【B】键设置为黑屏屏蔽。

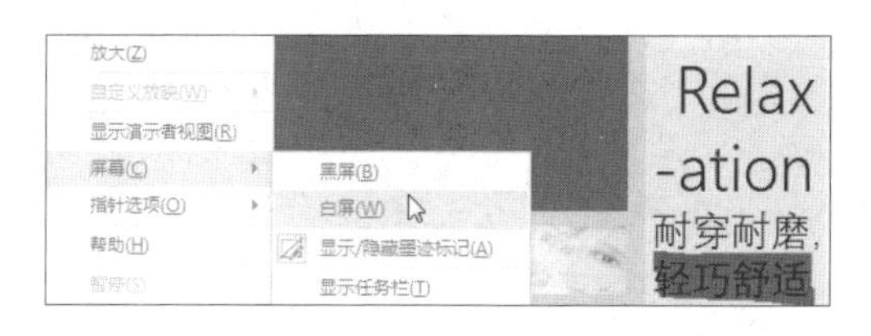

步骤02 **显示屏蔽幻灯片的画面效果。**此时放映屏幕以白色显示，如下图所示，若要还原放映内容，直接单击鼠标左键即可。

2 显示任务栏

放映幻灯片时默认为全屏显示，此时如果要切换至其他程序中，则首先要显示任务栏，下面介绍如何在幻灯片放映视图下显示任务栏。

步骤01 **显示任务栏。**进入幻灯片放映视图下，右击屏幕任意处，在弹出的快捷菜单中执行“屏幕>显示任务栏”命令，如下图所示。

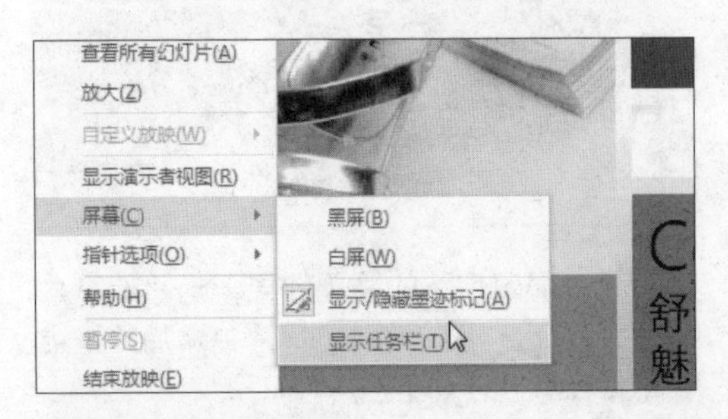

步骤02 **显示设置后的效果。**此时在屏幕底部显示了任务栏，方便用户切换程序，如下图所示。

实例演练 制作绩效考核说明演示文稿

利用绩效考核能及时对公司员工的工作业绩和能力作出评价，以提高工作绩效，还可以为人事决策提供依据，进而做到人尽其能，客观合理地安排公司员工的工作。下面就以制作绩效考核说明演示文稿为例，巩固本章所学知识。

原始文件：下载资源\实例文件\第13章\原始文件\绩效考核说明.pptx
最终文件：下载资源\实例文件\第13章\最终文件\绩效考核说明.pptx

步骤01 **选择目标幻灯片。**打开原始文件，在幻灯片浏览窗格中选择需要隐藏的幻灯片，这里选择第7张幻灯片，如下图所示。

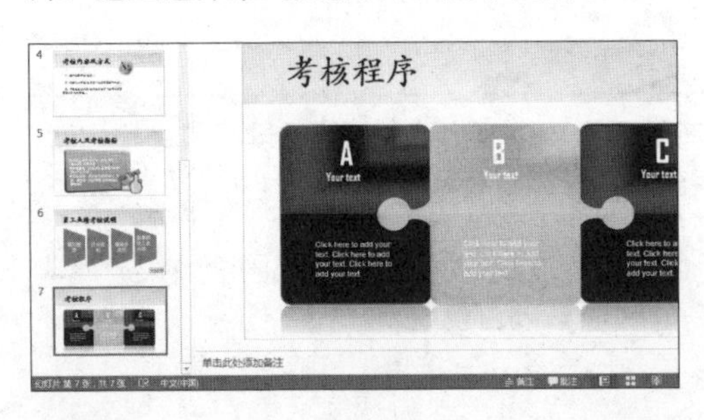

步骤02 **隐藏幻灯片。**单击“幻灯片放映”选项卡下“设置”组中的“隐藏幻灯片”按钮，如下图所示。

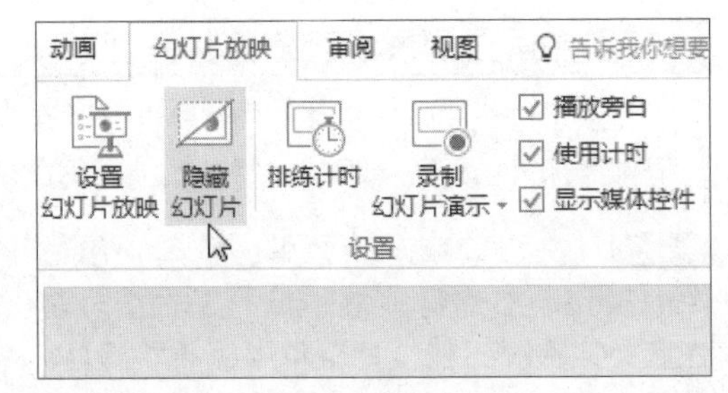

步骤03 **录制幻灯片。**单击“幻灯片放映”选项卡下“设置”组中的“录制幻灯片演示”按钮，在展开的下拉列表中选择“从头开始录制”选项，如右图所示。

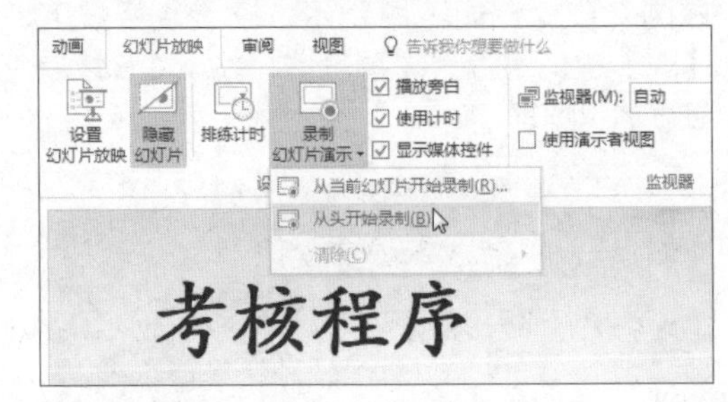

步骤04 选择需要录制的内容。弹出“录制幻灯片演示”对话框，勾选“幻灯片和动画计时”和“旁白、墨迹和激光笔”复选框，如下图所示。

步骤05 录制幻灯片。从第1张幻灯片开始放映，并弹出“录制”工具栏，显示录制时间，如下图所示，单击“下一项”按钮继续录制其他幻灯片。

步骤06 选择指针选项。当录制至第3张幻灯片时，右击屏幕任意处，在弹出的快捷菜单中执行“指针选项>笔”命令，如下图所示。选择后鼠标指针呈红色圆点状，按住鼠标左键圈画出重点。

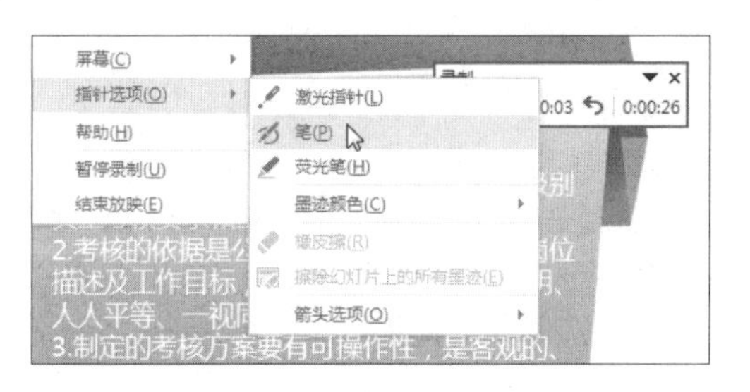

步骤07 清除墨迹。圈出重点内容后，如需清除不必要的墨迹，可以右击屏幕任意处，然后在弹出的快捷菜单中执行“指针选项>橡皮擦”命令，如下图所示。待鼠标指针呈橡皮擦形状时，移动鼠标至需要清除的墨迹上单击即可。

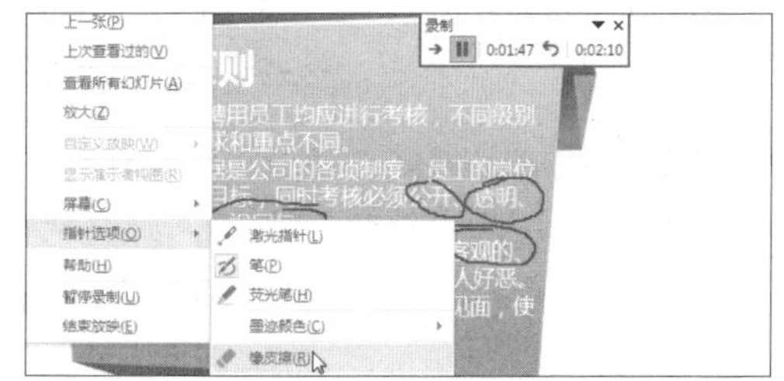

步骤08 恢复鼠标指针样式。清除墨迹时鼠标指针呈橡皮状，此时需要将鼠标指针样式更改为箭头状。首先右击屏幕任意处，在弹出的快捷菜单中指向“指针选项”，然后执行“箭头选项>自动”命令，如下图所示。

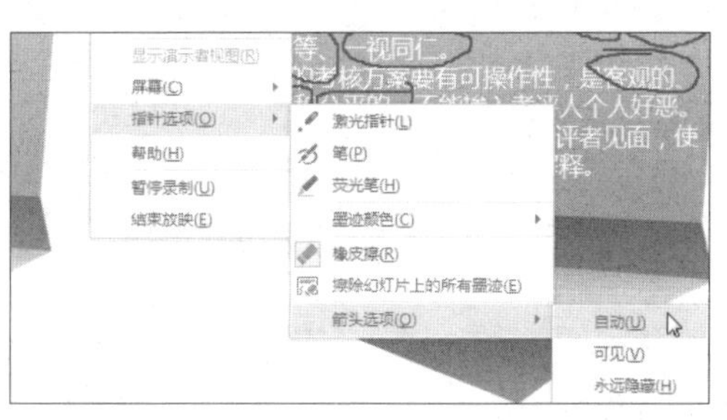

步骤09 显示录制后的效果。切换至幻灯片浏览视图中，可以看到除了隐藏的第7张幻灯片外，其余幻灯片都添加了声音图标，并且在其下方显示了幻灯片的放映时间，如下图所示。

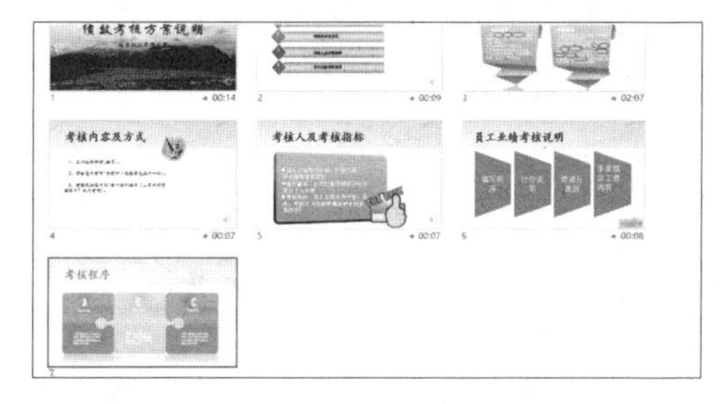

步骤10 设置自定义放映。单击“幻灯片放映”选项卡下“开始放映幻灯片”组中的“自定义幻灯片放映”按钮，在展开的下拉列表中单击“自定义放映”选项，如下左图所示。

步骤11 定义自定义放映。弹出“定义自定义放映”对话框，在“幻灯片放映名称”右侧的文本框中输入放映名称，这里输入“考核方案”，然后在“在演示文稿中的幻灯片”列表框中勾选需要放映的幻灯片，再单击“添加”按钮，如下右图所示。

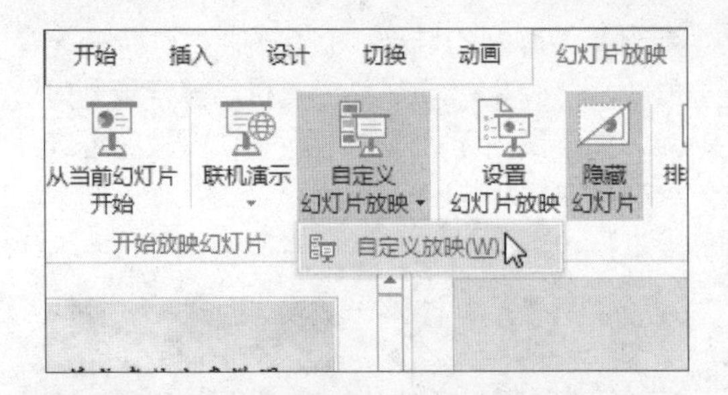

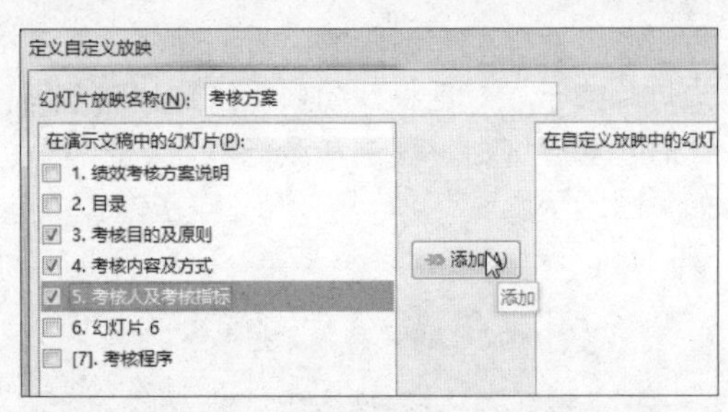

步骤12 **单击“确定”按钮。**此时右侧的“在自定义放映中的幻灯片”列表框中显示了所选的幻灯片，确认无误则单击“确定”按钮，如下图所示。返回“自定义放映”对话框中，单击“关闭”按钮。

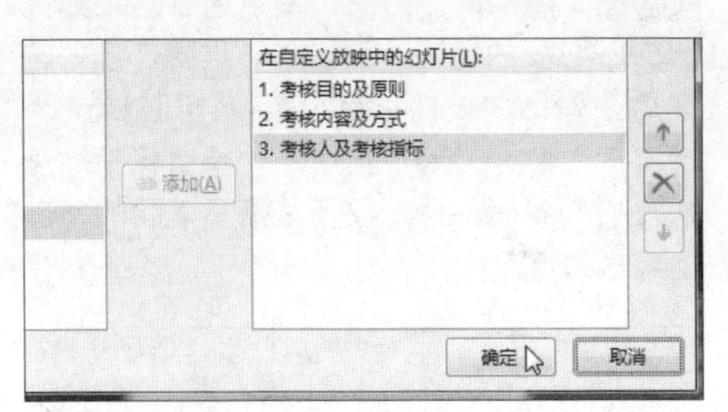

步骤13 **设置幻灯片放映。**单击“幻灯片放映”选项卡下“设置”组中的“设置幻灯片放映”按钮，如下图所示。

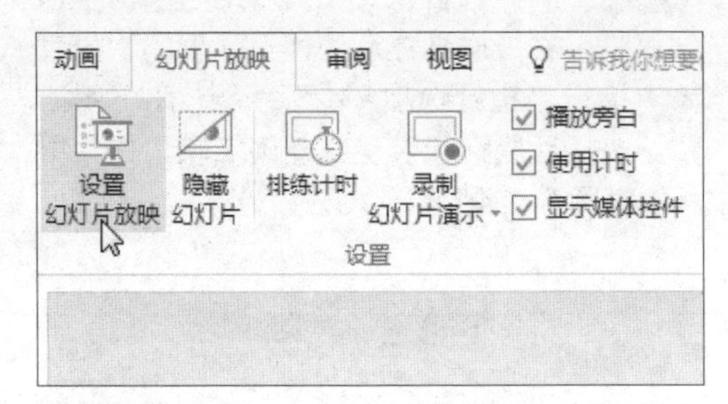

步骤14 **设置放映方式。**弹出“设置放映方式”对话框，设置“放映类型”为“观众自行浏览（窗口）”，设置“换片方式”为“如果存在排练时间，则使用它”，其余保持默认值，如下图所示。

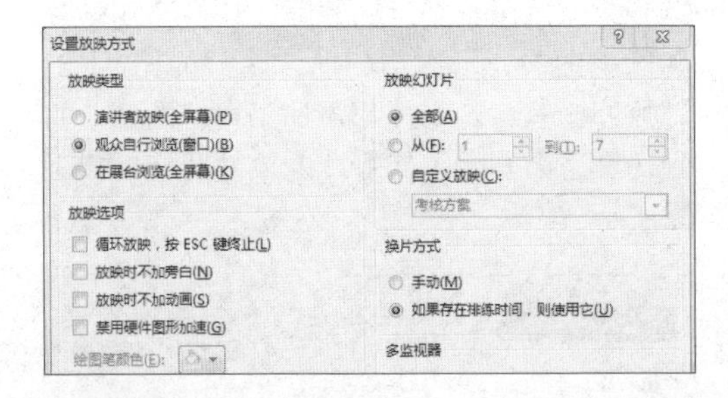

步骤15 **自定义幻灯片放映。**单击“幻灯片放映”选项卡下“开始放映幻灯片”组中的“自定义幻灯片放映”按钮，在展开的下拉列表中选择“考核方案”选项，如下图所示。

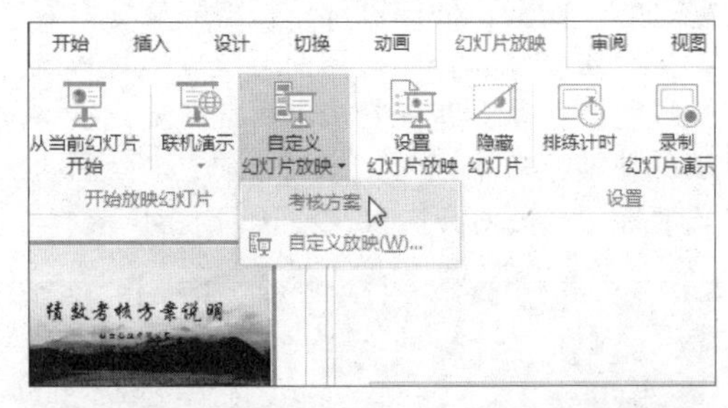

步骤16 **显示放映效果。**此时从演示文稿的第3张幻灯片开始放映，且放映时使用录制时间，并显示墨迹效果，如右图所示。

第14章 PowerPoint 2016的协同办公

完成了演示文稿的制作与编辑后，为了保证演示文稿内容的正确性、保密性及多人可编辑的共享性，可以使用PowerPoint 2016中的功能进行协同办公。此外，利用协同办公中的创建视频操作，还可以在没有安装PowerPoint 2016的电脑上放映演示文稿。

14.1 审阅演示文稿

在日常工作中，某些演示文稿需要领导审阅或者经过大家讨论后才能够执行，为了便于制作者查看审阅后的文档，其他人员可在这些文件上添加批注和修订信息。

14.1.1 在演示文稿中使用批注

批注是可以附加到幻灯片的某个字母、词语或者整个幻灯片的备注。在演示文稿中快速添加、编辑和删除批注的具体操作如下。

原始文件： 下载资源\实例文件\第14章\原始文件\绩效考核说明.pptx
最终文件： 无

1 添加批注

添加批注的方法很简单，用户只需选中需要添加批注的对象，然后单击“审阅”选项卡下“批注”组中的“新建批注”按钮即可。

步骤01 **新建批注。** 打开原始文件，若需要对第1张幻灯片添加批注，则直接单击“审阅”选项卡下“批注”组中的“新建批注”按钮，如下图所示。若需要对指定对象添加批注，则需先选中要添加批注的对象。

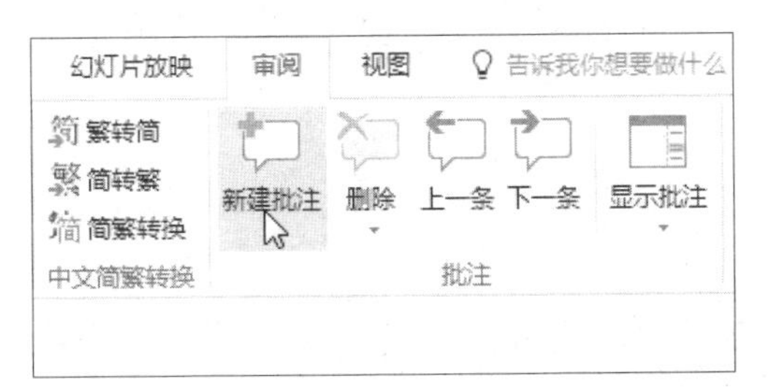

步骤02 **输入批注内容。** 弹出“批注”任务窗格，显示批注者的个人信息与批注距离当前的时间间隔，此时用户可在文本框中输入批注内容，然后按下【Enter】键即可，如下图所示。

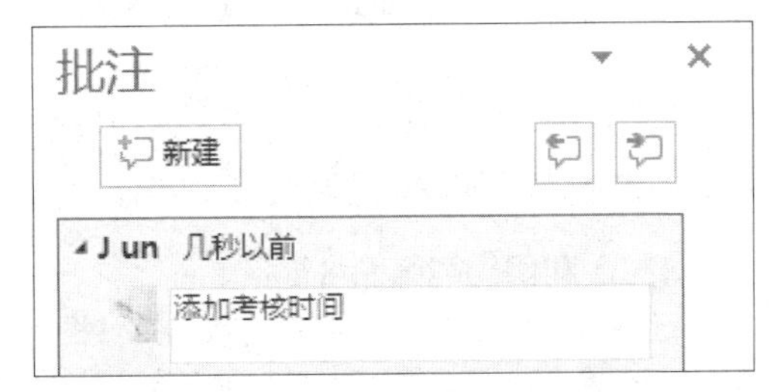

步骤03 **显示批注图标。** 此时在幻灯片的左上角出现批注图标，如下左图所示。

步骤04 **移动批注图标。** 用户可以将批注图标拖动至合适的位置，如下右图所示。使用相同的方法在第4张幻灯片中添加相应批注。

2 编辑批注

若发现批注内容不正确或不完整，可以重新展开“批注”任务窗格，并修改批注内容。

步骤01 **显示批注。**继续之前的操作，切换至第4张幻灯片。要想编辑批注，首先要显示批注，单击批注图标，如下图所示，即可展开“批注”任务窗格。

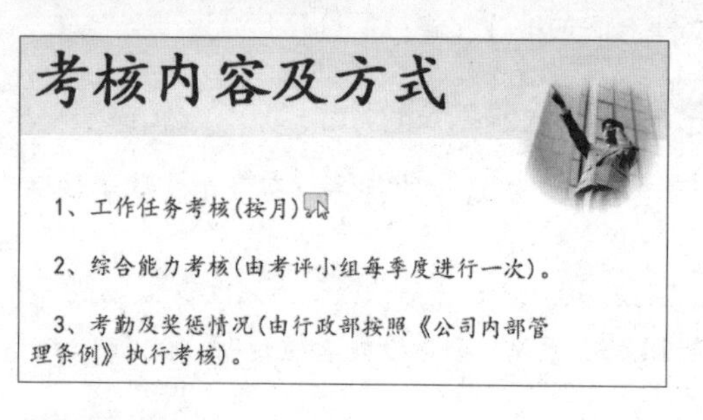

步骤02 **编辑批注。**在展开的“批注”任务窗格中，单击已添加的批注内容即可激活对应的文本框，然后重新输入内容，如下图所示。单击下方的“答复”文本框可回复批注。

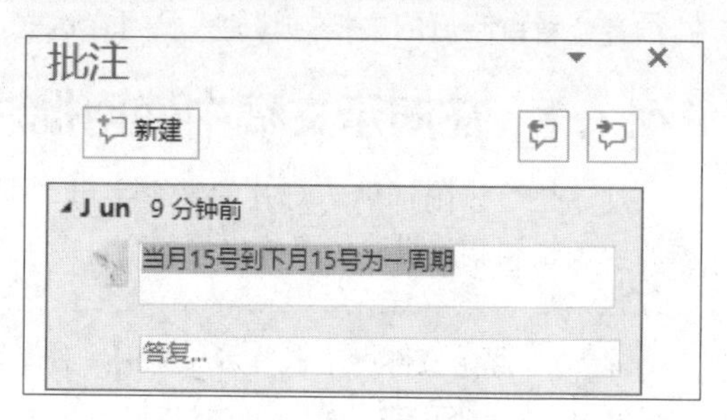

3 删除批注

对于不再需要的批注信息，用户可将其删除。删除批注的方法有以下 4 种。

▸方法一：利用快捷键删除

继续之前的操作，首先选中第 1 张幻灯片中的批注图标，如下图所示，按下【Delete】键即可将其删除。

▸方法二：利用任务窗格中的按钮删除

单击第 1 张幻灯片中的批注图标，然后单击“批注”任务窗格批注框中的×按钮即可删除该批注，如下图所示。

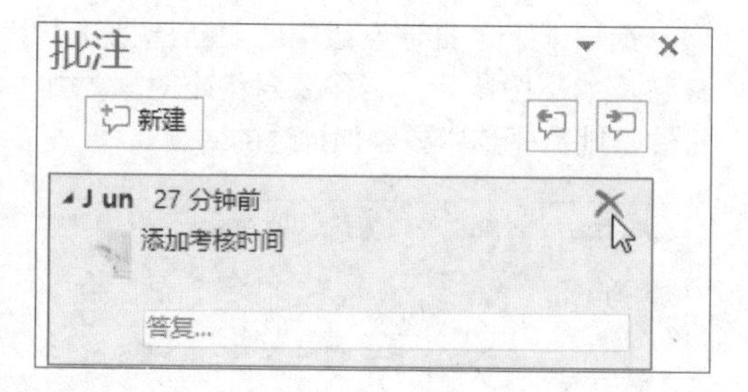

▸方法三：利用功能区命令删除

选中第 1 张幻灯片中需要删除的批注图标，单击“审阅”选项卡下“批注”组中的“删除”按钮，在展开的下拉列表中单击“删除”选项，如下左图所示。

▸方法四：利用快捷菜单命令删除

右击幻灯片中需要删除的批注图标，这里右击第 4 张幻灯片中的批注图标，然后在弹出的快捷菜单中单击“删除批注”命令，如下右图所示。

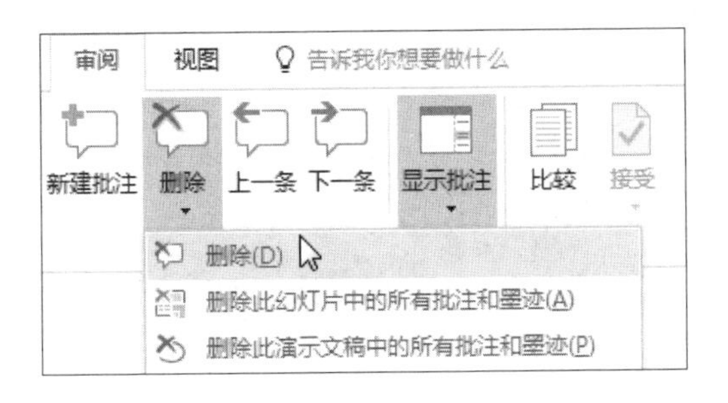

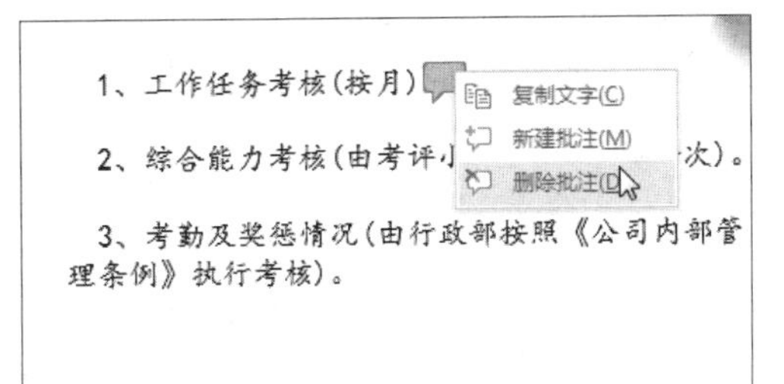

14.1.2 比较演示文稿的修订信息

使用 PowerPoint 2016 中的合并和比较功能，可以比较当前演示文稿和其他演示文稿，并立即组合这些演示文稿。

原始文件： 下载资源\实例文件\第 14 章\原始文件\绩效考核说明 .pptx、绩效考核说明 2.pptx

最终文件： 下载资源\实例文件\第 14 章\最终文件\比较修订 .pptx

步骤01 单击"比较"按钮。 打开原始文件中的"绩效考核说明.pptx"，单击"审阅"选项卡下"比较"组中的"比较"按钮，如下图所示。

步骤02 选择需要合并的文件。 弹出"选择要与当前演示文稿合并的文件"对话框，在地址栏中选择文件保存的位置，然后选择需要合并的文件，这里选择"绩效考核说明2.pptx"，如下图所示，最后单击"合并"按钮。

步骤03 弹出"修订"任务窗格。 此时在演示文稿中弹出"修订"任务窗格，并自动切换至"详细信息"选项卡下，显示了其他用户对该演示文稿中幻灯片所做的修订，如下图所示。

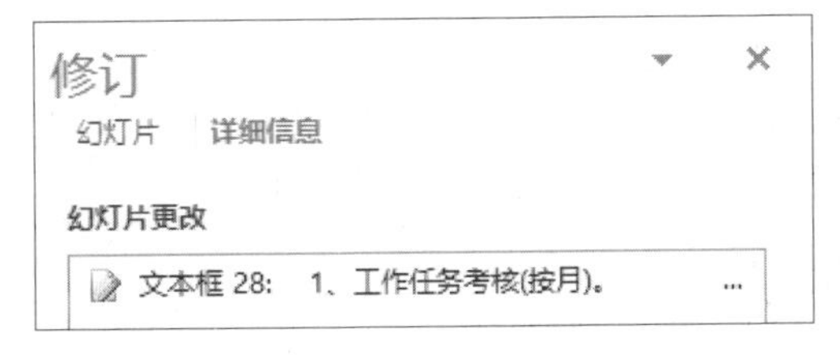

步骤04 查看修订内容。 在"修订"任务窗格中单击幻灯片的更改对象，即可在幻灯片中显示更改内容，如下图所示。

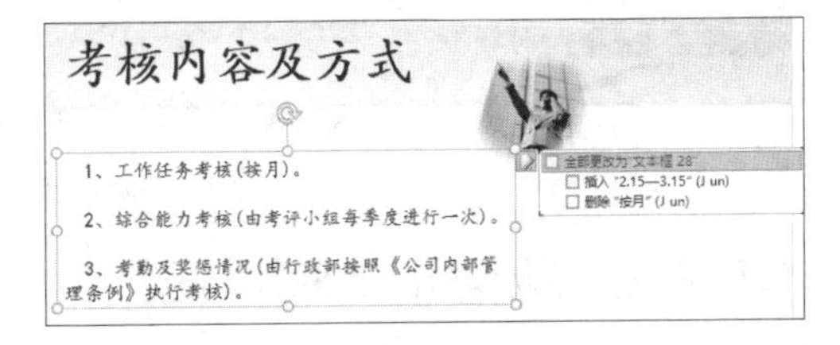

步骤05 接受修订。 若要接受某项修订，勾选前面的复选框即可。如果对修订后的所有内容均无异议，则勾选"全部更改为"复选框，如下左图所示。

步骤06 **查看下一条修订。**若需要查看下一条修订信息，可单击“审阅”选项卡下“比较”组中的“下一条”按钮，如下右图所示。

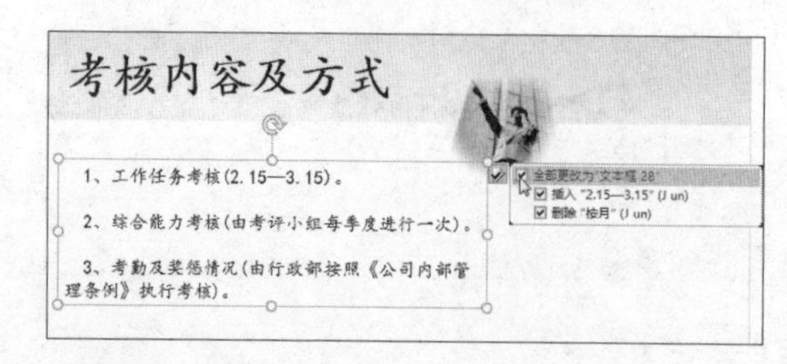

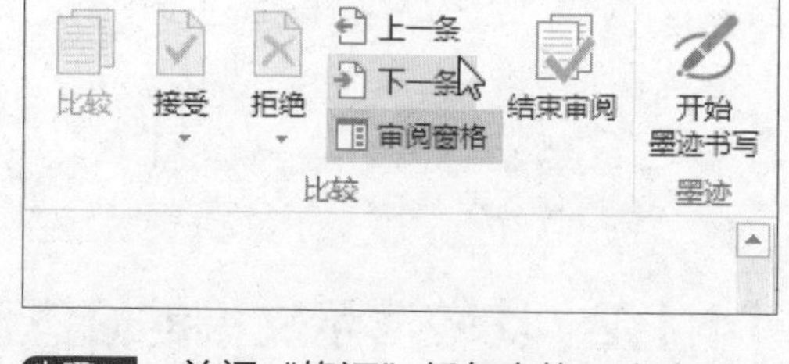

步骤07 **接受修订。**此时幻灯片中显示修订的内容和修订人姓名，勾选接受的修订内容，如勾选前两个复选框，勾选后幻灯片中的内容即发生改变，如下图所示。

步骤08 **关闭“修订”任务窗格。**在查看完所有修订后，需关闭“修订”任务窗格时，可以直接单击“修订”任务窗格右上角的“关闭”按钮，也可以单击“审阅”选项卡下“比较”组中的“审阅窗格”按钮，取消选中状态，如下图所示。

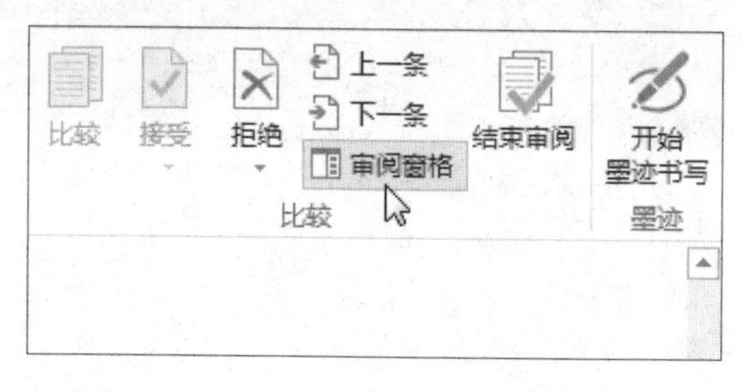

步骤09 **结束审阅。**若对所有修订都审阅完毕，则单击“审阅”选项卡下“比较”组中的“结束审阅”按钮，结束审阅，如下图所示。

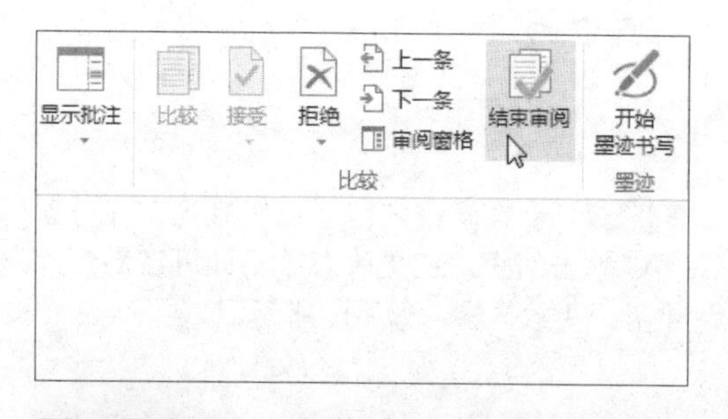

步骤10 **确认结束审阅。**此时将弹出如下图所示的提示框，询问用户是否确定结束对该文档的审阅操作，如确定结束，则单击“是”按钮。

14.2 保护演示文稿

为了帮助他人了解演示文稿的最终版本并防止其随意更改演示文稿的内容，用户可以对演示文稿进行标记和加密保护。两种方法各有特点，用户可以根据实际需要酌情选择。

14.2.1 将演示文稿标记为最终状态

在共享制作好的演示文稿之前，如果用户想要他人了解该文件的版本，并预防他人无意中更改文档，可以使用“标记为最终状态”功能将演示文稿设置为只读。具体操作如下。

原始文件：下载资源\实例文件\第 14 章\原始文件\绩效考核说明 .pptx
最终文件：下载资源\实例文件\第 14 章\最终文件\标记为最终状态 .pptx

步骤01 **单击“标记为最终状态”选项。** 打开原始文件，单击“文件”按钮，在弹出的菜单中单击“信息”命令，然后单击右侧的“保护演示文稿”按钮，在展开的下拉列表中单击“标记为最终状态”选项，如下图所示。

步骤02 **提示演示文稿将被保存。** 弹出“Microsoft PowerPoint”提示框，提示该演示文稿将先标记为最终版本，然后保存。确认后单击“确定”按钮，如下图所示。

步骤03 **提示已被标记为最终状态。** 保存后弹出一个提示框，提示“此文档已被标记为最终状态，表示已完成编辑，这是文档的最终版本”，单击“确定”按钮即可，如下图所示。

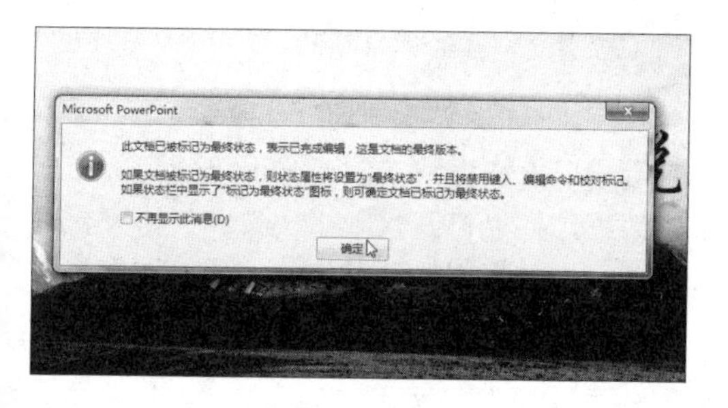

步骤04 **编辑标记为最终状态的演示文稿。** 返回到演示文稿中，此时将显示“标记为最终状态”图标，并且已经不能对演示文稿进行编辑。若要允许编辑，单击“仍然编辑”按钮即可恢复可编辑状态，如下图所示。

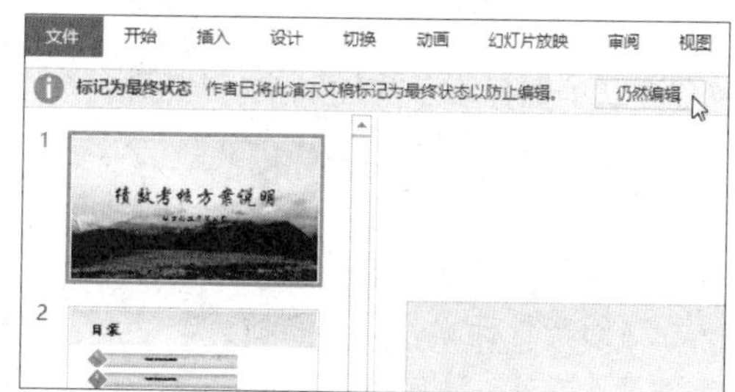

14.2.2 用密码保护演示文稿

如果演示文稿中有机密信息，则需要对其进行加密，他人只有输入了正确的密码才能打开。用密码对演示文稿进行加密比将演示文稿标记为最终状态安全性更高，方法有两种，具体操作如下。

原始文件：下载资源\实例文件\第 14 章\原始文件\绩效考核说明 .pptx
最终文件：下载资源\实例文件\第 14 章\最终文件\绩效考核说明（密码保护）.pptx

▸方法一：在“信息”选项面板中执行加密操作

步骤01 **用密码保护演示文稿。** 打开原始文件，单击“文件”按钮，在弹出的菜单中单击“信息”命令，然后在“信息”选项面板中单击“保护演示文稿”按钮，在展开的下拉列表中单击“用密码进行加密”选项，如下左图所示。

步骤02 **输入保护文档的密码。**弹出“加密文档”对话框，在“密码”文本框中输入保护文档的密码，如输入“123456”，然后单击“确定”按钮，如下右图所示。

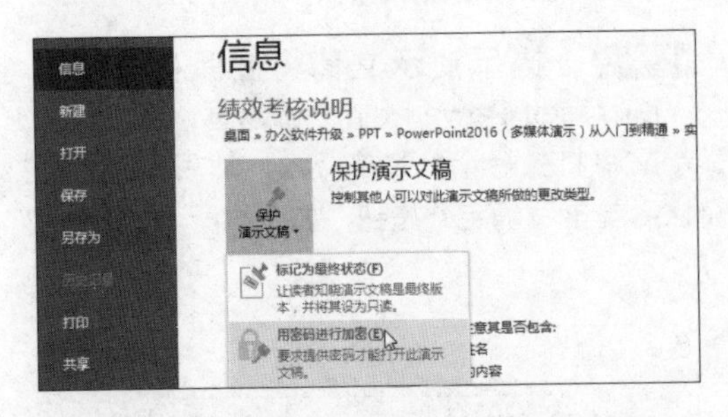

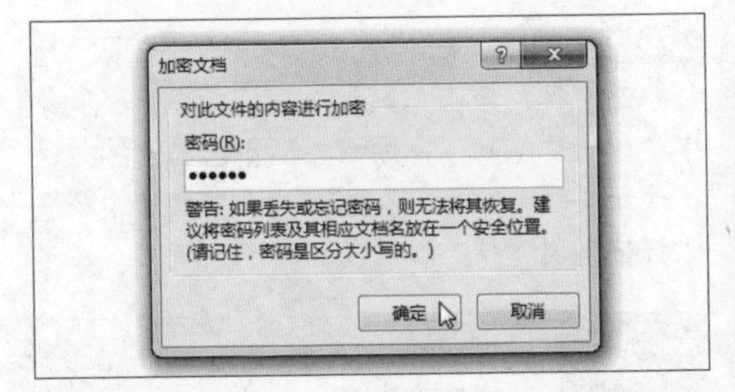

步骤03 **确认密码。**弹出“确认密码”对话框，在“重新输入密码”文本框中再次输入保护密码，然后单击“确定”按钮，如下图所示。

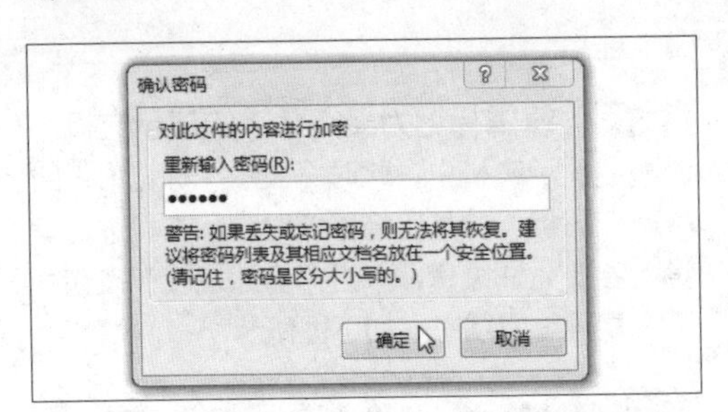

步骤04 **显示文档信息状态。**此时“信息”面板中的“保护演示文稿”出现黄色背景条，如下图所示。当再次打开该演示文稿时，将弹出对话框提示输入密码。

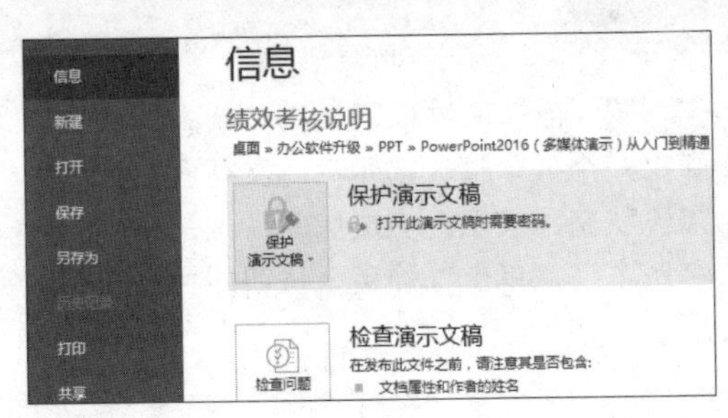

▶方法二：保存演示文稿时执行加密操作

步骤01 **单击“常规选项”选项。**继续上小节中的操作，单击“另存为”命令，打开“另存为”对话框，设置好文件名，然后单击“工具”按钮，在展开的列表中单击“常规选项”选项，如下图所示。

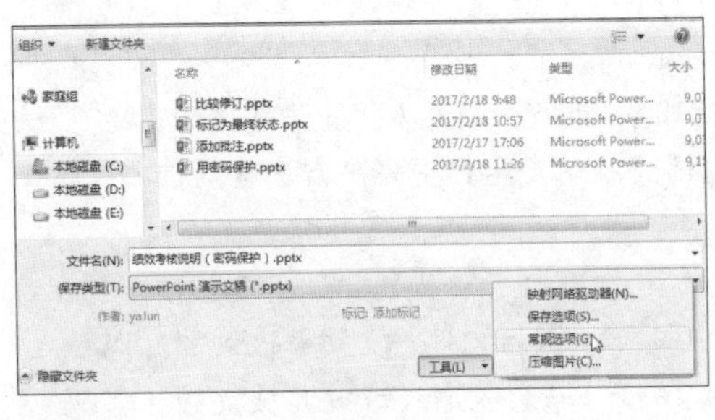

步骤02 **设置文档密码。**弹出“常规选项”对话框，在“打开权限密码”和“修改权限密码”文本框中输入对应的密码，这里统一设置为“123456”，如下图所示。

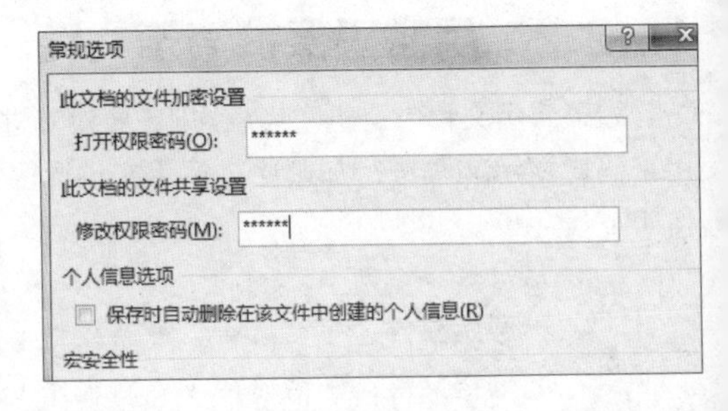

步骤03 **确认打开权限密码。**弹出“确认密码”对话框，再次输入打开权限密码，然后单击“确定”按钮，如下左图所示。

步骤04 **确认修改权限密码。**弹出“确认密码”对话框，再次输入修改权限密码，然后单击“确定”按钮，如下右图所示。返回“另存为”对话框，单击“保存”按钮即可，当再次打开文档时，系统将提示输入密码。

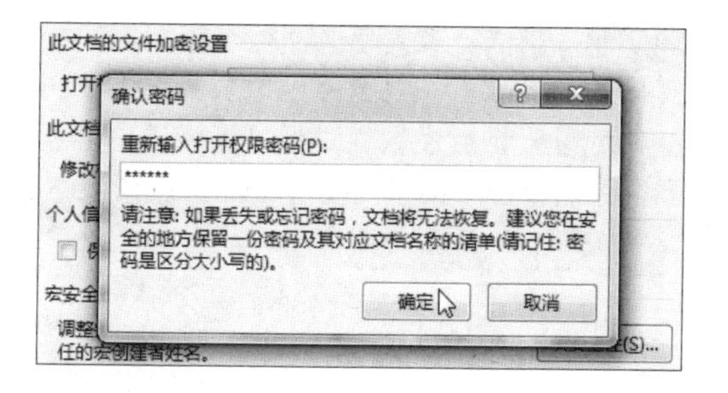

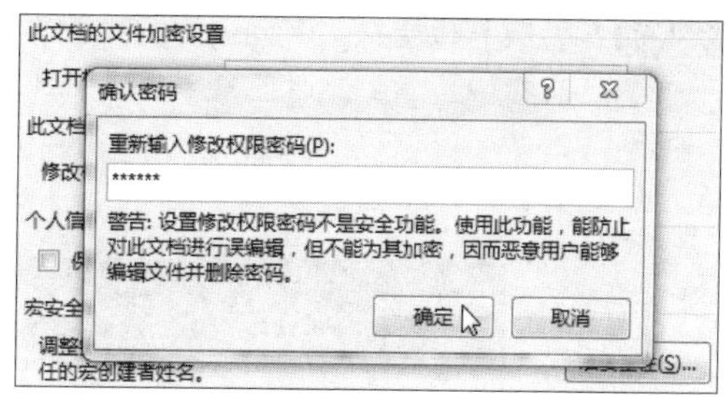

14.3 共享演示文稿

利用 PowerPoint 2016 中强大的共享功能可以将创建的演示文稿在其他计算机或网络上与他人共享，从而方便多人同时对演示文稿进行编辑。本节主要介绍演示文稿的共享操作。

原始文件： 下载资源\实例文件\第 14 章\原始文件\绩效考核说明（密码保护）.pptx

最终文件： 无

步骤01 **单击“共享”按钮。** 打开需要共享的原始文件，然后单击右上角的“共享”按钮，如下图所示。

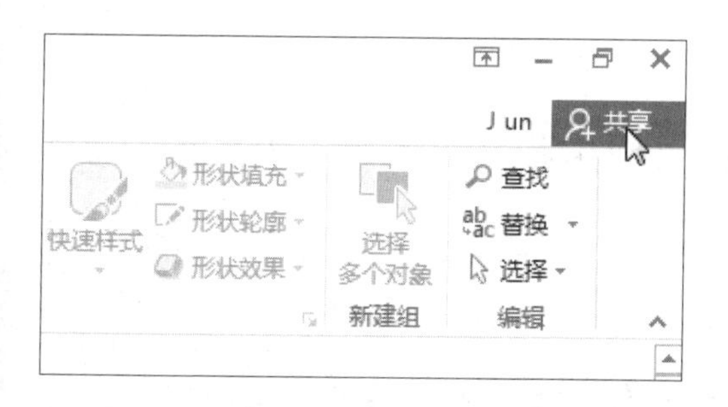

步骤02 **保存到云。** 弹出“共享”任务窗格，提示与他人协作，需先将文件副本保存到联机位置和修改文件类型，单击“保存到云”按钮，如下图所示。

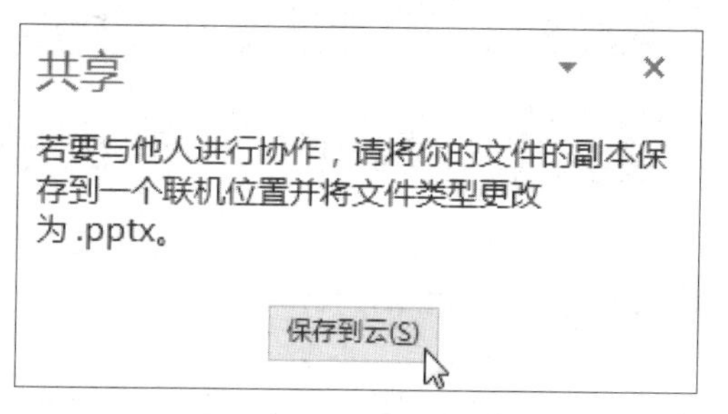

步骤03 **选择保存位置。** 系统自动跳转至“另存为”选项面板，选择“OneDrive-个人>J un的OneDrive”选项，如下图所示。需要注意的是，显示该地址首先需要登录Office个人账户。

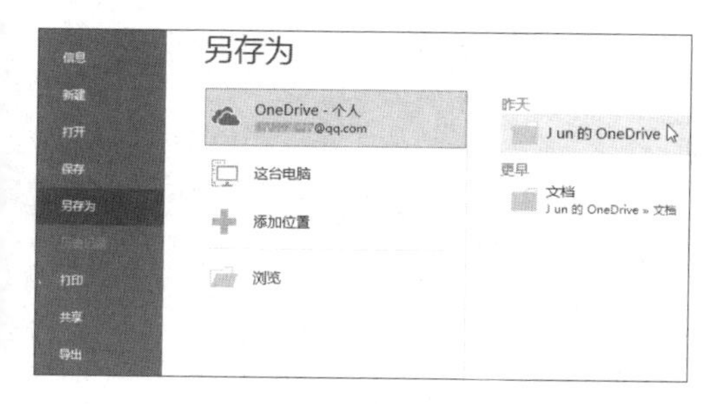

步骤04 **保存文件。** 弹出“另存为”对话框，保持地址栏中默认的地址不变，如有需要可更改文件名，如下图所示，最后单击“保存”按钮。

步骤05 **显示上载状态。**返回幻灯片中，在下方的状态栏中可看到文件上载状态，如下图所示。

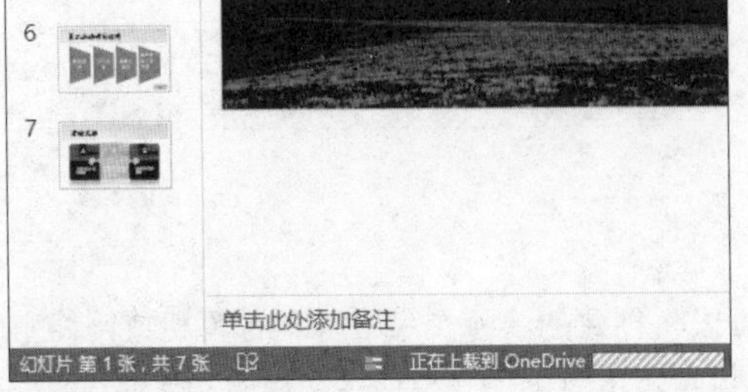
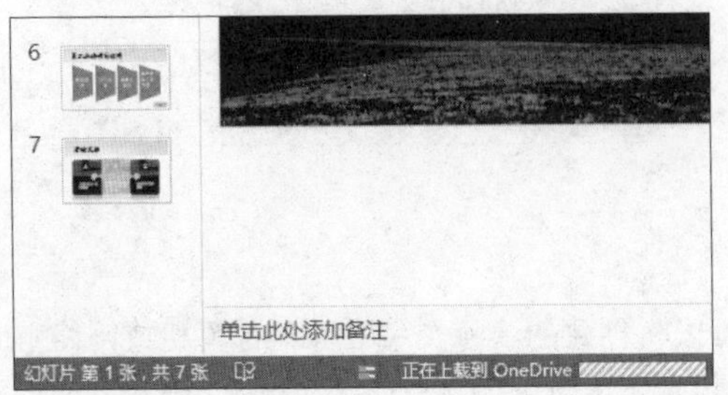

步骤06 **邀请共享人员。**文件上载完后，在展开的“共享”任务窗格中输入共享人员的邮件地址，然后设置权限是可编辑还是可查看，最后单击“共享”按钮，如下图所示。

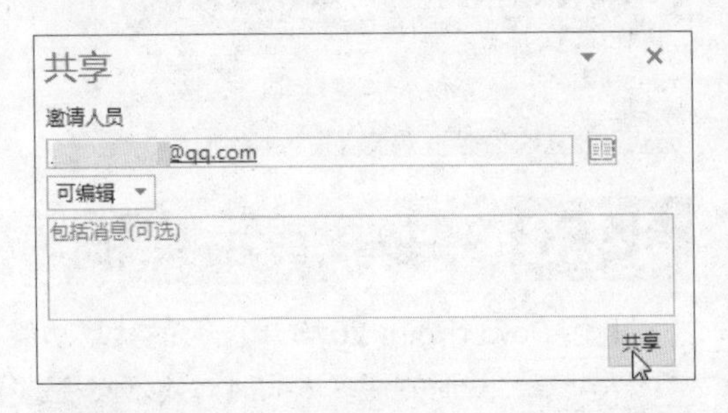

步骤07 **显示共享状态。**此时弹出提示框，提示正在发送电子邮件与邀请的人员共享，如下图所示。

步骤08 **显示文件共享信息。**在“共享”任务窗格中显示出文件所有者和共享者的信息，如下图所示。

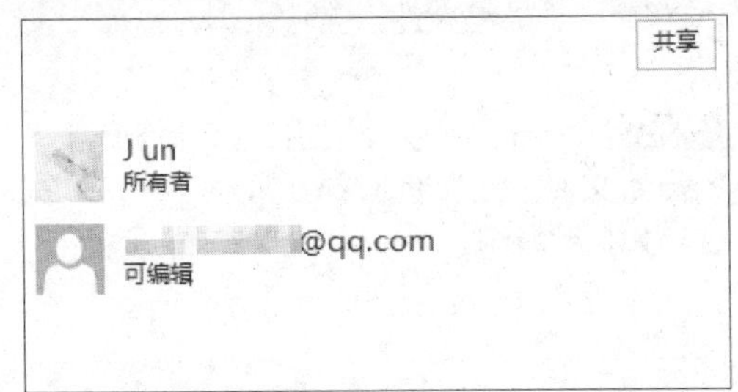

14.4 将演示文稿创建为视频

PowerPoint 2016 提供了“创建视频”的功能，可以将演示文稿创建为视频，轻松实现演示文稿的分发和共享，具体操作如下。

原始文件：下载资源 \ 实例文件 \ 第 14 章 \ 原始文件 \ 绩效考核说明 .pptx
最终文件：下载资源 \ 实例文件 \ 第 14 章 \ 最终文件 \ 绩效考核说明 .mp4

步骤01 **单击“导出”选项。**打开原始文件，单击“文件”按钮，在弹出的菜单中单击“导出”命令，如下图所示。

文件 开始 插入 设计 切换 动画
剪切 版式
共享
导出
关闭
创建讲义
更改文件类型

步骤02 **单击“创建视频”命令。**在展开的“导出”选项面板中单击“创建视频”选项，再单击右侧的“创建视频”按钮，如下图所示。

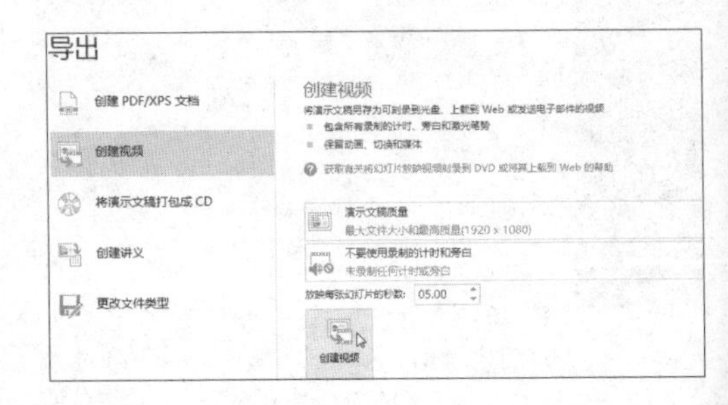

步骤03 **保存视频文件。** 弹出“另存为”对话框，在地址栏中选择保存视频文件的位置，然后设置好“文件名”和“保存类型”，如下图所示，最后单击“保存”按钮。

步骤04 **显示创建视频的进度。** 此时在演示文稿的状态栏可以看到创建视频文件的进度，如下图所示。

实例演练 保护和共享培训计划演示文稿

为了提高全体员工的素质，适应企业的不断发展，企业一般都会结合自身的战略规划和人力资源规划，制定针对员工的培训计划。下面就以保证培训计划演示文稿的安全性和共享性为例，对本章所学知识进行巩固。

原始文件： 下载资源\实例文件\第 14 章\原始文件\培训计划 .pptx

最终文件： 下载资源\实例文件\第 14 章\最终文件\保护和共享培训计划演示文稿 .pptx

步骤01 **保护演示文稿。** 打开原始文件，单击“文件”按钮，在弹出的菜单中自动切换至“信息”选项面板，单击“保护演示文稿”按钮，在展开的下拉列表中单击“标记为最终状态”选项，如下图所示。

步骤02 **弹出提示信息。** 弹出“Microsoft PowerPoint”提示框，提示该演示文稿将先标记为最终版本，然后保存。确认则单击“确定”按钮，如下图所示。

步骤03 **提示已经被标记为最终状态。** 保存后弹出一个提示框，提示“此文档已被标记为最终状态，表示已完成编辑，这是文档的最终版本”，单击“确定”按钮即可，如右图所示。

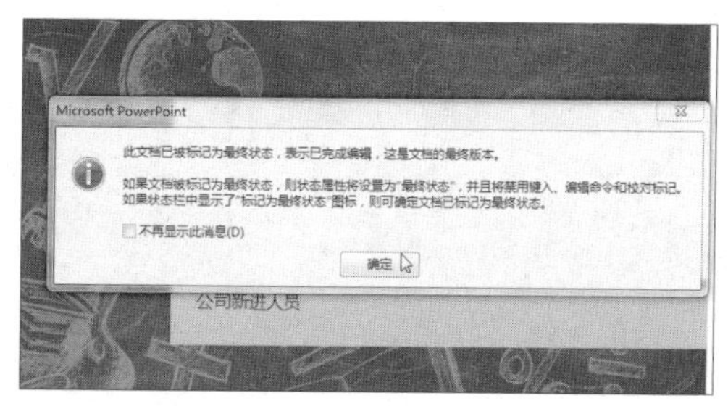

步骤04 **单击“共享”按钮。**若需与他人协同工作，则在保证登录了Office个人账户的前提下，单击文稿右上角的“共享”按钮，如下图所示。

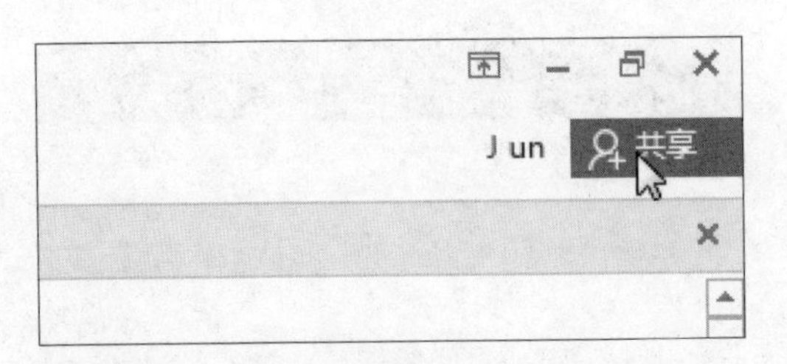

步骤05 **保存到云。**弹出“共享”任务窗格，单击“保存到云”按钮，如下图所示。

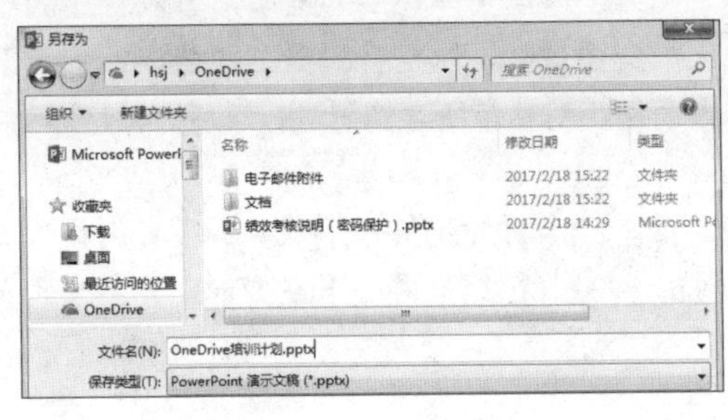

步骤06 **选择保存位置。**系统自动跳转至“另存为”选项面板，选择“OneDrive-个人>J un的OneDrive”选项，如下图所示。

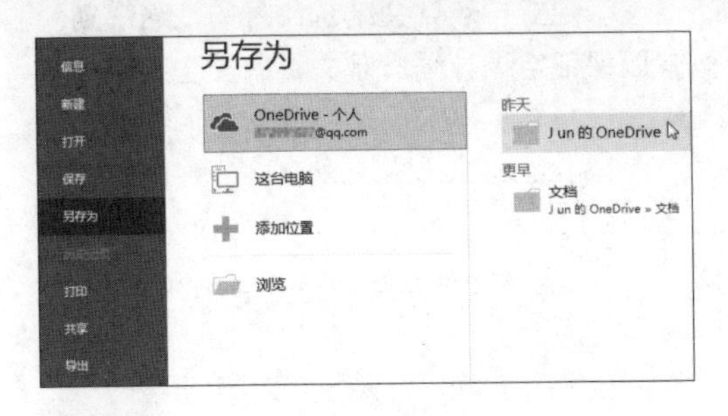

步骤07 **保存演示文稿。**弹出“另存为”对话框，在地址栏中选择OneDrive文件夹，然后修改文件名，如下图所示，最后单击“保存”按钮。

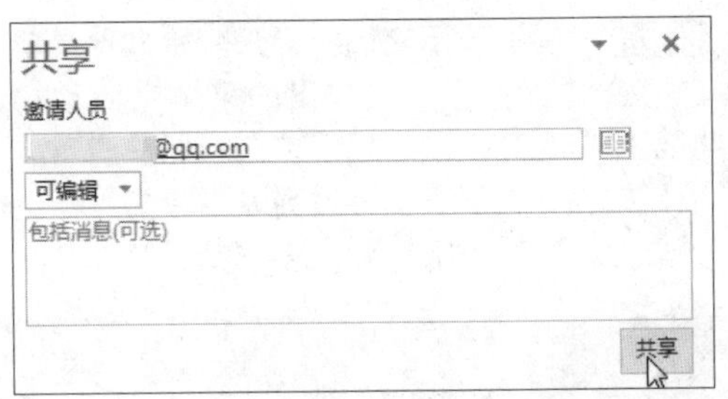

步骤08 **邀请共享人员。**此时返回“共享”任务窗格，在“邀请人员”下方的文本框中输入共享人员的邮件地址，然后设置共享权限，最后单击“共享”按钮即可，如右图所示。

第15章 综合实战：制作商业企划书演示文稿

为了使公司的产品得到更好的推广，以促进销售、提高产量，常常需要制作不同的商业企划书。本章将介绍如何制作一份产品推广企划书，分别对企业的市场定位、经营策略等内容进行分析，并创建相应的图表来表达销售数据与宣传力度之间的关系。制作完毕后，还会将演示文稿打包并发布到网上。

原始文件：下载资源\实例文件\第 15 章\原始文件\表格背景 .jpg
最终文件：下载资源\实例文件\第 15 章\最终文件\商业企划书 .pptx、商业企划书 .mp4

15.1 制作企划书封面效果

在制作演示文稿之前，通常首先需要为整个演示文稿设计一套颜色方案，用户可以对母版进行自定义，也可以直接套用 PowerPoint 提供的主题样式。本节将介绍如何运用主题功能制作演示文稿封面效果，具体操作如下。

步骤01 **启动PowerPoint 2016**。在键盘上按【WIN】键或者单击桌面左下角的“开始”按钮，弹出“开始”菜单，单击“所有程序”按钮，然后找到PowerPoint 2016程序图标并单击即可启动程序，如下图所示。

步骤02 **搜索演示文稿模板**。弹出“新建”界面，在搜索文本框中输入需要创建的幻灯片关键字，这里输入“商业”，如下图所示，再按下【Enter】键。

步骤03 **选择演示文稿模板**。显示搜索到的与“商业”相关的演示文稿模板，选择合适的模板，如右图所示。

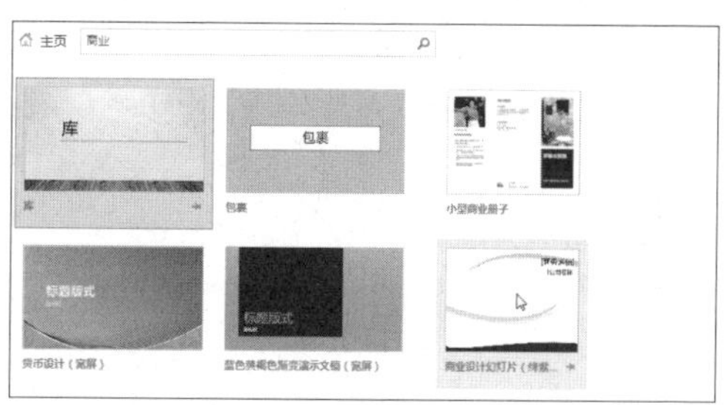

步骤04 **创建演示文稿。**弹出所选模板的选项面板，单击“创建”按钮，如下图所示。

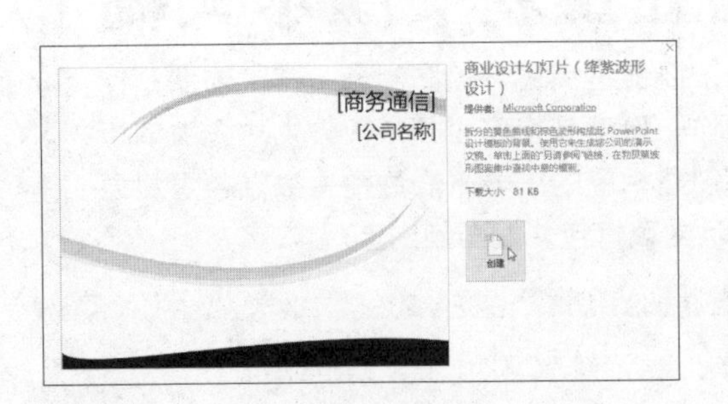

步骤05 **修改演示文稿标题。**创建的演示文稿包含默认标题与副标题，选中并删除默认的文本，然后输入需要的标题，效果如下图所示。

步骤06 **展开更多的主题样式。**单击“设计”选项卡下“主题”组的快翻按钮，如下图所示。

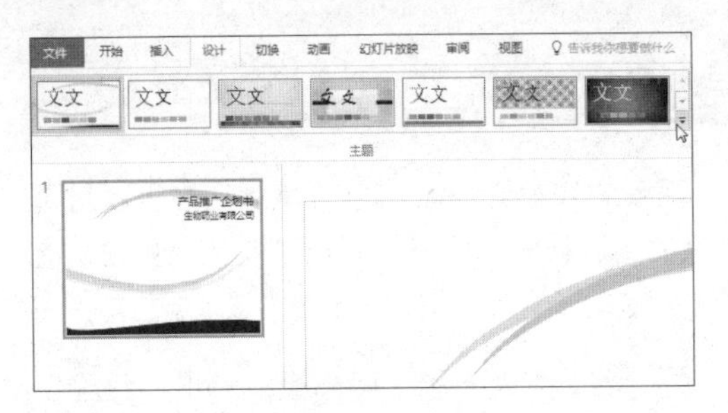

步骤07 **选择主题样式。**在展开的列表中选择“花纹”主题样式，如下图所示。

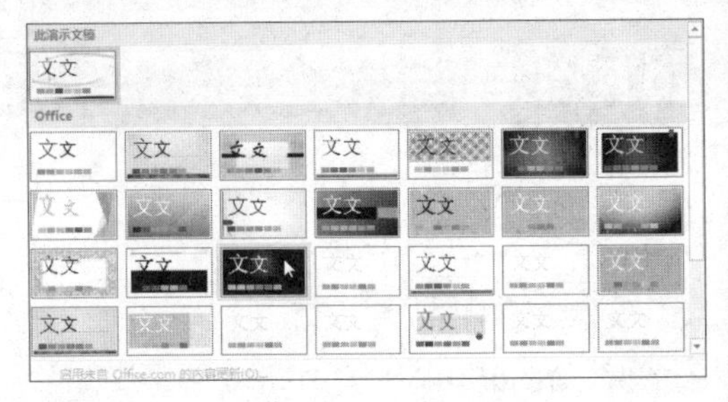

步骤08 **显示应用主题样式后的效果。**此时幻灯片应用了所选的主题样式，然后选中副标题文本框，如下图所示。

步骤09 **设置字体颜色。**切换至“开始”选项卡下，单击“字体”组中“字体颜色”右侧的下三角按钮，在展开的列表中选择合适的颜色，如下图所示。

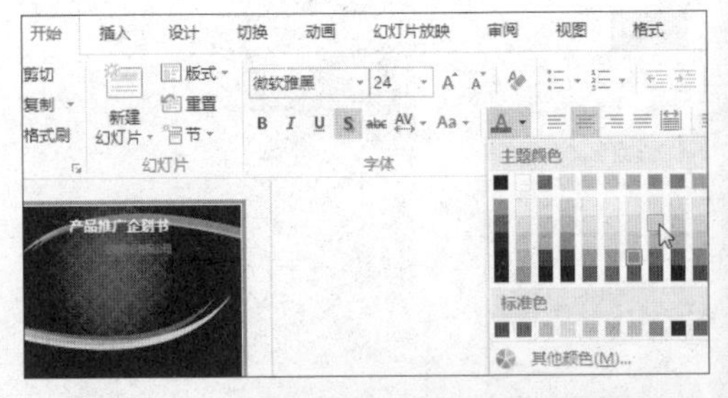

步骤10 **显示封面最终效果。**经过以上设置，企划书的封面已基本完成，效果如右图所示。

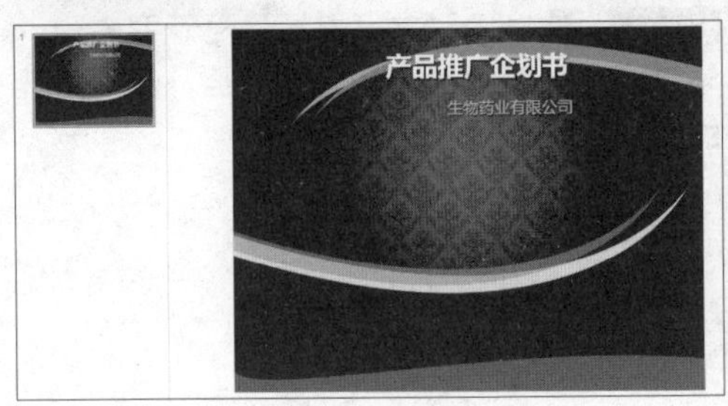

15.2 制作市场定位与经营策略页面

在制作市场定位与经营策略页面内容时，用户可以插入表格，在表格中输入相关内容，并对其进行分类总结。在编辑完内容后对表格进行效果设置，使创建的表格产生更好的视觉效果，具体操作如下。

步骤01 **新建幻灯片。**继续之前的操作，在幻灯片浏览窗格中右击第1张幻灯片缩略图，在弹出的快捷菜单中单击“新建幻灯片”命令，如下图所示。

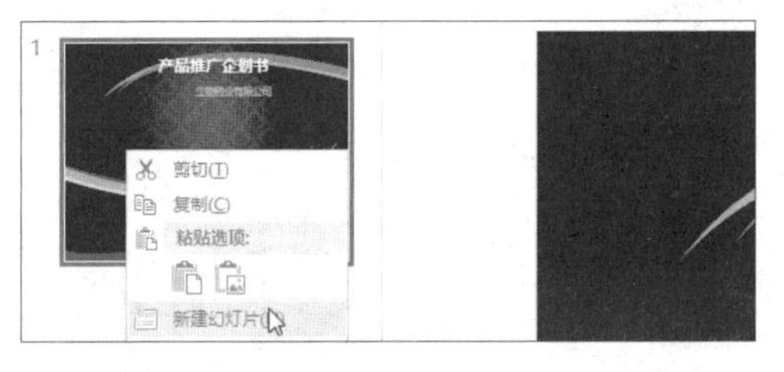

步骤02 **插入表格。**此时新建了一张幻灯片。若想在幻灯片中添加表格，则单击占位符中的“插入表格”按钮，如下图所示。

步骤03 **设置表格行列。**弹出“插入表格”对话框，在“列数”“行数”数值框中分别输入5和3，然后单击“确定”按钮，如下图所示。

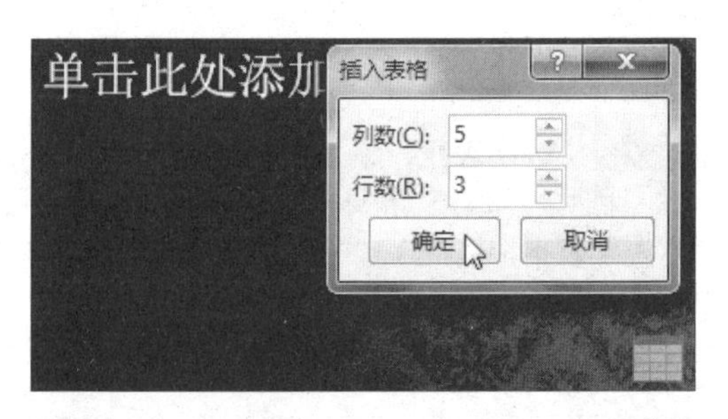

步骤04 **显示插入的表格。**此时幻灯片中插入了3行5列的表格，将鼠标指针移至表格下方中部的控点，如下图所示。

步骤05 **更改表格大小。**按住鼠标左键向下拖动，如下图所示，拖至合适位置释放鼠标左键即可。

步骤06 **合并单元格。**选中第1行中需合并的4个单元格，然后右击选中的单元格，在弹出的快捷菜单中单击“合并单元格”命令，如下图所示。

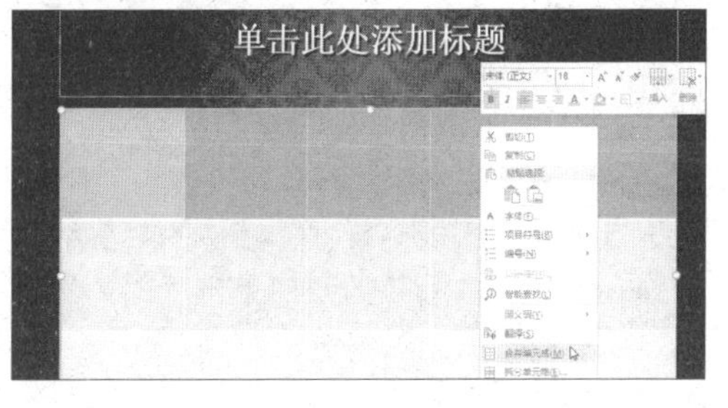

步骤07 **设置单元格高度。**首先在第1行输入相关文本内容，然后将鼠标指针移至表格第2行下方，此时鼠标指针呈÷形状，如下左图所示，按住鼠标左键向下拖动即可改变第2行单元格的高度。

步骤08 **完善表格内容。**合并“经营策略”所在的单元格，然后在表格中输入其他相关文本内容，如下右图所示。

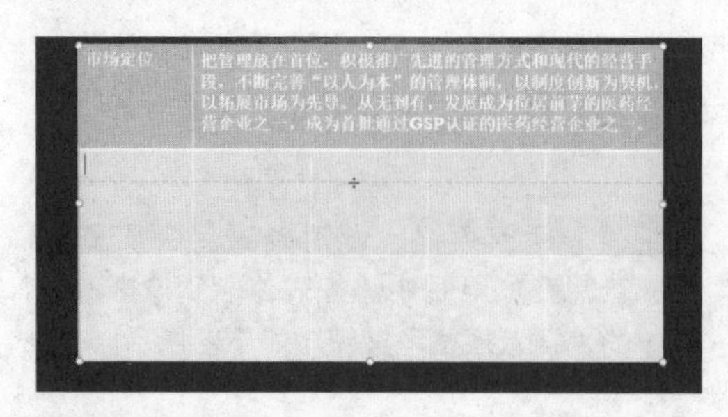

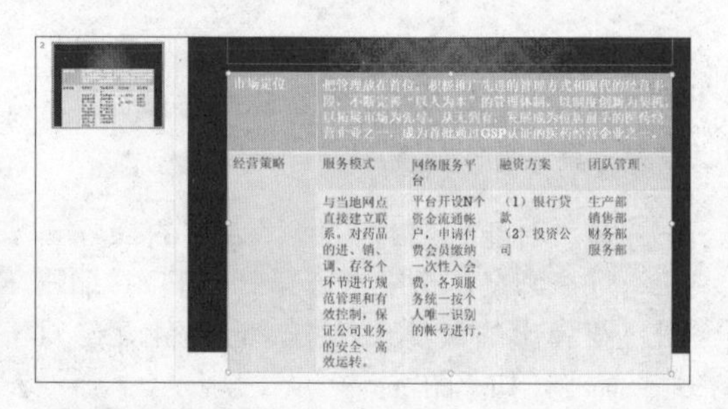

步骤09 **设置文本方向。**选中“经营策略”文本内容，单击“表格工具-布局”选项卡下“对齐方式”组中的“文字方向”按钮，在展开的下拉列表中选择“竖排”选项，如下图所示。

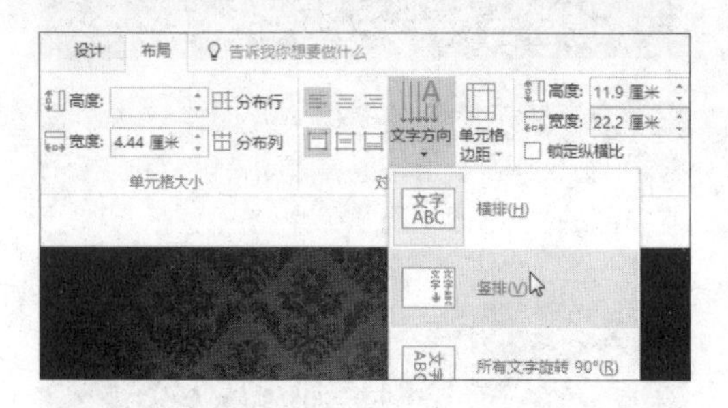

步骤10 **设置对齐方式。**单击“表格工具-布局”选项卡下“对齐方式”组中的“居中”按钮和“垂直居中”按钮，如下图所示。

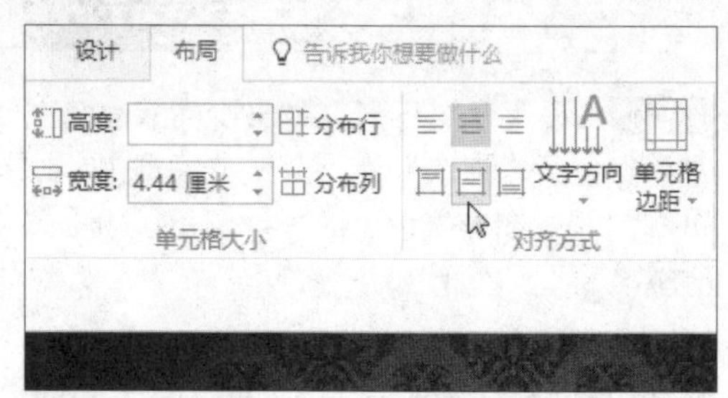

步骤11 **设置标题。**在标题占位符中输入标题文本，然后单击“开始”选项卡下“段落”组中的“左对齐”按钮，如下图所示。

步骤12 **选中表格。**设置好标题后，单击表格，利用控点将表格调整至合适大小，然后单击“表格工具-布局”选项卡下“表”组中的“选择”按钮，在展开的下拉列表中选择“选择表格”选项，如下图所示。

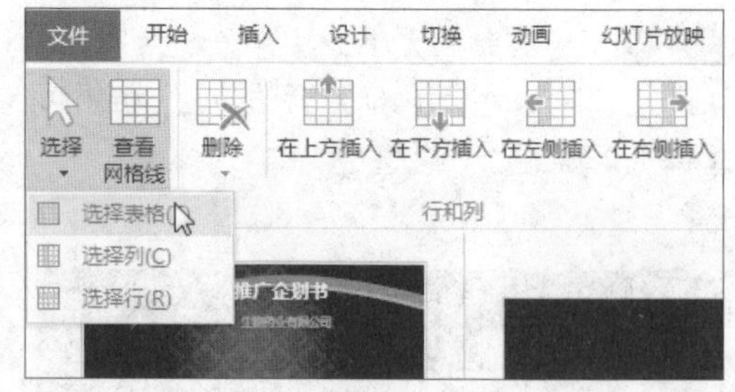

步骤13 **设置表格背景。**单击“表格工具-设计”选项卡下“表格样式”组中的“底纹”按钮，在展开的下拉列表中单击“图片”选项，如右图所示。

步骤14 **选择图片来源。**弹出“插入图片”选项面板，单击“来自文件”右侧的“浏览”按钮，如下图所示。

步骤15 **选择图片。**弹出“插入图片”对话框，在地址栏中选择背景图片保存的位置，然后选择图片“表格背景.jpg”，如下图所示，最后单击“插入”按钮。

步骤16 **单击“设置形状格式”命令。**此时在表格的单元格中填充了所选图片，但填充效果不理想，想要对填充图片进行调整，则右击表格，在弹出的快捷菜单中单击“设置形状格式”命令，如下图所示。

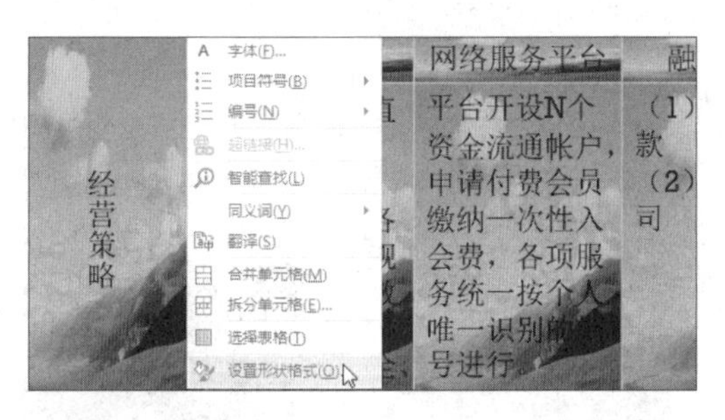

步骤17 **设置形状格式。**弹出“设置形状格式”任务窗格，勾选“填充”选项组中的“将图片平铺为纹理”复选框，如下图所示。

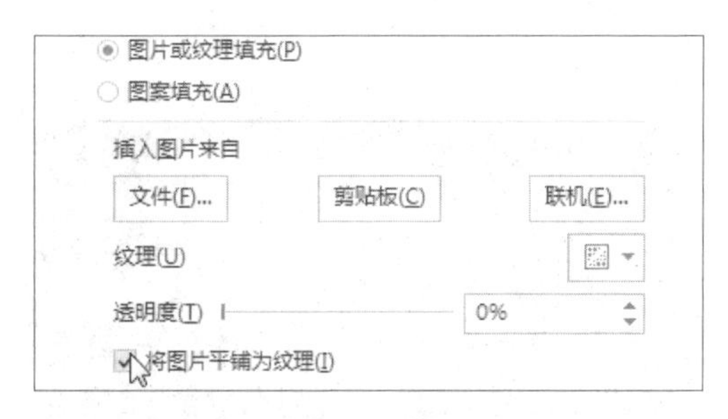

步骤18 **设置单元格形状效果。**单击“表格工具-设计”选项卡下“表格样式”组中的“效果”按钮，在展开的下拉列表中执行“单元格凹凸效果>松散嵌入”命令，如下图所示。

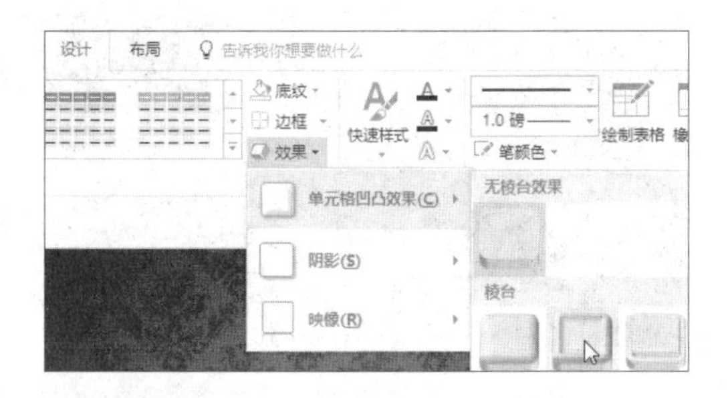

步骤19 **显示设置后的页面效果。**经过以上设置，此页面的内容及表格样式的最终效果如下图所示。

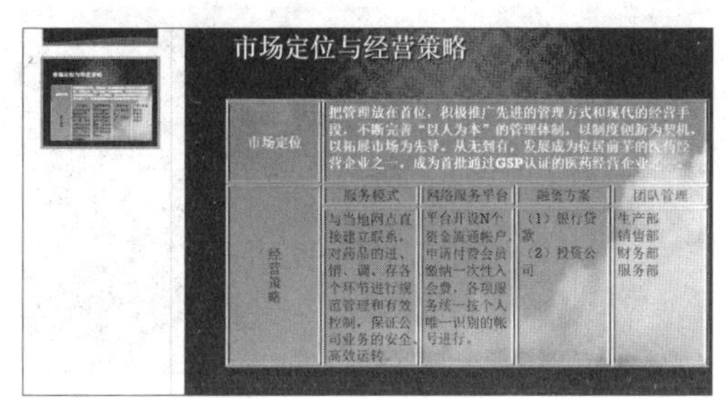

15.3 制作企业精神文化页面

在制作企业精神文化页面内容时，用户可以运用 PowerPoint 2016 中的 SmartArt 图形功能来简化对复杂图形的绘制和编辑。在编辑完成后还可以为幻灯片中的对象添加动画效果，使其拥有更生动的演示效果。

步骤01　**插入SmartArt图形。**继续之前的操作，新建一张幻灯片，单击占位符中的“插入SmartArt图形”按钮，如下图所示。

步骤02　**选择SmartArt图形。**弹出“选择SmartArt图形”对话框，在左侧列表框中选择“循环”，然后在中间的列表框中选择“射线维恩图”，如下图所示，最后单击“确定”按钮。

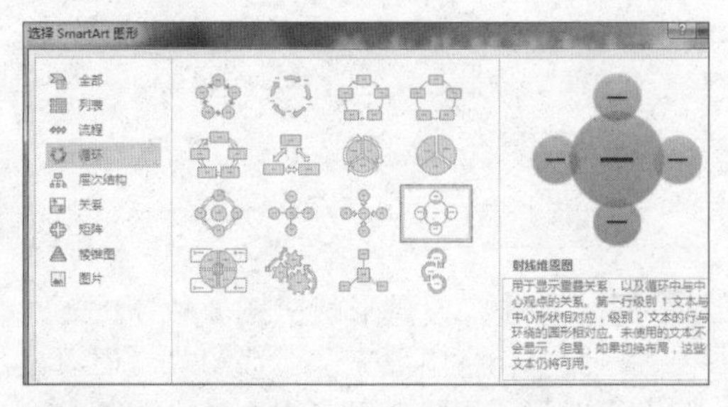

步骤03　**输入文本。**将插入点定位至中间的图形内，如下图所示，然后在形状中输入相关文本。利用同样的方法，完成其他形状中文本的输入。

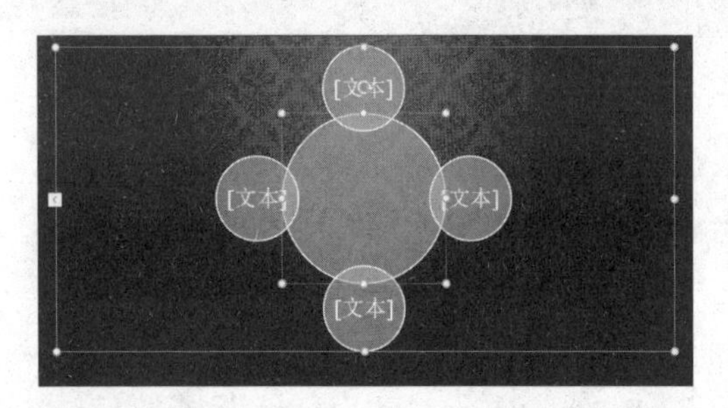

步骤04　**添加形状。**右击最左侧的形状，在弹出的快捷菜单中执行“添加形状>在后面添加形状”命令，如下图所示。

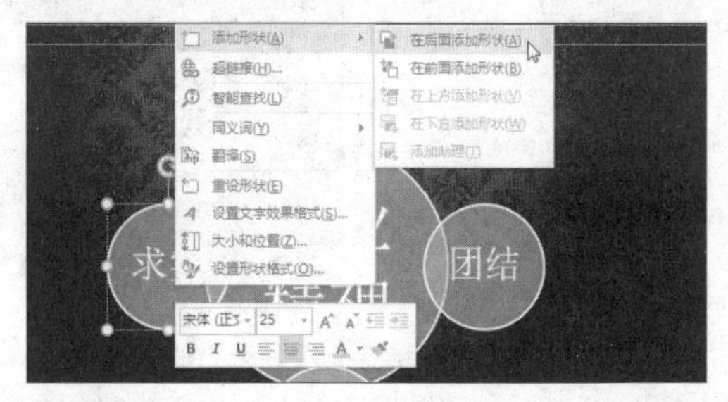

步骤05　**编辑文本。**右击新添加的形状，在弹出的快捷菜单中单击“编辑文字”命令，如下图所示，输入文本内容。

步骤06　**选中SmartArt图形。**选中添加形状并输入了所有文本内容的SmartArt图形，如下图所示。

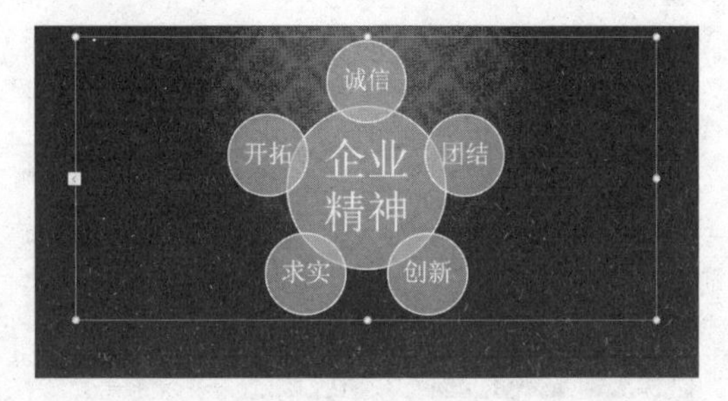

步骤07　**更改颜色。**单击“SmartArt工具-设计”选项卡下“SmartArt样式”组中的“更改颜色”按钮，在展开的列表中选择“彩色-个性色”，如右图所示。

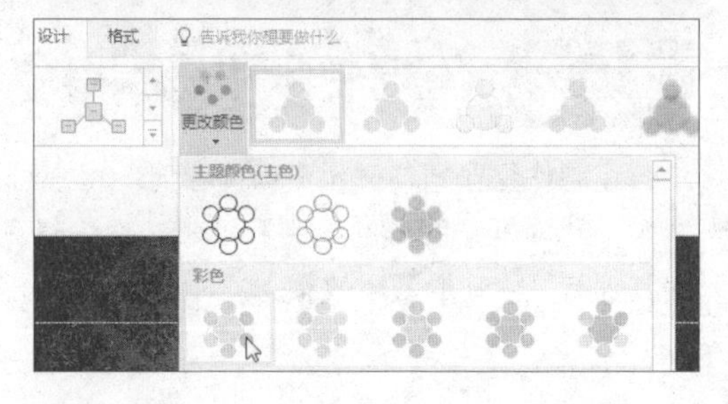

步骤08 **套用预设样式。**单击“SmartArt样式”组的快翻按钮，在展开的列表中选择“嵌入”三维样式，如下图所示。

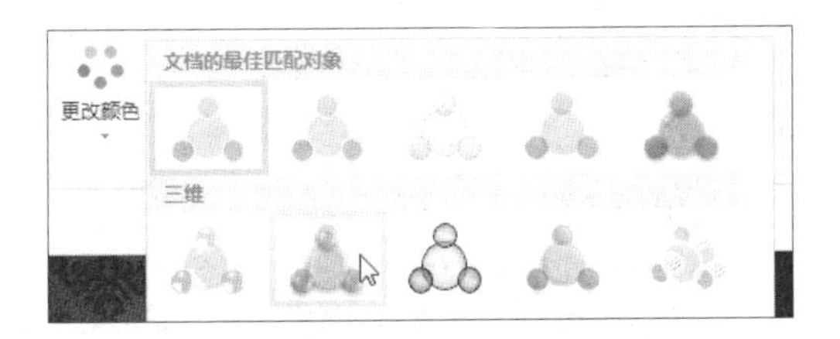

步骤09 **插入形状。**单击“插入”选项卡下“插图”组中的“形状”按钮，在展开的下拉列表中选择“圆角矩形”，如下图所示。如“最近使用的形状”组中没有需要的形状，可在下方的其他组中选择。

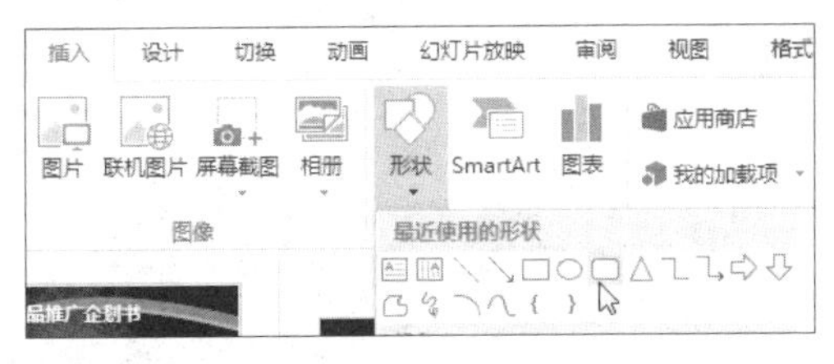

步骤10 **绘制矩形。**在需要绘制矩形的位置单击，然后拖动鼠标左键绘制，如下图所示，拖至合适位置释放鼠标左键即可。

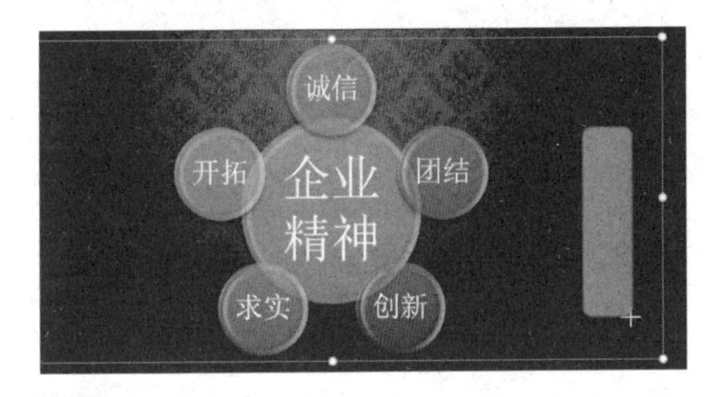

步骤11 **展开更多样式。**单击“绘图工具-格式”选项卡下“形状样式”组的快翻按钮，展开更多的形状样式，如下图所示。

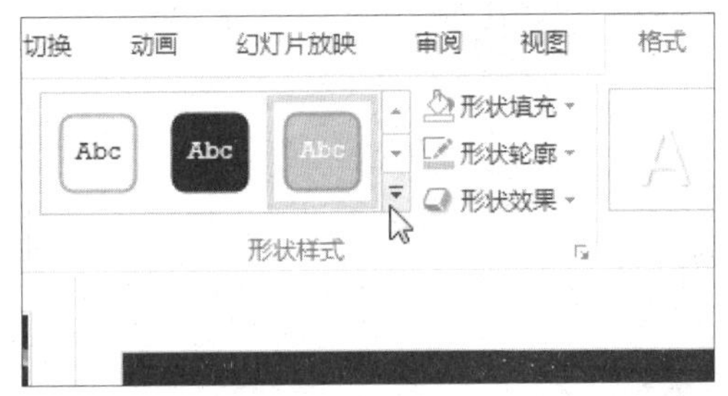

步骤12 **选择形状样式。**在展开的列表中选择合适的形状样式，如下图所示。

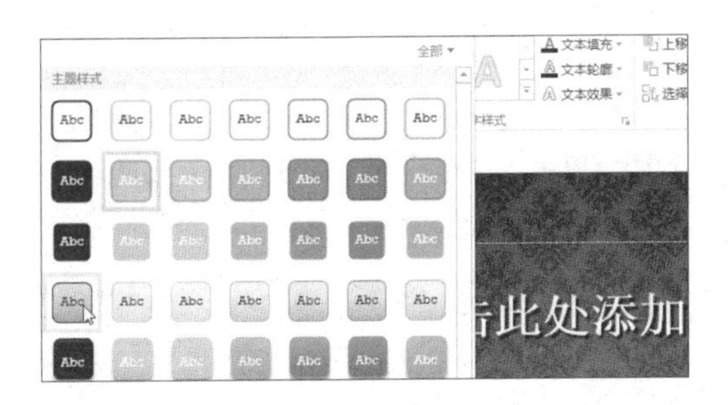

步骤13 **输入文本。**双击插入的矩形，将插入点定位至形状内，如下图所示，然后输入文本“至诚至信”。

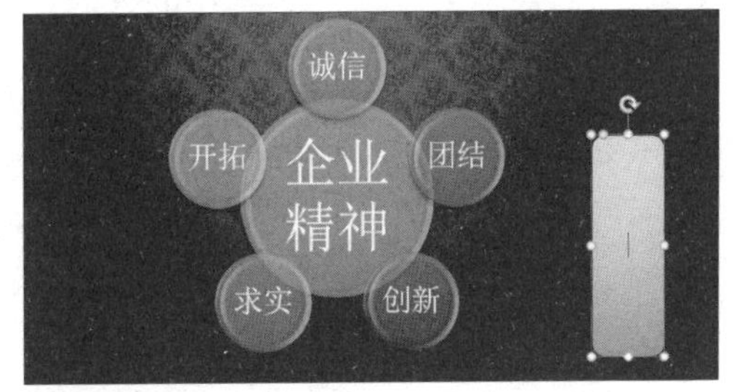

步骤14 **调整形状大小。**输入文本内容后，调整形状至合适大小，然后选中SmartArt图形，如下图所示。

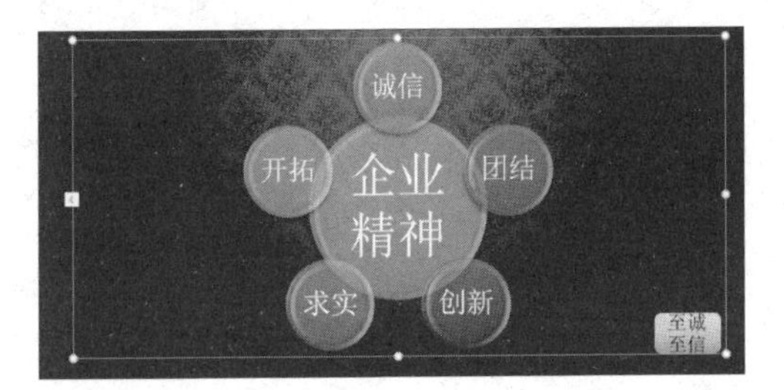

步骤15 **设置动画效果。**单击“动画”选项卡下“动画”组中的“擦除”动画效果，如下图所示。

步骤16 **设置效果选项。**单击“动画”选项卡下“动画”组中的“效果选项”按钮，在展开的下拉列表中选择“自左侧”选项，如下图所示。

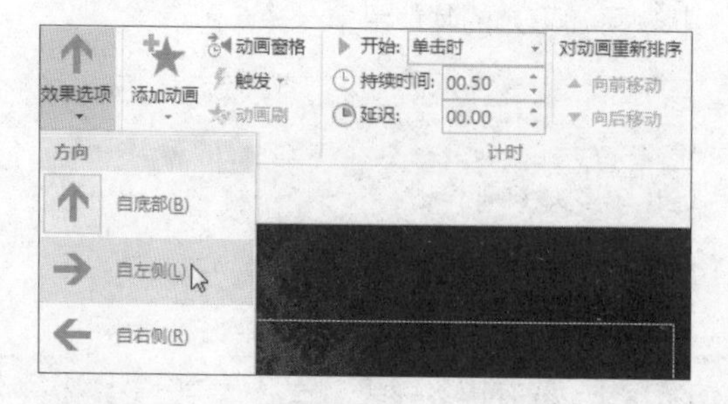

步骤17 **打开动画窗格。**用户还可以通过“动画窗格”任务窗格设置动画效果。单击“动画”选项卡下“高级动画”组中的“动画窗格”按钮，如下图所示。

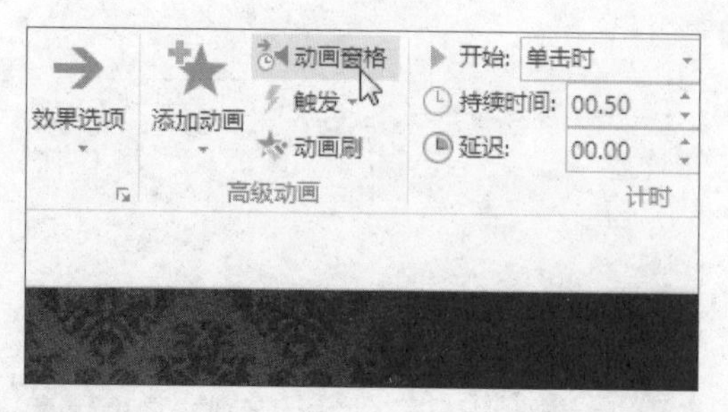

步骤18 **单击“效果选项”选项。**弹出“动画窗格”任务窗格，单击动画对象右侧的下三角按钮，在展开的下拉列表中单击“效果选项”选项，如下图所示。

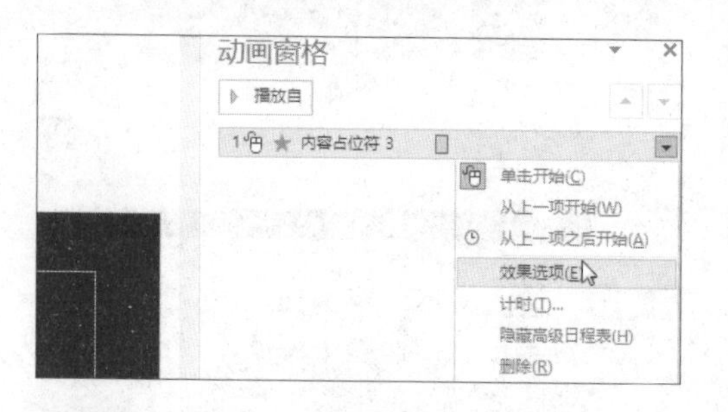

步骤19 **设置开始方式。**弹出“擦除”对话框，切换至“计时”选项卡，单击“开始”下拉列表框右侧的下三角按钮，在展开的下拉列表中选择“上一动画之后”选项，如下图所示。

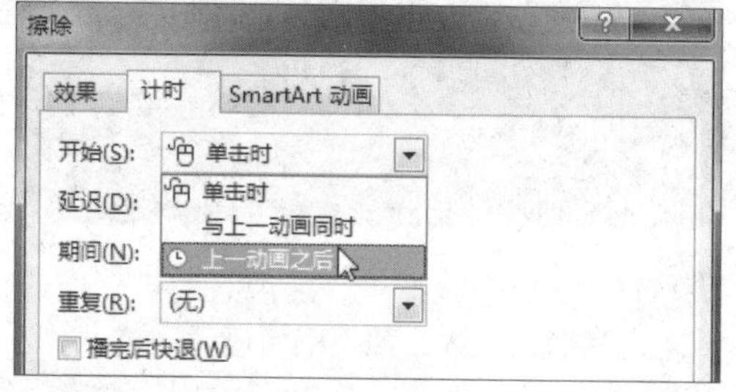

步骤20 **设置切换速度。**单击“期间”下拉列表框右侧的下三角按钮，在展开的下拉列表中选择“中速（2秒）”选项，如下图所示，设置完毕后单击“确定”按钮。

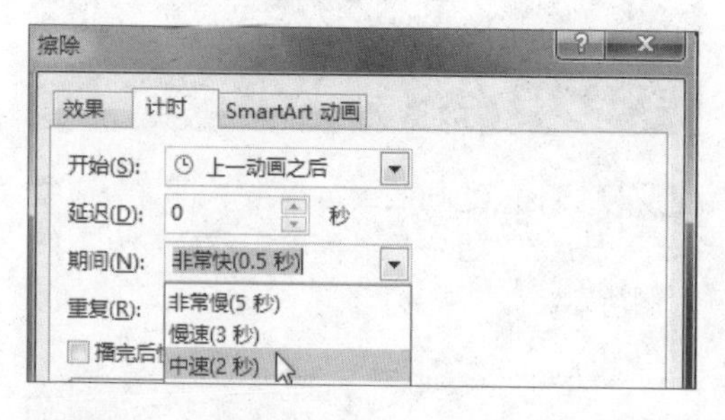

步骤21 **设置组合图形的发送方式。**切换至“SmartArt动画”选项卡下，单击“组合图形”下拉列表框右侧的下三角按钮，在展开的下拉列表中选择“逐个”选项，如下图所示。然后单击“确定”按钮，返回幻灯片中。

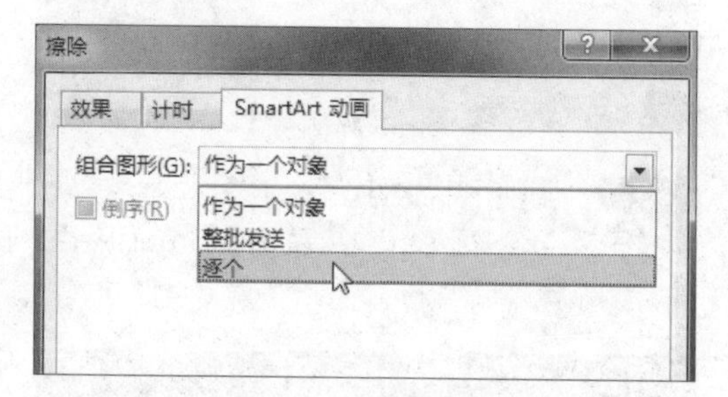

步骤22 **设置触发对象。**单击“动画”选项卡下“高级动画”组的“触发”按钮，在展开的下拉列表中执行“单击>圆角矩形5”命令，如下左图所示。

步骤23 **显示设置后的效果。**放映当前幻灯片，将鼠标指针移至“至诚至信”文本上，此时鼠标指针呈手形，单击即可播放SmartArt图形的动画效果，如下右图所示。

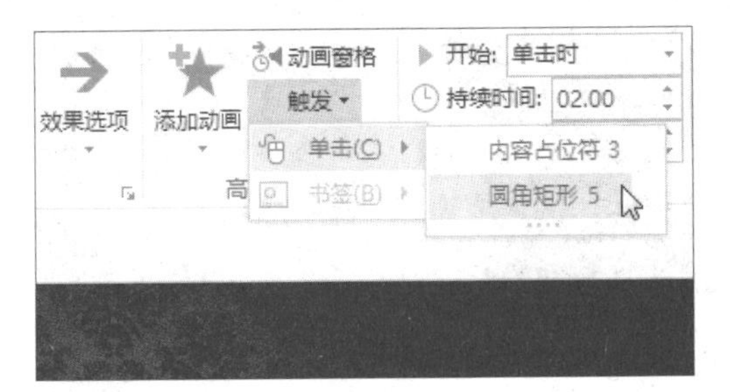

15.4 制作产品销量图表页面

对创建的图表中的数据系列进行更改，可以进一步丰富幻灯片视觉效果。需要注意的是，更改图表中数据系列的前提是该图表类型为二维图形，并且二维图形只能与二维图形组合。具体操作如下。

步骤01 **插入图表。**继续之前的操作，新建一张幻灯片，单击占位符中的“插入图表”按钮，如下图所示。

步骤02 **选择图表类型。**弹出“插入图表”对话框，在左侧列表框中选择“柱形图”类型，在右侧列表框中选择“簇状柱形图”，如下图所示，然后单击“确定”按钮。

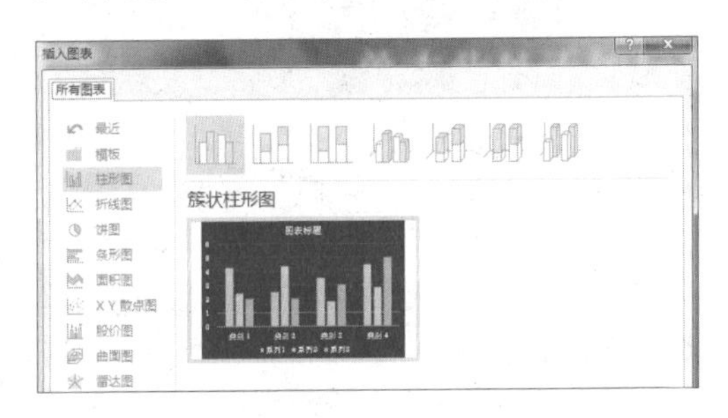

步骤03 **显示插入的图表。**此时在幻灯片中插入了所选的图表，且显示了默认数据表，如下图所示。

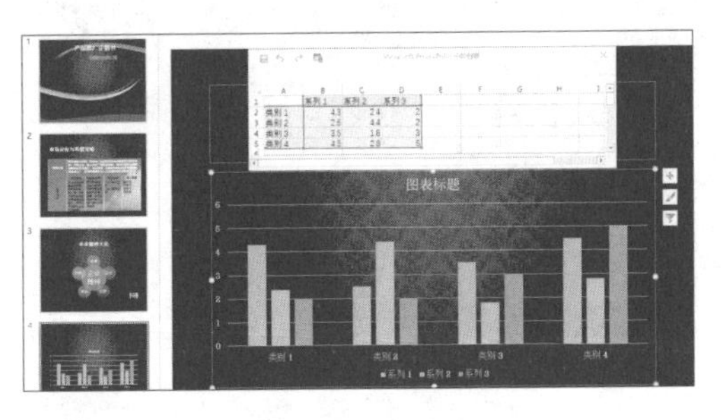

步骤04 **更改数据。**对工作表中的数据进行更改，输入创建图表的相关数据信息，如下图所示。

Microsoft PowerPoint

	A	B	C
1		宣传支出（元）	销售收入（元）
2	内服药	2500	17500
3	外用药	5000	12500
4	保健药	1500	8500
5	处方药	1000	11500
6			
7			

步骤05 **显示更改数据后的图表。**更改数据后，关闭工作表，此时可看到图表中的柱形图也发生了变化，效果如下左图所示。

步骤06 **更改系列图表类型。**右击图表中“销售情况”数据系列，在弹出的快捷菜单中单击“更改系列图表类型”命令，如下右图所示。

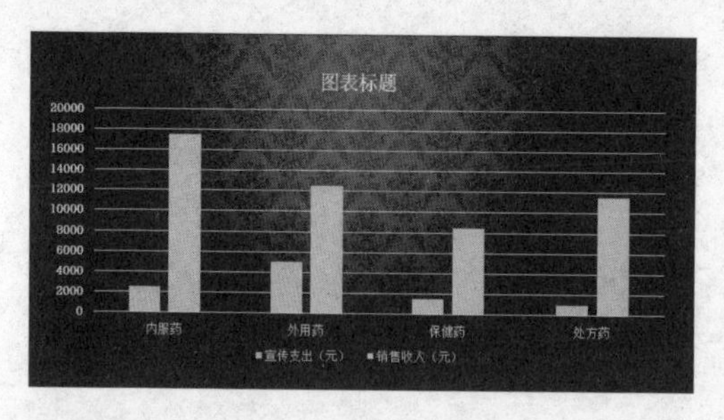

步骤07 **设置图表类型。**弹出“更改图表类型”对话框，单击“为您的数据系列选择图表类型和轴”列表框中“宣传支出（元）”下拉列表框右侧的下三角按钮，在展开的下拉列表中选择“带数据标记的折线图”类型，如下图所示，设置完毕后单击“确定”按钮。

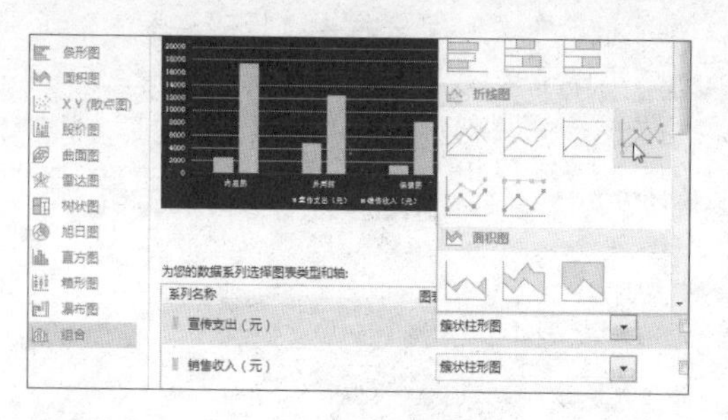

步骤09 **选中“宣传支出（元）”系列。**单击“图表工具-格式”选项卡下“当前所选内容”组中“图表元素”下拉列表框右侧的下三角按钮，在展开的列表中选择“系列‘宣传支出（元）’”选项，如下图所示。

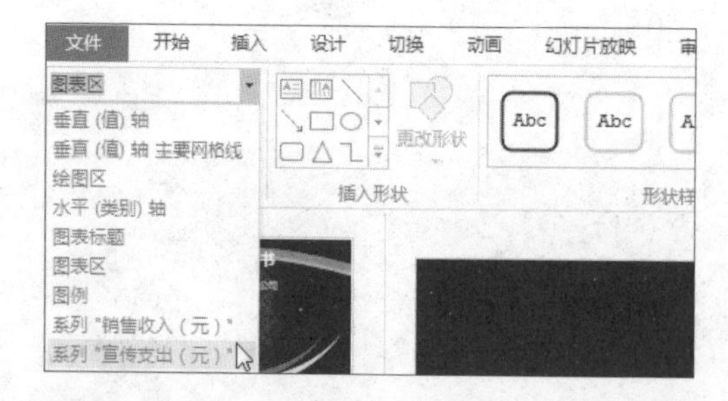

步骤11 **设置数据系列填充色。**弹出“设置数据系列格式”任务窗格，切换至“填充与线条-线条”选项卡下，单击“实线”单选按钮，并设置颜色为绿色，如右图所示。

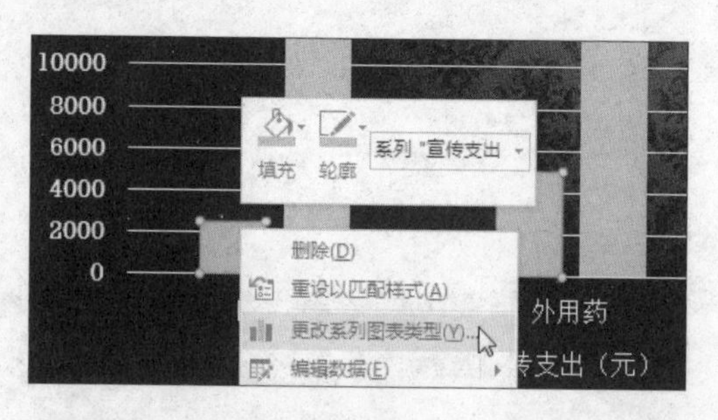

步骤08 **显示设置后的效果。**返回幻灯片中，此时图表中的“宣传支出（元）”数据系列更改为折线图，如下图所示。

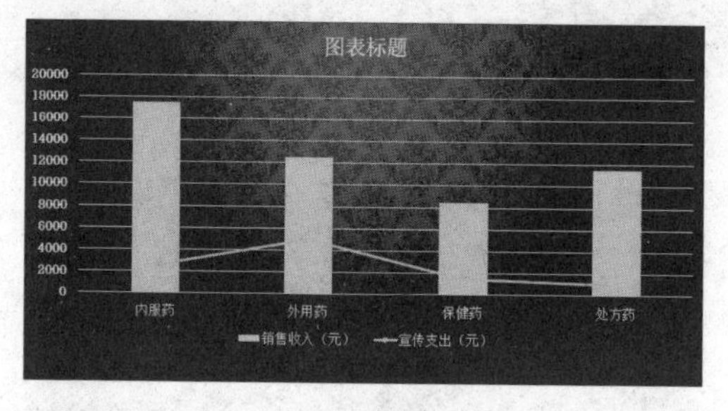

步骤10 **单击对话框启动器。**单击“图表工具-格式”选项卡下“形状样式”组中的对话框启动器，如下图所示。

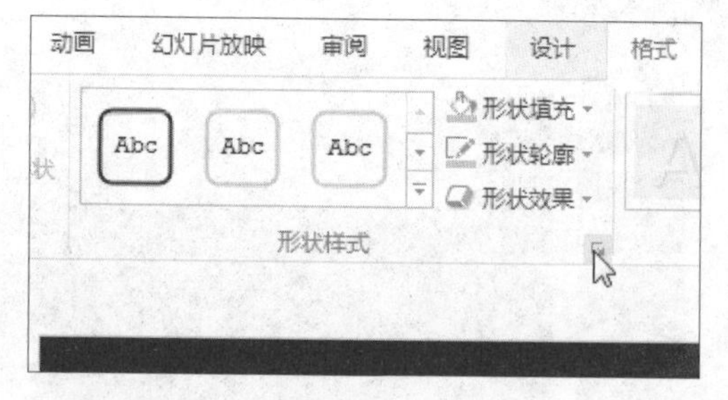

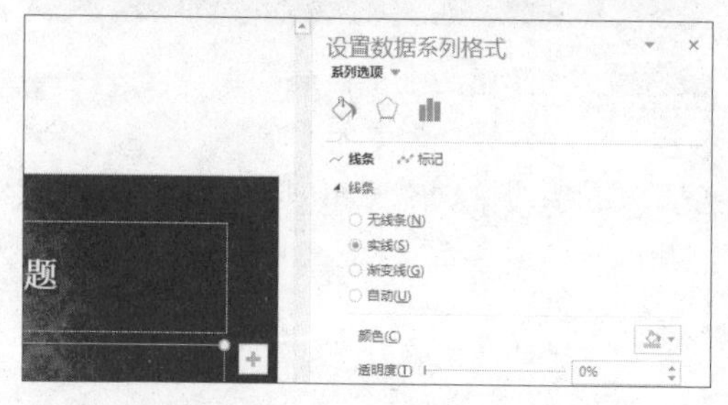

步骤12 **设置数据标记。** 切换至“标记”选项卡下，在“数据标记选项”选项组中设置“类型”为“菱形”、“大小”为“8”，如右图所示。

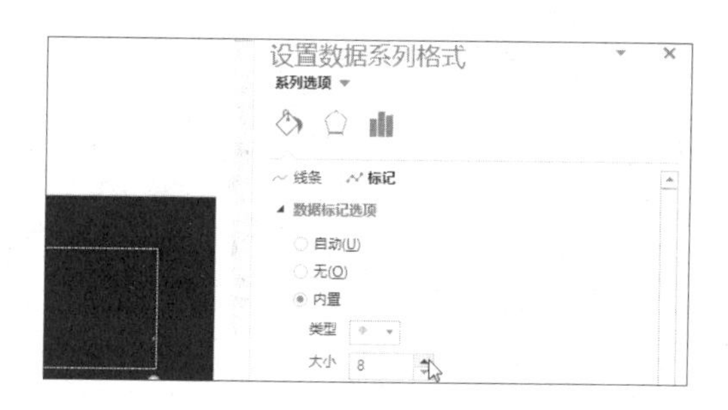

步骤13 **设置数据标记填充色。** 首先单击“填充”左侧的三角按钮，展开选项组，单击“纯色填充”单选按钮，并设置填充颜色为红色，如下图所示。

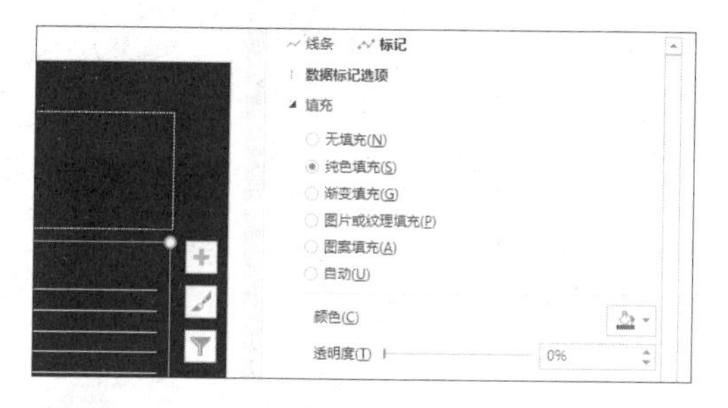

步骤14 **选择“绘图区”选项。** 单击任务窗格中“系列选项”右侧的下三角按钮，在展开的下拉列表中选择“绘图区”选项，如下图所示。

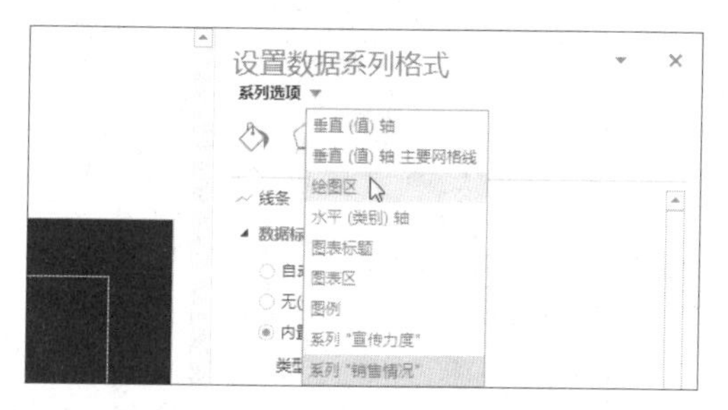

步骤15 **设置绘图区的填充样式。** 此时自动切换至“设置绘图区格式”任务窗格，单击“填充”选项组中的“渐变填充”单选按钮，如下图所示。

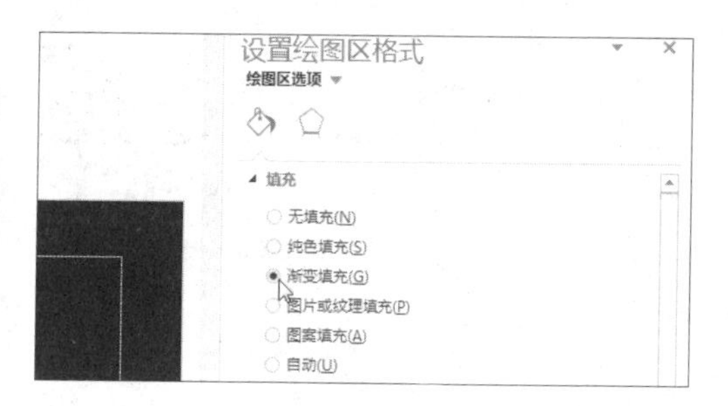

步骤16 **设置渐变光圈。** 设置渐变光圈的颜色、位置、透明度及亮度等，这里设置第1个光圈颜色为白色，其余为灰色，如下图所示。

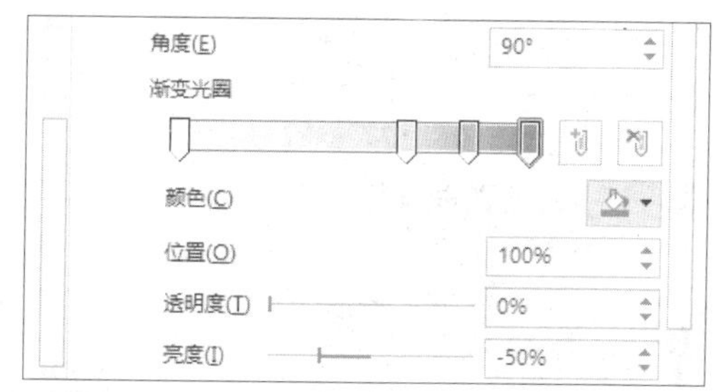

步骤17 **显示设置后的效果。** 此时“宣传支出（元）”数据系列和图表区的样式都应用了设置的格式，选择横坐标文本内容，如下图所示。

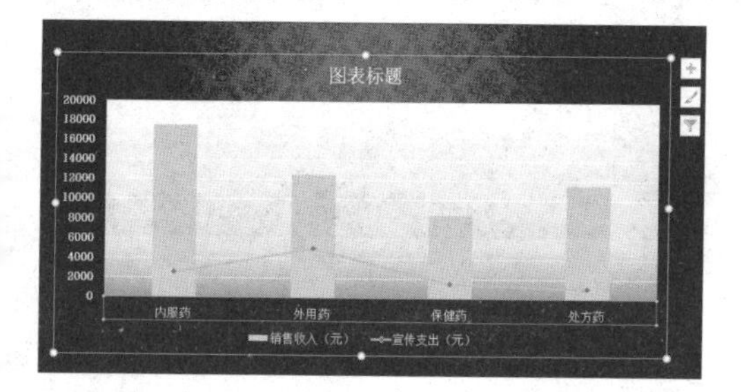

步骤18 **设置文本颜色。** 单击“图表工具-格式”选项卡下“艺术字样式”组中“文本填充”右侧的下三角按钮，在展开的下拉列表中选择“黄色”，如下图所示。

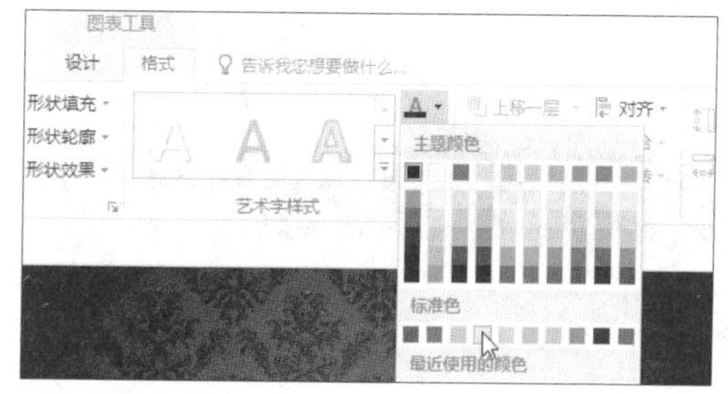

步骤19 删除图表标题。选中图表，单击“图表元素”按钮，在展开的列表中取消勾选“图表标题”复选框，如下图所示。删除图表标题后，在该幻灯片的图表上方插入一个横排文本框，并输入标题文本内容“产品销售情况图表”，设置文本框中的字体格式为“宋体（标题）”“34”磅，对齐方式为“居中”。

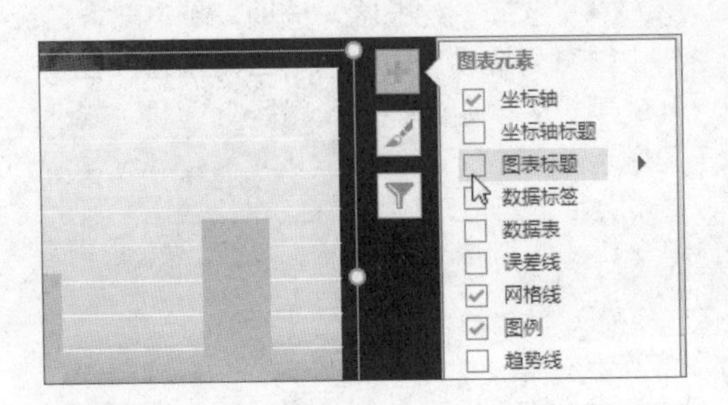

步骤20 移动图例。再次单击“图表元素”按钮，在展开的列表中单击“图例”右侧的三角按钮，再单击级联列表中的“顶部”选项，如下图所示。

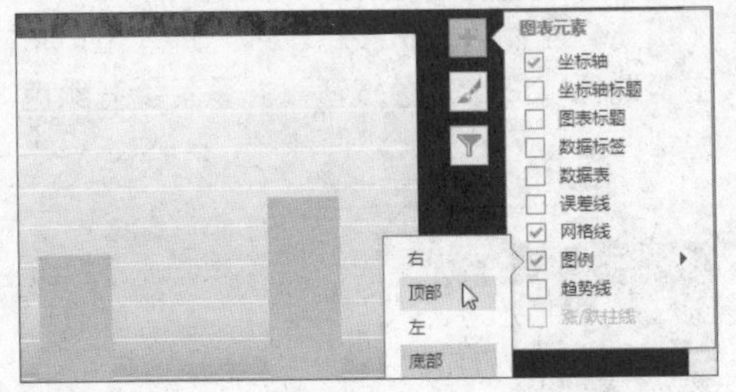

步骤21 添加数据标签。再次单击“图表元素”按钮，在展开的列表中勾选“数据标签”选项，如下图所示。

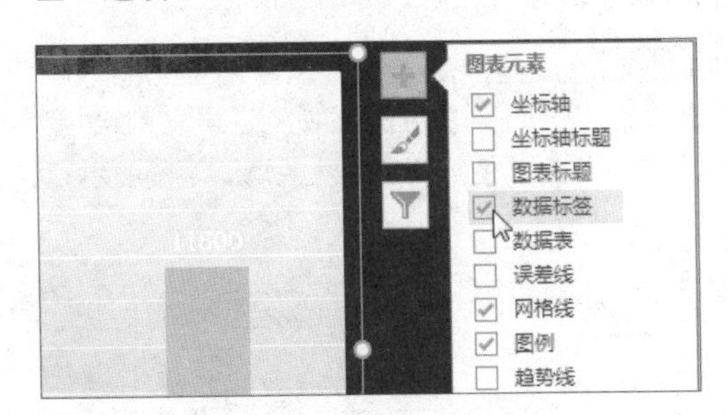

步骤22 选择数据标签。此时数据系列上方都显示了数据标签，选中“销售收入（元）”数据系列的数据标签，如下图所示。

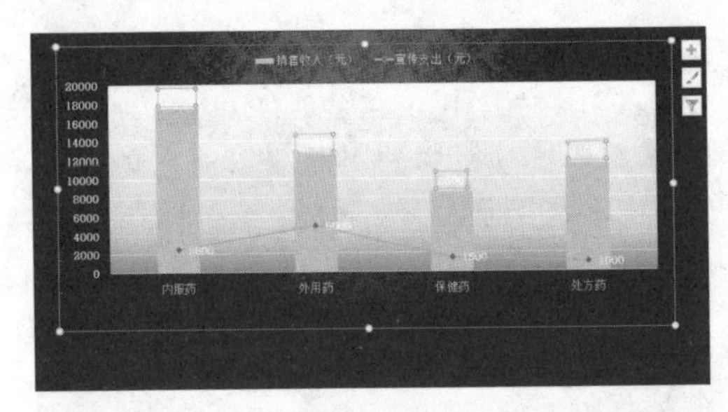

步骤23 设置数据标签颜色。单击“图表工具-格式”选项卡下“艺术字样式”组中的“文本填充”按钮，在展开的下拉列表中选择“绿色,个性色2,深色50%”，如下图所示，并设置“宣传支出（元）”数据系列的标签颜色为“深红”。

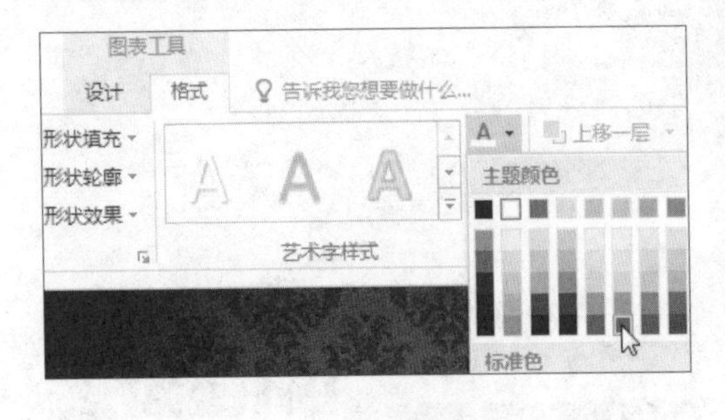

步骤24 显示产品销售图表页面的最终效果。经过以上设置，整个产品销售图表页面的最终效果如下图所示。

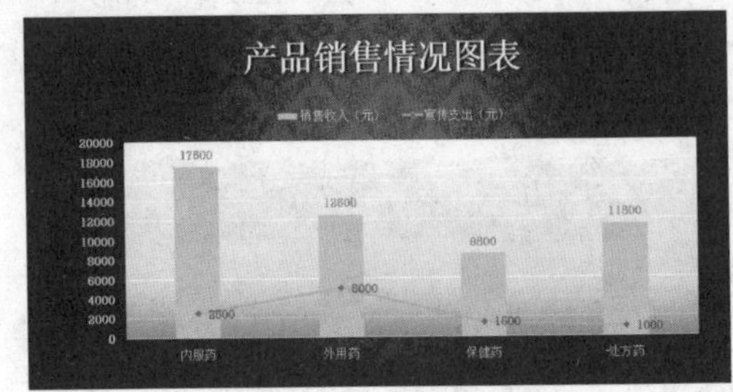

15.5 制作演示文稿尾页

完成演示文稿主体内容的制作后，还需要为其制作一张显示结束问候的尾页幻灯片，具体操作如下。

步骤01 **创建幻灯片。**继续之前的操作，单击“开始”选项卡下“幻灯片”组中的“新建幻灯片”按钮，在展开的列表中选择“节标题”，如下图所示。此时即新建了一张版式为“节标题”的幻灯片。

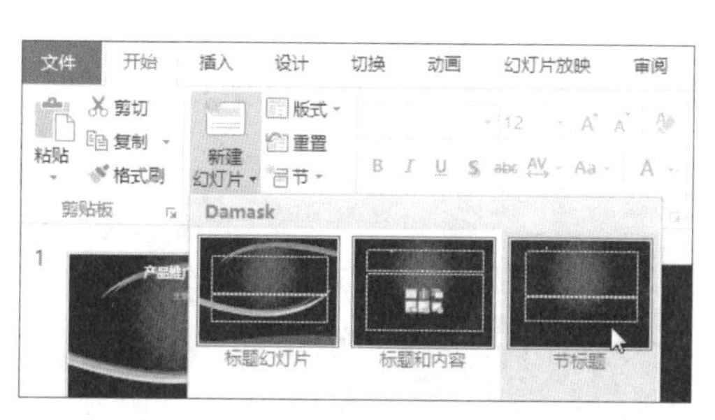

步骤02 **插入艺术字。**单击“插入”选项卡下“文本”组中的“艺术字”按钮，在展开的下拉列表中选择如下图所示的艺术字样式，然后单击幻灯片中需要放置艺术字的位置。

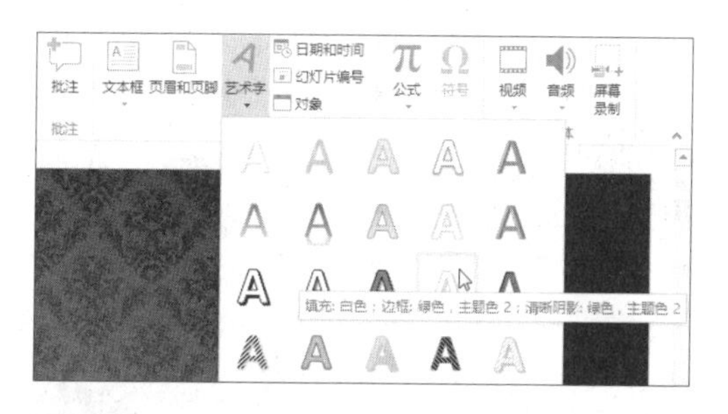

步骤03 **显示插入的艺术字占位符。**此时在新建的幻灯片中插入了所选样式的艺术字文本框，如下图所示。

步骤04 **设置文本。**删除艺术字文本框内默认的文本，然后输入合适的文本，再设置合适的字体、字号，效果如下图所示。

步骤05 **展开更多的动画效果。**选中文本框，然后单击“动画”选项卡下“动画”组中的快翻按钮，如下图所示。

步骤06 **单击“其他动作路径”选项。**在展开的下拉列表中单击“其他动作路径”选项，如下图所示。

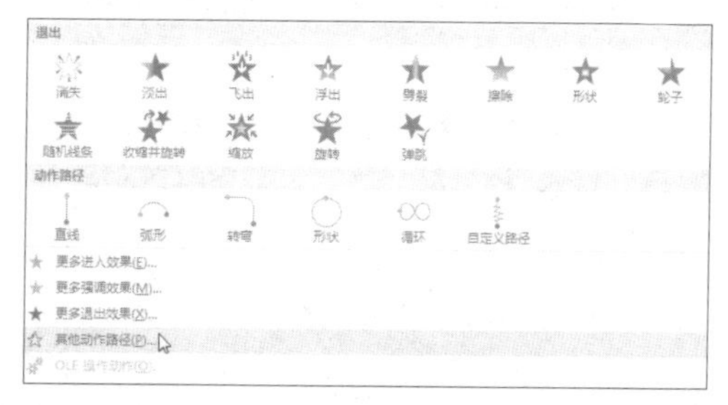

步骤07 **选择动作路径。**弹出“更改动作路径”对话框，选择“基本”选项组中的“圆形扩展”动作路径，然后单击“确定”按钮，如下左图所示。

步骤08 **显示添加的动作路径。**返回幻灯片中，可看到添加的圆形扩展动作路径，如下右图所示。

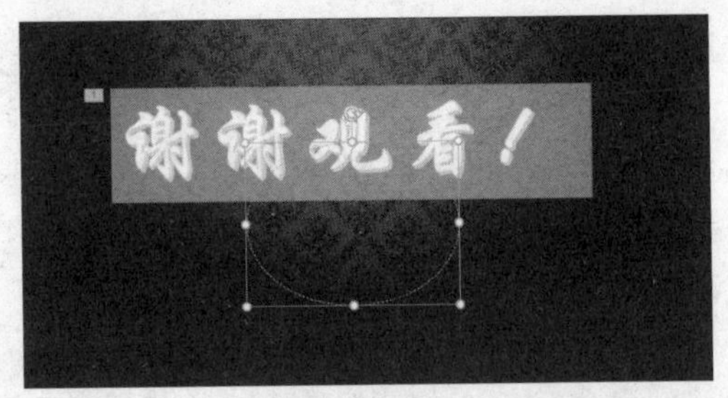

15.6 设置幻灯片放映效果

完成演示文稿的制作后，用户可以为其设置切换效果，还可以设置排练计时，使幻灯片按设置的时间放映，最后在全屏模式下对演示文稿进行预览以查看放映的效果。具体操作如下。

步骤01 **设置幻灯片切换方式。**继续之前的操作，单击“切换”选项卡下“切换到此幻灯片”组中的“推进”切换方式，如下图所示。

步骤02 **设置切换声音。**单击“切换”选项卡下“计时”组中“声音”下拉列表框右侧的下三角按钮，在展开的下拉列表中选择“照相机”选项，如下图所示。

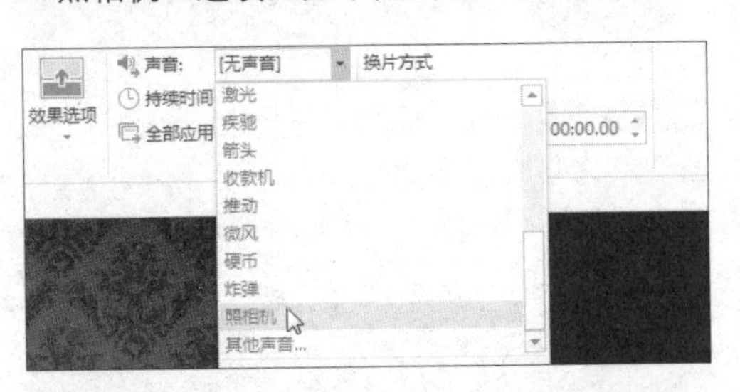

步骤03 **设置持续时间。**单击“计时”组中“持续时间”数值框右侧的数字微调按钮，设置持续时间为2秒，如下图所示。

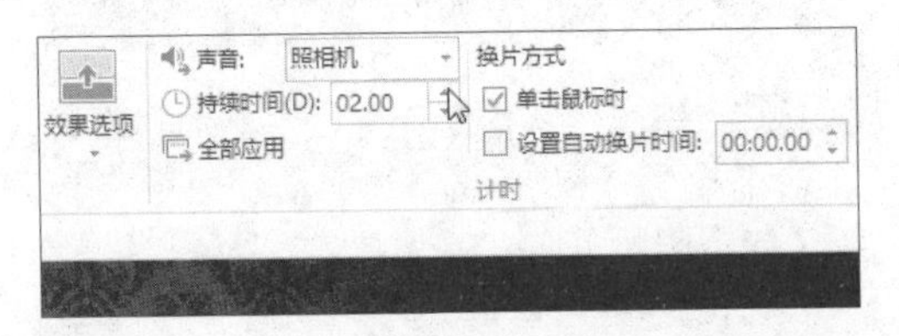

步骤04 **全部应用。**单击“切换”选项卡下“计时”组中的“全部应用”按钮，将设置应用于全部幻灯片，如下图所示。

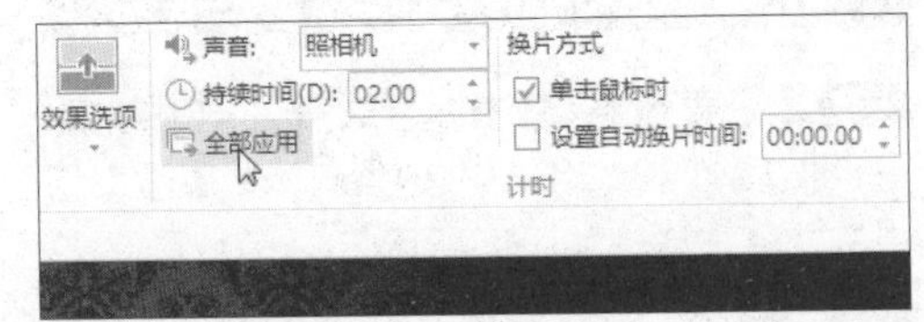

步骤05 **从头开始录制。**单击“幻灯片放映”选项卡下“设置”组中的“录制幻灯片演示”按钮，在展开的下拉列表中单击“从头开始录制”选项，如下图所示。

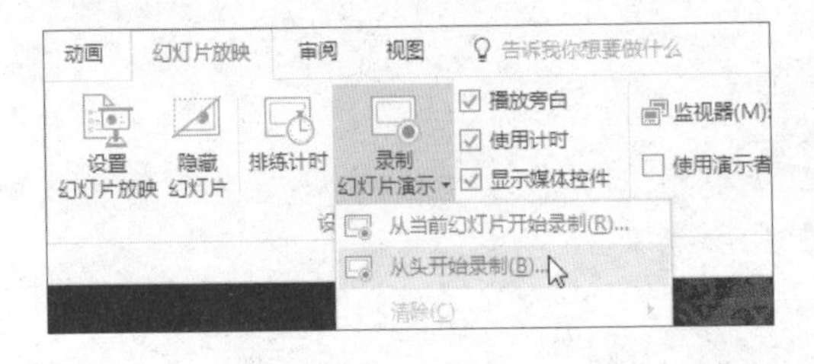

步骤06 **单击“开始录制”按钮。**弹出“录制幻灯片演示”对话框，勾选需要录制的内容，然后单击“开始录制”按钮，如下图所示。

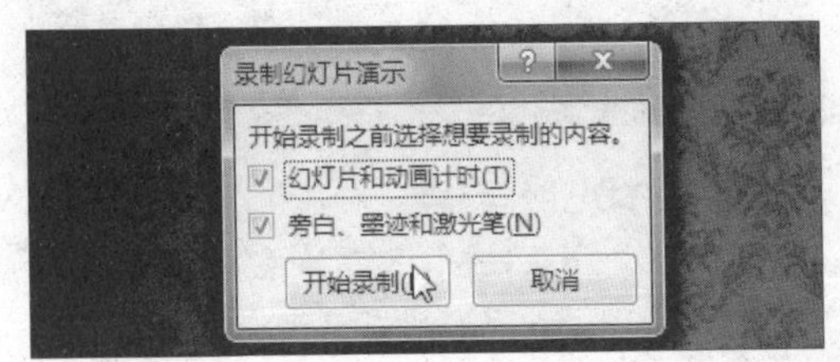

步骤07 **录制幻灯片。**弹出“录制”工具栏，显示录制时间，录制完第1张后单击“下一项”按钮，如下图所示。

步骤08 **选择指针选项。**录制第2张幻灯片时，右击幻灯片任意处，在弹出的快捷菜单中执行“指针选项>笔”命令，如下图所示。

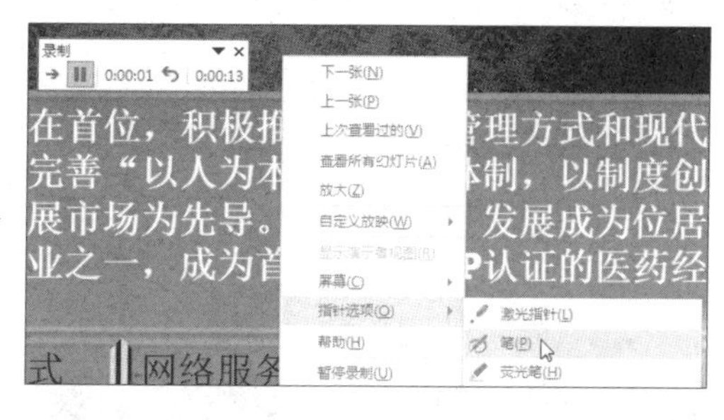

步骤09 **圈释重点。**此时鼠标指针呈红色圆点状，按住鼠标左键拖动，圈释幻灯片中的重要内容，如下图所示。

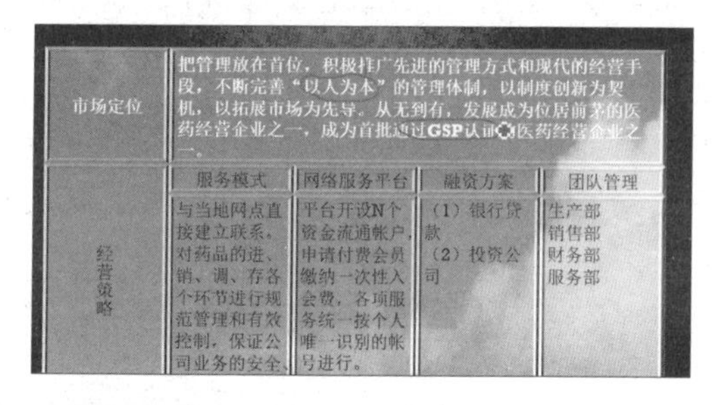

步骤10 **恢复鼠标指针形状。**右击幻灯片的任意处，在弹出的快捷菜单中执行“指针选项>箭头选项>自动”命令，如下图所示。

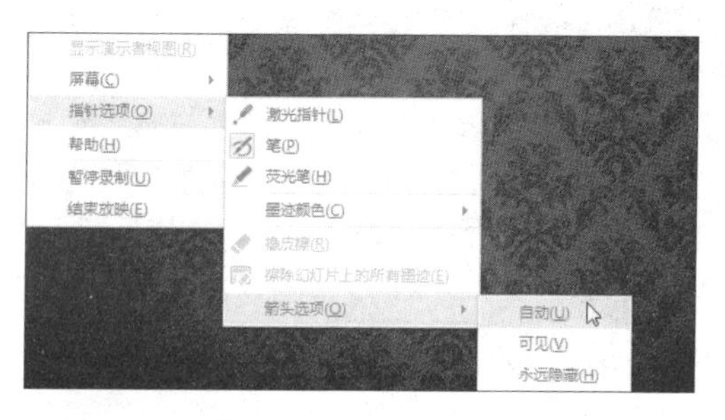

步骤11 **继续录制。**当录制到企业精神文化页面时，将鼠标指针指向“至诚至信”文本，此时鼠标指针呈手形，单击即可播放动画，如下图所示。

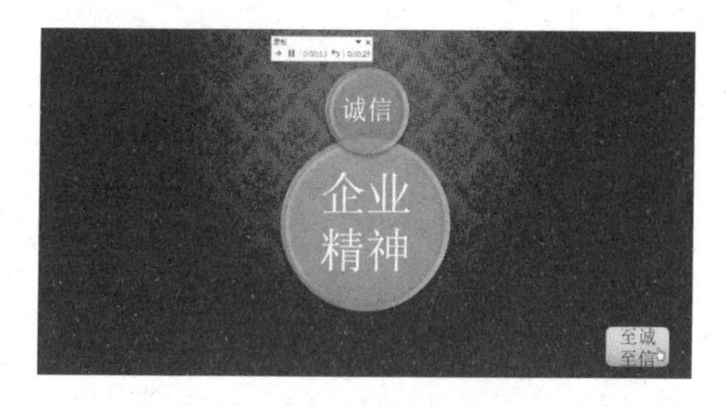

步骤12 **浏览幻灯片。**切换至“视图”选项卡下，单击“演示文稿视图”组中的“幻灯片浏览”按钮，如下图所示。

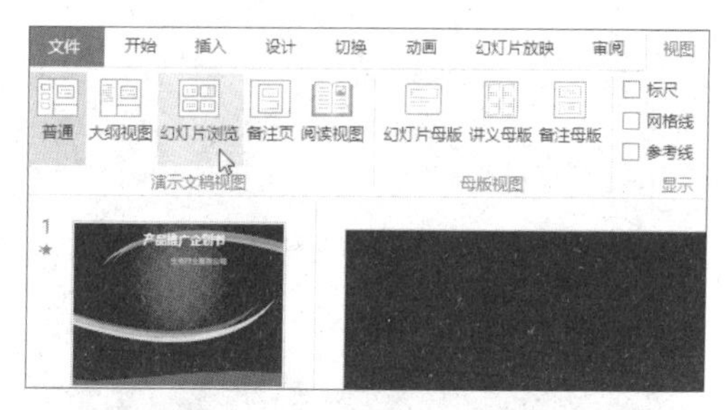

步骤13 **显示录制后的效果。**切换至幻灯片浏览视图下，可看到每张幻灯片中都显示了声音图标和时间，如右图所示。

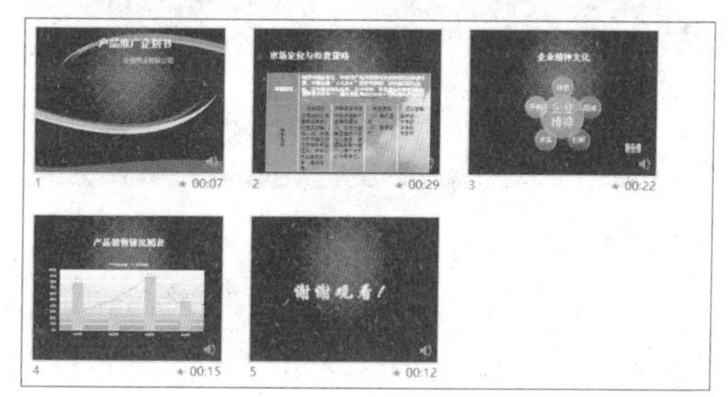

步骤14 自定义放映。切换至“幻灯片放映”选项卡下，单击“开始放映幻灯片”组中的“自定义幻灯片放映”按钮，在展开的下拉列表中单击“自定义放映”选项，如下图所示。

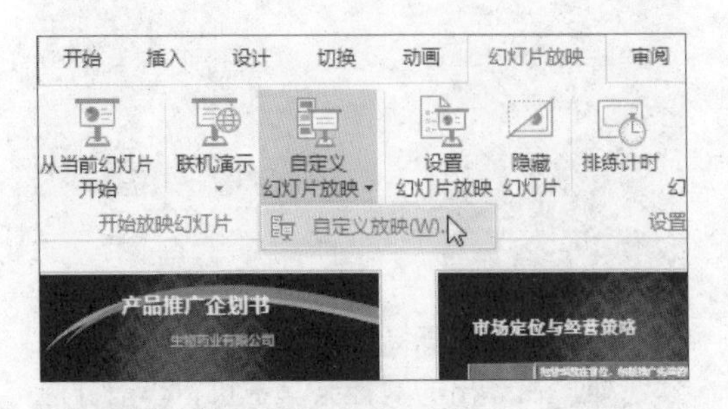

步骤15 新建自定义放映。弹出“自定义放映”对话框，然后单击“新建”按钮，如下图所示。

步骤16 定义自定义放映。弹出“定义自定义放映”对话框，保留默认的幻灯片放映名称，在“在演示文稿中的幻灯片”列表框中勾选自定义放映时需要放映的幻灯片，如第2张和第4张幻灯片，再单击“添加”按钮，如下图所示，最后单击“确定”按钮。

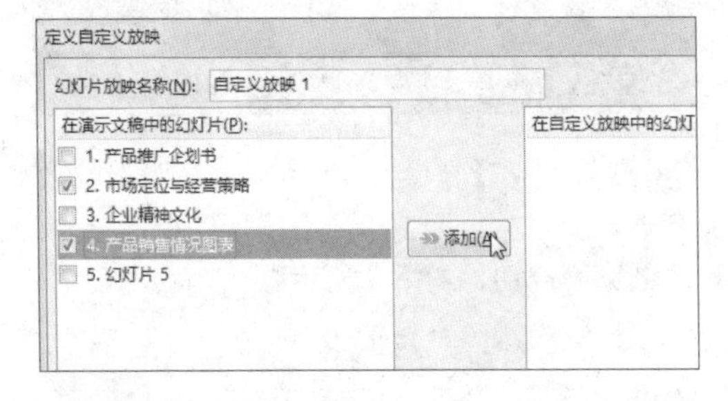

步骤17 放映幻灯片。返回“自定义放映”对话框中，此时列表框中显示了新建的自定义放映名称，单击“放映”按钮，如下图所示。

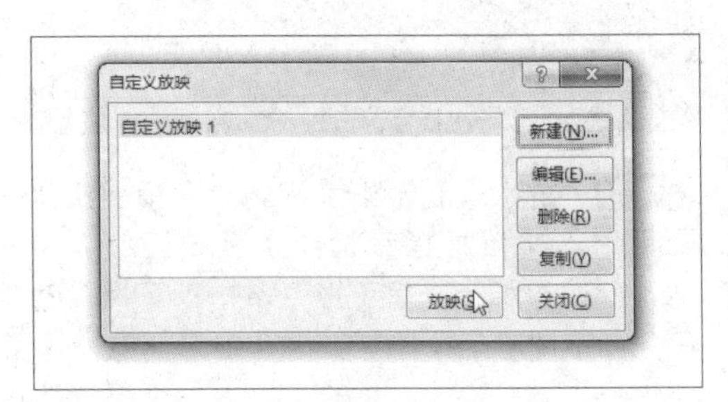

步骤18 显示放映效果。此时幻灯片从自定义幻灯片中的第1张（演示文稿中的第2张）开始放映，并显示墨迹，如下图所示。

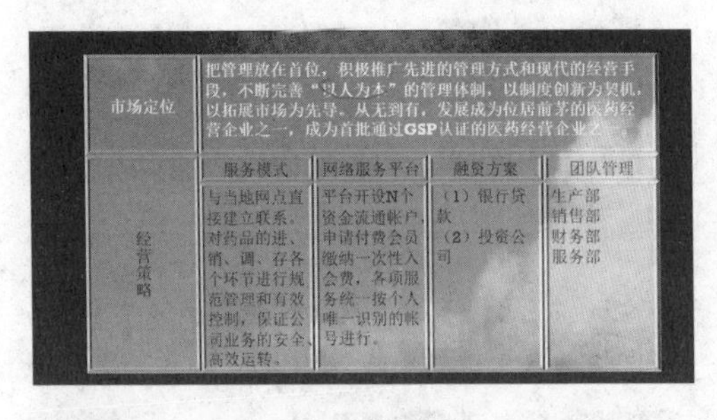

步骤19 设置幻灯片放映。单击“幻灯片放映”选项卡下“设置”组中的“设置幻灯片放映”按钮，如下图所示。

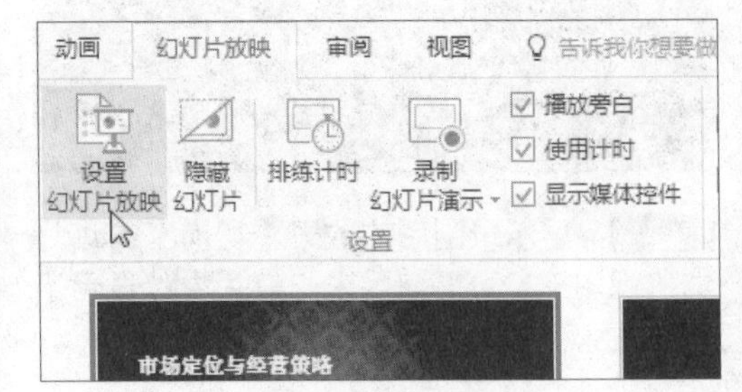

步骤20 设置放映方式。弹出“设置放映方式”对话框，单击“放映类型”选项组中的“观众自行浏览（窗口）”单选按钮，其他选项保持默认值，如下左图所示。

步骤21 放映幻灯片。单击“幻灯片放映”选项卡下“开始放映幻灯片”组中的“从头开始”按钮，如下右图所示。

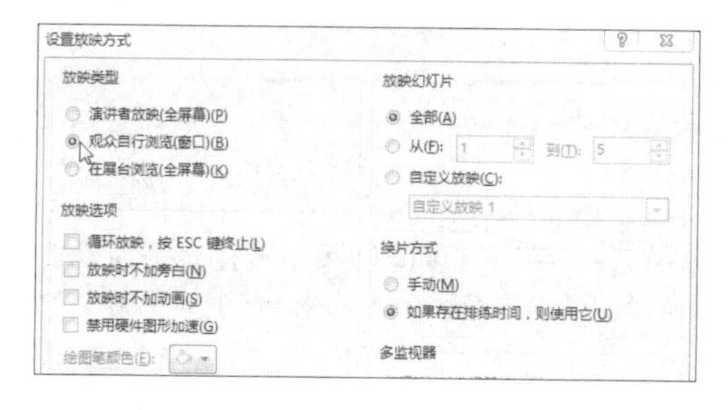

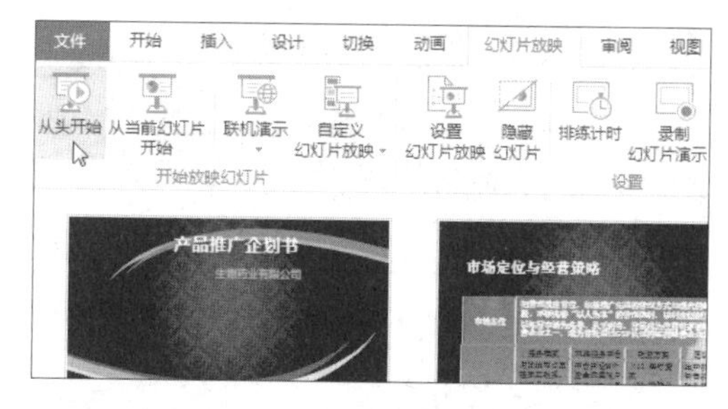

步骤22 **显示放映效果。**此时从第1张幻灯片开始按录制的时间放映，且为观众自行浏览模式，效果如右图所示。

15.7 演示文稿的发布与打包

为了防止他人对用户制作的演示文稿进行更改，并便于未安装 PowerPoint 组件的用户查看演示文稿的内容，本节将对演示文稿的加密及演示文稿导出为视频的功能进行介绍。

1 加密演示文稿

在完成了演示文稿的制作后，为了保证演示文稿的安全，可为演示文稿设置密码。

步骤01 **保护演示文稿。**继续之前的操作，单击“文件”按钮，在展开的“信息”选项面板中单击“保护演示文稿”按钮，在展开的下拉列表中选择“用密码进行加密”选项，如下图所示。

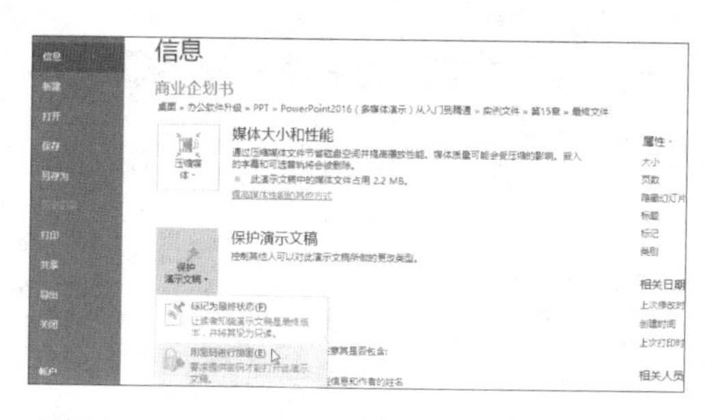

步骤02 **设置文档密码。**弹出“加密文档”对话框，在“密码”文本框中输入保护密码，这里输入“123456”，然后单击“确定”按钮，如下图所示。

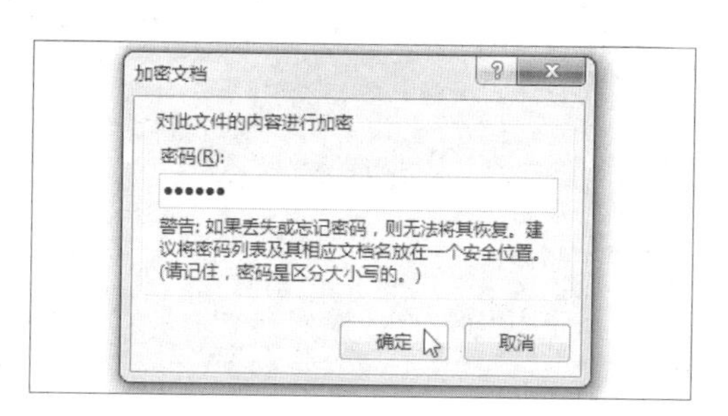

步骤03 **确认文档密码。**弹出“确认密码”对话框，在文本框中再次输入保护密码“123456”，然后单击“确定”按钮，如右图所示，即可完成演示文稿的加密保护。

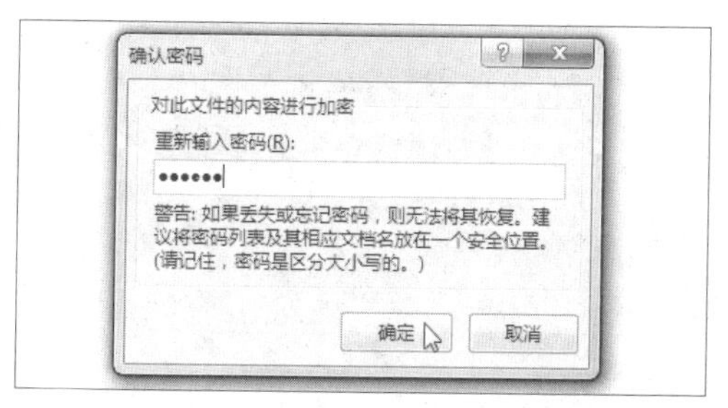

2 将演示文稿导出为视频

用户可以将演示文稿导出为视频，以便在没有安装 PowerPoint 程序的情况下运用其他播放器播放，具体操作如下。

步骤01 **单击"导出"选项。**继续之前的操作，单击"文件"按钮，在弹出的菜单中单击"导出"命令，如下图所示。

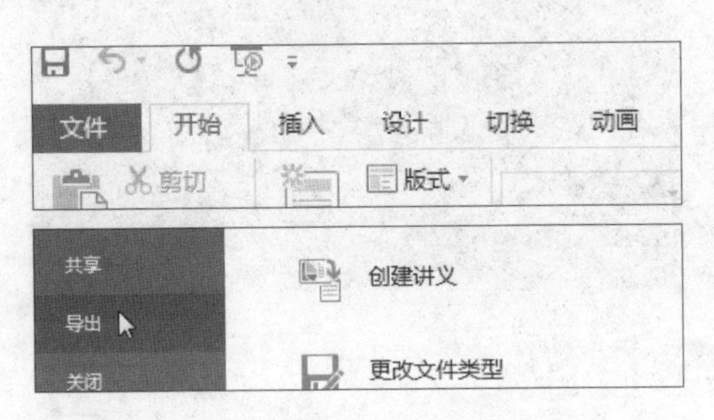

步骤02 **单击"创建视频"按钮。**在展开的"导出"选项面板中单击"创建视频"选项，再单击右侧的"创建视频"按钮，如下图所示。

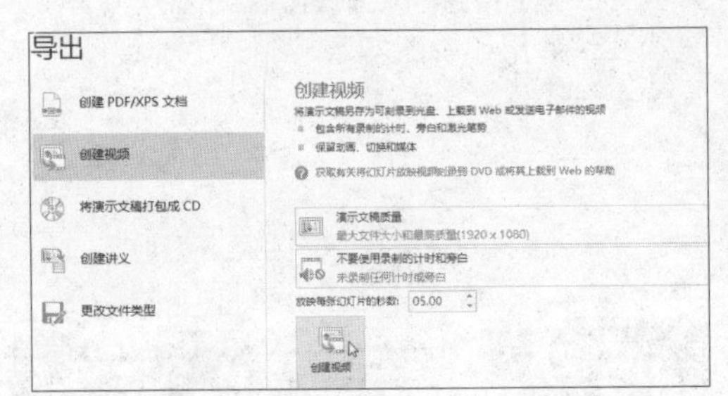

步骤03 **保存视频文件。**弹出"另存为"对话框，在地址栏中选择视频文件保存的位置，然后设置好"文件名"和"保存类型"，如下图所示，最后单击"保存"按钮。

步骤04 **显示创建视频的进度。**此时，演示文稿正在被导出为视频文件，在演示文稿的状态栏中可看到创建视频文件的进度，如下图所示。完成视频的创建后，就可以直接通过视频播放软件打开该视频了。